高校核心课程学习指导丛书

徐森林　金亚东　胡自胜　薛春华／编著

微分几何学习指导

WEIFEN JIHE
XUEXI ZHIDAO

中国科学技术大学出版社

内 容 简 介

本书是中国科学技术大学出版社出版的《微分几何》的配套书，它可帮助读者熟练地掌握微分几何的内容和方法. 本书对《微分几何》一书的全部习题做了详细的解答，并增加了一些有趣的习题以及联系古典微分几何与近代微分几何的典型题目.

本书可用作综合性大学、理工科大学、师范大学数学系高年级学生、教师和研究人员的参考书.

图书在版编目(CIP)数据

微分几何学习指导/徐森林等编著. —合肥:中国科学技术大学出版社，2014.4
(高校核心课程学习指导丛书)
ISBN 978-7-312-03358-2

Ⅰ. 微… Ⅱ. 徐… Ⅲ. 微分几何—高等学校—题解 Ⅳ. O186.1-44

中国版本图书馆 CIP 数据核字(2014)第 039707 号

出版 中国科学技术大学出版社
安徽省合肥市金寨路 96 号，230026
http://press.ustc.edu.cn
印刷 合肥市宏基印刷有限公司
发行 中国科学技术大学出版社
经销 全国新华书店
开本 710 mm×960 mm 1/16
印张 23.5
字数 447 千
版次 2014 年 4 月第 1 版
印次 2014 年 4 月第 1 次印刷
印数 1 — 4000 册
定价 39.00 元

前　言

微分几何是一门历史悠久的学科. 近一个世纪以来,许多著名数学家如陈省身、丘成桐等都在这一研究方向上作出了极其重要的贡献. 这一学科的生命至今仍很旺盛,并渗透到各个科学研究领域.

古典微分几何以数学分析为主要工具,研究空间中光滑曲线与光滑曲面的各种性质. 徐森林等编写的《微分几何》共分 3 章. 第 1 章讨论了曲线的曲率、挠率、Frenet 公式、Bouquet 公式等局部性质;证明了曲线论的基本定理,也讨论了曲线的整体性质:4 顶点定理、Minkowski 定理与 Fenchel 定理以及 Fary-Milnor 关于纽结的全曲率不等式. 第 2 章引进了第 1 基本形式、第 2 基本形式、Gauss(总)曲率、平面曲率、Weingarten 映射、主曲率、曲率线、测地线等重要概念,给出了曲面的基本公式和基本方程、曲面论的基本定理,以及著名的 Gauss 绝妙定理等曲面的局部性质,还应用正交活动标架与外微分运算研究了第 1、第 2、第 3 基本形式,Weingarten 映射以及第 1、第 2 结构方程. 第 3 章详细论述了曲面的整体性质,得到了全脐超曲面定理、球面的刚性定理、极小曲面的 Bernstein 定理、著名的 Gauss-Bonnet 公式及 Poincaré 指标定理.

《微分几何》[21]尽可能对 $\mathbf{R}^n$ 中 $n-1$ 维超曲面采用 $g_{ij}, L_{ij}, \cdots$表示,是为了克服 $\mathbf{R}^3$ 中 E, F, G, L, M, N 不能推广到高维的困境和障碍,也是为了能顺利地将古典微分几何从 $\mathbf{R}^3$ 推广到 $\mathbf{R}^n$,再搬到 Riemann 流形上. 2.10 节介绍 Riemann 流形上的 Levi-Civita 联络、向量场的平移及测地线,是为了使读者逐渐摆脱古典方法(坐标观点)而进入近代方法(映射观点或不变观点). 因此,它为读者从古典微分几何到近代微分几何之间架设了一座桥梁. 当 $n=3$ 时,作为特例,我们得到 $\mathbf{R}^3$ 中的 1 维曲线、2 维曲面的一些古典结果,它们是读者研究微分几何不可缺少的几何直观背景. 熟读该书后,读者一定会感到离进入近代微分几何的学习与研究只差一步之遥.

本书是《微分几何》的配套书,它可帮助读者熟练地掌握微分几何的基本内容和基本方法. 我们对《微分几何》中全部习题作了详细的解答,并增加了一些有趣的习题以及联系古典与近代微分几何的典型题目(以星号 * 标出). 它可增加读者的几何背景，有助于古典微分几何的实际应用，也有助于读者能力的提高；它也可开阔读者的视野，有助于近代微分几何的学习和研究.

早在20世纪60年代，作者徐森林、薛春华跟随著名数学家吴文俊教授攻读微分几何，得到恩师的栽培.在几十年中，作者在中国科学技术大学数学系、少年班及统计系讲授古典微分几何，使得一大批大学生顺利进入研究生阶段，并使他们对近代微分几何产生了浓厚兴趣，其中有七八人次在全国研究生暑期班中获了奖，还培养了许多几何拓扑专业的年轻数学家.

感谢中国科学技术大学数学系领导和老师对我们的大力支持，感谢著名数学家吴文俊教授的鼓励和教导.

徐森林

2014年2月于北京

目　录

第1章　曲　线　论

这一章将引进空间 $\mathbf{R}^n$ 中的 C^r 曲线、C^r 正则曲线($r\geqslant 1$). 在 $\mathbf{R}^3$ 中给出曲率 κ 与挠率 τ 的概念. 曲率表示曲线弯曲的程度,曲率为零的连通曲线就是直线段. 挠率表示曲线离开密切平面的程度,挠率为零的连通曲线就是平面曲线. 平面 $\mathbf{R}^2$ 中给出的相对曲率 κ_{r},其绝对值表示曲线弯曲的程度,而它的正负号表示曲线弯到哪一侧,正号表示弯向 $V_{2\mathrm{r}}$ 一侧,负号表示弯向 $V_{2\mathrm{r}}$ 的另一侧. 接着详细介绍了重要的 Frenet 公式,研究了圆柱螺线、一般螺线以及 Bertrand 曲线. 应用 Taylor 公式,在曲线点邻近建立了 Bouquet 公式(局部规范形式),由此可研究该点处曲线的局部性质. 1.5 节证明了曲线论的基本定理与曲线的刚性定理. 除一个刚性运动外,空间曲线完全由它的曲率与挠率所决定. 在 $\mathbf{R}^2$ 中,曲线除一个平面刚性运动外,它完全由相对曲率所决定. 1.6 节仔细论述了曲率圆、渐缩线和渐伸线,以及它们之间的关系. 1.7 节研究了曲线的整体性质,即大范围性质. 证明了 4 顶点定理、Minkowski 定理(等宽 b 曲线的周长为 πb)、旋转指标定理、Fenchel 定理以及 Fary-Milnor 纽结不等式.

1.1　C^r 正则曲线、切向量、弧长参数

1. 知识要点

定义 1.1.1[*]　设 $\boldsymbol{x}:(a,b)\to\mathbf{R}^n$, $t\mapsto\boldsymbol{x}(t)=(x^1(t),x^2(t),\cdots,x^n(t))=\sum\limits_{i=1}^{n}x^i(t)\boldsymbol{e}_i$ 是以 t 为**参数**的**参数曲线**,其中 $x^i(t)$ 为点 $\boldsymbol{x}(t)$ 在 $\mathbf{R}^n$ 中的**第 i 个分量** $(i=1,2,\cdots,n)$; $\{\boldsymbol{e}_1,\boldsymbol{e}_2,\cdots,\boldsymbol{e}_n\}$ 为 $\mathbf{R}^n$ 中的规范正交基,或单位正交基,或 ON 基.

---

* 本书中定义、定理、引理等的序号均与《微分几何》中的序号对应.

如果 $\boldsymbol{x}(t)$ 连续（$\Leftrightarrow x^i(t)$，$i=1,2,\cdots,n$ 连续），C^r 可导（具有 r 阶连续导数，其中 $r\in\mathbf{N}^*=\{1,2,\cdots\}$（正整数集）），$C^\infty$ 可导（具有各阶连续导数），C^ω（每个 $x^i(t)$，$i=1,2,\cdots,n$ 在每个 $t\in(a,b)$ 处可展开为收敛的幂级数，即是实解析的），则分别称 $\boldsymbol{x}(t)$ 为**C^0（连续）曲线**，**C^r 曲线**，**C^∞ 曲线**，**C^ω（实解析）曲线**.

记 $C^r((a,b),\mathbf{R}^n)$ 为 $\mathbf{R}^n$ 中在 (a,b) 上的 C^r 参数曲线的全体.

设 $\boldsymbol{x}(t)\in C^r((a,b),\mathbf{R}^n)$ $(r\geqslant 1)$，我们称

$$\begin{aligned}\frac{\mathrm{d}\boldsymbol{x}}{\mathrm{d}t}&=\boldsymbol{x}'(t)=\sum_{i=1}^n x^{i\prime}(t)\boldsymbol{e}_i\\&=(x^{1\prime}(t),x^{2\prime}(t),\cdots,x^n(t))\end{aligned}$$

为曲线 $\boldsymbol{x}(t)$ 在 t 或 $\boldsymbol{x}(t)$ 处的**切向量**. 如果 $t_0\in(a,b)$，$\boldsymbol{x}'(t_0)\neq\mathbf{0}$，则称 t_0 或 $\boldsymbol{x}(t_0)$ 为曲线 $\boldsymbol{x}(t)$ 的**正则点**；如果 $\boldsymbol{x}'(t_0)=0$，则称 t_0 或 $\boldsymbol{x}(t_0)$ 为曲线 $\boldsymbol{x}(t)$ 的**奇点**. 如果曲线 $\boldsymbol{x}(t)$ $(a\leqslant t\leqslant b)$ 上所有点都是正则点，称 $\boldsymbol{x}(t)$ 为**正则曲线**.

按惯例，我们认为参数增加的方向（即切向量 $\boldsymbol{x}'(t)$ 所指的方向）为曲线 $\boldsymbol{x}(t)$ 的**正向**，而其相反的方向为**负向**或**反向**.

注 1.1.2 曲线 $\boldsymbol{x}(t)$ 的正则点（或奇点）与参数的选取无关，即如果 $\bar{t}=\bar{t}(t)$，$\bar{t}'(t)\neq 0$，则关于 t 为正则（奇）点 $\Leftrightarrow$ 关于 $\bar{t}$ 为正则（奇）点.

定义 1.1.2 设 $\boldsymbol{x}(t)$ $(a<t<b)$ 为 C^r $(r\geqslant 1)$ 正则曲线，我们称

$$s(t)=\int_{t_0}^t|\boldsymbol{x}'(t)|\,\mathrm{d}t=\int_{t_0}^t\Big[\sum_{i=1}^n(x^{i\prime}(t))^2\Big]^{\frac{1}{2}}\mathrm{d}t$$

为曲线 $\boldsymbol{x}(t)$ 从参数 t_0 到 t 的**弧长**.

注 1.1.3 如果选直角坐标系 $x^1,x^2,\cdots,x^n$ 中的 x^1 为曲线的参数，则弧长

$$s(x^1)=\int_a^b[1+(x^{2\prime}(x^1))^2+\cdots+(x^{n\prime}(x^1))^2]^{\frac{1}{2}}\mathrm{d}x^1.$$

当 $n=2$ 时，如果采用极坐标，$\boldsymbol{x}(\theta)=(r(\theta)\cos\theta,r(\theta)\sin\theta)$，则

$$s(\theta)=\int_{\theta_0}^{\theta_1}[r'^2(\theta)+r^2(\theta)]^{\frac{1}{2}}\mathrm{d}\theta.$$

引理 1.1.1 弧长与同向参数的选取无关.

引理 1.1.2 设 $\boldsymbol{x}(t)$ $(a<t<b)$ 为 C^r $(r\geqslant 1)$ 正则曲线，$s=s(t)$ 为弧长，则 $s'(t)=|\boldsymbol{x}'(t)|>0$，并且 s 可作为该正则曲线的参数.

引理 1.1.3 设 $\boldsymbol{x}(t)$ 为 C^r $(r\geqslant 1)$ 正则曲线，则

$$|\boldsymbol{x}'(t)|=1\quad\Leftrightarrow\quad t=s+c,$$

其中 s 为该正则曲线的弧长，c 为常数.

例 1.1.2 曲线 $\boldsymbol{x}(t)=(a\cos t,a\sin t,bt)$ $(a>0,b>0)$ 为圆柱面 $x^2+y^2=a^2$ 上

间距为 $2\pi b$ 的一条**圆柱螺线**，它是一条 C^{∞} 正则曲线，其弧长为

$$s(t) = \sqrt{a^2+b^2}\,t.$$

从而，弧长参数表示为

$$\boldsymbol{x} = \left(a\cos\frac{s}{\sqrt{a^2+b^2}}, a\sin\frac{s}{\sqrt{a^2+b^2}}, \frac{b}{\sqrt{a^2+b^2}}s\right).$$

例 1.1.3 双曲螺线

$$\boldsymbol{x}(t) = (a\operatorname{ch} t, a\operatorname{sh} t, at) \quad (a>0)$$

的弧长为

$$s(t) = \sqrt{2}a\operatorname{sh} t.$$

从而，弧长参数表示为

$$\boldsymbol{x} = \left(a\sqrt{1+\frac{s^2}{2a^2}}, \frac{s}{\sqrt{2}}, a\operatorname{arsh}\frac{s}{\sqrt{2}a}\right).$$

例 1.1.4 圆柱螺线

$$\boldsymbol{x}(t) = (a\cos t, a\sin t, bt)$$

在 $t=\frac{\pi}{3}$ 处的切线方程为

$$\boldsymbol{X} = \boldsymbol{x}\left(\frac{\pi}{3}\right) + \lambda\boldsymbol{x}'\left(\frac{\pi}{3}\right) \quad (\lambda \text{ 为切线上的参数}, \boldsymbol{X} \text{ 为切线上的动点}).$$

在 $t=\frac{\pi}{3}$ 处的法面方程为

$$\left[\boldsymbol{X} - \boldsymbol{x}\left(\frac{\pi}{3}\right)\right]\cdot\boldsymbol{x}'\left(\frac{\pi}{3}\right) = 0 \quad (\boldsymbol{X} \text{ 为法面上的动点}),$$

即

$$-3\sqrt{3}X^1 + 3aX^2 + 6bX^3 - 2\pi b^2 = 0.$$

引理 1.1.4 $\mathbf{R}^n$ 中 C^1 向量函数 $\boldsymbol{x}(t)$ $(a<t<b)$ 具有固定长度 $\Leftrightarrow$ 对 $\forall\, t\in(a,b)$，有 $\boldsymbol{x}'(t)\perp\boldsymbol{x}(t)$，即 $\boldsymbol{x}'(t)\cdot\boldsymbol{x}(t)=0$.

定理 1.1.1 $\mathbf{R}^n$ 中 C^1 单位向量 $\boldsymbol{x}(t)$ 关于 t 的**旋转速度**

$$\lim_{\Delta t\to 0}\left|\frac{\Delta\varphi}{\Delta t}\right| = |\boldsymbol{x}'(t)|,$$

其中 $\Delta\varphi$ 表示向量 $\boldsymbol{x}(t)$ 与 $\boldsymbol{x}(t+\Delta t)$ 所夹的角，而 $|\boldsymbol{x}'(t)|$ 正反映了该夹角对 Δt 的变化率.

2. 习题解答

1.1.1 求悬链线

$$\boldsymbol{x}(t)=\left(t,a\mathrm{ch}\,\frac{t}{a},0\right)\quad(a\neq 0)$$

的弧长 s,并用弧长为参数表示该曲线.

解 计算得 $\boldsymbol{x}'(t)=\left(1,\mathrm{sh}\,\frac{t}{a},0\right)$,弧长

$$s=\int_0^t|\boldsymbol{x}'(t)|\,\mathrm{d}t=\int_0^t\sqrt{1+\mathrm{sh}^2\frac{t}{a}}\,\mathrm{d}t=\int_0^t\mathrm{ch}\,\frac{t}{a}\mathrm{d}t=a\mathrm{sh}\,\frac{t}{a}\Big|_0^t=a\mathrm{sh}\,\frac{t}{a},$$

所以

$$t=a\cdot\mathrm{arsh}\,\frac{s}{a},$$

$$a\mathrm{ch}\,\frac{t}{a}=a\sqrt{1+\mathrm{sh}^2\frac{t}{a}}=a\sqrt{1+\left(\frac{s}{a}\right)^2}=\sqrt{a^2+s^2}.$$

因此

$$\boldsymbol{x}=\left(a\cdot\mathrm{arsh}\,\frac{s}{a},\sqrt{a^2+s^2},0\right).$$ □

1.1.2 求曳物线

$$\boldsymbol{x}(t)=(a\cos t,a\ln(\sec t+\tan t)-a\sin t,0)$$

的弧长 s,其中 $a>0$,并用弧长为参数表示该曲线.

解 计算得

$$\begin{aligned}\boldsymbol{x}'(t)&=\left(-a\sin t,a\cdot\frac{\sec t\cdot\tan t+\sec^2 t}{\sec t+\tan t}-a\cos t,0\right)\\&=\left(-a\sin t,a\cdot\frac{\sec t(\tan t+\sec t)}{\sec t+\tan t}-a\cos t,0\right)\\&=a\left(-\sin t,\frac{1}{\cos t}-\cos t,0\right),\end{aligned}$$

$$\begin{aligned}|\boldsymbol{x}'(t)|^2&=a^2\left[(-\sin t)^2+\left(\frac{1}{\cos t}-\cos t\right)^2\right]\\&=a^2\left(\sin^2 t+\cos^2 t-2+\frac{1}{\cos^2 t}\right)\\&=a^2\,\frac{1-\cos^2 t}{\cos^2 t}=a^2\tan^2 t.\end{aligned}$$

弧长

$$s=\int_0^t |\boldsymbol{x}'(t)|\,\mathrm{d}t=\int_0^t a\tan t\mathrm{d}t=a\ln\frac{1}{\cos t}\Big|_0^t=a\ln\sec t.$$

因此

$$\mathrm{e}^{\frac{s}{a}}=\sec t=\frac{1}{\cos t},$$

$$\cos t=\mathrm{e}^{-\frac{s}{a}},t=\arccos \mathrm{e}^{-\frac{s}{a}}=\arccos \mathrm{e}^{-\frac{s}{a}},$$

以及

$$\boldsymbol{x}=\left(a\mathrm{e}^{-\frac{s}{a}},a\ln\left[\mathrm{e}^{\frac{s}{a}}+\frac{\sqrt{1-(\mathrm{e}^{-\frac{s}{a}})^2}}{\mathrm{e}^{-\frac{s}{a}}}\right]-a\sqrt{1-(\mathrm{e}^{-\frac{s}{a}})^2},0\right)$$

$$=\left(a\mathrm{e}^{-\frac{s}{a}},a\ln\left(\mathrm{e}^{\frac{s}{a}}+\sqrt{\mathrm{e}^{\frac{2s}{a}}-1}\right)-a\sqrt{1-\mathrm{e}^{-\frac{2s}{a}}},0\right).$$ □

1.1.3 设圆柱螺线

$$\boldsymbol{x}(s)=(r\cos\omega s,r\sin\omega s,h\omega s)\quad (r>0,h>0,\omega=(r^2+h^2)^{-\frac{1}{2}}).$$

证明:s 为其弧长参数.

证明 计算得

$$\boldsymbol{x}'(s)=(-r\omega\sin\omega s,r\omega\cos\omega s,h\omega),$$

$$|\boldsymbol{x}'(s)|=\sqrt{r^2\omega^2(\sin^2\omega s+\cos^2\omega s)+h^2\omega^2}=\sqrt{\omega^2(r^2+h^2)}$$

$$=\sqrt{(r^2+h^2)^{-1}(r^2+h^2)}=1.$$

由此推得 s 为 $\boldsymbol{x}(s)$ 的弧长参数. □

1.1.4 用极坐标方程 $r=r(\theta)$ 给出曲线的弧长表达式,其中 $r(\theta)$ 为 C^1 函数.

解 解法1 计算得

$$\boldsymbol{x}(\theta)=(r(\theta)\cos\theta,r(\theta)\sin\theta),$$

$$\boldsymbol{x}'(\theta)=(r'(\theta)\cos\theta-r(\theta)\sin\theta,r'(\theta)\sin\theta+r(\theta)\cos\theta).$$

弧长

$$s=\int_{\theta_0}^{\theta}|\boldsymbol{x}'(\theta)|\,\mathrm{d}\theta$$

$$=\int_{\theta_0}^{\theta}\sqrt{[r'(\theta)\cos\theta-r(\theta)\sin\theta]^2+[r'(\theta)\sin\theta+r(\theta)\cos\theta]^2}\,\mathrm{d}\theta$$

$$=\int_{\theta_0}^{\theta}\sqrt{r'^2(\theta)+r^2(\theta)}\,\mathrm{d}\theta.$$

解法2 曲线极坐标方程 $r=r(\theta)$,写成复数形式为 $Z=r(\theta)\mathrm{e}^{\mathrm{i}\theta}$,则有

$$\mathrm{d}Z=\mathrm{e}^{\mathrm{i}\theta}\mathrm{d}r+\mathrm{i}r\mathrm{e}^{\mathrm{i}\theta}\mathrm{d}\theta=\mathrm{e}^{\mathrm{i}\theta}[r'(\theta)+\mathrm{i}r(\theta)]\mathrm{d}\theta.$$

弧长元

$$\mathrm{d}s=|\mathrm{d}Z|=\sqrt{r'^2(\theta)+r^2(\theta)}\,\mathrm{d}\theta,$$

故弧长

$$s=\int_{\theta_0}^{\theta}\sqrt{r'^2(\theta)+r^2(\theta)}\,d\theta. \qquad \square$$

1.1.5 设 $\boldsymbol{x}(t)(a<t<b)$ 为 $\mathbf{R}^n$ 中的 C^1 正则曲线，$\boldsymbol{x}(t_0)$ 为定点 P_0 到该曲线距离最近的点. 证明：切向量 $\boldsymbol{x}'(t_0)$ 与 $\boldsymbol{x}(t_0)-P_0$ 垂直.

证明 因为 $[\boldsymbol{x}(t_0)-P_0]^2$ 为 $[\boldsymbol{x}(t)-P_0]^2$ 达到的最小值，当然也是极小值. 根据 Fermat 定理，

$$0=\frac{d}{dt}[\boldsymbol{x}(t)-P_0]^2\Big|_{t=t_0}=2[\boldsymbol{x}(t_0)-P_0]\cdot\boldsymbol{x}'(t_0)$$

$$\Rightarrow\ [\boldsymbol{x}(t_0)-P_0]\cdot\boldsymbol{x}'(t_0)=0,$$

即 $\boldsymbol{x}'(t_0)$ 与 $\boldsymbol{x}(t_0)-P_0$ 垂直. $\square$

1.1.6 设 $\boldsymbol{x}(t)$ 为 C^1 参数曲线，$\boldsymbol{m}$ 为固定向量. 若对任何 t，$\boldsymbol{x}'(t)$ 正交于 $\boldsymbol{m}$，且 $\boldsymbol{x}(0)$ 正交于 $\boldsymbol{m}$，证明：对任何 t，$\boldsymbol{x}(t)$ 正交于 $\boldsymbol{m}$.

证明 由于 $\boldsymbol{m}\cdot\boldsymbol{x}'(t)=0$ 与 $\boldsymbol{m}$ 为固定向量，所以

$$[\boldsymbol{m}\cdot\boldsymbol{x}(t)]'=\boldsymbol{m}'\cdot\boldsymbol{x}(t)+\boldsymbol{m}\cdot\boldsymbol{x}'(t)=\boldsymbol{0}\cdot\boldsymbol{x}(t)+0=0,$$

故 $\boldsymbol{m}\cdot\boldsymbol{x}(t)=$常数. 从而 $\boldsymbol{m}\cdot\boldsymbol{x}(t)=\boldsymbol{m}\cdot\boldsymbol{x}(0)=0$，即 $\boldsymbol{x}(t)$ 正交于 $\boldsymbol{m}$. $\square$

1.1.7 设平面上 C^1 曲线 $\boldsymbol{x}(t)$ 在同一平面内直线 l 的同一侧，且与 l 只交于该曲线的正则点 P. 证明：直线 l 是曲线 $\boldsymbol{x}(t)$ 在点 P 处的切线.

证明 因点 P 为 $\boldsymbol{x}(t)$ 的正则点，故点 P 处的切线 $\tilde{l}$ 存在，它是点 Q 沿曲线 $\boldsymbol{x}(t)$ 趋于 P 时，割线 PQ 的极限位置. (反证)若 l 不是切线 $\tilde{l}$，由于 Q 始终在 l 的一侧，这与 PQ 无限趋近 $\tilde{l}$ 相矛盾，故 l 必为点 P 处的切线. $\square$

1.2 曲率、挠率

1. 知识要点

定义 1.2.1 设 $\boldsymbol{x}(t)$ 为 $\mathbf{R}^3$ 中的 C^2 正则曲线，s 为弧长参数. 由引理 1.1.3，$\boldsymbol{V}_1(s)=\boldsymbol{x}'(s)$ 为沿 $\boldsymbol{x}(s)$ 的单位切向量场. 我们称

$$\kappa(s)=|\boldsymbol{V}_1'(s)|=|\boldsymbol{x}''(s)|$$

为曲线 $\boldsymbol{x}(s)$ 在点 s 的**曲率**. 它反映了曲线的弯曲程度.

当 $\kappa(s)\neq0$ 时，称 $\rho(s)=\dfrac{1}{\kappa(s)}$ 为曲线 $\boldsymbol{x}(s)$ 在点 s 处的**曲率半径**.

如果 $\boldsymbol{x}''(s)\neq\boldsymbol{0}$(即 $\kappa(s)\neq 0$),记

$$\boldsymbol{V}_2(s)=\frac{\boldsymbol{V}_1'(s)}{|\boldsymbol{V}_1'(s)|}=\frac{\boldsymbol{x}''(s)}{|\boldsymbol{x}''(s)|},$$

它是单位向量,且 $\boldsymbol{V}_1(s)\perp\boldsymbol{V}_2(s)$. 称 $\boldsymbol{V}_2(s)$为曲线 $\boldsymbol{x}(s)$在点 s 处的**主法向量**. 于是

$$\boldsymbol{V}_1'(s)=\kappa(s)\boldsymbol{V}_2(s).$$

而 $\boldsymbol{V}_3(s)=\boldsymbol{V}_1(s)\times\boldsymbol{V}_2(s)$称为曲线 $\boldsymbol{x}(s)$在点 s 处的**从法向量**. $\{\boldsymbol{V}_1(s),\boldsymbol{V}_2(s),\boldsymbol{V}_3(s)\}$为 $\boldsymbol{x}(s)$点处的右旋单位正交基,它是沿曲线 $\boldsymbol{x}(s)$的自然活动标架,记为$\{\boldsymbol{x}(s);\boldsymbol{V}_1(s),\boldsymbol{V}_2(s),\boldsymbol{V}_3(s)\}$.

由 $\boldsymbol{V}_1(s)$与 $\boldsymbol{V}_2(s)$所张成的平面称为点 s(或 $\boldsymbol{x}(s)$)处的**密切平面**.

由 $\boldsymbol{V}_1(s)$与 $\boldsymbol{V}_3(s)$所张成的平面称为点 s(或 $\boldsymbol{x}(s)$)处的**从切平面**.

由 $\boldsymbol{V}_2(s)$与 $\boldsymbol{V}_3(s)$所张成的平面称为点 s(或 $\boldsymbol{x}(s)$)处的**法平面**.

通过点 $\boldsymbol{x}(s)$,分别以 $\boldsymbol{V}_1(s),\boldsymbol{V}_2(s),\boldsymbol{V}_3(s)$为方向的直线称为曲线 $\boldsymbol{x}(s)$在 s 处的**切线,主法线,从法线**.

如果 $\boldsymbol{x}(s)$为 C^3 正则曲线,且 $\boldsymbol{x}''(s)\neq\boldsymbol{0}$(即 $\kappa(s)\neq 0$),则

$$\boldsymbol{V}_3'(s)=-\tau(s)\boldsymbol{V}_2(s)$$

确定的函数 $\tau(s)$称为曲线 $\boldsymbol{x}(s)$在点 s 处的**挠率**. 显然,

$$\tau(s)=-\boldsymbol{V}_3'(s)\cdot\boldsymbol{V}_2(s),\quad |\tau(s)|=|\boldsymbol{V}_3'(s)|.$$

定理 1.2.1 (1) 设 $\boldsymbol{x}(s)$为 $\mathbf{R}^3$ 中的 C^3 正则曲线,则挠率

$$\tau(s)=\frac{(\boldsymbol{x}'(s),\boldsymbol{x}''(s),\boldsymbol{x}'''(s))}{|\boldsymbol{x}''(s)|^2},$$

其中$(\boldsymbol{x}'(s),\boldsymbol{x}''(s),\boldsymbol{x}'''(s))=[\boldsymbol{x}'(s)\times\boldsymbol{x}''(s)]\cdot\boldsymbol{x}'''(s)$为 $\boldsymbol{x}'(s),\boldsymbol{x}''(s),\boldsymbol{x}'''(s)$的混合积,$s$ 为弧长参数,$\boldsymbol{x}''(s)\neq\boldsymbol{0}$(即 $\kappa(s)\neq 0$).

(2) 如果 t 为参数,$\boldsymbol{x}(t)$为 t 的 C^3 正则曲线,则曲率与挠率分别为

$$\kappa(t)=\frac{|\boldsymbol{x}'(t)\times\boldsymbol{x}''(t)|}{|\boldsymbol{x}'(t)|^3},\quad \tau(t)=\frac{(\boldsymbol{x}'(t),\boldsymbol{x}''(t),\boldsymbol{x}'''(t))}{|\boldsymbol{x}'(t)\times\boldsymbol{x}''(t)|^2}.$$

当 $t=s$ 为弧长时,$\kappa(s)=|\boldsymbol{x}'(s)\times\boldsymbol{x}''(s)|$.

引理 1.2.1 当曲线改变定向时,曲率与挠率不变.

引理 1.2.2 设 $\boldsymbol{x}(s)$为 C^2 正则连通曲线(s 为弧长),则

$$\boldsymbol{x}(s)\text{为直线段}\iff\text{曲率 }\kappa(s)=0.$$

定理 1.2.2 设 $\boldsymbol{x}(s)$为 $\mathbf{R}^3$ 中 C^3 正则连通曲线,则

$$\boldsymbol{x}(s)\text{为平面曲线,且处处 }\kappa(s)\neq 0\iff\tau(s)\equiv 0.$$

推论 1.2.1 设 $\boldsymbol{x}(s)$为 $\mathbf{R}^3$ 中 C^3 连通曲线,s 为弧长参数,则

$$\boldsymbol{x}(s)\text{为平面曲线,且处处 }\kappa(s)\neq 0\iff\text{曲线 }\boldsymbol{x}(s)\text{的密切平面处处平行.}$$

定理 1.2.3 曲线的弧长、曲率与挠率都是 $\mathbf{R}^3$ 中的刚性运动($\tilde{\boldsymbol{x}}(t)=\boldsymbol{x}(t)\boldsymbol{A}+\boldsymbol{b}$,$\boldsymbol{A}$ 为行列式$|\boldsymbol{A}|=1$ 的 3 阶正交矩阵,$\boldsymbol{b}$ 为常行向量)不变量.

推论 1.2.2 在定理 1.2.3 中,如果 $\tilde{\boldsymbol{x}}(t)=\boldsymbol{x}(t)\boldsymbol{A}+\boldsymbol{b}$ 中 $\boldsymbol{A}$ 的行列式$|\boldsymbol{A}|=-1$,且 $\boldsymbol{A}$ 为正交矩阵,则

$$\tilde{s}(t)=s(t),\quad \tilde{\kappa}(t)=\kappa(t),\quad \tilde{\tau}(t)=-\tau(t).$$

注 1.2.1 如果两条曲线相应的弧长、曲率与挠率对应相等,它们是否可以通过一个刚性运动而叠合(参阅曲线论基本定理 1.5.2)?

例 1.2.1 圆周 $\boldsymbol{x}(s)=\left(r\cos\frac{s}{r},r\sin\frac{s}{r},0\right)$(即$(x^1)^2+(x^2)^2=r^2,x^3=0,r>0$)的曲率 $\kappa(s)=\frac{1}{r}$,挠率 $\tau(s)=0$.

例 1.2.2 椭圆 $\boldsymbol{x}(t)=(a\cos t,b\sin t,0)$ $(a>0,b>0)$的弧长,曲率与挠率分别为

$$s(t)=\int_0^t(a^2\sin^2 t+b^2\cos^2 t)^{\frac{1}{2}}\mathrm{d}t,$$

$$\kappa(t)=\frac{ab}{(a^2\sin^2 t+b^2\cos^2 t)^{\frac{3}{2}}},$$

$$\tau(t)=0.$$

例 1.2.3 设 r,h 及 $\omega=(r^2+h^2)^{-\frac{1}{2}}$ 均为常数,则圆柱螺线

$$\boldsymbol{x}(s)=(r\cos\omega s,r\sin\omega s,\omega hs)$$

的曲率 $\kappa(s)=\omega^2 r$,挠率 $\tau(s)=\omega^2 h$,它们也为常数,而 s 为其弧长. 进而,$\boldsymbol{x}(s)$的单位切向量 $\boldsymbol{x}'(s)$与 z 轴的夹角为定值 $\arccos\omega h$.

例 1.2.4 如果一条曲线 $\boldsymbol{x}(s)$的切向量始终与一固定方向成一个定角,则称此曲线为**一般螺线**(s 为弧长参数). 圆柱螺线为其特例.

2. 习题解答

1.2.1 求 3 次挠曲线

$$\boldsymbol{x}(t)=(at,bt^2,ct^3)\quad(a>0,b>0,c>0)$$

的切向量、切线、主法线、密切平面方程、法平面方程.

解 $\boldsymbol{x}'(t)=(a,2bt,3ct^2)$,切向量,

$\boldsymbol{x}''(t)=(0,2b,6ct)\,/\!/\,(0,b,3ct)$.

$\boldsymbol{V}_1=\dot{\boldsymbol{x}}=\boldsymbol{x}'(t)\frac{\mathrm{d}t}{\mathrm{d}s}$($s$ 为其弧长),其中 $\dot{\boldsymbol{x}}=\frac{\mathrm{d}\boldsymbol{x}}{\mathrm{d}s}$.

$$\kappa \boldsymbol{V}_2=\dot{\boldsymbol{V}}_1=\boldsymbol{x}=\frac{\mathrm{d}}{\mathrm{d}s}\left[\boldsymbol{x}'(t)\frac{\mathrm{d}t}{\mathrm{d}s}\right]=\boldsymbol{x}''(t)\left(\frac{\mathrm{d}t}{\mathrm{d}s}\right)^2+\boldsymbol{x}'(t)\frac{\mathrm{d}^2t}{\mathrm{d}s^2},$$

$$\boldsymbol{V}_3=\boldsymbol{V}_1\times\boldsymbol{V}_2=\boldsymbol{x}'(t)\frac{\mathrm{d}t}{\mathrm{d}s}\times\left[\boldsymbol{x}''(t)\left(\frac{\mathrm{d}t}{\mathrm{d}s}\right)^2+\boldsymbol{x}'(t)\frac{\mathrm{d}^2t}{\mathrm{d}s^2}\right]\times\frac{1}{\kappa}$$

$$=\frac{1}{\kappa}\left(\frac{\mathrm{d}t}{\mathrm{d}s}\right)^3\boldsymbol{x}'(t)\times\boldsymbol{x}''(t),$$

$$\boldsymbol{V}_2=\boldsymbol{V}_3\times\boldsymbol{V}_1=\left[\frac{1}{\kappa}\left(\frac{\mathrm{d}t}{\mathrm{d}s}\right)^3\boldsymbol{x}'(t)\times\boldsymbol{x}''(t)\right]\times\boldsymbol{x}'(t)\frac{\mathrm{d}t}{\mathrm{d}s}$$

$$=-\frac{1}{\kappa}\left(\frac{\mathrm{d}t}{\mathrm{d}s}\right)^4\boldsymbol{x}'(t)\times[\boldsymbol{x}'(t)\times\boldsymbol{x}''(t)].$$

因为

$$(\boldsymbol{x}'(t),\boldsymbol{x}''(t),\boldsymbol{x}'''(t))=\begin{vmatrix} a & 2bt & 3ct^2 \\ 0 & 2b & 6ct \\ 0 & 0 & 6c \end{vmatrix}=12abc\neq 0,$$

所以

$$\tau(t)=\frac{(\boldsymbol{x}'(t),\boldsymbol{x}''(t),\boldsymbol{x}'''(t))}{|\boldsymbol{x}'(t)\times\boldsymbol{x}''(t)|}\neq 0,$$

因此 $\boldsymbol{x}(t)$ 为挠曲线.

切线方程为

$$\frac{X^1-at}{a}=\frac{X^2-bt^2}{2bt}=\frac{X^3-ct^3}{3ct^2}.$$

主法线方程(由方向向量 $\boldsymbol{x}'(t)\times[\boldsymbol{x}'(t)\times\boldsymbol{x}''(t)]$ 确定)为

$$\frac{X^1-at}{2ab^2t+9ac^2t^3}=\frac{X^2-bt^2}{-a^2b+9bc^2t^4}=\frac{X^3-ct^3}{-3a^2ct-6b^2ct^3},$$

其中

$$\boldsymbol{x}'(t)\times\boldsymbol{x}''(t)\ /\!/\ \begin{vmatrix} \boldsymbol{e}_1 & \boldsymbol{e}_2 & \boldsymbol{e}_3 \\ a & 2bt & 3ct^2 \\ 0 & b & 3ct \end{vmatrix}=(3bct^2,-3act,ab),$$

$$\boldsymbol{x}'(t)\times[\boldsymbol{x}'(t)\times\boldsymbol{x}''(t)]\ /\!/\ \begin{vmatrix} \boldsymbol{e}_1 & \boldsymbol{e}_2 & \boldsymbol{e}_3 \\ a & 2bt & 3ct^2 \\ 3bct^2 & -3act & ab \end{vmatrix}$$

$$=(2ab^2t+9ac^2t^3,-a^2b+9b^2c^2t^4,-3a^2ct-6b^2ct^3).$$

密切平面方程(法向为 $\boldsymbol{x}'(t)\times\boldsymbol{x}''(t)$)为

$$3bct^2(X^1-at)-3act(X^2-bt^2)+ab(X^3-ct^3)=0,$$

即

$$3bct^2X^1-3actX^2+abX^3-abct^3=0.$$

法平面方程(平面法向为 $\boldsymbol{x}'(t)$)为

$$a(X^1-at)+2bt(X^2-bt^2)+3ct^2(X^3-ct^3)=0,$$

即

$$aX^1+2btX^2+3ct^2X^3-(a^2t+2b^2t^3+3c^2t^5)=0.$$ □

1.2.2 求圆柱螺线

$$\boldsymbol{x}(s)=(r\cos\omega s,r\sin\omega s,\omega hs)\quad(r>0,h>0,\omega=(r^2+h^2)^{-\frac{1}{2}})$$

的切向量、切线、主法线、密切平面、法平面方程.

解 由例 1.1.3,知

$$\boldsymbol{V}_1(s)=\boldsymbol{x}'(s)=\omega(-r\sin\omega s,r\cos\omega s,h)\quad(\text{切向量},s\text{ 为弧长}),$$

且

$$\kappa(s)\boldsymbol{V}_2(s)=\boldsymbol{V}_1'(s)=\omega^2(-r\cos\omega s,-r\sin\omega s,0),$$

$$\boldsymbol{V}_2(s)=-(\cos\omega s,\sin\omega s,0),$$

$$\boldsymbol{V}_3(s)=\boldsymbol{V}_1(s)\times\boldsymbol{V}_2(s)=\begin{vmatrix}\boldsymbol{e}_1 & \boldsymbol{e}_2 & \boldsymbol{e}_3\\ -r\omega\sin\omega s & r\omega\cos\omega s & h\omega\\ -\cos\omega s & -\sin\omega s & 0\end{vmatrix}$$

$$=(h\omega\sin\omega s,-h\omega\cos\omega s,r\omega)$$

$$=\omega(h\sin\omega s,-h\cos\omega s,r).$$

切线方程(方向为 $\boldsymbol{V}_1(s)$)为

$$\frac{X^1-r\cos\omega s}{-r\sin\omega s}=\frac{X^2-r\sin\omega s}{r\cos\omega s}=\frac{X^3-\omega hs}{h}.$$

主法线方程(方向为 $\boldsymbol{V}_2(s)$)为

$$\frac{X^1-r\cos\omega s}{-\cos\omega s}=\frac{X^2-r\sin\omega s}{-\sin\omega s}=\frac{X^3-\omega hs}{0}.$$

密切平面方程(平面法向为 $\boldsymbol{V}_3(s)$)为

$$h\sin\omega s(X^1-r\cos\omega s)-h\cos\omega s(X^2-r\sin\omega s)+r(X^3-\omega hs)=0,$$

即

$$h\sin\omega sX^1-h\cos\omega sX^2+rX^3-r\omega hs=0.$$

法平面方程(平面法向为 $\boldsymbol{V}_1(s)$)为

$$-r\sin\omega s(X^1-r\cos\omega s)+r\cos\omega s(X^2-r\sin\omega s)+h(X^3-\omega hs)=0,$$

即

$$-r\sin\omega sX^1+r\cos\omega sX^2+hX^3-\omega h^2s=0.$$ □

注 从习题 1.2.2 可看出,如果以弧长 s 为参数,则上述计算比习题 1.2.1 简单得多.

1.2.3 求双曲螺线

$$\boldsymbol{x}(t)=(a\operatorname{ch}t, a\operatorname{sh}t, at)\quad(a>0)$$

的弧长、曲率、挠率.

解 计算得 $\boldsymbol{x}'(t)=(a\operatorname{sh}t, a\operatorname{ch}t, a)$. 弧长

$$s=\int_0^t|\boldsymbol{x}'(t)|\,\mathrm{d}t=\int_0^t|a|\sqrt{\operatorname{ch}^2t+\operatorname{sh}^2t+1}\,\mathrm{d}t$$

$$=\int_0^t|a|\sqrt{\operatorname{ch}^2t+\operatorname{ch}^2t}\,\mathrm{d}t=|a|\int_0^t\sqrt{2}\operatorname{ch}t\,\mathrm{d}t=\sqrt{2}|a|\operatorname{sh}t.$$

$$\boldsymbol{x}''(t)=(a\operatorname{ch}t, a\operatorname{sh}t, 0),$$

$$\boldsymbol{x}'''(t)=(a\operatorname{sh}t, a\operatorname{ch}t, 0).$$

$$\kappa(t)=\frac{|\boldsymbol{x}'(t)\times\boldsymbol{x}''(t)|}{|\boldsymbol{x}'(t)|^3}$$

$$=\frac{1}{(\sqrt{2}|a|\operatorname{ch}t)^3}\left\|\begin{matrix}\boldsymbol{e}_1&\boldsymbol{e}_2&\boldsymbol{e}_3\\a\operatorname{sh}t&a\operatorname{ch}t&a\\a\operatorname{ch}t&a\operatorname{sh}t&0\end{matrix}\right\|$$

$$=\frac{|(-a^2\operatorname{sh}t, a^2\operatorname{ch}t, -a^2)|}{2\sqrt{2}|a|^3\operatorname{ch}^3t}=\frac{\sqrt{\operatorname{sh}^2t+\operatorname{ch}^2t+1}}{2\sqrt{2}|a|\operatorname{ch}^3t}$$

$$=\frac{\sqrt{2}\operatorname{ch}t}{2\sqrt{2}|a|\operatorname{ch}^3t}=\frac{1}{2|a|\operatorname{ch}^2t}.$$

$$\tau(t)=\frac{(\boldsymbol{x}'(t),\boldsymbol{x}''(t),\boldsymbol{x}'''(t))}{|\boldsymbol{x}'(t)\times\boldsymbol{x}''(t)|^2}=\frac{1}{a^4(\operatorname{sh}^2t+\operatorname{ch}^2t+1)}\begin{vmatrix}a\operatorname{sh}t&a\operatorname{ch}t&a\\a\operatorname{ch}t&a\operatorname{sh}t&0\\a\operatorname{sh}t&a\operatorname{ch}t&0\end{vmatrix}$$

$$=\frac{a^3(\operatorname{ch}^2t-\operatorname{sh}^2t)}{a^4\cdot2\operatorname{ch}^2t}=\frac{1}{2a\operatorname{ch}^2t}.$$

□

1.2.4 求曲线

$$\boldsymbol{x}(t)=(\cos^3t, \sin^3t, \cos2t)$$

的曲率、挠率.

解 $\boldsymbol{x}'(t)=(-3\cos^2t\sin t, 3\sin^2t\cos t, -2\sin2t)$

$$=\sin2t\left(-\frac{3}{2}\cos t, \frac{3}{2}\sin t, -2\right)$$

$$=\frac{5}{2}\sin2t\left(-\frac{3}{5}\cos t, \frac{3}{5}\sin t, -\frac{4}{5}\right).$$

令 $\lambda(t)=\frac{5}{2}\sin 2t, \boldsymbol{e}=\left(-\frac{3}{5}\cos t, \frac{3}{5}\sin t, -\frac{4}{5}\right)$,则

$$\boldsymbol{e}'=\frac{3}{5}(\sin t, \cos t, 0), \quad |\boldsymbol{e}|=1, \quad \boldsymbol{e}\cdot\boldsymbol{e}'=0,$$

$$\boldsymbol{e}''=\frac{3}{5}(\cos t, -\sin t, 0).$$

$$\boldsymbol{e}\times\boldsymbol{e}'=\begin{vmatrix} \boldsymbol{e}_1 & \boldsymbol{e}_2 & \boldsymbol{e}_3 \\ -\frac{3}{5}\cos t & \frac{3}{5}\sin t & -\frac{4}{5} \\ \frac{3}{5}\sin t & \frac{3}{5}\cos t & 0 \end{vmatrix}=\left(\frac{12}{25}\cos t, -\frac{12}{25}\sin t, -\frac{9}{25}\right),$$

$$\begin{aligned} |\boldsymbol{e}\times\boldsymbol{e}'| &= \sqrt{\left(\frac{12}{25}\right)^2(\cos^2 t+\sin^2 t)+\left(-\frac{9}{25}\right)^2} \\ &= \sqrt{\frac{144+81}{25^2}}=\sqrt{\frac{225}{25^2}}=\frac{15}{25}=\frac{3}{5} \\ &= |\boldsymbol{e}''|, \end{aligned}$$

$$(\boldsymbol{e}, \boldsymbol{e}', \boldsymbol{e}'')=\begin{vmatrix} -\frac{3}{5}\cos t & \frac{3}{5}\sin t & -\frac{4}{5} \\ \frac{3}{5}\sin t & \frac{3}{5}\cos t & 0 \\ \frac{3}{5}\cos t & -\frac{3}{5}\sin t & 0 \end{vmatrix}=\frac{36}{125}.$$

为计算曲率、挠率,注意到

$$\boldsymbol{x}'=\lambda\boldsymbol{e}, \quad \boldsymbol{x}''=(\lambda\boldsymbol{e})'=\lambda'\boldsymbol{e}+\lambda\boldsymbol{e}',$$
$$\boldsymbol{x}'''=(\lambda'\boldsymbol{e}+\lambda\boldsymbol{e}')'=\lambda''\boldsymbol{e}+2\lambda'\boldsymbol{e}'+\lambda\boldsymbol{e}'',$$

于是,有

$$\kappa=\frac{|\boldsymbol{x}'\times\boldsymbol{x}''|}{|\boldsymbol{x}'|^3}=\frac{\lambda^2|\boldsymbol{e}\times\boldsymbol{e}'|}{|\lambda|^3}=\frac{\frac{3}{5}}{|\lambda|}=\frac{\frac{3}{5}}{\frac{5}{2}|\sin 2t|}=\frac{6}{25}|\csc 2t|.$$

$$\begin{aligned} \tau &= \frac{(\boldsymbol{x}', \boldsymbol{x}'', \boldsymbol{x}''')}{|\boldsymbol{x}'\times\boldsymbol{x}''|^2} \\ &= \frac{(\lambda\boldsymbol{e}, \lambda'\boldsymbol{e}+\lambda\boldsymbol{e}', \lambda''\boldsymbol{e}+2\lambda'\boldsymbol{e}'+\lambda\boldsymbol{e}'')}{\lambda^4\left(\frac{3}{5}\right)^2} \end{aligned}$$

$$= \frac{(\lambda \boldsymbol{e}, \lambda \boldsymbol{e}', \lambda \boldsymbol{e}'')}{\frac{9}{25}\lambda^4} = \frac{(\boldsymbol{e}, \boldsymbol{e}', \boldsymbol{e}'')}{\frac{9}{25}\lambda} = \frac{\frac{36}{125}}{\frac{9}{25}\lambda} = \frac{4}{5 \cdot \frac{5}{2}\sin 2t} = \frac{8}{25}\csc 2t.$$ □

1.2.5 求曲线

$$\boldsymbol{x}(t) = (a(3t - t^3), 3at^2, a(3t + t^3)) \quad (a > 0)$$

的曲率、挠率.

解 计算得

$$\boldsymbol{x}'(t) = (3a(1-t^2), 6at, 3a(1+t^2)) = 3a(1-t^2, 2t, 1+t^2),$$

$$\boldsymbol{x}''(t) = 6a(-t, 1, t),$$

$$\boldsymbol{x}'''(t) = 6a(-1, 0, 1).$$

$$|\boldsymbol{x}'(t)| = 3a\sqrt{(1-t^2)^2 + 4t^2 + (1+t^2)^2}$$

$$= 3a\sqrt{2(1+t^2)^2} = 3\sqrt{2}a(1+t^2),$$

$$\boldsymbol{x}' \times \boldsymbol{x}'' = \begin{vmatrix} \boldsymbol{e}_1 & \boldsymbol{e}_2 & \boldsymbol{e}_3 \\ 3a(1-t^2) & 6at & 3a(1+t^2) \\ -6at & 6a & 6at \end{vmatrix} = 18a^2 \begin{vmatrix} \boldsymbol{e}_1 & \boldsymbol{e}_2 & \boldsymbol{e}_3 \\ 1-t^2 & 2t & 1+t^2 \\ -t & 1 & t \end{vmatrix}$$

$$= 18a^2(t^2 - 1, -2t, 1+t^2),$$

$$(\boldsymbol{x}', \boldsymbol{x}'', \boldsymbol{x}''') = \begin{vmatrix} 3a(1-t^2) & 6at & 3a(1+t^2) \\ -6at & 6a & 6at \\ -6a & 0 & 6a \end{vmatrix} = 108a^3 \begin{vmatrix} 1-t^2 & 2t & 1+t^2 \\ -t & 1 & t \\ -1 & 0 & 1 \end{vmatrix}$$

$$= 108a^3 \left(\begin{vmatrix} 1-t^2 & 1+t^2 \\ -1 & 1 \end{vmatrix} - 2t \begin{vmatrix} -t & t \\ -1 & 1 \end{vmatrix} \right)$$

$$= 108a^3[(1 - t^2 + 1 + t^2) - 0] = 216a^3.$$

$$\kappa = \frac{|\boldsymbol{x}' \times \boldsymbol{x}''|}{|\boldsymbol{x}'|^3} = \frac{18a^2\sqrt{(t^2-1)^2 + (-2t)^2 + (1+t^2)^2}}{[3\sqrt{2}a(1+t^2)]^3}$$

$$= \frac{18\sqrt{2}a^2(1+t^2)}{54\sqrt{2}a^3(1+t^2)^3} = \frac{1}{3a(1+t^2)^2}.$$

$$\tau = \frac{(\boldsymbol{x}', \boldsymbol{x}'', \boldsymbol{x}''')}{|\boldsymbol{x}' \times \boldsymbol{x}''|^2} = \frac{216a^3}{[18\sqrt{2}a^2(1+t^2)]^2}$$

$$= \frac{216a^3}{18^2 \cdot 2 \cdot a^4(1+t^2)^2} = \frac{1}{3a(1+t^2)^2}.$$ □

1.2.6 求曲线

$$\boldsymbol{x}(t) = (a(1 - \sin t), a(1 - \cos t), bt) \quad (a > 0, b > 0)$$

的曲率、挠率.

解 解法1 计算得

$$\boldsymbol{x}'(t)=(-a\cos t,a\sin t,b),$$
$$|\boldsymbol{x}'(t)|=\sqrt{a^2\cos^2 t+a^2\sin^2 t+b^2}=\sqrt{a^2+b^2},$$
$$\boldsymbol{x}''(t)=(a\sin t,a\cos t,0),\quad \boldsymbol{x}'''(t)=(a\cos t,-a\sin t,0).$$

因此

$$\boldsymbol{x}'(t)\times\boldsymbol{x}''(t)=\begin{vmatrix}\boldsymbol{e}_1 & \boldsymbol{e}_2 & \boldsymbol{e}_3\\ -a\cos t & a\sin t & b\\ a\sin t & a\cos t & 0\end{vmatrix}=(-ab\cos t,ab\sin t,-a^2)$$
$$=a(-b\cos t,b\sin t,-a),$$
$$(\boldsymbol{x}'(t),\boldsymbol{x}''(t),\boldsymbol{x}'''(t))=\begin{vmatrix}-a\cos t & a\sin t & b\\ a\sin t & a\cos t & 0\\ a\cos t & -a\sin t & 0\end{vmatrix}$$
$$=ba^2(-\sin^2 t-\cos^2 t)=-a^2b.$$
$$\kappa(t)=\frac{|\boldsymbol{x}'\times\boldsymbol{x}''|}{|\boldsymbol{x}'|^3}=\frac{a(a^2+b^2)^{\frac{1}{2}}}{(a^2+b^2)^{\frac{3}{2}}}=\frac{a}{a^2+b^2}.$$
$$\tau(t)=\frac{(\boldsymbol{x}',\boldsymbol{x}'',\boldsymbol{x}''')}{|\boldsymbol{x}'\times\boldsymbol{x}''|^2}=\frac{-a^2b}{[a(a^2+b^2)^{\frac{1}{2}}]^2}=\frac{-a^2b}{a^2(a^2+b^2)}=-\frac{b}{a^2+b^2}.$$

解法2 $\boldsymbol{x}'(t)=(-a\cos t,a\sin t,b)$, $|\boldsymbol{x}(t)|=\sqrt{a^2\cos^2 t+a^2\sin^2 t+b^2}=\sqrt{a^2+b^2}$,这表明 $t=\dfrac{s}{\sqrt{a^2+b^2}}$($s$ 为弧长),因此用Frenet公式求 κ,τ 较容易.若用 $\dot{\boldsymbol{x}}$ 表示对弧长的求导,则

$$\boldsymbol{x}'(t)\frac{\mathrm{d}t}{\mathrm{d}s}=\dot{\boldsymbol{x}}=\boldsymbol{V}_1=\frac{1}{\sqrt{a^2+b^2}}\boldsymbol{x}'(t)=\frac{1}{\sqrt{a^2+b^2}}(-a\cos t,a\sin t,b),$$
$$\frac{\mathrm{d}t}{\mathrm{d}s}=\frac{1}{\sqrt{a^2+b^2}},\quad \frac{\mathrm{d}s}{\mathrm{d}t}=\sqrt{a^2+b^2}.$$
$$\kappa\boldsymbol{V}_2=\dot{\boldsymbol{V}}_1=\boldsymbol{V}_1'\frac{\mathrm{d}t}{\mathrm{d}s}=\frac{1}{\sqrt{a^2+b^2}}(a\sin t,a\cos t,0)\cdot\frac{1}{\sqrt{a^2+b^2}}$$
$$=\frac{a}{a^2+b^2}(\sin t,\cos t,0),$$

所以

$$\kappa=\frac{a}{a^2+b^2},\quad \boldsymbol{V}_2=(\sin t,\cos t,0),$$

$$\boldsymbol{V}_3=\boldsymbol{V}_1\times\boldsymbol{V}_2=\begin{vmatrix}\boldsymbol{e}_1 & \boldsymbol{e}_2 & \boldsymbol{e}_3\\ \dfrac{-a}{\sqrt{a^2+b^2}}\cos t & \dfrac{a}{\sqrt{a^2+b^2}}\sin t & \dfrac{b}{\sqrt{a^2+b^2}}\\ \sin t & \cos t & 0\end{vmatrix}$$

$$=\left(-\frac{b}{\sqrt{a^2+b^2}}\cos t,\frac{b}{\sqrt{a^2+b^2}}\sin t,-\frac{a}{\sqrt{a^2+b^2}}\right).$$

由

$$-\tau(\sin t,\cos t,0)=-\tau\boldsymbol{V}_2=\dot{\boldsymbol{V}}_3=\boldsymbol{V}_3'\frac{\mathrm{d}t}{\mathrm{d}s}$$

$$=\frac{1}{\sqrt{a^2+b^2}}\left(\frac{b}{\sqrt{a^2+b^2}}\sin t,\frac{b}{\sqrt{a^2+b^2}}\cos t,0\right)$$

$$=\frac{b}{a^2+b^2}(\sin t,\cos t,0),$$

可得 $\tau=-\dfrac{b}{a^2+b^2}$. □

1.2.7 证明:圆柱螺线

$$\boldsymbol{x}(s)=(r\cos\omega s,r\sin\omega s,\omega hs)$$

(r,h 及 $\omega=(r^2+h^2)^{-\frac{1}{2}}$ 均为常数)的主法线与它的轴(z 轴)正交,而从法线与它的轴交于定角.

证明 根据例 1.2.3,

$$\boldsymbol{V}_2(s)=-(\cos\omega s,\sin\omega s,0),$$

$$\boldsymbol{V}_3(s)=\omega(h\sin\omega s,-h\cos\omega s,r),$$

有

$$\boldsymbol{V}_2(s)\cdot\boldsymbol{e}_3=-(\cos\omega s,\sin\omega s,0)\cdot(0,0,1)=0,$$

$$\cos\theta=\boldsymbol{V}_3(s)\cdot\boldsymbol{e}_3=\omega(h\sin\omega s,-h\cos\omega s,r)\cdot(0,0,1)$$

$$=\omega r=\frac{r}{\sqrt{r^2+h^2}}\quad(常数),$$

其中 θ 为 $\boldsymbol{V}_3(s)$ 与 $\boldsymbol{e}_3$ 的夹角.这就表明主法线与 z 轴正交,而从法线与 z 轴交于定角 $\theta=\arccos\omega r=\arccos\dfrac{r}{\sqrt{r^2+h^2}}$. □

1.2.8 设平面 2 次连续可导的正则曲线的极坐标表示为

$$\boldsymbol{x}(\theta)=r(\theta)\boldsymbol{e}(\theta)=(r(\theta)\cos\theta,r(\theta)\sin\theta),$$

其中 $\boldsymbol{e}(\theta)=(\cos\theta,\sin\theta)$.证明:该曲线的曲率在极坐标下的公式为

$$\kappa=\frac{\left|\frac{1}{r}+\left(\frac{1}{r}\right)''\right|}{\left[1+\left(\frac{r'}{r}\right)^2\right]^{\frac{3}{2}}}=\frac{|r^2+2r'^2-rr''|}{(r^2+r'^2)^{\frac{3}{2}}}.$$

证明 计算得

$$\boldsymbol{e}(\theta)=(\cos\theta,\sin\theta),$$
$$\boldsymbol{e}'(\theta)=(-\sin\theta,\cos\theta),\quad \boldsymbol{e}\cdot\boldsymbol{e}'=0,\quad |\boldsymbol{e}\times\boldsymbol{e}'|=1,$$
$$\boldsymbol{e}''(\theta)=(-\cos\theta,-\sin\theta)=-\boldsymbol{e}(\theta);$$
$$\boldsymbol{x}'=r'\boldsymbol{e}+r\boldsymbol{e}',$$
$$\boldsymbol{x}''=r''\boldsymbol{e}+2r'\boldsymbol{e}'+r\boldsymbol{e}''=r''\boldsymbol{e}+2r'\boldsymbol{e}'-r\boldsymbol{e}=(r''-r)\boldsymbol{e}+2r'\boldsymbol{e}',$$
$$\begin{aligned}\boldsymbol{x}'\times\boldsymbol{x}''&=(r'\boldsymbol{e}+r\boldsymbol{e}')\times[(r''-r)\boldsymbol{e}+2r'\boldsymbol{e}']=\boldsymbol{e}\times\boldsymbol{e}'[2r'^2-r(r''-r)]\\&=\boldsymbol{e}\times\boldsymbol{e}'(r^2-rr''+2r'^2).\end{aligned}$$

于是

$$\begin{aligned}\kappa&=\frac{|\boldsymbol{x}'\times\boldsymbol{x}''|}{|\boldsymbol{x}'|^3}=\frac{|\boldsymbol{e}\times\boldsymbol{e}'|\cdot|r^2-rr''+2r'^2|}{(r'^2+r^2)^{\frac{3}{2}}}\\&=\frac{\left|\frac{r^2-rr''+2r'^2}{r^3}\right|}{\left[1+\left(\frac{r'}{r}\right)^2\right]^{\frac{3}{2}}}=\frac{\left|\frac{1}{r}+\frac{-r^2r''+r'\cdot 2rr'}{r^4}\right|}{\left[1+\left(\frac{r'}{r}\right)^2\right]^{\frac{3}{2}}}\\&=\frac{\left|\frac{1}{r}+\left(\frac{-r'}{r^2}\right)'\right|}{\left[1+\left(\frac{r'}{r}\right)^2\right]^{\frac{3}{2}}}=\frac{\left|\frac{1}{r}+\left(\frac{1}{r}\right)''\right|}{\left[1+\left(\frac{r'}{r}\right)^2\right]^{\frac{3}{2}}}.\end{aligned}$$

从第 2 个等号可看出

$$\kappa=\frac{|r^2+2r'^2-rr''|}{(r^2+r'^2)^{\frac{3}{2}}}.$$ □

1.3 Frenet 标架、Frenet 公式

1. 知识要点

定义 1.3.1 设 $\boldsymbol{x}(s)$（s 为弧长参数）为 $\mathbf{R}^3$ 中的 C^2 正则曲线，$\boldsymbol{x}''(s)\neq\boldsymbol{0}$（即 $\kappa(s)\neq 0$），我们称 $\{\boldsymbol{x}(s);\boldsymbol{V}_1(s),\boldsymbol{V}_2(s),\boldsymbol{V}_3(s)\}$ 为曲线 $\boldsymbol{x}(s)$ 在 s 处的 **Frenet 标架**或自

然活动标架.

定理 1.3.1(曲线论的基本公式,Frenet 公式) 设 $\boldsymbol{x}(s)$为 $\mathbf{R}^3$ 中的 C^3 正则曲线,$\boldsymbol{x}''(s)\neq\mathbf{0}$(即 $\kappa(s)\neq 0$),则有 **Frenet 公式**:

$$\begin{cases} \mathbf{V}_1'(s) = \kappa(s)\mathbf{V}_2(s), \\ \mathbf{V}_2'(s) = -\kappa(s)\mathbf{V}_1(s) + \tau(s)\mathbf{V}_3(s), \\ \mathbf{V}_3'(s) = -\tau(s)\mathbf{V}_2(s). \end{cases}$$

例 1.3.1 设 $\boldsymbol{x}(s)$为 $\mathbf{R}^3$ 中的 C^3 正则曲线,则

曲线 $\boldsymbol{x}(s)$(s 为弧长)为球面曲线 $\Leftrightarrow$ 法平面都过定点 $\boldsymbol{x}_0$(球心).

例 1.3.2 设 $\boldsymbol{x}(s)$(s 为弧长参数)为 $\mathbf{R}^3$ 中的一条 C^3 正则连通曲线,曲率 $\kappa(s)\neq 0$,挠率 $\tau(s)\neq 0$,则

$\boldsymbol{x}(s)$为一条以原点为中心的球面曲线

$$\begin{aligned} \Leftrightarrow\quad \boldsymbol{x}(s) &= -\rho(s)\mathbf{V}_2(s)-\sigma(s)\rho'(s)\mathbf{V}_3(s) \\ &= -\rho(s)\mathbf{V}_2(s)-\frac{\rho'(s)}{\tau(s)}\mathbf{V}_3(s) \\ &= -\frac{1}{\kappa(s)}\mathbf{V}_2(s)-\frac{1}{\tau(s)}\left[\frac{1}{\kappa(s)}\right]'\mathbf{V}_3(s), \end{aligned}$$

其中 $\rho(s)=\dfrac{1}{\kappa(s)}$称为**曲率半径**,$\sigma(s)=\dfrac{1}{\tau(s)}$称为**挠率半径**.

注 1.3.1 设 $\boldsymbol{x}(s)$(s 为弧长参数)为 $\mathbf{R}^3$ 中的一条 C^3 正则连通曲线,曲率 $\kappa(s)\neq 0$,挠率 $\tau(s)\neq 0$,则

$\boldsymbol{x}(s)$ 为一条以 $\boldsymbol{x}_0$ 为中心的球面曲线

$$\Leftrightarrow\quad \boldsymbol{x}(s) = \boldsymbol{x}_0-\frac{1}{\kappa(s)}\mathbf{V}_2(s)-\frac{1}{\tau(s)}\left[\frac{1}{\kappa(s)}\right]'\mathbf{V}_3(s)$$

$$\Leftrightarrow\quad \boldsymbol{x}_0 = \boldsymbol{x}(s)+\frac{1}{\kappa(s)}\mathbf{V}_2(s)+\frac{1}{\tau(s)}\left[\frac{1}{\kappa(s)}\right]'\mathbf{V}_3(s).$$

以 $\boldsymbol{y}(s)=\boldsymbol{x}(s)+\dfrac{1}{\kappa(s)}\mathbf{V}_2(s)+\dfrac{1}{\tau(s)}\left[\dfrac{1}{\kappa(s)}\right]'\mathbf{V}_3(s)$为中心、$\sqrt{\left[\dfrac{1}{\kappa(s)}\right]^2+\left\{\dfrac{1}{\tau(s)}\left[\dfrac{1}{\kappa(s)}\right]'\right\}^2}$为半径的球面称为**密切球面**.

例 1.3.3 $\mathbf{R}^3$ 中的曲线

$$\boldsymbol{x}(t) = (4a\cos^3 t, 4a\sin^3 t, 6b\cos^2 t)\quad \left(0 < t < \frac{\pi}{2}, a > 0, b > 0\right)$$

的曲率

$$\kappa(t) = \frac{a}{12(a^2+b^2)\sin t\cos t},$$

挠率

$$\tau(t)=\frac{b}{12(a^2+b^2)\sin t\cos t},$$

Frenet 标架为

$$\begin{aligned}\boldsymbol{V}_1(t)&=\frac{1}{(a^2+b^2)^{\frac{1}{2}}}(-a\cos t,a\sin t,-b),\\ \boldsymbol{V}_2(t)&=(\sin t,\cos t,0),\\ \boldsymbol{V}_3(t)&=\frac{1}{(a^2+b^2)^{\frac{1}{2}}}(b\cos t,-b\sin t,-a).\end{aligned}$$

注 1.3.2 例 1.3.3 表明$\dfrac{\tau(t)}{\kappa(t)}=\dfrac{b}{a}$(常数),故曲线为一般螺线.

例 1.3.4 应用 Frenet 公式重新讨论一般螺线.

设 $\boldsymbol{x}(s)$(s 为弧长参数)为 C^3 正则曲线,$\kappa(s)\neq 0$,则以下 4 条等价:

(1) $\boldsymbol{x}(s)$为一般螺线,即

$$\boldsymbol{V}_1(s)\cdot\boldsymbol{B}=\cos\theta\quad(\boldsymbol{B}\text{ 为单位向量},\theta\text{ 为常数});$$

(2) $\boldsymbol{V}_2(s)\cdot\boldsymbol{B}=0$;

(3) $\dfrac{\tau(s)}{\kappa(s)}=c$(常数);

(4) $\tau(s)\neq 0,\boldsymbol{V}_3(s)\cdot\boldsymbol{B}=\sin\theta$($\boldsymbol{B}$ 为常单位向量,θ 为常数).

定义 1.3.2 设 $\boldsymbol{x}(s)$与 $\tilde{\boldsymbol{x}}(\tilde{s})$均为 $\mathbf{R}^3$ 中的 C^3 正则曲线,s 与 $\tilde{s}$ 分别为这两条曲线的弧长. 如果这两条不同的曲线的点之间建立这样的一一对应关系:$\boldsymbol{x}(s)\mapsto\tilde{\boldsymbol{x}}(\tilde{s})$,使得对应点的主法线重合,则这两条曲线均称为 **Bertrand 曲线**,而每一条均称为另一条的**侣线或共轭曲线**.

例 1.3.5 (1) 平面上两个不同的同心圆 C_1 与 C_2 均为 Bertrand 曲线,互为侣线;

(2) 平面上任何一条曲率处处不为 0 的曲线为 Bertrand 曲线.

引理 1.3.1 两条 Bertrand 侣线 $\boldsymbol{x}(s)$与 $\tilde{\boldsymbol{x}}(\tilde{s})$沿它们的公共主法线距离 $\lambda(s)$为一个常数 λ,且 $\lambda\neq 0$,而且它们对应点的切线交成固定角 θ.

定理 1.3.2 设 $\boldsymbol{x}(s)$(s 为弧长)是 $\mathbf{R}^3$ 中的 C^3 正则曲线,曲率 $\kappa(s)\neq 0$,挠率 $\tau(s)\neq 0$(挠曲线),则

$$\boldsymbol{x}(s)\text{ 为 Bertrand 曲线}\quad\Leftrightarrow\quad\lambda\kappa(s)+\mu\tau(s)=1,$$

其中 λ,μ 均为常数,且 $\lambda\neq 0$.

定理 1.3.3 除圆柱螺线外,每条 Bertrand 曲线($\kappa(s)\neq 0,\tau(s)\neq 0$)只有一条唯一的侣线,而圆柱螺线的 $\kappa(s)$,$\tau(s)$都为非零常数,故有常数 λ 与 μ,使得 $\lambda\kappa(s)+$

$\mu\tau(s)=1,\lambda\neq 0\left(如\lambda=\frac{1}{\kappa(s)}=\frac{1}{\kappa}(常数)\neq 0,\mu=0\right)$，根据定理 1.3.2，$\boldsymbol{x}(s)$ 为 Bertrand 曲线，且有无数条侣线（由不同的 μ 得到不同的 λ）.

2. 习题解答

1.3.1 设 s 为弧长，在 $\mathbf{R}^3$ 中证明：

(1) $\kappa\tau=-\boldsymbol{V}_1'\cdot\boldsymbol{V}_3'$.

(2) $(\boldsymbol{x}',\boldsymbol{x}'',\boldsymbol{x}''')=\kappa^2\tau$.

证明 (1) 由 Frenet 公式，$-\boldsymbol{V}_1'\cdot\boldsymbol{V}_3'=-(\kappa\boldsymbol{V}_2)\cdot(-\tau\boldsymbol{V}_2)=\kappa\tau$.

(2) 证法 1 $(\boldsymbol{x}',\boldsymbol{x}'',\boldsymbol{x}''')=(\boldsymbol{V}_1,\boldsymbol{V}_1',\boldsymbol{V}_1'')=(\boldsymbol{V}_1,\kappa\boldsymbol{V}_2,\kappa'\boldsymbol{V}_2+\kappa(-\kappa\boldsymbol{V}_1+\tau\boldsymbol{V}_3))=(\boldsymbol{V}_1,\kappa\boldsymbol{V}_2,\kappa\tau\boldsymbol{V}_3)=\kappa^2\tau(\boldsymbol{V}_1,\boldsymbol{V}_2,\boldsymbol{V}_3)=\kappa^2\tau$.

证法 2 根据定理 1.2.1，有

$$\tau=\frac{(\boldsymbol{x}',\boldsymbol{x}'',\boldsymbol{x}''')}{|\boldsymbol{x}''|^2}=\frac{(\boldsymbol{x}',\boldsymbol{x}'',\boldsymbol{x}''')}{|\kappa\boldsymbol{V}_2|^2}=\frac{(\boldsymbol{x}',\boldsymbol{x}'',\boldsymbol{x}''')}{\kappa^2},$$

故

$$(\boldsymbol{x}',\boldsymbol{x}'',\boldsymbol{x}''')=\kappa^2\tau.$$

□

1.3.2 在 $\mathbf{R}^3$ 中，设 s 为单位球面 S^2 上 C^2 曲线

$$\boldsymbol{x}=\boldsymbol{x}(s)$$

的弧长. 证明：存在一组 C^1 向量 $\boldsymbol{a}(s),\boldsymbol{b}(s),\boldsymbol{c}(s)$ 及 C^0（连续）函数 $\lambda(s)$，使得

$$\begin{cases}\boldsymbol{a}'= & \boldsymbol{b}, & \\ \boldsymbol{b}'=-\boldsymbol{a} & & +\lambda(s)\boldsymbol{c}, \\ \boldsymbol{c}'= & -\lambda(s)\boldsymbol{b}. & \end{cases}$$

证明 因为 $\boldsymbol{x}(s)$ 是单位球面 S^2 上的曲线，故必有 $\boldsymbol{x}^2=1$. 于是

$$2\boldsymbol{x}\cdot\boldsymbol{x}'=0,\quad \boldsymbol{x}\cdot\boldsymbol{V}_1=\boldsymbol{x}\cdot\boldsymbol{x}'=0,\quad \boldsymbol{x}'^2=\boldsymbol{V}_1^2=1,$$
$$\boldsymbol{x}'\cdot\boldsymbol{V}_1+\boldsymbol{x}\cdot\boldsymbol{V}_1'=(\boldsymbol{x}\cdot\boldsymbol{V}_1)'=0'=0,$$
$$\boldsymbol{x}\cdot\boldsymbol{V}_1'=-\boldsymbol{x}'\cdot\boldsymbol{V}_1=-\boldsymbol{V}_1^2=-1.$$

令

$$\begin{cases}\boldsymbol{a}=\boldsymbol{x},\\ \boldsymbol{b}=\boldsymbol{a}'=\boldsymbol{x}'=\boldsymbol{V}_1,\\ \boldsymbol{c}=\boldsymbol{a}\times\boldsymbol{b}.\end{cases}$$

显然，$\boldsymbol{a},\boldsymbol{b},\boldsymbol{c}$ 为 C^1 向量值函数，$\boldsymbol{a}^2=\boldsymbol{x}^2=1,\boldsymbol{a}\cdot\boldsymbol{a}'=0,\boldsymbol{a}\cdot\boldsymbol{b}=\boldsymbol{a}\cdot\boldsymbol{a}'=0,\boldsymbol{b}^2=\boldsymbol{V}_1^2=1$. 由此推得 $\{\boldsymbol{a},\boldsymbol{b},\boldsymbol{c}\}=\{\boldsymbol{a},\boldsymbol{b},\boldsymbol{a}\times\boldsymbol{b}\}$ 为 $\mathbf{R}^3$ 中规范正交的右手系.

由于 $\boldsymbol{a}\cdot\boldsymbol{b}'=\boldsymbol{x}\cdot\boldsymbol{V}_1'=-1,\boldsymbol{b}^2=1,\boldsymbol{b}\cdot\boldsymbol{b}'=0$（或 $\boldsymbol{b}\cdot\boldsymbol{b}'=\boldsymbol{a}'\cdot\boldsymbol{a}''=\boldsymbol{V}_1\cdot\boldsymbol{V}_1'=0$），故

$$\boldsymbol{b}' = -\boldsymbol{a} + \lambda \boldsymbol{c} \quad (\lambda \text{ 为 } C^0 \text{(连续) 函数}),$$

且

$$\begin{aligned}\boldsymbol{c}' &= (\boldsymbol{a} \times \boldsymbol{b})' = \boldsymbol{a}' \times \boldsymbol{b} + \boldsymbol{a} \times \boldsymbol{b}' = \boldsymbol{b} \times \boldsymbol{b} + \boldsymbol{a} \times (-\boldsymbol{a} + \lambda \boldsymbol{c}) \\ &= \lambda \boldsymbol{a} \times \boldsymbol{c} = -\lambda \boldsymbol{b}.\end{aligned}$$

□

1.3.3 在 $\mathbf{R}^3$ 中,设 s 为曲线 $\boldsymbol{x}(s)$ 的弧长,$\kappa,\tau>0$;曲线

$$\bar{\boldsymbol{x}}(s) = \int_0^s \boldsymbol{V}_3(\sigma)\mathrm{d}\sigma$$

的曲率和挠率分别为 $\tilde{\kappa},\tilde{\tau}$,切向量,主法向量,从法向量分别为 $\widetilde{\boldsymbol{V}}_1,\widetilde{\boldsymbol{V}}_2,\widetilde{\boldsymbol{V}}_3$. 证明:

(1) s 为 $\bar{\boldsymbol{x}}$ 的弧长;

(2) $\tilde{\kappa}=\tau,\tilde{\tau}=\kappa,\widetilde{\boldsymbol{V}}_1=\boldsymbol{V}_3,\widetilde{\boldsymbol{V}}_2=-\boldsymbol{V}_2,\widetilde{\boldsymbol{V}}_3=\boldsymbol{V}_1$.

证明 (1) 因为 $\bar{\boldsymbol{x}}'(s)=\boldsymbol{V}_3(s)$,故

$$|\bar{\boldsymbol{x}}'(s)| = |\boldsymbol{V}_3(s)| = 1.$$

这表明 s 为 $\bar{\boldsymbol{x}}(s)$ 的弧长.

(2) 由 $\widetilde{\boldsymbol{V}}_1=\bar{\boldsymbol{x}}'=\boldsymbol{V}_3$,并根据 Frenet 公式,有

$$\tilde{\kappa}\widetilde{\boldsymbol{V}}_2 = \widetilde{\boldsymbol{V}}_1' = \boldsymbol{V}_3' = -\tau \boldsymbol{V}_2 = \tau(-\boldsymbol{V}_2).$$

再从 $\kappa,\tilde{\kappa},\tau>0$,立即得到

$$\tilde{\kappa} = \tau, \quad \widetilde{\boldsymbol{V}}_2 = -\boldsymbol{V}_2.$$

最后,

$$\widetilde{\boldsymbol{V}}_3 = \widetilde{\boldsymbol{V}}_1 \times \widetilde{\boldsymbol{V}}_2 = \boldsymbol{V}_3 \times (-\boldsymbol{V}_2) = \boldsymbol{V}_2 \times \boldsymbol{V}_3 = \boldsymbol{V}_1,$$

并根据 Frenet 公式,有

$$\begin{aligned}-\tilde{\tau}\widetilde{\boldsymbol{V}}_2 &= \widetilde{\boldsymbol{V}}_3' = \boldsymbol{V}_1' = \kappa \boldsymbol{V}_2 = \kappa(-\widetilde{\boldsymbol{V}}_2) = -\kappa \widetilde{\boldsymbol{V}}_2, \\ \tilde{\tau} &= \kappa.\end{aligned}$$

□

1.3.4 证明:曲线

$$\boldsymbol{x}(s) = \left(\frac{(1+s)^{\frac{3}{2}}}{3}, \frac{(1-s)^{\frac{3}{2}}}{3}, \frac{s}{\sqrt{2}}\right) \quad (-1 < s < 1)$$

以 s 为弧长参数,并求它的曲率、挠率及 Frenet 标架.

证明 证法 1 因为

$$\boldsymbol{x}'(s) = \left(\frac{(1+s)^{\frac{1}{2}}}{2}, -\frac{(1-s)^{\frac{1}{2}}}{2}, \frac{1}{\sqrt{2}}\right),$$

$$|\boldsymbol{x}'(s)| = \sqrt{\frac{1+s}{4} + \frac{1-s}{4} + \frac{1}{2}} = 1,$$

所以 s 为曲线 $\boldsymbol{x}(s)$ 的弧长,且 $\boldsymbol{V}_1(s)=\boldsymbol{x}'(s)$. 根据 Frenet 公式,有

$$\kappa \boldsymbol{V}_2 = \boldsymbol{V}_1' = \boldsymbol{x}'' = \left(\frac{(1+s)^{-\frac{1}{2}}}{4}, \frac{(1-s)^{-\frac{1}{2}}}{4}, 0\right)$$

$$= \frac{1}{4}\sqrt{\frac{2}{1-s^2}}\left(\frac{1}{\sqrt{2}}\sqrt{1-s}, \frac{1}{\sqrt{2}}\sqrt{1+s}, 0\right).$$

又因 $\kappa > 0$，故 $\kappa = \frac{1}{4}\sqrt{\frac{2}{1-s^2}}$，以及

$$\boldsymbol{V}_2 = \left(\frac{1}{\sqrt{2}}\sqrt{1-s}, \frac{1}{2}\sqrt{1+s}, 0\right) = \left(\frac{1}{\sqrt{2}}(1-s)^{\frac{1}{2}}, \frac{1}{\sqrt{2}}(1+s)^{\frac{1}{2}}, 0\right),$$

$$\boldsymbol{V}_3 = \boldsymbol{V}_1 \times \boldsymbol{V}_2 = \begin{vmatrix} \boldsymbol{e}_1 & \boldsymbol{e}_2 & \boldsymbol{e}_3 \\ \frac{(1+s)^{\frac{1}{2}}}{2} & -\frac{(1-s)^{\frac{1}{2}}}{2} & \frac{1}{\sqrt{2}} \\ \frac{1}{\sqrt{2}}(1-s)^{\frac{1}{2}} & \frac{1}{\sqrt{2}}(1+s)^{\frac{1}{2}} & 0 \end{vmatrix}$$

$$= \left(-\frac{1}{2}(1+s)^{\frac{1}{2}}, \frac{1}{2}(1-s)^{\frac{1}{2}}, \frac{1}{\sqrt{2}}\right).$$

由

$$-\tau\left(\frac{1}{\sqrt{2}}(1-s)^{\frac{1}{2}}, \frac{1}{\sqrt{2}}(1+s)^{\frac{1}{2}}, 0\right)$$

$$= -\tau \boldsymbol{V}_2 = \boldsymbol{V}_3' = \left(-\frac{1}{4}(1+s)^{-\frac{1}{2}}, -\frac{1}{4}(1-s)^{-\frac{1}{2}}, 0\right)$$

$$= -\frac{\sqrt{2}}{4(1-s^2)^{\frac{1}{2}}}\left(\frac{1}{\sqrt{2}}(1-s)^{\frac{1}{2}}, \frac{1}{\sqrt{2}}(1+s)^{\frac{1}{2}}, 0\right),$$

可得

$$\tau = \frac{\sqrt{2}}{4(1-s^2)^{\frac{1}{2}}} = \frac{\sqrt{2}}{4\sqrt{1-s^2}}.$$

证法 2 同证法 1，可知 s 为曲线 $\boldsymbol{x}(s)$ 的弧长，且

$$\boldsymbol{x}'(s) = \left(\frac{(1+s)^{\frac{1}{2}}}{2}, -\frac{(1-s)^{\frac{1}{2}}}{2}, \frac{1}{\sqrt{2}}\right),$$

$$\boldsymbol{x}''(s) = \left(\frac{(1+s)^{-\frac{1}{2}}}{4}, \frac{(1-s)^{-\frac{1}{2}}}{4}, 0\right),$$

$$\boldsymbol{x}'''(s) = \left(-\frac{(1+s)^{-\frac{3}{2}}}{8}, \frac{(1-s)^{-\frac{3}{2}}}{8}, 0\right).$$

于是

$$\kappa(s) = \kappa(s)\,|\,\boldsymbol{V}_2(s)\,| = |\,\boldsymbol{V}_1'(s)\,| = |\,\boldsymbol{x}''(s)\,|$$

$$=\sqrt{\frac{(1+s)^{-1}}{16}+\frac{(1-s)^{-1}}{16}}$$

$$=\frac{1}{4}\sqrt{\frac{1-s+1+s}{1-s^2}}=\frac{1}{4}\sqrt{\frac{2}{1-s^2}}.$$

或者由定理 1.2.1(2),推得

$$\kappa(s)=|\,\boldsymbol{x}'(s)\times\boldsymbol{x}''(s)\,|=\left\|\begin{matrix}\boldsymbol{e}_1 & \boldsymbol{e}_2 & \boldsymbol{e}_3\\ \frac{(1+s)^{\frac{1}{2}}}{2} & -\frac{(1-s)^{\frac{1}{2}}}{2} & \frac{1}{\sqrt{2}}\\ \frac{(1+s)^{-\frac{1}{2}}}{4} & \frac{(1-s)^{-\frac{1}{2}}}{4} & 0\end{matrix}\right\|$$

$$=\left|\left(-\frac{(1-s)^{-\frac{1}{2}}}{4\sqrt{2}},\frac{(1+s)^{-\frac{1}{2}}}{4\sqrt{2}},\frac{1}{8}\left(\sqrt{\frac{1+s}{1-s}}+\sqrt{\frac{1-s}{1+s}}\right)\right)\right|$$

$$=\sqrt{\frac{(1-s)^{-1}}{32}+\frac{(1+s)^{-1}}{32}+\frac{1}{64}\left(\frac{1+s}{1-s}+\frac{1-s}{1+s}+2\right)}$$

$$=\sqrt{\frac{1}{32}\,\frac{2}{1-s^2}+\frac{1}{64}\left(\frac{2+2s^2}{1-s^2}+2\right)}$$

$$=\sqrt{\frac{1}{32}\cdot\frac{2}{1-s^2}+\frac{1}{32}\,\frac{2}{1-s^2}}=\frac{1}{4}\sqrt{\frac{2}{1-s^2}}.$$

再由定理 1.2.1(1),有

$$(\boldsymbol{x}'(s),\boldsymbol{x}''(s),\boldsymbol{x}'''(s))=\begin{vmatrix}\frac{(1+s)^{\frac{1}{2}}}{2} & -\frac{(1-s)^{\frac{1}{2}}}{2} & \frac{1}{\sqrt{2}}\\ \frac{(1+s)^{-\frac{1}{2}}}{4} & \frac{(1-s)^{-\frac{1}{2}}}{4} & 0\\ -\frac{(1+s)^{-\frac{3}{2}}}{8} & \frac{(1-s)^{-\frac{3}{2}}}{8} & 0\end{vmatrix}$$

$$=\frac{1}{32\sqrt{2}}(1-s^2)^{-\frac{3}{2}}[(1+s)+(1-s)]$$

$$=\frac{1}{16\sqrt{2}}(1-s^2)^{-\frac{3}{2}}.$$

$$\tau(s)=\frac{(\boldsymbol{x}'(s),\boldsymbol{x}''(s),\boldsymbol{x}'''(s))}{|\,\boldsymbol{x}''(s)\,|^2}=\frac{\frac{1}{16\sqrt{2}}(1-s^2)^{-\frac{3}{2}}}{\left(\frac{1}{4}\sqrt{\frac{2}{1-s^2}}\right)^2}$$

$$= \frac{(1-s^2)^{-\frac{1}{2}}}{2\sqrt{2}} = \frac{\sqrt{2}}{4\sqrt{1-s^2}}.$$

由 $\kappa \boldsymbol{V}_2 = \boldsymbol{V}_1' = \boldsymbol{x}''$,得到

$$\boldsymbol{V}_2 = \frac{1}{\kappa}\boldsymbol{x}'' = \frac{1}{\frac{1}{4}\sqrt{\frac{2}{1-s^2}}}\left(\frac{(1+s)^{-\frac{1}{2}}}{4}, \frac{(1-s)^{-\frac{1}{2}}}{4}, 0\right)$$

$$= \left(\frac{(1+s)^{-\frac{1}{2}}(1-s^2)^{\frac{1}{2}}}{\sqrt{2}}, \frac{(1-s)^{-\frac{1}{2}}(1-s^2)^{\frac{1}{2}}}{\sqrt{2}}, 0\right)$$

$$= \left(\frac{(1-s)^{\frac{1}{2}}}{\sqrt{2}}, \frac{(1+s)^{\frac{1}{2}}}{\sqrt{2}}, 0\right).$$

同证法 1,有

$$\boldsymbol{V}_3 = \boldsymbol{V}_1 \times \boldsymbol{V}_2 = \left(-\frac{1}{2}(1+s)^{\frac{1}{2}}, \frac{1}{2}(1-s)^{\frac{1}{2}}, \frac{1}{\sqrt{2}}\right).$$ □

1.3.5 证明:$\mathbf{R}^3$ 中切线过定点的 C^2 正则曲线 $\boldsymbol{x}(s)$($s\in(\alpha,\beta)$ 为其弧长)为直线.

证明 证法 1 设切线方程为

$$\boldsymbol{y} = \boldsymbol{x}(s) + t\boldsymbol{x}'(s),$$

其中 t 为切线上的参数. 由题设,切线过定点 P_0,则

$$P_0 = \boldsymbol{x}(s) + \lambda(s)\boldsymbol{x}'(s) = \boldsymbol{x}(s) + \lambda(s)\boldsymbol{V}_1(s).$$

假设 $\exists s_0 \in (\alpha,\beta)$,使得曲率 $\kappa(s_0)>0$. 根据 κ 的连续性,$\exists \delta>0$,使得 $\kappa(s)>0$,$\forall s\in(s_0-\delta, s_0+\delta)\subset(\alpha,\beta)$. 于是,对上式两边关于 s 求导得到(注意,s 为 $\boldsymbol{y}(s)=\boldsymbol{x}(s)+\lambda(s)\boldsymbol{V}_1(s)$ 的参数,但未必为弧长参数)

$$\boldsymbol{0} = \boldsymbol{x}'(s) + \lambda'(s)\boldsymbol{V}_1(s) + \lambda(s)\boldsymbol{V}_1'(s) = [1+\lambda'(s)]\boldsymbol{V}_1(s) + \lambda(s)\kappa(s)\boldsymbol{V}_2(s)$$

$$\overset{\boldsymbol{V}_1,\boldsymbol{V}_2\text{线性无关}}{\Longleftrightarrow} \begin{cases} 1+\lambda'(s)=0, \\ \lambda(s)\kappa(s)=0 \end{cases} \overset{\kappa(s)>0}{\Longleftrightarrow} \begin{cases} 1+\lambda'(s)=0, \\ \lambda(s)=0 \end{cases} \Leftrightarrow \begin{cases} 1=1+\lambda'(s)=0, \\ \lambda(s)=0, \end{cases}$$

矛盾. 因此,$\kappa(s)\equiv 0$,$\forall s\in(\alpha,\beta)$. 根据引理 1.2.2,$\boldsymbol{x}(s)$($\alpha<s<\beta$)为直线段. 或者,总有

$$|\boldsymbol{x}''(s)| = \kappa(s) \equiv 0, \quad \boldsymbol{x}''(s) = \boldsymbol{0},$$

$$\boldsymbol{x}'(s) = \boldsymbol{a}(\text{常向量}), \quad \boldsymbol{x}(s) = s\boldsymbol{a} + \boldsymbol{b} \text{ 为直线},$$

其中 $\boldsymbol{b}=\boldsymbol{x}(0)$,$\boldsymbol{a}=\boldsymbol{x}'(0)$ 为单位常向量.

证法 2 不妨设定点为原点,根据题意,有

$$\boldsymbol{x}(s) = \lambda(s)\boldsymbol{V}_1(s).$$

假设 $\exists s_0 \in (\alpha,\beta)$,使得 $\kappa(s_0)>0$,则 $\exists \delta>0$,$(s_0-\delta, s_0+\delta)\subset(\alpha,\beta)$,使得 $\kappa(s)>$

0,则

$$\begin{aligned}\boldsymbol{V}_1(s) = \boldsymbol{x}'(s) &= [\lambda(s)\boldsymbol{V}_1(s)]' = \lambda'(s)\boldsymbol{V}_1(s) + \lambda(s)\boldsymbol{V}_1{}'(s) \\ &= \lambda'(s)\boldsymbol{V}_1(s) + \lambda(s)\kappa(s)\boldsymbol{V}_2(s),\end{aligned}$$

所以

$$[1-\lambda'(s)]\boldsymbol{V}_1(s) = \lambda(s)\kappa(s)\boldsymbol{V}_2(s)$$

$$\overset{\boldsymbol{V}_1,\boldsymbol{V}_2\text{线性无关}}{\Longleftrightarrow}\begin{cases}1-\lambda'(s)=0, \\ \lambda(s)\kappa(s)=0\end{cases}\overset{\kappa(s)>0}{\Longleftrightarrow}\begin{cases}1-\lambda'(s)=0, \\ \lambda(s)=0\end{cases}\Leftrightarrow\begin{cases}1=1-\lambda'(s)=0, \\ \lambda(s)=0,\end{cases}$$

矛盾.因此,$\kappa(s)\equiv 0$.同上可证 $\boldsymbol{x}(s)(\alpha<s<\beta)$ 为直线段.或者,从

$$|\boldsymbol{x}''(s)| = \kappa(s) \equiv 0, \quad \boldsymbol{x}'(s) = \boldsymbol{a}(\text{单位常向量}),$$

得

$$\begin{cases}1-\lambda'(s)=0, \\ \lambda(s)\cdot\kappa(s)=\lambda(s)\cdot 0=0,\end{cases}$$

解得

$$\lambda'(s)=1, \quad \lambda(s)=s-s_0.$$

$$\boldsymbol{x}(s)=\lambda(s)\boldsymbol{V}_1(s)=(s-s_0)\boldsymbol{V}_1(s)=(s-s_0)\boldsymbol{a}.$$

它为过 $\boldsymbol{x}(s_0)=\boldsymbol{0}$ 的直线. □

1.3.6 设 $\mathbf{R}^3$ 中 $\kappa(s)>0$ 的 (α,β) 上的 C^3 曲线 $\boldsymbol{x}(s)$ 的所有切线平行于同一平面,则曲线 $\boldsymbol{x}(s)$(其中 s 为弧长)为平面曲线.

证明 设该同一平面的单位法向量为 $\boldsymbol{n}$(固定向量).根据题意,有

$$\boldsymbol{n}\cdot\boldsymbol{V}_1(s)=0.$$

两边关于 s 求导,得到

$$\kappa(s)\boldsymbol{n}\cdot\boldsymbol{V}_2(s)=[\boldsymbol{n}\cdot\boldsymbol{V}_1(s)]'=0'=0.$$

因 $\kappa(s)>0$,故 $\boldsymbol{n}\cdot\boldsymbol{V}_2(s)=0$.再求导,得到

$$\begin{aligned}0 &= [\boldsymbol{n}\cdot\boldsymbol{V}_2(s)]' = \boldsymbol{n}\cdot\boldsymbol{V}_2{}'(s) = \boldsymbol{n}\cdot[-\kappa(s)\boldsymbol{V}_1(s)+\tau(s)\boldsymbol{V}_3(s)] \\ &= \tau(s)\boldsymbol{n}\cdot\boldsymbol{V}_3(s).\end{aligned}$$

由于 $\boldsymbol{n}\cdot\boldsymbol{V}_3(s)\neq 0$((反正)假设 $\boldsymbol{n}\cdot\boldsymbol{V}_3(s)=0$,再由上述 $\boldsymbol{n}\cdot\boldsymbol{V}_1(s)=0$,$\boldsymbol{n}\cdot\boldsymbol{V}_2(s)=0$,推得

$$\begin{aligned}0 &= \boldsymbol{n}\cdot\boldsymbol{V}_i(s) \\ &= [n_1\boldsymbol{V}_1(s)+n_2\boldsymbol{V}_2(s)+n_3\boldsymbol{V}_3(s)]\cdot\boldsymbol{V}_i(s)=n_i \quad (i=1,2,3),\end{aligned}$$

$$\boldsymbol{n}=\sum_{i=1}^{3}n_i\boldsymbol{V}_i(s)=\sum_{i=1}^{3}0\cdot\boldsymbol{V}_i(s)=\boldsymbol{0},$$

这与 $\boldsymbol{n}$ 为单位向量相矛盾),故 $\tau(s)=0$.应用定理 1.2.2,知 $\boldsymbol{x}(s)$ 为平面曲线. □

1.3.7 $\mathbf{R}^3$ 中所有密切平面通过定点 P_0 的 C^3 曲线 $\boldsymbol{x}(s)$($s\in(\alpha,\beta)$ 为弧长)必

为平面曲线.

证明 证法1 设所有密切平面通过定点 P_0,不妨设定点 P_0 为原点,即 $P_0=\mathbf{0}$,则有 $\boldsymbol{x}\cdot\boldsymbol{V}_3=0$. 两边对 s 求导,得到

$$0=(\boldsymbol{x}\cdot\boldsymbol{V}_3)'=\boldsymbol{x}'\cdot\boldsymbol{V}_3+\boldsymbol{x}\cdot\boldsymbol{V}_3'=\boldsymbol{V}_1\cdot\boldsymbol{V}_3+\boldsymbol{x}(-\tau\boldsymbol{V}_2)=-\tau\boldsymbol{x}\cdot\boldsymbol{V}_2.$$

(反证)反设 $\tau(s_0)\neq 0, s_0\in(\alpha,\beta)$. 由 τ 的连续性知,$\exists\,\delta>0$,使得 $\tau(s)\neq 0$,$\forall\, s\in(s_0-\delta,s_0+\delta)$,则 $\boldsymbol{x}(s)\cdot\boldsymbol{V}_2(s)=0$,$\forall\, s\in(x_0-\delta,x_0+\delta)$. 再对上式两边关于 s 求导,有

$$0=(\boldsymbol{x}\cdot\boldsymbol{V}_2)'=\boldsymbol{V}_1\cdot\boldsymbol{V}_2+\boldsymbol{x}\cdot\boldsymbol{V}_2'=\boldsymbol{x}\cdot(-\kappa\boldsymbol{V}_1+\tau\boldsymbol{V}_3)=-\kappa\tau\boldsymbol{x}\cdot\boldsymbol{V}_1.$$

因为 $\kappa>0$,故 $\boldsymbol{x}\cdot\boldsymbol{V}_1=0$,从而

$$\boldsymbol{x}\cdot\boldsymbol{V}_1=\boldsymbol{x}\cdot\boldsymbol{V}_2=\boldsymbol{x}\cdot\boldsymbol{V}_3=0.$$

类似于习题1.3.6的证明推得 $\boldsymbol{x}=\boldsymbol{x}(s)=\mathbf{0}$,$\forall\, s\in(x_0-\delta,x_0+\delta)$,这与 $\boldsymbol{x}(s)$ 为正则曲线相矛盾. 由此得到 $\tau(s)\equiv 0$,$\forall\, s\in(\alpha,\beta)$. 根据定理1.2.2,曲线 $\boldsymbol{x}(s)(\alpha<s<\beta)$ 必为平面曲线.

证法2 设 $\boldsymbol{x}(s)$ 点处的密切平面为

$$\boldsymbol{y}=\boldsymbol{x}(s)+\lambda\boldsymbol{V}_1(s)+\mu\boldsymbol{V}_2(s).$$

由于它过定点 P_0,所以

$$\begin{aligned}
P_0&=\boldsymbol{x}(s)+\lambda(s)\boldsymbol{V}_1(s)+\mu(s)\boldsymbol{V}_2(s),\\
P_0-\boldsymbol{x}(s)&=\lambda(s)\boldsymbol{V}_1(s)+\mu(s)\boldsymbol{V}_2(s),\\
[P_0-\boldsymbol{x}(s)]\cdot\boldsymbol{V}_3(s)&=0.
\end{aligned}$$

两边对 s 求导,得到

$$\begin{aligned}
0&=\{[P_0-\boldsymbol{x}(s)]\cdot\boldsymbol{V}_3(s)\}'\\
&=-\boldsymbol{x}'(s)\cdot\boldsymbol{V}_3(s)+[P_0-\boldsymbol{x}(s)]\cdot\boldsymbol{V}_3'(s)\\
&=-\boldsymbol{V}_1(s)\cdot\boldsymbol{V}_3(s)+[P_0-\boldsymbol{x}(s)]\cdot[-\tau(s)\boldsymbol{V}_2(s)]\\
&=-\tau(s)[P_0-\boldsymbol{x}(s)]\cdot\boldsymbol{V}_2(s).
\end{aligned}$$

(反证)假设 $\tau(s_0)\neq 0$. 由 τ 的连续性知,$\exists\,\delta>0$,使得 $\tau(s)\neq 0$,$\forall\, s\in(x_0-\delta,x_0+\delta)$,有

$$[P_0-\boldsymbol{x}(s)]\cdot\boldsymbol{V}_2(s)=0,\quad \forall\, s\in(x_0-\delta,x_0+\delta).$$

再对上式两边关于 s 求导,有

$$\begin{aligned}
0&=\{[P_0-\boldsymbol{x}(s)]\cdot\boldsymbol{V}_2(s)\}'\\
&=-\boldsymbol{V}_1(s)\cdot\boldsymbol{V}_2(s)+[P_0-\boldsymbol{x}(s)]\cdot[-\kappa(s)\boldsymbol{V}_1(s)+\tau(s)\boldsymbol{V}_3(s)]\\
&=\kappa(s)[P_0-\boldsymbol{x}(s)]\cdot\boldsymbol{V}_1(s).
\end{aligned}$$

因为 $\kappa>0$,故

$$[P_0-\boldsymbol{x}(s)]\cdot\boldsymbol{V}_1(s)=0,$$

从而

$$[P_0-\boldsymbol{x}(s)]\cdot\boldsymbol{V}_1(s)=[P_0-\boldsymbol{x}(s)]\cdot\boldsymbol{V}_2(s)=[P_0-\boldsymbol{x}(s)]\cdot\boldsymbol{V}_3(s)=0.$$

类似于习题 1.3.6 的证明,推得

$$P_0-\boldsymbol{x}(s)=\boldsymbol{0},\quad \boldsymbol{x}(s)=P_0,\quad \forall s\in(x_0-\delta,x_0+\delta).$$

这与 $\boldsymbol{x}(s)$ 为正则曲线相矛盾. 由此推得 $\tau(s)\equiv 0,\forall s\in(\alpha,\beta)$. 根据定理 1.2.2,曲线 $\boldsymbol{x}(s)(\alpha<s<\beta)$ 必为平面曲线. □

1.3.8 如果一条 $\kappa(s)>0$ 的曲线 $\boldsymbol{x}(s)$($s\in(\alpha,\beta)$ 为弧长)的所有法平面都包含非零的常向量 $\boldsymbol{e}$,则这条曲线 $\boldsymbol{x}(s)(\alpha<s<\beta)$ 为平面曲线.

证明 由题设知 $\boldsymbol{e}\cdot\boldsymbol{V}_1(s)=0$. 对此式两边关于 s 求导,得

$$\kappa(s)\boldsymbol{e}\cdot\boldsymbol{V}_2(s)=\boldsymbol{e}\cdot\boldsymbol{V}_1'(s)=[\boldsymbol{e}\cdot\boldsymbol{V}_1(s)]'=0'=0.$$

由于 $\kappa(s)>0$,故 $\boldsymbol{e}\cdot\boldsymbol{V}_2(s)=0$. 再对此式两边关于 s 求导,得

$$0=[\boldsymbol{e}\cdot\boldsymbol{V}_2(s)]'=\boldsymbol{e}\cdot[-\kappa(s)\boldsymbol{V}_1(s)+\tau(s)\boldsymbol{V}_3(s)]=\tau(s)\boldsymbol{e}\cdot\boldsymbol{V}_3(s).$$

(反证)假设 $\exists s_0\in(\alpha,\beta)$,使得 $\tau(s_0)\neq 0$,则 $\boldsymbol{e}\cdot\boldsymbol{V}_3(s)=0$,从而

$$\boldsymbol{e}\cdot\boldsymbol{V}_1(s_0)=\boldsymbol{e}\cdot\boldsymbol{V}_2(s_0)=\boldsymbol{e}\cdot\boldsymbol{V}_3(s_0)=0.$$

根据习题 1.3.6 的证明,知 $\boldsymbol{e}=\boldsymbol{0}$,这与题设 $\boldsymbol{e}$ 为非零向量相矛盾. 这就证明了 $\tau(s)\equiv 0,\forall s\in(\alpha,\beta)$. 根据定理 1.2.2,$\boldsymbol{x}(s)(\alpha<s<\beta)$ 为平面曲线. □

1.3.9 如果连通曲线 $\boldsymbol{x}(s)$($s\in(\alpha,\beta)$ 为弧长)的所有密切平面都垂直于一条固定直线,证明:该曲线 $\boldsymbol{x}(s)(\alpha<s<\beta)$ 必为平面曲线.

证明 设该固定直线的方向为单位向量 $\boldsymbol{e}$,则 $\boldsymbol{V}_3=\boldsymbol{V}_1\times\boldsymbol{V}_2=\pm\boldsymbol{e}$. 应用 Frenet 公式,有

$$-\tau\boldsymbol{V}_2=\boldsymbol{V}_3'=(\pm\boldsymbol{e})'=\boldsymbol{0}.$$

由 $\boldsymbol{V}_2\neq\boldsymbol{0}$ 推得 $\tau=0$. 根据定理 1.2.2,$\boldsymbol{x}(s)$ 必为平面曲线. □

1.3.10 设两条曲率大于 0 的 C^2 曲线之间可建立(可微的)一一对应,使对应点切线处处相同. 问:两曲线重合吗?

解 设一条曲线为 $\boldsymbol{x}(s)$(s 为其弧长),则另一条曲线记为

$$\tilde{\boldsymbol{x}}(s)=\boldsymbol{x}(s)+\lambda(s)\boldsymbol{V}_1(s),$$

其中 s 为其参数,但未必为其弧长. 于是,根据题意,有

$$\begin{aligned}\tilde{\boldsymbol{x}}'(s)&=\boldsymbol{x}'(s)+\lambda'(s)\boldsymbol{V}_1(s)+\lambda(s)\boldsymbol{V}_1{}'(s)\\&=[1+\lambda'(s)]\boldsymbol{V}_1(s)+\lambda(s)\kappa(s)\boldsymbol{V}_2(s),\end{aligned}$$

$$\lambda(s)\kappa(s)=0.$$

因为 $\kappa>0$,故 $\lambda(s)=0$,从而 $\tilde{\boldsymbol{x}}(s)=\boldsymbol{x}(s)$,即得两曲线重合. □

注 如果曲率大于 0 的条件删去,则讨论如下:

(1) 如果恒有 $\kappa(s)>0$,则 $\lambda(s)\equiv 0$,从而 $\tilde{\boldsymbol{x}}(s)=\boldsymbol{x}(s)$,即两曲线 $\tilde{\boldsymbol{x}}(s)$ 与 $\boldsymbol{x}(s)$ 重合.

(2) 如果 $F=\{s|\kappa(s)=0\}$ 不含区间,则两曲线 $\tilde{\boldsymbol{x}}(s)$ 与 $\boldsymbol{x}(s)$ 重合.

事实上,由 $\kappa(s)$ 连续性知,$G=\{s|\kappa(s)>0\}$ 为直线上的开集,根据(1),$\lambda(s)=0,s\in G$. 故两曲线 $\tilde{\boldsymbol{x}}(s)$ 与 $\boldsymbol{x}(s)$ 在 G 上重合,即 $\tilde{\boldsymbol{x}}(s)=\boldsymbol{x}(s)$,$\forall s\in G$. 再由于 $F=\{s|\kappa(s)=0\}$ 不含区间,故 $\overline{G}=\{s|\kappa(s)\geqslant 0\}$. 根据 $\tilde{\boldsymbol{x}}(s)$ 与 $\boldsymbol{x}(s)$ 的连续性,有 $\tilde{\boldsymbol{x}}(s)=\boldsymbol{x}(s)$ ($\forall s$),即两曲线 $\tilde{\boldsymbol{x}}(s)$ 与 $\boldsymbol{x}(s)$ 重合.

(3) 如果 $F=\{s|\kappa(s)=0\}$ 含闭区间 $[\alpha,\beta]$,$\alpha\in\overline{G}=\overline{\{s|\kappa(s)>0\}}=\{s|\kappa(s)\geqslant 0\}$,$\beta\in\overline{G}$,则

$$\tilde{\boldsymbol{x}}'(s)=[1+\lambda'(s)]\boldsymbol{V}_1(s),\quad 1+\lambda'(s)\neq 0,\quad \lambda(\alpha)=0=\lambda(\beta).$$

此时,由 $\kappa(s)=0,s\in[\alpha,\beta]$,并根据引理 1.2.2,$\boldsymbol{x}(s)$ 限制在 $[\alpha,\beta]$ 上为直线段,$\boldsymbol{V}_1(s)=\boldsymbol{x}'(s)$ 为常单位向量,它是该直线段的方向向量. 由于 $\lambda(s)\neq 0$ ($\alpha\leqslant s\leqslant\beta$),故 $\tilde{\boldsymbol{x}}(s)\neq\boldsymbol{x}(s)$ ($\alpha<s<\beta$).

(4) 如果 $F=\{s|\kappa(s)=0\}$ 含半闭半开区间 $[\alpha,\beta)$,$\alpha\in\overline{G}$,$\beta\overline{\in}\overline{G}$,则点集 $\{\tilde{\boldsymbol{x}}(s)|s\in[\alpha,\beta)\}$ 与 $\{\boldsymbol{x}(s)|s\in[\alpha,\beta)\}$ 为同一切线上的线段. 当 $\lambda(s)\neq 0$ (特别当 $\lambda(s)>0$)时,点集 $\{\tilde{\boldsymbol{x}}(s)|s\in[\alpha,\beta)\}$ 与 $\{\boldsymbol{x}(s)|s\in[\alpha,\beta)\}$ 未必相同. 类似参考文献[7]第 38 页引理 1,构造 $\mathbf{R}$ 上的 C^∞ 函数 $\lambda(s)$,使得 $\lambda'(s)\geqslant 0$,且

$$\lambda(s)\begin{cases}=0, & s\in(-\infty,\alpha],\\ \in\left(0,\dfrac{1}{2}\right), & s\in\left(\alpha,\dfrac{\alpha+\beta}{2}\right),\\ =\dfrac{1}{2}, & s\in\left[\dfrac{\alpha+\beta}{2},\beta\right).\end{cases}$$

此时,点集 $\{\tilde{\boldsymbol{x}}(s)|s\in[\alpha,\beta)\}\neq\{\boldsymbol{x}(s)|s\in[\alpha,\beta)\}$;显然,也有 $\tilde{\boldsymbol{x}}(s)\neq\boldsymbol{x}(s)$,$s\in[\alpha,\beta)$.

同样,对 F 含半开半闭区间 $(\alpha,\beta]$ 的情形,有类似的上述结果.

(5) 当 $F=\{s|\kappa(s)=0\}=\mathbf{R}$ 或 F 含 $(-\infty,\alpha]$ 或 F 含 $[\alpha,+\infty)$ 时,类似于(4)的讨论,并有类似的结论.

1.3.11 若两条 C^4 连通曲线可建立对应,使对应点的从法线重合,则这两条曲线或者重合,或者都是平面曲线.

证明 证法 1 由两曲线的从法线重合,可设

$$\tilde{\boldsymbol{x}}(s)=\boldsymbol{x}(s)+\lambda(s)\boldsymbol{V}_3(s),$$

其中 s 为曲线 $\boldsymbol{x}(s)$ 的弧长,而为另一曲线 $\tilde{\boldsymbol{x}}(s)$ 的参数,未必为其弧长.

对 s 求导,得

$$\tilde{\boldsymbol{V}}_1(s)\frac{\mathrm{d}\tilde{s}}{\mathrm{d}s}=\tilde{\boldsymbol{x}}'(s)=\boldsymbol{x}'(s)+\lambda'(s)\boldsymbol{V}_3(s)+\lambda(s)[-\tau(s)\boldsymbol{V}_2(s)]$$

$$= \boldsymbol{V}_1(s) - \lambda(s)\tau(s)\boldsymbol{V}_2(s) + \lambda'(s)\boldsymbol{V}_3(s).$$

因为 $\tilde{\boldsymbol{V}}_3(s) = \pm\boldsymbol{V}_3(s)$,两边用 $\boldsymbol{V}_3(s)$ 作内积,得

$$\lambda'(s) = 0, \quad \lambda(s) = \lambda_0(\text{常数}),$$

$$\tilde{\boldsymbol{x}}'(s) = \boldsymbol{V}_1(s) - \lambda_0\tau(s)\boldsymbol{V}_2(s).$$

于是

$$\begin{aligned}\tilde{\boldsymbol{x}}''(s) &= \kappa(s)\boldsymbol{V}_2(s) - \lambda_0\tau'(s)\boldsymbol{V}_2(s) - \lambda_0\tau(s)[-\kappa(s)\boldsymbol{V}_1(s) + \tau(s)\boldsymbol{V}_3(s)] \\ &= \lambda_0\kappa(s)\tau(s)\boldsymbol{V}_1(s) + [\kappa(s) - \lambda_0\tau'(s)]\boldsymbol{V}_2(s) - \lambda_0\tau^2(s)\boldsymbol{V}_3(s).\end{aligned}$$

因此

$$\begin{aligned}\tilde{\boldsymbol{x}}'(s) \times \tilde{\boldsymbol{x}}''(s) &= [\kappa(s) - \lambda_0\tau'(s)]\boldsymbol{V}_3(s) + \lambda_0\tau^2(s)\boldsymbol{V}_2(s) \\ &\quad + \lambda_0^2\kappa(s)\tau^2(s)\boldsymbol{V}_3(s) + \lambda_0^2\tau^3(s)\boldsymbol{V}_1(s) \\ &= \lambda_0^2\tau^3(s)\boldsymbol{V}_1(s) + \lambda_0\tau^2(s)\boldsymbol{V}_2(s) \\ &\quad + [\kappa(s) - \lambda_0\tau'(s) + \lambda_0^2\kappa(s)\tau^2(s)]\boldsymbol{V}_3(s).\end{aligned}$$

这是公共的从法向,即

$$\tilde{\boldsymbol{x}}'(s) \times \tilde{\boldsymbol{x}}''(s) \parallel \boldsymbol{V}_3(s),$$

故

$$\lambda_0\tau^2(s) = 0.$$

如果 $\exists\, s_0$,使得 $\tau(s_0) \neq 0$,则 $\lambda_0 = 0$. 再由于 $\lambda(s) = \lambda_0$ 为常数,故 $\lambda(s) = \lambda_0 \equiv 0$,且 $\tilde{\boldsymbol{x}}(s) \equiv \boldsymbol{x}(s)\,(\forall s)$,即这两曲线完全重合.

如果 $\tau(s) \equiv 0\,(\forall s)$,根据定理 1.2.2,$\boldsymbol{x}(s)$ 为平面曲线. 设曲线所在平面的单位法向为 $\boldsymbol{V}_3(s) = \boldsymbol{a}$. 由于 $\lambda(s) \equiv \lambda_0$(常数,$\forall s$),故

$$\boldsymbol{x}'(s) = \boldsymbol{x}(s) + \lambda(s)\boldsymbol{V}_3(s) = \boldsymbol{x}(s) + \lambda_0\boldsymbol{V}_3(s) = \boldsymbol{x}(s) + \lambda_0\boldsymbol{a}.$$

显然,$\tilde{\boldsymbol{x}}(s)$ 是将平面曲线 $\boldsymbol{x}(s)$ 向 $\boldsymbol{V}_3(s) = \boldsymbol{a}$ 方向平移 λ_0 得到的,所以它也是平面曲线.

证法 2　依题意有

$$\tilde{\boldsymbol{x}}(t) = \boldsymbol{x}(t) + \lambda(t)\boldsymbol{V}_3(t).$$

两边关于 t 求导,得

$$\tilde{\boldsymbol{V}}_1(t)\frac{\mathrm{d}\tilde{s}}{\mathrm{d}t} = \boldsymbol{V}_1(t)\frac{\mathrm{d}s}{\mathrm{d}t} + \lambda'(t)\boldsymbol{V}_3(t) - \lambda(t)\tau(t)\boldsymbol{V}_2(t)\frac{\mathrm{d}s}{\mathrm{d}t}.$$

因为 $\tilde{\boldsymbol{V}}_3(t) = \pm\boldsymbol{V}_3(t)$,点乘(作内积)$\boldsymbol{V}_3(t)$,得到

$$\lambda'(t) = 0, \quad \text{即} \quad \lambda(t) = \lambda_0(\text{常数}).$$

从而由前式有

$$\tilde{\boldsymbol{V}}_1(t) = [\boldsymbol{V}_1(t) - \lambda_0\tau(t)\boldsymbol{V}_2(t)]\frac{\mathrm{d}s}{\mathrm{d}\tilde{s}}.$$

再对上式求导，得

$$\tilde{\kappa}(t)\mathbf{V}_2(t)\frac{\mathrm{d}\tilde{s}}{\mathrm{d}t}$$

$$=\left\{\kappa(t)\mathbf{V}_2(t)\frac{\mathrm{d}s}{\mathrm{d}t}-\lambda_0\tau'(t)\mathbf{V}_2(t)-\lambda_0\tau(t)[-\kappa(t)\mathbf{V}_1(t)+\tau(t)\mathbf{V}_3(t)]\frac{\mathrm{d}s}{\mathrm{d}t}\right\}\frac{\mathrm{d}s}{\mathrm{d}t}$$

$$+[\mathbf{V}_1(t)-\lambda_0\tau(t)\mathbf{V}_2(t)]\frac{\mathrm{d}}{\mathrm{d}t}\left(\frac{\mathrm{d}s}{\mathrm{d}\tilde{s}}\right).$$

因为 $\tilde{\mathbf{V}}_3(t)=\pm\mathbf{V}_3(t)$，故点乘 $\mathbf{V}_3(t)$，得

$$-\lambda_0\tau^2(t)\frac{\mathrm{d}s}{\mathrm{d}t}\frac{\mathrm{d}s}{\mathrm{d}t}=0,\quad -\lambda_0\tau^2(t)=0.$$

如果 $\lambda_0=0$，则 $\tilde{\boldsymbol{x}}(t)=\boldsymbol{x}(t)$，即两曲线重合.

如果 $\lambda_0\neq0$，则 $\tau(t)\equiv0$. 由完全与证法 1 相应部分相同的推导，得两条曲线 $\tilde{\boldsymbol{x}}(t)$ 与 $\boldsymbol{x}(t)$ 都为平面曲线. □

1.3.12 证明：$\kappa\tau\neq0$ 的常曲率的 C^4 曲线的曲率中心的轨迹是常曲率的.

证明 设 $\boldsymbol{x}(s)$（s 为弧长）为常曲率 $\kappa(s)=\kappa$ 的 C^4 曲线，它的曲率中心为

$$\boldsymbol{y}(s)=\boldsymbol{x}(s)+\frac{1}{\kappa(s)}\mathbf{V}_2(s),\quad \kappa'(s)=0,\quad \left[\frac{1}{\kappa(s)}\right]'=0,$$

故

$$\boldsymbol{y}'=\boldsymbol{x}'+\frac{1}{\kappa}\mathbf{V}_2'=\mathbf{V}_1+\frac{1}{\kappa}(-\kappa\mathbf{V}_1+\tau\mathbf{V}_3)=\frac{\tau}{\kappa}\mathbf{V}_3,$$

$$\boldsymbol{y}''=\frac{\tau'}{\kappa}\mathbf{V}_3+\frac{\tau}{\kappa}\mathbf{V}_3'=\frac{\tau'}{\kappa}\mathbf{V}_3+\frac{\tau}{\kappa}(-\tau\mathbf{V}_2)=-\frac{\tau^2}{\kappa}\mathbf{V}_2+\frac{\tau'}{\kappa}\mathbf{V}_3,$$

$$|\boldsymbol{y}'\times\boldsymbol{y}''|=\left|\frac{\tau}{\kappa}\mathbf{V}_3\times\left(-\frac{\tau^2}{\kappa}\mathbf{V}_2+\frac{\tau'}{\kappa}\mathbf{V}_3\right)\right|=\left|\frac{\tau^3}{\kappa^2}\mathbf{V}_2\times\mathbf{V}_3\right|=\left|\frac{\tau^3}{\kappa^2}\mathbf{V}_1\right|=\frac{|\tau|^3}{\kappa^2}.$$

于是，$\boldsymbol{y}$ 的曲率为

$$\kappa_y=\frac{|\boldsymbol{y}'\times\boldsymbol{y}''|}{|\boldsymbol{y}'|^3}=\frac{\left|\dfrac{\tau^3}{\kappa^2}\right|}{\left|\dfrac{\tau}{\kappa}\mathbf{V}_3\right|^3}=\kappa,$$

即 $\boldsymbol{y}(s)$ 是常曲率 κ 的. □

1.3.13 证明：$\mathbf{R}^3$ 中所有主法线过一定点 P_0 的 C^3 连通曲线 $\boldsymbol{x}(s)$ 为圆，其中 s 为弧长.

证明 设 $P_0=\boldsymbol{x}(s)+\lambda(s)\mathbf{V}_2(s)$，则

$$\mathbf{0}=\boldsymbol{x}'(s)+\lambda'(s)\mathbf{V}_2(s)+\lambda(s)\mathbf{V}_2'(s)$$

$$=\mathbf{V}_1(s)+\lambda'(s)\mathbf{V}_2(s)+\lambda(s)[-\kappa(s)\mathbf{V}_1(s)+\tau(s)\mathbf{V}_3(s)]$$

$$= [1-\lambda(s)\kappa(s)]\boldsymbol{V}_1(s)+\lambda'(s)\boldsymbol{V}_2(s)+\lambda(s)\tau(s)\boldsymbol{V}_3(s)$$

$$\xLeftrightarrow{\boldsymbol{V}_1(s),\boldsymbol{V}_2(s),\boldsymbol{V}_3(s)\text{线性无关}}\begin{cases}1-\lambda(s)\kappa(s)=0,\\ \lambda'(s)=0,\\ \lambda(s)\tau(s)=0\end{cases}\Leftrightarrow\begin{cases}\lambda(s)=\dfrac{1}{\kappa(s)}>0,\\ \lambda(s)=\lambda_0,\\ \tau(s)=0.\end{cases}$$

由 $\tau(s)=0$ 及定理 1.2.2, $\boldsymbol{x}(s)$ 为平面曲线. 又 $\lambda(s)=\lambda_0$ 及 $\kappa(s)=\dfrac{1}{\lambda(s)}=\dfrac{1}{\lambda_0}>0$ 均为常数, 再由推论 1.5.2 知曲线 $\boldsymbol{x}(s)$ 为圆. □

1.3.14 若一条连通曲线 $\boldsymbol{x}(s)$ (s 为弧长) 的主法线总是另一条曲线 $\tilde{\boldsymbol{x}}(\tilde{s})$ ($\tilde{s}$ 为弧长) 的从法线, 则存在常数 λ_0, 使得曲线 $\boldsymbol{x}(s)$ 的曲率 κ 和挠率 τ 满足:

$$\kappa=\lambda_0(\kappa^2+\tau^2).$$

证明 设 $\tilde{\boldsymbol{x}}(\tilde{s})=\boldsymbol{x}(s)+\lambda(s)\boldsymbol{V}_2(s)$, 则

$$\widetilde{\boldsymbol{V}}_1(\tilde{s})\frac{\mathrm{d}\tilde{s}}{\mathrm{d}s}=\tilde{\boldsymbol{x}}'(\tilde{s})\frac{\mathrm{d}\tilde{s}}{\mathrm{d}s}=\boldsymbol{x}'(s)+\lambda'(s)\boldsymbol{V}_2(s)+\lambda(s)\boldsymbol{V}_2{}'(s)$$

$$=\boldsymbol{V}_1(s)+\lambda'(s)\boldsymbol{V}_2(s)+\lambda(s)[-\kappa(s)\boldsymbol{V}_1(s)+\tau(s)\boldsymbol{V}_3(s)].$$

两边对 $\boldsymbol{V}_2(s)$ 作内积, 并注意到 $\boldsymbol{V}_2(s)\mathbin{/\!/}\widetilde{\boldsymbol{V}}_3(\tilde{s})$, 有

$$0=0+\lambda'(s)+0=\lambda'(s),$$

所以 $\lambda=\lambda(s)=\lambda_0$ (常数). 于是

$$\widetilde{\boldsymbol{V}}_1(\tilde{s})\frac{\mathrm{d}\tilde{s}}{\mathrm{d}s}=[1-\lambda_0\kappa(s)]\boldsymbol{V}_1(s)+\lambda_0\tau(s)\boldsymbol{V}_3(s).$$

在上式两边对 s 再求导, 得到

$$\widetilde{\boldsymbol{V}}_1'(\tilde{s})\left(\frac{\mathrm{d}\tilde{s}}{\mathrm{d}s}\right)^2+\widetilde{\boldsymbol{V}}_1(\tilde{s})\frac{\mathrm{d}^2\tilde{s}}{\mathrm{d}s^2}=[1-\lambda_0\kappa(s)]'\boldsymbol{V}_1(s)+\kappa(s)[1-\lambda_0\kappa(s)]\boldsymbol{V}_2(s)$$

$$+\lambda_0\tau'(s)\boldsymbol{V}_3(s)-\lambda_0\tau^2(s)\boldsymbol{V}_2(s).$$

两边与 $\boldsymbol{V}_2(s)$ 作内积, 并注意到 $\widetilde{\boldsymbol{V}}_1\perp\widetilde{\boldsymbol{V}}_3$, $\widetilde{\boldsymbol{V}}_1\perp\boldsymbol{V}_2$, $\widetilde{\boldsymbol{V}}_1'=\tilde{\kappa}\widetilde{\boldsymbol{V}}_2\perp\widetilde{\boldsymbol{V}}_3$, $\widetilde{\boldsymbol{V}}_1'\perp\boldsymbol{V}_2$, 有

$$0+0=0+\kappa(1-\lambda_0\kappa)+0-\lambda_0\tau^2,$$

$$\kappa=\lambda_0\kappa^2+\lambda_0\tau^2=\lambda_0(\kappa^2+\tau^2).$$ □

1.3.15 两条 C^3 曲线 $\tilde{\boldsymbol{x}}(\tilde{s})$ 与 $\boldsymbol{x}(s)$ 之间建立了一一对应关系, 使它们在对应点的切线平行. 证明: 它们在对应点的主法线以及从法线也分别平行, 而且它们的曲率与挠率也都成比例, 其中 $\tilde{s}$ 与 s 分别为 $\tilde{\boldsymbol{x}}(\tilde{s})$ 与 $\boldsymbol{x}(s)$ 的弧长.

因此, 如果 $\boldsymbol{x}(s)$ 为一般螺线, 则 $\tilde{\boldsymbol{x}}(\tilde{s})$ 也为一般螺线.

证明 因为 $\tilde{\boldsymbol{x}}(\tilde{s})$ 与 $\boldsymbol{x}(s)$ 在对应点的切线平行, 故

$$\widetilde{\boldsymbol{V}}_1(\tilde{s})=\pm\boldsymbol{V}_1(s).$$

根据 Frenet 公式, 有

$$\tilde{\kappa}(\tilde{s})\tilde{\boldsymbol{V}}_2(\tilde{s})\frac{\mathrm{d}\tilde{s}}{\mathrm{d}s}=\tilde{\boldsymbol{V}}_1{}'(\tilde{s})\frac{\mathrm{d}\tilde{s}}{\mathrm{d}s}=\pm\kappa(s)\boldsymbol{V}_2(s).$$

由于 $\tilde{\kappa}(\tilde{s})>0,\kappa(s)>0$,所以

$$\begin{cases}\tilde{\kappa}(\tilde{s})\left(\pm\dfrac{\mathrm{d}\tilde{s}}{\mathrm{d}s}\right)=\kappa(s),\\ \tilde{\boldsymbol{V}}_2(\tilde{s})=\boldsymbol{V}_2(s),\end{cases}$$

从而有

$$\begin{aligned}\tilde{\boldsymbol{V}}_3(\tilde{s})&=\tilde{\boldsymbol{V}}_1(\tilde{s})\times\tilde{\boldsymbol{V}}_2(\tilde{s})=[\pm\boldsymbol{V}_1(s)]\times\boldsymbol{V}_2(s)\\&=\pm\boldsymbol{V}_1(s)\times\boldsymbol{V}_2(s)=\pm\boldsymbol{V}_3(s).\end{aligned}$$

再根据 Frenet 公式,有

$$-\tilde{\tau}(\tilde{s})\tilde{\boldsymbol{V}}_2(\tilde{s})\frac{\mathrm{d}\tilde{s}}{\mathrm{d}s}=\tilde{\boldsymbol{V}}'_3(\tilde{s})\frac{\mathrm{d}\tilde{s}}{\mathrm{d}s}=\pm\boldsymbol{V}'_3(s)=\pm[-\tau(s)\boldsymbol{V}_2(s)]$$

$$\tilde{\tau}(\tilde{s})\frac{\mathrm{d}\tilde{s}}{\mathrm{d}s}\boldsymbol{V}_2(s)=\pm\tau(s)\boldsymbol{V}_2(s),$$

$$\tilde{\tau}(\tilde{s})\frac{\mathrm{d}\tilde{s}}{\mathrm{d}s}=\pm\tau(s),$$

$$\tilde{\tau}(\tilde{s})\left(\pm\frac{\mathrm{d}\tilde{s}}{\mathrm{d}s}\right)=\tau(s).$$

综合上述,得到

$$\frac{\tau(s)}{\kappa(s)}=\frac{\tilde{\tau}(\tilde{s})\left(\pm\dfrac{\mathrm{d}\tilde{s}}{\mathrm{d}s}\right)}{\tilde{\kappa}(\tilde{s})\left(\pm\dfrac{\mathrm{d}\tilde{s}}{\mathrm{d}s}\right)}=\frac{\tilde{\tau}(\tilde{s})}{\tilde{\kappa}(\tilde{s})}.$$

这就证明了它们在对应点的主法线以及从法线也分别平行,而且它们的曲率与挠率也都成正比例.

如果 $\boldsymbol{x}(s)$ 为一般螺线,根据例 1.3.4,$\dfrac{\tau(s)}{\kappa(s)}$ 为常数,故 $\dfrac{\tilde{\tau}(\tilde{s})}{\tilde{\kappa}(\tilde{s})}=\dfrac{\tau(s)}{\kappa(s)}$ 也为常数. 再根据例 1.3.4 知,$\tilde{\boldsymbol{x}}(\tilde{s})$ 也为一般螺线. □

1.3.16 设曲线 $\boldsymbol{x}(s)$ 为一般螺线,$\boldsymbol{V}_1(s)$ 与 $\boldsymbol{V}_2(s)$ 分别为曲线 $\boldsymbol{x}(s)$ 的单位切向量与主法向量,$R(s)$ 为其曲率半径. 证明:

$$\tilde{\boldsymbol{x}}(s)=\boldsymbol{R}(s)\boldsymbol{V}_1(s)-\int\boldsymbol{V}_2(s)\mathrm{d}s$$

也为一般螺线.

证明 因为

$$\tilde{\boldsymbol{x}}(s)=R(s)\boldsymbol{V}_1(s)-\int\boldsymbol{V}_2(s)\mathrm{d}s,$$

所以

$$\tilde{x}'(s)=R'(s)\boldsymbol{V}_1(s)+R(s)[\kappa(s)\boldsymbol{V}_2(s)]-\boldsymbol{V}_2(s)=R'(s)\boldsymbol{V}_1(s),$$
$$\widetilde{\boldsymbol{V}}_1(s)=\pm\boldsymbol{V}_1(s).$$

根据习题 1.3.15 知，$\tilde{\boldsymbol{x}}(s)$也为一般螺线. □

1.3.17 设两条连通曲线 $\tilde{\boldsymbol{x}}$ 与 $\boldsymbol{x}$ 之间建立了一一对应关系，使它们在对应点的主法线总是互相平行. 证明：它们在对应点的切线夹成固定角.

证明 根据题意，$\widetilde{\boldsymbol{V}}_2=\pm\boldsymbol{V}_2$，故

$$(\widetilde{\boldsymbol{V}}_1\cdot\boldsymbol{V}_1)'=\tilde{\kappa}\widetilde{\boldsymbol{V}}_2\frac{\mathrm{d}\tilde{s}}{\mathrm{d}s}\cdot\boldsymbol{V}_1+\widetilde{\boldsymbol{V}}_1\cdot\kappa\boldsymbol{V}_2$$
$$=\tilde{\kappa}(\pm\boldsymbol{V}_2)\frac{\mathrm{d}\tilde{s}}{\mathrm{d}s}\cdot\boldsymbol{V}_1+\widetilde{\boldsymbol{V}}_1\cdot\kappa(\pm\widetilde{\boldsymbol{V}}_2)=0+0=0,$$

从而

$$\cos\theta=\widetilde{\boldsymbol{V}}_1\cdot\boldsymbol{V}_1=c\quad（常值），$$

所以 $\theta=\arccos c$ 为固定角. □

1.3.18 已知 $\boldsymbol{x}(s)$为空间 $\mathbf{R}^3$ 中 C^4 曲线，s 为其弧长. 证明：

(1) $(\boldsymbol{V}_1',\boldsymbol{V}_1'',\boldsymbol{V}_1''')=(\boldsymbol{x}'',\boldsymbol{x}''',\boldsymbol{x}'''')=\kappa^3(\kappa\tau'-\kappa'\tau)=\kappa^5\left(\dfrac{\tau}{\kappa}\right)'$;

(2) $(\boldsymbol{V}_3',\boldsymbol{V}_3'',\boldsymbol{V}_3''')=\tau^3(\kappa'\tau-\kappa\tau')=\tau^5\left(\dfrac{\kappa}{\tau}\right)'$，其中 $\boldsymbol{x}(s)$为挠曲线.

证明 (1) 计算得

$$\begin{aligned}(\boldsymbol{V}_1',\boldsymbol{V}_1'',\boldsymbol{V}_1''')&=(\kappa\boldsymbol{V}_2,\kappa'\boldsymbol{V}_2+\kappa(-\kappa\boldsymbol{V}_1+\tau\boldsymbol{V}_3),\kappa''\boldsymbol{V}_2+\kappa'(-\kappa\boldsymbol{V}_1+\tau\boldsymbol{V}_3)\\&\quad-2\kappa\kappa'\boldsymbol{V}_1-\kappa^2(\kappa\boldsymbol{V}_2)+(\kappa\tau)'\boldsymbol{V}_3+\kappa\tau(-\tau\boldsymbol{V}_2))\\&=(\kappa\boldsymbol{V}_2,-\kappa^2\boldsymbol{V}_1+\kappa\tau\boldsymbol{V}_3,-\kappa\kappa'\boldsymbol{V}_1+\kappa'\tau\boldsymbol{V}_3-2\kappa\kappa'\boldsymbol{V}_1+(\kappa\tau)'\boldsymbol{V}_3)\\&=(\kappa\boldsymbol{V}_2,-\kappa^2\boldsymbol{V}_1,[\kappa'\tau+(\kappa\tau)']\boldsymbol{V}_3)+(\kappa\boldsymbol{V}_2,\kappa\tau\boldsymbol{V}_3,-3\kappa\kappa'\boldsymbol{V}_1)\\&=-\kappa^3[\kappa'\tau+(\kappa\tau)'](\boldsymbol{V}_2,\boldsymbol{V}_1,\boldsymbol{V}_3)+\kappa^2\tau(-3\kappa\kappa')(\boldsymbol{V}_2,\boldsymbol{V}_3,\boldsymbol{V}_1)\\&=\kappa^3(2\kappa'\tau+\kappa\tau')-3\kappa^3\kappa'\tau=\kappa^3(\kappa\tau'-\kappa'\tau)=\kappa^5\left(\frac{\tau}{\kappa}\right)'.\end{aligned}$$

(2) 计算得

$$\begin{aligned}&(\boldsymbol{V}_3',\boldsymbol{V}_3'',\boldsymbol{V}_3''')\\&\quad=(-\tau\boldsymbol{V}_2,-\tau'\boldsymbol{V}_2-\tau(-\kappa\boldsymbol{V}_1+\tau\boldsymbol{V}_3),-\tau''\boldsymbol{V}_2-\tau'(-\kappa\boldsymbol{V}_1+\tau\boldsymbol{V}_3),\\&\qquad+(\tau\kappa)'\boldsymbol{V}_1+\tau\kappa(\kappa\boldsymbol{V}_2)-2\tau\tau'\boldsymbol{V}_3-\tau^2(-\tau\boldsymbol{V}_2))\\&\quad=(-\tau\boldsymbol{V}_2,\tau\kappa\boldsymbol{V}_1-\tau^2\boldsymbol{V}_3,\tau'\kappa\boldsymbol{V}_1-\tau'\tau\boldsymbol{V}_3+(\tau\kappa)'\boldsymbol{V}_1-2\tau\tau'\boldsymbol{V}_3)\\&\quad=(-\tau\boldsymbol{V}_2,\tau\kappa\boldsymbol{V}_1,-\tau'\tau\boldsymbol{V}_3-2\tau\tau'\boldsymbol{V}_3)+(-\tau\boldsymbol{V}_2,-\tau^2\boldsymbol{V}_3,\tau'\kappa\boldsymbol{V}_1+(\tau\kappa)'\boldsymbol{V}_1)\end{aligned}$$

$$= \tau^2\kappa \cdot 3\tau\tau'(\boldsymbol{V}_2,\boldsymbol{V}_1,\boldsymbol{V}_3) + \tau^3(\tau'\kappa + \tau'\kappa + \tau\kappa')(\boldsymbol{V}_2,\boldsymbol{V}_3,\boldsymbol{V}_1)$$

$$= -3\tau^3\kappa\tau' + 2\tau^3\tau'\kappa + \tau^4\kappa' = \tau^4\kappa' - \tau^3\kappa\tau' = \tau^3(\kappa'\tau - \kappa\tau') = \tau^5\left(\frac{\kappa}{\tau}\right)'. \quad \square$$

1.3.19 证明:一条 C^4 曲线 $\boldsymbol{x}(s)$ 为一般螺线等价于

$$(\boldsymbol{x}'',\boldsymbol{x}''',\boldsymbol{x}'''') = (\boldsymbol{V}_1',\boldsymbol{V}_1'',\boldsymbol{V}_1''') = 0.$$

证明 显然

$$(\boldsymbol{x}'',\boldsymbol{x}''',\boldsymbol{x}'''') = (\boldsymbol{V}_1',\boldsymbol{V}_1'',\boldsymbol{V}''') \xlongequal{\text{习题 1.3.18(1)}} \kappa^5\left(\frac{\tau}{\kappa}\right)' = 0$$

$$\overset{\kappa>0}{\Longleftrightarrow} \left(\frac{\tau}{\kappa}\right)' = 0 \quad \Leftrightarrow \quad \frac{\tau}{\kappa} = c(\text{常数}) \quad \overset{\text{例1.2.4}}{\Longleftrightarrow} \quad \boldsymbol{x} = \boldsymbol{x}(s)\ \text{为一般螺线}. \quad \square$$

1.3.20 设 $\kappa(s)$ 与 $\tau(s)$ 分别为曲线 $\boldsymbol{x}(s)$ 的曲率与挠率,其中 s 为其弧长,它的单位切向量 $\tilde{\boldsymbol{x}}(s)=\boldsymbol{V}_1(s)$ 可视作单位球面 S^2 上的一条曲线,称为曲线 $\boldsymbol{x}(s)$ 的**切线像**. 证明:曲线 $\tilde{\boldsymbol{x}}(s)=\boldsymbol{V}_1(s)$ 的曲率和挠率分别为

$$\tilde{\kappa} = \sqrt{1+\left(\frac{\tau}{\kappa}\right)^2}, \quad \tilde{\tau} = \frac{\left(\frac{\tau}{\kappa}\right)'}{\kappa\left[1+\left(\frac{\tau}{\kappa}\right)^2\right]}.$$

证明 计算得

$$\tilde{\boldsymbol{V}}_1\frac{\mathrm{d}\tilde{s}}{\mathrm{d}s} = \frac{\mathrm{d}\tilde{\boldsymbol{x}}}{\mathrm{d}\tilde{s}} \cdot \frac{\mathrm{d}\tilde{s}}{\mathrm{d}s} = \tilde{\boldsymbol{x}}' = \boldsymbol{V}_1{}' = \kappa\boldsymbol{V}_2,$$

$$\frac{\mathrm{d}\tilde{s}}{\mathrm{d}s} = \kappa, \quad \tilde{\boldsymbol{V}}_1 = \boldsymbol{V}_2.$$

第 1 式两边对 s 求导,并应用 Frenet 公式,得到

$$\tilde{\kappa}\tilde{\boldsymbol{V}}_2\left(\frac{\mathrm{d}\tilde{s}}{\mathrm{d}s}\right)^2 + \tilde{\boldsymbol{V}}_1\frac{\mathrm{d}^2\tilde{s}}{\mathrm{d}s^2} = \left(\tilde{\boldsymbol{V}}_1\frac{\mathrm{d}\tilde{s}}{\mathrm{d}s}\right)' = (\kappa\boldsymbol{V}_2)' = \kappa'\boldsymbol{V}_2 + \kappa\boldsymbol{V}_2'$$

$$= \kappa'\boldsymbol{V}_2 + \kappa(-\kappa\boldsymbol{V}_1 + \tau\boldsymbol{V}_3),$$

$$\boldsymbol{V}_2\frac{\mathrm{d}^2\tilde{s}}{\mathrm{d}s^2} = \tilde{\boldsymbol{V}}_1\frac{\mathrm{d}^2\tilde{s}}{\mathrm{d}s^2} = \kappa'\boldsymbol{V}_2,$$

$$\frac{\mathrm{d}^2\tilde{s}}{\mathrm{d}s^2} = \kappa',$$

$$\tilde{\kappa}\kappa^2\tilde{\boldsymbol{V}}_2 = \tilde{\kappa}\tilde{\boldsymbol{V}}_2\left(\frac{\mathrm{d}\tilde{s}}{\mathrm{d}s}\right)^2 = -\kappa^2\boldsymbol{V}_1 + \kappa\tau\boldsymbol{V}_3,$$

$$\tilde{\kappa}\kappa\tilde{\boldsymbol{V}}_2 = -\kappa\boldsymbol{V}_1 + \tau\boldsymbol{V}_3,$$

$$\tilde{\boldsymbol{V}}_2 = -\frac{1}{\tilde{\kappa}}\boldsymbol{V}_1 + \frac{\tau}{\tilde{\kappa}\kappa}\boldsymbol{V}_3,$$

两边取模,得到

$$1=|\widetilde{\boldsymbol{V}}_2|^2=\left(-\frac{1}{\tilde{\kappa}}\right)^2+\left(\frac{\tau}{\tilde{\kappa}\kappa}\right)^2,\quad \tilde{\kappa}=\sqrt{1+\left(\frac{\tau}{\kappa}\right)^2}.$$

进而有

$$\widetilde{\boldsymbol{V}}_1=\boldsymbol{V}_2,$$

$$\widetilde{\boldsymbol{V}}_2=-\frac{1}{\tilde{\kappa}}\boldsymbol{V}_1+\frac{\tau}{\tilde{\tau}\kappa}\boldsymbol{V}_3,$$

$$\widetilde{\boldsymbol{V}}_3=\widetilde{\boldsymbol{V}}_1\times\widetilde{\boldsymbol{V}}_2=\frac{\tau}{\sqrt{\kappa^2+\tau^2}}\boldsymbol{V}_1+\frac{\kappa}{\sqrt{\kappa^2+\tau^2}}\boldsymbol{V}_3.$$

于是，对第 3 式关于 s 求导，有

$$\begin{aligned}
&(-\tilde{\tau}\kappa)\left(-\frac{1}{\tilde{\kappa}}\right)\boldsymbol{V}_1-\tilde{\tau}\kappa\cdot\frac{\tau}{\tilde{\kappa}\kappa}\boldsymbol{V}_3\\
&=-\tilde{\tau}\widetilde{\boldsymbol{V}}_2\cdot\kappa=\widetilde{\boldsymbol{V}}_3{}'\cdot\frac{\mathrm{d}\tilde{s}}{\mathrm{d}s}\\
&=\left(\frac{\tau}{\sqrt{\kappa^2+\tau^2}}\right)'\boldsymbol{V}_1+\frac{\tau}{\sqrt{\kappa^2+\tau^2}}(\kappa\boldsymbol{V}_2)+\left(\frac{\kappa}{\sqrt{\kappa^2+\tau^2}}\right)'\boldsymbol{V}_3+\frac{\kappa}{\sqrt{\kappa^2+\tau^2}}(-\tau\boldsymbol{V}_2)\\
&=\left(\frac{\tau}{\sqrt{\kappa^2+\tau^2}}\right)'\boldsymbol{V}_1+\left(\frac{\kappa}{\sqrt{\kappa^2+\tau^2}}\right)'\boldsymbol{V}_3.
\end{aligned}$$

再由 $\boldsymbol{V}_1,\boldsymbol{V}_3$ 线性无关，得到

$$\begin{cases}-\dfrac{\tilde{\tau}\kappa}{\tilde{\kappa}}=\left(\dfrac{\tau}{\sqrt{\kappa^2+\tau^2}}\right)',\\[2ex] -\dfrac{\tilde{\tau}\tau}{\kappa}=\left(\dfrac{\kappa}{\sqrt{\kappa^2+\tau^2}}\right)'.\end{cases}$$

从第 1 式，推得

$$\begin{aligned}
\tilde{\tau}&=\frac{\tilde{\kappa}}{\kappa}\left(\frac{\tau}{\sqrt{\kappa^2+\tau^2}}\right)'=\frac{\tilde{\kappa}}{\kappa}\left(\frac{\tau}{\kappa}\Big/\sqrt{1+\left(\frac{\tau}{\kappa}\right)^2}\right)'\\
&=\frac{1}{\kappa}\sqrt{1+\left(\frac{\tau}{\kappa}\right)^2}\,\frac{\left(\dfrac{\tau}{\tau}\right)'\sqrt{1+\left(\dfrac{\tau}{\kappa}\right)^2}-\dfrac{\tau}{\kappa}\,\dfrac{2\,\dfrac{\tau}{\kappa}\cdot\left(\dfrac{\tau}{\kappa}\right)'}{2\sqrt{1+\left(\dfrac{\tau}{\kappa}\right)^2}}}{1+\left(\dfrac{\tau}{\kappa}\right)^2}\\
&=\frac{1}{\kappa}\,\frac{\left[1+\left(\dfrac{\tau}{\kappa}\right)^2-\left(\dfrac{\tau}{\kappa}\right)^2\right]\left(\dfrac{\tau}{\kappa}\right)'}{1+\left(\dfrac{\tau}{\kappa}\right)^2}=\frac{\left(\dfrac{\tau}{\kappa}\right)'}{\kappa\left[1+\left(\dfrac{\tau}{\kappa}\right)^2\right]}.
\end{aligned}$$

或者从第 2 式，推得

$$\tilde{\tau}=-\frac{\tilde{\kappa}}{\tau}\left(1\Big/\sqrt{1+\left(\frac{\tau}{\kappa}\right)^2}\right)'$$

$$=-\frac{1}{\tau}\sqrt{1+\left(\frac{\tau}{\kappa}\right)^2}\left\{-\frac{1}{2}\left[1+\left(\frac{\tau}{\kappa}\right)^2\right]^{-\frac{3}{2}}\right\}\cdot 2\frac{\tau}{\kappa}\cdot\left(\frac{\tau}{\kappa}\right)'$$

$$=\left(\frac{\tau}{\kappa}\right)'\Big/\left\{\kappa\left[1+\left(\frac{\tau}{\kappa}\right)^2\right]\right\}.$$

□

1.3.21 证明:曲线 $\boldsymbol{x}(s)\left(s\text{ 为弧长参数},\kappa\tau\neq 0,\rho=\frac{1}{\kappa}\right)$为球面曲线$\Leftrightarrow\rho\tau+\left(\frac{\rho'}{\tau}\right)'=0$.

证明 ($\Rightarrow$)设 $\boldsymbol{x}(s)\left(\kappa\tau\neq 0,\rho=\frac{1}{\kappa}\right)$为球面曲线. 根据例 1.3.2,

$$\boldsymbol{x}(s)-\boldsymbol{x}_0=-\rho(s)\boldsymbol{V}_2(s)-\frac{\rho'(s)}{\tau(s)}\boldsymbol{V}_3(s).$$

两边对 s 求导,得

$$\boldsymbol{V}_1=\boldsymbol{x}'=-\rho'\boldsymbol{V}_2-\rho(-\kappa\boldsymbol{V}_1+\tau\boldsymbol{V}_3)-\frac{\rho'}{\tau}(-\tau\boldsymbol{V}_2)-\left(\frac{\rho'}{\tau}\right)'\boldsymbol{V}_3,$$

$$=\boldsymbol{V}_1-\left[\rho\tau+\left(\frac{\rho'}{\tau}\right)'\right]\boldsymbol{V}_3,$$

$$\left[\rho\tau+\left(\frac{\rho'}{\tau}\right)'\right]\boldsymbol{V}_3=0,$$

$$\rho\tau+\left(\frac{\rho'}{\tau}\right)'=0.$$

($\Leftarrow$)因为

$$\left(\boldsymbol{x}+\rho\boldsymbol{V}_2+\frac{\rho'}{\tau}\boldsymbol{V}_3\right)'=\boldsymbol{V}_1+\rho'\boldsymbol{V}_2+\rho(-\kappa\boldsymbol{V}_1+\tau\boldsymbol{V}_3)+\left(\frac{\rho'}{\tau}\right)'\boldsymbol{V}_3+\frac{\rho'}{\tau}(-\tau\boldsymbol{V}_2)$$

$$=\left[\rho\tau+\left(\frac{\rho'}{\tau}\right)'\right]\boldsymbol{V}_3=0\cdot\boldsymbol{V}_3=0,$$

所以(要求 $\boldsymbol{x}(s)$为连通曲线)

$$\boldsymbol{x}+\rho\boldsymbol{V}_2+\frac{\rho'}{\tau}\boldsymbol{V}_3=\boldsymbol{x}_0\quad(\text{常向量}).$$

另一方面,

$$\left[\rho^2+\left(\frac{\rho'}{\tau}\right)^2\right]'=2\rho\rho'+2\left(\frac{\rho'}{\tau}\right)\left(\frac{\rho'}{\tau}\right)'=2\frac{\rho'}{\tau}\left[\rho\tau+\left(\frac{\rho'}{\tau}\right)'\right]$$

$$= 2\frac{\rho'}{\tau}\cdot 0 = 0.$$

$$\rho^2 + \left(\frac{\rho'}{\tau}\right)^2 = R^2 \quad (R\text{ 为正的常数}).$$

综合上述,得到

$$|\boldsymbol{x} - \boldsymbol{x}_0|^2 = \left|-\rho\boldsymbol{V}_2 - \frac{\rho'}{\tau}\boldsymbol{V}_3\right| = \rho^2 + \left(\frac{\rho'}{\tau}\right)^2 = R^2,$$

$$|\boldsymbol{x} - \boldsymbol{x}_0| = R.$$

这表明 $\boldsymbol{x}(s)$ 为以 $\boldsymbol{x}_0$ 为中心、R 为半径的球面曲线. □

1.3.22 $\mathbf{R}^3$ 中 $\kappa\neq 0,\tau\neq 0$ 的 C^4 连通曲线 $\boldsymbol{x}(s)$ 为球面曲线等价于

$$\frac{\tau(s)}{\kappa(s)} - \left[\frac{\kappa'(s)}{\kappa^2(s)\tau(s)}\right]' = \frac{\tau(s)}{\kappa(s)} + \left\{\frac{1}{\tau(s)}\left[\frac{1}{\kappa(s)}\right]'\right\}' = 0,$$

其中 s 为弧长参数.

证明 证法 1 ($\Rightarrow$)因为 $\boldsymbol{x}(s)$ 为球面 S^2 上的曲线,所以

$$[\boldsymbol{x}(s) - \boldsymbol{y}_0]^2 = r^2 \quad (r\text{ 为正的常数}).$$

两边关于 s 求导,得

$$\boldsymbol{V}_1(s)\cdot[\boldsymbol{x}(s) - \boldsymbol{y}_0] = 0.$$

从而 $\boldsymbol{x}(s) - \boldsymbol{y}_0$ 在点 $\boldsymbol{x}(s)$ 的法平面上. 设

$$\boldsymbol{x}(s) - \boldsymbol{y}_0 = \lambda(s)\boldsymbol{V}_2(s) + \mu(s)\boldsymbol{V}_3(s).$$

两边再对 s 求导,得

$$\begin{aligned}\boldsymbol{V}_1 &= \lambda(-\kappa\boldsymbol{V}_1 + \tau\boldsymbol{V}_3) + \lambda'\boldsymbol{V}_2 + \mu(-\tau\boldsymbol{V}_2) + \mu'\boldsymbol{V}_3\\ &= -\lambda\kappa\boldsymbol{V}_1 + (\lambda' - \mu\tau)\boldsymbol{V}_2 + (\lambda\tau + \mu')\boldsymbol{V}_3.\end{aligned}$$

因为 $\boldsymbol{V}_1,\boldsymbol{V}_2,\boldsymbol{V}_3$ 线性无关,所以

$$\begin{cases}\lambda\kappa = -1,\\ \lambda' = \mu\tau,\\ \mu' = -\lambda\tau.\end{cases}$$

于是

$$\begin{cases}\lambda = -\dfrac{1}{\kappa},\\ \mu = \dfrac{\lambda'}{\tau} = -\dfrac{1}{\tau}\left(\dfrac{1}{\kappa}\right)'.\end{cases}$$

因此

$$\boldsymbol{x}(s) - \boldsymbol{y}_0 = -\frac{1}{\kappa(s)}\boldsymbol{V}_2(s) - \frac{1}{\tau(s)}\left[\frac{1}{\kappa(s)}\right]'\boldsymbol{V}_3(s).$$

根据注 1.3.1 知,密切球面中心

$$\boldsymbol{y}_0=\boldsymbol{x}(s)+\frac{1}{\kappa(s)}\boldsymbol{V}_2(s)+\frac{1}{\tau(s)}\left[\frac{1}{\kappa(s)}\right]'\boldsymbol{V}_3(s)$$

为固定向量. 对上式关于 s 求导,得到

$$\begin{aligned}\boldsymbol{0}&=\boldsymbol{V}_1+\left(\frac{1}{\kappa}\right)'\boldsymbol{V}_2+\frac{1}{\kappa}(-\kappa\boldsymbol{V}_1+\tau\boldsymbol{V}_3)+\left[\frac{1}{\tau}\left(\frac{1}{\kappa}\right)'\right]'\boldsymbol{V}_3+\frac{1}{\tau}\left(\frac{1}{\kappa}\right)'(-\tau\boldsymbol{V}_2)\\&=\left\{\frac{\tau}{\kappa}+\left[\frac{1}{\tau}\left(\frac{1}{\kappa}\right)'\right]'\right\}\boldsymbol{V}_3,\end{aligned}$$

它等价于

$$\frac{\tau(s)}{\kappa(s)}+\left\{\frac{1}{\tau(s)}\left[\frac{1}{\kappa(s)}\right]\right\}'=0.$$

(⇐)设

$$\frac{\tau(s)}{\kappa(s)}+\left\{\frac{1}{\tau(s)}\left[\frac{1}{\kappa(s)}\right]'\right\}'=0.$$

记连通曲线 $\boldsymbol{x}(s)$点处的密切球面中心为

$$\boldsymbol{y}(s)=\boldsymbol{x}(s)+\frac{1}{\kappa(s)}\boldsymbol{V}_2(s)+\frac{1}{\tau(s)}\left[\frac{1}{\kappa(s)}\right]'\boldsymbol{V}_3(s),$$

则

$$\boldsymbol{y}'=\left\{\frac{\tau}{\kappa}+\left[\frac{1}{\tau}\left(\frac{1}{\kappa}\right)'\right]'\right\}\boldsymbol{V}_3\overset{\text{题设}}{=\!=}0\cdot\boldsymbol{V}_3=0.$$

积分得 $\boldsymbol{y}(s)=\boldsymbol{y}_0$(固定向量). 设密切球面半径的平方为

$$r^2=[\boldsymbol{x}(s)-\boldsymbol{y}_0]^2=\left(\frac{1}{\kappa}\right)^2+\left[\frac{1}{\tau}\left(\frac{1}{\kappa}\right)'\right]^2,$$

则

$$\begin{aligned}(r^2)'&=2\frac{1}{\kappa}\left(\frac{1}{\kappa}\right)'\times2\frac{1}{\tau}\left(\frac{1}{\kappa}\right)'\cdot\left[\frac{1}{\tau}\left(\frac{1}{\kappa}\right)'\right]'\\&=\frac{2}{\tau}\left(\frac{1}{\kappa}\right)'\left\{\frac{\tau}{\kappa}+\left[\frac{1}{\tau}\left(\frac{1}{\kappa}\right)'\right]'\right\}\overset{\text{题设}}{=\!=}\frac{2}{\tau}\cdot\left(\frac{1}{\kappa}\right)'\cdot0=0.\end{aligned}$$

由此推得 r^2 为常数. 从而曲线 $\boldsymbol{x}(s)$在球面

$$(\boldsymbol{X}-\boldsymbol{y}_0)^2=r^2$$

上,即 $\boldsymbol{x}(s)$为球面曲线.

证法 2 对于曲线 $\boldsymbol{x}(s)$上的一点 $\boldsymbol{x}(s_0)$,我们作一个球,使得在 s_0 的邻近,与所有的球比较,它和这条曲线靠得最紧密. 所以,应当来确定球心 $\boldsymbol{y}$ 和半径 $r>0$,使得

$$\boldsymbol{y}=\boldsymbol{x}(s_0)+\sum_{i=1}^{3}a_i\boldsymbol{V}_i(s_0),$$

以及

$$\begin{aligned}\boldsymbol{x}(s)&=\boldsymbol{x}(s_0)+(s-s_0)\boldsymbol{x}'(s_0)+\frac{(s-s_0)^2}{2}\boldsymbol{x}''(s_0)+\frac{(s-s_0)^3}{6}\boldsymbol{x}'''(s_0)+\cdots\\&=\boldsymbol{x}(s_0)+(s-s_0)\boldsymbol{V}_1(s_0)+\frac{(s-s_0)^2}{2}\kappa(s_0)\boldsymbol{V}_2(s_0)\\&\quad+\frac{(s-s_0)^3}{6}[\kappa'(s_0)\boldsymbol{V}_2(s_0)-\kappa^2(s_0)\boldsymbol{V}_1(s_0)+\kappa(s_0)\tau(s_0)\boldsymbol{V}_3(s_0)]+\cdots.\end{aligned}$$

按照所提出的要求,我们得到

$$\begin{aligned}[\boldsymbol{x}(s)-\boldsymbol{y}]^2-r^2&=\Big\{-\sum_{i=1}^{3}a_i\boldsymbol{V}_i(s_0)+(s-s_0)\boldsymbol{V}_1(s_0)+\frac{(s-s_0)^2}{2}\kappa(s_0)\boldsymbol{V}_2(s_0)\\&\quad+\frac{(s-s_0)^3}{6}[\kappa'(s_0)\boldsymbol{V}_2(s_0)-\kappa^2(s_0)\boldsymbol{V}_1(s_0)\\&\quad+\kappa(s_0)\tau(s_0)\boldsymbol{V}_3(s_0)]+\cdots\Big\}^2-r^2\\&=\Big(\sum_{i=1}^{3}a_i^2-r^2\Big)-2a_1(s-s_0)+[1-a_2\kappa(s_0)](s-s_0)^2\\&\quad+\frac{1}{3}[-a_2\kappa'(s_0)+a_1\kappa^2(s_0)-\kappa(s_0)\tau(s_0)a_3](s-s_0)^3+\cdots,\end{aligned}$$

因此

$$\begin{cases}r^2=\sum\limits_{i=1}^{3}a_i^2,\\a_1=0,\\1-a_2\kappa(s_0)=0,\\-a_2\kappa'(s_0)+a_1\kappa^2(s_0)-\kappa(s_0)\tau(s_0)a_3=0.\end{cases}$$

如果 $\kappa(s_0)\neq0,\tau(s_0)\neq0$,则 $a_i(i=1,2,3)$ 与 r 唯一地确定为

$$\begin{cases}a_1=0,\\a_2=\dfrac{1}{\kappa(s_0)},\\a_3=\dfrac{\kappa'(s_0)}{\kappa^2(s_0)\tau(s_0)},\\r=\sqrt{\sum\limits_{i=1}^{3}a_i^2}=\sqrt{\dfrac{1}{\kappa^2(s_0)}+\Big[\dfrac{\kappa'(s_0)}{\kappa^2(s_0)\tau(s_0)}\Big]^2}.\end{cases}$$

如此确定的球面称为在曲线点 $\boldsymbol{x}(s_0)$ 处的**密切球面**，球心为

$$\boldsymbol{y}=\boldsymbol{x}(s_0)+\frac{1}{\kappa(s_0)}\boldsymbol{V}_2(s_0)-\frac{\kappa'(s_0)}{\kappa^2(s_0)\tau(s_0)}\boldsymbol{V}_3(s_0),$$

半径为

$$r=\sqrt{\frac{1}{\kappa^2(s_0)}+\frac{\kappa'^2(s_0)}{\kappa^4(s_0)\tau^2(s_0)}}.$$

直线

$$\boldsymbol{Z}=\boldsymbol{x}(s_0)+\frac{1}{\kappa(s_0)}\boldsymbol{V}_2(s_0)+t\boldsymbol{V}_3(s_0)$$

称为**曲率轴**. 球心在此直线上的任何一个球面，在 s_0 处与曲线至少有 2 阶接触(读者可以从上面的讨论看出)；而密切球面却至少有 3 阶接触. (密切平面上，以 $\boldsymbol{x}(s_0)+\frac{1}{\kappa(s_0)}\boldsymbol{V}_2(s_0)$ 为中心、$\frac{1}{\kappa(s_0)}$ 为半径的圆称为**曲率圆**. 而 $\frac{1}{\kappa(s_0)}$ 称为**曲率半径**；$\boldsymbol{x}(s_0)+\frac{1}{\kappa(s_0)}\boldsymbol{V}_2(s_0)$ 称为**曲率中心**.)

(⇒)设曲线 $\boldsymbol{x}(s)(\kappa\neq 0,\tau\neq 0)$ 在一个球面上. 此时，球面必定是每个曲线点的密切球面. 当 $\kappa\neq 0,\tau\neq 0$ 时，每个曲线点只有一个球面，使得它与曲线至少有 4 阶接触，而这条曲线所在的球面对于每个点正好具有这个性质. 于是，$\boldsymbol{x}(s)$ 为球面曲线，必有

$$\begin{aligned}
&\boldsymbol{y}(s)=\text{常向量}\\
\Leftrightarrow\ &\boldsymbol{0}=\boldsymbol{y}'(s)=\left[\boldsymbol{x}(s)+\frac{1}{\kappa(s)}\boldsymbol{V}_2(s)-\frac{\kappa'(s)}{\kappa^2(s)\tau(s)}\boldsymbol{V}_3(s)\right]'\\
\Leftrightarrow\ &\boldsymbol{0}=\boldsymbol{V}_1-\frac{\kappa'}{\kappa^2}\boldsymbol{V}_2+\frac{1}{\kappa}(-\kappa\boldsymbol{V}_1+\tau\boldsymbol{V}_3)-\left(\frac{\kappa'}{\kappa^2\tau}\right)'\boldsymbol{V}_3-\frac{\kappa'}{\kappa^2\tau}(-\tau\boldsymbol{V}_2)\\
&\quad=\left[\frac{\tau}{\kappa}-\left(\frac{\kappa'}{\kappa^2\tau}\right)'\right]\boldsymbol{V}_3\\
\Leftrightarrow\ &\frac{\tau}{\kappa}-\left(\frac{\kappa'}{\kappa^2\tau}\right)'=0.
\end{aligned}$$

(⇐)设

$$\frac{\tau}{\kappa}-\left(\frac{\kappa'}{\kappa^2\tau}\right)'=0,$$

则

$$\begin{aligned}
\left[\frac{1}{\kappa^2}+\left(\frac{\kappa}{\kappa^2\tau}\right)^2\right]'&=\frac{-2\kappa\kappa'}{\kappa^4}+2\left(\frac{\kappa'}{\kappa^2\tau}\right)\left(\frac{\kappa'}{\kappa^2\tau}\right)'\\
&=-\frac{2\kappa'}{\kappa^2\tau}\left[\frac{\tau}{\kappa}-\left(\frac{\kappa'}{\kappa^2\tau}\right)'\right]=-\frac{2\kappa'}{\kappa^2\tau}\cdot 0=0.
\end{aligned}$$

从而对于连通曲线 $\boldsymbol{x}(s)$，

$$\frac{1}{\kappa^2}+\left(\frac{\kappa'}{\kappa^2\tau}\right)^2$$

为常值. 此外，从题设条件，仍有

$$\frac{\tau}{\kappa}-\left(\frac{\kappa'}{\kappa^2\tau}\right)'=0 \quad\Leftrightarrow\quad \boldsymbol{y}'=0 \quad\Leftrightarrow\quad \boldsymbol{y}(s)=\boldsymbol{y}_0\text{（常向量）}.$$

于是

$$[\boldsymbol{x}(s)-\boldsymbol{y}_0]^2=\frac{1}{\kappa^2}+\left(\frac{\kappa'}{\kappa^2\tau}\right)^2=r^2$$

为常值. 它表明曲线 $\boldsymbol{x}(s)$ 为以 $\boldsymbol{y}_0$ 为球心、$\sqrt{\frac{1}{\kappa^2}+\left(\frac{\kappa'}{\kappa^2\tau}\right)^2}=r$ 为半径的球面曲线. □

注 如果我们知道了 $\kappa(s)$ 与 $\tau(s)$ 之间的一个关系，则使得 $\kappa(s)$ 与 $\tau(s)$ 满足这个关系的一切曲线，就必定可以通过那些不因保持定向的运动而改变的性质刻画出来，我们把 κ 与 τ 之间的这样一种关系称为相应曲线的**自然方程**.

根据上述观点，

$$\frac{\tau}{\kappa}-\left(\frac{\kappa'}{\kappa^2\tau}\right)'=0$$

为球面曲线的自然方程；

$\tau=0$ 是平面曲线的自然方程（定理 1.2.2）；

$\kappa=0$ 是直线的自然方程（引理 1.2.2）；

$\tau=0,\kappa=\frac{1}{r}$（正的常数）是圆的自然方程（例 1.4.1）；

常值 $\kappa,\tau,\kappa\neq0,\tau\neq0$ 是圆柱螺线的自然方程（例 1.2.3）；

$\frac{\tau}{\kappa}=$常数是一般螺线的自然方程（例 1.3.4）.

1.3.23 设 $\boldsymbol{x}(s)$（s 为弧长参数）为 $\mathbf{R}^3$ 中连通的空间挠曲线（即 $\tau(s)\neq0,\forall s$）.

(1) 如果 $\boldsymbol{x}(s)$ 为球面曲线，则

$$\left(\frac{1}{\kappa}\right)^2+\left[\frac{1}{\tau}\left(\frac{1}{\kappa}\right)'\right]^2=b^2 \quad (b\text{ 为正的常数})；$$

(2) 如果 $\boldsymbol{x}(s)$ 满足：

$$\left(\frac{1}{\kappa}\right)^2+\left[\frac{1}{\tau}\left(\frac{1}{\kappa}\right)'\right]^2=b^2 \quad (b\text{ 为正的常数})，$$

则或者 $\boldsymbol{x}(s)$ 为球面曲线，或者 $\boldsymbol{x}(s)$ 为常曲率曲线.

证明 (1) 证法 1 根据习题 1.3.21 的证明，对球面曲线 $\boldsymbol{x}(s)$，有

$$\rho\tau+\left(\frac{\rho'}{\tau}\right)'=0,$$

$$\left[\rho^2+\left(\frac{\rho'}{\tau}\right)^2\right]'=2\frac{\rho'}{\tau}\left[\rho\tau+\left(\frac{\rho'}{\tau}\right)'\right]=0,$$

$$\rho^2+\left(\frac{\rho'}{\tau}\right)^2=b^2\quad(b\text{ 为正的常数}),$$

即

$$\left(\frac{1}{\kappa}\right)^2+\left[\frac{1}{\tau}\left(\frac{1}{\kappa}\right)'\right]^2=b^2\quad(b\text{ 为正的常数}).$$

证法 2 根据习题 1.3.22 证法 2,对球面曲线 $\boldsymbol{x}(s)$,有

$$\frac{\tau}{\kappa}+\left[\frac{1}{\tau}\left(\frac{1}{\kappa}\right)'\right]'=0.$$

因为曲线 $\boldsymbol{x}(s)$的密切球面中心为

$$\boldsymbol{y}(s)=\boldsymbol{x}(s)+\frac{1}{\kappa(s)}\boldsymbol{V}_2(s)+\frac{1}{\tau(s)}\left[\frac{1}{\kappa(s)}\right]'\boldsymbol{V}_3(s),$$

所以

$$\begin{aligned}\boldsymbol{y}'(s)=&\boldsymbol{V}_1(s)+\left[\frac{1}{\kappa(s)}\right]'\boldsymbol{V}_2(s)+\frac{1}{\kappa(s)}[-\kappa(s)\boldsymbol{V}_1(s)+\tau(s)\boldsymbol{V}_3(s)]\\&+\left\{\frac{1}{\tau(s)}\left[\frac{1}{\kappa(s)}\right]'\right\}'\boldsymbol{V}_3(s)+\frac{1}{\tau(s)}\left[\frac{1}{\kappa(s)}\right]'[-\tau(s)\boldsymbol{V}_2]\\=&\left(\frac{\tau(s)}{\kappa(s)}+\left\{\frac{1}{\tau(s)}\left[\frac{1}{\kappa(s)}\right]'\right\}'\right)\boldsymbol{V}_3(s)\\=&0\cdot\boldsymbol{V}_3=0.\end{aligned}$$

积分得 $\boldsymbol{y}(s)=\boldsymbol{y}_0$(常向量).故密切球面半径 $b(s)$的平方

$$b^2(s)=[\boldsymbol{x}(s)-\boldsymbol{y}_0]^2=\left(\frac{1}{\kappa}\right)^2+\left[\frac{1}{\tau}\left(\frac{1}{\kappa}\right)'\right]^2.$$

因为

$$[b^2(s)]'=\frac{2}{\tau}\left(\frac{1}{\kappa}\right)'\left\{\frac{\tau}{\kappa}+\left[\frac{1}{\tau}\left(\frac{1}{\kappa}\right)'\right]'\right\}\xlongequal[\text{的必要性}]{\text{习题 1.3.22}}\frac{2}{\tau}\left(\frac{1}{\kappa}\right)'\cdot 0=0,$$

故 $b^2(s)$为常数,而 $b(s)=b$ 为正的常数.

(2) 如果 $\boldsymbol{x}(s)$满足:

$$\left(\frac{1}{\kappa}\right)^2+\left[\frac{1}{\tau}\left(\frac{1}{\kappa}\right)'\right]^2=b^2\quad(b\text{ 为正的常数}),$$

则

$$0=(b^2)'=\left\{\left(\frac{1}{\kappa}\right)^2+\left[\frac{1}{\tau}\left(\frac{1}{\kappa}\right)'\right]^2\right\}'=\frac{2}{\tau}\left(\frac{1}{\kappa}\right)'\left\{\frac{\tau}{\kappa}+\left[\frac{1}{\tau}\left(\frac{1}{\kappa}\right)'\right]'\right\}$$

$$\Leftrightarrow\quad \frac{\tau}{\kappa}+\left[\frac{1}{\tau}\left(\frac{1}{\kappa}\right)'\right]'=0 \text{ 或者 } \left(\frac{1}{\kappa}\right)'=\frac{-\kappa'}{\kappa^2}=0(\text{即 }\kappa'=0\Leftrightarrow\kappa\text{ 为常数}).$$

(a) 如果对 $\forall s$，有 $\kappa'(s)\neq 0$，则恒有

$$\frac{\tau(s)}{\kappa(s)}+\left\{\frac{1}{\tau(s)}\left[\frac{1}{\kappa(s)}\right]'\right\}'=0.$$

根据习题 1.3.22 的充分性知，$\boldsymbol{x}(s)$ 为一条球面曲线.

(b) 如果 $\{s|\kappa'(s)=0\}$ 不含区间，则对 $\kappa'(s)\neq 0$ 的任何 s，由上述知，必有

$$\frac{\tau(s)}{\kappa(s)}+\left\{\frac{1}{\tau(s)}\left[\frac{1}{\kappa(s)}\right]'\right\}'=0.$$

由于 $\{s|\kappa'(s)=0\}$ 处处稠密且上式左边为 s 的连续函数，所以

$$\frac{\tau(s)}{\kappa(s)}+\left\{\frac{1}{\tau(s)}\left[\frac{1}{\kappa(s)}\right]'\right\}'=0$$

在 s 的定义区间上恒成立. 根据习题 1.3.22 的充分性知，$\boldsymbol{x}(s)$ 为一条球面曲线.

(c) 如果在整个定义区间中，$\kappa'(s)=0$，则它等价于 $\kappa(s)$ 为常数. 例如，圆柱螺线 $\boldsymbol{x}(s)=(r\cos\omega s, r\sin\omega s, \omega hs)$ 的曲率 $\kappa(s)=\omega^2 r$ 为常数，其中 $\omega=(r^2+h^2)^{-\frac{1}{2}}$，$r$，$h$ 均为常数. 但是，它不是球面曲线. □

注 在习题 1.3.23(2) 中，$\kappa(s)$ 既非常数 $(\kappa'(s)\not\equiv 0)$ 且 $\{s|\kappa'(s)=0\}$ 含区间的情形比较复杂而被忽略了.

1.3.24 设 C：$\boldsymbol{x}(s)(s_0\leqslant s\leqslant s_1)$ 为球面挠闭曲线 $(\tau(s)\neq 0, \forall s)$. 证明：

$$\oint_C \frac{\tau}{\kappa}\mathrm{d}s=0 \quad (s \text{ 为 } \boldsymbol{x}(s) \text{ 的弧长}).$$

证明 因为 C：$\boldsymbol{x}(s)$ 为球面闭曲线，故 $\boldsymbol{x}(s_0)=\boldsymbol{x}(s_1)$. 从而

$$\frac{\rho'(s_0)}{\tau(s_0)}=\frac{\rho'(s_1)}{\tau(s_1)}.$$

于是

$$\oint_C \frac{\tau}{\kappa}\mathrm{d}s=\oint_C \rho\tau\,\mathrm{d}s \xlongequal{\text{习题 1.3.21}} -\oint_C\left(\frac{\rho'}{\tau}\right)'\mathrm{d}s=-\frac{\rho'(s)}{\tau(s)}\bigg|_{s_0}^{s_1}=0. \qquad \square$$

1.3.25 证明：曲线

$$\boldsymbol{x}(s)=\frac{1}{2}(\arccos s-s\sqrt{1-s^2}, 1-s^2, 0)$$

与

$$\bar{\boldsymbol{x}}(s)=\frac{1}{2}(\arccos s-s\sqrt{1-s^2}-s, 1-s^2+\sqrt{1-s^2}, 0)$$

为 Bertrand 侣线.

证明 计算得

$$\boldsymbol{x}'(s)=\frac{1}{2}\left(-\frac{1}{\sqrt{1-s^2}}-s\frac{-2s}{2\sqrt{1-s^2}}-\sqrt{1-s^2},-2s,0\right)$$

$$=(-\sqrt{1-s^2},-s,0),$$

$$|\boldsymbol{x}'(s)|=\sqrt{(-\sqrt{1-s^2})^2+(-s)^2+0^2}=1\quad(s\text{ 为其弧长}),$$

$$\boldsymbol{V}_1(s)=\boldsymbol{x}'(s)=(-\sqrt{1-s^2},-s,0),\quad \boldsymbol{x}''(s)=\left(\frac{s}{\sqrt{1-s^2}},-1,0\right).$$

$$\kappa(s)\boldsymbol{V}_2(s)=\boldsymbol{V}_1'(s)=\boldsymbol{x}''(s)=\left(\frac{s}{\sqrt{1-s^2}},-1,0\right)$$

$$=\frac{1}{\sqrt{1-s^2}}(s,-\sqrt{1-s^2},0),$$

$$\kappa(s)=\frac{1}{\sqrt{1-s^2}},\quad \boldsymbol{V}_2(s)=(s,-\sqrt{1-s^2},0).$$

$$\tilde{\boldsymbol{x}}(s)=\frac{1}{2}(\arccos s-s\sqrt{1-s^2}-s,1-s^2+\sqrt{1-s^2},0)$$

$$=\boldsymbol{x}(s)-\frac{1}{2}\boldsymbol{V}_2(s),$$

$$\tilde{\boldsymbol{x}}'(s)=\boldsymbol{x}'(s)-\frac{1}{2}\boldsymbol{V}_2'(s)=(-\sqrt{1-s^2},-s,0)-\frac{1}{2}\left(1,\frac{s}{\sqrt{1-s^2}},0\right)$$

$$=(-\sqrt{1-s^2},-s,0)+\frac{1}{2\sqrt{1-s^2}}(-\sqrt{1-s^2},-s,0)$$

$$=\left(1+\frac{\kappa(s)}{2}\right)\boldsymbol{V}_1(s),$$

$$\tilde{\boldsymbol{V}}_1(s)\cdot\boldsymbol{V}_2(s)=\tilde{\boldsymbol{x}}'(s)\cdot\boldsymbol{V}_2(s)=\left[1+\frac{\kappa(s)}{2}\right]\boldsymbol{V}_1(s)\cdot\boldsymbol{V}_2(s)=0,$$

再注意到 $\tilde{\boldsymbol{V}}_3(s)=\pm(0,0,1)$,故 $\tilde{\boldsymbol{V}}_3(\tilde{s})\cdot\boldsymbol{V}_2(s)=0$. 因此,$\boldsymbol{V}_2(s)$ 为 $\tilde{\boldsymbol{x}}(s)$ 的主法向量,即 $\boldsymbol{x}(s)$ 与 $\tilde{\boldsymbol{x}}(s)$ 有公共的主法线. 这就证明了 $\tilde{\boldsymbol{x}}(s)$ 与 $\boldsymbol{x}(s)$ 为 Bertrand 侣线. □

1.3.26 设曲线 C:$\boldsymbol{x}(s)$(s 为弧长)为常挠曲率曲线. 证明曲线 $\tilde{C}$:

$$\tilde{\boldsymbol{x}}(s)=a\boldsymbol{x}(s)+b\left[-\frac{1}{\tau(s)}\boldsymbol{V}_2(s)+\int\boldsymbol{x}(s)\mathrm{d}s\right]$$

为 $\boldsymbol{x}(s)$ 的 Bertrand 侣线,其中 a,b 为常数,$\kappa,\tau,\boldsymbol{V}_2$ 分别为 $\boldsymbol{x}(s)$ 的曲率、挠率和主法向量,$\boldsymbol{x}(s)$ 为其本身的从法向量,即 $\boldsymbol{x}(s)=\boldsymbol{V}_3(s)$.

证明 计算得

$$\widetilde{\boldsymbol{V}}_1\frac{\mathrm{d}\tilde{s}}{\mathrm{d}s}=\tilde{\boldsymbol{x}}'(s)=a\boldsymbol{x}'+b\left[\frac{\tau'}{\tau^2}\boldsymbol{V}_2-\frac{1}{\tau}(-\kappa\boldsymbol{V}_1+\tau\boldsymbol{V}_3)+\boldsymbol{x}\right]$$

$$\xlongequal[\boldsymbol{x}=\boldsymbol{V}_3]{\tau'=0}a\boldsymbol{V}_1+\frac{b\kappa}{\tau}\boldsymbol{V}_1=\left(a+\frac{b\kappa}{\tau}\right)\boldsymbol{V}_1,$$

$$\widetilde{\boldsymbol{V}}_1=\pm\boldsymbol{V}_1.$$

上式两边关于 s 求导,得

$$\tilde{\kappa}\widetilde{\boldsymbol{V}}_2\frac{\mathrm{d}\tilde{s}}{\mathrm{d}s}=\widetilde{\boldsymbol{V}}_1'=(\pm\boldsymbol{V}_1)'=\pm\kappa\boldsymbol{V}_2\quad\Rightarrow\quad\widetilde{\boldsymbol{V}}_2=\pm\boldsymbol{V}_2.$$

根据定义 1.3.2,$\tilde{\boldsymbol{x}}(s)$为$\boldsymbol{x}(s)$的 Bertrand 侣线. □

1.3.27 证明:具有常曲率 $\kappa\neq0$ 的挠曲线 $\boldsymbol{x}(s)$为 Bertrand 曲线(s 为弧长),且 $\boldsymbol{x}(s)$的侣线 $\tilde{\boldsymbol{x}}(s)$是 $\boldsymbol{x}(s)$的曲率中心的轨迹;并且 $\tilde{\boldsymbol{x}}(s)$的曲率 $\tilde{\kappa}=\kappa$,挠率 $\tilde{\tau}=\dfrac{\kappa^2}{\tau}$.

证明 设 $\boldsymbol{x}(s)$的曲率中心的轨迹为

$$\tilde{\boldsymbol{x}}(s)=\boldsymbol{x}(s)+\rho(s)\boldsymbol{V}_2(s)\quad\left(\rho(s)=\frac{1}{\kappa(s)}\text{ 与 }\kappa(s)\text{ 均为非零常值}\right).$$

两边对 s 求导,得

$$\begin{aligned}\widetilde{\boldsymbol{V}}_1(s)\frac{\mathrm{d}\tilde{s}}{\mathrm{d}s}&=\tilde{\boldsymbol{x}}'(s)=\boldsymbol{x}'(s)+\rho'(s)\boldsymbol{V}_2(s)+\rho(s)[-\kappa(s)\boldsymbol{V}_1(s)+\tau(s)\boldsymbol{V}_3(s)]\\&=[1-\rho(s)\kappa(s)]\boldsymbol{V}_1(s)+\rho'(s)\boldsymbol{V}_2(s)+\rho(s)\tau(s)\boldsymbol{V}_3(s)\\&\xlongequal{\rho'=0}\rho(s)\tau(s)\boldsymbol{V}_3(s).\end{aligned}$$

(a) 当$\dfrac{\mathrm{d}\tilde{s}}{\mathrm{d}s}>0$,$\tau(s)>0$ 时,有

$$\begin{cases}\widetilde{\boldsymbol{V}}_1(s)=\boldsymbol{V}_3(s)\\ \dfrac{\mathrm{d}\tilde{s}}{\mathrm{d}s}=\rho(s)\tau(s).\end{cases}$$

于是,对第 1 式关于 s 求导,得

$$\tilde{\kappa}(s)\widetilde{\boldsymbol{V}}_2(s)\frac{\mathrm{d}\tilde{s}}{\mathrm{d}s}=\boldsymbol{V}_3'(s)=-\tau(s)\boldsymbol{V}_2(s),$$

$$\begin{cases}\tilde{\kappa}(s)\dfrac{\mathrm{d}\tilde{s}}{\mathrm{d}s}=\tau(s)\ \Leftrightarrow\ \tilde{\kappa}(s)\rho(s)\tau(s)=\tau(s)\ \Leftrightarrow\ \tilde{\kappa}(s)=\dfrac{1}{\rho(s)}=\kappa(s),\\ \widetilde{\boldsymbol{V}}_2(s)=-\boldsymbol{V}_2(s).\end{cases}$$

这表明 $\tilde{\boldsymbol{x}}(s)$为 $\boldsymbol{x}(s)$的 Bertrand 侣线. 由此得到

$$\widetilde{\boldsymbol{V}}_3(s)=\widetilde{\boldsymbol{V}}_1(s)\times\widetilde{\boldsymbol{V}}_2(s)=\boldsymbol{V}_3(s)\times[-\boldsymbol{V}_2(s)]=\boldsymbol{V}_1(s),$$

$$-\tilde{\tau}(s)\tilde{\boldsymbol{V}}_2(s)\frac{\mathrm{d}\tilde{s}}{\mathrm{d}s}=\tilde{\boldsymbol{V}}_3'(s)=\boldsymbol{V}_1'(s)=\kappa(s)\boldsymbol{V}_2(s),$$

$$\tilde{\tau}(s)\rho(s)\tau(s)=\tilde{\tau}(s)\frac{\mathrm{d}\tilde{s}}{\mathrm{d}s}=\kappa(s),$$

$$\tilde{\tau}(s)=\frac{\kappa(s)}{\rho(s)\tau(s)}=\frac{\kappa^2(s)}{\tau(s)}.$$

(b) 当$\frac{\mathrm{d}\tilde{s}}{\mathrm{d}s}>0,\tau(s)<0$时,有

$$\begin{cases}\tilde{\boldsymbol{V}}_1(s)=-\boldsymbol{V}_3(s),\\ \frac{\mathrm{d}\tilde{s}}{\mathrm{d}s}=-\rho(s)\tau(s),\end{cases}$$

于是,对第1式关于s求导,得

$$\tilde{\kappa}(s)\tilde{\boldsymbol{V}}_2(s)\frac{\mathrm{d}\tilde{s}}{\mathrm{d}s}=-\boldsymbol{V}_3'(s)=\tau(s)\boldsymbol{V}_2(s),$$

$$\begin{cases}\tilde{\kappa}(s)\frac{\mathrm{d}\tilde{s}}{\mathrm{d}s}=-\tau(s)\ \Leftrightarrow\ \tilde{\kappa}(s)[-\rho(s)\tau(s)]=-\tau(s)\\ \qquad\qquad\qquad\qquad\ \Leftrightarrow\ \tilde{\kappa}(s)=\frac{1}{\rho(s)}=\kappa(s),\\ \tilde{\boldsymbol{V}}_2(s)=-\boldsymbol{V}_2(s).\end{cases}$$

它表明$\tilde{\boldsymbol{x}}(s)$为$\boldsymbol{x}(s)$的 Bertrand 侣线.由此得到

$$\tilde{\boldsymbol{V}}_3(s)=\tilde{\boldsymbol{V}}_1(s)\times\tilde{\boldsymbol{V}}_2(s)=[-\boldsymbol{V}_3(s)]\times[-\boldsymbol{V}_2(s)]=-\boldsymbol{V}_1(s),$$

$$-\tilde{\tau}(s)\tilde{\boldsymbol{V}}_2(s)\frac{\mathrm{d}\tilde{s}}{\mathrm{d}s}=\tilde{\boldsymbol{V}}_3'(s)=-\boldsymbol{V}_1'(s)=-\kappa(s)\boldsymbol{V}_2(s),$$

$$\tilde{\tau}(s)(-\rho(s)\tau(s))=-\kappa(s),$$

$$\tilde{\tau}(s)=\frac{\kappa(\rho)}{\rho(s)\tau(s)}=\frac{\kappa^2(s)}{\tau(s)}.$$

(c) 当$\frac{\mathrm{d}\tilde{s}}{\mathrm{d}s}<0,\tau(s)<0$时,有

$$\begin{cases}\tilde{\boldsymbol{V}}_1(s)=\boldsymbol{V}_3(s),\\ \frac{\mathrm{d}\tilde{s}}{\mathrm{d}s}=\rho(s)\tau(s).\end{cases}$$

完全同情况(a),推得$\tilde{\boldsymbol{x}}(s)$为$\boldsymbol{x}(s)$的 Bertrand 侣线,并得到

$$\tilde{\kappa}(s)=\kappa(s),\quad \tilde{\tau}(s)=\frac{\kappa^2(s)}{\tau(s)}.$$

(d) 当$\frac{\mathrm{d}\tilde{s}}{\mathrm{d}s}<0,\tau(s)>0$时,有

$$\begin{cases} \widetilde{\boldsymbol{V}}_1(s) = -\boldsymbol{V}_3(s), \\ \dfrac{\mathrm{d}\tilde{s}}{\mathrm{d}s} = -\rho(s)\tau(s). \end{cases}$$

完全同情况(b),推得 $\tilde{\boldsymbol{x}}(s)$为 $\boldsymbol{x}(s)$的 Bertrand 侣线,并得到

$$\tilde{\kappa}(s) = \kappa(s), \quad \tilde{\tau}(s) = \frac{\kappa^2(s)}{\tau(s)}. \qquad \square$$

注 根据定理 1.3.3,除圆柱螺线外,每条 Bertrand 曲线($\kappa(s) \neq 0, \tau(s) \neq 0$)只有一条唯一的侣线,而习题 1.3.27 中指出 $\boldsymbol{x}(s)$的曲率中心的轨迹 $\tilde{\boldsymbol{x}}(s)$必为 $\boldsymbol{x}(s)$的一条 Bertrand 侣线. 因此,$\tilde{\boldsymbol{x}}(s)$就是 $\boldsymbol{x}(s)$的那条唯一的侣线.

但是,当 $\boldsymbol{x}(s)$为圆柱螺线时(即 $\kappa \neq 0, \tau \neq 0$,且 κ, τ 为常数,参阅例 1.2.3 与注 1.5.2),根据定理 1.3.3,圆柱螺线 $\boldsymbol{x}(s)$有无数条侣线. 因此,$\boldsymbol{x}(s)$的一条侣线未必就是 $\boldsymbol{x}(s)$的曲率中心的轨迹. $\boldsymbol{x}(s)$的曲率中心的轨迹只是无数条侣线中的一条而已.

1.4 Bouquet 公式、平面曲线的相对曲率

1. 知识要点

定理 1.4.1(Bouquet 公式,局部规范形式) 设 $\boldsymbol{x}(s)$为 $\mathbf{R}^3$ 中的 C^3 正则曲线,s 为弧长参数. 如果$\{\boldsymbol{x}(0);\boldsymbol{V}_1(0),\boldsymbol{V}_2(0),\boldsymbol{V}_3(0)\}$为新坐标系,则对于曲线 $\boldsymbol{x}(s)$上点的新坐标$\{\tilde{x}^1(s),\tilde{x}^2(s),\tilde{x}^3(s)\}$,有 **Bouquet 公式**:

$$\begin{cases} \tilde{x}_1(s) = s - \dfrac{\kappa(0)^2}{6}s^3 + R_1(s), \\ \tilde{x}_2(s) = \dfrac{\kappa(0)}{2}s^2 + \dfrac{\kappa'(0)}{6}s^3 + R_2(s), \\ \tilde{x}_3(s) = \dfrac{\kappa(0)\tau(0)}{6}s^3 + R_3(s), \end{cases}$$

其中

$$\boldsymbol{R}(s) = R_1(s)\boldsymbol{V}_1(0) + R_2(s)\boldsymbol{V}_2(0) + R_3(s)\boldsymbol{V}_3(0) = (R_1(s),R_2(s),R_3(s)),$$

$$\lim_{s\to 0}\frac{\boldsymbol{R}(s)}{s^3} = \lim_{s\to 0}\left(\frac{R_1(s)}{s^3},\frac{R_2(s)}{s^3},\frac{R_3(s)}{s^3}\right) = (0,0,0) = \boldsymbol{0}.$$

注 1.4.1 在 C^3正则曲线 $\boldsymbol{x}(s)$上,当参数 s 变化时,得到一族活动的 Frenet

标架$\{\boldsymbol{x}(s);\boldsymbol{V}_1(s),\boldsymbol{V}_2(s),\boldsymbol{V}_3(s)\}$. 研究曲线 $\boldsymbol{x}(s)$在一点邻近的几何性质时,Frenet 标架是一个十分有力的工具. 可以想象,如果在曲线的每一点能附上一组与该曲线的特性有密切相关的活动标架,对揭示曲线的局部几何性质是十分有用的.

定理 1.4.2 设 $\boldsymbol{x}(s)$为 $\mathbf{R}^3$ 中的 C^3 正则曲线,$\kappa(0)\neq 0,\tau(0)\neq 0$. 我们只取 Bouquet 公式中各式的第一项,就可得到 $\boldsymbol{x}(0)$邻近与原曲线 $\boldsymbol{x}(s)$相近似的曲线 $\widetilde{\boldsymbol{x}}(s)=(\widetilde{x_1}(s),\widetilde{x_2}(s),\widetilde{x_3}(s))$为

$$\begin{cases}\widetilde{x_1}(s)=s,\\ \widetilde{x_2}(s)=\dfrac{\kappa(0)}{2}s^2,\\ \widetilde{x_3}(s)=\dfrac{\kappa(0)\tau(0)}{6}s^3.\end{cases}$$

它与原曲线 $\boldsymbol{x}(s)$在该点处有相同的曲率、挠率及 Frenet 标架. 于是,它们在该点的密切平面、法平面及从切平面都一致(两曲线的这些几何性质的相同表明第一项的近似已足够优良了).

定义 1.4.1 设 $\boldsymbol{x}(s)=(x^1(s),x^2(s))$为 $\mathbf{R}^2$ 中的 C^2 正则曲线,s 为弧长参数. 可选该曲线的法向量 $\boldsymbol{V}_{2\mathrm{r}}(s)$,使得$\{\boldsymbol{V}_1(s),\boldsymbol{V}_{2\mathrm{r}}(s)\}=\{\boldsymbol{x}'(s),\boldsymbol{V}_{2\mathrm{r}}(s)\}$的定向与 $\mathbf{R}^2$ 上通常直角坐标系 x^1Ox^2 的定向(右旋系)相同($\boldsymbol{V}_{2\mathrm{r}}(s)$中的 r 代表 right(右)),即逆时针方向. 在 $\mathbf{R}^2$ 中也有 Frenet 公式:

$$\begin{cases}\boldsymbol{V}'_1(s)=\kappa_1(s)\boldsymbol{V}_{2\mathrm{r}}(s),\\ \boldsymbol{V}'_{2\mathrm{r}}(s)=-\kappa_{\mathrm{r}}(s)\boldsymbol{V}_1(s).\end{cases}$$

其中 $\kappa_{\mathrm{r}}(s)$的正负完全由曲线的定向与平面 $\mathbf{R}^2$ 的定向所确定,它可能为正值,可能为负值,也可能为零. 显然,

$$|\kappa_{\mathrm{r}}(s)|=|\boldsymbol{V}'_1(s)|=|\boldsymbol{x}''(s)|=\kappa(s)\geqslant 0.$$

我们称 $\kappa_{\mathrm{r}}(s)$为 $\mathbf{R}^2$ 中平面曲线 $\boldsymbol{x}(s)$的**相对曲率**.

设 $\theta(s)$为 $\boldsymbol{V}_1(s)=\boldsymbol{x}'(s)$与 $\boldsymbol{e}_1$(x^1 轴方向单位向量)之间的夹角,则$\dfrac{\mathrm{d}\theta}{\mathrm{d}s}=\kappa_{\mathrm{r}}(s)$.

定理 1.4.3 设 $\boldsymbol{x}(s)=(x^1(s),x^2(s))$为以弧长 s 为参数的平面 $\mathbf{R}^2$ 中的 C^2 正则曲线,则:

(1) $\boldsymbol{V}_{2\mathrm{r}}(s)=(-x^{2\prime}(s),x^{1\prime}(s)),\boldsymbol{x}''(s)=\kappa_{\mathrm{r}}(s)(-x^{2\prime}(s),x^{1\prime}(s))$;

(2) $\kappa_{\mathrm{r}}(s)=\begin{vmatrix}x^{1\prime}(s) & x^{1\prime\prime}(s)\\ x^{2\prime}(s) & x^{2\prime\prime}(s)\end{vmatrix}$;

(3) 一般参数 t 的相对曲率公式为

$$\kappa_{\mathrm{r}}(t)=\begin{vmatrix}x^{1\prime}(t) & x^{1\prime\prime}(t)\\ x^{2\prime}(t) & x^{2\prime\prime}(t)\end{vmatrix}\Big/[x^{1\prime}(t)^2+x^{2\prime}(t)^2]^{\frac{3}{2}}.$$

定理 1.4.4 设 $\boldsymbol{x}(s)$ 为 $\mathbf{R}^2$ 中的 C^2 正则曲线，$\kappa_{\mathrm{r}}(s)$ 为其相对曲率，$\tilde{\boldsymbol{x}}(s)=\boldsymbol{x}(-s)$ 为与 $\boldsymbol{x}(s)$ 方向相反的 C^2 正则曲线，则 s 为 $\tilde{\boldsymbol{x}}(s)$ 的弧长，且 $\tilde{\boldsymbol{x}}(s)$ 的相对曲率

$$\tilde{\kappa}_{\mathrm{r}}(s)=-\kappa_{\mathrm{r}}(s).$$

定理 1.4.5 设 $\boldsymbol{x}(s)$ 为 $\mathbf{R}^2$ 中的 C^3 正则曲线，s 为弧长参数. 如果取 $\{\boldsymbol{x}(0);\boldsymbol{V}_1(0),\boldsymbol{V}_{2\mathrm{r}}(0)\}$ 为新坐标系，则曲线 $\boldsymbol{x}(s)$ 在点 $\boldsymbol{x}(0)$ 邻近有**局部规范形式**：

$$\begin{cases}\tilde{x}^1(s)=s-\dfrac{\kappa_{\mathrm{r}}(0)^2}{6}s^3+R_1(s),\\[2ex] \tilde{x}^2(s)=\dfrac{\kappa_{\mathrm{r}}(0)}{2}s^2+\dfrac{\kappa_{\mathrm{r}}'(0)}{6}s^3+R_2(s),\end{cases}$$

其中 $\boldsymbol{R}(s)=R_1(s)\boldsymbol{V}_1(0)+R_2(s)\boldsymbol{V}_{2\mathrm{r}}(0)=(R_1(s),R_2(s))$，$\lim\limits_{s\to0}\dfrac{\boldsymbol{R}(s)}{s^3}=\mathbf{0}$.

例 1.4.1 在平面 $\mathbf{R}^2$ 中，椭圆

$$\boldsymbol{x}(t)=(x(t),y(t))=(a\cos t,b\sin t)\quad(0\leqslant t\leqslant 2\pi),$$

即 $\dfrac{x^2}{a^2}+\dfrac{y^2}{b^2}=1(a>0,b>0)$ 的相对曲率

$$\kappa_{\mathrm{r}}(t)=\frac{ab}{(a^2\sin^2 t+b^2\cos^2 t)^{\frac{3}{2}}}.$$

当 $a=b=r$ 时，椭圆就成为半径为 r 的圆. 此时，$\kappa_{\mathrm{r}}(t)=\dfrac{1}{r}$.

2. 习题解答

1.4.1 设 P_0 为两曲线 $\boldsymbol{x}(s)$ 与 $\tilde{\boldsymbol{x}}(s)$ 的交点，在 P_0 的一旁邻近取点 P_1,P_2，它们分别属于曲线 $\boldsymbol{x}(s)$ 与 $\tilde{\boldsymbol{x}}(s)$，且使曲线弧长 $\widehat{P_0P_1}=\widehat{P_0P_2}=\Delta s$. 若

$$\lim_{\Delta s\to0}\frac{\overline{P_1P_2}}{(\Delta s)^n}=0,$$

则称曲线 $\boldsymbol{x}(s)$ 与 $\tilde{\boldsymbol{x}}(s)$ 在 P_0 点有 **n 阶接触**. 证明：

(1) 两曲线 $\boldsymbol{x}(s)$ 与 $\tilde{\boldsymbol{x}}(s)$ 在 $P_0=\tilde{\boldsymbol{x}}(s_0)=\boldsymbol{x}(s_0)$ 具有 n 阶接触等价于

$$\boldsymbol{x}'(s_0)=\tilde{\boldsymbol{x}}'(s_0),\boldsymbol{x}''(s_0)=\tilde{\boldsymbol{x}}''(s_0),\cdots,\boldsymbol{x}^{(n)}(s_0)=\tilde{\boldsymbol{x}}^{(n)}(s_0);$$

(2) 曲线 $\boldsymbol{x}(s)$ 的切线 $\boldsymbol{y}(s)=\boldsymbol{x}(s_0)+(s-s_0)\boldsymbol{x}'(s_0)$ 与曲线 $\boldsymbol{x}(s)$ 在 s_0 有 1 阶接触的唯一直线；

(3) 若连通 C^2 曲线 $\boldsymbol{x}(s)$ 每一点的切线与曲线 $\boldsymbol{x}(s)$ 有 2 阶接触，则曲线 $\boldsymbol{x}(s)$ 为直线.

证明 在 s_0 点作 Taylor 展开：

$$\boldsymbol{x}(s)=\sum_{k=0}^{\infty}\boldsymbol{x}^{(k)}(s_0)\frac{(\Delta s)^k}{k!},\quad \tilde{\boldsymbol{x}}(s)=\sum_{k=0}^{\infty}\tilde{\boldsymbol{x}}^{(k)}(s_0)\frac{(\Delta s)^k}{k!},$$

$$\overline{P_1P_2}=\sum_{k=1}^{\infty}[\tilde{\boldsymbol{x}}^{(k)}(s_0)-\boldsymbol{x}^{(k)}(s_0)]\frac{(\Delta s)^k}{k!},$$

$$\frac{\overline{P_1P_2}}{\Delta s^n}=\sum_{k=1}^{\infty}[\tilde{\boldsymbol{x}}^{(k)}(s_0)-\boldsymbol{x}^{(k)}(s_0)]\frac{(\Delta s)^{k-n}}{k!}.$$

(1) $\lim\limits_{\Delta s\to 0}\frac{\overline{P_1P_2}}{(\Delta s)^n}=0\Leftrightarrow \boldsymbol{x}^{(k)}(s_0)=\tilde{\boldsymbol{x}}^{(k)}(s_0)(k=0,1,2,\cdots,n)$.

(2) 由于

$$\boldsymbol{y}'(s)=[\boldsymbol{x}(s_0)+(s-s_0)\boldsymbol{x}'(s_0)]'=\boldsymbol{x}'(s_0),$$

根据(1),切线 $\boldsymbol{y}(s)$与曲线 $\boldsymbol{x}(s)$在 s_0 有 1 阶接触.

又若直线$\boldsymbol{Z}(s)=\boldsymbol{x}(s_0)+(s-s_0)\boldsymbol{a}$($\boldsymbol{a}$ 为常单位向量)与曲线 $\boldsymbol{x}(s)$在 s_0 有 1 阶接触,则

$$\boldsymbol{a}=\boldsymbol{Z}'(s_0)=\boldsymbol{x}'(s_0),\quad \boldsymbol{Z}(s)=\boldsymbol{x}(s_0)+(s-s_0)\boldsymbol{a}=\boldsymbol{x}(s_0)+(s-s_0)\boldsymbol{x}'(s_0),$$

它为曲线 $\boldsymbol{x}(s)$在 s_0 的切线. 因此,切线 $\boldsymbol{y}(s)$是曲线 $\boldsymbol{x}(s)$在 s_0 有 1 阶接触的唯一直线.

(3) 若切线 $\boldsymbol{y}(s)=\boldsymbol{x}(s_0)+(s-s_0)\boldsymbol{x}'(s_0)$在任何 s_0 与 $\boldsymbol{x}(s)$有 2 阶接触,则

$$\boldsymbol{x}''(s_0)=\boldsymbol{y}''(s_0)=\boldsymbol{0},$$

即 $\boldsymbol{x}''(s)\equiv\boldsymbol{0}$. 积分得 $\boldsymbol{x}'(s)=\boldsymbol{x}'(s_0)$. 再积分,就有

$$\boldsymbol{x}(s)=\boldsymbol{x}(s_0)+(s-s_0)\boldsymbol{x}'(s_0),$$

即连通 C^2 曲线 $\boldsymbol{x}(s)$为直线. □

1.4.2 给定一个中心在 $\boldsymbol{m}$、半径为 $r>0$ 的球面. 设 s 为曲线 $C:\boldsymbol{x}(s)$的弧长,令

$$f(s)=[\boldsymbol{x}(s)-\boldsymbol{m}]^2-r^2.$$

如果在 s_0 满足下列条件:

$$f^{(0)}(s_0)=f(s_0)=[\boldsymbol{x}(s_0)-\boldsymbol{m}]^2-r^2=0\quad(r\text{ 为常数}),$$

$$f'(s_0)=f''(s_0)=\cdots=f^{(n)}(s_0)=0,$$

则称曲线 $\boldsymbol{x}(s)$与已给球面有 n **阶接触**. 证明:

(1) 如果 C^∞ 曲线 $\boldsymbol{x}(s)$落在已给球面上,则曲线 $\boldsymbol{x}(s)$与球面有任意阶接触;

(2) 如果 $\tau(s_0)=0$,则曲线 $\boldsymbol{x}(s)$在 $\boldsymbol{x}(s_0)$与某一球面有 3 阶接触$\Leftrightarrow\kappa'(s_0)=0$. 从而,平面连通曲线不能与球面处处有 3 阶接触,除非曲线本身属于球面的一个圆.

证明 (1) 由于 C^∞ 曲线 $\boldsymbol{x}(s)$落在已给球面上,故

$$f(s)=[\boldsymbol{x}(s)-\boldsymbol{m}]^2-\boldsymbol{r}^2\equiv 0\quad (r\text{ 为常数})；$$

且对 $\forall n\in\mathbf{N},\forall s_0$，有

$$f'(s_0)=f''(s_0)=\cdots=f^{(n)}(s_0).$$

因此，$\boldsymbol{x}(s)$ 在 s_0 处有 n 阶接触. 由于 n 和 s_0 任取，所以 $\boldsymbol{x}(s)$ 与该球面有任意阶接触.

(2) ($\Rightarrow$)设曲线 $\boldsymbol{x}(s)$ 在 $\boldsymbol{x}(s_0)$ 点处与某球面有 3 阶接触，则

$$f^{(0)}(s_0)=f(s_0)=f'(s_0)=f''(s_0)=f'''(s_0)=0,$$

其中

$$\begin{cases} f'(s)=2[\boldsymbol{x}(s)-\boldsymbol{m}]\cdot\boldsymbol{V}_1(s),\\ f''(s)=2\boldsymbol{V}_1(s)\cdot\boldsymbol{V}_1(s)+2[\boldsymbol{x}(s)-\boldsymbol{m}]\cdot\kappa(s)\boldsymbol{V}_2(s)\\ \qquad\; =2+2[\boldsymbol{x}(s)-\boldsymbol{m}]\cdot\kappa(s)\boldsymbol{V}_2(s),\\ f'''(s)=2[\boldsymbol{x}(s)-\boldsymbol{m}]\{\kappa'(s)\boldsymbol{V}_2(s)\\ \qquad\quad +\kappa(s)[-\kappa(s)\boldsymbol{V}_1(s)+\tau(s)\boldsymbol{V}_3(s)+2\boldsymbol{V}_1(s)\cdot\kappa(s)\boldsymbol{V}_2(s)]\}\\ \qquad\; =2[\boldsymbol{x}(s)-\boldsymbol{m}][-\kappa^2(s)\boldsymbol{V}_1+\kappa'(s)\boldsymbol{V}_2(s)+\kappa(s)\tau(s)\boldsymbol{V}_3(s)]. \end{cases}$$

根据 $f'(s_0)=0,\tau(s_0)=0$，有

$$0=f'''(s_0)=2[\boldsymbol{x}(s_0)-\boldsymbol{m}]\cdot\kappa'(s_0)\boldsymbol{V}_2(s_0).$$

显然，

$$0=f''(s_0)=2+2[\boldsymbol{x}(s_0)-\boldsymbol{m}]\cdot\kappa(s_0)\boldsymbol{V}_2(s_0)$$

蕴涵着

$$[\boldsymbol{x}(s_0)-\boldsymbol{m}]\boldsymbol{V}_2(s_0)\neq 0.$$

从上式并结合前面 $f'''(s_0)=0$ 的式子，推得 $\kappa'(s_0)=0$.

($\Leftarrow$)若 $\tau(s_0)=0,\kappa'(s_0)=0$，又 $\kappa(s_0)>0$，作以

$$m_C=\boldsymbol{x}(s_0)+\frac{1}{\kappa(s_0)}\boldsymbol{V}_2(s_0)$$

为中心、$\dfrac{1}{\kappa(s_0)}$为半径的球面，则

$$\begin{cases} f(s)=\left[\boldsymbol{x}(s)-\boldsymbol{x}(s_0)-\dfrac{1}{\kappa(s_0)}\boldsymbol{V}_2(s_0)\right]-\dfrac{1}{\kappa^2(s_0)},\\ f'(s)=2\left[\boldsymbol{x}(s)-\boldsymbol{x}(s_0)-\dfrac{1}{\kappa(s_0)}\boldsymbol{V}_2(s_0)\right]\cdot\boldsymbol{V}_1(s),\\ f''(s)=2+2\left[\boldsymbol{x}(s)-\boldsymbol{x}(s_0)-\dfrac{1}{\kappa(s_0)}\boldsymbol{V}_2(s_0)\right]\cdot\kappa(s)\boldsymbol{V}_2(s),\\ f'''(s)=2\left[\boldsymbol{x}(s)-\boldsymbol{x}(s_0)-\dfrac{1}{\kappa(s_0)}\boldsymbol{V}_2(s_0)\right]\\ \qquad\quad\cdot[-\kappa^2(s)\boldsymbol{V}_1(s)+\kappa'(s)\boldsymbol{V}_2(s)+\kappa(s)\tau(s)\boldsymbol{V}_3(s)], \end{cases}$$

$$\begin{cases} f(s_0) = \left[-\dfrac{1}{\kappa(s_0)}\boldsymbol{V}_2(s_0)\right]^2 - \dfrac{1}{\kappa^2(s_0)} = 0, \\ f'(s_0) = 2\left[-\dfrac{1}{\kappa(s_0)}\boldsymbol{V}_2(s_0)\right]\cdot \boldsymbol{V}_1(s_0) = 0, \\ f''(s_0) = 2 + 2\left[-\dfrac{1}{\kappa(s_0)}\boldsymbol{V}_2(s_0)\right]\cdot \kappa(s_0)\boldsymbol{V}_2(s_0) = 2 - 2 = 0, \\ f'''(s_0) = 2\left[-\dfrac{1}{\kappa(s_0)}\boldsymbol{V}_2(s_0)\right]\kappa'(s_0)\boldsymbol{V}_2(s_0) \xlongequal{\kappa'(s_0)=0} 0. \end{cases}$$

这表明,$\boldsymbol{x}(s)$在$\boldsymbol{x}(s_0)$与球面

$$[\boldsymbol{x}(s) - \boldsymbol{m}_C]^2 = \left[\boldsymbol{x}(s) - \boldsymbol{x}(s_0) - \frac{1}{\kappa(s_0)}\boldsymbol{V}_2(s_0)\right]^2 = \left[\frac{1}{\kappa(s_0)}\right]^2$$

有 3 阶接触.

最后,如果平面曲线($\tau(s)\equiv 0$)$\boldsymbol{x}(s)$与球面$(\boldsymbol{x}-\boldsymbol{m})^2=r^2$(对不同的 s,球面可不相同)处处有 3 阶接触,根据上述,有$\kappa'(s)\equiv 0$,即$\kappa(s)=\kappa(s_0)$(常数). 再根据推论1.5.2知,曲线 $\boldsymbol{x}(s)$为一个圆,当然它属于某个(实际上是无穷多个)球面上的圆.

如果平面曲线($\tau(s)\equiv 0$)$\boldsymbol{x}(s)$与一个固定的球面$(\boldsymbol{x}-\boldsymbol{m})^2=r^2$ 处处有 3 阶接触,当然,它为平面与固定球面的交线,不需证明,$\boldsymbol{x}(s)$必为该球面上的一个圆. □

注 在习题 1.4.2(2)中,当$\kappa'(s_0)=0$ 时,$\kappa(s_0)$为$\kappa(s)$的逗留值,故 $\boldsymbol{x}(s_0)$为曲线$\boldsymbol{x}(s)$的顶点. 此时,曲线 $\boldsymbol{x}(s)$在 $\boldsymbol{x}(s_0)$与球面$(\boldsymbol{x}-\boldsymbol{m})^2=\left[\boldsymbol{x}-\boldsymbol{x}(s_0)-\dfrac{1}{\kappa(s_0)}\boldsymbol{V}_2(s_0)\right]^2-\left[\dfrac{1}{\kappa(s_0)}\right]^2=0$ 有 3 阶接触;当$\kappa'(s_0)\neq 0$ 时,只有 2 阶接触.

1.4.3 (1) 设$\kappa(s_0)\neq 0$. 证明:

曲线 C:$\boldsymbol{x}(s)$(s 为其弧长) 与已给球面(球心为 $\boldsymbol{m}$) 在 s_0 有 2 阶接触

$$\Leftrightarrow \quad \boldsymbol{m} = \boldsymbol{x}(s_0) + \frac{1}{\kappa(s_0)}\boldsymbol{V}_2(s_0) + t\boldsymbol{V}_3(s_0),$$

其中 t 可以任意选定. 上式右边当固定 s_0 时得到一条直线,称为曲线 $\boldsymbol{x}(s)$在 s_0 处的**曲率轴**或**极轴**,而点 $\boldsymbol{m}_C=\boldsymbol{x}(s_0)+\dfrac{1}{\kappa(s_0)}\boldsymbol{V}_2(s_0)$称为曲率中心,以曲率中心为圆心、$\dfrac{1}{\kappa(s_0)}$为半径的圆落在密切平面上,称为曲线$\boldsymbol{x}(s)$在 s_0 处的**密切圆**(见习题 1.4.3 图).

(2) 设$\kappa(s_0)\neq 0$,$\tau(s_0)\neq 0$. 证明:

曲线 C:$\boldsymbol{x}(s)$ 与已给球面在 s_0 处有 3 阶接触

$$\Leftrightarrow \quad t = \frac{\rho'(s_0)}{\tau(s_0)} = -\frac{\kappa'(s_0)}{\kappa^2(s_0)\tau(s_0)},$$

其中 $\rho(s_0)=\dfrac{1}{\kappa(s_0)}$.

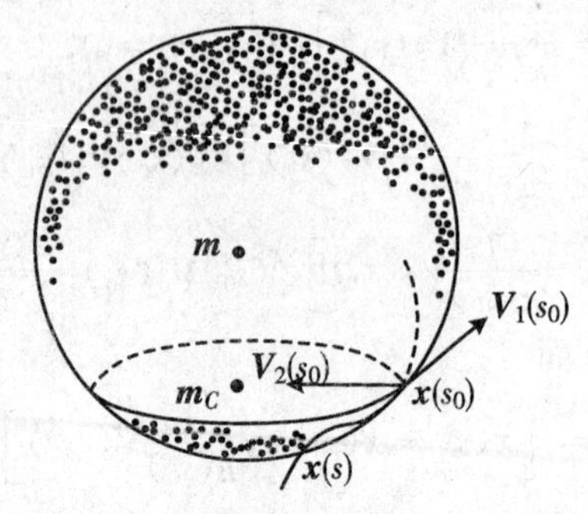

习题 1.4.3 图

此时,已给球中心

$$\begin{aligned}\boldsymbol{m}_S&=\boldsymbol{x}(s_0)+\frac{1}{\kappa(s_0)}\boldsymbol{V}_2(s_0)-\frac{\kappa'(s_0)}{\kappa^2(s_0)\tau(s_0)}\boldsymbol{V}_3(s_0)\\&=\boldsymbol{x}(s_0)+\rho(s_0)\boldsymbol{V}_2(s_0)+\frac{\rho'(s_0)}{\tau(s_0)}\boldsymbol{V}_3(s_0),\end{aligned}$$

称以 $\boldsymbol{m}_S$ 为球心、

$$|\boldsymbol{m}_S-\boldsymbol{x}(s_0)|=\rho^2(s_0)+\left[\frac{\rho'(s_0)}{\tau(s_0)}\right]^2=\left\{\frac{1}{\kappa^2(s_0)}+\left[\frac{-\kappa'(s_0)}{\kappa^2(s_0)\tau(s_0)}\right]^2\right\}^{\frac{1}{2}}$$

为半径的球面为 $\boldsymbol{x}(s_0)$ 处的**密切球面**.

证明 证法 1 (1) 设

$$\begin{cases}f(s)=[\boldsymbol{x}(s)-\boldsymbol{m}]^2-r^2,\\ \boldsymbol{m}=\boldsymbol{x}(s_0)+\dfrac{1}{\kappa(s_0)}\boldsymbol{V}_2(s_0)+t\boldsymbol{V}_3(s_0)\quad(r>0\text{ 为常数}),\\ f'(s)=2[\boldsymbol{x}(s)-\boldsymbol{m}]\cdot\boldsymbol{V}_1(s),\\ f''(s)=2+2[\boldsymbol{x}(s)-\boldsymbol{m}]\cdot\kappa(s)\boldsymbol{V}_2(s),\\ f'''(s)=2[\boldsymbol{x}(s)-\boldsymbol{m}]\cdot[-\kappa^2(s)\boldsymbol{V}_1(s)+\kappa'(s)\boldsymbol{V}_2(s)+\kappa(s)\tau(s)\boldsymbol{V}_3(s)].\end{cases}$$

由此知 $\boldsymbol{x}(s)$ 在 $\boldsymbol{x}(s_0)$ 与球面 $(\boldsymbol{x}-\boldsymbol{m})^2=r^2$ 有 2 阶接触等价于

$$\begin{cases}f(s_0)=[\boldsymbol{x}(s_0)-\boldsymbol{m}]^2-r^2=\dfrac{1}{\kappa^2(s_0)}+t^2-r^2=0\Leftrightarrow r=\sqrt{\dfrac{1}{\kappa^2(s_0)}+t^2},\\ f'(s_0)=2\left[-\dfrac{1}{\kappa(s_0)}\boldsymbol{V}_2(s_0)-t\boldsymbol{V}_3(s_0)\right]\cdot\boldsymbol{V}_1(s_0)=0,\\ f''(s_0)=2+2\left[-\dfrac{1}{\kappa(s_0)}\boldsymbol{V}_2(s_0)-t\boldsymbol{V}_3(s_0)\right]\cdot\kappa(s_0)\boldsymbol{V}_2(s_0)=2-2=0.\end{cases}$$

(2) $\boldsymbol{x}(s)$在$\boldsymbol{x}(s_0)$与球面$(\boldsymbol{x}-\boldsymbol{m})^2=\boldsymbol{r}^2$有3阶接触等价于

$$\begin{cases} f(s_0)=0 \quad \Leftrightarrow \quad r=\sqrt{\dfrac{1}{\kappa^2(s_0)}+t^2}, \\ f'(s_0)=0, \\ f''(s_0)=0, \\ f'''(s_0)=2\left[-\dfrac{1}{\kappa(s_0)}\boldsymbol{V}_2(s_0)-t\boldsymbol{V}_3(s_0)\right] \\ \qquad\qquad \cdot\left[-\kappa^2(s_0)\boldsymbol{V}_1(s_0)+\kappa'(s_0)\boldsymbol{V}_2(s_0)+\kappa(s_0)\tau(s_0)\boldsymbol{V}_3(s_0)\right] \\ \qquad\quad =2\left[-\dfrac{\kappa'(s_0)}{\kappa(s_0)}-t\kappa(s_0)\tau(s_0)\right]=0. \end{cases}$$

此时,

$$t=-\frac{\kappa'(s_0)}{\kappa^2(s_0)\tau(s_0)}, \quad r=\sqrt{\frac{1}{\kappa^2(s_0)}+\left[\frac{-\kappa'(s_0)}{\kappa^2(s_0)\tau(s_0)}\right]^2}.$$

证法2 设

$$f(s)=[\boldsymbol{x}(s)-\boldsymbol{m}]^2-r^2, \quad \boldsymbol{m}=\boldsymbol{x}(s_0)+u\boldsymbol{V}_2(s)+t\boldsymbol{V}_3(s),$$

则

$$\begin{cases} f(s_0)=[\boldsymbol{x}(s_0)-\boldsymbol{m}]^2-r^2=[-u\boldsymbol{V}_2(s_0)-t\boldsymbol{V}_3(s_0)]^2-r^2=u^2+t^2-r^2 \\ f'(s_0)=2[\boldsymbol{x}(s_0)-\boldsymbol{m}]\boldsymbol{V}_1(s_0)=2[-u\boldsymbol{V}_2+t\boldsymbol{V}_3(s_0)]\cdot\boldsymbol{V}_1(s_0)=0 \\ f''(s_0)=2+2[\boldsymbol{x}(s_0)-\boldsymbol{m}]\cdot\kappa(s_0)\boldsymbol{V}_2(s_0) \\ \qquad\quad =2+2[-u\boldsymbol{V}_2(s_0)-t\boldsymbol{V}_3(s_0)]\cdot\kappa(s_0)\boldsymbol{V}_2(s_0)=2-2u\kappa(s_0) \\ f'''(s_0)=2[\boldsymbol{x}(s_0)-\boldsymbol{m}][-\kappa^2(s_0)\boldsymbol{V}_1(s_0)+\kappa'(s_0)\boldsymbol{V}_2(s_0)+\kappa(s_0)\tau(s_0)\boldsymbol{V}_3] \\ \qquad\quad =2[-u\boldsymbol{V}_2(s_0)-t\boldsymbol{V}_3(s_0)] \\ \qquad\qquad \cdot[-\kappa^2(s_0)\boldsymbol{V}_1(s_0)+\kappa'(s_0)\boldsymbol{V}_2(s_0)+\kappa(s_0)\tau(s_0)\boldsymbol{V}_3(s_0)] \\ \qquad\quad =2[-u\kappa'(s_0)-t\kappa(s_0)\tau(s_0)]. \end{cases}$$

(1) $\boldsymbol{x}(s)$在s_0与球面$(\boldsymbol{x}-\boldsymbol{m})^2=r^2=u^2+t^2$有2阶接触等价于

$$\begin{cases} f(s_0)=u^2+t^2-r^2=0, \\ f'(s_0)=0, \\ f''(s_0)=2-2u\kappa(s_0)=0 \end{cases} \Leftrightarrow \begin{cases} r=\sqrt{u^2+t^2}=\sqrt{\dfrac{1}{\kappa^2(s_0)}+t^2}, \\ u=\dfrac{1}{\kappa(s_0)}. \end{cases}$$

(2) $\boldsymbol{x}(s)$在s_0与球面$(\boldsymbol{x}-\boldsymbol{m})^2=r^2=u^2+t^2$有3阶接触等价于

$$\begin{cases} f(s_0)=u^2+t^2-r^2=0 \iff r=\sqrt{u^2+t^2}=\sqrt{\dfrac{1}{\kappa^2(s_0)}+\left[\dfrac{-\kappa'(s_0)}{\kappa^2(s_0)\tau(s_0)}\right]^2}, \\ f'(s_0)=0, \\ f''(s_0)=2-2u\kappa(s_0)=0 \iff u=\dfrac{1}{\kappa(s_0)}, \\ f'''(s_0)=2[-u\kappa'(s_0)-t\kappa(s_0)\tau(s_0)]=0 \iff t=-\dfrac{u\kappa'(s_0)}{\kappa(s_0)\tau(s_0)}=-\dfrac{\kappa'(s_0)}{\kappa^2(s_0)\tau(s_0)}. \end{cases}$$

由上立知题中所有结论.

证法 3 参阅习题 1.3.22 证法 2,应用 Taylor 展开.

(1) 设球面中心为

$$\boldsymbol{m}=\boldsymbol{x}(s_0)+\sum_{i=1}^{3}a_i\boldsymbol{V}_i(s_0),$$

则

$$\begin{aligned} f(s)&=[\boldsymbol{x}(s)-\boldsymbol{m}]^2-r^2 \\ &=\left(\sum_{i=1}^{3}a_i^2-r^2\right)-2a_1(s-s_0)+[1-a_2\kappa(s_0)](s-s_0)^2 \\ &\quad+\frac{1}{3}[-a_2\kappa'(s_0)+a_1\kappa^2(s_0)-\kappa(s_0)\tau(s_0)a_3](s-s_0)^3+\cdots, \end{aligned}$$

$\boldsymbol{x}(s)$与球面$(\boldsymbol{x}-\boldsymbol{m})^2=r^2$之间的 k 阶接触如下:

$$\left.\begin{cases} \left.\left.\begin{array}{l} \left.\begin{array}{l} r^2=\sum_{i=1}^{3}a_i^2, \quad 0\text{ 阶接触} \\ a_1=0, \end{array}\right\}1\text{ 阶接触} \\ 1-a_2\kappa(s_0)=0 \iff a_2=\dfrac{1}{\kappa(s_0)}, \end{array}\right\}2\text{ 阶接触}\right. \\ -a_2\kappa'(s_0)+a_1\kappa^2(s_0)-\kappa(s_0)\tau(s_0)a_3=0 \iff a_3=-\dfrac{\kappa'(s_0)}{\kappa^2(s_0)\tau(s_0)}. \end{cases}\right\}3\text{ 阶接触}$$

这表明:

(a) 球心 $\boldsymbol{m}=\boldsymbol{x}(s_0)+\sum_{i=1}^{3}a_i\boldsymbol{V}_i(s_0)$ 在任何点,只要球面经过 $\boldsymbol{x}(s_0)$(即半径 $r=|\boldsymbol{m}-\boldsymbol{x}(s_0)|=\sqrt{\sum_{i=1}^{3}a_i{}^2}$),$\boldsymbol{x}(s)$ 与球面$(\boldsymbol{x}-\boldsymbol{m})^2=r^2$ 在 $\boldsymbol{x}(s_0)$ 处就是 0 阶接触.

(b) 当$\begin{cases} r^2=\sum_{i=1}^{3}a_i^2, \\ a_1=0, \end{cases}$ 且球心在 $\boldsymbol{m}=\boldsymbol{x}(s_0)+\sum_{i=2}^{3}a_i\boldsymbol{V}_i(s_0)$ 的任何点时,$\boldsymbol{x}(s)$ 与球

面$(\boldsymbol{x}-\boldsymbol{m})^2=r^2$ 在 $\boldsymbol{x}(s_0)$ 处是 1 阶接触.

(c) 当$\begin{cases} r^2=\sum\limits_{i=1}^{3}a_i^2, \\ a_1=0, \\ a_2=\dfrac{1}{\kappa(s_0)}, \end{cases}$ 且球心在 $\boldsymbol{m}=\boldsymbol{x}(s_0)+\dfrac{1}{\kappa(s_0)}\boldsymbol{V}_2(s_0)+a_3\boldsymbol{V}_3(s_0)$ 的任何点

时,$\boldsymbol{x}(s)$ 与球面$(\boldsymbol{x}-\boldsymbol{m})^2=r^2$ 在 $\boldsymbol{x}(s_0)$ 处是 2 阶接触.

(d) 当$\begin{cases} r^2=\sum\limits_{i=1}^{3}{a_i}^2, \\ a_1=0, \\ a_2=\dfrac{1}{\kappa(s_0)}, \\ a_3=-\dfrac{\kappa^1(s_0)}{\kappa^2(s_0)\tau(s_0)}, \end{cases}$ 且球心在$\boldsymbol{m}=\boldsymbol{x}(s_0)+\dfrac{1}{\kappa(s_0)}\boldsymbol{V}(s_0)-\dfrac{\kappa'(s_0)}{\kappa^2(s_0)\tau(s_0)}\boldsymbol{V}_3(s_0)$

的任何点时,$\boldsymbol{x}(s_0)$ 与球面$(\boldsymbol{x}-\boldsymbol{m})^2=r^2$ 在 $\boldsymbol{x}(s_0)$ 处是 3 阶接触.

注 细心的读者会发现习题 1.4.3 证法 3 最好. 优点之一是讨论完整;优点之二是可发现各阶的 a_1,a_2,a_3 的结果.

1.4.4 求旋轮线(摆线)

$$\boldsymbol{x}(t)=(a(t-\sin t),a(1-\cos t))$$

的相对曲率 κ_r(弧长 s 增加的方向就是参数增加的方向).

解 计算得

$$\boldsymbol{x}'(t)=(a(1-\cos t),a\sin t),\quad \boldsymbol{x}''(t)=(a\sin t,a\cos t).$$

因此

$$\begin{aligned}
\kappa_r(t)&=\frac{\begin{vmatrix} x^{1\prime}(t) & x^{2\prime}(t) \\ x^{1\prime\prime}(t) & x^{2\prime\prime}(t) \end{vmatrix}}{[x^{1\prime}(t)^2+x^{2\prime}(t)^2]^{\frac{3}{2}}}=\frac{\begin{vmatrix} a(1-\cos t) & a\sin t \\ a\sin t & a\cos t \end{vmatrix}}{a^3[(1-\cos t)^2+\sin^2 t]^{\frac{3}{2}}} \\
&=\frac{a^2[(1-\cos t)\cos t-\sin^2 t]}{a^3(2-2\cos t)^{\frac{3}{2}}}=\frac{\cos t-1}{a\cdot 2^{\frac{3}{2}}(1-\cos t)^{\frac{3}{2}}} \\
&=\frac{-1}{a\cdot 2^{\frac{3}{2}}(1-\cos t)^{\frac{1}{2}}}=\frac{-1}{a\cdot 2^{\frac{3}{2}}\left(2\sin^2\dfrac{t}{2}\right)^{\frac{1}{2}}} \\
&=\frac{-1}{4a\sin\dfrac{t}{2}}\quad (0<t<2\pi).
\end{aligned}$$

□

1.4.5 (1) 设 $\boldsymbol{x}(t)$为平面曲线,相对曲率为 $\kappa_r(t)$,求

$$\tilde{\boldsymbol{x}}(t)=\boldsymbol{x}(-t)$$

的相对曲率 $\tilde{\kappa}_r(t)$.

(2) 设 $\boldsymbol{x}(t)$为空间 $\mathbf{R}^3$ 中的曲线,曲率为 $\kappa(t)$,挠率为 $\tau(t)$,求曲线

$$\tilde{\boldsymbol{x}}(t)=\boldsymbol{x}(-t)$$

的曲率 $\tilde{\kappa}(t)$与挠率 $\tilde{\tau}(t)$.

解 (1) 计算得

$$\tilde{\boldsymbol{x}}'(t)=-\boldsymbol{x}'(-t),\quad \tilde{\boldsymbol{x}}''(t)=\boldsymbol{x}''(-t).$$

$$\tilde{\kappa}_r(t)=\frac{\begin{vmatrix}\tilde{x}^{1\prime}(t) & \tilde{x}^{2\prime}(t)\\ \tilde{x}^{1\prime\prime}(t) & \tilde{x}^{2\prime\prime}(t)\end{vmatrix}}{[\tilde{x}^{1\prime}(t)^2+\tilde{x}^{2\prime}(t^2)]^{\frac{3}{2}}}=\frac{\begin{vmatrix}-x^{1\prime}(-t) & -x^2(-t)\\ x''(-t) & x^{2\prime\prime}(-t)\end{vmatrix}}{\{[-x^{1\prime}(-t)]^2+[-x^2(-t)]^2\}^{\frac{3}{2}}}$$

$$=-\frac{\begin{vmatrix}x^{1\prime}(-t) & x^{2\prime}(-t)\\ x^{1\prime\prime}(-t) & x^{2\prime\prime}(-t)\end{vmatrix}}{\{[x^{1\prime}(-t)]^2+[x^2(-t)]^2\}^{\frac{3}{2}}}=-\kappa_r(-t).$$

(2) 计算得

$$\tilde{\kappa}(t)=\frac{|\tilde{\boldsymbol{x}}'(t)\times\tilde{\boldsymbol{x}}''(t)|}{|\tilde{\boldsymbol{x}}'(t)|^3}=\frac{|-\boldsymbol{x}'(-t)\times\boldsymbol{x}''(-t)|}{|-\boldsymbol{x}'(-t)|^3}$$

$$=\frac{|\tilde{\boldsymbol{x}}'(-t)\times\boldsymbol{x}''(-t)|}{|\boldsymbol{x}'(-t)|^3}=\kappa(-t).$$

因为 $\tilde{\boldsymbol{x}}'''(t)=-\boldsymbol{x}'''(-t)$,所以

$$\tilde{\tau}(t)=\frac{(\tilde{\boldsymbol{x}}'(t),\tilde{\boldsymbol{x}}''(t),\tilde{\boldsymbol{x}}'''(t))}{|\tilde{\boldsymbol{x}}'(t)\times\tilde{\boldsymbol{x}}''(t)|^2}=\frac{(-\boldsymbol{x}'(-t),\boldsymbol{x}''(-t),-\boldsymbol{x}'''(-t))}{|-\boldsymbol{x}'(-t)\times\boldsymbol{x}''(-t)|^2}$$

$$=\frac{(\boldsymbol{x}'(-t),\boldsymbol{x}''(-t),\boldsymbol{x}'''(-t))}{|\boldsymbol{x}'(-t)\times\boldsymbol{x}''(-t)|^2}=\tau(-t).$$

□

1.4.6 求下列平面曲线的相对曲率 κ_r(假定弧长 s 增加的方向就是参数增加的方向):

(1) 双曲线:$\frac{x^2}{a^2}-\frac{y^2}{b^2}=1(a>0,b>0)$,其参数表示为

$$\boldsymbol{x}(t)=(x(t),y(t))=(a\operatorname{ch}t,b\operatorname{sh}t);$$

(2) 抛物线:$y=x^2$,其参数表示为

$$\boldsymbol{x}(t)=(x(t),y(t))=(t,t^2);$$

(3) 旋轮线(摆线):$\boldsymbol{x}(t)=a(t-\sin t,1-\cos t)$;

(4) 悬链线:$\boldsymbol{x}(t)=\left(t,a\operatorname{ch}\frac{t}{a}\right)(a>0)$;

(5) 曳物线:$\boldsymbol{x}(t)=(a\cos t, a\ln(\sec t+\tan t)-a\sin t)(0\leqslant t<\frac{\pi}{2}, a>0)$.

解 (1) 计算得 $\boldsymbol{x}'(t)=(a\operatorname{sh} t, b\operatorname{ch} t)$,$\boldsymbol{x}''(t)=(a\operatorname{ch} t, b\operatorname{sh} t)$,所以

$$\kappa_r(t)=\frac{x'(t)y''(t)-x''(t)y'(t)}{[x'(t)^2+y'(t)^2]^{\frac{3}{2}}}=\frac{ab\operatorname{sh}^2 t-ab\operatorname{ch}^2 t}{(a^2\operatorname{sh}^2 t+b^2\operatorname{ch}^2 t)^{\frac{3}{2}}}=\frac{-ab}{(a^2\operatorname{sh}^2 t+b^2\operatorname{ch}^2 t)^{\frac{3}{2}}}.$$

(2) 计算得 $\boldsymbol{x}'(t)=(1,2t)$,$\boldsymbol{x}''(t)=(0,2)$,所以

$$\kappa_r(t)=\frac{x'(t)y''(t)-x''(t)y'(t)}{[x'(t)^2+y'(t)^2]^{\frac{3}{2}}}=\frac{2-0}{(1+4t^2)^{\frac{3}{2}}}=\frac{2}{(1+4t^2)^{\frac{3}{2}}}.$$

(3) 计算得 $\boldsymbol{x}'(t)=a(1-\cos t,\sin t)$,$\boldsymbol{x}''(t)=a(\sin t,\cos t)$,所以

$$\kappa_r(t)=\frac{x'(t)y''(t)-x''(t)y'(t)}{[x'(t)^2+y'(t)^2]^{\frac{3}{2}}}=\frac{a^2(\cos t-\cos^2 t-\sin^2 t)}{a^3[(1-\cos t)^2+\sin^2 t]^{\frac{3}{2}}}=\frac{\cos t-1}{a(2-2\cos t)^{\frac{3}{2}}}$$

$$=\frac{\cos t-1}{a\cdot 2^{\frac{3}{2}}(1-\cos t)^{\frac{3}{2}}}=\frac{-1}{a\cdot 2^{\frac{3}{2}}(1-\cos t)^{\frac{1}{2}}}=\frac{-1}{4a\sin\frac{t}{2}}.$$

(4) 计算得 $\boldsymbol{x}'(t)=\left(1,\operatorname{sh}\frac{t}{a}\right)$,$\boldsymbol{x}''(t)=\left(0,\frac{1}{a}\operatorname{ch}\frac{t}{a}\right)$,所以

$$\kappa_r(t)=\frac{x'(t)y''(t)-x''(t)y'(t)}{[x'(t)^2+y'(t)^2]^{\frac{3}{2}}}=\frac{\frac{1}{a}\operatorname{ch}\frac{t}{2}}{\left(1+\operatorname{sh}^2\frac{t}{a}\right)^{\frac{3}{2}}}=\frac{\frac{1}{a}\operatorname{ch}\frac{t}{2}}{\left(\operatorname{ch}\frac{t}{a}\right)^3}=\frac{1}{a\operatorname{ch}^2\frac{t}{a}}.$$

(5) 计算得

$$\boldsymbol{x}'(t)=a\left(-\sin t,\frac{\sec t\cdot\tan t+\sec^2 t}{\sec t+\tan t}-\cos t\right)$$
$$=a(-\sin t,\sec t-\cos t)=a\sin t(-1,\tan t)$$
$$\boldsymbol{x}''(t)=a(-\cos t,\sin t(1+\sec^2 t)),$$

所以

$$\kappa_r(t)=\frac{x'(t)y''(t)-x''(t)y'(t)}{[x'(t)^2+y'(t)^2]^{\frac{3}{2}}}=\frac{a^2[-\sin^2 t(1+\sec^2 t)+\sin t\cos t\tan t]}{[a^2\sin^2 t(1+\tan^2 t)]^{\frac{3}{2}}}$$

$$=\frac{-\sin^2 t-\frac{\sin^2 t}{\cos^2 t}+\sin^2 t}{a\sin^3 t\cdot\frac{1}{\cos^3 t}}=-\frac{\cos t}{a\sin t}=-\frac{1}{a}\cos t.$$ □

1.5　曲线论的基本定理

1. 知识要点

Picard 定理　设取值于 $\mathbf{R}^n$ 的向量值函数 $\boldsymbol{A}(\boldsymbol{x},t)$ 在闭区域 D: $|\boldsymbol{x}-\boldsymbol{c}|\leqslant K$, $|t-a|\leqslant T$ 内连续，且满足 Lipschitz 条件(K,T 为正的常数). 设

$$M>\sup_D|\boldsymbol{A}(\boldsymbol{x},t)|,$$

则向量微分方程

$$\boldsymbol{x}'(t)=\boldsymbol{A}(\boldsymbol{x},t)$$

在有界闭区间 $|t-a|\leqslant\min\left\{T,\dfrac{K}{M}\right\}$ 内有唯一解，且满足初始条件 $\boldsymbol{x}(a)=\boldsymbol{c}$.

定理 1.5.1(曲线论的基本定理)　给定含 0 的区间 (a,b) 上连续可导函数 $\tilde{\kappa}(s)>0$ 和连续函数 $\tilde{\tau}(s)$，则：

(1)(存在性)必存在以弧长为参数的 $\mathbf{R}^3$ 中的 C^3 正则曲线 $\boldsymbol{x}(s)$，使得该曲线的曲率与挠率分别为 $\kappa(s)=\tilde{\kappa}(s)$, $\tau(s)=\tilde{\tau}(s)$.

(2)(唯一性)如果给定了初始标架 $\{\mathring{\boldsymbol{x}},\mathring{\boldsymbol{V}}_1,\mathring{\boldsymbol{V}}_2,\mathring{\boldsymbol{V}}_3\}$(其中 $\mathring{\boldsymbol{V}}_1,\mathring{\boldsymbol{V}}_2,\mathring{\boldsymbol{V}}_3$ 为规范正交的右旋标架)，则存在唯一的一条曲线 $\boldsymbol{x}(s)$，使得它的曲率 $\kappa(s)=\tilde{\kappa}(s)$，它的挠率 $\tau(s)=\tilde{\tau}(s)$，且在 $s=0$ 处的 Frenet 标架 $\{\boldsymbol{x}(0);\boldsymbol{V}_1(0),\boldsymbol{V}_2(0),\boldsymbol{V}_3(0)\}=\{\mathring{\boldsymbol{x}};\mathring{\boldsymbol{V}}_1,\mathring{\boldsymbol{V}}_2,\mathring{\boldsymbol{V}}_3\}$.

定理 1.5.2(曲线的刚性定理)　设 $\mathbf{R}^3$ 中两条曲线 $\tilde{\boldsymbol{x}}(s)$ 与 $\boldsymbol{x}(s)$ 在弧长参数相同的点具有相同的曲率($\kappa(s)>0$，且连续可导)与挠率($\tau(s)$ 连续)，则存在一个 $\mathbf{R}^3$ 中的刚性运动 $\tilde{\boldsymbol{x}}=\boldsymbol{x}\boldsymbol{A}+\boldsymbol{b}$($\boldsymbol{A}$ 为正交矩阵，$|\boldsymbol{A}|=1$，$\boldsymbol{b}$ 为常行向量)，使得它们重合.

结合定理 1.2.3 推得：弧长、曲率和挠率是曲线不变量全组. 换言之，在不计一个刚性运动下，曲线完全由弧长、曲率和挠率所决定.

注 1.5.1　根据曲线论的基本定理，对于给定的 $\kappa(s)>0$ 与 $\tau(s)$，如果已求得某一初始条件的解曲线 $\boldsymbol{x}(s)$，则对其他初始条件的求解问题可化为求一个刚性运动的问题. 这样可避免去解繁琐的常微分方程组.

例 1.5.1　应用 Frenet 公式与曲线论的基本定理可求得 $\mathbf{R}^3$ 中适合 $\tau(s)=c\kappa(s)$ (c 为常数，$\kappa(s)>0$)的 C^3 正则曲线

$$\boldsymbol{x}(s)=\frac{1}{\omega}\left(\int_0^s\sin\omega t(\theta)\mathrm{d}\theta\boldsymbol{a}-\int_0^s\cos\omega t(\theta)\mathrm{d}\theta\boldsymbol{b}+cs\boldsymbol{f}\right)+\boldsymbol{g},$$

其中$\{\boldsymbol{a},\boldsymbol{b},\boldsymbol{c}\}$为规范正交的右旋标架,$\boldsymbol{g}$ 为常向量.

注 1.5.2 当$\kappa>0$与τ均为常数时,

$$t(s)=\int_0^s \kappa \mathrm{d}\theta=\kappa s, \quad c=\frac{\tau}{\kappa}, \quad \omega=(1+c^2)^{\frac{1}{2}}=\left(1+\frac{\tau^2}{\kappa^2}\right)^{\frac{1}{2}},$$

$$\boldsymbol{x}(s)=\frac{1}{\omega^2\kappa}(-\cos\kappa s\boldsymbol{a}-\sin\omega\kappa s\boldsymbol{b})+\frac{c}{\omega}s\boldsymbol{f}+\boldsymbol{g}_1.$$

与例 1.2.3 相比较,易见,它就是圆柱螺线.

换个角度来看,从例 1.2.3 知,圆柱螺线

$$\boldsymbol{x}(s)=(r\cos\omega s, r\sin\omega s, \omega hs) \quad (\omega=(r^2+h^2)^{-\frac{1}{2}})$$

的曲率$\kappa=\omega^2 r$,挠率$\tau=\omega^2 h$,它们均为常数. 于是,可解出

$$\omega=(\kappa^2+\tau^2)^{\frac{1}{2}}, \quad r=\frac{\kappa}{\kappa^2+\tau^2}, \quad h=\frac{\tau}{\kappa^2+\tau^2}.$$

根据曲线论的基本定理,圆柱螺线

$$\begin{aligned}&(r\cos\omega s, r\sin\omega s, h\omega s)\\&=\left(\frac{\kappa}{\kappa^2+\tau^2}\cos(\kappa^2+\tau^2)^{\frac{1}{2}}s, \frac{\kappa}{\kappa^2+\tau^2}\sin(\kappa^2+\tau^2)^{\frac{1}{2}}s, \frac{\tau}{(\kappa^2+\tau^2)^{\frac{1}{2}}}s\right)\end{aligned}$$

与$\boldsymbol{x}(s)$只差一个刚性运动.

注 1.5.3 例 1.5.1 中,$\tau(s)=c\kappa(s)(\kappa(s)>0, c$ 为常数$)\Leftrightarrow\dfrac{\tau(s)}{\kappa(s)}=c$(常数). 根据例 1.2.4 知,满足上述条件的曲线$\boldsymbol{x}(s)$必为一般螺线. 但此例只给出几何信息:$\boldsymbol{x}(s)$的切向量与一固定单位向量交于定角,而未给出$\boldsymbol{x}(s)$的具体表达式. 例 1.5.1 应用 Frenet 公式与曲线论的基本定理达到了目标,完全解决了这个问题.

定理 1.5.3 平面曲线的弧长、相对曲率都是$\mathbf{R}^2$中的刚性运动不变量.

推论 1.5.1 在定理 1.5.3 中,如果$\tilde{\boldsymbol{x}}(t)=\boldsymbol{x}(t)\boldsymbol{A}+\boldsymbol{b}$中的$\boldsymbol{A}$是行列式$|\boldsymbol{A}|=-1$的正交矩阵,则$\tilde{s}(t)=s(t)$,$\widetilde{\kappa_{\mathrm{r}}}(t)=-\kappa_{\mathrm{r}}(t)$.

定理 1.5.4(平面曲线的基本定理) 给定含 0 的区间(a,b)上连续可导函数$\widetilde{\kappa_{\mathrm{r}}}(s)\neq 0$(根据零值定理,恒正或恒负),则:

(1) (存在性)必存在以弧长s为参数的$\mathbf{R}^2$中的C^2正则曲线$\boldsymbol{x}(s)$,使得该曲线的相对曲率$\kappa_{\mathrm{r}}(s)=\widetilde{\kappa_{\mathrm{r}}}(s)$;

(2) (唯一性)如果给定了初始规范正交右旋标架$\{\underset{\circ}{\boldsymbol{x}},\underset{\circ}{\boldsymbol{V}_1},\underset{\circ}{\boldsymbol{V}_{2\mathrm{r}}}\}$(从$\underset{\circ}{\boldsymbol{V}_1}$到$\underset{\circ}{\boldsymbol{V}_{2\mathrm{r}}}$是逆时针的),则存在唯一的一条曲线$\boldsymbol{x}(s)$,使得它的相对曲率$\kappa_{\mathrm{r}}(s)=\widetilde{\kappa_{\mathrm{r}}}(s)$,且在$s=0$处的 Frenet 标架$\{\boldsymbol{x}(0);\boldsymbol{V}_1(0),\boldsymbol{V}_{2\mathrm{r}}(0)\}=\{\underset{\circ}{\boldsymbol{x}};\underset{\circ}{\boldsymbol{V}_1},\underset{\circ}{\boldsymbol{V}_{2\mathrm{r}}}\}$.

推论 1.5.2 圆弧是唯一具有非零常值相对曲率的曲线段.

2. 习题解答

1.5.1 求平面上相对曲率 $\kappa_r(s)$ 为常数的连通曲线 $\boldsymbol{x}(s)$，其中 s 为其弧长.

解 解法1 由题设知，曲线 $\boldsymbol{x}(s)$ 的相对曲率 $\kappa_r(s)=c$（常数）.

(a) $c=0$，由 $\kappa(s)=|\kappa_r(s)|=0$ 及引理 1.2.2 得到 $\boldsymbol{x}(s)$ 为直线段.

(b) $c>0$，由例 1.2.2 或例 1.4.1 或推论 1.5.2，以及定理 1.5.4 立知，$\boldsymbol{x}(s)$ 为圆弧段.

(c) $c<0$，则 $\kappa(s)=|\kappa_r(s)|=|c|>0$，根据(b)知，$\boldsymbol{x}(s)$ 也为圆弧段.

解法2 由题设 $\theta'(s)=\kappa_r=$ 常数，则 $\theta=\theta(s)=\kappa_r s+\theta_0$.

(a) $\kappa_r=0$，则 $\theta=\theta(s)=\theta_0$，

$$\boldsymbol{x}'(s)=(x'(s),y'(s))=(\cos\theta(s),\sin\theta(s))=(\cos\theta_0,\sin\theta_0),$$
$$\boldsymbol{x}(s)=(s\cos\theta_0,s\sin\theta_0)+(x_0,y_0)=(s\cos\theta_0+x_0,s\sin\theta_0+y_0),$$

或

$$\frac{y-y_0}{x-x_0}=\frac{s\sin\theta_0}{s\cos\theta_0}=\tan\theta_0,$$
$$y=y_0+(x-x_0)\tan\theta_0.$$

它为直线.

(b) $\kappa_r\neq 0$，则 $\theta=\kappa_r s+\theta_0$，$\boldsymbol{x}'(s)=(\cos(\kappa_r s+\theta_0),\sin(\kappa_r s+\theta_0))$，

$$(x(s),y(s))=\boldsymbol{x}(s)=\frac{1}{\kappa_r}(\sin(\kappa_r s+\theta_0),-\cos(\kappa_r s+\theta_0))+(x_0,y_0)),$$

即

$$[x(s)-x_0]^2+[y(s)-y_0]^2=\frac{1}{\kappa_r^2}[\sin^2(\kappa_r s+\theta_0)+\cos^2(\kappa_r s+\theta_0)]=\frac{1}{\kappa_r^2},$$

它是以 (x_0,y_0) 为中心、$\frac{1}{|\kappa_r|}$ 为半径的圆. □

1.5.2 求平面弧长参数曲线，使它的相对曲率为 $\kappa_r(s)=\dfrac{1}{1+s^2}$.

解 解法1 由定义 1.2.1，知

$$\theta(s)=\kappa_r(s)=\frac{1}{1+s^2},$$
$$\theta(s)=\int_0^s\frac{ds}{1+s^2}=\arctan s \quad 或 \quad \tan\theta(s)=s,$$

所以

$$1+s^2=1+\tan^2\theta=\sec^2\theta,$$

$$\frac{\mathrm{d}x}{\mathrm{d}\theta}+\mathrm{i}\frac{\mathrm{d}y}{\mathrm{d}\theta}=\frac{\mathrm{d}(x+\mathrm{i}y)}{\mathrm{d}s}=\frac{\mathrm{d}z}{\mathrm{d}\theta}=\frac{\mathrm{d}z}{\mathrm{d}s}\frac{\mathrm{d}s}{\mathrm{d}\theta}=\frac{\frac{\mathrm{d}z}{\mathrm{d}s}}{\frac{\mathrm{d}\theta}{\mathrm{d}s}}=\frac{\mathrm{e}^{\mathrm{i}\theta}}{\kappa_r}$$

$$=(1+s^2)\mathrm{e}^{\mathrm{i}\theta}=\sec^2\theta\mathrm{e}^{\mathrm{i}\theta}=\sec^2\theta\cdot\cos\theta+\mathrm{i}\sec^2\theta\sin\theta$$

$$=\sec\theta+\mathrm{i}\frac{\sin\theta}{\cos^2\theta},$$

$$\begin{cases}\dfrac{\mathrm{d}x}{\mathrm{d}\theta}=\sec\theta,\\ \dfrac{\mathrm{d}y}{\mathrm{d}\theta}=\dfrac{\sin\theta}{\cos^2\theta},\end{cases}$$

$$\begin{cases}x=\ln(\sec\theta+\tan\theta),\\ y=\sec\theta,\end{cases}\qquad \begin{cases}\mathrm{e}^x=\sec\theta+\tan\theta=y+\sqrt{y^2-1},\\ \mathrm{e}^{-x}=\dfrac{1}{y+\sqrt{y^2-1}}=y-\sqrt{y^2-1}.\end{cases}$$

由此推得

$$y=\frac{1}{2}[(y+\sqrt{y^2-1})+(y-\sqrt{y^2-1})]=\frac{\mathrm{e}^x+\mathrm{e}^{-x}}{2}=\operatorname{ch}x.$$

这是悬链线:$(x,\operatorname{ch}x)$. 与它相差一个刚性运动的曲线的相对曲率均为 $\kappa_r(s)=\frac{1}{1+s^2}$.

解法 2　根据习题 1.4.6(4)知,悬链线

$$\boldsymbol{x}(t)=\left(t,a\operatorname{ch}\frac{t}{a}\right)$$

的相对曲率为

$$\kappa_r(t)=\frac{1}{a\operatorname{ch}^2\frac{t}{a}},\quad \boldsymbol{x}'(t)=\left(1,\operatorname{sh}\frac{t}{a}\right).$$

当 $a=1$ 时,

$$\kappa_r(t)=\frac{1}{\operatorname{ch}^2t},\quad \boldsymbol{x}'(t)=(1,\operatorname{sh}t).$$

因此,弧长

$$s=s(t)=\int_0^t|\boldsymbol{x}'(t)|\mathrm{d}t=\int_0^t\sqrt{1+\operatorname{sh}^2t}\mathrm{d}t=\int_0^t\operatorname{ch}t\mathrm{d}t=\operatorname{sh}t,$$

$$\kappa_r(t)=\frac{1}{\operatorname{ch}^2t}=\frac{1}{1+\operatorname{sh}^2t}=\frac{1}{1+s^2}.$$

再根据定理 1.5.4 知,相对曲率为 $\kappa_r(s)=\frac{1}{1+s^2}$ 的连通曲线与悬链线 $\boldsymbol{x}(t)=$

$(t,\operatorname{ch} t)$至多相差一个刚性运动. □

1.5.3 证明:曲线 $\boldsymbol{x}(t)=(t+\sqrt{3}\sin t,2\cos t,\sqrt{3}t-\sin t)$ 与曲线 $\tilde{\boldsymbol{x}}(u)=\left(2\cos\dfrac{u}{2},2\sin\dfrac{u}{2},-u\right)$是全等的,即可通过变换 $\tilde{\boldsymbol{x}}\mapsto\boldsymbol{x}=\tilde{\boldsymbol{x}}\boldsymbol{A}+\boldsymbol{b}$($\boldsymbol{A}$ 为正交矩阵,$|\boldsymbol{A}|=1$)将曲线 $\tilde{\boldsymbol{x}}(u)$变为 $\boldsymbol{x}(t)$.

解 解法 1 考虑参数对应 $t\leftrightarrow s\leftrightarrow\dfrac{u}{2}$,其中 s 为弧长.

$$\tilde{\boldsymbol{x}}\boldsymbol{A}=\left(2\cos\frac{u}{2},2\sin\frac{u}{2},-u\right)\boldsymbol{A}=2(\cos t,\sin t,-t)\begin{pmatrix}0&1&0\\ \frac{\sqrt{3}}{2}&0&-\frac{1}{2}\\ -\frac{1}{2}&0&-\frac{\sqrt{3}}{2}\end{pmatrix}$$

$$=(\cos t,\sin t,-t)\begin{pmatrix}0&2&0\\ \sqrt{3}&0&-1\\ -1&0&-\sqrt{3}\end{pmatrix}$$

$$=(t+\sqrt{3}\sin t,2\cos t,\sqrt{3}t-\sin t)=\boldsymbol{x},$$

而

$$\boldsymbol{A}=\begin{pmatrix}0&1&0\\ \frac{\sqrt{3}}{2}&0&-\frac{1}{2}\\ -\frac{1}{2}&0&-\frac{\sqrt{3}}{2}\end{pmatrix}$$

为正交矩阵,且行列式$|\boldsymbol{A}|=1$. 再根据解法 2 中$|\boldsymbol{x}'(t)|=2\sqrt{2}$知,$\boldsymbol{x}(t)$与 $\tilde{\boldsymbol{x}}(u)$全等.

解法 2 应用 Frenet 公式. 计算得

$$\boldsymbol{x}'(t)=(1+\sqrt{3}\cos t,-2\sin t,\sqrt{3}-\cos t),$$

$$\begin{aligned}|\boldsymbol{x}'(t)|&=\sqrt{(1+\sqrt{3}\cos t)^2+(-2\sin t)^2+(\sqrt{3}-\cos t)^2}\\&=\sqrt{1+2\sqrt{3}\cos t+3\cos^2 t+4\sin^2 t+3-2\sqrt{3}\cos t+\cos^2 t}\\&=\sqrt{4+4}=2\sqrt{2}.\end{aligned}$$

$$s=s(t)=\int_0^t|\boldsymbol{x}'(t)|\,\mathrm{d}t=\int_0^t 2\sqrt{2}\,\mathrm{d}t+0=2\sqrt{2}t,$$

$$\frac{\mathrm{d}s}{\mathrm{d}t}=|\boldsymbol{x}'(t)|=2\sqrt{2}.$$

$$\boldsymbol{V}_1=\frac{\mathrm{d}\boldsymbol{x}}{\mathrm{d}s}=\boldsymbol{x}'(t)\frac{\mathrm{d}t}{\mathrm{d}s}=\frac{1}{2\sqrt{2}}\boldsymbol{x}'(t)$$

$$=\frac{1}{2\sqrt{2}}(1+\sqrt{3}\cos t,-2\sin t,\sqrt{3}-\cos t),$$

$$\boldsymbol{x}''(t)=(-\sqrt{3}\sin t,-2\cos t,\sin t),$$

$$\kappa\boldsymbol{V}_2=\frac{\mathrm{d}}{\mathrm{d}s}\boldsymbol{V}_1=\frac{\mathrm{d}}{\mathrm{d}s}\left[\frac{1}{2\sqrt{2}}\boldsymbol{x}'(t)\right]=\frac{1}{2\sqrt{2}}\boldsymbol{x}''(t)\frac{\mathrm{d}t}{\mathrm{d}s}=\frac{1}{2\sqrt{2}}\boldsymbol{x}''(t)\cdot\frac{1}{2\sqrt{2}}$$

$$=\frac{1}{8}\boldsymbol{x}''(t)=\frac{1}{4}\left(-\frac{\sqrt{3}}{2}\sin t,-\cos t,\frac{1}{2}\sin t\right),$$

$$\kappa(t)=\frac{1}{4},\quad \boldsymbol{V}_2=\left(-\frac{\sqrt{3}}{2}\sin t,-\cos t,\frac{1}{2}\sin t\right),$$

或

$$\kappa(t)=\frac{1}{8}\mid\boldsymbol{x}''(t)\mid=\frac{1}{8}\sqrt{(-\sqrt{3}\sin t)^2+(-2\cos t)^2+\sin^2 t}=\frac{1}{8}\sqrt{4}=\frac{1}{4}.$$

$$\boldsymbol{V}_3=\boldsymbol{V}_1\times\boldsymbol{V}_2=\frac{1}{2\sqrt{2}}\begin{vmatrix}\boldsymbol{e}_1 & \boldsymbol{e}_2 & \boldsymbol{e}_3\\ 1+\sqrt{3}\cos t & -2\sin t & \sqrt{3}-\cos t\\ -\frac{\sqrt{3}}{2}\sin t & -\cos t & \frac{1}{2}\sin t\end{vmatrix}$$

$$=\frac{1}{2\sqrt{2}}\Big(-\sin^2 t+\sqrt{3}\cos t-\cos^2 t,-\frac{1}{2}\sin t-\frac{\sqrt{3}}{2}\sin t\cos t$$

$$-\frac{3}{2}\sin t+\frac{\sqrt{3}}{2}\sin t\cos t,-\cos t-\sqrt{3}\Big)$$

$$=\frac{1}{2\sqrt{2}}(\sqrt{3}\cos t-1,-2\sin t,-\cos t-\sqrt{3}),$$

$$-\tau\boldsymbol{V}_2=\frac{\mathrm{d}}{\mathrm{d}s}\boldsymbol{V}_3=\frac{1}{2\sqrt{2}}(-\sqrt{3}\sin t,-2\cos t,\sin t)\cdot\frac{1}{2\sqrt{2}}$$

$$=\frac{1}{4}\left(-\frac{\sqrt{3}}{2}\sin t,-\cos t,\frac{1}{2}\sin t\right)=\frac{1}{4}\boldsymbol{V}_2,$$

$$\tau(t)=-\frac{1}{4}.$$

同样,可得

$$\tilde{\boldsymbol{x}}(t)=(2\cos t,2\sin t,-2t),$$

$$\tilde{\boldsymbol{x}}'(t)=2(-\sin t,\cos t,-1),$$

$$|\tilde{\boldsymbol{x}}'(t)| = 2\sqrt{\sin^2 t + \cos^2 t + 1} = 2\sqrt{2}.$$

$$\tilde{s} = \tilde{s}(t) = \int_0^t |\tilde{\boldsymbol{x}}'(t)|\,\mathrm{d}t = \int_0^t 2\sqrt{2}\mathrm{d}t + 0 = 2\sqrt{2}t,$$

$$\frac{\mathrm{d}\tilde{s}}{\mathrm{d}t} = |\tilde{\boldsymbol{x}}'(t)| = 2\sqrt{2} = |\boldsymbol{x}'(t)| = \frac{\mathrm{d}s}{\mathrm{d}t},\quad \tilde{s} = s.$$

$$\widetilde{\boldsymbol{V}}_1 = \frac{\mathrm{d}\tilde{\boldsymbol{x}}}{\mathrm{d}\tilde{s}} = \tilde{\boldsymbol{x}}(t)\frac{\mathrm{d}t}{\mathrm{d}\tilde{s}} = \frac{1}{2\sqrt{2}}\tilde{\boldsymbol{x}}'(t) = \frac{1}{\sqrt{2}}(-\sin t, \cos t, -1),$$

$$\tilde{\boldsymbol{x}}''(t) = 2(-\cos t, -\sin t, 0).$$

$$\tilde{\kappa}\widetilde{\boldsymbol{V}}_2 = \frac{\mathrm{d}}{\mathrm{d}\tilde{s}}\widetilde{\boldsymbol{V}}_1 = \frac{\mathrm{d}}{\mathrm{d}\tilde{s}}\left(\frac{1}{2\sqrt{2}}\tilde{\boldsymbol{x}}'(t)\right) = \frac{1}{2\sqrt{2}}\tilde{\boldsymbol{x}}''(t)\frac{\mathrm{d}t}{\mathrm{d}\tilde{s}} = \frac{1}{2\sqrt{2}}\tilde{\boldsymbol{x}}''(t)\cdot\frac{1}{2\sqrt{2}}$$

$$= \frac{1}{8}\cdot 2(-\cos t, -\sin t, 0) = \frac{1}{4}(-\cos t, -\sin t, 0),$$

$$\tilde{\kappa}(t) = \frac{1}{4} = \kappa(t),$$

$$\widetilde{\boldsymbol{V}}_2 = (-\cos t, -\sin t, 0),$$

或

$$\kappa(t) = \frac{1}{8}|\tilde{\boldsymbol{x}}''(t)| = \frac{2}{8}\sqrt{(-\cos t)^2 + (-\sin t)^2 + 0^2} = \frac{1}{4},$$

$$\widetilde{\boldsymbol{V}}_3 = \widetilde{\boldsymbol{V}}_1 \times \widetilde{\boldsymbol{V}}_2 = \frac{1}{\sqrt{2}}\begin{vmatrix} \boldsymbol{e}_1 & \boldsymbol{e}_2 & \boldsymbol{e}_3 \\ -\sin t & \cos t & -1 \\ -\cos t & -\sin t & 0 \end{vmatrix} = \frac{1}{\sqrt{2}}(-\sin t, \cos t, 1),$$

$$-\tilde{\tau}\widetilde{\boldsymbol{V}}_2 = \frac{\mathrm{d}}{\mathrm{d}\tilde{s}}\widetilde{\boldsymbol{V}}_3 = \frac{1}{\sqrt{2}}(-\cos t, -\sin t, 0)\cdot\frac{1}{2\sqrt{2}} = \frac{1}{4}\widetilde{\boldsymbol{V}}_2,$$

$$\tilde{\tau}(t) = -\frac{1}{4}.$$

由 $\tilde{\boldsymbol{x}}\boldsymbol{A}=\boldsymbol{x}$,类似于习题 1.5.4,有 $\tilde{\tau}(t)=\tau(t)$,$\tilde{\kappa}(t)=\kappa(t)$. 所以,根据定理1.5.4,曲线 $\tilde{\boldsymbol{x}}(u)$与 $\boldsymbol{x}(t)$是全等的,即等距的. □

1.5.4 证明:下列两条曲线

$$\boldsymbol{x}(t) = (\operatorname{ch} t, \operatorname{sh} t, t)$$

与

$$\tilde{\boldsymbol{x}}(u) = \left(\frac{1}{\sqrt{2}}\mathrm{e}^{-u}, \frac{1}{\sqrt{2}}\mathrm{e}^{u}, u+1\right)$$

是全等的,并求出曲线 $\tilde{\boldsymbol{x}}(u)$变成 $\boldsymbol{x}(t)$的空间刚性变换或等距变换.

证明 证法1 因为

$$[\tilde{\boldsymbol{x}}(u)-(0,0,1)]\begin{pmatrix}\frac{1}{\sqrt{2}} & -\frac{1}{\sqrt{2}} & 0\\ \frac{1}{\sqrt{2}} & \frac{1}{\sqrt{2}} & 0\\ 0 & 0 & 1\end{pmatrix}$$

$$=\left[\left(\frac{1}{\sqrt{2}}\mathrm{e}^{-u},\frac{1}{\sqrt{2}}\mathrm{e}^{u},u+1\right)-(0,0,1)\right]\begin{pmatrix}\frac{1}{\sqrt{2}} & -\frac{1}{\sqrt{2}} & 0\\ \frac{1}{\sqrt{2}} & \frac{1}{\sqrt{2}} & 0\\ 0 & 0 & 1\end{pmatrix}$$

$$=\left(\frac{1}{\sqrt{2}}\mathrm{e}^{-u},\frac{1}{\sqrt{2}}\mathrm{e}^{u},u\right)\begin{pmatrix}\frac{1}{\sqrt{2}} & -\frac{1}{\sqrt{2}} & 0\\ \frac{1}{\sqrt{2}} & \frac{1}{\sqrt{2}} & 0\\ 0 & 0 & 1\end{pmatrix}=\left(\frac{\mathrm{e}^{u}+\mathrm{e}^{-u}}{2},\frac{\mathrm{e}^{u}-\mathrm{e}^{-u}}{2},u\right)$$

$$=(\mathrm{ch}\,u,\mathrm{sh}\,u,u)=\boldsymbol{x}(u),$$

以及

$$\boldsymbol{A}=\begin{pmatrix}\frac{1}{\sqrt{2}} & -\frac{1}{\sqrt{2}} & 0\\ \frac{1}{\sqrt{2}} & \frac{1}{\sqrt{2}} & 0\\ 0 & 0 & 1\end{pmatrix}$$

为正交矩阵,且$|\boldsymbol{A}|=1$,所以$\tilde{\boldsymbol{x}}(t)$与$\boldsymbol{x}(u)$在$u=t$时是全等的.

证法 2 计算得

$$\boldsymbol{x}'(t)=(\mathrm{sh}\,t,\mathrm{ch}\,t,1),\quad \boldsymbol{x}''(t)=(\mathrm{ch}\,t,\mathrm{sh}\,t,0),\quad \boldsymbol{x}'''(t)=(\mathrm{sh}\,t,\mathrm{ch}\,t,0).$$

所以

$$\kappa(t)=\frac{|\boldsymbol{x}'(t)\times\boldsymbol{x}''(t)|}{|\boldsymbol{x}'(t)|^3}=\frac{\left\|\begin{matrix}\boldsymbol{e}_1 & \boldsymbol{e}_2 & \boldsymbol{e}_3\\ \mathrm{sh}\,t & \mathrm{ch}\,t & 1\\ \mathrm{ch}\,t & \mathrm{sh}\,t & 0\end{matrix}\right\|}{(\mathrm{sh}^2\,t+\mathrm{ch}^2\,t+1)^{\frac{3}{2}}}=\frac{|(-\mathrm{sh}\,t,\mathrm{ch}\,t,-1)|}{(\mathrm{sh}^2\,t+\mathrm{ch}^2\,t+1)^{\frac{3}{2}}}$$

$$=\frac{1}{\mathrm{sh}^2\,t+\mathrm{ch}^2\,t+1}=\frac{1}{\left(\frac{\mathrm{e}^{t}-\mathrm{e}^{-t}}{2}\right)^2+\left(\frac{\mathrm{e}^{t}+\mathrm{e}^{-t}}{2}\right)^2+1}$$

$$= \frac{1}{\frac{e^{2t}+e^{-2t}}{2}+1} = \frac{2}{e^{2t}+e^{-2t}+2},$$

$$\tau(t) = \frac{(\boldsymbol{x}',\boldsymbol{x}'',\boldsymbol{x}''')}{|\boldsymbol{x}'\times\boldsymbol{x}''|^2} = \frac{\begin{vmatrix} \mathrm{sh}\,t & \mathrm{ch}\,t & 1 \\ \mathrm{ch}\,t & \mathrm{sh}\,t & 0 \\ \mathrm{sh}\,t & \mathrm{ch}\,t & 0 \end{vmatrix}}{\mathrm{sh}^2\,t+\mathrm{ch}^2\,t+1} = \frac{1}{\mathrm{sh}^2\,t+\mathrm{ch}^2\,t+1} = \frac{2}{e^{2t}+e^{2t}+2}.$$

计算得

$$\tilde{\boldsymbol{x}}'(t) = \left(-\frac{1}{\sqrt{2}}e^{-t},\frac{1}{\sqrt{2}}e^{t},1\right),\quad \tilde{\boldsymbol{x}}''(t) = \left(\frac{1}{\sqrt{2}}e^{-t},\frac{1}{\sqrt{2}}e^{t},0\right),$$

$$\tilde{\boldsymbol{x}}'''(t) = \left(-\frac{1}{\sqrt{2}}e^{-t},\frac{1}{\sqrt{2}}e^{t},0\right).$$

所以

$$\tilde{\kappa}(t) = \frac{|\tilde{\boldsymbol{x}}'(t)\times\tilde{\boldsymbol{x}}''(t)|}{|\boldsymbol{x}'(t)|^2} = \frac{\left\|\begin{matrix} \boldsymbol{e}_1 & \boldsymbol{e}_2 & \boldsymbol{e}_3 \\ -\frac{1}{\sqrt{2}}e^{-t} & \frac{1}{\sqrt{2}}e^{t} & 1 \\ \frac{1}{\sqrt{2}}e^{-t} & \frac{1}{\sqrt{2}}e^{t} & 0 \end{matrix}\right\|}{\left|\left(-\frac{1}{\sqrt{2}}e^{-t},\frac{1}{\sqrt{2}}e^{t}+1\right)\right|^3} = \frac{\left|\left(-\frac{1}{\sqrt{2}}e^{t},\frac{1}{\sqrt{2}}e^{-t},-1\right)\right|}{\left|\left(-\frac{1}{\sqrt{2}}e^{-t},\frac{1}{\sqrt{2}}e^{t},1\right)\right|^3}$$

$$= \frac{1}{\left|\left(-\frac{1}{\sqrt{2}}e^{-t},\frac{1}{\sqrt{2}}e^{t},1\right)\right|^2} = \frac{1}{\frac{1}{2}e^{-2t}+\frac{1}{2}e^{2t}+1} = \frac{2}{e^{-2t}+e^{2t}+2} = \kappa(t),$$

$$\tilde{\tau}(t) = \frac{(\tilde{\boldsymbol{x}}'(t),\tilde{\boldsymbol{x}}''(t),\tilde{\boldsymbol{x}}'''(t))}{|\tilde{\boldsymbol{x}}'(t)\times\tilde{\boldsymbol{x}}''(t)|^2} = \frac{\begin{vmatrix} -\frac{1}{\sqrt{2}}e^{-t} & \frac{1}{\sqrt{2}}e^{t} & 1 \\ \frac{1}{\sqrt{2}}e^{-t} & \frac{1}{\sqrt{2}}e^{t} & 0 \\ -\frac{1}{\sqrt{2}}e^{-t} & \frac{1}{\sqrt{2}}e^{t} & 0 \end{vmatrix}}{\left|\left(-\frac{1}{\sqrt{2}}e^{-t},\frac{1}{\sqrt{2}}e^{t},-1\right)\right|^2}$$

$$= \frac{1}{\frac{1}{2}e^{-2t}+\frac{1}{2}e^{2t}+1} = \frac{2}{e^{-2t}+e^{2t}+2} = \tau(t).$$

因为

$$|\boldsymbol{x}'(t)|^2=\mathrm{sh}^2 t+\mathrm{ch}^2 t+1=\frac{\mathrm{e}^{2t}+\mathrm{e}^{-2t}}{2}+1$$

$$=\left(-\frac{1}{\sqrt{2}}\mathrm{e}^{-t}\right)^2+\left(\frac{1}{\sqrt{2}}\mathrm{e}^{t}\right)^2+1=|\tilde{\boldsymbol{x}}'(t)|^2,$$

$$|\boldsymbol{x}'(t)|=|\tilde{\boldsymbol{x}}'(t)|,$$

$$\tilde{s}\leftrightarrow t\leftrightarrow s,$$

所以，根据定理1.5.4，曲线 $\tilde{\boldsymbol{x}}(u)$ 与 $\boldsymbol{x}(t)$ 是全等的，即等距的.

上述繁复的计算也可如下验证：

$$\kappa(t)=\frac{|\boldsymbol{x}'(t)\times\boldsymbol{x}''(t)|}{|\boldsymbol{x}'(t)|^3}\xlongequal{\text{证法 1}}\frac{|\tilde{\boldsymbol{x}}'(t)\boldsymbol{A}\times\tilde{\boldsymbol{x}}''(t)\boldsymbol{A}|}{|\tilde{\boldsymbol{x}}'(t)\boldsymbol{A}|^3}$$

$$=\frac{|\tilde{\boldsymbol{x}}'(t)\times\tilde{\boldsymbol{x}}''(t)|}{|\tilde{\boldsymbol{x}}'(t)|^3}=\tilde{\kappa}(t),$$

$$\tau(t)=\frac{(\boldsymbol{x}'(t),\boldsymbol{x}''(t),\boldsymbol{x}'''(t))}{|\boldsymbol{x}'(t)\times\boldsymbol{x}''(t)|^2}=\frac{(\tilde{\boldsymbol{x}}'(t)\boldsymbol{A},\tilde{\boldsymbol{x}}''(t)\boldsymbol{A};\tilde{\boldsymbol{x}}'''(t)\boldsymbol{A})}{|\tilde{\boldsymbol{x}}(t)\boldsymbol{A}\times\tilde{\boldsymbol{x}}'''(t)\boldsymbol{A}|}$$

$$=\frac{(\tilde{\boldsymbol{x}}'(t),\tilde{\boldsymbol{x}}''(t),\tilde{\boldsymbol{x}}'''(t))}{|\tilde{\boldsymbol{x}}'(t)\times\tilde{\boldsymbol{x}}''(t)|}=\tilde{\tau}(t).$$ □

1.6 曲率圆、渐缩线、渐伸线

1. 知识要点

定义 1.6.1 设 $\boldsymbol{x}(s_0)$ 为 $\mathbf{R}^2$ 中 C^2 正则曲线 $\boldsymbol{x}(s)$ 的一点，$\kappa_{\mathrm{r}}(s_0)\neq 0$，我们称 $\rho(s_0)=\dfrac{1}{\kappa_{\mathrm{r}}(s_0)}$ 为**曲率半径**，而

$$\boldsymbol{y}(s_0)=\boldsymbol{x}(s_0)+\rho(s_0)\boldsymbol{V}_{2\mathrm{r}}(s_0)$$

称为**曲率中心**，以 $\boldsymbol{y}(s_0)$ 为中心、$|\rho(s_0)|$ 为半径的圆

$$[\boldsymbol{Z}-\boldsymbol{y}(s_0)]^2=\rho(s_0)^2$$

称为**曲率圆**；以 $\{-\boldsymbol{V}_{2\mathrm{r}}(s_0),\boldsymbol{V}_1(s_0)\}$ 为 $\boldsymbol{x}(s_0)$ 的右旋基的曲率圆的参数表达为

$$\boldsymbol{Z}(s)=\boldsymbol{y}(s_0)+\rho(s_0)\left[-\boldsymbol{V}_{2\mathrm{r}}(s_0)\cos\frac{s-s_0}{\rho(s_0)}+\boldsymbol{V}_1(s_0)\sin\frac{s-s_0}{\rho(s_0)}\right].$$

显然，

$$|\boldsymbol{Z}'(s)|=1\quad(s\text{ 为曲率圆的弧长}).$$

$$\boldsymbol{Z}'(s_0)=\boldsymbol{V}_1(s_0)=\boldsymbol{x}'(s_0),$$

这表明曲线 $\boldsymbol{x}(s)$与曲率圆 $\boldsymbol{Z}(s)$在 $\boldsymbol{Z}(s_0)=\boldsymbol{x}(s_0)$点处有 1 阶接触,即有相同的单位切向量,有相同的定向,有相同的 $\boldsymbol{V}_{2\mathrm{r}}(s_0)$. 根据 $\kappa_{\mathrm{r}}(s_0)$的正负号的几何意义及

$$\boldsymbol{y}(s_0)-\boldsymbol{x}(s_0)=\rho(s_0)\boldsymbol{V}_{2\mathrm{r}}(s_0)$$

知,曲率中心与曲线在 $\boldsymbol{x}(s_0)$邻近处位于 $\boldsymbol{x}(s_0)$点切线的同一侧. 由

$$\boldsymbol{Z}''(s_0)=\kappa_{\mathrm{r}}(s_0)\boldsymbol{V}_{2\mathrm{r}}(s_0)=\boldsymbol{V}_1'(s_0)=\boldsymbol{x}''(s_0),$$

$\boldsymbol{Z}(s)$与 $\boldsymbol{x}(s)$在该点处有相同的相对曲率 $\kappa_{\mathrm{r}}(s_0)$. 此时,曲率圆 $\boldsymbol{Z}(s)$与 $\boldsymbol{x}(s)$在点 $\boldsymbol{Z}(s_0)=\boldsymbol{x}(s_0)$处有 2 阶接触,即

$$\boldsymbol{Z}(s_0)=\boldsymbol{x}(s_0),\quad \boldsymbol{Z}'(s_0)=\boldsymbol{x}'(s_0),\quad \boldsymbol{Z}''(s_0)=\boldsymbol{x}''(s_0).$$

进而,如果 $\boldsymbol{x}(s)$是 C^3 的,则

$$Z'''(s_0)=-\kappa_{\mathrm{r}}(s_0)^2\boldsymbol{V}_1(s_0)=\boldsymbol{x}'''(s_0)=\kappa_{\mathrm{r}}'(s_0)\boldsymbol{V}_{2\mathrm{r}}(s_0)-\kappa_{\mathrm{r}}(s_0)^2\boldsymbol{V}_1(s_0)$$

$\Leftrightarrow\ \kappa_{\mathrm{r}}'(s_0)=0$,即 s_0 为 $\boldsymbol{x}(s)$ 的相对曲率 $\kappa_{\mathrm{r}}(s)$ 的驻点或逗留点.

由此推出

$\boldsymbol{Z}(s)$ 与 $\boldsymbol{x}(s)$ 在 $\boldsymbol{Z}(s_0)=\boldsymbol{x}(s_0)$ 处有 3 阶接触 $\Leftrightarrow\ \kappa_{\mathrm{r}}'(s_0)=0$.

由完全相同的讨论可看出:

$\boldsymbol{Z}(s)$与 $\boldsymbol{x}(s)$在 $\boldsymbol{x}(s_0)$点处有 $l(l\geqslant 3)$阶接触的充要条件是

$$\kappa_{\mathrm{r}}'(s_0)=0,\kappa_{\mathrm{r}}''(s_0)=0,\cdots,\kappa_{\mathrm{r}}^{(l-2)}(s_0)=0.$$

值得指出的是,当 $\boldsymbol{x}(s)$与 $\boldsymbol{x}(s_0)$点处的曲率圆相重时,它们有各阶接触.

定理 1.6.1 曲率圆是 $C^l\,(l\geqslant 2)$正则曲线 $\boldsymbol{x}(s)$至少有 2 阶接触的唯一的圆周.

定理 1.6.2 设 $\boldsymbol{x}(s)$为 C^3 正则曲线,s 为弧长参数,$\kappa_{\mathrm{r}}'(s_0)\neq 0$(即 s_0 处的相对曲率不取逗留值),则在 s_0 处的曲率圆 $\boldsymbol{Z}(s)$总是在 s_0 处穿过这条曲线 $\boldsymbol{x}(s)$.

定义 1.6.2 设 s_0 为相对曲率 $\kappa_{\mathrm{r}}(s)$的逗留点(驻点),即 $\kappa_{\mathrm{r}}'(s_0)=0$,则称 $\boldsymbol{x}(s_0)$为 C^3 正则曲线 $\boldsymbol{x}(s)$的一个**顶点**.

例 1.6.1 椭圆 $\boldsymbol{x}(t)=(a\cos t,a\sin t)\left(\left(\dfrac{x^1}{a}\right)^2+\left(\dfrac{x^2}{b}\right)^2=1,a>0,b>0\right)$恰有 4 个顶点.

注 1.6.1 关于 C^3 正则凸简单闭曲线(卵形线)有 Mukhopadhyaya 4 顶点定理,例 1.6.1 给了我们启示.

定义 1.6.3 设 $\boldsymbol{x}(s)$为 $\mathbf{R}^2$ 中的 C^2 正则曲线(s 为弧长). 我们称该曲线的曲率中心

$$\boldsymbol{y}(s)=\boldsymbol{x}(s)+\rho(s)V_{2\mathrm{r}}(s)=\boldsymbol{x}(s)+\rho(s)\cdot\frac{1}{\kappa_{\mathrm{r}}(s)}\boldsymbol{V}_1'(s)$$

$$=\boldsymbol{x}(s)+\rho^2(s)\boldsymbol{x}''(s)=\boldsymbol{x}(s)+\frac{1}{\kappa^2(s)}\boldsymbol{x}''(s)$$

$$-\boldsymbol{x}(s)+\frac{1}{[x'(s)y''(s)-x''(s)y'(s)]^2}\boldsymbol{x}''(s)$$

的轨迹为其**渐缩线**，而 $\boldsymbol{x}(s)$ 称为 $\boldsymbol{y}(s)$ 的**渐伸(开)线**.

而在一般参数 t 下，$\boldsymbol{x}(t)$ 的渐缩线为

$$\boldsymbol{y}(t)=(x(t),y(t))+\left(-\frac{y'(t)[x'^2(t)+y'^2(t)]}{x'(t)y''(t)-y'(t)x''(t)},\frac{x'(t)[x'^2(t)+y'^2(t)]^2}{x'(t)y''(t)-y'(t)x''(t)}\right).$$

定理 1.6.3 设 $\boldsymbol{x}(s)$（s 为其弧长）为 C^3 正则曲线，则：

(1) 渐缩线 $\boldsymbol{y}(s)(a<s<b)$ 为 C^1 正则曲线 $\Leftrightarrow \kappa_r'(s)\neq 0(a<s<b)$.

(2) $\boldsymbol{y}'(s)=\rho'(s)\boldsymbol{V}_{2r}(s)$.

当 $\rho'(s)>0$ 时，$\boldsymbol{y}'(s)$ 与 $\boldsymbol{V}_{2r}(s)$ 同向；

当 $\rho'(s)<0$ 时，$\boldsymbol{y}'(s)$ 与 $\boldsymbol{V}_{2r}(s)$ 反向；

渐缩线的切线 $\Leftrightarrow$ 渐伸线的法线.

(3) 设 σ 为渐缩线的弧长，则当 $s_1<s_2$ 时，有

$$\sigma(s_2)-\sigma(s_1)=\begin{cases}\rho(s_2)-\rho(s_1), & \text{当 } \rho'(s)>0 \text{ 时},\\ \rho(s_1)-\rho(s_2), & \text{当 } \rho'(s)<0 \text{ 时}.\end{cases}$$

例 1.6.2 用第 3 种方法（参阅推论 1.5.2）证明：圆弧是唯一具有非零常值相对曲率的连通曲线.

注 1.6.3 圆 $\boldsymbol{x}(s)=\left(R\cos\dfrac{s}{R},R\sin\dfrac{s}{R}\right)$ 的渐缩线为其圆心这一个点.

定理 1.6.4 设 $\boldsymbol{y}(\sigma)$ 为以 σ 为弧长参数的 C^3 正则曲线，$\boldsymbol{y}''(\sigma)\neq\boldsymbol{0}$. 在这曲线的各切线上与切点相距为 $\sigma+\sigma_0$ 或 $\sigma_0-\sigma$ 之点的几何位置

$$\boldsymbol{x}(\sigma)=\boldsymbol{y}(\sigma)-(\sigma+\sigma_0)\boldsymbol{y}'(\sigma),\quad \text{当 } \rho'(s)>0 \text{ 时},$$

或

$$\boldsymbol{x}(\sigma)=\boldsymbol{y}(\sigma)-(\sigma-\sigma_0)\boldsymbol{y}'(\sigma),\quad \text{当 } \rho'(s)<0 \text{ 时},$$

就是 $\boldsymbol{y}(\sigma)$ 的一条渐伸线，而 $\boldsymbol{y}(\sigma)$ 为 $\boldsymbol{x}(\sigma)$ 的渐缩线.

易见，不同的 σ 对应不同的渐伸线，这些渐伸线彼此“平行”.

引理 1.6.1 设 $\boldsymbol{x}(s)$ 为 C^2 正则曲线，s 为其弧长参数，如果

$$\boldsymbol{y}(s)=\boldsymbol{x}(s)+t(s)V_{2r}(s),$$

其中 $t(s)$ 为 C^1 函数，则

$$\boldsymbol{y}(s) \text{ 与 } \boldsymbol{x}(s) \text{ 的法线总相切} \quad\Leftrightarrow\quad \boldsymbol{y}(s) \text{ 必为 } \boldsymbol{x}(s) \text{ 的渐缩线}.$$

定理 1.6.5 设 $\boldsymbol{x}(s)$ 为 C^4 正则曲线，$\boldsymbol{x}(s_0)$ 为其顶点（即 $\kappa_r'(s_0)=0\Leftrightarrow\rho'(s_0)=0$）；$\kappa_r''(s_0)\neq 0$，$\kappa_r(s_0)\neq 0$，则：

(1) 这条渐缩线在 s_0 的邻近由两段弧组成，这两段弧均在这个顶点的曲率中

心处与这个顶点的法线相切.

(2) 渐缩线在 s_0 处有一个尖点,即在 s_0 处相切的这两段渐缩线在过曲率中心且与顶点切线平行的直线的同一侧.

注 1.6.5 在定理 1.6.5 中,设 $\boldsymbol{x}(s)$ 为 C^{k+2} 正则曲线,若 $\kappa_r(s_0)\neq 0,\kappa_r'(s_0)=\kappa_r''(s_0)=\cdots=\kappa_r^{(k-1)}(s_0)=0,\kappa_r^{(k)}(s_0)\neq 0$(即 $\rho(s_0)\neq 0,\infty;\rho'(s_0)=\rho''(s_0)=\cdots=\rho^{(k-1)}(s_0)=0,\rho^{(k)}(s_0)\neq 0$),类似于 $k=2$ 的情形,有

$$f(s)=(s-s_0)^k\left[\frac{\rho^{(k)}(s_0)}{k!}+\frac{o(s-s_0)^k}{(s-s_0)^k}\right],$$

当 k 为偶数时,$f(s)$ 在 s_0 邻近同号;当 k 为奇数时,$f(s)$ 在 s_0 邻近左右异号.因此,当 k 为偶数时,渐缩线在 $\boldsymbol{y}(s_0)$ 处有尖点;当 k 为奇数时,渐缩线在 $\boldsymbol{y}(s_0)$ 处不出现尖点.

例 1.6.3 在例 1.6.1 中,椭圆

$$\boldsymbol{x}(t)=(a\cos t,b\sin t)\quad (a>b>0)$$

的渐缩线为

$$\boldsymbol{y}(t)=(y^1(t),y^2(t))=\left(\frac{a^2-b^2}{a}\cos^3 t,-\frac{a^2-b^2}{b}\sin^3 t\right),$$

即

$$(ay^1)^{\frac{2}{3}}+(by^2)^{\frac{2}{3}}=(a^2-b^2)^{\frac{2}{3}}.$$

在椭圆的 4 个顶点$\left(t=0,\dfrac{\pi}{2},\pi,\dfrac{3\pi}{2}\right)$处,$\kappa_r{}'(t)=0$,但 $\kappa_r''(t)\neq 0$.根据定理 1.6.5,渐缩线在 $t=0,\dfrac{\pi}{2}\pi,\dfrac{3\pi}{2}$处为尖点.

定义 1.6.4 设 $\boldsymbol{x}(t)$ 为 $\mathbf{R}^2$ 中的 C^2 正则曲线,曲率 $\kappa(t)>0$,则称 $\boldsymbol{x}(t)$处的密切平面上经过 $\boldsymbol{x}(t)$点、以 $\rho(t)=\dfrac{1}{\kappa(t)}$为半径(称为**曲率半径**)、圆心(称为**曲率中心**)在主法线正方向上的圆为该点处的**曲率圆**,即

$$\boldsymbol{y}(t)=\boldsymbol{x}(t)+\rho(t)\boldsymbol{V}_2(t)=\boldsymbol{x}(t)+\frac{1}{\kappa(r)}\boldsymbol{V}_2(t).$$

例 1.6.4 圆柱螺线

$$\boldsymbol{x}(s)=(r\cos\omega s,r\sin\omega s,\omega hs),\quad \omega=(r^2+h^2)^{-\frac{1}{2}}.$$

由例 1.2.3,知 $\kappa(s)=\omega^2 r,\boldsymbol{V}_2(s)=-(\cos\omega s,\sin\omega s,0)$.于是,$\boldsymbol{x}(s)$的曲率中心的轨迹为

$$\boldsymbol{y}(s)=\boldsymbol{x}(s)+\frac{1}{\kappa(s)}\boldsymbol{V}_2(s)=\left(-\frac{h^2}{r}\cos\omega s,-\frac{h^2}{r}\sin\omega s,\omega hs\right),$$

它仍为圆柱螺线.

注 1.6.7 关于空间 $\mathbf{R}^3$ 中的渐缩线和渐伸线可参阅习题 1.6.7.

2. 习题解答

1.6.1 证明:曲线

$$\boldsymbol{x}(t)=(\cos t+t\sin t,\sin t-t\cos t)$$

的渐缩线为圆

$$\boldsymbol{y}(t)=(\cos t,\sin t).$$

解 $\boldsymbol{x}'(t)=(-\sin t+\sin t+t\cos t,\cos t-\cos t+t\sin t)=(t\cos t,t\sin t)$,

$\boldsymbol{x}''(t)=(\cos t-t\sin t,\sin t+t\cos t)$,

$|\boldsymbol{x}'(t)|=\sqrt{(t\cos t)^2+(t\sin t)^2}=|t|$,

$x'(t)y''(t)-x''(t)y'(t)=(t\sin t\cos t+t^2\cos^2 t)-(t\sin t\cos t-t^2\sin^2 t)=t^2$.

于是,$\boldsymbol{x}(t)$的渐缩线

$$\begin{aligned}\boldsymbol{y}(t)&=\boldsymbol{x}(t)+\left(-\frac{y'(t)[x'^2(t)+y'^2(t)]}{x'(t)y''(t)-x''(t)y'(t)},\frac{x'(t)[x'^2(t)+y'^2(t)]}{x'(t)y''(t)-x''(t)y'(t)}\right)\\&=(\cos t+t\sin t,\sin t-t\cos t)+\left(-\frac{t\sin t\cdot t^2}{t^2},\frac{t\cos t\cdot t^2}{t^2}\right)\\&=(\cos t+t\sin t,\sin t-t\cos t)+(-t\sin t,t\cos t)\\&=(\cos t,\sin t).\end{aligned}$$

□

1.6.2 求圆的一条渐伸线.

解 解法1 类似习题 1.6.1 知,$R(\cos t+t\sin t,\sin t-t\cos t)$为$R(\cos t,\sin t)$的一条渐伸线.

解法2 设圆的参数表示为 $\boldsymbol{y}(t)=(x(t),y(t))=R(\cos t,\sin t)$,其弧长为 σ,则圆的渐伸线为(参阅注 1.6.4)

$$\boldsymbol{x}(t)=\boldsymbol{y}(t)-(Rt\pm\sigma_0)\boldsymbol{y}'(t)\frac{\mathrm{d}t}{\mathrm{d}\sigma}=\boldsymbol{y}(t)-(Rt\pm\sigma_0)(-\sin t,\cos t).$$

特别取 $\sigma_0=0$,得到圆 $\boldsymbol{y}(t)=R(\cos t,\sin t)$的一条渐伸线

$$\begin{aligned}\boldsymbol{x}(t)&=R(\cos t,\sin t)-Rt(-\sin t,\cos t)\\&=R(\cos t+\sin t,\sin t-t\cos t).\end{aligned}$$

□

1.6.3 求抛物线 $y^2=2px(p>0)$的渐缩线.

解 设抛物线的参数表示为

$$\boldsymbol{x}(t)=(x(t),y(t))=\left(\frac{t^2}{2p},t\right),$$

则

$$\boldsymbol{x}'(t)=\left(\frac{t}{p},1\right),\quad \boldsymbol{x}''(t)=\left(\frac{1}{p},0\right).$$

根据定义 1.6.3,得到抛物线 $y^2=2px$ 的渐缩线为

$$\begin{aligned}(\tilde{x}(t),\tilde{y}(t))&=\boldsymbol{y}(t)\\&=(x(t),y(t))\\&\quad+\left(-\frac{y'(t)[x'^2(t)+y'^2(t)]}{x'(t)y''(t)-y'(t)x''(t)},\frac{x'(t)[x'^2(t)+y'^2(t)]}{x'(t)y''(t)-y'(t)x''(t)}\right)\\&=\left(\frac{t^2}{2p},t\right)+\left(-\frac{1\cdot\left[\left(\frac{t}{p}\right)^2+1^2\right]}{\frac{t}{p}\cdot 0-1\cdot\frac{1}{p}},\frac{\frac{t}{p}\left[\left(\frac{t}{p}\right)^2+1\right]}{\frac{t}{p}\cdot 0-1\cdot\frac{1}{p}}\right)\\&=\left(\frac{t^2}{2p},t\right)+\left(\frac{t^2+p^2}{p},-\frac{t(t^2+p^2)}{p^2}\right)=\left(\frac{3t^2}{2p}+p,-\frac{t^3}{p^2}\right),\end{aligned}$$

即 $27p\tilde{y}^2=8(\tilde{x}-p)^3$.

特别地,当 $p=\frac{1}{2}$ 时,$y^2=x$,$\boldsymbol{x}(t)=(t^2,t)$,它的渐缩线为

$$\boldsymbol{y}(t)=\left(3t^2+\frac{1}{2},-4t^3\right).$$ □

1.6.4 求悬链线

$$\boldsymbol{x}(t)=\left(t,a\operatorname{ch}\frac{t}{a}\right)\quad(a>0,t\in\mathbf{R})$$

的渐缩线 $\boldsymbol{y}(t)$.

解 计算得

$$\boldsymbol{x}'(t)=\left(1,\operatorname{sh}\frac{t}{a}\right),\quad \boldsymbol{x}''(t)=\left(0,\frac{1}{a}\operatorname{ch}\frac{t}{a}\right),$$

所以

$$|\boldsymbol{x}'(t)|=\sqrt{1+\operatorname{sh}^2\frac{t}{a}}=\sqrt{\operatorname{ch}^2\frac{t}{a}}=\operatorname{ch}\frac{t}{a},$$

$$x'(t)y''(t)-x''(t)y'(t)=1\cdot\frac{1}{a}\operatorname{ch}\frac{t}{a}-0\cdot\operatorname{sh}\frac{t}{a}=\frac{1}{a}\operatorname{ch}\frac{t}{a},$$

$$\begin{aligned}\boldsymbol{y}(t)&=\boldsymbol{x}(t)+\left(-\frac{y'(t)[x'^2(t)+y'^2(t)]}{x'(t)y''(t)-x''(t)y'(t)},\frac{x'(t)[x'^2(t)+y'^2(t)]}{x'(t)y''(t)-x''(t)y'(t)}\right)\\&=\left(t,a\operatorname{ch}\frac{t}{a}\right)+\left(-\frac{\operatorname{sh}\frac{t}{a}\cdot\operatorname{ch}^2\frac{t}{a}}{\frac{1}{a}\operatorname{ch}\frac{t}{a}},\frac{1\cdot\operatorname{ch}^2\frac{t}{a}}{\frac{1}{a}\operatorname{ch}\frac{t}{a}}\right)\end{aligned}$$

$$= \left(t, a\mathrm{ch}\frac{t}{a}\right) + \left(-a\mathrm{sh}\frac{t}{a}\mathrm{ch}\frac{t}{a}, a\mathrm{ch}\frac{t}{a}\right)$$

$$= \left(t - a\mathrm{sh}\frac{t}{a}\mathrm{ch}\frac{t}{a}, 2a\mathrm{ch}\frac{t}{a}\right).$$

□

1.6.5 求旋轮线(摆线)

$$\boldsymbol{x}(t) = a(t - \sin t, 1 - \cos t) \quad (a > 0)$$

的渐缩线 $\boldsymbol{y}(t)$.

解 计算得

$$\boldsymbol{x}'(t) = a(1 - \cos t, \sin t), \quad \boldsymbol{x}''(t) = a(\sin t, \cos t),$$

所以

$$|\boldsymbol{x}'(t)| = a\sqrt{(1-\cos t)^2 + \sin^2 t}$$

$$= a\sqrt{2 - 2\cos t} = a\sqrt{4\sin^2\frac{t}{2}} = 2a\left|\sin\frac{t}{2}\right|,$$

$$x'(t)y''(t) - x''(t)y'(t) = a^2(\cos t - \cos^2 t - \sin^2 t) = a^2(\cos t - 1),$$

$$\boldsymbol{y}(t) = \boldsymbol{x}(t) + \left(-\frac{y'(t)[x'^2(t) + y'^2(t)]}{x'(t)y''(t) - y'(t)x''(t)}, \frac{x'(t)[x'^2(t) + y'^2(t)]}{x'(t)y''(t) - y'(t)x''(t)}\right)$$

$$= a(t - \sin t, 1 - \cos t)$$

$$+ \left(-\frac{a\sin t \cdot 2a^2(1-\cos t)}{a^2(\cos t - 1)}, \frac{a(1-\cos t) \cdot 2a^2(1-\cos t)}{a^2(\cos t - 1)}\right)$$

$$= a(t - \sin t, 1 - \cos t) + (2a\sin t, -2a(1 - \cos t))$$

$$= a(t + \sin t, -(1 - \cos t)).$$

□

1.6.6 求旋轮线(摆线)

$$\boldsymbol{y}(t) = a(t - \sin t, 1 - \cos t) \quad (a > 0)$$

的渐伸线 $\boldsymbol{x}(t)$.

解 计算得

$$\boldsymbol{y}'(t) = a(1 - \cos t, \sin t),$$

所以

$$\frac{\mathrm{d}\sigma}{\mathrm{d}t} = |\boldsymbol{y}'(t)| = a|(1 - \cos t, \sin t)|$$

$$= a\sqrt{(1-\cos t)^2 + \sin^2 t} = a\sqrt{2(1 - \cos t)} = 2a\sin\frac{t}{2},$$

$$\sigma(t) = \int_0^t |\boldsymbol{y}'(t)|\,\mathrm{d}t + \sigma(0) = \int_0^t 2a\sin\frac{t}{2}\mathrm{d}t + \sigma(0)$$

$$= -4a\cos\frac{t}{2}\Big|_0^t + \sigma(0) = 4a - 4a\cos\frac{t}{2} + \sigma(0),$$

其中 σ 为 $\boldsymbol{y}(t)$ 的弧长. 于是,根据注 1.6.4,得到 $\boldsymbol{y}(t)$ 的渐伸线为

$$\begin{aligned}
\boldsymbol{x}(t) &= \boldsymbol{y}(t) - [\sigma(t) \pm \sigma_0] \frac{\mathrm{d}\boldsymbol{y}}{\mathrm{d}\sigma} = \boldsymbol{y}(t) - [\sigma(t) \pm \sigma_0] \boldsymbol{y}'(t) \frac{\mathrm{d}t}{\mathrm{d}\sigma} \\
&= a(t - \sin t, 1 - \cos t) \\
&\quad - \left(4a - 4a\cos\frac{t}{2} + \sigma(0) \pm \sigma_0\right) \frac{1}{2a\sin\dfrac{t}{2}} \cdot a(1 - \cos t, \sin t) \\
&= a(t - \sin t, 1 - \cos t) + a\left(4\cos\frac{t}{2} + c\right)\left(\sin\frac{t}{2}, \cos\frac{t}{2}\right) \\
&= a\left[\left(t - \sin t + 2\sin t, 1 - \cos t + 4\cos^2\frac{t}{2}\right) + c\left(\sin\frac{t}{2}, \cos\frac{t}{2}\right)\right] \\
&= a\left[(t + \sin t, 3 + \cos t) + c\left(\sin\frac{t}{2}, \cos\frac{t}{2}\right)\right].
\end{aligned}$$

□

1.6.7 我们知道,平面曲线 $\boldsymbol{x}(t)$ 的曲率中心的轨迹 $\boldsymbol{y}(t)$ 称为 $\boldsymbol{x}(t)$ 的渐缩线,$\boldsymbol{x}(t)$ 称为 $\boldsymbol{y}(t)$ 的一条渐伸线,$\boldsymbol{y}(t)$ 的切向量为 $\boldsymbol{x}(t)$ 的主法向量. 试将它推广到空间 $\mathbf{R}^3$.

设 $\boldsymbol{n}(t) = \cos\theta \boldsymbol{V}_2(t) + \sin\theta \boldsymbol{V}_3(t)$ 为点 $\boldsymbol{x}(t)$ 处的法向量,其中 $\theta = \angle(\boldsymbol{n}, \boldsymbol{V}_2)$ 为 $\boldsymbol{n}(t)$ 与 $\boldsymbol{V}_2(t)$ 的夹角,称直线

$$\boldsymbol{y}(t) = \boldsymbol{x}(t) + \lambda \boldsymbol{n}(t) \quad (\lambda \in \mathbf{R})$$

为该曲线在点 $\boldsymbol{x}(t)$ 处的**法线**.

显然,主法线($\theta = 0$)与从法线$\left(\theta = \dfrac{\pi}{2}\right)$都是曲线在 $\boldsymbol{x}(t)$ 处的法线.

定义 如果曲线 $\boldsymbol{y}(t)$ 的切线是曲线 $\boldsymbol{x}(t)$ 的法线,则称 $\boldsymbol{x}(t)$ 为 $\boldsymbol{y}(t)$ 的**渐伸线**;而 $\boldsymbol{y}(t)$ 为 $\boldsymbol{x}(t)$ 的**渐缩线**.

定理 1 设 $\boldsymbol{y}(t)(a \leqslant t \leqslant b)$ 为空间 $\mathbf{R}^3$ 中的曲线,则 $\boldsymbol{y}(t)$ 的渐伸线为

$$\boldsymbol{x}(t) = \boldsymbol{y}(t) + [c - \tilde{s}(t)] \widetilde{\boldsymbol{V}}_1(t) \quad (a \leqslant t \leqslant b),$$

其中 c 为常数,$\tilde{s}(t)$ 与 $\widetilde{\boldsymbol{V}}_1(t)$ 及 $\tilde{\kappa}(t)$ 分别为 $\boldsymbol{y}(t)$ 的弧长与单位切向量及曲率. c 取不同的值就得到不同的渐伸线(由此得到空间曲线与平面曲线的渐伸线在形式上是相同的,并都有无数条).

证明 设 $\boldsymbol{y}(t)$ 的渐伸线为

$$\boldsymbol{x}(t) = \boldsymbol{y}(t) + \lambda(t) \widetilde{\boldsymbol{V}}_1(t),$$

则

$$\begin{aligned}
\boldsymbol{x}'(t) &= \boldsymbol{y}'(t) + \lambda'(t) \widetilde{\boldsymbol{V}}_1(t) + \lambda(t) \widetilde{\boldsymbol{V}}'_1(t) \\
&= [|\boldsymbol{y}'(t)| + \lambda'(t)] \widetilde{\boldsymbol{V}}_1(t) + \lambda(t) \tilde{\kappa}(t) |\boldsymbol{y}'(t)| \widetilde{\boldsymbol{V}}_2(t).
\end{aligned}$$

两边点乘 $\widetilde{\boldsymbol{V}}_1(t)$，并注意到 $\boldsymbol{y}(t)$ 的切线是渐伸线 $\boldsymbol{x}(t)$ 的法线，所以

$$\lambda'(t)+|\boldsymbol{y}'(t)|=0.$$

积分得

$$\lambda(t)=-\int|\boldsymbol{y}'(t)|\,\mathrm{d}t=-\tilde{s}(t)+c=c-\tilde{s}(t).$$

因此，$\boldsymbol{y}(t)$ 的渐伸线为

$$\boldsymbol{x}(t)=\boldsymbol{y}(t)+[c-\tilde{s}(t)]\widetilde{\boldsymbol{V}}_1(t)\quad(a\leqslant t\leqslant b).$$

另一方面，当 $\lambda(t)=c-\tilde{s}(t)$ 时，有

$$\lambda'(t)+|\boldsymbol{y}'(t)|=-\tilde{s}'(t)+|\boldsymbol{y}'(t)|=0,$$

$$\begin{aligned}\boldsymbol{x}'(t)\cdot\widetilde{\boldsymbol{V}}_1(t)&=\{[|\boldsymbol{y}'(t)|+\lambda'(t)]\widetilde{\boldsymbol{V}}_1(t)+\lambda(t)\tilde{\kappa}(t)|\boldsymbol{y}'(t)|\widetilde{\boldsymbol{V}}_2(t)\}\cdot\widetilde{\boldsymbol{V}}_1(t)\\&=\lambda'(t)+|\boldsymbol{y}'(t)|=0,\end{aligned}$$

即 $\boldsymbol{y}(t)$ 的切向量 $\widetilde{\boldsymbol{V}}_1(t)$ 为 $\boldsymbol{x}(t)$ 的法向量，从而 $\boldsymbol{x}(t)$ 为 $\boldsymbol{y}(t)$ 的渐伸线. □

定理 2 给定空间 $\mathbf{R}^3$ 中的曲线 $\boldsymbol{x}(t)(a\leqslant t\leqslant b)$，则 $\boldsymbol{x}(t)$ 的渐缩线为

$$\boldsymbol{y}(t)=\boldsymbol{x}(t)+\frac{1}{\kappa(t)}\boldsymbol{V}_2(t)+\frac{\tan\theta(t)}{\kappa(t)}\boldsymbol{V}_3(t),$$

其中 $\kappa(t)$，$\boldsymbol{V}_2(t)$，$\boldsymbol{V}_3(t)$ 分别为 $\boldsymbol{x}(t)$ 的曲率，主法向量，从法向量；而

$$\theta(t)=-\int_{t_0}^{t}\tau(t)|\boldsymbol{x}'(t)|\,\mathrm{d}t+\theta(t_0),$$

$\theta_0=\theta(t_0)$ 是任意常数，θ_0 取不同的值就得到不同的渐缩线.

证明 设 $\boldsymbol{x}(t)$ 的渐缩线为

$$\boldsymbol{y}(t)=\boldsymbol{x}(t)+\lambda(t)\boldsymbol{n}(t),$$

其中

$$\boldsymbol{n}(t)=\cos\theta(t)\cdot\boldsymbol{V}_2(t)+\sin\theta(t)\boldsymbol{V}_3(t),\quad\theta(t)=\angle(\boldsymbol{n}(t),\boldsymbol{V}_2(t)).$$

因为

$$\begin{aligned}\boldsymbol{n}'(t)=&-\left[\frac{\mathrm{d}\theta}{\mathrm{d}s}\frac{\mathrm{d}s}{\mathrm{d}t}\sin\theta(t)\right]\boldsymbol{V}_2(t)+\cos\theta(t)[-\kappa(t)\boldsymbol{V}_1(t)+\tau(t)\boldsymbol{V}_3(t)]\frac{\mathrm{d}s}{\mathrm{d}t}\\&+\left[\frac{\mathrm{d}\theta}{\mathrm{d}s}\frac{\mathrm{d}s}{\mathrm{d}t}\cos\theta(t)\right]\boldsymbol{V}_3(t)-\left[\tau(t)\sin\theta(t)\frac{\mathrm{d}s}{\mathrm{d}t}\right]\boldsymbol{V}_2(t)\\=&-\kappa(t)|\boldsymbol{x}'(t)|\cos\theta(t)\boldsymbol{V}_1(t)\\&-\left[\frac{\mathrm{d}\theta}{\mathrm{d}s}+\tau(t)\right]|\boldsymbol{x}'(t)|[\sin\theta(t)\boldsymbol{V}_2(t)-\cos\theta(t)\boldsymbol{V}_3(t)].\end{aligned}$$

根据定理 2.2.2，$\boldsymbol{y}(t)$ 的切线面（除脊线外）可展. 又因为 $\boldsymbol{y}(t)$ 为 $\boldsymbol{x}(t)$ 的渐缩线，故 $\boldsymbol{y}(t)$ 的切线是 $\boldsymbol{x}(t)$ 的法线，从而 $\boldsymbol{y}(t)$ 的切线面就是 $\boldsymbol{x}(t)$ 的法线面，它是可展曲面. 再根据定理 2.2.1，有

$$(\boldsymbol{x}'(t),\boldsymbol{n}(t),\boldsymbol{n}'(t))=0,$$

即

$$\begin{aligned}0&=[\boldsymbol{V}_1(t)\times\boldsymbol{n}(t)]\cdot\boldsymbol{n}'(t)\\&=\{\boldsymbol{V}_1(t)\times[\cos\theta(t)\cdot\boldsymbol{V}_2(t)+\sin\theta(t)\cdot\boldsymbol{V}_3(t)]\}\\&\quad\cdot\left\{-\left[\frac{\mathrm{d}\theta}{\mathrm{d}s}\frac{\mathrm{d}s}{\mathrm{d}t}\sin\theta(t)\right]\boldsymbol{V}_2(t)+\cos\theta(t)[-\kappa(t)\boldsymbol{V}_1(t)+\tau(t)\boldsymbol{V}_3(t)]\right\}\frac{\mathrm{d}s}{\mathrm{d}t}\\&\quad+\left[\frac{\mathrm{d}\theta}{\mathrm{d}s}\frac{\mathrm{d}s}{\mathrm{d}t}\cos\theta(t)\right]\cdot\boldsymbol{V}_3(t)+\sin\theta(t)\cdot[-\tau(t)\boldsymbol{V}_2(t)]\frac{\mathrm{d}s}{\mathrm{d}t}\\&=-\left[\frac{\mathrm{d}\theta}{\mathrm{d}s}+\tau(t)\right]\cdot|\boldsymbol{x}'(t)|[-\sin^2\theta(t)-\cos^2\theta(t)]=\left[\frac{\mathrm{d}\theta}{\mathrm{d}s}+\tau(t)\right]|\boldsymbol{x}'(t)|,\end{aligned}$$

它等价于

$$\frac{\mathrm{d}\theta}{\mathrm{d}s}+\tau(t)=0,\quad \frac{\mathrm{d}\theta}{\mathrm{d}s}=-\tau(t),$$

积分得

$$\theta(t)=-\int_{t_0}^{t}\tau(t)\mathrm{d}s+\theta(t_0)=-\int_{t_0}^{t}\tau(t)\,|\boldsymbol{x}'(t)|\,\mathrm{d}t+\theta(t_0).$$

从而

$$\boldsymbol{n}'(t)=-\kappa(t)\,|\boldsymbol{x}'(t)|\cos\theta(t)\boldsymbol{V}_1(t).$$

$\boldsymbol{y}$ 的切向量为

$$\begin{aligned}\boldsymbol{y}'(t)&=\boldsymbol{x}'(t)+\lambda'(t)\boldsymbol{n}(t)+\lambda(t)\boldsymbol{n}'(t)\\&=|\boldsymbol{x}'(t)|[1-\lambda(t)\kappa(t)\cos\theta(t)]\boldsymbol{V}_1(t)\\&\quad+\lambda'(t)\cos\theta(t)\boldsymbol{V}_2(t)+\lambda'(t)\sin\theta(t)\boldsymbol{V}_3(t).\end{aligned}$$

因为 $\boldsymbol{y}(t)$ 为 $\boldsymbol{x}(t)$ 的渐缩线，所以 $\boldsymbol{y}(t)$ 的切向量就是 $\boldsymbol{x}(t)$ 的法向量. 于是，上式两边点乘 $\boldsymbol{V}_1(t)$，得到

$$0=1-\lambda(t)\kappa(t)\cos\theta(t),$$

即

$$\lambda(t)=\frac{1}{\kappa(t)\cos\theta(t)}.$$

此外，从前式知 $\cos\theta(t)\neq0$，且 $\boldsymbol{x}(t)$ 的渐缩线为

$$\begin{aligned}\boldsymbol{y}(t)&=\boldsymbol{x}(t)+\lambda(t)\boldsymbol{n}(t)\\&=\boldsymbol{x}(t)+\frac{1}{\kappa(t)\cos\theta(t)}[\cos\theta(t)\boldsymbol{V}_2(t)+\sin\theta(t)\boldsymbol{V}_3(t)]\\&=\boldsymbol{x}(t)+\frac{1}{\kappa(t)}\boldsymbol{V}_2(t)+\frac{\tan\theta(t)}{\kappa(t)}\boldsymbol{V}_3(t).\end{aligned}$$

□

注 1 当 $\boldsymbol{x}(t)$ 为平面曲线时，$\tau(t)=0$，$\theta(t)=\theta(t_0)=\theta_0$（常值），$\boldsymbol{V}_3(t)$ 为常向量.

因此,平面曲线的渐缩线为

$$\boldsymbol{y}(t)=\boldsymbol{x}(t)+\frac{1}{\kappa(t)}\boldsymbol{V}_2(t)+\frac{\tan\theta_0}{\kappa(t)}\boldsymbol{V}_3,$$

其中 $\boldsymbol{V}_3$ 为该平面的单位法向. θ_0 取不同的值,就得到不同的渐缩线. 特别取 $\theta_0=0$ 时,

$$\boldsymbol{y}(t)=\boldsymbol{x}(t)+\frac{1}{\kappa(t)}\boldsymbol{V}_2(t)$$

就是 $\boldsymbol{x}(t)$的曲率中心的轨迹. 当 $\boldsymbol{x}(t)$是坐标平面 x^1Ox^2 上的曲线时,$\boldsymbol{V}_3(t)=\boldsymbol{e}_3=(0,0,1)$.

注 2 当曲线以弧长为参数时,$\boldsymbol{x}=\boldsymbol{x}(s)$,则

$$\theta(s)=-\int_{s_0}^{s}\tau(s)\mathrm{d}s+\theta(s_0).$$

注 3 显然,$\boldsymbol{x}(t)$的渐缩线

$$\boldsymbol{y}(t)=\boldsymbol{x}(t)+\frac{1}{\kappa(t)}\boldsymbol{V}_2(t)+\frac{\tan\theta(t)}{\kappa(t)}\boldsymbol{V}_3(t)$$

与 $\boldsymbol{x}(t)$的曲率轴(极线)

$$\tilde{\boldsymbol{x}}(t)=\boldsymbol{x}(t)+\frac{1}{\kappa(t)}\boldsymbol{V}_2(t)+\lambda\boldsymbol{V}_3(t)$$

相交,故 $\boldsymbol{y}(t)$在极线曲面上.

1.6.8 求圆柱螺线

$$\boldsymbol{x}(t)=(\cos t,\sin t,t)\quad(t\in\mathbf{R})$$

的渐缩线 $\boldsymbol{y}(t)$.

解 $\boldsymbol{x}'(t)=(-\sin t,\cos t,1)$,

$$\frac{\mathrm{d}s}{\mathrm{d}t}=|\boldsymbol{x}'(t)|=\sqrt{(-\sin t)^2+\cos^2 t+1}=\sqrt{2},$$

$$\boldsymbol{V}_1(t)=\frac{1}{\sqrt{2}}(-\sin t,\cos t,1),$$

$$\sqrt{2}\kappa(t)\boldsymbol{V}_2(t)=\kappa(t)\boldsymbol{V}_2(t)\frac{\mathrm{d}s}{\mathrm{d}t}=\boldsymbol{V}_1'(t)=\frac{1}{\sqrt{2}}(-\cos t,-\sin t,0),$$

$$\kappa(t)=\frac{\frac{1}{\sqrt{2}}}{\sqrt{2}}=\frac{1}{2},$$

$$\boldsymbol{V}_2(t)=(-\cos t,-\sin t,0).$$

$$\boldsymbol{V}_3(t)=\boldsymbol{V}_1(t)\times\boldsymbol{V}_2(t)=\begin{vmatrix}\boldsymbol{e}_1 & \boldsymbol{e}_2 & \boldsymbol{e}_3\\ -\frac{1}{\sqrt{2}}\sin t & \frac{1}{\sqrt{2}}\cos t & \frac{1}{\sqrt{2}}\\ -\cos t & -\sin t & 0\end{vmatrix}$$

$$=\left(\frac{1}{\sqrt{2}}\sin t,-\frac{1}{\sqrt{2}}\cos t,\frac{1}{\sqrt{2}}\right).$$

$$-\sqrt{2}\tau(t)\boldsymbol{V}_2(t)=-\tau(t)\boldsymbol{V}_2(t)\frac{\mathrm{d}s}{\mathrm{d}t}=\boldsymbol{V}_3'(t)$$

$$=\frac{1}{\sqrt{2}}(\cos t,\sin t,0)=-\frac{1}{\sqrt{2}}\boldsymbol{V}_2(t),$$

$$\tau(t)=\frac{-\frac{1}{\sqrt{2}}}{-\sqrt{2}}=\frac{1}{2}.$$

读者也可用定理 1.2.1 中的公式求得 $\kappa(t)=\frac{1}{2}$，$\tau(s)=\frac{1}{2}$. 于是

$$\theta(t)=-\int_0^t\tau(t)\mid\boldsymbol{x}'(t)\mid\mathrm{d}t+\theta(0)=-\int_0^t\frac{1}{2}\cdot\sqrt{2}\mathrm{d}t+\theta(0)=-\frac{\sqrt{2}}{2}t+\theta_0,$$

故 $\boldsymbol{x}(t)$ 的渐缩线为(见习题 1.6.7 定理 2)

$$\boldsymbol{y}(t)=\boldsymbol{x}(t)+\frac{1}{\kappa(t)}\boldsymbol{V}_2(t)+\frac{\tan\theta(t)}{\kappa(t)}\boldsymbol{V}_3(t)$$

$$=(\cos t,\sin t,t)+\frac{1}{1/2}(-\cos t,-\sin t,0)$$

$$+\frac{\tan(\theta_0-\sqrt{2}t/2)}{1/2}\left(\frac{1}{\sqrt{2}}\sin t,-\frac{1}{2}\cos t,\frac{1}{\sqrt{2}}\right)$$

$$=\left(-\cos t+\sqrt{2}\tan\left(\theta_0-\frac{\sqrt{2}}{2}t\right)\sin t,\right.$$

$$\left.-\sin t-\sqrt{2}\tan\left(\theta_0-\frac{\sqrt{2}}{2}t\right)\cos t,t+\sqrt{2}\tan\left(\theta_0-\frac{t}{\sqrt{2}}\right)\right),$$

$t\in\mathbf{R}$，θ_0 为任意常数. □

1.6.9 求圆柱螺线

$$\boldsymbol{y}(t)=(\cos t,\sin t,t)\quad(t\in\mathbf{R})$$

的渐伸线.

解 根据习题 1.6.7，有

$$\boldsymbol{y}'(t)=(-\sin t,\cos t,1),$$

$$|\boldsymbol{y}'(t)|=\sqrt{(-\sin t)^2+\cos^2 t+1}=\sqrt{2},\quad \widetilde{\boldsymbol{V}}_1(t)=\frac{1}{\sqrt{2}}(-\sin t,\cos t,1),$$

弧长

$$\tilde{s}(t)=\int_0^t|\boldsymbol{y}'(t)|\mathrm{d}t+\tilde{s}(0)=\int_0^t\sqrt{2}\mathrm{d}t+s(0)=\sqrt{2}t+s_0.$$

因此，$\boldsymbol{y}(t)$的渐伸线为(见习题 1.6.7 定理 1)

$$\begin{aligned}\boldsymbol{x}(t)&=\boldsymbol{y}(t)+[c-\tilde{s}(t)]\boldsymbol{V}_1(t)\\&=(\cos t,\sin t,t)+\frac{c-(\sqrt{2}t+s_0)}{\sqrt{2}}(-\sin t,\cos t,1)\\&=(\cos t,\sin t,t)+\frac{c_1-\sqrt{2}t}{\sqrt{2}}(-\sin t,\cos t,1)\\&=\left(\cos t-\left(\frac{c_1}{\sqrt{2}}-t\right)\sin t,\sin t+\left(\frac{c_1}{\sqrt{2}}-t\right)\cos t,\frac{c_1}{\sqrt{2}}\right),\end{aligned}$$

这是平面 $Z=\frac{c_1}{\sqrt{2}}$上的曲线，其中 c_1 为任意常数. □

1.6.10 (1) 设 $\boldsymbol{y}(s)$(s 为弧长)为平面曲线，其曲率 $\kappa(s)\neq0$. 证明：在同一平面上，$\boldsymbol{y}(s)$有一条渐伸线 $\boldsymbol{x}(s)$.

(2) 设平面曲线 $\boldsymbol{x}(s)$(s 为其弧长)的曲率 $\kappa(s)\neq0$. 证明：$\boldsymbol{x}(s)$的每一条渐缩线为一般螺线.

证明 (1) 由习题 1.6.7 中的定理 1 知，$\boldsymbol{y}(s)$的渐伸线为

$$\boldsymbol{x}(s)=\boldsymbol{y}(s)+(c-\tilde{s})\widetilde{\boldsymbol{V}}_1(s)\quad(a\leqslant s\leqslant b).$$

由于 $\boldsymbol{y}(s)$为平面曲线，故 $\widetilde{\boldsymbol{V}}_1(s)$垂直于该平面的法向，从而渐伸线 $\boldsymbol{x}(s)$为该平面中的曲线.

读者也可从注 1.6.4 得到上述结论.

(2) 证法 1 先求 $\boldsymbol{x}(s)$的渐缩线 $\boldsymbol{y}(s)$的表示. 为此，设

$$\boldsymbol{y}(s)=\boldsymbol{x}(s)+\lambda(s)\boldsymbol{V}_2(s)+\mu(s)\boldsymbol{V}_3(s)+\nu(s)\boldsymbol{V}_1(s),$$

则

$$\begin{aligned}\boldsymbol{y}'(s)=&\boldsymbol{V}_1(s)+\lambda'(s)\boldsymbol{V}_2(s)+\lambda(s)[-\kappa(s)\boldsymbol{V}_1(s)+\tau(s)\boldsymbol{V}_3(s)]\\&+\mu'(s)\boldsymbol{V}_3(s)+\mu(s)[-\tau(s)\boldsymbol{V}_2(s)]\\&+\nu'(s)\boldsymbol{V}_1(s)+\nu(s)[\kappa(s)\boldsymbol{V}_2(s)]\\=&[1-\lambda(s)\kappa(s)+\nu'(s)]\boldsymbol{V}_1(s)+[\lambda'(s)-\mu(s)\tau(s)+\nu(s)\kappa(s)]\boldsymbol{V}_2(s)\\&+[\lambda(s)\tau(s)+\mu'(s)]\boldsymbol{V}_3(s).\end{aligned}$$

由于渐缩线 $\boldsymbol{y}(s)$的切线就是 $\boldsymbol{x}(s)$的法线，故

$$\boldsymbol{y}'(s)\cdot\boldsymbol{V}_1(s)=0,$$

即

$$1-\lambda(s)\kappa(s)+\nu'(s)=0,$$

且

$$\lambda\boldsymbol{V}_2+\mu\boldsymbol{V}_3+\nu\boldsymbol{V}_1=\boldsymbol{y}-\boldsymbol{x}\ /\!/\ \boldsymbol{y}'=(\lambda'-\mu\tau+\nu\kappa)\boldsymbol{V}_2+(\lambda\tau+\mu')\boldsymbol{V}_3,$$
$$\nu=0,\quad 0=1-\lambda\kappa.$$

从而当 $\kappa\neq0$ 时,$\lambda=\dfrac{1}{\kappa}=\rho$,以及

$$\lambda\boldsymbol{V}_2+\mu\boldsymbol{V}_3=\boldsymbol{y}-\boldsymbol{x}\ /\!/\ \boldsymbol{y}'=(\lambda'-\mu\tau)\boldsymbol{V}_2+(\lambda\tau+\mu')\boldsymbol{V}_3,$$
$$\frac{\lambda'-\mu\tau}{\lambda}=\frac{\lambda\tau+\mu'}{\mu},\quad \lambda'\mu-\mu^2\tau=\lambda^2\tau+\lambda\mu',$$
$$(\rho^2+\mu^2)\tau=(\lambda^2+\mu^2)\tau=\lambda'\mu-\lambda\mu'=\rho'\mu-\rho\mu',$$
$$\tau=\frac{\rho'\mu-\rho\mu'}{\rho^2+\mu^2}=\frac{(\rho/\mu)'}{1+(\rho/\mu)^2}=\left(\arctan\frac{\rho}{\mu}\right)',$$
$$\arctan\frac{\rho}{\mu}=\int_{s_0}^{s}\tau(s)\mathrm{d}s+c_0,\quad \frac{\rho}{\mu}=\tan\left[\int_{s_0}^{s}\tau(s)\mathrm{d}s+c_0\right],$$
$$\mu=\rho(s)\cot\left[\int_{s_0}^{s}\tau(s)\mathrm{d}s+c_0\right].$$

由此推得 $\boldsymbol{x}(s)$的渐缩线为

$$\boldsymbol{y}(s)=\boldsymbol{x}(s)+\rho(s)\boldsymbol{V}_2(s)+\rho(s)\cot\left(\int_{s_0}^{s}\tau(s)\mathrm{d}s+c_0\right)\boldsymbol{V}_3(s).$$

对于平面曲线 $\boldsymbol{x}(s)$,$\boldsymbol{V}_3(s)=\boldsymbol{V}_3$ 为常单位向量,它是该平面的单位法向量. 由于 $\tau(s)=0$,故

$$\cot\left(\int_{s_0}^{s}\tau(s)\mathrm{d}s+c_0\right)=\cot c_0=a\quad(常数),$$
$$\boldsymbol{y}'(s)\ /\!/\ \boldsymbol{y}(s)-\boldsymbol{x}(s)=\rho(s)[\boldsymbol{V}_2(s)+a\boldsymbol{V}_3(s)],$$
$$\frac{\boldsymbol{y}'(s)}{|\boldsymbol{y}'(s)|}=\pm\frac{\boldsymbol{y}(s)-\boldsymbol{x}(s)}{|\boldsymbol{y}(s)-\boldsymbol{x}(s)|}=\pm\frac{1}{\sqrt{1+a^2}}[\boldsymbol{V}_2(s)+a\boldsymbol{V}_3(s)],$$
$$\begin{aligned}\cos\theta(s)&=\frac{\boldsymbol{y}'(s)}{|\boldsymbol{y}(s)|}\cdot\boldsymbol{V}_3(s)\\&=\pm\frac{1}{\sqrt{1+a^2}}[\boldsymbol{V}_2(s)+a\boldsymbol{V}_3(s)]\cdot\boldsymbol{V}_3(s)\\&=\pm\frac{a}{\sqrt{1+a^2}}\quad(常数),\end{aligned}$$

即 $\boldsymbol{y}(s)$的单位切向量与单位常向量 $\mathbf{V}_3$ 的夹角为常数. 根据例 1.2.4 知,渐缩线 $\boldsymbol{y}(s)$为一般螺线.

证法 2 根据习题 1.6.7 注 1,对于平面曲线 $\boldsymbol{x}(s)$,$\tau(s)=0$,$\theta(s)=\theta_0$,$\mathbf{V}_3(s)=\mathbf{V}_3$(常单位向量). 因此,平面曲线 $\boldsymbol{x}(s)$的渐缩线为

$$\boldsymbol{y}(s)=\boldsymbol{x}(s)+\rho(s)[\mathbf{V}_2(s)+\tan\theta_0\mathbf{V}_3]=x(s)+\rho(s)[\mathbf{V}_2(s)+a\mathbf{V}_3].$$

以下类似于证法 1,推得 $\boldsymbol{x}(s)$的渐缩线 $\boldsymbol{y}(s)$为一般螺线. □

1.6.11 求曲线 $\boldsymbol{y}(t)=\left(\frac{3}{2}\cos^3 t,-3\sin^3 t\right)$的渐伸线 $\boldsymbol{x}(t)$,并证明椭圆$\boldsymbol{x}(t)=(2\cos t,\sin t)$是其中的一条渐伸线(参阅例 1.6.3).

解
$$\boldsymbol{y}'(t)=\left(\frac{9}{2}\cos^2 t(-\sin t),-9\sin^2 t\cos t\right)=\frac{9}{2}\sin t\cos t(-\cos t,-2\sin t),$$

$$\frac{\mathrm{d}\tilde{s}}{\mathrm{d}t}=|\boldsymbol{y}'(t)|=\frac{9}{2}\sin t\cos t(1+3\sin^2 t)^{\frac{1}{2}},$$

$$\tilde{s}(t)=\frac{1}{2}(1+3\sin^2 t)^{\frac{3}{2}}-\frac{1}{2},$$

$$\widetilde{\mathbf{V}}_1(t)=\frac{1}{(1+3\sin^2 t)^{\frac{1}{2}}}(-\cos t,-2\sin t).$$

于是,$\boldsymbol{y}(t)$的渐伸线为

$$\begin{aligned}\boldsymbol{x}(t)&=\boldsymbol{y}(t)+[c-\tilde{s}(t)]\widetilde{\mathbf{V}}_1(t)\\&=\left(\frac{3}{2}\cos^3 t,-3\sin^3 t\right)+\left[c-\frac{1}{2}(1+3\sin^2 t)^{\frac{3}{2}}+\frac{1}{2}\right]\\&\quad\cdot\frac{1}{(1+3\sin^2 t)^{\frac{1}{2}}}(-\cos t,-2\sin t)\\&=\left(\frac{3}{2}\cos^3 t-\frac{c+\frac{1}{2}-\frac{1}{2}(1+3\sin^2 t)^{\frac{3}{2}}}{(1+3\sin^2 t)^{\frac{1}{2}}}\cos t,\right.\\&\quad\left.-3\sin^3 t-\frac{c+\frac{1}{2}-\frac{1}{2}(1+3\sin^2 t)^{\frac{3}{2}}}{(1+3\sin^2 t)^{\frac{1}{2}}}2\sin t\right).\end{aligned}$$

当 $c=-\frac{1}{2}$时,椭圆

$$\begin{aligned}\boldsymbol{x}(t)&=\left(\frac{3}{2}\cos^3 t+\frac{1}{2}(1+3\sin^2 t)\cos t,-3\sin^3 t+\frac{1}{2}(1+3\sin^2 t)2\sin t\right)\\&=\left(\frac{3}{2}\cos^3 t+\frac{1}{2}(4-3\cos^2 t)\cos t,-3\sin^3 t+\sin t+3\sin^3 t\right)\end{aligned}$$

$$= (2\cos t, \sin t) \quad \left(即\ \frac{x^2}{4} + y^2 = 1\right)$$

为 $\boldsymbol{y}(t)$ 的一条渐伸线. □

1.6.12 求空间 $\mathbf{R}^3$ 中曲线 $\boldsymbol{y}(t) = (3t, 3t^2, 2t^3)$ 的渐伸线 $\boldsymbol{x}(t)$.

解 $\boldsymbol{y}'(t) = 3(1, 2t, 2t^2)$,

$$\frac{\mathrm{d}\tilde{s}}{\mathrm{d}t} = |\boldsymbol{y}'(t)| = 3\sqrt{1+4t^2+4t^4} = 3(1+2t^2),$$

$$\widetilde{\boldsymbol{V}}_1 = \frac{1}{1+2t^2}(1, 2t, 2t^2).$$

再取 $\tilde{s} = \tilde{s}(t) = 3t + 2t^3$. 根据习题 1.6.7 中的定理 1 知, $\boldsymbol{y}(t)$ 的渐伸线为

$$\begin{aligned}
\boldsymbol{x}(t) &= \boldsymbol{y}(t) + [c - \tilde{s}(t)]\widetilde{\boldsymbol{V}}_1(t) \\
&= (3t, 3t^2, 2t^3) + (c - 3t - 2t^3)\frac{1}{1+2t^2}(1, 2t, 2t^2) \\
&= \left(\frac{c + 4t^3}{1+2t^2}, \frac{t(2c - 3t + 2t^3)}{1+2t^2}, \frac{2t^2(c - 2t)}{1+2t^2}\right).
\end{aligned}$$

□

1.6.13 求星形线 $\boldsymbol{y}(t) = (\cos^3 t, \sin^3 t, 0)$ 的渐伸线 $\boldsymbol{x}(t)$.

解 $\boldsymbol{y}'(t) = (-3\sin t\cos^2 t, 3\sin^2 t\cos t, 0) = 3\sin t\cos t(-\cos t, \sin t, 0)$,

$$\widetilde{\boldsymbol{V}}_1(t) = (-\cos t, \sin t, 0),$$

$$\frac{\mathrm{d}\tilde{s}}{\mathrm{d}t} = |\boldsymbol{y}'(t)| = 3\sin t\cos t.$$

取

$$\tilde{s}(t) = \int_0^t 3\sin t\cos t\,\mathrm{d}t = \frac{3}{2}\sin^2 t\,\Big|_0^t = \frac{3}{2}\sin^2 t.$$

于是, 根据习题 1.6.7 中的定理 1, $\boldsymbol{y}(t)$ 的渐伸线为

$$\begin{aligned}
\boldsymbol{x}(t) &= \boldsymbol{y}(t) + [c - \tilde{s}(t)]\widetilde{\boldsymbol{V}}_1(t) \\
&= (\cos^3 t, \sin^3 t, 0) + \left(c - \frac{3}{2}\sin^2 t\right)(-\cos t, \sin t, 0) \\
&= \left(\left(\frac{3}{2} - c\right)\cos t - \frac{1}{2}\cos^3 t, c\sin t - \frac{1}{2}\sin^3 t, 0\right).
\end{aligned}$$

□

1.6.14 求空间 $\mathbf{R}^3$ 中星形线 $\boldsymbol{x}(t) = (\cos^3 t, \sin^3 t, 0)$ 的渐缩线 $\boldsymbol{y}(t)$.

解 $\boldsymbol{x}'(t) = (-3\cos^2 t\sin t, 3\sin^2 t\cos t, 0) = 3\sin t\cos t(-\cos t, \sin t, 0)$,

$$\boldsymbol{V}_1(t) = (-\cos t, \sin t, 0), \quad \frac{\mathrm{d}s}{\mathrm{d}t} = |\boldsymbol{x}'(t)| = 3\sin t\cos t,$$

$$\kappa(t)\boldsymbol{V}_2(t) \cdot 3\sin t\cos t = \kappa(t)\boldsymbol{V}_2(t)\frac{\mathrm{d}s}{\mathrm{d}t} = \boldsymbol{V}_1'(t) = (\sin t, \cos t, 0).$$

$$\kappa(t)\cdot 3\sin t\cos t=1,\quad \boldsymbol{V}_2(t)=(\sin t,\cos t,0),$$

$$\kappa(t)=\frac{1}{3\sin t\cos t},\quad \text{平面曲线 } \boldsymbol{x}(t) \text{ 的挠率 } \tau(t)=0.$$

或者

$$\boldsymbol{V}_3(t)=\boldsymbol{V}_1(t)\times\boldsymbol{V}_2(t)=\begin{vmatrix}\boldsymbol{e}_1 & \boldsymbol{e}_2 & \boldsymbol{e}_3\\ -\cos t & \sin t & 0\\ \sin t & \cos t & 0\end{vmatrix}=(0,0,-1),$$

$$-\tau(t)\boldsymbol{V}_2(t)\frac{\mathrm{d}s}{\mathrm{d}t}=\boldsymbol{V}_3'(t)=(0,0,-1)'=(0,0,0),$$

$$\tau(t)=0.$$

$$\theta(t)=-\int_0^t\tau(t)\mid\boldsymbol{x}'(t)\mid\mathrm{d}t+\theta_0=-\int_0^{t_0}0\cdot\mid\boldsymbol{x}'(t)\mid\mathrm{d}t+\theta_0=\theta_0.$$

根据习题 1.6.7 中的定理 2,$\boldsymbol{x}(t)$的渐缩线为

$$\begin{aligned}\boldsymbol{y}(t)&=\boldsymbol{x}(t)+\frac{1}{\kappa(t)}\boldsymbol{V}_2(t)+\frac{\tan\theta(t)}{\kappa(t)}\boldsymbol{V}_3(t)\\&=(\cos^3 t,\sin^3 t,0)+3\sin t\cos t(\sin t,\cos t,0)+\frac{\tan\theta_0}{\dfrac{1}{3\sin t\cos t}}(0,0,-1),\end{aligned}$$

其中 θ_0 为任意常数. 特别取 $\theta_0=0$,得到 $\boldsymbol{x}(t)$在 xOy 平面上的一条渐缩线为

$$\boldsymbol{y}(t)=(3\cos t-2\cos^3 t,3\sin t-2\sin^3 t,0).$$ □

1.6.15 设 $\boldsymbol{x}(s)$为弧长参数曲线,$s\in(\alpha,\beta)$,$\boldsymbol{x}_1(s)$与 $\boldsymbol{x}_2(s)$是 $\boldsymbol{x}(s)$的两条不同的渐伸线. 证明:

$$\boldsymbol{x}_1(s)\text{与 }\boldsymbol{x}_2(s)\text{为 Bertrand 侣线}\iff\boldsymbol{x}(s)\text{为平面曲线}.$$

证明 设 $\boldsymbol{x}(s)$的两条渐伸线为

$$\boldsymbol{x}_i(s)=\boldsymbol{x}(s)+(c_i-s)\boldsymbol{V}_1(s)\quad(i=1,2).$$

由

$$\begin{aligned}\boldsymbol{x}_i{}'(s)&=\boldsymbol{x}'(s)-\boldsymbol{V}_1(s)+(c_i-s)\kappa(s)\boldsymbol{V}_2(s)\\&=(c_i-s)\kappa(s)\boldsymbol{V}_2(s)\quad(i=1,2)\end{aligned}$$

知,$\boldsymbol{x}_i(s)$的单位切向量为$\pm\boldsymbol{V}_2(s)$. 因此

$$\kappa_i\boldsymbol{V}_2{}^i=\frac{\mathrm{d}\boldsymbol{V}_1{}^i}{\mathrm{d}s_i}=\pm\frac{\mathrm{d}\boldsymbol{V}_2(s)}{\mathrm{d}s_i}=\pm(-\kappa\boldsymbol{V}_1+\tau\boldsymbol{V}_3)\frac{\mathrm{d}s}{\mathrm{d}s_i},$$

即 $\boldsymbol{x}_i(s)(i=1,2)$的主法向量都平行于$-\kappa\boldsymbol{V}_1+\tau\boldsymbol{V}_3$.

(⇒)因为 $\boldsymbol{x}_1(s)$与 $\boldsymbol{x}_2(s)$为 Bertrand 侣线,所以它们具有公共的主法线方向

$$\boldsymbol{x}_i-\boldsymbol{x}=(c_i-s)\boldsymbol{V}_1(s)\quad(i=1,2).$$

比较$-\kappa\boldsymbol{V}_1+\tau\boldsymbol{V}_3$与$(c_i-s)\boldsymbol{V}_1(s)$，必有$\tau=0$，即原曲线$\boldsymbol{x}(s)$为平面曲线.

($\Leftarrow$)因为$\boldsymbol{x}(s)$为平面曲线，即$\tau=0$，所以$\boldsymbol{x}_i(s)(i=1,2)$的主法向量都平行于

$$-\kappa\boldsymbol{V}_1+\tau\boldsymbol{V}_3=-\kappa\boldsymbol{V}_1+0\cdot\boldsymbol{V}_3=-\kappa\boldsymbol{V}_1.$$

从而$\boldsymbol{x}_i(s)(i=1,2)$相对应的主法线重合，这就表明$\boldsymbol{x}_1(s)$与$\boldsymbol{x}_2(s)$为 Bertrand 侣线. □

1.7 曲线的整体性质(4 顶点定理、Minkowski 定理、Fenchel 定理)

1. 知识要点

定义 1.7.1 若$\mathbf{R}^n$中的连续曲线$\boldsymbol{x}(t)(a\leqslant t\leqslant b)$的起点$\boldsymbol{x}(a)$与终点$\boldsymbol{x}(b)$一样，即$\boldsymbol{x}(a)=\boldsymbol{x}(b)$，则称它为**闭曲线**.若对于闭曲线$\boldsymbol{x}(t)(a\leqslant t\leqslant b)$，除$a,b$以外的参数$t_1,t_2(t_1\neq t_2)$，必有$\boldsymbol{x}(t_1)\neq\boldsymbol{x}(t_2)$，则称此曲线为**简单闭曲线**.

定义 1.7.2 设$\boldsymbol{x}(t)(a\leqslant t\leqslant b)$为平面$\mathbf{R}^2$上的简单闭曲线，它围成的有界开区域记为$G$.如果该简单闭曲线上任何两点的连线都属于$G$的闭包$\overline{G}$，则称此简单闭曲线为**凸闭曲线或卵形线**.

定义 1.7.3 设$G\subset\mathbf{R}^n$，如果对$\forall P,Q\in G,\forall t\in[0,1]$，有$P$与$Q$的连线$\overline{PQ}=\{(1-t)P+tQ\,|\,t\in[0,1]\}\subset G$，则称$G$为**凸集**.

定义 1.7.4 $\mathbf{R}^n$中的折线连通开集($\Leftrightarrow$道路连通开集$\Leftrightarrow$连通开集，见[8]第 22 页定理 7.28)G称为**开区域**.

如果开区域G又为凸集，则称G为**凸开区域**.

定义 1.7.5 设G为平面$\mathbf{R}^2$中的开区域，$P\in\partial G$(G的边界点集)，如果存在经过P的直线l以及$\delta>0$，使得

$$G\cap B(P;\delta)\cap l=\varnothing$$

($B(P;\delta)$是以P为中心、δ为半径的圆)，则称l为G在P点处的**局部支持直线**.

如果$P\in\partial G$，存在经过P的直线l，使得

$$G\cap l=\varnothing,$$

则称l为G在P点处的**整体支持直线**.

显然，在P点有整体支持直线必在局部有支持直线，但反之未必成立.

定理 1.7.1 在平面$\mathbf{R}^2$中，下列叙述等价：

(1) G 为凸开区域；

(2) 开区域 G 的每个边界点处都有整体支持直线；

(3) 开区域 G 的每个边界点处都有局部支持直线.

推论 1.7.1 在定理 1.7.1 中，$\overline{G}$ 位于整体支持直线 l 的一侧.

定义 1.7.2′ 在定义 1.7.2 中，如果该简单闭曲线上任何两点 P，Q 的开连线 $\overline{PQ}-\{P,Q\}\subset G$，则称此简单闭曲线为**严格凸闭曲线**或**严格卵形线**.

定义 1.7.5′ 在定义 1.7.5 中，如果 $\forall P\in\partial G$ 点处整体支持直线 l 与 ∂G 只交于一个点 P，则称 l 为 G 在 P 点处的**严格整体支持直线**.

定理 1.7.2 设 G 为由简单闭曲线 $\boldsymbol{x}(t)(a\leqslant t\leqslant b)$ 所围成的平面有界开区域，则

$$\begin{aligned}&\boldsymbol{x}(t)(a\leqslant t\leqslant b)\text{ 为严格凸闭曲线}\\ \Leftrightarrow\quad&\boldsymbol{x}(t)(a\leqslant t\leqslant b)\text{ 上任一点处有严格整体支持直线.}\end{aligned}$$

推论 1.7.2 在定理 1.7.2 中，由严格凸闭曲线 $\boldsymbol{x}(t)(a\leqslant t\leqslant b)$ 所围成的有界开区域 G 为凸开区域，且在每个边界点 $\boldsymbol{x}(t)$ 处位于其严格整体支持直线 l 的一侧，且 $\overline{G}\cap l$ 只有唯一的边界点 $\boldsymbol{x}(t)$.

定义 1.7.6 设 $\mathbf{R}^n$ 中的连续曲线 $\boldsymbol{x}(t)(a\leqslant t\leqslant b)$ 在每个 $[t_{i-1},t_i]$ 上是 C^r 的，其中 $a=t_0<t_1<\cdots<t_n=b$，则称 $\boldsymbol{x}(t)$ 为**分段 C^r 曲线**.

如果 $\boldsymbol{x}(t)(a\leqslant t\leqslant b)$ 为 $\mathbf{R}^2$ 中分段 C^2 正则简单闭曲线，它围成有界开区域 G. 有时，我们要求曲线 $\boldsymbol{x}(t)$ 按逆时针方向走时，G 总在曲线的左侧，即 $V_{2\mathrm{r}}(t)$ 方向有 G 的点. 在每个角点 $\boldsymbol{x}(t_i)$ 处，要求将前一段曲线的切向量变成后一段曲线的切向量必须朝正方向(逆时针方向)旋转一个在 0 与 π 之间的角度. 此时，称 $\boldsymbol{x}(t)$ 为正向曲线.

定理 1.7.3 设 $\boldsymbol{x}(t)(a\leqslant t\leqslant b)$ 为分段 C^2 正则简单闭区线，它围成了有界开区域 G，且边界曲线 $\boldsymbol{x}(t)$ 在 $t\neq t_i$ 处都有正值相对曲率，则 G 为凸开区域，且每个边界点处都有严格整体支持直线.

定理 1.7.4 设 G 为平面凸开区域，其边界曲线 $\boldsymbol{x}(t)(a\leqslant t\leqslant b)$ 为分段 C^2 正则简单正向闭区线，则边界曲线 $\boldsymbol{x}(t)$ 在 $t\neq t_i$ 处都有非负相对曲率 $\kappa_{\mathrm{r}}(t)$.

定理 1.7.4′ 设 $\boldsymbol{x}(s)(0\leqslant s\leqslant L)$ 为平面 $\mathbf{R}^2$ 上的 C^3 正则简单闭曲线，s 为弧长，则

$$\begin{aligned}&\text{平面闭曲线 }\boldsymbol{x}(s)\text{ 在它的每一点处切线的同一侧}\\ \Leftrightarrow\quad&\boldsymbol{x}(s)(0\leqslant s\leqslant L)\text{ 的相对曲率 }\kappa_{\mathrm{r}}(s)\text{ 不变号.}\end{aligned}$$

根据定理 1.7.1 和定义 1.7.2，$\boldsymbol{x}(s)(0\leqslant s\leqslant L)$ 为凸闭曲线.

回忆例 1.6.1，它给出重要启示，自然应猜到：

定理 1.7.5(Mukhopadhyaya 4 顶点定理)　设 $\boldsymbol{x}(s)$($a\leqslant s\leqslant b$,s 为弧长)为 C^3 正则凸简单闭曲线(卵形线),则它至少有 4 个顶点.

定理 1.7.5″(Mukhopadhyaya 4 顶点定理)　设 $\boldsymbol{x}(t)$($0\leqslant t\leqslant 2\pi$)为 C^2 正则简单闭曲线,$\kappa_r(t)>0$($0\leqslant t\leqslant 2\pi$),则该曲线至少有 4 个顶点$\left(\kappa_r(t)\text{或}\ \rho(t)=\dfrac{1}{\kappa_r(t)}\text{达到极值的点}\right)$.

定义 1.7.8　设 G 为平面 $\mathbf{R}^2$ 中的有界开区域,所谓这个区域在(直线 l_θ 与 x^1 轴的夹角)θ 方向上的**宽度**,是指这个区域的那两条垂直于 l_θ 的整体支持直线之间的距离.于是,这个区域完全位于这两条彼此平行的整体支持直线之间.

如果任一 θ 方向的直线 l_θ 至多与开区域 G 的边界 ∂G 交于两点,且都有同样的宽度,则称 G 为**常宽区域**.

例 1.7.1　常宽区域的 3 个典型例子见《微分几何》第 90 页.

定理 1.7.6　设 G 为常宽区域,宽度为 b.

(1) 如果 l_1,l_2 是垂直 θ 方向的两条整体支持直线,A_1,A_2 分别为 l_1,l_2 与 G 的边界 ∂G 的交点,则直线 A_1A_2 与 l_1,l_2 都垂直.

(2) 每条整体支持直线与边界 ∂G 只有唯一的一个交点.

(3) 设 $A\in\partial G$,则

$$\sup\{\overline{AB}\mid B\in\partial G\}=b,$$

且 G 与 $\overline{G}$ 的直径

$$\begin{aligned}d(G)&=\sup\{|\boldsymbol{x}-\boldsymbol{y}|\mid \boldsymbol{x},\boldsymbol{y}\in G\}\\&=\sup\{|\boldsymbol{x}-\boldsymbol{y}|\mid \boldsymbol{x},\boldsymbol{y}\in \overline{G}\}\\&=\sup\{|\boldsymbol{x}-\boldsymbol{y}|\mid \boldsymbol{x},\boldsymbol{y}\in \partial G\}=b.\end{aligned}$$

(4) 对 $\forall A_1\in\partial G$,可选 $A_2\in\partial G$,使 $\overline{A_1A_2}=b$,则过 A_1,A_2 各有一条整体支持直线 l_{A_1},l_{A_2} 满足 $A_1A_2\perp l_{A_1}$,$A_1A_2\perp l_{A_2}$.

(5) G 为凸域,∂G 为一条严格凸的连续的闭曲线(严格卵形线).

定理 1.7.7　设 G 为常宽区域,其宽度 $b>0$,直角坐标系 x^1Ox^2 的原点 $O\in G$. θ 为直线方向,$\theta+\pi$ 为该直线的反方向,$\boldsymbol{x}(\theta)$($0\leqslant\theta\leqslant 2\pi$)为边界参数曲线.如果($\alpha$,$\beta$)与($\alpha+\pi$,$\beta+\pi$)中 $\boldsymbol{x}(\theta)$ 是 C^2 的,且相对曲率 $\kappa_r(r)>0$,则

$$\rho(\theta)+\rho(\theta+\pi)=b,$$

即同一直线上相应的两个边界点间距离 b(宽度)恰为 θ 与 $\theta+\pi$ 处曲率半径之和.

观察例 1.7.1 中三个例子,我们猜到:

定理 1.7.8(Minkowski)　所有具有同样常宽 b 的分段 C^2 正则闭曲线 $\boldsymbol{x}(\theta)$

$(0\leqslant\theta\leqslant 2\pi)$有同样的周长 $b\pi$.

Weierstrass 于 1870 年严格证明了等周不等式. 下面的分析是由 Hurwitz 给出的.

定理 1.7.9(等周不等式) 设平面 C^1 简单闭正则曲线 C 的长度为 L,C 所围的区域 G 的面积为 A,则有

$$L^2-4\pi A\geqslant 0,$$

且等号成立$\Leftrightarrow C$ 为一个圆. 这表明周长固定为 L 的 C^1 简单闭正则曲线中,圆所围的面积最大.

引理 1.7.1(Wirtinger) 设 f 是周期为 2π 的连续函数,f' 在$[0,2\pi]$上可积且平方可积. 如果$\int_0^{2\pi}f(t)\mathrm{d}t=0$,则有

$$\int_0^{2\pi}[f'(t)]^2\mathrm{d}t\geqslant\int_0^{2\pi}f^2(t)\mathrm{d}t,$$

且等号成立$\Leftrightarrow f(x)=a\cos t+b\sin t$.

定理 1.7.10 设严格卵形线 C 的 θ 方向的支持直线为

$$x^1\cos\theta+x^2\sin\theta-h(\theta)=0,$$

支持直线函数为 $h(\theta)$. 则 C^3 卵形线 C 的周长与面积分别为

$$L=\int_0^{2\pi}h(\theta)\mathrm{d}\theta=\int_0^{\pi}[h(\theta)+h(\theta+\pi)]\mathrm{d}\theta=\int_0^{\pi}\omega(\theta)\mathrm{d}\theta \quad (\text{Cauchy 公式}),$$

$$A=\frac{1}{2}\int_0^{2\pi}[h^2(\theta)-h'^2(\theta)]\mathrm{d}\theta \quad (\text{Blaschke 公式}),$$

其中 $\omega(\theta)=h(\theta)+h(\theta+\pi)$为两条平行支持直线(切线)之间的距离,称为严格卵形线 C 的**宽度函数**. 又称 $b=\max\limits_{0\leqslant\theta\leqslant 2\pi}\omega(\theta)$为 C 的**直径**.

定理 1.7.11 (1) 在所有以 b 为直径的严格卵形线中,宽度为 b 的等宽曲线的周长最大;

(2) 设严格卵形线 C 的直径为 b,所围区域面积为 A,则

$$A\leqslant\frac{1}{4}\pi b^2,$$

且等号成立$\Leftrightarrow C$ 为圆周.

设曲线 C:$\boldsymbol{x}(s)$的单位切向量 $\mathbf{V}_1(s)=\boldsymbol{x}'(s)$与 Ox 轴方向的夹角为$\tilde{\theta}$,则 $\mathbf{V}_1(s)=\boldsymbol{x}'(s)=(\cos\tilde{\theta}(s),\sin\tilde{\theta}(s))$. 如果要求 $\tilde{\theta}(s)\in[0,2\pi)$,则 $\tilde{\theta}(s)$有可能不是$[0,L]$上的连续函数,但我们可以证明:

引理 1.7.2 设 $\boldsymbol{x}(s)$为$[0,L]$上的 $C^k(k\geqslant 1)$曲线,则存在 C^{k-1} 函数 θ:$[0,L]\to\mathbf{R}$,使得 $\theta(s)$与 $\tilde{\theta}(s)$只相差 2π 的整倍数,即 $\theta(s)\equiv\tilde{\theta}(s)\,(\mathrm{mod}\ 2\pi)$. 且满足上式的连

续函数 θ 在 mod 2π 意义下是唯一的.

用上面定义的 $\theta(s)$,可将平面曲线 $C:\boldsymbol{x}(s)(0\leqslant s\leqslant L)$的单位切向量表示为

$$\mathbf{V}_1(s)=(x'(s),y'(s))=(\cos\theta(s),\sin\theta(s)).$$

于是

$$\kappa_r(s)=\theta'(s)=\frac{\mathrm{d}\theta}{\mathrm{d}s},$$

$$\int_0^L\kappa_r(s)\mathrm{d}s=\int_0^L\frac{\mathrm{d}\theta}{\mathrm{d}s}\mathrm{d}s=\int_0^L\mathrm{d}\theta=\theta(L)-\theta(0).$$

我们称它为 $C:\boldsymbol{x}(s)$的**相对全曲率**. 而称平面闭曲线 $C:\boldsymbol{x}(s)=(x(s),y(s))(0\leqslant s\leqslant L)$的切线像 $\boldsymbol{x}'(s)=(x'(s),y'(s))$在单位圆上环绕原点 O 所绕的圈数

$$I(C)=\frac{1}{2\pi}\int_0^L\kappa_r(s)\mathrm{d}s=\frac{1}{2\pi}\int_0^2\theta'(s)\mathrm{d}\theta=\frac{1}{2\pi}[\theta(L)-\theta(0)]$$

为 C 的**旋转指标**.

例 1.7.2 圆 $C:\boldsymbol{x}(s)=\left(R\cos\frac{s}{R},R\sin\frac{s}{R}\right)(0\leqslant s\leqslant 2\pi R)$的相对全曲率为

$$\int_0^{2\pi R}\kappa_r(s)\mathrm{d}s=\int_0^{2\pi R}\frac{1}{R}\mathrm{d}s=2\pi,$$

沿逆时针方向圆的旋转指标为

$$I(C)=1.$$

例 1.7.3 逆时针方向的椭圆 $C:\boldsymbol{x}(t)=(a\cos t,b\sin t)(a>0,b>0)$的相对全曲率

$$\int_0^L\kappa_r(s)\mathrm{d}s=2\pi,$$

旋转指标

$$I(C)=1.$$

定理 1.7.12(光滑曲线的旋转指标定理) 平面简单 C^2 光滑闭曲线 $C:\boldsymbol{x}(s)$ $(0\leqslant s\leqslant L)$的旋转指标为 $I(C)=\varepsilon$,其中若闭曲线取逆时针方向,则 $\varepsilon=+1$;若闭曲线取顺时针方向,则 $\varepsilon=-1$.

定理 1.7.12′(分段光滑曲线的旋转指标定理) 设平面曲线 C 为分段 C^2 光滑的简单闭曲线,它由 n 段 C^r 光滑曲线 $C_1,C_2,\cdots,C_n$ 所组成. 在角点 $A_1,A_2,\cdots,A_n$ 处曲线 C 的外角分别为 $\theta_1,\theta_2,\cdots,\theta_n$,则

$$\sum_{i=1}^n\int_{\overrightarrow{C}_i}\mathrm{d}\theta+\sum_{i=1}^n\theta_i=2\pi,$$

其中 $\theta(s)$是从 Ox 轴正向到曲线 C_i 上每点切向量的正向夹角,在每一段弧 C_i 上

(不包括角点),$\theta(s)$为连续可导的函数.

定义 1.7.10 设平面直角坐标系 xOy 中一直线 l 的法式方程为

$$x\cos\theta + y\sin\theta = p,$$

其中 $p\geqslant 0, 0\leqslant\theta<2\pi$. 因此,直线 l 可由两个参数 p 和 θ 决定. 于是,我们将(p,θ)平面上相应点集的面积定义为 xOy 平面上直线集合(或直线族)的**测度**.

注意,相互重合的直线和对应于(p,θ)平面上重合的点应重复计算.

定理 1.7.13(平面的 Crofton 公式) 设 C 是平面上一条长度为 L 的分段光滑的正则曲线,

$$U = \{(p,\theta) \mid \text{直线 } l \text{ 由}(p,\theta)\text{决定,且 } l\cap C\neq\varnothing\},$$

则有

$$\iint\limits_{\mathbf{R}^2} n(l)\mathrm{d}p \wedge \mathrm{d}\theta = \iint\limits_{U} n(l)\mathrm{d}p \wedge \mathrm{d}\theta = 2L,$$

其中 $n(l)$是直线 l 与曲线 C 的交点数,$\mathrm{d}p\wedge\mathrm{d}\theta$ 为 U 的面积元素.

定义 1.7.11 设 $\boldsymbol{W}$ 为始点位于原点 O 的单位向量,即 $\boldsymbol{W}\in S^2$(单位球面). S^2 上有向大圆 S_W 所在平面的单位法向量为 $\boldsymbol{W}$,并且与 S_W 的定向构成右手系. $\boldsymbol{W}$ 称为有向大圆 S_W 的**极点**. 显然,S^2 上的有向大圆 S_W 与其极点一一对应. 单位球面 S^2 上满足一定条件的有向大圆集(有向大圆族)的**测度**定义为该大圆集的极点集的面积. 它是刚性运动不变量. 重复的有向大圆所对应的极点在计算面积时应重复计算.

定理 1.7.14(球面的 Crofton 公式) 设 $C:\boldsymbol{x}(s)$(弧长 $s\in[0,L]$)为单位球面 S^2 上的一条长度为 L 的分段光滑正则曲线,

$$U = \{\boldsymbol{W}\in S^2 \mid S_W \cap C\neq\varnothing\},$$

则有

$$\iint\limits_{S^2} n(\boldsymbol{W})\mathrm{d}\boldsymbol{W} = \iint\limits_{U} n(\boldsymbol{W})\mathrm{d}\boldsymbol{W} = 4L,$$

其中 $n(\boldsymbol{W})$是有向大圆与曲线 C 的交点数($n(\boldsymbol{W})=0$ 表示交点数为 0),$\mathrm{d}W$ 是对应的极点集的面积元素,L 为曲线 C 的长度.

定义 1.7.12 $\mathbf{R}^3$ 中闭曲线 $C:\boldsymbol{x}(s)$以 $s\in[0,L]$为弧长参数,L 为其周长. 将 $\boldsymbol{x}(s)$以周期 L 延拓到整个实数轴,即 $\boldsymbol{x}(s+L)=\boldsymbol{x}(s)(s\in\mathbf{R})$,将曲线 C 的单位切向量 $\boldsymbol{x}'(s)$的起点平移到原点 O,其终点落在单位球面 S^2 上. 当 s 变动时,就得到 S^2 上的一条闭曲线 Γ. 这样,就确定了以曲线 C 到单位球面 S^2 的映射,称为曲线 C 的**切映射**;曲线 Γ 称为曲线 C 的**切线像**. 切线像的全长

$$K = \int_0^L |\boldsymbol{x}''(s)|\,\mathrm{d}s = \int_0^L |\kappa(s)\boldsymbol{V}_2(s)|\,\mathrm{d}s = \int_0^L \kappa(s)\mathrm{d}s$$

称为空间曲线 C 的**全曲率**.

定理 1.7.15(Fenchel)　空间简单闭曲线 $C:\boldsymbol{x}(s)$($0\leqslant s\leqslant L$,s 为弧长)的全曲率

$$\int_0^L \kappa(s)\mathrm{d}s \geqslant 2\pi.$$

等号成立当且仅当曲线 $C:\boldsymbol{x}(s)$为平面简单闭凸曲线(卵形线).

注 1.7.5　Fenchel 定理在分段光滑闭曲线情形下的推广,可参阅白正国在 1958~1959 年《数学学报》中发表的有关文章.

推论 1.7.3　如果 $\mathbf{R}^3$ 中的闭曲线 $C:\boldsymbol{x}(s)$($0\leqslant s\leqslant L$)的曲率 $\kappa(s)\leqslant\dfrac{1}{R}$,则 C:$\boldsymbol{x}(s)$($0\leqslant s\leqslant L$)的长度 $L\geqslant 2\pi R$.

定义 1.7.13　对于一条 $\mathbf{R}^3$ 中的空间闭曲线 C,如果存在一个连续映射 $D\to\mathbf{R}^3$(D 为平面中的单位圆盘),使得 C 恰为 D 的边界$\partial D=S^1$(单位圆)在此映射下的像,则称 C 是一条**非纽结(不打结)的曲线**;否则称 C 为**纽结(打结)曲线**.

定理 1.7.16(Fary-Milnor)　$\mathbf{R}^3$ 中纽结简单正则闭曲线 $C:x(s)$($0\leqslant s\leqslant L$)的全曲率 $L^*=\int_0^L\kappa(s)\mathrm{d}s\geqslant 4\pi$.

定义 1.7.14　空间 $\mathbf{R}^3$ 中闭曲线 $C:\boldsymbol{x}(s)$($s\in[0,L]$为弧长)的**全挠率**定义为积分

$$\int_0^L\tau(s)\mathrm{d}s,$$

其中 $\tau(s)$为曲线 C 的挠率.

易见,空间 $\mathbf{R}^3$ 中闭曲线的全挠率取值在$-\infty$与$+\infty$之间,但球面曲线的全挠率必为 0.

定理 1.7.17　$\mathbf{R}^3$ 中球面曲线的全挠率为 0.

注 1.7.6　W. Scherrer 于 1940 年证明了定理 1.7.17 的逆定理:如果 $\mathbf{R}^3$ 中曲面 M 上任何闭曲线的全挠率为 0,则 M 为球面片或平面片.

2. 习题解答

1.7.1　证明:椭圆

$$\boldsymbol{x}(t)=(a\cos t,b\sin t,0)\quad(a>0,b>0)$$

的全曲率$\int_0^L\kappa\mathrm{d}s=2\pi$,其中 L 为该椭圆的长度.

证明　根据例 1.2.2,有

$$\frac{\mathrm{d}s}{\mathrm{d}t}=(a^2\sin^2 t+b^2\cos^2 t)^{\frac{1}{2}},\quad \kappa(t)=\frac{ab}{(a^2\sin^2 t+b^2\cos^2 t)^{\frac{3}{2}}}.$$

因此

$$\begin{aligned}\int_0^L\kappa\mathrm{d}s&=\int_0^{2\pi}\frac{ab}{(a^2\sin^2 t+b^2\cos^2 t)^{\frac{3}{2}}}\cdot(a^2\sin^2 t+b^2\cos^2 t)^{\frac{1}{2}}\mathrm{d}t\\&=4\int_0^{\frac{\pi}{2}}\frac{ab}{a^2\sin^2 t+b^2\cos^2 t}\mathrm{d}t=4\int_0^{\frac{\pi}{2}}\frac{ab}{a^2\tan^2 t+b^2}\mathrm{d}(\tan t)\\&\xlongequal{u=\tan t}4\int_0^{+\infty}\frac{ab}{a^2u^2+b^2}\mathrm{d}u=4\arctan\left(\frac{a}{b}u\right)\Big|_0^{+\infty}=4\cdot\frac{\pi}{2}=2\pi.\end{aligned}$$ □

1.7.2 设平面分段光滑的简单闭曲线 C 的长为 L，曲率 $\kappa_r(s)$ 满足：

$$0<\kappa_r(s)\leqslant\frac{1}{R}\quad(\text{常数}).$$

证明：$L\geqslant 2\pi R$.

证明 根据定理 1.7.12′，有

$$\int_0^L\kappa_r(s)\mathrm{d}s=2\pi.$$

于是

$$\frac{L}{R}=\int_0^L\frac{1}{R}\mathrm{d}s\geqslant\int_0^L\kappa_r(s)\mathrm{d}s=2\pi,$$

$$L\geqslant 2\pi R.$$ □

1.7.3 (1) 是否存在平面简单闭曲线，全长为 6 厘米，所围成的图形面积为 3 厘米^2？

(2) 是否存在平面简单闭曲线，全长为 5 厘米，所围的图形面积为 2 厘米^2？

解 (1) 不存在.（反证）假设存在，则以 $L=6$(厘米)，$A=3$(厘米^2)代入等周不等式(定理 1.7.9)，得到

$$0\leqslant L^2-4\pi A=6^2-4\pi\cdot 3=12(3-\pi)<0,$$

矛盾.

(2) 不存在.（反证）假设存在，则以 $L=5$(厘米)，$A=2$(厘米^2)代入等周不等式(定理 1.7.9)，得到

$$0\leqslant L^2-4\pi A=5^2-4\pi\cdot 2=25-8\pi<25-8\cdot 3.14=25-25.12<0,$$

矛盾. □

1.7.4 设 $\boldsymbol{x}(s)$ 为平面上以弧长 s 为参数的凸闭曲线. 证明：$\boldsymbol{V}_1''(s)=\boldsymbol{x}'''(s)$ 至少在 4 个点处平行于 $\boldsymbol{V}_1(s)$.

证明 由 $\boldsymbol{V}_1'(s)=\kappa(s)\boldsymbol{V}_2(s)$，$\boldsymbol{V}_1''(s)=\kappa'(s)\boldsymbol{V}_2(s)-\kappa^2(s)\boldsymbol{V}_1(s)$ 及 4 顶点定理：

平面凸闭曲线至少有 4 个顶点，即在该 4 个顶点处，有 $\kappa'(s)=0$，可知 $\boldsymbol{V}_1''(s)=-\kappa^2(s)\boldsymbol{V}_1(s)/\!/\boldsymbol{V}_1(s)$. □

1.7.5 证明：空间 $\mathbf{R}^3$ 中的正则闭曲线的切线的球面像全长不小于 2π.

证明 $\boldsymbol{x}(s)$的切线的球面像的全长

$$\int_0^L |\boldsymbol{V}_1'(s)|\,\mathrm{d}s=\int_0^L |\kappa(s)\boldsymbol{V}_2(s)|\,\mathrm{d}s=\int_0^L \kappa(s)\mathrm{d}s \overset{\text{定理1.7.15}}{\geqslant} 2\pi. \quad □$$

1.7.6 曲率 $\kappa(s)\leqslant\dfrac{1}{R}$($R>0$ 为常数，s 为弧长)的最短闭凸线是半径为 R 的圆周.

证明 由定理 1.7.15：$\int_0^L \kappa(s)\mathrm{d}s\geqslant 2\pi$，推得

$$\frac{L}{R}=\int_0^L \frac{\mathrm{d}s}{R}\geqslant\int_0^L \kappa(s)\mathrm{d}s\geqslant 2\pi.$$

等号成立 $\overset{\text{定理1.7.15}}{\Longleftrightarrow}$ (a)$\kappa(s)=\dfrac{1}{R}$；(b) $\boldsymbol{x}(s)$为平面凸闭曲线

$\overset{\text{推论1.5.2}}{\Longleftrightarrow}$ $\boldsymbol{x}(s)$为平面上半径为 R 的圆周. □

1.7.7 设 AB 为直线段，$L>\overline{AB}$. 证明：连接点 A,B 的长为 L 的曲线 C 与 $\overline{AB}$ 所围面积最大时，C 是通过 A,B 的圆弧.

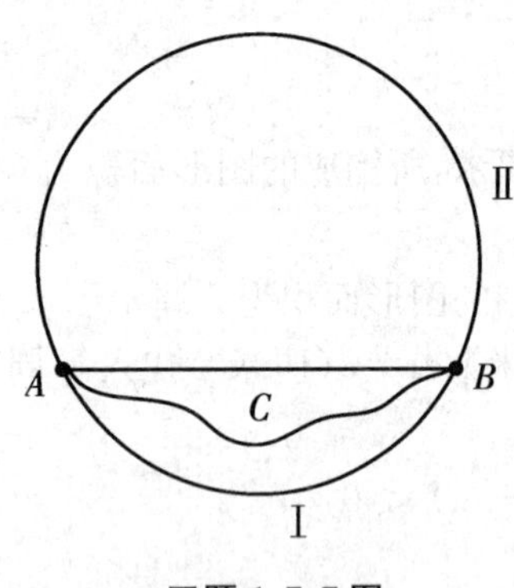

习题 1.7.7 图

证明 作一圆通过 A,B 且被 A,B 分为Ⅰ，Ⅱ两部分，使Ⅰ的长为 L. 固定Ⅱ(见习题 1.7.7 图). 任作过 A,B 长为 L 的曲线 C，由定理 1.7.9 知，只有当 C 为圆弧Ⅰ时，它与Ⅱ所围的图形的面积最大，即连接点 A,B 的长为 L 的曲线 C 与 AB 所围图形的面积最大时，C 是通过 A,B 的圆弧. □

1.7.8 设平面凸闭曲线交直线于三点，则直线在这三点间的部分必包含在该曲线内.

证明 设平面凸闭曲线 $\boldsymbol{x}(t)$ 交直线 l 于三点 A,B,C，B 在 A 与 C 之间(习题 1.7.8 图(Ⅰ)).

(1) B 点的整体支持直线 t_B 重合于 l.(反证)否则 t_B 的两侧均有曲线 $\boldsymbol{x}(t)$的点(题 1.7.8 图(Ⅰ))，这与 $\boldsymbol{x}(t)$为凸曲线相矛盾.

(2) 由于 $t_B=l$ 为凸闭曲线 $\boldsymbol{x}(t)$的整体支持直线，故该曲线 $\boldsymbol{x}(t)$在 $t_B=l$ 的一侧. 因此，l 也是 A 点与 C 点的整体支持直线.

(3) 对线段 AC 中的任一点 D，不妨设它在线段 AB 上.(参阅定理 1.7.4′证明的必要性一段)(反证)假设 D 不在该曲线 $\boldsymbol{x}(t)$上，过 D 作直线 $u\perp t_B(=l)$. 显然，u

不可能为曲线 $\boldsymbol{x}(t)$ 的整体支持直线(否则 A,B 两点分别处于直线 u 的两侧,这与 $\boldsymbol{x}(t)$ 为凸曲线相矛盾). 于是,u 至少交曲线 $\boldsymbol{x}(t)$ 于两点,记为 E,F. 并设 F 靠 D 更近些. 因为 F 点在 $\triangle ABE$ 之中,所以,过 F 点的任何直线都不能使 $\triangle ABE$ 的三个顶点 A,B,E 位于该直线的一侧,即过 F 的任何直线都不为 F 点的整体支持直线. 这与 $\boldsymbol{x}(t)$ 为凸曲线相矛盾. □

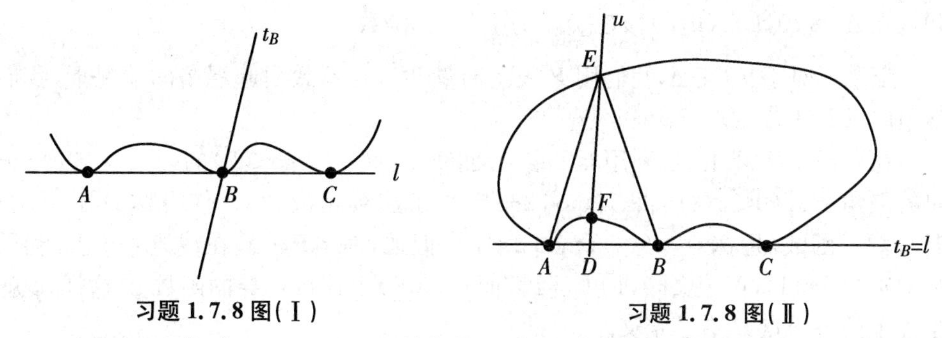

习题 1.7.8 图(Ⅰ)　　习题 1.7.8 图(Ⅱ)

1.7.9 证明:定理 1.7.12 证明中的 Φ 在 Δ 内部是光滑的,而在 Δ 的边界 $\partial\Delta$ 上是连续的.

证明 由 $\boldsymbol{x}(s)$ 的光滑性,立即推得 Φ 在 Δ 内部是光滑的. 因为

$$\begin{aligned}\lim_{v\to L^-}\Phi(0,v) &= \lim_{v\to L^-}\frac{\boldsymbol{x}(v)-\boldsymbol{x}(0)}{|\boldsymbol{x}(v)-\boldsymbol{x}(0)|} = \lim_{v\to L^-}\frac{\boldsymbol{x}(v)-\boldsymbol{x}(L)}{|\boldsymbol{x}(v)-\boldsymbol{x}(L)|}\\ &= -\boldsymbol{x}'(L) = -\boldsymbol{V}_1(L) = \Phi(0,L),\end{aligned}$$

$$\begin{aligned}\lim_{(u,v)\to(0^+,L^-)}\boldsymbol{\Phi}(u,v) &= \lim_{(u,v)\to(0^+,L^-)}\frac{\boldsymbol{x}(v)-\boldsymbol{x}(u)}{|\boldsymbol{x}(v)-\boldsymbol{x}(u)|}\\ &= \lim_{(u,v)\to(0^+,L^-)}\frac{\boldsymbol{x}(v)-\boldsymbol{x}(u+L)}{|\boldsymbol{x}(v)-\boldsymbol{x}(u+L)|}\\ &\xlongequal[\exists\xi,\eta\in(v,u+L)]{\text{Lagrange 中值定理}} \lim_{(u,v)\to(0^+,L^-)}\frac{(x'(\xi),y'(\eta))[v-(u+L)]}{|(x'(\xi),y'(\eta))[v-(u+L)]|}\\ &= -\boldsymbol{x}'(L) = -\boldsymbol{V}_1(L) = \Phi(0,L),\end{aligned}$$

$$\begin{aligned}\lim_{(u,v)\to(u_0,u_0)}\boldsymbol{\Phi}(u,v) &= \lim_{(u,v)\to(u_0,u_0)}\frac{\boldsymbol{x}(v)-\boldsymbol{x}(u)}{|\boldsymbol{x}(v)-\boldsymbol{x}(u)|}\\ &\xlongequal[\substack{\xi\text{介于}u\text{与}u_0\text{之间}\\ \eta\text{介于}u\text{与}u_0\text{之间}}]{\text{Lagrange 中值定理}} \lim_{(u,v)\to(u_0,v_0)}\frac{(x'(\xi),y'(\eta))(v-u)}{|(x'(\xi),y'(\eta))(v-u)|}\\ &= \lim_{(u,v)\to(u_0,u_0)}\frac{(x'(\xi),y'(\eta))}{|(x'(\xi),y'(\eta))|} = \boldsymbol{x}'(u_0) = \boldsymbol{\Phi}(u_0,u_0),\end{aligned}$$

所以,$\boldsymbol{\Phi}$ 在 Δ 的边界 $\partial\Delta$ 上是连续的. □

1.7.10 在定理 1.7.12 中，令 $\tilde{\varphi}(u,v)\in[0,2\pi)$ 为 Ox 正向到向量 $\boldsymbol{\Phi}(u,v)$ 的夹角，则 $\tilde{\varphi}(u,v)$ 为定义在区域 Δ 上的函数（它不一定连续）. 当 $\boldsymbol{x}(s)$ 为 C^2 光滑时，必有 Δ 上的连续函数 $\varphi(u,v)$，使得 $\varphi(u,v)$ 和 $\tilde{\varphi}(u,v)$ 只差 2π 的整倍数，即

$$\varphi(u,v)\equiv\tilde{\varphi}(u,v)\pmod{2\pi}.$$

并且在 $\Delta-\{(0,L),(u,u)\mid u\in[0,L]\}$ 上为 C^2 函数.

证明 对于 $\forall P\in\Delta$，我们用 $\boldsymbol{P}$ 表示向量 $\overrightarrow{OP}$，在不致引起混淆的情况下，我们常用向量 $\boldsymbol{P}$ 来表示点 P.

在引理 1.7.2 中，曾利用 $C^k(k\geqslant1)$ 曲线 $C:\boldsymbol{x}(s)(0\leqslant s\leqslant L)$ 的切向量与 Ox 正向的夹角 $\tilde{\theta}(s)(0\leqslant\tilde{\theta}(s)<2\pi)\pmod{2\pi}$ 定义了连续函数 $\theta(s)$，使得 $\theta(s)$ 在 $(0,L)$ 上为 C^{k-1} 函数，且 $\theta(s)\equiv\tilde{\theta}(s)\pmod{2\pi}$. 类似地，对 $\forall\boldsymbol{P}\in\Delta$，在线段 OP 上，利用 $\tilde{\varphi}(s\boldsymbol{P})(0\leqslant s<1)$，可定义 $[0,1]$ 上连续，而在 $(0,1)$ 上连续可导的函数 φ. 这样，φ 就在 Δ 上的每个点 P 有了定义.

现在 $\varphi(\boldsymbol{P})$ 在 $\forall\boldsymbol{P}_0\in\Delta$ 处连续.

(a) 先证必存在 $\eta>0$，使对线段 OP_0 上每点 $s\boldsymbol{P}_0(0\leqslant s\leqslant1)$，只要 $|\boldsymbol{P}'-s\boldsymbol{P}_0|<\eta$，总有 $\varphi(\boldsymbol{P}')$ 与 $\varphi(s\boldsymbol{P}_0)$ 的夹角小于 $\frac{\pi}{2}$.

为此，应用反证法，假设这样的 η 不存在，则对任何一列趋于 0 的正数 $\{\eta_i\}$，总有点列 $P_i\in\overline{OP_0}$，使得以 P_i 为中心、η_i 为半径的圆内总有一点 P_i'，虽然 $|\boldsymbol{P}_i'-P_i|<\eta_i$，但 $\boldsymbol{\Phi}(\boldsymbol{P}_i')$ 与 $\boldsymbol{\Phi}(\boldsymbol{P}_i)$ 间的夹角 $\geqslant\frac{\pi}{2}$. 因为 $\overline{OP_0}$ 为闭区间，所以在 $\{\boldsymbol{P}_i\}$ 中必可选到收敛子点列，不妨仍记为 $\{\boldsymbol{P}_i\}$，且 $\boldsymbol{P}_i\to\boldsymbol{P}^*\in\overline{OP_0}\ (i\to+\infty)$. 显然，由 $\eta_i\to0\ (i\to+\infty)$ 知 $\boldsymbol{P}_i'\to\boldsymbol{P}^*\ (i\to+\infty)$. 根据 $\boldsymbol{\Phi}(\boldsymbol{P})$ 的连续性，在 P^* 点必能找到数 $\eta^*>0$，使得当 $|\boldsymbol{P}'-\boldsymbol{P}^*|<\eta^*$ 时，$\boldsymbol{\Phi}(\boldsymbol{P}')$ 与 $\boldsymbol{\Phi}(\boldsymbol{P}^*)$ 的夹角小于 $\frac{\pi}{4}$. 于是，当 i 充分大时，有 $|\boldsymbol{P}_i-\boldsymbol{P}^*|<\eta^*$，$|\boldsymbol{P}_i'-\boldsymbol{P}^*|<\eta^*$，故 $\boldsymbol{\Phi}(\boldsymbol{P}_i)$ 与 $\boldsymbol{\Phi}(\boldsymbol{P}^*)$ 间的夹角小于 $\frac{\pi}{4}$，$\boldsymbol{\Phi}(\boldsymbol{P}_i')$ 与 $\boldsymbol{\Phi}(\boldsymbol{P}^*)$ 间的夹角也小于 $\frac{\pi}{4}$. 这导致 $\boldsymbol{\Phi}(\boldsymbol{P}_i')$ 与 $\boldsymbol{\Phi}(\boldsymbol{P}_i)$ 的夹角小于 $\frac{\pi}{4}+\frac{\pi}{4}=\frac{\pi}{2}$. 这与上述得到 $\boldsymbol{\Phi}(\boldsymbol{P}_i')$ 与 $\boldsymbol{\Phi}(\boldsymbol{P}_i)$ 的夹角 $\geqslant\frac{\pi}{4}$ 相矛盾.

(b) 对 $\forall\varepsilon>0$，因为 $\boldsymbol{\Phi}(\boldsymbol{P})$ 在 Δ 上连续，所以必存在以 P_0 为中心、$\delta\in(0,\eta)$ 为半径的小圆，使得对圆内的 P，$\boldsymbol{\Phi}(\boldsymbol{P})$ 与 $\boldsymbol{\Phi}(\boldsymbol{P}_0)$ 的夹角小于 ε，即当 $|\boldsymbol{P}-\boldsymbol{P}_0|<\delta$ 时，有

$$\varphi(\boldsymbol{P})-\varphi(\boldsymbol{P}_0)=2n\pi+\varepsilon_1,$$

其中$|\varepsilon_1|<\varepsilon$,而$n$为一个与$P$有关的整数.

(c) 现在将(b)中的P点固定,再作函数

$$f(s)=\varphi(s\boldsymbol{P})-\varphi(s\boldsymbol{P}_0),$$

其中$0\leqslant s\leqslant 1$. 显然,$f(s)$为s的连续函数,而且$f(1)=2n\pi+\varepsilon_1$,$f(0)=0$(见习题 1.7.10 图).

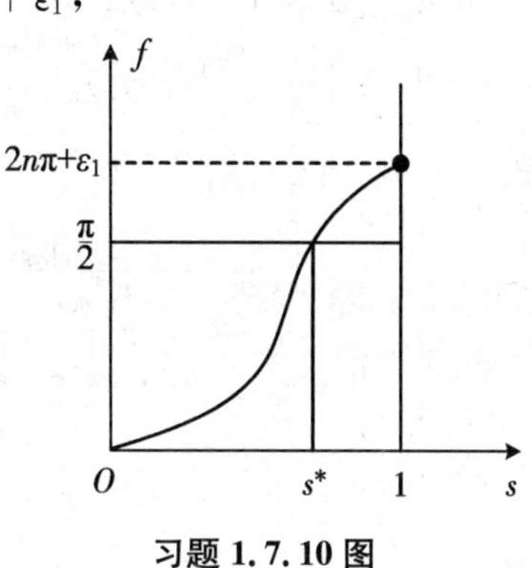

习题 1.7.10 图

如果$n\neq 0$,不妨设$n>0$,如习题 1.7.10 图所示,根据连续函数的介值定理,必有$s^*\in(0,1)$,使得$f(s^*)=\frac{\pi}{2}$,即

$$\varphi(s^*\boldsymbol{P})-\varphi(s^*\boldsymbol{P}_0)=\frac{\pi}{2},$$

也就是说,$\boldsymbol{\Phi}(s^*\boldsymbol{P})$与$\boldsymbol{\Phi}(s^*\boldsymbol{P}_0)$间的夹角为$\frac{\pi}{2}$. 但因为

$$|s^*\boldsymbol{P}-s^*\boldsymbol{P}_0|=s^*|\boldsymbol{P}-\boldsymbol{P}_0|\leqslant|\boldsymbol{P}-\boldsymbol{P}_0|<\delta<\eta,$$

所以由(a)知道,$\boldsymbol{\Phi}(s^*P)$与$\boldsymbol{\Phi}(s^*P_0)$间的夹角应小于$\frac{\pi}{2}$. 从而得出矛盾.

由此,$n=0$,故有

$$|\varphi(\boldsymbol{P})-\varphi(\boldsymbol{P}_0)|=|2n\pi+\varepsilon_1|=|\varepsilon_1|<\varepsilon.$$

这就证明了函数φ在区域Δ上是连续的.

由于$\boldsymbol{\Phi}(u,v)=(\Phi_1(u,v),\Phi_2(u,v))=(\cos\varphi(u,v),\sin\varphi(u,v))$在$\Delta-\{(0,L),(u,u)\mid u\in[0,L]\}$上为$C^2$函数,故由

$$\varphi(u,v)=\arctan\frac{\Phi_2(u,v)}{\Phi_1(u,v)}\quad 或\quad \varphi(u,v)=\operatorname{arccot}\frac{\Phi_1(u,v)}{\Phi_2(u,v)}$$

知,$\varphi(u,v)$关于u,v在$\Delta-\{(0,L),(u,u)\mid u\in[0,L]\}$上为$C^2$函数. □

注 自然,不难求出$\varphi(u,v)$在点$(0,L)$与$(u,u)(0<u<L)$点处的偏导数,但是要证明$\frac{\partial\varphi}{\partial u}$与$\frac{\partial\varphi}{\partial v}$在这些点是否连续,就不是轻而易举的事了!因此,定理 1.7.12 证明中,不能直接应用 Green 公式,严格论证参阅习题 1.7.11 证法 1.

1.7.11 在定理 1.7.12 中,严格证明

$$\int_{\overrightarrow{AD}+\overrightarrow{DB}+\overrightarrow{BA}}\mathrm{d}\varphi=0.$$

(参阅习题 1.7.10 后的注.)

证明 证法1 因为 $\varphi(u,v)$ 在 $\Delta-\{(0,L),(u,u)\ |u\in[0,L]\}$ 上为 C^2 函数，所以在由 $A_n\left(\frac{1}{n},\frac{2}{n}\right)$，$D_n\left(L-\frac{1}{n},L\right)$，$B_n\left(\frac{1}{n},L\right)$ 三点围成的三角形区域 Δ_n 上有(题1.7.11图)

$$\int_{\overrightarrow{A_nD_n}+\overrightarrow{D_nB_n}+\overrightarrow{B_nA_n}}\mathrm{d}\varphi=\int_{\overrightarrow{A_nD_n}+\overrightarrow{D_nB_n}+\overrightarrow{B_nA_n}}\frac{\partial\varphi}{\partial u}\mathrm{d}u+\frac{\partial\varphi}{\partial v}\mathrm{d}v$$

$$\xlongequal{\text{Green 公式}}\iint_{\vec{\Delta}_n}\left(\frac{\partial^2\varphi}{\partial v\partial u}-\frac{\partial^2\varphi}{\partial u\partial v}\right)\mathrm{d}u\wedge\mathrm{d}v$$

$$=\iint_{\vec{\Delta}_n}0\mathrm{d}u\wedge\mathrm{d}v=0.$$

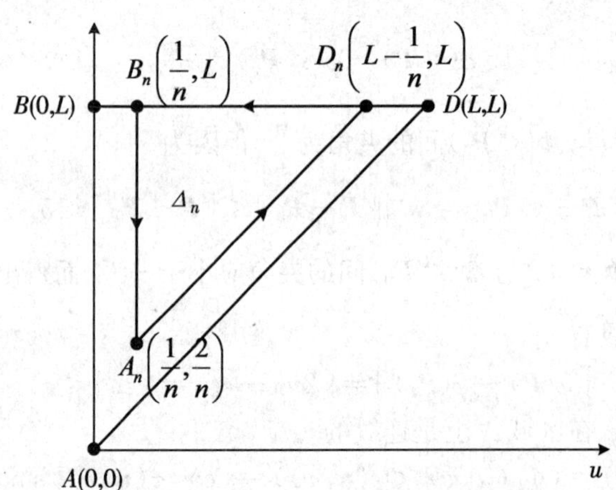

习题1.7.11图

另一方面，对 $\Delta-\{(0,L),(u,u)\,|\,u\in[0,L]\}$ 中的任意连续可导的曲线 C_1：$(u(s),v(s))(s_0\leqslant s\leqslant s_1)$，有

$$\int_{\vec{C}_1}\mathrm{d}\varphi=\int_{\vec{C}_1}\frac{\partial\varphi}{\partial u}\mathrm{d}u+\frac{\partial\varphi}{\partial v}\mathrm{d}v=\int_{s_0}^{s_1}\frac{\mathrm{d}\varphi(u(s),v(s))}{\mathrm{d}s}\mathrm{d}s$$

$$=\varphi(u(s_1),v(s_1))-\varphi(u(s_0),v(s_0)).$$

于是

$$0=\lim_{n\to+\infty}0=\lim_{n\to+\infty}\int_{\overrightarrow{A_nD_n}+\overrightarrow{D_nB_n}+\overrightarrow{B_nA_n}}\mathrm{d}\varphi$$

$$=\lim_{n\to+\infty}\{[\varphi(D_n)-\varphi(A_n)]+[\varphi(B_n)-\varphi(D_n)]+[\varphi(A_n)-\varphi(B_n)]\}$$

$$\xlongequal{\varphi\text{连续}}[\varphi(D)-\varphi(A)]+[\varphi(B)-\varphi(D)]+[\varphi(A)-\varphi(B)]$$

$$-\int_{\overrightarrow{AD}+\overrightarrow{BD}+\overrightarrow{BA}} d\varphi.$$

证法 2 仔细观察证法 1,可知不应用 Green 公式,也有

$$\begin{aligned}\int_{\overrightarrow{AD}+\overrightarrow{DB}+\overrightarrow{BA}} d\varphi &= \int_{\overrightarrow{AD}} d\varphi + \int_{\overrightarrow{DB}} d\varphi + \int_{\overrightarrow{BA}} d\varphi = \int_0^L d\theta + \int_{\overrightarrow{DB}} d\varphi + \int_{\overrightarrow{BA}} d\varphi \\ &= [\theta(L) - \theta(0)] + [\varphi(B) - \varphi(D)] + [\varphi(A) - \varphi(B)] \\ &= [\varphi(L,L) - \varphi(0,0)] + [\varphi(B) - \varphi(D)] + [\varphi(A) - \varphi(B)] \\ &= [\varphi(D) - \varphi(A)] + [\varphi(B) - \varphi(D)] + [\varphi(A) - \varphi(B)] \\ &= 0.\end{aligned}$$

□

第 2 章　$\mathbf{R}^n$ 中 k 维 C^r 曲面的局部性质

本章引进曲面的第 1 基本形式与第 2 基本形式，论述曲面的基本公式，定义 Weinganten 映射，讨论共轭曲线网与渐近曲线网；接着介绍法曲率向量、测地曲率向量，并证明 Euler 公式. 还定义主曲率、曲率线与测地线.

我们还引进与第 1、第 2 基本形式有关的重要的 Gauss(总)曲率 K_G 与平均曲率 H，并给出计算的实例. 着重讨论常 Gauss(总)曲率的曲面与极小曲面的典型例子，研究了它们的重要性质.

在给出与测地曲率向量密切相关的测地曲率 κ_g 的基础上，考虑 $\kappa_g=0$ 的特殊曲线(称为测地线)，并证明了测地线的 5 个等价命题，以及长度达极小值的曲线必为测地线的定理. 进而，还证明在局部，测地线为最短线，以及测地线的 Liouville 公式.

本章最后介绍曲面的基本方程与基本定理，证明意想不到的 Gauss 绝妙定理，使得曲面论的局部理论达到了顶峰.

为了使读者能从古典微分几何顺利地到达近代微分几何，一方面，我们引进 C^r Riemann 流形、Levi-Civita 联络、向量场的平行移动，以及应用这平行移动来定义测地线. 另一方面，引进了正交活动标架与外微分运算. 这样，不但使读者站在更高观点上看古典微分几何，同时会感到熟读本章后，离近代微分几何只有一步之遥.

2.1　曲面的参数表示、切向量、法向量、切空间、法空间

1. 知识点

定义 2.1.1　设 $\{\boldsymbol{e}_i\mid i=1,2,\cdots,n\}$ 为 Euclid 空间 $\mathbf{R}^n$ 中的规范正交基，$\boldsymbol{x}(\boldsymbol{u})=\boldsymbol{x}(u^1,u^2,\cdots,u^m)=(x^1(u^1,u^2,\cdots,u^m),x^2(u^1,u^2,\cdots,u^m),\cdots,x^n(u^1,u^2,\cdots,u^m))$ 连续，C^r 可导(具有 r 阶连续偏导数，$r\in\mathbf{N}^*$，C^∞ 可导(具有各阶连续偏导数)，C^ω(每

个 $x^i(u^1,u^2,\cdots,u^m)(i=1,2,\cdots,n)$ 在每个点 $\boldsymbol{u}=(u^1,u^2,\cdots,u^m)$ 处可展开为收敛的幂级数,即是实解析的),则分别称 $\boldsymbol{x}(u)$ 为 m **维 C^0(连续)曲面,C^r 曲面,C^∞ 曲面,C^ω(实解析)曲面.**

$\boldsymbol{x}(u_0^1,u_0^2,\cdots,u_0^{i-1},u^i,u_0^{i+1},\cdots,u_0^m)$ 称为过点 $P_0=\boldsymbol{x}(\boldsymbol{u}_0)$ 的 $\boldsymbol{u}^i$**(坐标)曲线**;

$$\boldsymbol{x}'_{u^i}(\boldsymbol{u}_0)=\frac{\partial\boldsymbol{x}}{\partial\boldsymbol{u}^i}(\boldsymbol{u}_0)=(x^1_{u^i}{}'(\boldsymbol{u}_0),x^2_{u^i}{}'(\boldsymbol{u}_0),\cdots,x^n_{u^i}{}'(\boldsymbol{u}_0))\quad(i=1,2,\cdots,m)$$

称为**坐标切向量**.

显然,

$$\begin{aligned}&\boldsymbol{x}'_{u^i}(\boldsymbol{u}_0)(i=1,2,\cdots,m)\text{ 线性无关}\\ \Leftrightarrow\quad&\operatorname{rank}\{\boldsymbol{x}'_{u^1}(\boldsymbol{u}_0),\boldsymbol{x}'_{u^2}(\boldsymbol{u}_0),\cdots,\boldsymbol{x}'_{u^m}(\boldsymbol{u}_0)\}=m\\ \Leftrightarrow\quad&\text{矩阵秩 rank}\begin{pmatrix}\boldsymbol{x}_{u^1}{}'(\boldsymbol{u}_0)\\ \boldsymbol{x}_{u^2}{}'(\boldsymbol{u}_0)\\ \vdots\\ \boldsymbol{x}_{u^m}{}'(\boldsymbol{u}_0)\end{pmatrix}=m.\end{aligned}$$

如果 $\boldsymbol{x}_{u^i}{}'(\boldsymbol{u}_0)(i=1,2,\cdots,m)$ 线性无关,则称 $P_0=\boldsymbol{x}(\boldsymbol{u}_0)$(或 $\boldsymbol{u}_0$)点为 M 的一个**正则点**(当 $m=1$ 时,这与定义 1.1.1 相一致);否则称 P_0(或 $\boldsymbol{u}_0$)为**奇点**. 如果 M 上每一点都为正则点,则称它为 m **维正则曲面**.

定义 2.1.2 设 M 为 m 维 C^1 正则曲面,其参数表示为 $\boldsymbol{x}(\boldsymbol{u})(\boldsymbol{u}\in D\subset\mathbf{R}^n)$,$D$ 为开区域,$P_0\in M$. 我们称

$$T_{P_0}M=\left\{X=\sum_{i=1}^m\alpha^i\boldsymbol{x}'_{u^i}\;\middle|\;\alpha^i\in\mathbf{R}\right\}$$

为 P_0 点处的**切空间**(当 $m=1$ 时,称为**切直线**;当 $m=2$ 时,称为**切平面**). $T_{P_0}M$ 中的向量称为曲面 M 的 P_0 点处的**切向量**. $T_{P_0}M$ 是 P_0 点处由 $\{\boldsymbol{e}_i=(\underbrace{0,\cdots,0}_{i-1\text{个}},1,0,\cdots,0)\mid i=1,2,\cdots,n\}$ 张成的 n 维线性空间的 m 维线性子空间.

定理 2.1.1 设 M 为 $\mathbf{R}^n$ 中的 m 维 C^1 正则曲面,其参数表示为 $\boldsymbol{x}(\boldsymbol{u})(\boldsymbol{u}\in D\subset\mathbf{R}^n)$,$D$ 为开区域,$P_0\in M$.

(1) 如果 M 上的曲线 C 可用 C^1 参数方程 $\boldsymbol{u}(t)=(u^1(t),u^2(t),\cdots,u^m(t))$ 表示,且 $\boldsymbol{u}_0=\boldsymbol{u}(t_0)=(u^1(t_0),u^2(t_0),\cdots,u^m(t_0))$,参数 t_0 对应于点 $P_0=\boldsymbol{x}(\boldsymbol{u}_0)=\boldsymbol{x}(\boldsymbol{u}(t_0))\in M$,则曲线 $\boldsymbol{x}(\boldsymbol{u}(t))$ 在 P_0(或 t_0)点的切向量

$$\left.\frac{\mathrm{d}\boldsymbol{x}(\boldsymbol{u}(t))}{\mathrm{d}t}\right|_{t_0}=\sum_{i=1}^m\boldsymbol{x}_{u^i}{}'(\boldsymbol{u}(t_0))u^i{}'(t_0)\in T_{P_0}M.$$

(2) 如果 $X\in T_{P_0}M$,则必有 M 上过点 P_0 的 C^1 参数曲线 $\boldsymbol{x}(\boldsymbol{u}(t))$,使得

$$\left.\frac{\mathrm{d}\boldsymbol{x}(\boldsymbol{u}(t))}{\mathrm{d}t}\right|_{t=0}=\boldsymbol{X},$$

其中 $\boldsymbol{x}(u(t_0))=P_0$. 这表明对 $\forall\,\boldsymbol{X}\in T_{P_0}M$,它都可按(1)的方式产生.

定义 2.1.3 在定义 2.1.2 中,$T_{P_0}M\subset T_{P_0}\mathbf{R}^n$($P_0$ 点处由通常的规范正交基 $\boldsymbol{e}_1,\boldsymbol{e}_2,\cdots,\boldsymbol{e}_n$ 张成的线性空间). 如果

$$\boldsymbol{X}=\sum_{i=1}^{n}a^i\boldsymbol{e}_i\in T_{P_0}\mathbf{R}^n,\quad \boldsymbol{Y}=\sum_{j=1}^{n}b^j\boldsymbol{e}_j\in T_{P_0}\mathbf{R}^n,$$

则 $\boldsymbol{X}$ 与 $\boldsymbol{Y}$ 的内积为

$$\begin{aligned}\boldsymbol{X}\cdot\boldsymbol{Y}=\langle\boldsymbol{X},\boldsymbol{Y}\rangle&=\left\langle\sum_{i=1}^{n}a^i\boldsymbol{e}_i,\sum_{j=1}^{n}b^j\boldsymbol{e}_j\right\rangle=\sum_{i,j=1}^{n}a^ib^j\langle\boldsymbol{e}_i,\boldsymbol{e}_j\rangle\\&=\sum_{i,j=1}^{n}a^ib^j\delta_{ij}=\sum_{i=1}^{n}a^ib^i,\end{aligned}$$

其中 $\delta_{ij}=\begin{cases}1 & (i=j),\\0 & (i\neq j).\end{cases}$ $\boldsymbol{X}$ 的模 $|\boldsymbol{X}|=\langle\boldsymbol{X},\boldsymbol{X}\rangle^{\frac{1}{2}}=\left[\sum\limits_{i=1}^{n}(a^i)^2\right]^{\frac{1}{2}}$. 令

$$g_{ij}=\boldsymbol{x}'_{u^i}\cdot\boldsymbol{x}'_{u^j}=\langle\boldsymbol{x}'_{u^i},\boldsymbol{x}'_{u^j}\rangle.$$

因此,当 $\boldsymbol{X},\boldsymbol{Y}\in T_{P_0}M\subset T_{P_0}\mathbf{R}^n$ 时,

$$\begin{aligned}\boldsymbol{X}\cdot\boldsymbol{Y}=\langle\boldsymbol{X},\boldsymbol{Y}\rangle&=\left\langle\sum_{i=1}^{m}\alpha^i\boldsymbol{x}'_{u^i},\sum_{j=1}^{m}\beta^j\boldsymbol{x}'_{u^j}\right\rangle\\&=\sum_{i,j=1}^{m}\alpha^i\beta^j\langle\boldsymbol{x}'_{u^i},\boldsymbol{x}'_{u^j}\rangle=\sum_{i,j=1}^{m}g_{ij}\alpha^i\beta^j.\end{aligned}$$

X 与 Y 之间的夹角记为 $\theta\in[0,\pi]$,则

$$\cos\theta=\frac{X\cdot Y}{|X|\cdot|Y|}=\frac{\sum\limits_{i,j=1}^{m}g_{ij}\alpha^i\beta^j}{\left[\sum\limits_{i,j=1}^{m}g_{ij}\alpha^i\alpha^j\right]^{\frac{1}{2}}\left[\sum\limits_{i,j=1}^{m}g_{ij}\beta^i\beta^j\right]^{\frac{1}{2}}}.$$

当 $\theta=\frac{\pi}{2}$,即 $\boldsymbol{X}\cdot\boldsymbol{Y}=\langle\boldsymbol{X},\boldsymbol{Y}\rangle=0$ 时,称 $\boldsymbol{X}$ 与 $\boldsymbol{Y}$ **正交或垂直**,记为 $\boldsymbol{X}\perp\boldsymbol{Y}$.

定义 2.1.4 在定义 2.1.2 中,外围空间 $\mathbf{R}^n$ 的维数 n 与 M 的维数 m 之差 $n-m$ 称为 M 的**余维数**. 称

$$T_{P_0}M^{\perp}=\{\boldsymbol{X}\mid\boldsymbol{X}\perp\boldsymbol{Y},\forall\boldsymbol{Y}\in T_{P_0}M\}$$

为 M 在 P_0 点处的**法空间**. 而 $\boldsymbol{X}\in T_{P_0}M^{\perp}$ 称为 M 在点 P_0 处的**法向量**,$T_PM^{\perp}$ 为 $T_{P_0}\mathbf{R}^n$ 中的 $n-m$ 维线性子空间.

特别地,当 $m=n-1$,即余维数为 1 时,称此 M 为 $\mathbf{R}^n$ 中的 $n-1$ 维 C^1 **正则超曲面**. 显然,在 P_0 点恰有两个单位向量垂直切空间 $T_{P_0}M$(即垂直所有的坐标切向

量 $\boldsymbol{x}'_{u^i}(\boldsymbol{u}_0),i-1,2,\cdots,n-1)$，并称它们为 $T_{P_0}M$ 的 **单位法向量**. 我们选单位法向量 $\boldsymbol{n}_0$，使得 $\{\boldsymbol{x}'_{u^1}(\boldsymbol{u}_0),\boldsymbol{x}'_{u^2}(\boldsymbol{u}_0),\cdots,\boldsymbol{x}'_{u^{n-1}}(\boldsymbol{u}_0),\boldsymbol{n}_0\}$ 组成右手系，则由 $\boldsymbol{n}_0$ 决定了超曲面 M 在点 P_0 处的一个定向，称它为**正向**. 自然，$-\boldsymbol{n}_0$ 决定了 M 在点 P_0 的另一个定向，称为 M 的**负**(**或反**)**向**.

对于一般的 $\mathbf{R}^n$ 中的 m 维 C^1 正则曲面，如何由 $T_{P_0}M$ 的坐标基向量 $\{\boldsymbol{x}'_{u^i}(u_0)\mid i=1,2,\cdots,m\}$ 来构造出法空间 $T_{P_0}M^{\perp}$ 的相应的 $n-m$ 个线性无关的法向量，使它们组成 $T_{P_0}M^{\perp}$ 的一个基?

定义 2.1.5　作 C^1 **参数变换**

$(u^1,u^2,\cdots,u^m)=(u^1(\tilde{u}^1,\tilde{u}^2,\cdots,\tilde{u}^m),u^2(\tilde{u}^1,\tilde{u}^2,\cdots,\tilde{u}^m),\cdots,u^m(\tilde{u}^1,\tilde{u}^2,\cdots,\tilde{u}^m))$，

满足：

$$\frac{\partial(u^1,u^2,\cdots,u^m)}{\partial(\tilde{u}^1,\tilde{u}^2,\cdots,\tilde{u}^m)}\neq 0$$

(在微分几何中，称它为**局部坐标变换**)，则**坐标基之间的变换公式**为

$$\boldsymbol{x}'_{\tilde{u}^j}=\sum_{i=1}^{m}\boldsymbol{x}'_{u^i}\frac{\partial u^i}{\partial \tilde{u}^j}\quad (j=1,2,\cdots,m),$$

其矩阵形式为

$$\begin{pmatrix}\boldsymbol{x}'_{\tilde{u}^1}\\ \vdots\\ \boldsymbol{x}'_{\tilde{u}^m}\end{pmatrix}=\begin{pmatrix}\dfrac{\partial u^1}{\partial \tilde{u}^1} & \cdots & \dfrac{\partial u^m}{\partial \tilde{u}^1}\\ \vdots & & \vdots\\ \dfrac{\partial u^1}{\partial \tilde{u}^m} & \cdots & \dfrac{\partial u^m}{\partial \tilde{u}^m}\end{pmatrix}\begin{pmatrix}\boldsymbol{x}'_{u^1}\\ \vdots\\ \boldsymbol{x}'_{u^m}\end{pmatrix}.$$

我们称右边的 $m\times m$ 矩阵为该坐标变换的 **Jacobi 矩阵**. 在上述变换下，

$(u^1,u^2,\cdots,u^m)$ 下的正则(奇)点　$\Leftrightarrow$　$(\tilde{u}^1,\tilde{u}^2,\cdots,\tilde{u}^m)$ 下的正则(奇)点.

例 2.1.1　在定义 2.1.1 中，特别当 $M\subset\mathbf{R}^3$ 为 2 维 C^1 正则超曲面时，记参数 $(u^1,u^2)=(u,v)$，则 M 正则，即 $\{\boldsymbol{x}'_u,\boldsymbol{x}'_v\}$ 线性无关等价于

$$\operatorname{rank}\{\boldsymbol{x}'_u,\boldsymbol{x}'_v\}=\operatorname{rank}\begin{pmatrix}\dfrac{\partial x^1}{\partial u} & \dfrac{\partial x^2}{\partial u} & \dfrac{\partial x^3}{\partial u}\\ \dfrac{\partial x^1}{\partial v} & \dfrac{\partial x^2}{\partial v} & \dfrac{\partial x^3}{\partial v}\end{pmatrix}=2$$

$$\Leftrightarrow\quad \boldsymbol{x}'_u\times\boldsymbol{x}'_v=\begin{vmatrix}\boldsymbol{e}_1 & \boldsymbol{e}_2 & \boldsymbol{e}_3\\ \dfrac{\partial x^1}{\partial u} & \dfrac{\partial x^2}{\partial u} & \dfrac{\partial x^3}{\partial u}\\ \dfrac{\partial x^1}{\partial v} & \dfrac{\partial x^2}{\partial v} & \dfrac{\partial x^3}{\partial v}\end{vmatrix}\neq\mathbf{0}.$$

因此

$$\boldsymbol{n}_0=\frac{\boldsymbol{x}'_u\times\boldsymbol{x}'_v}{|\boldsymbol{x}'_u\times\boldsymbol{x}'_v|}$$

决定了 M 的正向，而 $-\boldsymbol{n}_0$ 决定了 M 的负(反)向.

如果记

$$E=g_{11}=\boldsymbol{x}'_u\cdot\boldsymbol{x}'_u=\langle\boldsymbol{x}'_u,\boldsymbol{x}'_u\rangle=|\boldsymbol{x}'_u|^2,$$
$$F=g_{12}=g_{21}=\boldsymbol{x}'_u\cdot\boldsymbol{x}'_v=\langle\boldsymbol{x}'_u,\boldsymbol{x}'_v\rangle,$$
$$G=g_{22}=\boldsymbol{x}'_v\cdot\boldsymbol{x}'_v=\langle\boldsymbol{x}'_v,\boldsymbol{x}'_v\rangle=|\boldsymbol{x}'_v|^2,$$

则

$$\begin{aligned}\boldsymbol{X}\cdot\boldsymbol{Y}&=\langle\boldsymbol{X},\boldsymbol{Y}\rangle=\langle\alpha^1\boldsymbol{x}'_u+\alpha^2\boldsymbol{x}'_v,\beta^1\boldsymbol{x}'_u+\beta^2\boldsymbol{x}'_v\rangle\\&=E\alpha^1\alpha^1+F(\alpha^1\beta^2+\alpha^2\beta^1)+G\alpha^2\beta^2.\end{aligned}$$

作 C^1 参数变换

$$(u,v)=(u(\tilde{u},\tilde{v}),v(\tilde{u},\tilde{v})),$$

满足：

$$\frac{\partial(u,v)}{\partial(\tilde{u},\tilde{v})}\neq 0,$$

则

$$\begin{pmatrix}\boldsymbol{x}'_{\tilde{u}}\\\boldsymbol{x}'_{\tilde{v}}\end{pmatrix}=\begin{pmatrix}\dfrac{\partial u}{\partial\tilde{u}}&\dfrac{\partial v}{\partial\tilde{u}}\\\dfrac{\partial u}{\partial\tilde{v}}&\dfrac{\partial v}{\partial\tilde{v}}\end{pmatrix}\begin{pmatrix}\boldsymbol{x}'_u\\\boldsymbol{x}'_v\end{pmatrix}.$$

此参数变换的 Jacobi 矩阵为

$$\begin{pmatrix}\dfrac{\partial u}{\partial\tilde{u}}&\dfrac{\partial v}{\partial\tilde{u}}\\\dfrac{\partial u}{\partial\tilde{v}}&\dfrac{\partial v}{\partial\tilde{v}}\end{pmatrix}.$$

显然，

(u,v)下的正则(奇)点 $\Leftrightarrow$ $(\tilde{u},\tilde{v})$下的正则(奇)点.

此外，还有

$$\boldsymbol{x}'_{\tilde{u}}\times\boldsymbol{x}'_{\tilde{v}}=\frac{\partial(u,v)}{\partial(\tilde{u},\tilde{v})}\boldsymbol{x}'_u\times\boldsymbol{x}'_v.$$

$P_0=\boldsymbol{x}(u_0,v_0)$处的单位法向量为

$$\boldsymbol{n}_0=\frac{\boldsymbol{x}'_u\times\boldsymbol{x}'_v}{|\boldsymbol{x}'_u\times\boldsymbol{x}'_v|}.$$

过 $P_0=\boldsymbol{x}(\boldsymbol{u}_0)$ 点且平行于法向量的直线称为曲面 M 在 P_0 处的**法线**，它为

$$\boldsymbol{X}=\boldsymbol{x}(u_0,v_0)+t\boldsymbol{x}_u'(u_0,v_0)\times\boldsymbol{x}_v'(u_0,v_0),$$

或

$$\boldsymbol{X}=\boldsymbol{x}(u_0,v_0)+t\boldsymbol{n}_0=\boldsymbol{x}(u_0,v_0)+t\frac{\boldsymbol{x}_u'(u_0,v_0)\times\boldsymbol{x}_v'(u_0,v_0)}{|\boldsymbol{x}_u'(u_0,v_0)\times\boldsymbol{x}_v'(u_0,v_0)|}.$$

例 2.1.2 设 M 为 $\mathbf{R}^n$ 中的 $n-1$ 维 C^1 正则超曲面，其参数表示为 $\boldsymbol{x}(u^1,u^2,\cdots,u^{n-1})$. 于是，$\boldsymbol{x}_{u^i}'(u^1,u^2,\cdots,u^{n-1})(i=1,2,\cdots,n-1)$ 为 M 的坐标基向量. 根据行列式性质，

$$\boldsymbol{n}=\begin{vmatrix}\boldsymbol{e}_1 & \boldsymbol{e}_2 & \cdots & \boldsymbol{e}_n\\ x_{u^1}^{1\prime} & x_{u^1}^{2\prime} & \cdots & x_{u^1}^{n\prime}\\ x_{u^2}^{1\prime} & x_{u^2}^{2\prime} & \cdots & x_{u^2}^{n\prime}\\ \vdots & \vdots & & \vdots\\ x_{u^{n-1}}^{1\prime} & x_{u^{n-1}}^{2\prime} & \cdots & x_{u^{n-1}}^{n\prime}\end{vmatrix}_{\boldsymbol{u}_0}$$

$$\xlongequal{\text{记作}}\boldsymbol{x}_{u^1}'(\boldsymbol{u}_0)\times\boldsymbol{x}_{u^2}'(\boldsymbol{u}_0)\times\cdots\times\boldsymbol{x}_{u^{n-1}}'(\boldsymbol{u}_0)$$

都垂直于 $\boldsymbol{x}_{u^i}'(u^1,u^2,\cdots,u^{n-1})|_{\boldsymbol{u}_0}=(x_{u^i}^{1\prime},x_{u^i}^{2\prime},\cdots,x_{u^i}^{n\prime})_{\boldsymbol{u}_0}(i=1,2,\cdots,n-1)$，其中 $\boldsymbol{u}_0=(u_0^1,u_0^2,\cdots,u_0^{n-1})$，且由

$$\operatorname{rank}\{\boldsymbol{x}_{u^1}',\boldsymbol{x}_{u^2}',\cdots,\boldsymbol{x}_{u^{n-1}}'\}_{\boldsymbol{u}_0}=\operatorname{rank}\begin{pmatrix}x_{u^1}^{1\prime} & x_{u^1}^{2\prime} & \cdots & x_{u^1}^{n\prime}\\ x_{u^2}^{1\prime} & x_{u^2}^{2\prime} & \cdots & x_{u^2}^{n\prime}\\ \vdots & \vdots & & \vdots\\ x_{u^{n-1}}^{1} & x_{u^{n-1}}^{2} & \cdots & x_{u^{n-1}}^{n}\end{pmatrix}_{\boldsymbol{u}_0}=n-1,$$

立知上述 $(n-1)\times n$ 矩阵必有一个 $n-1$ 阶方阵，其行列式不为 0，据此推得 $\boldsymbol{n}\neq\boldsymbol{0}$ 而 $\boldsymbol{n}_0=\dfrac{\boldsymbol{n}}{|\boldsymbol{n}|}$ 为单位法向量.

例 2.1.3 给出椭球面、单叶双曲面、双叶双曲面、椭圆抛物面、双曲抛物面线的参数表示.

(1) 椭球面 $\dfrac{x^2}{a^2}+\dfrac{y^2}{b^2}+\dfrac{z^2}{c^2}=1(a>0,b>0,c>0)$，其参数表示为

$$(x,y,z)=(a\sin\theta\cos\varphi,b\sin\theta\sin\varphi,c\cos\theta).$$

(2) 单叶双曲面 $\dfrac{x^2}{a^2}+\dfrac{y^2}{b^2}-\dfrac{z^2}{c^2}=1(a>0,b>0,c>0)$，其参数表示为

$$(x,y,z)=(a\operatorname{ch}u\cos v,b\operatorname{ch}u\sin v,c\operatorname{sh}u).$$

(3) 双叶双曲面 $\dfrac{x^2}{a^2}+\dfrac{y^2}{b^2}-\dfrac{z^2}{c^2}=-1(a>0,b>0,c>0)$，其参数表示为

$$(x,y,z)=(a\operatorname{sh}u\cos v,b\operatorname{sh}u\sin v,c\operatorname{ch}u).$$

(4) 椭圆抛物面$\frac{x^2}{a^2}+\frac{y^2}{b^2}=2z(a>0,b>0)$,其参数表示为

$$(x,y,z)=\left(au\cos v,bu\sin v,\frac{u^2}{2}\right).$$

(5) 双曲抛物面(又名马鞍面)$\frac{x^2}{a^2}-\frac{y^2}{b^2}=2z(a>0,b>0)$,其参数表示为

$$(x,y,z)=(a(u+v),b(u-v),2uv).$$

2. 习题解答

2.1.1 设 F 为 $C^r(r\geqslant 1)$ 函数,且 $\operatorname{rank}(F'_{x^1},F'_{x^2},\cdots,F'_{x^n})=1$,则

$$M=\{(x^1,x^2,\cdots,x^n)\mid F(x^1,x^2,\cdots,x^n)=0\}\neq\varnothing$$

为 $\mathbf{R}^n$ 中 $n-1$ 维 C^r 超曲面,

$$\frac{1}{\sqrt{\sum_{i=1}^n F'^2_{x^i}}}(F'_{x^1},F'_{x^2},\cdots,F'_{x^n})$$

为其单位法向量.

证明 设 $P_0\in M$,因为 $\operatorname{rank}(F'_{x^1},F'_{x^2},\cdots,F'_{x^n})=1$,故 $\exists i$,使得 $F'_{x^i}|_{P_0}\neq 0$. 根据[8]第 130 页定理 8.4.1,在 P_0 的一个开邻域 U 中,有 C^r 函数

$$x^i=f(x^1,x^2,\cdots,x^{i-1},x^{i+1},\cdots,x^n).$$

它确定了一个 $n-1$ 维局部 C^r 超曲面.

设 $\boldsymbol{x}(t)=(x^1(t),x^2(t),\cdots,x^n(t))$ 为经过 $P_0=\boldsymbol{x}(0)$ 的一条任意 C^1 曲线,则

$$F(x^1(t),x^2(t),\cdots,x^n(t))\equiv 0.$$

两边关于 t 求导,得

$$\sum_{i=1}^n F'_{x^i}(\boldsymbol{x}(t))\cdot\frac{\mathrm{d}x^i}{\mathrm{d}t}=0.$$

于是

$$(F'_{x^1}(P_0),F'_{x^2}(P_0),\cdots,F'_{x^n}(P_0))\perp\left(\frac{\mathrm{d}x^1}{\mathrm{d}t},\frac{\mathrm{d}x^2}{\mathrm{d}t},\cdots,\frac{\mathrm{d}x^n}{\mathrm{d}t}\right)_{t=0}\text{(切向量)}.$$

由于 $\boldsymbol{x}(t)$ 任取,故

$$\frac{1}{\sqrt{\sum_{i=1}^n F'^2_{x^i}(P_0)}}(F'_{x^1}(P_0),F'_{x^2}(P_0),\cdots,F'_{x^n}(P_0))$$

为 P_0 点处的单位法向量. □

注　进一步的推广可参阅[7]§2 定理 4.

2.1.2　求下列曲面的单位法向量：

(1) 单位球面 $S^2=\{(x,y,z)\in\mathbf{R}^3\,|\,x^2+y^2+z^2=1\}$；

(2) 圆柱面 $M=\{(x,y,z)\in\mathbf{R}^3\,|\,x^2+y^2=r^2,r>0\}$.

解　(1) 解法 1　S^2：$F(x,y,z)=x^2+y^2-z^2-1=0$，由习题 2.1.1，法向量为

$$(F'_x,F'_y,F'_z)=(2x,2y,2z),$$

而单位法向量为 (x,y,z).

解法 2　设单位球面 S^2 的参数表示为

$$\boldsymbol{x}(\theta,\varphi)=(\sin\theta\cos\theta,\sin\theta\sin\varphi,\cos\theta),$$

则坐标切向量：

$$\boldsymbol{x}'_\theta=(\cos\theta\cos\varphi,\cos\theta\sin\varphi,-\sin\theta),$$
$$\boldsymbol{x}'_\varphi=(-\sin\theta\sin\varphi,\sin\theta\cos\varphi,0).$$

于是，法向量

$$\boldsymbol{x}'_\theta\times\boldsymbol{x}'_\varphi=\begin{vmatrix}\boldsymbol{e}_1 & \boldsymbol{e}_2 & \boldsymbol{e}_3\\ \cos\theta\cos\varphi & \cos\theta\sin\varphi & -\sin\theta\\ -\sin\theta\sin\varphi & \sin\theta\cos\varphi & 0\end{vmatrix}$$
$$=(\sin^2\theta\cos\varphi,\sin^2\theta\sin\varphi,\sin\theta\cos\theta),$$

而单位法向量为

$$\boldsymbol{n}=\frac{\boldsymbol{x}'_\theta\times\boldsymbol{x}'_\varphi}{|\boldsymbol{x}'_\theta\times\boldsymbol{x}'_\varphi|}=(\sin\theta\cos\varphi,\sin\theta\sin\varphi,\cos\theta)=\boldsymbol{x}(\theta,\varphi).$$

(2) 解法 1　M：$F(x,y,z)=x^2+y^2-r^2=0$，由习题 2.1.1，法向量为

$$(F'_x,F'_y,F'_z)=(2x,2y,0),$$

而单位法向量为 $\left(\frac{x}{r},\frac{y}{r},0\right)$.

解法 2　设圆柱面 M 的参数表示为

$$\boldsymbol{x}(\theta,z)=(r\cos\theta,r\sin\theta,z),$$

则坐标切向量

$$\boldsymbol{x}'_\theta=(-r\sin\theta,r\cos\theta,0),\quad \boldsymbol{x}'_z=(0,0,1).$$

于是，法向量为

$$\boldsymbol{x}'_\theta\times\boldsymbol{x}'_z=\begin{vmatrix}\boldsymbol{e}_1 & \boldsymbol{e}_2 & \boldsymbol{e}_3\\ -r\sin\theta & r\cos\theta & 0\\ 0 & 0 & 1\end{vmatrix}=(r\cos\theta,r\sin\theta,0),$$

而单位法向量为

$$\boldsymbol{n}=\frac{\boldsymbol{x}'_\theta\times\boldsymbol{x}'_\varphi}{|\boldsymbol{x}'_\theta\times\boldsymbol{x}'_\varphi|}=(\cos\theta,\sin\theta,0)=\left(\frac{x}{r},\frac{y}{r},0\right).$$ □

2.1.3 证明:曲面 $M:F\left(\frac{y}{x},\frac{z}{x}\right)=0$ 的任意切平面过原点,其中 F 为 C^1 的函数.

证明 设 $\xi=\frac{y}{x}$,$\eta=\frac{z}{x}$,则 M 的法向量为

$$\left(F'_\xi\frac{-y}{x^2}+F'_\eta\frac{-z}{x^2},F'_\xi\frac{1}{x},F'_\eta\frac{1}{x}\right),$$

而过(x,y,z)的切平面为

$$\left(F'_\xi\frac{-y}{x^2}+F'_\eta\frac{-z}{x^2}\right)(X-x)+F'_\xi\frac{1}{x}(Y-y)+F'_\eta\frac{1}{x}(Z-z)=0,$$

其中(X,Y,Z)是切平面上的动点. 当$(X,Y,Z)=(0,0,0)$时,

$$\begin{aligned}&\left(F'_\xi\frac{-y}{x^2}+F'_\eta\frac{-z}{x^2}\right)(0-x)+F'_\xi\frac{1}{x}(0-y)+F'_\eta\frac{1}{x}(0-z)\\&=F'_\xi\frac{y}{x}+F'_\eta\frac{z}{x}+F'_\xi\frac{-y}{x}+F'_\eta\frac{-z}{x}=0,\end{aligned}$$

即任意切平面过原点. □

2.1.4 证明:椭圆柱面$\frac{x^2}{a^2}+\frac{y^2}{b^2}=1$沿每条直母线的切平面重合.

证明 设 $F(x,y,z)=\frac{x^2}{a^2}+\frac{y^2}{b^2}-1$,则其法向量为

$$(F'_x,F'_y,F'_z)=\left(\frac{2x}{a^2},\frac{2y}{b^2},0\right).$$

它沿每条直母线(即固定 x,y)的单位法向量相同,都为

$$\boldsymbol{n}=\frac{1}{\sqrt{\frac{x^2}{a^4}+\frac{y^2}{b^4}}}\left(\frac{x}{a^2},\frac{y}{b^2},0\right).$$

再由沿每条直母线上点的切平面都经过该直母线,故沿每条直母线切平面重合. □

2.1.5 证明:曲面 $M:xyz=a^3(a>0)$在任何点的切平面和三个坐标平面构成的四面体体积等于常数.

证明 曲面 $M:F(x,y,z)=xyz-a^3=0$ 的法向量为

$$(F'_x,F'_y,F'_z)=(yz,xz,xy).$$

于是,过(x,y,z)的切平面为

$$yz(X-x)+xz(Y-y)+xy(Z-z)=0,$$

即

$$yzX+xzY+xyZ=3a^3.$$

因此,切平面与坐标平面所围的四面体体积为

$$V=\frac{1}{6}\frac{3a^3}{yz}\cdot\frac{3a^3}{xz}\cdot\frac{3a^3}{xy}=\frac{9a^9}{2x^2y^2z^2}=\frac{9a^9}{2a^6}=\frac{9}{2}a^3\quad(常数).$$ □

2.1.6　证明:曲线 C 的切线曲面 M 沿着任意母线(即切线)l 的切平面就是 C 在切线 l 的切点处的密切平面.

证明　设 u 为曲线 $C:\boldsymbol{a}(u)$ 的弧长. C 的切线曲面为

$$M:\boldsymbol{x}(u,v)=\boldsymbol{a}(u)+v\boldsymbol{a}'(u).$$

沿着任意母线 $l:u=u_0$,曲面法向为

$$\boldsymbol{x}'_u\times\boldsymbol{x}'_v=(\boldsymbol{a}'+v\boldsymbol{a}'')\times\boldsymbol{a}'=v\boldsymbol{a}''\times\boldsymbol{a}',$$

故曲面沿 l 的切平面方程为

$$(v\boldsymbol{a}''\times\boldsymbol{a}')[\boldsymbol{X}-\boldsymbol{a}(u)]=0,$$

其中 $\boldsymbol{X}$ 为切平面上动点的向径. 因为

$$\boldsymbol{a}''\times\boldsymbol{a}'=\kappa(u)\mathbf{V}_2(u)\times\mathbf{V}_1(u)=-\kappa(u)\mathbf{V}_3\quad(\kappa(u)\neq 0)$$

为密切平面的法向,故曲面 M 的切平面恰为 C 的切点处的密切平面. □

2.1.7　证明:$\mathbf{R}^3$ 中曲面 M 为旋转曲面⇔法线与定直线共面.

证明　(⇒)设 M 为旋转曲面,则经线与轴共面. 经线的切线在这张平面上;而纬线(圆)的切线正交于这张平面,故 M 的法线必在这张平面上;又该平面也含定直线 z 轴. 这就证明了法线与定直线 z 轴共面.

(⇐)不失一般性,可设 M 的法线(以 $\boldsymbol{n}$ 为单位法向)与 z 轴(以单位向量 $\boldsymbol{k}$ 为其方向)共面,则(见题 2.1.7 图,z 轴、法线与 Ox 共面)

$$\boldsymbol{x}=\mu\boldsymbol{n}+\lambda\boldsymbol{k},$$

$$\begin{aligned}\mathrm{d}\boldsymbol{x}^2&=2\boldsymbol{x}\cdot\mathrm{d}\boldsymbol{x}=2(\mu\boldsymbol{n}+\lambda\boldsymbol{k})\cdot\mathrm{d}\boldsymbol{x}\\&=2\lambda\boldsymbol{k}\cdot\mathrm{d}\boldsymbol{x}=2\lambda\mathrm{d}z,\end{aligned}$$

故当 $z=c$(常数)时,

$$\mathrm{d}\boldsymbol{x}^2=0,\quad\boldsymbol{x}^2=\boldsymbol{x}\cdot\boldsymbol{x}=常数,$$

即用正交于 z 轴的平面截取面 M 所得的曲线均为圆周,故 M 为旋转曲面. □

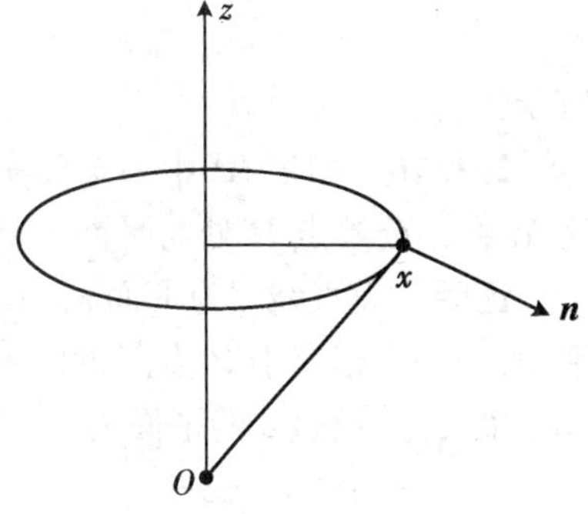

习题 2.1.7 图

2.1.8　设 $C:\rho(s)$ 是弧长参数的正则曲线,

$\boldsymbol{V}_2(s)$,$\boldsymbol{V}_3(s)$分别是它的单位主法向量及从法向量,a 为非零的常数. 如果曲面 M:

$$\boldsymbol{x}(s,v)=\boldsymbol{\rho}(s)+a[\boldsymbol{V}_2(s)\cos v+\boldsymbol{V}_3(s)\sin v]$$

构成正则曲面(**管曲面**),求它的单位法向量 $\boldsymbol{n}$.

解
$$\begin{aligned}\boldsymbol{x}_s'&=\boldsymbol{V}_1(s)+a\{[-\kappa(s)\boldsymbol{V}_1(s)+\tau(s)\boldsymbol{V}_3(s)]\cos v-\tau(s)\boldsymbol{V}_2(s)\sin v\}\\&=[1-a\kappa(s)\cos v]\boldsymbol{V}_1(s)-a\tau(s)\sin v\boldsymbol{V}_2(s)+a\tau(s)\cos v\boldsymbol{V}_3(s),\end{aligned}$$

$$\boldsymbol{x}_v'=a[-\sin v\boldsymbol{V}_2(s)+\cos v\boldsymbol{V}_3(s)],$$

$$\begin{aligned}\boldsymbol{x}_s'\times\boldsymbol{x}_v'&=[1-a\kappa(s)\cos v](-a\sin v)\boldsymbol{V}_1(s)\times\boldsymbol{V}_2(s)\\&\quad+[1-a\kappa(s)\cos v]\cdot a\cos v\boldsymbol{V}_1(s)\times\boldsymbol{V}_3(s)-a\tau(s)\sin v\\&\quad\cdot a\cos v\boldsymbol{V}_2(s)\times\boldsymbol{V}_3(s)+a\tau(s)\cos v\\&\quad\cdot(-a\sin v)\boldsymbol{V}_3(s)\times\boldsymbol{V}_2(s)\\&=[1-a\kappa(s)\cos v]\cdot a\cos v[-\boldsymbol{V}_2(s)]\\&\quad-[1-a\kappa(s)\cos v]\cdot a\sin v\boldsymbol{V}_3(s),\end{aligned}$$

当 $1-a\kappa(s)\cos v\neq 0$ 时,$\boldsymbol{x}(s,v)$构成正则曲面,其单位法向量为

$$\boldsymbol{n}=\frac{\boldsymbol{x}_s'\times\boldsymbol{x}_v'}{|\boldsymbol{x}_s'\times\boldsymbol{x}_v'|}=-\cos v\boldsymbol{V}_2(s)-\sin v\boldsymbol{V}_3(s).$$ □

2.1.9 曲面 M 为球面$\Leftrightarrow M$ 的所有法线通过定点.

证明 ($\Rightarrow$)设 M 为球面,中心为定点 $\boldsymbol{x}_0$,则球面方程为$(\boldsymbol{x}-\boldsymbol{x}_0)^2=c$($c>0$ 为常数),且

$$(\boldsymbol{x}-\boldsymbol{x}_0)\cdot\mathrm{d}\boldsymbol{x}=0,$$

即单位法向量 $\boldsymbol{n}/\!/(\boldsymbol{x}-\boldsymbol{x}_0)$,从而法线通过定点 $\boldsymbol{x}_0$.

($\Leftarrow$)设 M 的法线都过定点 $\boldsymbol{x}_0$,则 $\boldsymbol{x}-\boldsymbol{x}_0=\lambda\boldsymbol{n}$,

$$\mathrm{d}(\boldsymbol{x}-\boldsymbol{x}_0)^2=2(\boldsymbol{x}-\boldsymbol{x}_0)\mathrm{d}\boldsymbol{x}=2\lambda\boldsymbol{n}\cdot\mathrm{d}\boldsymbol{x}=0,$$

即

$$(\boldsymbol{x}-\boldsymbol{x}_0)^2=c\quad(c>0\text{ 为常数}),$$

M 为球面. □

2.1.10 如果 $\mathbf{R}^3$ 中一平面 π_0 与光滑正则曲面 M 仅有一个公共点 P,证明:曲面 M 在该公共点 P 处与平面 π_0 相切.

证明 设直线 l 为平面 π_0 上过点 P 的任一直线,则过 l 的平面中至少有一张平面 π 与 M 相交于 P 点附近的光滑正则曲线 C.

事实上,设过 l 的平面为

$$ax+by+cz+d=0\quad(a,b,c\text{ 不全为 }0).$$

令

$$\boldsymbol{x}(u,v)=(x(u,v),y(u,v),z(u,v))$$

为曲面 M 的参数表示，并设

$$F(u,v)=ax(u,v)+by(u,v)+cz(u,v)+d.$$

于是

$$\begin{cases} F'_u=ax'_u+by'_u+cz'_u, \\ F'_v=ax'_v+by'_v+cz'_v. \end{cases}$$

如果选 (a,b,c) 不平行 $\boldsymbol{x}'_u\times\boldsymbol{x}'_v|_P$，则 F'_u,F'_v 不全为 0. 从而，根据[8]第 103 页定理 8.4.1，解

$$F(u,v)=ax(u,v)+by(u,v)+c(u,v)+d=0,$$

得到 $v=v(u)$ 或 $u=u(v)$. 不妨设 $F'_v\neq 0$，故有光滑函数 $v=v(u)$. 由此推得 $\boldsymbol{x}(u,v(u))$ 为平面 π: $ax+by+cz+d=0$ 与曲面 M 相交于 P 点附近的光滑正则连通曲线 C（因为 M 是正则的，故 $\boldsymbol{x}'_u$ 与 $\boldsymbol{x}'_v$ 线性无关，从而 $\dfrac{\mathrm{d}}{\mathrm{d}u}\boldsymbol{x}(u,v(u))=\boldsymbol{x}'_u+\boldsymbol{x}'_v\cdot\dfrac{\mathrm{d}v}{\mathrm{d}u}\neq 0$）.

显然，曲面 M 上 P 点的连通开集 U 必在平面 π_0 的一侧（否则，$U-\{P\}$ 不连通，这与 $U-\{P\}$ 连通相矛盾）。此外，l 将平面 π 分为两部分，C 落在其中一部分，即 l 的一侧，且与 l 仅交于一点 P（参阅习题 2.1.10 图）. 下证 l 为 C 的切线. 于是，π_0 上过 P 的任一直线均为 M 的切线，从而 π_0 为 M 在 P 点的切平面.

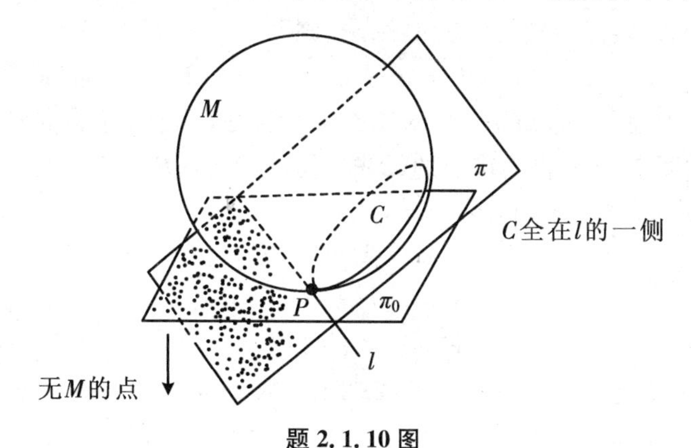

题 2.1.10 图

现在，由题设知同一平面 π 上的直线 l 与光滑正则曲线 C 交于唯一的点 P，且曲线 C 在直线 l 的一侧（见习题 2.1.10 图）. 易见，曲线 C 在 P 点的左切线 $T_{左}$ 与右切线 $T_{右}$ 分别重合于 l 的左直线 $l_{左}$ 与右直线 $l_{右}$ 时，所述曲线 C 在 P 点才有切线. 因此，l 为正则曲线 C 的切线. □

注 如果 $\mathbf{R}^3$ 中一平面 π_0 含光滑正则曲面 M 上的一点 P，且 M 位于 π_0 的同侧，证明：π_0 为曲面 M 在点 P 的切平面(仿习题 2.1.10 的证明).

2.2 旋转面(悬链面、正圆柱面、正圆锥面)、直纹面、可展曲面(柱面、锥面、切线面)

1. 知识要点

例 2.2.1(旋转面) 将 xOz 平面中曲线 $(x,z)=(f(v),g(v))$ $(a\leqslant v\leqslant b,$ $f(v)>0)$ 绕 z 轴旋转一周就得到旋转面

$$\boldsymbol{x}(u,v)=(f(v)\cos u,f(v)\sin u,g(v)),\quad (u,v)\in(-\infty,+\infty)\times[a,b].$$

u 曲线(v 固定)称为**纬线**，v 曲线(u 固定)称为**经线**.

$$E=\boldsymbol{x}'_u\cdot\boldsymbol{x}'_u=f^2(v),\quad F=\boldsymbol{x}'_u\cdot\boldsymbol{x}'_v=0,$$
$$G=\boldsymbol{x}'_v\cdot\boldsymbol{x}'_v=f'^2(v)+g'^2(v).$$

例 2.2.2(柱面) 设 $\boldsymbol{a}(u)$ 为 C^1 空间曲线，$\boldsymbol{l}$ 为一固定向量，则称曲面

$$\boldsymbol{x}(u,v)=\boldsymbol{a}(u)+v\boldsymbol{l}$$

为**柱面**，其中 $(u,v)\in[c,d]\times(-\infty,+\infty)$，则

$$E=\boldsymbol{x}'_u\cdot\boldsymbol{x}'_u=\boldsymbol{a}'^2(u),\quad F=\boldsymbol{x}'_u\cdot\boldsymbol{x}'_v=\boldsymbol{a}'(u)\cdot\boldsymbol{l},\quad G=\boldsymbol{x}'_v\cdot\boldsymbol{x}'_v=\boldsymbol{l}^2.$$

例 2.2.3(锥面) 称 $\boldsymbol{x}(u,v)=\boldsymbol{a}+v\boldsymbol{l}(u)$ 为**锥面**，其中 $\boldsymbol{a}$ 为常向量，此向量的终点称为锥面的**顶点**，$\boldsymbol{l}(u)$ 称为锥面的**母线方向**(有时，可取 $\boldsymbol{l}(u)$ 为单位向量)，其参数范围为 $c\leqslant u\leqslant d,-\infty<v<+\infty,v\neq 0$. 此时，

$$E=\boldsymbol{x}'_u\cdot\boldsymbol{x}'_u=v^2\boldsymbol{l}'^2(u),$$
$$F=\boldsymbol{x}'_u\cdot\boldsymbol{x}'_v=v\boldsymbol{l}'(u)\cdot\boldsymbol{l}(u),$$
$$G=\boldsymbol{x}'_v\cdot\boldsymbol{x}'_v=\boldsymbol{l}^2(u).$$

例 2.2.4(正圆柱面) 在例 2.2.2 中，取 $\boldsymbol{a}(u)=(R\cos u,R\sin u,0)$，$\boldsymbol{l}=(0,0,1)$，则

$$\boldsymbol{x}(u,v)=\boldsymbol{a}(u)+v\boldsymbol{l}=(R\cos u,R\sin u,v),$$

此时，

$$(u,v)\in(-\infty,+\infty)\times(-\infty,+\infty).$$
$$E=\boldsymbol{x}'_u\cdot\boldsymbol{x}'_u=R^2,\quad F=\boldsymbol{x}'_u\cdot\boldsymbol{x}'_v=0,\quad G=\boldsymbol{x}'_v\cdot\boldsymbol{x}'_v=1.$$

例 2.2.5(正圆锥面) 在例 2.2.3 中，取 $\boldsymbol{a}=(0,0,0)$，$\boldsymbol{l}(u)=(\cos u,\sin u,$

$\cos\theta)$，半顶角为 θ，则对称轴为 z 轴的正圆锥面为

$$\boldsymbol{x}(u,v)=\boldsymbol{0}+v(\cos u,\sin u,\cot\theta)=(v\cos u,v\sin u,v\cot\theta),$$

其中 $(u,v)\in(-\infty,+\infty)\times(-\infty,+\infty)$. 但当 $v=0$ 时，它对应着正圆锥面的顶点 $(0,0,0)$. 在顶点处，曲面不是正则的（将它排除），

$$E=\boldsymbol{x}'_u\cdot\boldsymbol{x}'_u=v^2,\quad F=\boldsymbol{x}'_u\cdot\boldsymbol{x}'_v=0,\quad G=\boldsymbol{x}'_v\cdot\boldsymbol{x}'_v=\csc^2\theta.$$

例 2.2.6（螺旋面）　如果在例 2.2.1 中，该曲线绕 z 轴旋转 u 角的同时，还沿 z 轴上升 bu（$b>0$ 为常数），就得到螺旋面

$$\boldsymbol{x}(u,v)=(f(v)\cos u,f(v)\sin u,g(v)+bu),\ (u,v)\in(-\infty,+\infty)\times[c,d].$$

于是

$$E=\boldsymbol{x}'_u\cdot\boldsymbol{x}'_u=f^2(v)+b^2,$$
$$F=\boldsymbol{x}'_u\cdot\boldsymbol{x}'_v=bg'(v),$$
$$G=\boldsymbol{x}'_v\cdot\boldsymbol{x}'_v=f'^2(v)+g'^2(v).$$

特别取 $f(v)=v,g(v)=0$ 时所得的螺旋面为正螺旋面，

$$\boldsymbol{x}(u,v)=(v\cos u,v\sin u,bu).$$

此时，

$$E=\boldsymbol{x}'_u\cdot\boldsymbol{x}'_u=v^2+b^2,$$
$$F=\boldsymbol{x}'_u\cdot\boldsymbol{x}'_v=0\quad(u\text{ 线(圆柱螺线)与 }v\text{ 线(直线)正交}),$$
$$G=\boldsymbol{x}'_v\cdot\boldsymbol{x}'_v=1.$$

例 2.2.7（悬链面）　将 xOz 平面上的一条悬链线 $(x,z)=\left(a\operatorname{ch}\dfrac{v}{a},v\right)(a>0)$ 绕 z 轴旋转所形成的旋转曲面

$$\boldsymbol{x}(u,v)=\left(a\operatorname{ch}\frac{v}{a}\cos u,a\operatorname{ch}\frac{v}{a}\sin u,v\right),(u,v)\in(-\infty,+\infty)\times(-\infty,+\infty)$$

称为**悬链面**. 于是

$$E=\boldsymbol{x}'_u\cdot\boldsymbol{x}'_u=a^2\operatorname{ch}\frac{v}{a},$$
$$F=\boldsymbol{x}'_u\cdot\boldsymbol{x}'_v=0\quad(u\text{ 线与 }v\text{ 线正交}),$$
$$G=\boldsymbol{x}'_v\cdot\boldsymbol{x}'_v=\operatorname{ch}^2\frac{v}{a}.$$

例 2.2.8（切线面）　设 $\boldsymbol{a}(u)$ 为 $\mathbf{R}^3$ 中 C^1 曲线 C 的参数表示，称

$$\boldsymbol{x}(u,v)=\boldsymbol{a}(u)+v\boldsymbol{a}'(u)$$

为空间曲线 C 的**切线面**，它由空间曲线 C:$\boldsymbol{a}(u)$ 的每点的切线所组成，而曲线 C 称为这切线面的**脊线**. 如果 $\boldsymbol{a}(u)$ 是 C^2 的，则该曲面的单位法向量为

$$\boldsymbol{n}_0 = \operatorname{sgn} v \cdot \frac{\boldsymbol{a}''(u) \times \boldsymbol{a}'(u)}{|\boldsymbol{a}''(u) \times \boldsymbol{a}'(u)|}.$$

显然,C^2 正则曲线 $\boldsymbol{a}(u)$的曲率

$$\kappa(u) = \frac{|\boldsymbol{a}''(u) \times \boldsymbol{a}'(u)|}{|\boldsymbol{a}'(u)|^3} \neq 0$$

蕴涵着 $\boldsymbol{a}''(u)\times\boldsymbol{a}'(u)\neq\boldsymbol{0}$. 因此,切线面中除去脊线$(v=0)$$\boldsymbol{x}(u,0)$后的每一点都是切线面的正则点.

进一步,可参阅习题 2.5.14.

例 2.2.9 设 $\boldsymbol{a}(u)$为 $\mathbf{R}^3$ 中的 C^1 曲线,$\boldsymbol{l}(u)$为单位向量场,则称

$$\boldsymbol{x}(u,v) = \boldsymbol{a}(u) + v\boldsymbol{l}(u)$$

为**直纹面**,这时 v 曲线为一条直线,这些直线称为此直纹面的**母线**,而 $\boldsymbol{a}(u)$称为**准线或基线**. 如果 $\boldsymbol{l}(u)$是 C^1 的,则直纹面的单位法向量为

$$\boldsymbol{n}_0 = \frac{\boldsymbol{x}_u' \times \boldsymbol{x}_v'}{|\boldsymbol{x}_u' \times \boldsymbol{x}_v'|} = \frac{[\boldsymbol{a}'(u) + v\boldsymbol{l}'(u)] \times \boldsymbol{l}(u)}{|(\boldsymbol{a}'(u) + v\boldsymbol{l}'(u)) \times \boldsymbol{l}(u)|} \quad (\text{假定分母不为 } 0).$$

柱面、锥面、正螺面与切线面都是直纹面.

定义 2.2.1 如果沿着一个直纹面

$$\boldsymbol{x}(u,v) = \boldsymbol{a}(u) + v\boldsymbol{l}(u)$$

的母线(固定 u)的切平面都相同(因为母线上每一点切平面都包含该母线,故它们的切平面相同等价于它们的法向量平行),我们称这种直纹面为**可展曲面**.

定理 2.2.1 设 $\boldsymbol{a}(u)$,$\boldsymbol{l}(u)$为 $\mathbf{R}^n$ 中的 C^1 向量值函数,则

直纹面 $\boldsymbol{x}(u,v) = \boldsymbol{a}(u) + v\boldsymbol{l}(u)$ 为可展曲面 $\Leftrightarrow$ $(\boldsymbol{a}'(u),\boldsymbol{l}(u),\boldsymbol{l}'(u)) = 0$.

定理 2.2.2 在 $\mathbf{R}^3$ 中,

$\boldsymbol{x}(u,v)$ 为可展曲面 $\Leftrightarrow$ $\boldsymbol{x}(u,v)$ 为柱面、锥面,或切线面.

例 2.2.10 曲面

$$\begin{aligned}\boldsymbol{x}(u,v) &= \boldsymbol{a}(u) + v\boldsymbol{l}(u) = (u^2,0,0) + v(0,u+1,u) \\ &= (u^2, v(u+1), vu)\end{aligned}$$

为直纹面,但不是可展曲面.

例 2.2.11 单叶双曲面

$$\frac{x^2}{a^2} + \frac{y^2}{b^2} - \frac{z^2}{c^2} = 1$$

的参数表示为

$$\begin{aligned}\boldsymbol{x}(u,v) &= \boldsymbol{a}(u) + v\boldsymbol{l}(u) \\ &= (a\cos u, b\sin u, 0) + v(-a\sin u, b\cos u, c) \\ &= (a(\cos u - v\sin u), b(\sin u + v\cos u), cv),\end{aligned}$$

它为直纹面,但不是可展曲面.

2. 习题解答

2.2.1　证明:圆柱螺线 $\rho(v)=(\cos v,\sin v,v)$ 的切线曲面 M:

$$\boldsymbol{x}(u,v)=(\cos v-(u+v)\sin v,\sin v+(u+v)\cos v,u+2v)$$

为可展曲面.

证明　证法 1　圆柱螺线 $\boldsymbol{\rho}(v)=(\cos v,\sin v,v)$ 的切线曲面 M:

$$\tilde{\boldsymbol{x}}(u,v)=\boldsymbol{\rho}(v)+u\boldsymbol{\rho}'(v)=(\cos v,\sin v,v)+u(-\sin v,\cos v,1)$$

或

$$\begin{aligned}\boldsymbol{x}(u,v)&=\boldsymbol{\rho}(v)+(u+v)\boldsymbol{\rho}'(v)\\&=(\cos v,\sin v,v)+(u+v)(-\sin v,\cos v,1)\\&=(\cos v-(u+v)\sin v,\sin v+(u+v)\cos v,u+2v),\end{aligned}$$

因此

$$\boldsymbol{x}'_u=(-\sin v,\cos v,1),$$

$$\boldsymbol{x}'_v=(-(u+v)\cos v-2\sin v,-(u+v)\sin v+2\cos v,2).$$

$$\begin{aligned}\boldsymbol{x}'_u\times\boldsymbol{x}'_v&=\begin{vmatrix}\boldsymbol{e}_1&\boldsymbol{e}_2&\boldsymbol{e}_3\\-\sin v&\cos v&1\\-(u+v)\cos v-2\sin v&-(u+v)\sin v+2\cos v&2\end{vmatrix}\\&=\begin{vmatrix}\boldsymbol{e}_1&\boldsymbol{e}_2&\boldsymbol{e}_3\\-\sin v&\cos v&1\\-(u+v)\cos v&-(u+v)\sin v&0\end{vmatrix}\\&=(u+v)\begin{vmatrix}\boldsymbol{e}_1&\boldsymbol{e}_2&\boldsymbol{e}_3\\-\sin v&\cos v&1\\-\cos v&-\sin v&0\end{vmatrix}\\&=(u+v)(\sin v,-\cos v,1).\end{aligned}$$

于是单位法向量 $\boldsymbol{n}=(\sin v,-\cos v,1)$,故 u 曲线($v=$常数)是直母线,且沿着 u 曲线的单位法向量不变,从而根据定义 2.2.1,曲面 M 是可展的.

证法 2　根据定理 2.2.1 与

$$(\rho',\rho',\rho'')=0$$

知,M:$\tilde{\boldsymbol{x}}(u,v)=\boldsymbol{\rho}(v)+u\boldsymbol{\rho}'(v)$ 为可展曲面.　□

2.2.2　证明:曲面 M:

$$\boldsymbol{x}(u,v)=\left(u^2+\frac{v}{3},2u^3+uv,u^4+\frac{2u^2v}{3}\right)$$

为可展曲面.

证明 设

$$\boldsymbol{x}(u,v)=\boldsymbol{a}(u)+v\boldsymbol{l}(u)=(u^2,2u^3,u^4)+v\left(\frac{1}{3},u,\frac{2u^2}{3}\right),$$

它满足:

$$(\boldsymbol{a}',\boldsymbol{l},\boldsymbol{l}')=\begin{vmatrix}2u & 6u^2 & 4u^3\\ \frac{1}{3} & u & \frac{2u^2}{3}\\ 0 & 1 & \frac{4u}{3}\end{vmatrix}=\frac{4u^2}{9}\begin{vmatrix}1 & 3u & u\\ 1 & 3u & u\\ 0 & 3 & 2\end{vmatrix}=0,$$

根据定理 2.2.1,M 为可展曲面. □

2.2.3 证明:双曲抛物线(马鞍面)M:

$$\boldsymbol{x}(u,v)=(a(u+v),b(u-v),2uv)\quad(a>0,b>0)$$

$\left(\text{即}\frac{x^2}{a^2}-\frac{y^2}{b^2}=2z\text{ 为马鞍面}\right)$不是可展曲面.

证明 设

$$\boldsymbol{x}(u,v)=\boldsymbol{a}(u)+v\boldsymbol{l}(u)=(au,bu,0)+v(a,-b,2u),$$

它满足:

$$(\boldsymbol{a}',\boldsymbol{l},\boldsymbol{l}')=\begin{vmatrix}a & b & 0\\ a & -b & 2u\\ 0 & 0 & 2\end{vmatrix}=2\cdot\begin{vmatrix}a & b\\ a & -b\end{vmatrix}=-4ab\neq 0,$$

故根据定理 2.2.1,M 不是可展的. □

2.2.4 证明:圆柱螺线

$$\boldsymbol{\rho}(v)=(a\cos v,a\sin v,bv)\quad(a>0,\quad b>0)$$

的主法线曲面 M 是正螺面

$$\boldsymbol{x}(u,v)=(u\cos v,u\sin v,bv),$$

它不是可展曲面.

证明 (a) 计算得

$$\boldsymbol{\rho}(v)=(a\cos v,a\sin v,bv),$$

$$\boldsymbol{\rho}'(v)=(-a\sin v,a\cos v,b)=\boldsymbol{V}_1(v)\frac{\mathrm{d}s}{\mathrm{d}v}\quad(s\text{ 为圆柱螺线的弧长}),$$

$$\boldsymbol{V}_1(v)=\frac{1}{\sqrt{a^2+b^2}}(-a\sin v,a\cos v,b),\quad\frac{\mathrm{d}s}{\mathrm{d}v}=\sqrt{a^2+b^2},$$

$$\kappa \mathbf{V}_3(v)\frac{\mathrm{d}s}{\mathrm{d}v}=\frac{\mathrm{d}\mathbf{V}_1}{\mathrm{d}s}\cdot\frac{\mathrm{d}s}{\mathrm{d}v}=\mathbf{V}'_1(v)=\frac{1}{\sqrt{a^2+b^2}}(-a\cos v,-a\sin v,0),$$

$$\mathbf{V}_2(v)=(-\cos v,-\sin v,0).$$

主法线曲面 M 为

$$\begin{aligned}\tilde{\boldsymbol{x}}(w,v)&=\boldsymbol{\rho}(v)+w\mathbf{V}_2(v)=(a\cos v,a\sin v,bv)+w(-\cos v,-\sin v,0)\\&=(0,0,bv)+(a-w)(\cos v,\sin v,0)\quad(\text{令 } u=a-w)\\&=(0,0,bv)+u(\cos v,\sin v,0)\quad(=\boldsymbol{a}(v)+u\boldsymbol{l}(v))\\&=(u\cos v,u\sin v,bv)=\boldsymbol{x}(u,v)\quad(\text{正螺面}).\end{aligned}$$

(b) 由于

$$(\boldsymbol{a}',\boldsymbol{l},\boldsymbol{l}')=\begin{vmatrix}0&0&b\\\cos v&\sin v&0\\-\sin v&\cos v&0\end{vmatrix}=b\begin{vmatrix}\cos v&\sin v\\-\sin v&\cos v\end{vmatrix}=b\neq0,$$

故根据定理 2.2.1,M 不是可展曲面. □

2.2.5　证明:正螺面 M:

$$\boldsymbol{x}(u,v)=(u\cos v,u\sin v,bv+c)\quad(b\neq0,b,c\text{ 为常数})$$

不是可展曲面.

证明　设

$$\boldsymbol{x}(u,v)=\boldsymbol{a}(v)+u\boldsymbol{l}(v)=(0,0,bv+c)+u(\cos v,\sin v,0),$$

它满足:

$$(\boldsymbol{a}',\boldsymbol{l},\boldsymbol{l}')=\begin{vmatrix}0&0&b\\\cos v&\sin v&0\\-\sin v&\cos v&0\end{vmatrix}=b\begin{vmatrix}\cos v&\sin v\\-\sin v&\cos v\end{vmatrix}=b\neq0.$$

故根据定理 2.2.1,M 不是可展曲面. □

2.2.6　证明:挠曲线($\tau(s)\neq0$)或非平面曲线($\tau(s)\not\equiv0$)的主法线曲面与从法线曲面都不是可展曲面.

证明　证法1　设 s 为挠曲线 $\boldsymbol{a}(s)$ 的弧长参数. 对于主法线曲面 M,

$$\begin{aligned}&\boldsymbol{x}(s,\lambda)=\boldsymbol{a}(s)+\lambda\kappa(s)\mathbf{V}_2(s)=\boldsymbol{a}(s)+\lambda\boldsymbol{a}''(s)=\boldsymbol{a}(s)+\lambda\boldsymbol{l}(s),\\&(\boldsymbol{a}',\boldsymbol{l},\boldsymbol{l}')=(\boldsymbol{a}',\boldsymbol{a}'',\boldsymbol{a}''')=(\mathbf{V}_1,\kappa\mathbf{V}_2,\kappa'\mathbf{V}_2+\kappa(-\kappa\mathbf{V}_1+\tau\mathbf{V}_3))\\&\qquad=\kappa^2\tau(\mathbf{V}_1,\mathbf{V}_2,\mathbf{V}_3)=\kappa^2\tau\neq0\quad(\text{或}\not\equiv0).\end{aligned}$$

对于从法线曲面 $\widetilde{M}$,

$$\begin{aligned}\tilde{\boldsymbol{x}}(s,\lambda)&=\boldsymbol{a}(s)+\lambda\boldsymbol{a}'(s)\times\boldsymbol{a}''(s)=\boldsymbol{a}(s)+\lambda\mathbf{V}_1(s)\times\kappa(s)\mathbf{V}_2(s)\\&=\boldsymbol{a}(s)+\lambda\kappa(s)\mathbf{V}_3(s)=\boldsymbol{a}(s)+\lambda\tilde{\boldsymbol{l}}(s),\end{aligned}$$

$$(\boldsymbol{a}',\tilde{\boldsymbol{l}},\tilde{\boldsymbol{l}}')=(\boldsymbol{a}',\boldsymbol{a}'\times\boldsymbol{a}'',(\boldsymbol{a}'\times\boldsymbol{a}'')')$$

$$
\begin{aligned}
&= (\boldsymbol{a}',\boldsymbol{a}'\times\boldsymbol{a}'',\boldsymbol{a}''\times\boldsymbol{a}''+\boldsymbol{a}'\times\boldsymbol{a}''')\\
&= (\boldsymbol{a}',\boldsymbol{a}'\times\boldsymbol{a}'',\boldsymbol{a}'\times\boldsymbol{a}''')\\
&= (\boldsymbol{V}_1,\boldsymbol{V}_1\times(\kappa\boldsymbol{V}_2),\boldsymbol{V}_1\times[\kappa'\boldsymbol{V}_2+\kappa(-\kappa\boldsymbol{V}_1+\tau\boldsymbol{V}_3)])\\
&= (\boldsymbol{V}_1,\kappa\boldsymbol{V}_3,\kappa'\boldsymbol{V}_3+\kappa\tau(-\boldsymbol{V}_2)) = -\kappa^2\tau(\boldsymbol{V}_1,\boldsymbol{V}_3,\boldsymbol{V}_2)\\
&= \kappa^2\tau(\boldsymbol{V}_1,\boldsymbol{V}_2,\boldsymbol{V}_3) = \kappa^2\tau\neq 0\quad(\text{或}\not\equiv 0).
\end{aligned}
$$

综合上述,根据定理2.2.1,主法线曲面与从法线曲面都不是可展曲面.

证法2　应用4个向量的三重外积公式:

$$
\begin{aligned}
(\boldsymbol{r}_1\times\boldsymbol{r}_2)\times(\boldsymbol{r}_3\times\boldsymbol{r}_4) &= (\boldsymbol{r}_1,\boldsymbol{r}_3,\boldsymbol{r}_4)\boldsymbol{r}_2-(\boldsymbol{r}_2,\boldsymbol{r}_3,\boldsymbol{r}_4)\boldsymbol{r}_1\\
&= (\boldsymbol{r}_1,\boldsymbol{r}_2,\boldsymbol{r}_4)\boldsymbol{r}_3-(\boldsymbol{r}_1,\boldsymbol{r}_2,\boldsymbol{r}_3)\boldsymbol{r}_4,
\end{aligned}
$$

有

$$
\begin{aligned}
(\boldsymbol{a}',\tilde{\boldsymbol{l}},\tilde{\boldsymbol{l}}') &= (\boldsymbol{a}',\boldsymbol{a}'\times\boldsymbol{a}'',\boldsymbol{a}'\times\boldsymbol{a}''')\\
&= \boldsymbol{a}'\cdot[(\boldsymbol{a}'\times\boldsymbol{a}'')\times(\boldsymbol{a}'\times\boldsymbol{a}''')]\\
&= \boldsymbol{a}'[(\boldsymbol{a}',\boldsymbol{a}',\boldsymbol{a}''')\boldsymbol{a}''-(\boldsymbol{a}'',\boldsymbol{a}',\boldsymbol{a}''')\boldsymbol{a}']\\
&= (\boldsymbol{a}',\boldsymbol{a}'',\boldsymbol{a}''')\cdot\boldsymbol{a}'^2 = (\boldsymbol{a}',\boldsymbol{a}'',\boldsymbol{a}''')\\
&= \kappa^2\tau\neq 0\quad(\text{或}\not\equiv 0).
\end{aligned}
$$

这就推得从法线曲面不是可展曲面. □

2.2.7　验证:Möbius 带 M:

$$
\begin{aligned}
\boldsymbol{x}(\theta,v) &= \boldsymbol{a}(\theta)+v\boldsymbol{l}(\theta)\\
&= (\cos\theta,\sin\theta,0)+v\left(\sin\frac{\theta}{2}\cos\theta,\sin\frac{\theta}{2}\sin\theta,\cos\frac{\theta}{2}\right)
\end{aligned}
$$

$$
\left(-\pi<\theta<\pi,-\frac{1}{2}<v<\frac{1}{2}\right)
$$

为直纹面.它是可展曲面吗?

证明　因为固定 θ 时,

$$
\boldsymbol{x}(\theta,v) = \boldsymbol{a}(\theta)+v\boldsymbol{l}(\theta)
$$

是过点 $\boldsymbol{a}(\theta)$、以 $\boldsymbol{l}(\theta)$ 为方向的直线,所以 Möbius 带 M 为直纹面.又因为

$$
(\boldsymbol{a}'(\theta),\boldsymbol{l}(\theta),\boldsymbol{l}'(\theta))\Big|_{\theta=0}
$$

$$
= \begin{vmatrix}
-\sin\theta & \cos\theta & 0\\
\sin\frac{\theta}{2}\cos\theta & \sin\frac{\theta}{2}\sin\theta & \cos\frac{\theta}{2}\\
\frac{1}{2}\cos\frac{\theta}{2}\cos\theta-\sin\frac{\theta}{2}\sin\theta & \frac{1}{2}\cos\frac{\theta}{2}\sin\theta+\sin\frac{\theta}{2}\cos\theta & -\frac{1}{2}\sin\frac{\theta}{2}
\end{vmatrix}_{\theta=0}
$$

$$= \begin{vmatrix} 0 & 1 & 0 \\ 0 & 0 & 1 \\ \frac{1}{2} & 0 & 0 \end{vmatrix} = \frac{1}{2} \neq 0,$$

故根据定理 2.2.1 知，Möbius 带 M 不是可展曲面. □

2.2.8　证明：旋转双曲面 M：

$$x^2 + y^2 - z^2 = 1$$

是直纹面，但不是可展曲面，其参数表示为

$$\boldsymbol{x}(u,v) = (\cos u - v\sin u, \sin u + v\cos u, v).$$

证明　因为固定 u 时，

$$\boldsymbol{x}(u,v) = \boldsymbol{a}(u) + v\boldsymbol{l}(u) = (\cos u, \sin u, 0) + v(-\sin u, \cos u, 1)$$

是过点 $\boldsymbol{a}(u)$、以 $\boldsymbol{l}(u)$ 为方向的直线，所以 M 为直纹面. 又因为

$$(\boldsymbol{a}', \boldsymbol{l}, \boldsymbol{l}') = \begin{vmatrix} -\sin u & \cos u & 0 \\ -\sin u & \cos u & 1 \\ -\cos u & -\sin u & 0 \end{vmatrix} = -\begin{vmatrix} -\sin u & \cos u \\ -\cos u & -\sin u \end{vmatrix} = -1 \neq 0,$$

故根据定理 2.2.1，直纹面 M 不是可展曲面. □

2.2.9　证明：马鞍面 M：$z = xy$ 为直纹面，但不是可展曲面，其参数表示为

$$\boldsymbol{x}(u,v) = (u, v, uv).$$

证明　因为固定 u 时，

$$\boldsymbol{x}(u,v) = \boldsymbol{a}(u) + v\boldsymbol{l}(u) = (u, 0, 0) + v(0, 1, u)$$

是过点 $\boldsymbol{a}(u)$、以 $\boldsymbol{l}(u)$ 为方向的直线，故 M 为直纹面. 又因为

$$(\boldsymbol{a}', \boldsymbol{l}, \boldsymbol{l}') = \begin{vmatrix} 1 & 0 & 0 \\ 0 & 1 & u \\ 0 & 0 & 1 \end{vmatrix} = 1 \neq 0,$$

故根据定理 2.2.1，M 不是可展曲面. □

2.3　曲面的第 1 基本形式、第 2 基本形式

1. 知识要点

定义 2.3.1　设 M 为 $\mathbf{R}^n$ 中的 m 维 C^1 正则曲面，$\boldsymbol{x}(u) = \boldsymbol{x}(u^1, u^2, \cdots, x^m)$ 为其

参数表示，

$$g_{ij}=\langle \boldsymbol{x}'_{u^i},\boldsymbol{x}'_{u^j}\rangle=\boldsymbol{x}'_{u^i}\cdot\boldsymbol{x}'_{u^j},$$

第1基本形式为

$$I=\mathbf{d}\boldsymbol{x}\cdot\mathrm{d}\boldsymbol{x}=\sum_{i=1}^{m}\boldsymbol{x}'_{u^i}\,\mathrm{d}u^i\cdot\sum_{j=1}^{m}\boldsymbol{x}'_{u^j}\,\mathrm{d}u^j=\sum_{i,j=1}^{m}g_{ij}\,\mathrm{d}u^i\mathrm{d}u^j,$$

其中(g_{ij})为正定矩阵.

C^1 曲线 $C:\boldsymbol{x}(u(t))=\boldsymbol{x}(u^1(t),u^2(t),\cdots,u^m(t))$从 $\boldsymbol{x}(\boldsymbol{u}(a))$到 $\boldsymbol{x}(\boldsymbol{u}(b))$的弧长为

$$L=\int_a^b|\boldsymbol{x}'_t|\,\mathrm{d}t=\int_a^b\left(\sum_{i,j=1}^{m}g_{ij}\frac{\mathrm{d}u^i}{\mathrm{d}t}\frac{\mathrm{d}u^j}{\mathrm{d}t}\right)^{\frac{1}{2}}\mathrm{d}t,$$

或

$$L=\int_a^b|\mathrm{d}\boldsymbol{x}|=\int_a^b\left(\sum_{i,j=1}^{m}g_{ij}\,\mathrm{d}u^i\mathrm{d}u^j\right)^{\frac{1}{2}}=\int_a^b\left(\sum_{i,j=1}^{m}g_{ij}\frac{\mathrm{d}u^i}{\mathrm{d}t}\frac{\mathrm{d}u^j}{\mathrm{d}t}\right)^{\frac{1}{2}}\mathrm{d}t.$$

两条 C^1 曲线 $\boldsymbol{x}(\boldsymbol{u}(t))$与 $\boldsymbol{x}(\tilde{\boldsymbol{u}}(\tilde{t}))$在交点 $\boldsymbol{x}(\boldsymbol{u}(t_0))=\boldsymbol{x}(\tilde{\boldsymbol{u}}(\tilde{t}_0))$处的交(夹)角余弦为

$$\cos\theta=\frac{\displaystyle\sum_{i,j=1}^{m}g_{ij}(\boldsymbol{u}(t_0))\frac{\mathrm{d}u^i}{\mathrm{d}t}(t_0)\frac{\mathrm{d}\tilde{u}^j}{\mathrm{d}\tilde{t}}(\tilde{t}_0)}{\sqrt{\displaystyle\sum_{i,j=1}^{m}g_{ij}(\boldsymbol{u}(t_0))\frac{\mathrm{d}u^i}{\mathrm{d}t}(t_0)\frac{\mathrm{d}u^j}{\mathrm{d}t}(t_0)}\sqrt{\displaystyle\sum_{i,j=1}^{m}g_{ij}(\boldsymbol{u}(t_0))\frac{\mathrm{d}\tilde{u}^i}{\mathrm{d}t}(t_0)\frac{\mathrm{d}\tilde{u}^j}{\mathrm{d}t}(t_0)}}.$$

M上m **维体积元为**

$$\mathrm{d}\sigma=\sqrt{|(g_{ij})|}\,\mathrm{d}u^1\cdots\mathrm{d}u^m.$$

m维体积为($\mathscr{D}=\boldsymbol{x}(D)$)

$$\int_{\mathscr{D}}\mathrm{d}v=\int_D\sqrt{|(g_{ij})|}\,\mathrm{d}u^1\cdots\mathrm{d}u^m.$$

例 2.3.1 当$m=1,u^1=t$,1维体积元就是弧长元：

$$\mathrm{d}s=g_{11}\mathrm{d}u^1=|\boldsymbol{x}'_{u^1}|\,\mathrm{d}u^1=|\boldsymbol{x}'_t|\,\mathrm{d}t.$$

当$m=2$时,$u^1=u,u^2=v$,

$$E=g_{11}=\boldsymbol{x}'_u\cdot\boldsymbol{x}'_u,\quad F=g_{12}=g_{21}=\boldsymbol{x}'_u\cdot\boldsymbol{x}'_v,\quad G=g_{22}=\boldsymbol{x}'_v\cdot\boldsymbol{x}'_v,$$

面积元

$$\mathrm{d}\sigma=\sqrt{EG-F^2}\,\mathrm{d}u\mathrm{d}v=|\boldsymbol{x}'_u\times\boldsymbol{x}'_v|\,\mathrm{d}u\mathrm{d}v.$$

$$A=\iint_{\mathscr{D}}\mathrm{d}\sigma=\iint_D|\boldsymbol{x}'_u\times\boldsymbol{x}'_v|\,\mathrm{d}u\mathrm{d}v=\iint_D\sqrt{EG-F^2}\,\mathrm{d}u\mathrm{d}v.$$

定义 2.3.2 设

$$\begin{cases} \tilde{u}^1 = \tilde{u}^1(u^1, u^2, \cdots, u^m), \\ \tilde{u}^2 = \tilde{u}^2(u^1, u^2, \cdots, u^m), \\ \cdots, \\ \tilde{u}^m = \tilde{u}^m(u^1, u^2, \cdots, u^m) \end{cases}$$

为 $\mathbf{R}^n$ 中 m 维 C^1 正则曲面 M 上的 C^1 **参数变换**，其 Jacobi 行列式

$$\frac{\partial(\tilde{u}^1, \tilde{u}^2, \cdots, \tilde{u}^m)}{\partial(u^1, u^2, \cdots, u^m)} \neq 0,$$

则第 1 基本形式系数变换公式为

$$\tilde{g}_{sk} = \sum_{i,j=1}^{m} g_{ij} \frac{\partial u^i}{\partial \tilde{u}^s} \frac{\partial u^j}{\partial \tilde{u}^k}, \quad 即 \quad (\tilde{g}_{sk}) = \left(\frac{\partial u^i}{\partial \tilde{u}^s}\right)(g_{ij})\left(\frac{\partial u^j}{\partial \tilde{u}^k}\right)^{\mathrm{T}}.$$

引理 2.3.1　第 1 基本形式与参数变换的参数的选择无关.

定理 2.3.1　m 维体积与参数的选取无关.

定义 2.3.3　设 $L_{ij}(\boldsymbol{u}) = \boldsymbol{x}''_{u^iu^j}(\boldsymbol{u}) \cdot \boldsymbol{n}(\boldsymbol{u})$，则 $L_{ij}(\boldsymbol{u}) = L_{ji}(\boldsymbol{u})$，并称

$$II = \sum_{i,j=1}^{n-1} L_{ij} \mathrm{d}u^i \mathrm{d}u^j$$

为 $\mathbf{R}^n$ 中 $n-1$ 维 C^3 正则曲面 M 的**第 2 基本形式**.

引理 2.3.2　第 2 基本形式与参数变换的参数选择无关.

注 2.3.1　$\det(\tilde{L}_{sm}(\tilde{\boldsymbol{u}})) = \left[\det\left(\frac{\partial u^i}{\partial \tilde{u}^s}\right)\right]^2 \det(L_{ij}(\boldsymbol{u}))$.

特别地，当 $n=3$ 时，

$$\tilde{L}\tilde{N} - \tilde{M}^2 = \left[\frac{\partial(u,v)}{\partial(\tilde{u},\tilde{v})}\right]^2 (LN - M^2).$$

定理 2.3.3　(1) 设 M 为 $\mathbf{R}^n$ 中的 k 维 C^1 正则曲面，$u^1, u^2, \cdots, u^k$ 为其参数，$\boldsymbol{x}(u^1, u^2, \cdots, u^k)$ 为 M 的参数表示，$\tilde{M}$ 为 M 在 $\tilde{\boldsymbol{x}} = \boldsymbol{x}\boldsymbol{A} + \boldsymbol{b}$（$\boldsymbol{A}$ 为正交矩阵）下的 k 维 C^1 正则曲面，则第 1 基本形式在此变换下不变，即 $\tilde{I} = I$.

(2) 在(1)中，如果 $k = n-1$，M 为 C^2 正则曲面，则第 2 基本形式在刚性运动 $\tilde{\boldsymbol{x}} = \boldsymbol{x}\boldsymbol{A} + \boldsymbol{b}$（$\boldsymbol{A}$ 为正交矩阵，且 $\det \boldsymbol{A} = 1$）下不变，即 $\widetilde{II} = II$.

(3) 在(2)中，如果 $\det \boldsymbol{A} = -1$，则 $\widetilde{II} = -II$.

2. 习题解答

2.3.1　求下列曲面 M 的第 1 基本形式和第 2 基本形式 I, II：

(1) 椭球面：$\frac{x^2}{a^2} + \frac{y^2}{b^2} + \frac{z^2}{c^2} = 1\ (a>0, b>0, c>0)$，参数表示为

$$\boldsymbol{x}(\varphi, \theta) = (a\cos\varphi\cos\theta, b\cos\varphi\sin\theta, c\sin\varphi);$$

(2) 单叶双曲面:$\frac{x^2}{a^2}+\frac{y^2}{b^2}-\frac{z^2}{c^2}=1(a>0,b>0,c>0)$,参数表示为

$$\boldsymbol{x}(u,v)=(a\operatorname{ch}u\cos v,b\operatorname{ch}u\sin v,c\operatorname{sh}u);$$

(3) 双叶双曲面:$\frac{x^2}{a^2}-\frac{y^2}{b^2}-\frac{z^2}{c^2}=1(a>0,b>0,c>0)$,参数表示为

$$\boldsymbol{x}(u,v)=(a\operatorname{ch}u,b\operatorname{sh}u\cos v,c\operatorname{sh}u\sin v);$$

(4) 椭圆抛物面:$z=\frac{1}{2}\left(\frac{x^2}{a^2}+\frac{y^2}{b^2}\right)(a>0,b>0)$,参数表示为

$$\boldsymbol{x}(u,v)=\left(u,v,\frac{1}{2}\left(\frac{u^2}{a^2}+\frac{v^2}{b^2}\right)\right);$$

(5) 双曲抛物线:$z=\frac{1}{2}\left(\frac{x^2}{a^2}-\frac{y^2}{b^2}\right)(a>0,b>0)$,参数表示为

$$\boldsymbol{x}(u,v)=(a(u+v),b(u-v),2uv);$$

(6) 劈锥曲面:$\boldsymbol{x}(u,v)=(u\cos v,u\sin v,\varphi(v))$,$\varphi$ 为 C^1 函数;

(7) $\frac{x^2}{a^2}+\frac{y^2}{b^2}=2z$,参数表示为

$$\boldsymbol{x}(u,v)=(a(u+v),b(u-v),u^2+v^2).$$

解 (1) $\boldsymbol{x}'_\varphi=(-a\sin\varphi\cos\theta,-b\sin\varphi\sin\theta,c\cos\varphi)$,

$\boldsymbol{x}'_\theta=(-a\cos\varphi\sin\theta,b\cos\varphi\cos\theta,0)$.

$E=\boldsymbol{x}'_\varphi\cdot\boldsymbol{x}'_\varphi=a^2\sin^2\varphi\cos^2\theta+b^2\sin^2\varphi\sin^2\theta+c^2\cos^2\varphi$,

$$\begin{aligned}F=\boldsymbol{x}'_\varphi\cdot\boldsymbol{x}'_\theta&=a^2\sin\varphi\cos\varphi\sin\theta\cos\theta-b^2\sin\varphi\cos\varphi\sin\theta\cos\theta\\&=\frac{1}{4}(a^2-b^2)\sin2\varphi\sin2\theta,\end{aligned}$$

$G=\boldsymbol{x}'_\theta\cdot\boldsymbol{x}'_\theta=a^2\cos^2\varphi\sin^2\theta+b^2\cos^2\varphi\cos^2\theta$.

$$\begin{aligned}I&=E\mathrm{d}\varphi^2+2F\mathrm{d}\varphi\mathrm{d}\theta+G\mathrm{d}\theta^2\\&=(a^2\sin^2\varphi\cos^2\theta+b^2\sin^2\varphi\sin^2\theta+c^2\cos^2\varphi)\mathrm{d}\varphi^2\\&\quad+\frac{1}{2}(a^2-b^2)\sin2\varphi\cos2\varphi\mathrm{d}\varphi\mathrm{d}\theta+(a^2\sin^2\theta+b^2\cos^2\theta)\cos^2\varphi\mathrm{d}\theta^2.\end{aligned}$$

$$\begin{aligned}\boldsymbol{x}'_\varphi\times\boldsymbol{x}'_\theta&=\begin{vmatrix}\boldsymbol{e}_1&\boldsymbol{e}_2&\boldsymbol{e}_3\\-a\sin\varphi\cos\theta&-b\sin\varphi\sin\theta&c\cos\varphi\\-a\cos\varphi\sin\theta&b\cos\varphi\cos\theta&0\end{vmatrix}\\&=(-bc\cos^2\varphi\cos\theta,-ac\cos^2\varphi\sin\theta,-ab\sin\varphi\cos\varphi)\\&=-abc\cdot\cos\varphi\left(\frac{\cos\varphi\cos\theta}{a},\frac{\cos\varphi\sin\theta}{b},\frac{\sin\varphi}{c}\right).\end{aligned}$$

$\boldsymbol{x}''_{\varphi\varphi}=(-a\cos\varphi\cos\theta,-b\cos\varphi\sin\theta,-c\sin\varphi)=-\boldsymbol{x}$,

$$x''_{\varphi\theta}-(a\sin\varphi\sin\theta,-b\sin\varphi\cos\theta,0)=-\tan\varphi\cdot x'_{\theta},$$

$$x''_{\theta\theta}=(-a\cos\varphi\cos\theta,-b\cos\varphi\sin\theta,0)=-\cos\varphi(a\cos\theta,b\sin\theta,0).$$

$$L=x''_{\varphi\varphi}\cdot n=\frac{1}{\sqrt{g}}(\cos^2\varphi\cos^2\theta+\cos^2\varphi\sin^2\theta+\sin^2\varphi)=\frac{1}{\sqrt{g}},$$

$$M=x''_{\varphi\theta}\cdot n=0,$$

$$N=x''_{\theta\theta}\cdot n=\frac{1}{\sqrt{g}}\cos^2\varphi.$$

$$II=L\mathrm{d}\varphi^2+2M\mathrm{d}\varphi\mathrm{d}\theta+N\mathrm{d}\theta^2=\frac{1}{\sqrt{g}}(\mathrm{d}\varphi^2+\cos^2\varphi\mathrm{d}\theta^2),$$

其中

$$g=\frac{\cos^2\varphi\cos^2\theta}{a^2}+\frac{\cos^2\varphi\sin^2\theta}{b^2}+\frac{\sin^2\varphi}{c^2},$$

$n=\dfrac{x'_{\varphi}\times x'_{\theta}}{|x'_{\varphi}\times x'_{\theta}|}$为单位法向量.

(2) $x'_u=(a\mathrm{sh}\,u\cos v,b\mathrm{sh}\,u\sin v,c\cdot\mathrm{ch}\,u)$,

$$x'_v=(-a\mathrm{ch}\,u\cdot\sin v,b\mathrm{ch}\,u\cdot\cos v,0).$$

$$E=x'_u\cdot x'_u=a^2\mathrm{sh}^2u\cos^2v+b^2\mathrm{sh}^2u\sin^2v+c^2\mathrm{ch}^2u,$$

$$F=x'_u\cdot x'_v=-a^2\mathrm{sh}\,u\mathrm{ch}\,u\sin v\cos v+b^2\mathrm{sh}\,u\mathrm{ch}\,u\sin v\cos v$$

$$=\frac{b^2-a^2}{4}\mathrm{sh}\,2u\cdot\sin 2v,$$

$$G=x'_v\cdot x'_v=a^2\mathrm{ch}^2u\sin^2v+b^2\mathrm{ch}^2u\cos^2v.$$

$$I=E\mathrm{d}u^2+2F\mathrm{d}u\mathrm{d}v+G\mathrm{d}v^2$$

$$=(a^2\mathrm{sh}^2u\cos^2v+b^2\mathrm{sh}^2u\sin^2v+c^2\mathrm{ch}^2u)\mathrm{d}u^2$$

$$+\frac{b^2-a^2}{2}\mathrm{sh}\,2u\cdot\sin 2v\mathrm{d}u\mathrm{d}v+(a^2\mathrm{ch}^2u\sin^2v+b^2\mathrm{ch}^2u\cos^2u)\mathrm{d}v^2.$$

$$x'_u\times x'_v=\begin{vmatrix} e_1 & e_2 & e_3\\ a\mathrm{sh}\,u\cos v & b\mathrm{sh}\,u\sin v & c\mathrm{ch}\,u\\ -a\mathrm{ch}\,u\sin v & b\mathrm{ch}\,u\cos v & 0\end{vmatrix}$$

$$=(-bc\mathrm{ch}^2u\cos v,-ac\mathrm{ch}^2u\sin v,ab\mathrm{sh}\,u\mathrm{ch}\,u)$$

$$=\mathrm{ch}\,u(-bc\mathrm{ch}\,u\cos v,-ac\mathrm{ch}\,u\sin v,ab\mathrm{sh}\,u),$$

$$x''_{uu}=(a\mathrm{ch}\,u\cos v,b\cdot\mathrm{ch}\,u\sin v,c\mathrm{sh}\,u)=x,$$

$$x''_{uv}=(-a\mathrm{sh}\,u\sin v,b\mathrm{sh}\,u\cos v,0),$$

$$x''_{vv}=(-a\mathrm{ch}\,u\cos v,-b\mathrm{ch}\,u\sin v,0).$$

$$L = \boldsymbol{x}''_{uu}\cdot\boldsymbol{n} = \frac{abc}{\sqrt{g}}(-\mathrm{ch}^2 u\cos^2 v - \mathrm{ch}^2 u\sin^2 v + \mathrm{sh}^2 u) = -\frac{abc}{\sqrt{g}},$$

$$M = \boldsymbol{x}''_{uv}\cdot\boldsymbol{n} = 0,$$

$$N = \boldsymbol{x}''_{vv}\cdot\boldsymbol{n} = \frac{abc}{\sqrt{g}}(\mathrm{ch}^2 u\cos^2 v + \mathrm{ch}^2 u\sin^2 v) = \frac{abc}{\sqrt{g}}\mathrm{ch}^2 u.$$

$$II = L\mathrm{d}u^2 + 2M\mathrm{d}u\mathrm{d}v + N\mathrm{d}v^2 = \frac{abc}{\sqrt{g}}(-\mathrm{d}u^2 + \mathrm{ch}^2 u\mathrm{d}v^2),$$

其中

$$g = b^2c^2\mathrm{ch}^2 u\cos^2 v + a^2c^2\mathrm{ch}^2 u\sin^2 v + a^2b^2\mathrm{sh}^2 u,$$

$\boldsymbol{n}=\dfrac{\boldsymbol{x}'_u\times\boldsymbol{x}'_v}{|\boldsymbol{x}'_u\times\boldsymbol{x}'_v|}$为单位法向量.

(3) $\boldsymbol{x}'_u = (a\mathrm{sh}\, u, b\mathrm{ch}\, u\cos v, c\mathrm{ch}\, u\sin v)$,

$\boldsymbol{x}'_v = (0, -b\mathrm{sh}\, u\sin v, c\mathrm{sh}\, u\cos v)$.

$$E = \boldsymbol{x}'_u\cdot\boldsymbol{x}'_u = a^2\mathrm{sh}^2 u + b^2\mathrm{ch}^2 u\cos^2 v + c^2\mathrm{ch}^2 u\sin^2 v,$$

$$F = \boldsymbol{x}'_u\cdot\boldsymbol{x}'_v = -b^2\mathrm{sh}\, u\mathrm{ch}\, u\sin v\cos v + c^2\mathrm{sh}\, u\mathrm{ch}\, u\sin v\cos v$$
$$= \frac{c^2-b^2}{4}\mathrm{sh}\, 2u\sin 2v,$$

$$G = \boldsymbol{x}'_v\cdot\boldsymbol{x}'_v = b^2\mathrm{sh}^2 u\sin^2 v + c^2\mathrm{sh}^2 u\cos^2 v.$$

$$I = E\mathrm{d}u^2 + 2F\mathrm{d}u\mathrm{d}v + G\mathrm{d}v^2$$
$$= (a^2\mathrm{sh}^2 u + b^2\mathrm{ch}^2 u\cos^2 v + c^2\mathrm{ch}^2 u\sin^2 v)\mathrm{d}u^2$$
$$+ \frac{c^2-b^2}{2}\mathrm{sh}\, 2u\sin 2v\mathrm{d}u\mathrm{d}v + (b^2\mathrm{sh}^2 u\sin^2 v + c^2\mathrm{sh}^2 u\cos^2 v)\mathrm{d}v^2,$$

$$\boldsymbol{x}'_u\times\boldsymbol{x}'_v = \begin{vmatrix} \boldsymbol{e}_1 & \boldsymbol{e}_2 & \boldsymbol{e}_3 \\ a\mathrm{sh}\, u & b\mathrm{ch}\, u\cos u & c\mathrm{ch}\, u\sin u \\ 0 & -b\mathrm{sh}\, u\sin v & c\mathrm{sh}\, u\cos v \end{vmatrix}$$
$$= (bc\,\mathrm{sh}\, u\mathrm{ch}\, u, -ac\,\mathrm{sh}^2 u\cos v, -ab\,\mathrm{sh}^2 u\sin v)$$
$$= \mathrm{sh}\, u(bc\,\mathrm{ch}\, u, -ac\,\mathrm{sh}\, u\cos v, -ab\,\mathrm{sh}\, u\sin v),$$

$$\boldsymbol{x}''_{uu} = (a\mathrm{ch}\, u, b\mathrm{sh}\, u\cos v, c\mathrm{sh}\, u\sin v),$$

$$\boldsymbol{x}''_{uv} = (0, -b\mathrm{ch}\, u\sin v, c\mathrm{ch}\, u\cos v),$$

$$\boldsymbol{x}''_{vv} = (0, -b\mathrm{sh}\, u\cos v, -c\mathrm{sh}\, u\sin v).$$

$$L = \boldsymbol{x}''_{uu}\cdot\boldsymbol{n} = \frac{abc}{\sqrt{g}}(\mathrm{ch}^2 u - \mathrm{sh}^2 u\cos^2 v - \mathrm{sh}^2 u\sin^2 v)$$
$$= \frac{abc}{\sqrt{g}}(\mathrm{ch}^2 u - \mathrm{sh}^2 u) = \frac{abc}{\sqrt{g}},$$

$$M=\boldsymbol{x}''_{uv}\cdot\boldsymbol{n}=0,$$

$$N=\boldsymbol{x}''_{vv}\cdot\boldsymbol{n}=\frac{abc}{\sqrt{g}}\mathrm{sh}^2 u,$$

$$II=L\mathrm{d}u^2+2M\mathrm{d}u\mathrm{d}v+N\mathrm{d}v^2=\frac{abc}{\sqrt{g}}(\mathrm{d}u^2+\mathrm{sh}^2 u\mathrm{d}v^2),$$

其中

$$g=b^2c^2\cdot\mathrm{ch}^2 u+a^2c^2\cdot\mathrm{sh}^2 u\cos^2 v+a^2b^2\mathrm{sh}^2 u\sin^2 v,$$

$\boldsymbol{n}=\dfrac{\boldsymbol{x}'_u\times\boldsymbol{x}'_v}{|\boldsymbol{x}'_u\times\boldsymbol{x}'_v|}$为单位法向量.

(4) $\boldsymbol{x}'_u=\left(1,0,\dfrac{u}{a^2}\right),\boldsymbol{x}'_v=\left(0,1,\dfrac{v}{b^2}\right)$.

$$E=\boldsymbol{x}'_u\cdot\boldsymbol{x}'_u=1+\frac{u^2}{a^4},$$

$$F=\boldsymbol{x}'_u\cdot\boldsymbol{x}'_v=\frac{uv}{a^2b^2},$$

$$G=\boldsymbol{x}'_v\cdot\boldsymbol{x}'_v=1+\frac{v^2}{b^4}.$$

$$\begin{aligned}I&=E\mathrm{d}u^2+2F\mathrm{d}u\mathrm{d}v+G\mathrm{d}v^2\\&=\left(1+\frac{u^2}{a^4}\right)\mathrm{d}u^2+\frac{2uv}{a^2b^2}\mathrm{d}u\mathrm{d}v+\left(1+\frac{v^2}{b^4}\right)\mathrm{d}v^2.\end{aligned}$$

$$\boldsymbol{x}'_u\times\boldsymbol{x}'_v=\begin{vmatrix}\boldsymbol{e}_1&\boldsymbol{e}_2&\boldsymbol{e}_3\\1&0&\dfrac{u}{a^2}\\0&1&\dfrac{v}{b^2}\end{vmatrix}=\left(-\frac{u}{a},-\frac{v}{b^2},1\right),$$

$$\boldsymbol{n}=\frac{\boldsymbol{x}'_u\times\boldsymbol{x}'_v}{|\boldsymbol{x}'_u\times\boldsymbol{x}'_v|}=\frac{1}{\sqrt{1+\dfrac{u^2}{a^4}+\dfrac{v^2}{b^4}}}\left(-\frac{u}{a^2},-\frac{v}{b^2},1\right).$$

$$\boldsymbol{x}''_{uu}=\left(0,0,\frac{1}{a^2}\right),\quad \boldsymbol{x}''_{uv}=(0,0,0),\quad \boldsymbol{x}''_{vv}=\left(0,0,\frac{1}{b^2}\right).$$

$$L=\boldsymbol{x}''_{uu}\cdot\boldsymbol{n}=\frac{1}{a^2\sqrt{1+\dfrac{u^2}{a^4}+\dfrac{v^2}{b^4}}},$$

$$M=\boldsymbol{x}''_{uv}\cdot\boldsymbol{n}=0,$$

$$N=\boldsymbol{x}''_{vv}\cdot\boldsymbol{n}=\frac{1}{b^2\sqrt{1+\dfrac{u^2}{a^4}+\dfrac{v^2}{b^4}}}.$$

于是

$$II = L\mathrm{d}u^2 + 2M\mathrm{d}u\mathrm{d}v + N\mathrm{d}v^2 = \frac{1}{\sqrt{1+\dfrac{u^2}{a^4}+\dfrac{v^2}{b^4}}}\left(\frac{\mathrm{d}u^2}{a^2}+\frac{\mathrm{d}v^2}{b^2}\right).$$

(5) $\boldsymbol{x}'_u = (a, b, 2v), \boldsymbol{x}'_v = (a, -b, 2u)$.

$$E = \boldsymbol{x}'_u \cdot \boldsymbol{x}'_u = a^2 + b^2 + 4v^2,$$

$$G = \boldsymbol{x}'_v \cdot \boldsymbol{x}'_v = a^2 + b^2 + 4u^2,$$

$$F = \boldsymbol{x}'_u \cdot \boldsymbol{x}'_v = a^2 - b^2 + 4uv.$$

$$\begin{aligned} I &= E\mathrm{d}u^2 + 2F\mathrm{d}u\mathrm{d}v + G\mathrm{d}v^2 \\ &= (a^2+b^2+4v^2)\mathrm{d}u^2 + 2(a^2-b^2+4uv)\mathrm{d}u\mathrm{d}v \\ &\quad + (a^2+b^2+4u^2)\mathrm{d}v^2. \end{aligned}$$

$$\begin{aligned} \boldsymbol{x}'_u \times \boldsymbol{x}'_v &= \begin{vmatrix} \boldsymbol{e}_1 & \boldsymbol{e}_2 & \boldsymbol{e}_3 \\ a & b & 2v \\ a & -b & 2u \end{vmatrix} \\ &= (2b(u+v), -2a(u-v), -2ab), \end{aligned}$$

$$\begin{aligned} \boldsymbol{n} &= \frac{\boldsymbol{x}'_u \times \boldsymbol{x}'_v}{|\boldsymbol{x}'_u \times \boldsymbol{x}'_v|} \\ &= \frac{1}{\sqrt{b^2(u+v)^2 + a^2(u-v)^2 + a^2b^2}}(b(u+v), -a(u-v), -ab). \end{aligned}$$

$$\boldsymbol{x}''_{uu} = (0,0,0) = \boldsymbol{x}''_{vv}, \boldsymbol{x}''_{uv} = (0,0,2).$$

$$L = \boldsymbol{x}''_{uu} \cdot \boldsymbol{n} = 0 = \boldsymbol{x}''_{vv} \cdot \boldsymbol{n} = N,$$

$$M = \boldsymbol{x}''_{uv} \cdot \boldsymbol{n} = \frac{-2ab}{\sqrt{b^2(u+v)^2 + a^2(u-v)^2 + a^2b^2}}.$$

$$\begin{aligned} II &= L\mathrm{d}u^2 + 2M\mathrm{d}u\mathrm{d}v + N\mathrm{d}v^2 \\ &= \frac{-4ab}{\sqrt{b^2(u+v)^2 + a^2(u-v)^2 + a^2b^2}}\mathrm{d}u\mathrm{d}v. \end{aligned}$$

(6) $\boldsymbol{x}'_u = (\cos v, \sin v, 0), \boldsymbol{x}'_v = (-u\sin v, u\cos v, \varphi'(v))$.

$$E = \boldsymbol{x}'_u \cdot \boldsymbol{x}'_u = 1,$$

$$F = \boldsymbol{x}'_u \cdot \boldsymbol{x}'_v = 0, \boldsymbol{x}'_u \perp \boldsymbol{x}'_v,$$

$$G = \boldsymbol{x}'_v \cdot \boldsymbol{x}'_v = u^2 + \varphi'^2(v).$$

$$I = E\mathrm{d}u^2 + 2F\mathrm{d}u\mathrm{d}v + G\mathrm{d}v^2 = \mathrm{d}u^2 + [u^2 + \varphi'^2(v)]\mathrm{d}v^2.$$

$$\boldsymbol{x}'_u \times \boldsymbol{x}'_v = \begin{vmatrix} \boldsymbol{e}_1 & \boldsymbol{e}_2 & \boldsymbol{e}_3 \\ \cos v & \sin v & 0 \\ -u\sin v & u\cos v & \varphi'(v) \end{vmatrix} = (\sin v\varphi'(v), -\cos v\varphi'(v), u),$$

$$\boldsymbol{n}=\frac{\boldsymbol{x}'_u\times\boldsymbol{x}'_v}{|\boldsymbol{x}'_u\times\boldsymbol{x}'_v|}=\frac{1}{\sqrt{\varphi'^2(v)+u^2}}(\sin v\varphi'(v),-\cos v\varphi'(v),u).$$

$$\boldsymbol{x}''_{uu}=(0,0,0),\boldsymbol{x}''_{uv}=(-\sin v,\cos v,0),$$

$$\boldsymbol{x}''_{vv}=(-u\cos v,-u\sin v,\varphi''(v)).$$

$$L=\boldsymbol{x}''_{uu}\cdot\boldsymbol{n}=0,$$

$$M=\boldsymbol{x}''_{uv}\cdot\boldsymbol{n}=\frac{1}{\sqrt{\varphi'^2(v)+u^2}}(-\sin^2 v-\cos^2 v)\varphi'(v)=\frac{-\varphi'(v)}{\sqrt{\varphi'^2(v)+u^2}},$$

$$N=\boldsymbol{x}''_{vv}\cdot\boldsymbol{n}=\frac{1}{\sqrt{\varphi'^2(v)+u^2}}[-2u\sin v\cos v\varphi'(v)+u\varphi''(v)].$$

$$\begin{aligned}II&=L\mathrm{d}u^2+2M\mathrm{d}u\mathrm{d}v+N\mathrm{d}v^2\\&=-\frac{\varphi'(v)}{\sqrt{\varphi'^2(v)+u^2}}\mathrm{d}u\mathrm{d}v+\frac{1}{\sqrt{\varphi'^2(v)+u^2}}[-u\sin 2v\varphi'(v)+u\varphi''(v)]\mathrm{d}v^2.\end{aligned}$$

(7) $\boldsymbol{x}'_u=(a,b,2u),\quad \boldsymbol{x}'_v=(a,-b,2v),$

$$E=\boldsymbol{x}'_u\cdot\boldsymbol{x}'_u=a^2+b^2+4u^2,$$

$$F=\boldsymbol{x}'_u\cdot\boldsymbol{x}'_v=a^2-b^2+4uv,$$

$$G=\boldsymbol{x}'_v\cdot\boldsymbol{x}'_v=a^2+b^2+4v^2,$$

$$\begin{aligned}I&=E\mathrm{d}u^2+2F\mathrm{d}u\mathrm{d}v+G\mathrm{d}v^2\\&=(a^2+b^2+4u^2)\mathrm{d}u^2+2(a^2-b^2+4uv)\mathrm{d}u\mathrm{d}v+(a^2+b^2+4v^2)\mathrm{d}v^2.\end{aligned}$$

$$\boldsymbol{x}'_u\times\boldsymbol{x}'_v=\begin{vmatrix}\boldsymbol{e}_1&\boldsymbol{e}_2&\boldsymbol{e}_3\\a&b&2u\\a&-b&2v\end{vmatrix}=(2b(u+v),2a(u-v),-2ab),$$

$$\begin{aligned}\boldsymbol{n}&=\frac{\boldsymbol{x}'_u\times\boldsymbol{x}'_v}{|\boldsymbol{x}'_u\times\boldsymbol{x}'_v|}\\&=\frac{1}{\sqrt{b^2(u+v)^2+a^2(u-v)^2+a^2b^2}}(b(u+v),a(u-v),-ab).\end{aligned}$$

$$\boldsymbol{x}''_{uu}=(0,0,2),\boldsymbol{x}''_{uv}=(0,0,0),\boldsymbol{x}''_{vv}=(0,0,2).$$

$$L=\boldsymbol{x}'_{uu}\cdot\boldsymbol{n}=\frac{-2ab}{\sqrt{b^2(u+v)^2+a^2(u-v)^2+a^2b^2}},$$

$$M=\boldsymbol{x}''_{uv}\cdot\boldsymbol{n}=0,$$

$$N=\boldsymbol{x}''_{vv}\cdot\boldsymbol{n}=\frac{-2ab}{\sqrt{b^2(u+v)^2+a^2(u-v)^2+a^2b^2}}.$$

$$II=L\mathrm{d}u^2+2M\mathrm{d}u\mathrm{d}v+N\mathrm{d}v^2.$$

$$=\frac{-2ab}{\sqrt{b^2(u+v)+a^2(u-v)^2+a^2b^2}}(\mathrm{d}u^2+\mathrm{d}v^2).$$ □

2.3.2 设曲面 M 的第 1 基本形式为

$$I=\mathrm{d}u^2+(u^2+a^2)\mathrm{d}v^2\quad(a>0).$$

求：

(1) 曲线 $C_1:u+v=0$ 和 $C_2:u-v=0$ 的交角 θ；

(2) 曲线 $C_1:u=\frac{a}{2}v^2,C_2:u=-\frac{a}{2}v^2$ 和 $C_3:v=1$ 所构成的三角形的边长与内角.

解 (1) $I=E\mathrm{d}u^2+2F\mathrm{d}u\mathrm{d}v+G\mathrm{d}v^2=\mathrm{d}u^2+(u^2+a^2)\mathrm{d}v^2$,

$C_1:u+v=0,\mathrm{d}u+\mathrm{d}v=0$,

$C_2:u-v=0,\delta u-\delta v=0$,

$$\cos\theta=\frac{E\mathrm{d}u\delta u+G\mathrm{d}v\delta v}{\sqrt{E\mathrm{d}u\mathrm{d}u+G\mathrm{d}v\mathrm{d}v}\sqrt{E\delta u\delta u+G\delta v\delta v}}$$

$$=\frac{1\cdot(-\mathrm{d}v)\delta v+(u^2+a^2)\mathrm{d}v\delta v}{\sqrt{(-\mathrm{d}v)^2+(u^2+a^2)\mathrm{d}v\cdot\mathrm{d}v}\sqrt{\delta v\delta v+(u^2+a^2)\delta v\delta v}}$$

$$=\frac{u^2+a^2-1}{u^2+a^2+1}.$$

于是，两线 $C_1:u+v=0$ 与 $C_2:u-v=0$ 的交点(0,0)处的交角 θ 的余弦为

$$\cos\theta=\frac{0+a^2-1}{0+a^2+1}=\frac{a^2-1}{a^2+1}.$$

(2) 三角形的顶点为

$$A(0,0),B\left(\frac{a}{2},1\right),C\left(-\frac{a}{2},1\right).$$

在曲线段 $\widehat{AB}$ 上，$u=\frac{a}{2}v^2,\mathrm{d}u=av\mathrm{d}v$；

在曲线段 $\widehat{AC}$ 上，$u=-\frac{a}{2}v^2,\mathrm{d}u=-av\mathrm{d}v$；

在曲线段 $\overline{BC}$ 上，$v=1,\mathrm{d}v=0$(习题 2.3.2 图).

曲线段的长

$$\widehat{AB}=\int_0^1\sqrt{E\mathrm{d}u^2+2F\mathrm{d}u\mathrm{d}v+G\mathrm{d}v^2}=\int_0^1\sqrt{(av\mathrm{d}v)^2+\left[\left(\frac{a}{2}v^2\right)^2+a^2\right]\mathrm{d}v^2}$$

$$=\int_0^1\sqrt{(av)^2+\left(\frac{a}{2}v^2\right)^2+a^2}\,\mathrm{d}v=a\int_0^1\left(1+\frac{v^2}{2}\right)\mathrm{d}v=\frac{7}{6}a,$$

$$\widehat{AC}=\int_0^1\sqrt{E\mathrm{d}u^2+2F\mathrm{d}u\mathrm{d}v+G\mathrm{d}v^2}=\int_0^1\sqrt{(-av\mathrm{d}v)^2+\left[\left(-\frac{a}{2}v^2\right)^2+a^2\right]\mathrm{d}v^2}$$

$$=a\int_0^1\left(1+\frac{v^2}{2}\right)\mathrm{d}v=\frac{7}{6}a,$$

$$\overline{BC}=\int_{-\frac{a}{2}}^{\frac{a}{2}}\sqrt{E\mathrm{d}u^2+2F\mathrm{d}u\mathrm{d}v+G\mathrm{d}v^2}\xlongequal[\mathrm{d}v=0]{v=1}\int_{-\frac{a}{2}}^{\frac{a}{2}}\mathrm{d}u=a.$$

$$\text{周长}=\widehat{AB}+\widehat{AC}+\overline{BC}=\frac{7}{6}a+\frac{7}{6}a+a=\frac{10}{3}a=3\,\frac{1}{3}a.$$

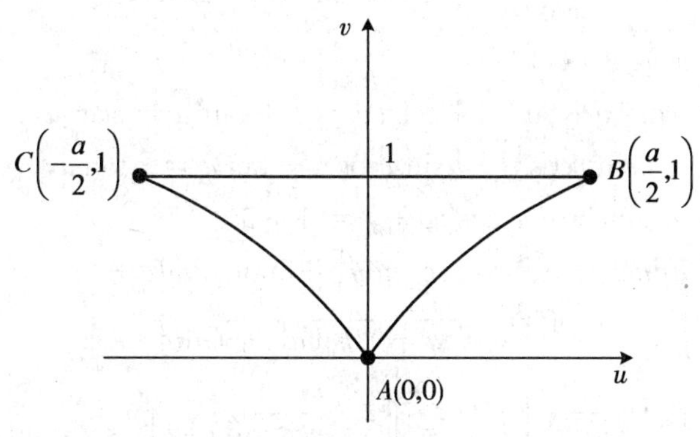

习题 2.3.2 图

$(\mathrm{d}u,\mathrm{d}v)$与$(\delta u,\delta v)$交角的余弦为

$$\cos\theta=\frac{\mathrm{d}u\delta u+(u^2+a^2)\mathrm{d}v\delta v}{\sqrt{\mathrm{d}u^2+(u^2+a^2)\mathrm{d}v^2}\sqrt{\delta u^2+(u^2+a^2)\delta v^2}},$$

$$\cos A=\left.\frac{av\mathrm{d}v\cdot(-av\delta v)+(u^2+a^2)\mathrm{d}v\delta v}{\sqrt{(av\mathrm{d}v)^2+(u^2+a^2)\mathrm{d}v^2}\sqrt{(-av\delta v)^2+(u^2+a^2)\delta v^2}}\right|_{(0,0)}$$

$$=\left.\frac{-a^2v^2+u^2+a^2}{a^2v^2+u^2+a^2}\right|_{(0,0)}=1\quad\Rightarrow\quad A=0$$

$$\cos B=\left.\frac{\mathrm{d}u\cdot(ac\delta v)+(u^2+a^2)\cdot 0\cdot\delta v}{\sqrt{\mathrm{d}u^2+(u^2+a^2)\cdot 0}\sqrt{(av\delta v)^2+(u^2+a^2)\delta v^2}}\right|_{(a/2,1)}$$

$$=\left.\frac{av}{\sqrt{a^2v^2+u^2+a^2}}\right|_{(a/2,1)}=\frac{2}{3},$$

$$\cos C=\left.\frac{\mathrm{d}u\cdot(-av\delta v)+(u^2+a^2)\cdot 0\cdot\delta v}{\sqrt{\mathrm{d}u^2+(u^2+a^2)\cdot 0}\sqrt{(-av\delta v)^2+(u^2+a^2)\delta v^2}}\right|_{(-a/2,1)}$$

$$\xlongequal{|\delta v|=-\delta v}\left.\frac{av}{\sqrt{a^2v^2+u^2+a^2}}\right|_{(-a/2,1)}=\frac{2}{3},$$

因此

$$B = C = \arccos \frac{2}{3}. \qquad \square$$

2.3.3 证明:在螺面 M:

$$\boldsymbol{x}(u,v) = (u\cos v, u\sin v, \ln\cos u + v)$$

上,每两条螺线(v 曲线,u 固定)在任一 u 曲线(v 固定)上截取等长的线段.

证明 计算得

$$\boldsymbol{x}'_u = \left(\cos v, \sin v, -\frac{\sin u}{\cos u}\right) = (\cos v, \sin v, -\tan u),$$

$$\boldsymbol{x}'_v = (-u\sin v, u\cos v, 1).$$

$$E = \boldsymbol{x}'_u \cdot \boldsymbol{x}'_u = \cos^2 v + \sin^2 v + \tan^2 u = 1 + \tan^2 u = \sec^2 u,$$

$$F = \boldsymbol{x}'_u \cdot \boldsymbol{x}'_v = -u\sin v\cos v + u\sin v\cos v - \tan u = -\tan u,$$

$$G = \boldsymbol{x}'_v \cdot \boldsymbol{x}'_v = u^2\sin^2 v + u^2\cos^2 v + 1 = 1 + u^2.$$

$$I = E\mathrm{d}u^2 + 2F\mathrm{d}u\mathrm{d}v + \mathrm{d}v^2 = \sec^2 u\mathrm{d}u^2 - 2\tan u\mathrm{d}u\mathrm{d}v + (1+u^2)\mathrm{d}v^2.$$

$$L_{u^1u^2} = \int_{u_1}^{u_2} \mathrm{d}s \Big|_{v=\text{常数}} = \int_{u_1}^{u_2} \sqrt{E\mathrm{d}u^2 + 2F\mathrm{d}u\mathrm{d}v + G\mathrm{d}v^2} \Big|_{v=\text{常数}}$$

$$\xlongequal{\mathrm{d}v=0} \int_{u_1}^{u_2} \sqrt{E\mathrm{d}u^2} \Big|_{v=\text{常数}} = \int_{u_1}^{u_2} \sqrt{\sec^2 u}\mathrm{d}u = \int_{u_1}^{u_2} \sec u\mathrm{d}u(\text{与 } v \text{ 无关}).$$

这就表明两条螺线(v 曲线)在任一 u 曲线上截取等长的线段. $\square$

2.3.4 将曲面 M:$\boldsymbol{x}(u,v)$上的 $\boldsymbol{n}\times\boldsymbol{x}'_u$,$\boldsymbol{n}\times\boldsymbol{x}'_v$表示成 $\boldsymbol{x}'_u$,$\boldsymbol{x}'_v$的线性组合.

解 根据向量的二重积公式,有

$$\boldsymbol{n}\times\boldsymbol{x}'_u = \frac{\boldsymbol{x}'_u\times\boldsymbol{x}'_v}{|\boldsymbol{x}'_u\times\boldsymbol{x}'_v|}\times\boldsymbol{x}'_u = \frac{1}{\sqrt{EG-F^2}}[\boldsymbol{x}'_v(\boldsymbol{x}'_u\cdot\boldsymbol{x}'_u) - \boldsymbol{x}'_u(\boldsymbol{x}'_v\cdot\boldsymbol{x}'_u)]$$

$$= \frac{1}{\sqrt{EG-F^2}}(E\boldsymbol{x}'_v - F\boldsymbol{x}'_u);$$

$$\boldsymbol{n}\times\boldsymbol{x}'_v = \frac{\boldsymbol{x}'_u\times\boldsymbol{x}'_v}{|\boldsymbol{x}'_u\times\boldsymbol{x}'_v|}\times\boldsymbol{x}'_v = \frac{1}{\sqrt{EG-F^2}}[\boldsymbol{x}'_v(\boldsymbol{x}'_u\cdot\boldsymbol{x}'_v) - \boldsymbol{x}'_u(\boldsymbol{x}'_v\cdot\boldsymbol{x}'_v)]$$

$$= \frac{1}{\sqrt{EG-F^2}}(F\boldsymbol{x}'_v - G\boldsymbol{x}'_u). \qquad \square$$

2.3.5 设在曲面 M 上一点,含 $\mathrm{d}u$,$\mathrm{d}v$ 的 2 次方程

$$P\mathrm{d}u^2 + 2Q\mathrm{d}u\mathrm{d}v + R\mathrm{d}v^2 = 0$$

确定了两个切线方向. 证明:

$$\text{这两个方向相互正交} \quad \Leftrightarrow \quad ER - 2FQ + GP = 0.$$

证明 (a) 设 $P\neq 0$. 由已知条件,两个切方向$(\mathrm{d}u,\mathrm{d}v)$,$(\delta u,\delta v)$必满足韦达

定理：

$$\begin{cases}\dfrac{\mathrm{d}u}{\mathrm{d}v}\dfrac{\delta u}{\delta v}=\dfrac{R}{P},\\[2mm] \dfrac{\mathrm{d}u}{\mathrm{d}v}+\dfrac{\delta u}{\delta v}=-\dfrac{2Q}{P}.\end{cases}$$

两切线方向$(\mathrm{d}u,\mathrm{d}v)$,$(\delta u,\delta v)$正交等价于

$$E\mathrm{d}u\delta u+F\mathrm{d}u\delta v+F\mathrm{d}v\delta u+G\mathrm{d}v\delta v=0,\text{即}(\mathrm{d}u,\mathrm{d}v)\begin{pmatrix}E & F\\ F & G\end{pmatrix}\begin{pmatrix}\delta u\\ \delta v\end{pmatrix}=0$$

$$\Leftrightarrow\quad E\frac{\mathrm{d}u}{\mathrm{d}v}\frac{\delta u}{\delta v}+F\left(\frac{\mathrm{d}u}{\mathrm{d}v}+\frac{\delta u}{\delta v}\right)+G=0$$

$$\overset{\text{韦达定理}}{\Longleftrightarrow}\quad E\cdot\frac{R}{P}+F\cdot\left(-\frac{2Q}{P}\right)+G=0$$

$$\Leftrightarrow\quad ER-2FQ+GP=0.$$

(b) 设 $R\neq 0$,类似(a)证明.

(c) 设 $P=0=R$,则题中的 2 次方程必为 $2Q\mathrm{d}u\mathrm{d}v=0$,$Q\neq 0$. 它确定了两个切方向 $\mathrm{d}u=0$ 与 $\mathrm{d}v=0$,即两个坐标切向.

两个坐标切向$(1,0)$,$(0,1)$ 正交

$$\Leftrightarrow\quad 0=E\cdot 1\cdot 0+F\cdot 1\cdot 1+F\cdot 0\cdot 1+G\cdot 0\cdot 1=F$$

$$\Leftrightarrow\quad ER-2FQ+GP=E\cdot 0-2F\cdot Q+G\cdot 0=-2FQ=0.$$

□

2.3.6　设曲面 M 上曲线 C 的切线方向为$(\delta u,\delta v)$. 求：

(1) C 的正交轨线的微分方程；

(2) 当 $A\delta u+B\delta v=0$ 时,C 的正交轨线的微分方程.

解　(1) C 的正交轨线$(\mathrm{d}u,\mathrm{d}v)$满足微分方程：

$$(\delta u,\delta v)\begin{pmatrix}E & F\\ F & G\end{pmatrix}\begin{pmatrix}\mathrm{d}u\\ \mathrm{d}v\end{pmatrix}=0,$$

即

$$E\mathrm{d}u\delta u+F(\mathrm{d}u\delta v+\mathrm{d}v\delta u)+G\mathrm{d}v\delta v=0.$$

(2) 设 $A\neq 0$,由 $A\delta u+B\delta v=0$ 知 $\delta u=-\dfrac{B}{A}\delta v$,代入上式,得 C 的正交轨线满足的微分方程为

$$E\mathrm{d}u\left(-\frac{B}{A}\delta v\right)+F\left[\mathrm{d}u\delta v+\mathrm{d}v\left(-\frac{B}{A}\delta v\right)\right]+G\mathrm{d}v\delta v=0,$$

$$[(AF-EB)\mathrm{d}u+(AG-BF)\mathrm{d}v]\delta v=0,$$

$$(AF-EB)\mathrm{d}u+(AG-BF)\mathrm{d}v=0.$$

设 $B\neq 0$,类似可得到

$$(AF-EB)\mathrm{d}u+(AG-BF)\mathrm{d}v=0.\qquad\square$$

2.3.7 设 $\varphi(u,v)$=常数,$\psi(u,v)$=常数为曲面 M 上的两族正则曲线.证明:

两族曲线正交 $\Leftrightarrow$ $E\varphi'_v\psi'_v-F(\varphi'_u\psi'_v+\varphi'_v\psi'_u)+G\varphi'_u\psi'_u=0.$

证明 第1族曲线满足:

$$\varphi'_u\mathrm{d}u+\varphi'_v\mathrm{d}v=0,\quad 即\quad \mathrm{d}u:\mathrm{d}v=-\varphi'_v:\varphi'_u;$$

第2族曲线满足:

$$\psi'_u\delta u+\psi'_v\delta v=0,\quad 即\quad \delta u:\delta v=-\psi'_v:\psi'_u.$$

于是

$$\begin{aligned}
两族曲线正交 \quad&\Leftrightarrow\quad (\delta u,\delta v)\begin{pmatrix}E & F\\ F & G\end{pmatrix}\begin{pmatrix}\mathrm{d}u\\ \mathrm{d}v\end{pmatrix}=0\\
&\Leftrightarrow\quad (-\psi'_v,\psi'_u)\begin{pmatrix}E & F\\ F & G\end{pmatrix}\begin{pmatrix}-\varphi'_v\\ \varphi'_u\end{pmatrix}=0\\
&\Leftrightarrow\quad E\varphi'_v\psi'_v-F(\varphi'_u\psi'_v+\varphi'_v\psi'_u)+G\varphi'_u\psi'_u=0.\qquad\square
\end{aligned}$$

2.3.8 求曲面的两参数曲线的二等分轨线的微分方程.

解 二等分轨线 C:$(\mathrm{d}u,\mathrm{d}v)$与 u 曲线方向$(1,0)$的交角的余弦为

$$\begin{aligned}
\cos\theta_1&=\frac{E\mathrm{d}u\cdot 1+F(\mathrm{d}u\cdot 0+\mathrm{d}v\cdot 1)+G\mathrm{d}v\cdot 0}{\sqrt{E\mathrm{d}u^2+2F\mathrm{d}u\mathrm{d}v+G\mathrm{d}v^2}\cdot\sqrt{E\cdot 1^2+2F\cdot 1\cdot 0+G\cdot 0^2}}\\
&=\frac{E\mathrm{d}u+F\mathrm{d}v}{\sqrt{E}\sqrt{E\mathrm{d}u^2+2F\mathrm{d}u\mathrm{d}v+G\mathrm{d}v^2}}.
\end{aligned}$$

而二等分轨线 C:$(\mathrm{d}u,\mathrm{d}v)$与 v 曲线方向$(0,1)$的交角的余弦为

$$\begin{aligned}
\cos\theta_2&=\frac{E\mathrm{d}u\cdot 0+F(\mathrm{d}u\cdot 1+\mathrm{d}v\cdot 0)+G\mathrm{d}v\cdot 1}{\sqrt{E\mathrm{d}u^2+2F\mathrm{d}u\,\mathrm{d}v+G\mathrm{d}v^2}\cdot\sqrt{E\cdot 0^2+2F\cdot 0\cdot 1+G\cdot 1^2}}\\
&=\frac{F\mathrm{d}u+G\mathrm{d}v}{\sqrt{G}\sqrt{E\mathrm{d}u^2+2F\mathrm{d}u\,\mathrm{d}v+G\mathrm{d}v^2}},
\end{aligned}$$

并且

$$\begin{aligned}
&\cos\theta_1=\cos\theta_2\\
\Leftrightarrow\quad&\frac{E\mathrm{d}u+F\mathrm{d}v}{\sqrt{E}}=\frac{F\mathrm{d}u+G\mathrm{d}v}{\sqrt{G}}\\
\Leftrightarrow\quad&\sqrt{GE}\mathrm{d}u+\sqrt{GF}\mathrm{d}v=\sqrt{EF}\mathrm{d}u+\sqrt{EG}\mathrm{d}v\\
\Leftrightarrow\quad&\sqrt{E}(\sqrt{EG}-F)\mathrm{d}u=\sqrt{G}(\sqrt{EG}-F)\mathrm{d}v\\
\Leftrightarrow\quad&\sqrt{E}\mathrm{d}u=\sqrt{G}\mathrm{d}v
\end{aligned}$$

$$\Leftrightarrow \quad \mathrm{d}u = \sqrt{\frac{G}{E}}\mathrm{d}v.$$

类似地，二等分轨线 $\tilde{C}$：$(\delta u, \delta v)$ 与 u 曲线方向 $(-1,0)$ 的交角的余弦为

$$\cos\tilde{\theta}_1 = \frac{E\delta u\cdot(-1)+F[\delta u\cdot 0+\delta v\cdot(-1)]+G\delta v\cdot 0}{\sqrt{E\delta u^2+2F\delta u\delta v+G\delta v^2}\sqrt{E\cdot(-1)^2+2F\cdot(-1)\cdot 0+G\cdot 0^2}}$$

$$= \frac{-E\delta u-F\delta v}{\sqrt{E}\sqrt{E\delta u^2+2F\delta u\delta v+G\delta v^2}}.$$

而二等分轨线 $\tilde{C}$：$(\delta u, \delta v)$ 与 v 曲线方向 $(0,1)$ 的交角的余弦为

$$\cos\tilde{\theta}_2 = \frac{F\delta u+G\delta v}{\sqrt{G}\sqrt{E\delta u^2+2F\delta u\delta v+G\delta v^2}},$$

并且

$$\begin{aligned}
&\cos\tilde{\theta}_1 = \cos\tilde{\theta}_2 \\
\Leftrightarrow\quad & \frac{-E\delta u-F\delta v}{\sqrt{E}} = \frac{F\delta u+G\delta v}{\sqrt{G}} \\
\Leftrightarrow\quad & -\sqrt{G}E\delta u-\sqrt{G}F\delta v = \sqrt{E}F\delta u+\sqrt{E}G\delta v \\
\Leftrightarrow\quad & \sqrt{E}(\sqrt{EG}+F)\delta u = -\sqrt{G}(F+\sqrt{EG})\delta v \\
\Leftrightarrow\quad & \sqrt{E}\delta u = -\sqrt{G}\delta v \\
\Leftrightarrow\quad & \delta u = -\sqrt{\frac{G}{E}}\delta v.
\end{aligned}$$

综合上述，两参数曲线二等分轨线的微分方程为

$$E\mathrm{d}u^2 = G\mathrm{d}v^2. \qquad \square$$

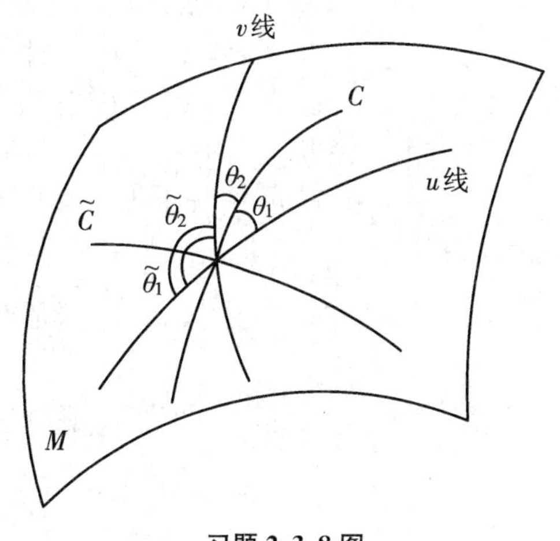

习题 2.3.8 图

2.3.9 求球面上斜驶线（与子午线交于定角的曲线）的方程.

解 (a) 设 s 为球面 M 的斜驶线 C 的弧长参数，该曲线的方向为 $\left(\frac{\mathrm{d}u}{\mathrm{d}s}, \frac{\mathrm{d}v}{\mathrm{d}s}\right)$，$u$ 曲线（子午线）（v 固定）的方向为 $(1,0)$，v 曲线（u 固定）的方向为 $(0,1)$. 于是，可设 θ 为该曲线 C 与 u 曲线的交角，而 $\frac{\pi}{2}-\theta$ 为该曲线 C 与 v 曲线的交角（$\{u,v\}$ 取为正交坐标系，故 $F=0$）.

由

$$\cos\theta=\frac{E\frac{\mathrm{d}u}{\mathrm{d}s}\cdot 1+F\left(\frac{\mathrm{d}u}{\mathrm{d}s}\cdot 0+\frac{\mathrm{d}v}{\mathrm{d}s}\cdot 1\right)+G\frac{\mathrm{d}v}{\mathrm{d}s}\cdot 0}{\sqrt{E\frac{\mathrm{d}u}{\mathrm{d}s}\frac{\mathrm{d}u}{\mathrm{d}s}+2F\frac{\mathrm{d}u}{\mathrm{d}s}\frac{\mathrm{d}v}{\mathrm{d}s}+G\frac{\mathrm{d}v}{\mathrm{d}s}\frac{\mathrm{d}v}{\mathrm{d}s}}\sqrt{E\cdot 1^2+2F\cdot 1\cdot 0+G\cdot 0^2}}$$

$$=\frac{E\frac{\mathrm{d}u}{\mathrm{d}s}}{\sqrt{E}\sqrt{E\frac{\mathrm{d}u}{\mathrm{d}s}\frac{\mathrm{d}u}{\mathrm{d}s}+G\frac{\mathrm{d}v}{\mathrm{d}s}\frac{\mathrm{d}v}{\mathrm{d}s}}}=\frac{\sqrt{E}\frac{\mathrm{d}u}{\mathrm{d}s}}{\sqrt{E\frac{\mathrm{d}u}{\mathrm{d}s}\frac{\mathrm{d}u}{\mathrm{d}s}+G\frac{\mathrm{d}v}{\mathrm{d}s}\frac{\mathrm{d}v}{\mathrm{d}s}}},$$

$$\sin\theta=\cos\left(\frac{\pi}{2}-\theta\right)\xlongequal[\text{或对称性}]{\text{同理}}\frac{\sqrt{G}\frac{\mathrm{d}v}{\mathrm{d}s}}{\sqrt{E\frac{\mathrm{d}u}{\mathrm{d}s}\frac{\mathrm{d}u}{\mathrm{d}s}+G\frac{\mathrm{d}v}{\mathrm{d}s}\frac{\mathrm{d}v}{\mathrm{d}s}}},$$

得到斜驶线方程为

$$\tan\theta=\frac{\sin\theta}{\cos\theta}=\frac{\sqrt{G}\frac{\mathrm{d}v}{\mathrm{d}s}}{\sqrt{E}\frac{\mathrm{d}u}{\mathrm{d}s}}=\sqrt{\frac{G}{E}}\frac{\mathrm{d}v}{\mathrm{d}u}.$$

(b) 采用球面的坐标表示为

$$\boldsymbol{x}(u,v)=(R\sin u\cos v,R\sin u\sin v,R\cos u),$$

所以

$$\boldsymbol{x}'_u=(R\cos u\cos v,R\cos u\sin v,-R\sin u),$$
$$\boldsymbol{x}'_v=(-R\sin u\sin v,R\sin u\cos v,0),$$
$$E=\boldsymbol{x}'_u\cdot\boldsymbol{x}'_u=R^2,$$
$$F=\boldsymbol{x}'_u\cdot\boldsymbol{x}'_v=0\quad(\boldsymbol{x}'_u\perp\boldsymbol{x}'_v),$$
$$G=\boldsymbol{x}'_v\cdot\boldsymbol{x}'_v=R^2\sin^2 u,$$

第1基本形式为

$$\mathrm{I}=E\mathrm{d}u^2+2F\mathrm{d}u\mathrm{d}v+G\mathrm{d}v^2=R^2\mathrm{d}u^2+R^2\sin^2 u\mathrm{d}v^2,$$

斜驶线方程为

$$\sin u\frac{\mathrm{d}v}{\mathrm{d}u}=\sqrt{\frac{R^2\sin^2 u}{R^2}}\frac{\mathrm{d}v}{\mathrm{d}u}=\tan\theta,$$

$$\frac{\mathrm{d}v}{\mathrm{d}u}=\tan\theta\cdot\frac{1}{\sin u},$$

$$v=\tan\theta\cdot\ln\tan\frac{u}{2}+c\quad(c\text{ 为常数}).$$ □

2.3.10 求 u 曲线与 v 曲线的正交轨线的微分方程.

解 设 u 线的方向为(1,0),它的正交轨线 C 的方向为($\mathrm{d}u,\mathrm{d}v$)或$\left(\frac{\mathrm{d}u}{\mathrm{d}s},\frac{\mathrm{d}v}{\mathrm{d}s}\right)$, s 为其弧长. 于是 C 为 u 线的正交轨线等价于

$$\begin{aligned}0 &= \cos\frac{\pi}{2} = \cos\theta \\ &= \frac{E\frac{\mathrm{d}u}{\mathrm{d}s}\cdot 1+F\left(\frac{\mathrm{d}u}{\mathrm{d}s}\cdot 0+\frac{\mathrm{d}v}{\mathrm{d}s}\cdot 1\right)+G\frac{\mathrm{d}v}{\mathrm{d}s}\cdot 0}{\sqrt{E\frac{\mathrm{d}u}{\mathrm{d}s}\frac{\mathrm{d}u}{\mathrm{d}s}+2F\frac{\mathrm{d}u}{\mathrm{d}s}\frac{\mathrm{d}v}{\mathrm{d}s}+G\frac{\mathrm{d}v}{\mathrm{d}s}\frac{\mathrm{d}v}{\mathrm{d}s}}\sqrt{E\cdot 1^2+2F\cdot 1\cdot 0+G\cdot 0^2}}\end{aligned}$$

$$\Leftrightarrow \quad 0 = E\frac{\mathrm{d}u}{\mathrm{d}s}+F\frac{\mathrm{d}v}{\mathrm{d}s} \quad 或 \quad E\mathrm{d}u+F\mathrm{d}v=0.$$

同理,或由对称性,$\tilde{C}$ 为 v 线的正交轨线,它满足的微分方程为

$$G\frac{\mathrm{d}v}{\mathrm{d}s}+F\frac{\mathrm{d}u}{\mathrm{d}s}=0 \quad 或 \quad G\mathrm{d}v+F\mathrm{d}u=0,$$

其中$\left(\frac{\mathrm{d}u}{\mathrm{d}s},\frac{\mathrm{d}v}{\mathrm{d}s}\right)$或($\mathrm{d}u,\mathrm{d}v$)为曲线 $\tilde{C}$ 的方向. □

2.3.11 求曲面 $M: z=axy(a>0)$ 上两坐标曲线 $x=x_0$ 与 $y=y_0$ 之间的夹角.

解 设曲面 M 的参数表示为

$$\boldsymbol{x}(x,y)=(x,y,axy),$$

则

$$\begin{aligned}&\boldsymbol{x}'_x=(1,0,ay), \quad \boldsymbol{x}'_y=(0,1,ax),\\ &E=\boldsymbol{x}'_x\cdot\boldsymbol{x}'_x=1+a^2y^2, \quad G=\boldsymbol{x}'_y\cdot\boldsymbol{x}'_y=1+a^2x^2,\\ &F=\boldsymbol{x}'_x\cdot\boldsymbol{x}'_y=a^2xy.\end{aligned}$$

第1基本形式为

$$\begin{aligned}I&=E\mathrm{d}x^2+2F\mathrm{d}x\mathrm{d}y+G\mathrm{d}y^2\\ &=(1+a^2y^2)\mathrm{d}x^2+2a^2xy\mathrm{d}x\mathrm{d}y+(1+a^2x^2)\mathrm{d}y^2.\end{aligned}$$

设坐标曲线 $x=x_0$ 的方向为(0,1),$y=y_0$ 的方向(1,0),则两坐标曲线 $x=x_0$ 与 $y=y_0$ 的夹角 θ 的余弦为

$$\begin{aligned}\cos\theta&=\frac{E\cdot 0\cdot 1+F(0\cdot 0+1\cdot 1)+G\cdot 1\cdot 0}{\sqrt{E\cdot 0^2+2F\cdot 0\cdot 1+G\cdot 1^2}\sqrt{E\cdot 1^2+2F\cdot 1\cdot 0+G\cdot 0^2}}\\ &=\frac{F}{\sqrt{EG}}=\frac{a^2xy}{\sqrt{(1+a^2y^2)(1+a^2x^2)}},\end{aligned}$$

故

$$\theta=\arccos\frac{a^2xy}{\sqrt{(1+a^2y^2)(1+a^2x^2)}}.$$ □

2.3.12 设曲线的参数变换为

$$\begin{cases}u=\tilde{u}\cos\theta+\tilde{v}\sin\theta,\\ v=-\tilde{u}\sin\theta+\tilde{v}\cos\theta\end{cases}$$

(θ为常数). 求第1基本形式系数的变换式.

解 因为

$$\boldsymbol{x}'_{\tilde{u}}=\boldsymbol{x}'_u\frac{\partial u}{\partial\tilde{u}}+\boldsymbol{x}'_v\frac{\partial v}{\partial\tilde{u}}=\boldsymbol{x}'_u\cos\theta-\boldsymbol{x}'_v\sin\theta,$$

$$\boldsymbol{x}'_{\tilde{v}}=\boldsymbol{x}'_u\frac{\partial u}{\partial\tilde{v}}+\boldsymbol{x}'_v\frac{\partial v}{\partial\tilde{v}}=\boldsymbol{x}'_u\sin\theta+\boldsymbol{x}'_v\cos\theta,$$

所以

$$\begin{aligned}\widetilde{E}&=\boldsymbol{x}'_{\tilde{u}}\cdot\boldsymbol{x}'_{\tilde{u}}=(\boldsymbol{x}'_u\cos\theta-\boldsymbol{x}'_v\sin\theta)^2\\&=\boldsymbol{x}'_u\cdot\boldsymbol{x}'_u\cos^2\theta-2\boldsymbol{x}'_u\cdot\boldsymbol{x}'_v\sin\theta\cos\theta+\boldsymbol{x}'_v\cdot\boldsymbol{x}'_v\sin^2\theta\\&=E\cos^2\theta-2F\sin\theta\cos\theta+G\sin^2\theta,\\ \widetilde{F}&=\boldsymbol{x}'_{\tilde{u}}\cdot\boldsymbol{x}'_{\tilde{v}}=(\boldsymbol{x}'_u\cos\theta-\boldsymbol{x}'_v\sin\theta)\cdot(\boldsymbol{x}'_u\sin\theta+\boldsymbol{x}'_v\cos\theta)\\&=\boldsymbol{x}'_u\cdot\boldsymbol{x}'_u\sin\theta\cos\theta+\boldsymbol{x}'_u\cdot\boldsymbol{x}'_v(\cos^2\theta-\sin^2\theta)-\boldsymbol{x}'_v\cdot\boldsymbol{x}'_v\sin\theta\cos\theta\\&=(E-G)\sin\theta\cos\theta+F(\cos^2\theta-\sin^2\theta),\\ \widetilde{G}&=\boldsymbol{x}'_{\tilde{v}}\cdot\boldsymbol{x}'_{\tilde{v}}=(\boldsymbol{x}'_u\sin\theta+\boldsymbol{x}'_v\cos\theta)^2\\&=\boldsymbol{x}'_u\cdot\boldsymbol{x}'_u\sin^2\theta+2\boldsymbol{x}'_u\cdot\boldsymbol{x}'_v\sin\theta\cos\theta+\boldsymbol{x}'_v\cdot\boldsymbol{x}'_v\cos^2\theta\\&=E\sin^2\theta+2F\sin\theta\cos\theta+G\cos^2\theta.\end{aligned}$$ □

2.3.13 证明:

$$\begin{aligned}&E'_u=2\boldsymbol{x}'_u\cdot\boldsymbol{x}''_{uu}, &&E'_v=2\boldsymbol{x}'_u\cdot\boldsymbol{x}''_{uv},\\&G'_v=2\boldsymbol{x}'_v\cdot\boldsymbol{x}''_{vv}, &&G'_u=2\boldsymbol{x}'_v\cdot\boldsymbol{x}''_{uv},\\&F'_u=\boldsymbol{x}''_{uu}\cdot\boldsymbol{x}'_v+\boldsymbol{x}'_u\cdot\boldsymbol{x}''_{uv}, &&F'_v=\boldsymbol{x}''_{uv}\cdot\boldsymbol{x}'_v+\boldsymbol{x}'_u\cdot\boldsymbol{x}''_{vv},\\&2F'_u-E'_v=2\boldsymbol{x}'_v\cdot\boldsymbol{x}''_{uu}, &&2F'_v-G'_u=2\boldsymbol{x}'_u\cdot\boldsymbol{x}''_{vv}.\end{aligned}$$

证明 因为

$$E=\boldsymbol{x}'_u\cdot\boldsymbol{x}'_u,\quad F=\boldsymbol{x}'_u\cdot\boldsymbol{x}'_v,\quad G=\boldsymbol{x}'_v\cdot\boldsymbol{x}'_v,$$

所以

$$\begin{aligned}&E'_u=(\boldsymbol{x}'_u\cdot\boldsymbol{x}'_u)'_u=2\boldsymbol{x}'_u\cdot\boldsymbol{x}''_{uu},\quad E'_v=(\boldsymbol{x}'_u\cdot\boldsymbol{x}'_u)'_v=2\boldsymbol{x}'_u\cdot\boldsymbol{x}''_{uv},\\&G'_v=(\boldsymbol{x}'_v\cdot\boldsymbol{x}'_v)'_v=2\boldsymbol{x}'_v\cdot\boldsymbol{x}''_{vv},\quad G'_u=(\boldsymbol{x}'_v\cdot\boldsymbol{x}'_v)'_u=2\boldsymbol{x}'_v\cdot\boldsymbol{x}''_{uv},\\&F'_u=(\boldsymbol{x}'_u\cdot\boldsymbol{x}'_v)'_u=\boldsymbol{x}''_{uu}\cdot\boldsymbol{x}'_v+\boldsymbol{x}'_u\cdot\boldsymbol{x}''_{uv},\\&F'_v=(\boldsymbol{x}'_u\cdot\boldsymbol{x}'_v)'_v=\boldsymbol{x}''_{vv}\cdot\boldsymbol{x}'_v+\boldsymbol{x}'_u\cdot\boldsymbol{x}''_{vv},\end{aligned}$$

$$2F'_u - E'_v = 2(\boldsymbol{x}''_{uu}\cdot\boldsymbol{x}'_v + \boldsymbol{x}'_u\cdot\boldsymbol{x}''_{uv}) - 2\boldsymbol{x}'_u\cdot\boldsymbol{x}''_{uv} = 2\boldsymbol{x}'_v\cdot\boldsymbol{x}''_{uu},$$
$$2F'_v - G'_u = 2(\boldsymbol{x}''_{uv}\cdot\boldsymbol{x}'_v + \boldsymbol{x}'_u\cdot\boldsymbol{x}''_{vv}) - 2\boldsymbol{x}'_v\cdot\boldsymbol{x}''_{uv} = 2\boldsymbol{x}'_u\cdot\boldsymbol{x}''_{vv}.$$ □

2.3.14　对于正螺面 M：

$$\boldsymbol{x}(u,v) = (v\cos u, v\sin u, bu)\quad(-\infty < u,v < +\infty, b > 0),$$

处处有

$$LG - 2FM + EN = 0.$$

证明　由例 2.7.8,知

$$E = v^2 + b^2,\quad F = 0,\quad G = 1,$$
$$L = 0,\quad M = \frac{b}{\sqrt{v^2+b^2}},\quad N = 0,$$

故

$$LG - 2FM + EN = 0\cdot 1 - 2\cdot 0\cdot\frac{b}{\sqrt{v^2+b^2}} + (v^2+b^2)\cdot 0 = 0.$$

这正表明正螺面 M 为极小曲面,即

$$H = \frac{1}{2}\,\frac{GL - 2FM + EN}{EG - F^2} = 0.$$ □

2.3.15　计算悬链面 M：

$$\boldsymbol{x}(u,v) = \left(a\mathrm{ch}\left(\frac{v}{a}+b\right)\cos u, \mathrm{ch}\left(\frac{v}{a}+b\right)\sin u, v\right),$$
$$((u,v)\in[0,2\pi]\times(-\infty,+\infty), a > 0)$$

的第 1、第 2 基本形式.

解　由例 2.7.8,知

$$E = a^2\mathrm{ch}^2\left(\frac{v}{a}+b\right),\quad F = 0,\quad G = \mathrm{ch}^2\left(\frac{v}{a}+b\right),$$
$$L = -a,\quad M = 0,\quad N = \frac{1}{a}.$$

于是,M 的第 1 基本形式为

$$\mathrm{I} = E\mathrm{d}u^2 + 2F\mathrm{d}u\mathrm{d}v + G\mathrm{d}v^2 = a^2\mathrm{ch}^2\left(\frac{v}{a}+b\right)\mathrm{d}u^2 + \mathrm{ch}^2\left(\frac{u}{a}+b\right)\mathrm{d}v^2;$$

第 2 基本形式为

$$\mathrm{II} = L\mathrm{d}u^2 + 2M\mathrm{d}u\mathrm{d}v + N\mathrm{d}v^2 = -a\mathrm{d}u^2 + \frac{1}{a}\mathrm{d}v^2.$$ □

2.3.16　证明:曲面 M：

$$\boldsymbol{x}(x,y) = (x, y, f(x,y))$$

的第1、第2基本形式分别为

$$I=(1+f_x'^2)\mathrm{d}x^2+2f_x'f_y'\mathrm{d}x\mathrm{d}y+(1+f_y'^2)\mathrm{d}y^2,$$

$$II=\frac{f''_{xx}}{\sqrt{1+f_x'^2+f_y'^2}}\mathrm{d}x^2+2\frac{f''_{xy}}{\sqrt{1+f_x'^2+f_y'^2}}\mathrm{d}x\mathrm{d}y+\frac{f''_{yy}}{\sqrt{1+f_x'^2+f_y'^2}}\mathrm{d}y^2.$$

证明 根据例2.6.2,有

$$E=1+f_x'^2,\quad F=f_x'f_y',\quad G=1+f_y'^2,$$

$$L=\frac{f''_{xx}}{\sqrt{1+f_x'^2+f_y'^2}},M=\frac{f''_{xy}}{\sqrt{1+f_x'^2+f_y'^2}},N=\frac{f''_{yy}}{\sqrt{1+f_x'^2+f_y'^2}}.$$

于是

$$\begin{aligned}I&=E\mathrm{d}x^2+2F\mathrm{d}x\mathrm{d}y+G\mathrm{d}y^2\\&=(1+f_x'^2)\mathrm{d}x^2+2f_x'f_y'\mathrm{d}x\mathrm{d}y+(1+f_y'^2)\mathrm{d}y^2,\\II&=L\mathrm{d}x^2+2M\mathrm{d}x\mathrm{d}y+N\mathrm{d}y^2\\&=\frac{f''_{xx}}{\sqrt{1+f_x'^2+f_y'^2}}\mathrm{d}x^2+\frac{2f''_{xy}}{\sqrt{1+f_x'^2+f_y'^2}}\mathrm{d}x\mathrm{d}y+\frac{f''_{yy}}{\sqrt{1+f_x'^2+f_y'^2}}\mathrm{d}y^2.\end{aligned}$$ □

2.3.17 证明:面积$A=\iint\limits_D\sqrt{EG-F^2}\,\mathrm{d}u\mathrm{d}v$与曲面参数的选取无关(参阅定理2.3.1).

证明 证法1 因为对参数$\{u,v\}$与$\{\tilde{u},\tilde{v}\}$,有

$$\begin{aligned}\boldsymbol{x}'_{\tilde{u}}\times\boldsymbol{x}'_{\tilde{v}}&=\left(\boldsymbol{x}'_u\frac{\partial u}{\partial\tilde{u}}+\boldsymbol{x}'_v\frac{\partial v}{\partial\tilde{u}}\right)\times\left(\boldsymbol{x}'_u\frac{\partial u}{\partial\tilde{v}}+\boldsymbol{x}'_v\frac{\partial v}{\partial\tilde{v}}\right)\\&=\left(\frac{\partial u}{\partial\tilde{u}}\frac{\partial v}{\partial\tilde{v}}-\frac{\partial v}{\partial\tilde{u}}\frac{\partial u}{\partial\tilde{v}}\right)\boldsymbol{x}'_u\times\boldsymbol{x}'_v=(\boldsymbol{x}'_u\times\boldsymbol{x}'_v)\frac{\partial(u,v)}{\partial(\tilde{u},\tilde{v})},\end{aligned}$$

$$|\boldsymbol{x}'_{\tilde{u}}\times\boldsymbol{x}'_{\tilde{v}}|=|\boldsymbol{x}'_u\times\boldsymbol{x}'_v|\left|\frac{\partial(u,v)}{\partial(\tilde{u},\tilde{v})}\right|,$$

$$\sqrt{\widetilde{E}\widetilde{G}-\widetilde{F}^2}=\sqrt{EG-F^2}\left|\frac{\partial(u,v)}{\partial(\tilde{u},\tilde{v})}\right|,$$

或者

$$\widetilde{E}\widetilde{G}-\widetilde{F}^2=(EG-F^2)\left[\frac{\partial(u,v)}{\partial(\tilde{u},\tilde{v})}\right]^2,$$

所以面积

$$\begin{aligned}\widetilde{A}&=\iint\limits_{\widetilde{D}}\sqrt{\widetilde{E}\widetilde{G}-\widetilde{F}^2}\,\mathrm{d}\tilde{u}\mathrm{d}\tilde{v}\\&\xlongequal{\text{变量代换}}\iint\limits_D\sqrt{EG-F^2}\left|\frac{\partial(u,v)}{\partial(\tilde{u},\tilde{v})}\right|\left|\frac{\partial(\tilde{u},\tilde{v})}{\partial(u,v)}\right|\mathrm{d}u\mathrm{d}v\end{aligned}$$

$$=\iint_D \sqrt{EG-F^2}\,\mathrm{d}u\mathrm{d}v = A.$$

证法 2 计算得

$$\begin{aligned}
\widetilde{E} &= \boldsymbol{x}'_{\tilde{u}}\cdot \boldsymbol{x}'_{\tilde{u}} = \left(\boldsymbol{x}'_u\frac{\partial u}{\partial \tilde{u}}+\boldsymbol{x}'_v\frac{\partial v}{\partial \tilde{u}}\right)^2 \\
&= \boldsymbol{x}'^2_{u}\frac{\partial u}{\partial \tilde{u}}\frac{\partial u}{\partial \tilde{u}}+2\boldsymbol{x}'_u\cdot \boldsymbol{x}'_v\frac{\partial u}{\partial \tilde{u}}\frac{\partial v}{\partial \tilde{u}}+\boldsymbol{x}'^2_v\frac{\partial v}{\partial \tilde{u}}\frac{\partial v}{\partial \tilde{u}} \\
&= E\frac{\partial u}{\partial \tilde{u}}\frac{\partial u}{\partial \tilde{u}}+2F\frac{\partial u}{\partial \tilde{u}}\frac{\partial v}{\partial \tilde{u}}+G\frac{\partial v}{\partial \tilde{u}}\frac{\partial v}{\partial \tilde{u}}, \\
\widetilde{F} &= \left(\boldsymbol{x}'_u\frac{\partial u}{\partial \tilde{u}}+\boldsymbol{x}'_v\frac{\partial v}{\partial \tilde{u}}\right)\left(\boldsymbol{x}'_u\frac{\partial u}{\partial \tilde{v}}+\boldsymbol{x}'_v\frac{\partial v}{\partial \tilde{v}}\right) \\
&= E\frac{\partial u}{\partial \tilde{u}}\frac{\partial u}{\partial \tilde{v}}+F\left(\frac{\partial u}{\partial \tilde{u}}\frac{\partial v}{\partial \tilde{v}}+\frac{\partial v}{\partial \tilde{u}}\frac{\partial u}{\partial \tilde{v}}\right)+G\frac{\partial v}{\partial \tilde{u}}\frac{\partial v}{\partial \tilde{v}}, \\
\widetilde{G} &= \boldsymbol{x}'_{\tilde{v}}\cdot \boldsymbol{x}'_{\tilde{v}} = \left(\boldsymbol{x}'_u\frac{\partial u}{\partial \tilde{v}}+\boldsymbol{x}'_v\frac{\partial v}{\partial \tilde{v}}\right)^2 \\
&= E\frac{\partial u}{\partial \tilde{v}}\frac{\partial u}{\partial \tilde{v}}+2F\frac{\partial u}{\partial \tilde{v}}\frac{\partial v}{\partial \tilde{v}}+G\frac{\partial v}{\partial \tilde{v}}\frac{\partial v}{\partial \tilde{v}}, \\
\sqrt{\widetilde{E}\widetilde{G}-\widetilde{F}^2} &= \sqrt{EG-F^2}\left|\frac{\partial(u,v)}{\partial(\tilde{u},\tilde{v})}\right|.
\end{aligned}$$

下面同证法 1 的相应部分. □

注 更一般的情形可参阅定理 2.3.1 的证明.

2.3.18 设曲面 M 的第 1 基本形式为

$$\mathrm{I} = \mathrm{d}u^2+(u^2+a^2)\mathrm{d}v^2.$$

求出曲面 M 上由三条曲线 $u=\pm av(a>0)$, $v=1$ 相交所成的三角形的面积 A.

解 由 $\mathrm{I}=E\mathrm{d}u^2+2F\mathrm{d}u\mathrm{d}v+G\mathrm{d}v^2=\mathrm{d}u^2+(u^2+a^2)\mathrm{d}v^2$, 知

$$E=1,\quad F=0,\quad G=u^2+a^2,$$

所以(记此三角形为 Δ)

$$\begin{aligned}
A &= \iint_\Delta \sqrt{u^2+a^2}\,\mathrm{d}u\mathrm{d}v = \iint_\Delta \sqrt{1\cdot(u^2+a^2)-0^2}\,\mathrm{d}u\mathrm{d}v \\
&= \iint_\Delta \sqrt{u^2+a^2}\,\mathrm{d}u\mathrm{d}v = 2\int_0^a \sqrt{u^2+a^2}\,\mathrm{d}u\int_{\frac{u}{a}}^1 \mathrm{d}v \\
&= 2\int_0^a\left(1-\frac{u}{a}\right)\sqrt{u^2+a^2}\,\mathrm{d}u = 2\left(\int_0^a \sqrt{u^2+a^2}\,\mathrm{d}u-\int_0^a\frac{u}{a}\sqrt{u^2+a^2}\,\mathrm{d}u\right) \\
&= 2\left[\frac{u}{a}\sqrt{u^2+a^2}+\frac{a^2}{2}\ln(u+\sqrt{u^2+a^2})-\frac{1}{3a}(u^2+a^2)^{\frac{3}{2}}\right]\Bigg|_0^a
\end{aligned}$$

$$
\begin{aligned}
&= 2\left[\frac{a}{2}\sqrt{a^2+a^2}+\frac{a^2}{2}\ln\left(a+\sqrt{a^2+a^2}\right)-\frac{1}{3a}(a^2+a^2)^{\frac{3}{2}}-\frac{a^2}{2}\ln a+\frac{1}{3a}a^3\right]\\
&= \sqrt{2}a^2+a^2\ln\left[(1+\sqrt{2})a\right]-\frac{2}{3a}-2\sqrt{2}a^3-a^2\ln a+\frac{2}{3}a^2\\
&= \sqrt{2}a^2+a^2\ln(1+\sqrt{2})-\frac{4\sqrt{2}}{3}a^2+\frac{2}{3}a^2\\
&= \left[\ln(1+\sqrt{2})-\frac{\sqrt{2}}{3}+\frac{2}{3}\right]a^2.
\end{aligned}
$$

□

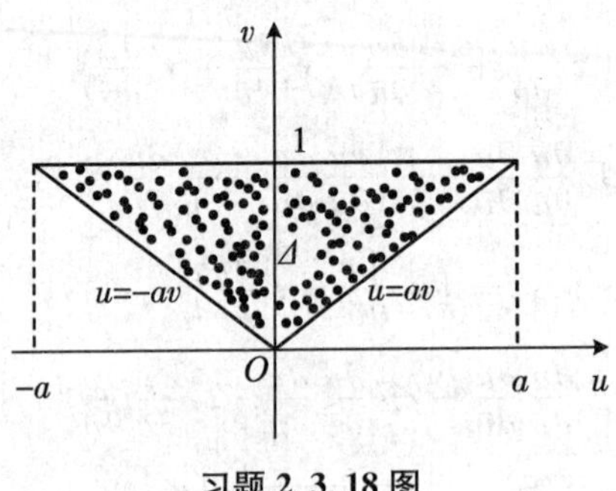

习题 2.3.18 图

2.3.19 (1) 从球面 $M=S^2(R):x^2+y^2+z^2=R^2$ 的北极向 xOy 平面作球极投影. 证明:球面 M 的第 1 基本形式为

$$
\mathrm{I}=\frac{4(\mathrm{d}u^2+\mathrm{d}v^2)}{\left[1+\frac{1}{R^2}(u^2+v^2)\right]^2}.
$$

(2) 从原点 O 向 $z=R$ 处的切平面作中心投影. 证明:球面 $M=S^2(R)$的第 1 基本形式为

$$
\mathrm{I}=\frac{\mathrm{d}u^2+\mathrm{d}v^2+\frac{1}{R^2}(u\mathrm{d}v-v\mathrm{d}u)^2}{\left[1+\frac{1}{R^2}(u^2+v^2)\right]^2}.
$$

证明 (1) 北极投影:由北极 $N(0,0,R)$向平面 $z=0$ 投影(习题 2.3.19 图(Ⅰ)). 设 $P(x,y,z)\in M=S^2(R)$,直线 NP 交平面 $z=0$ 于$(u,v,0)$. 由于相似三角形对应成比例,故有

$$
\frac{x}{u}=\frac{y}{v}=\frac{R-z}{R}=\frac{\overline{NP}}{\overline{NQ}}.
$$

再由$\triangle NPS\backsim\triangle NOQ$,得到

$$\frac{\overline{NP}}{\overline{NS}}=\frac{\overline{NO}}{\overline{NQ}},$$

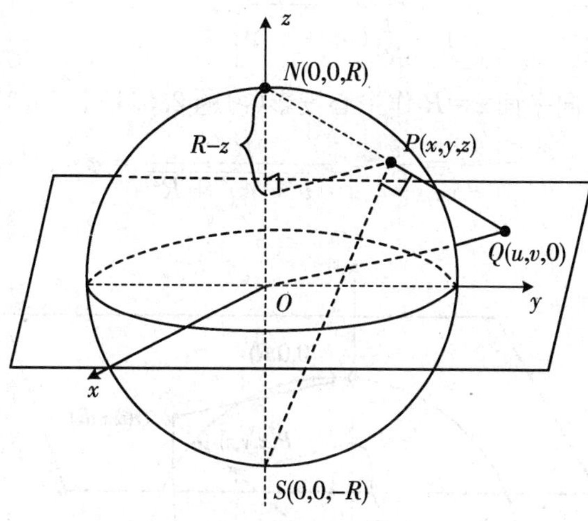

题 2.3.19 图(Ⅰ)

即

$$\frac{\overline{NP}}{2R}=\frac{R}{\sqrt{u^2+v^2+R^2}}.$$

记 $\varphi=1+\frac{1}{R^2}(u^2+v^2)$，则

$$\mathrm{d}\varphi=\frac{2}{R^2}(u\mathrm{d}u+v\mathrm{d}v),\quad u^2+v^2+R^2=R^2\varphi,\quad \overline{NP}=\frac{2R^2}{\sqrt{u^2+v^2+R^2}},$$

$$\frac{\overline{NP}}{\overline{NQ}}=\frac{2R^2}{\sqrt{u^2+v^2+R^2}\,\sqrt{u^2+v^2+R^2}}=\frac{2R^2}{u^2+v^2+R^2}=\frac{2}{\varphi}.$$

用 u,v 表示球面参数，使得（也可参阅[7]第 9 页）

$$\boldsymbol{x}(u,v)=(x(u,v),y(u,v),z(u,v))=\varphi^{-1}(2u,2v,R(\varphi-2)),$$

$$\begin{aligned}\mathrm{d}\boldsymbol{x}&=\varphi^{-1}(2\mathrm{d}u,2\mathrm{d}v,R\mathrm{d}\varphi)-\varphi^{2}\mathrm{d}\varphi(2u,2v,R(\varphi-2))\\&=2\varphi^{-1}(\mathrm{d}u,\mathrm{d}v,0)-2\varphi^{-2}\mathrm{d}\varphi(u,v,-R),\end{aligned}$$

$$\begin{aligned}I=\mathrm{d}\boldsymbol{x}^2&=4[\varphi^{-1}(\mathrm{d}u,\mathrm{d}v,0)-\varphi^{-2}\mathrm{d}\varphi(u,v,-R)]^2\\&=4\varphi^{-2}[(\mathrm{d}u,\mathrm{d}v,0)^2+\varphi^{-2}(\mathrm{d}\varphi)^2(u,v,-R)^2\\&\qquad-2\varphi^{-1}\mathrm{d}\varphi(\mathrm{d}u,\mathrm{d}v,0)\cdot(u,v,-R)]\\&=4\varphi^{-2}[\mathrm{d}u^2+\mathrm{d}v^2+\varphi^{-2}(\mathrm{d}\varphi)^2(u^2+v^2+R^2)-2\varphi^{-1}\mathrm{d}\varphi(u\mathrm{d}u+v\mathrm{d}v)]\end{aligned}$$

$$= 4\varphi^{-2}\left[\mathrm{d}u^2 + \mathrm{d}v^2 + \varphi^{-2}(\mathrm{d}\varphi)^2 \cdot R^2\varphi - 2\varphi^{-1}\mathrm{d}\varphi \cdot \frac{R^2}{2}\mathrm{d}\varphi\right]$$

$$= \frac{4(\mathrm{d}u^2 + \mathrm{d}v^2)}{\varphi^2} = \frac{4(\mathrm{d}u^2 + \mathrm{d}v^2)}{\left[1 + \frac{1}{R^2}(u^2 + v^2)\right]^2}.$$

(2) 从原点 O 向平面 $z=R$ 作中心投影(习题 2.3.19 图(Ⅱ)),有

$$\frac{x}{u} = \frac{y}{v} = \frac{z}{R} = \frac{R}{\sqrt{u^2 + v^2 + R^2}} = \varphi^{-\frac{1}{2}}.$$

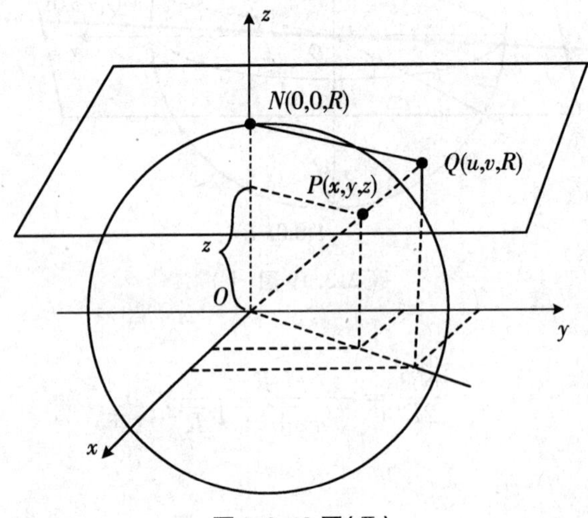

题 2.3.19 图(Ⅱ)

用 u,v 表示球面参数,使得

$$\boldsymbol{x}(u,v) = \varphi^{-\frac{1}{2}}(u,v,R), \quad \mathrm{d}\boldsymbol{x} = \varphi^{-\frac{1}{2}}(\mathrm{d}u,\mathrm{d}v,0) - \frac{1}{2}\varphi^{-\frac{3}{2}}\mathrm{d}\varphi(u,v,R).$$

于是

$$I = \mathrm{d}\boldsymbol{x}^2 = \varphi^{-1}\left[(\mathrm{d}u,\mathrm{d}v,0) - \frac{1}{2}\varphi^{-1}\mathrm{d}\varphi(u,v,R)\right]^2$$

$$= \varphi^{-1}\left[(\mathrm{d}u,\mathrm{d}v,0)^2 + \frac{1}{4}\varphi^{-2}(\mathrm{d}\varphi)^2(u^2 + v^2 + R^2)\right.$$

$$\left. - (\mathrm{d}u,\mathrm{d}v,0) \cdot \varphi^{-1}\mathrm{d}\varphi(u,v,R)\right]$$

$$= \varphi^{-1}\left[\mathrm{d}u^2 + \mathrm{d}v^2 + \frac{1}{4}\varphi^{-2}(\mathrm{d}\varphi)^2(R^2\varphi) - \varphi^{-1}\mathrm{d}\varphi(u\mathrm{d}u + v\mathrm{d}v)\right]$$

$$= \frac{\mathrm{d}u^2 + \mathrm{d}v^2}{\varphi} + \frac{R^2(\mathrm{d}\varphi)^2}{4\varphi^2} - \frac{R^2(\mathrm{d}\varphi)^2}{2\varphi^2} = \frac{\mathrm{d}u^2 + \mathrm{d}v^2}{\varphi} - \frac{R^2(\mathrm{d}\varphi)^2}{4\varphi^2}$$

$$= \frac{\mathrm{d}u^2 + \mathrm{d}v^2}{\varphi} - \frac{\frac{1}{R^2}(u\mathrm{d}u + v\mathrm{d}v)^2}{\varphi^2} = \frac{\mathrm{d}u^2 + \mathrm{d}v^2 + \frac{1}{R^2}(u\mathrm{d}v - v\mathrm{d}u)^2}{\left[1 + \frac{1}{R^2}(u^2 + v^2)\right]^2}. \qquad \square$$

2.3.20*　在定理 2.3.3(3)中，当 $\det \boldsymbol{A} = -1$，n 为奇数时，用不同于定理 2.3.3(3)中的方法，而采用例 2.3.2 中的方法证明：$\widetilde{II} = -II$. 并说明当 n 为偶数时，上述方法失效.

证明　设

$$\boldsymbol{A} = \begin{pmatrix} -1 & & & \\ & -1 & & \\ & & \ddots & \\ & & & -1 \end{pmatrix} \boldsymbol{B},$$

则

$$\det|\boldsymbol{B}| = \det\left(\begin{pmatrix} -1 & & & \\ & -1 & & \\ & & \ddots & \\ & & & -1 \end{pmatrix} \cdot \boldsymbol{A}\right)$$

$$= \det\begin{pmatrix} -1 & & & \\ & -1 & & \\ & & \ddots & \\ & & & -1 \end{pmatrix} \cdot \det \boldsymbol{A}$$

$$= (-1)\cdot(-1) = 1.$$

由定理 2.3.3(2)中的结果，只需证明：当

$$\boldsymbol{A} = \begin{pmatrix} -1 & & & \\ & -1 & & \\ & & \ddots & \\ & & & -1 \end{pmatrix}$$

时，有 $\widetilde{II} = -II$ 即可.

事实上，

$$\tilde{\boldsymbol{x}} = \boldsymbol{x}\boldsymbol{A} + \boldsymbol{b} = (-x^1, -x^2, \cdots, -x^n) + \boldsymbol{b},$$

$$\tilde{\boldsymbol{x}}'_{u^i} = (-x^{1\prime}_{u^i}, -x^{2\prime}_{u^i}, \cdots, -x^{n\prime}_{u^i}),$$

的缘故

$$\tilde{\boldsymbol{x}}''_{u^iu^j}=(-x^{1''}_{u^iu^j},-x^{2''}_{u^iu^j},\cdots,-x^{n''}_{u^iu^j}).$$

于是,当 n 为奇数时,

$$\begin{aligned}\tilde{L}_{ij}&=\tilde{\boldsymbol{x}}''_{u^iu^j}\cdot\tilde{\boldsymbol{n}}\\&=(-x^{1''}_{u^iu^j},-u^{2''}_{u^iu^j},\cdots,-x^{n''}_{u^iu^j})\\&\quad\cdot\begin{vmatrix}\boldsymbol{e}_1&\boldsymbol{e}_2&\cdots&\boldsymbol{e}_n\\-x^{1'}_{u^1}&-x^{2'}_{u^1}&\cdots&-x^{n'}_{u^1}\\-x^{1'}_{u^2}&-x^{2'}_{u^2}&\cdots&-x^{n'}_{u^2}\\\vdots&\vdots&&\vdots\\-x^{1'}_{u^{n-1}}&-x^{2'}_{u^{n-1}}&\cdots&-x^{n'}_{u^{n-1}}\end{vmatrix}\frac{1}{|\tilde{\boldsymbol{x}}'_{u^1}\times\tilde{\boldsymbol{x}}'_{u^2}\times\cdots\times\tilde{\boldsymbol{x}}'_{u^{n-1}}|}\\&=\begin{vmatrix}-x^{1''}_{u^iu^j}&-x^{2''}_{u^iu^j}&\cdots&-x^{n''}_{u^iu^j}\\-x^{1'}_{u^1}&-x^{2'}_{u^1}&\cdots&-x^{n'}_{u^1}\\-x^{1'}_{u^2}&-x^{2'}_{u^2}&\cdots&-x^{n'}_{u^2}\\\vdots&\vdots&&\vdots\\-x^{1'}_{u^{n-1}}&-x^{2'}_{u^{n-1}}&\cdots&-x^{n'}_{u^{n-1}}\end{vmatrix}\cdot\frac{1}{|\boldsymbol{x}'_{u^1}\times\boldsymbol{x}'_{u^2}\times\cdots\times\boldsymbol{x}'_{u^{n-1}}|}\\&=(-1)^n\boldsymbol{x}''_{u^iu^j}\cdot\boldsymbol{n}=-L_{ij}.\end{aligned}$$

由此推得

$$\widetilde{II}=-II.$$

注意,当 n 为偶数时,类似于上述 n 为奇数的证明,有

$$\det\boldsymbol{A}=\det\begin{pmatrix}-1&&&\\&-1&&\\&&\ddots&\\&&&-1\end{pmatrix}=(-1)^n=1,$$

$$\tilde{L}_{ij}=(-1)^nL_{ij}=L_{ij},$$

$$\widetilde{II}=II.$$

这就是在定理 2.3.3(3)中,采用

$$\boldsymbol{A}=\begin{pmatrix}-1&&&\\&1&&\\&&\ddots&\\&&&1\end{pmatrix}\boldsymbol{B}$$

的缘故. □

2.4　曲面的基本公式、Weingarten 映射、共轭曲线网、渐近曲线网

1. 知识要点

定义 2.4.1　设 M 为 $n-1$ 维 C^2 正则曲面，其参数表示为 $\boldsymbol{x}(\boldsymbol{u})=\boldsymbol{x}(u^1,u^2,\cdots,u^{n-1})$，$\boldsymbol{n}(\boldsymbol{u})$ 为 $\boldsymbol{x}(\boldsymbol{u})$ 点处的单位法向量，称右旋基

$$\{\boldsymbol{x}'_{u^1},\boldsymbol{x}'_{u^2},\cdots,\boldsymbol{x}'_{u^{n-1}},\boldsymbol{n}\}$$

为 $\boldsymbol{x}(u)$ 点处的**自然活动标架场**.

定理 2.4.1（曲面的基本公式）　对于定义 2.4.1 中 M 的自然活动标架场，有**曲面的基本公式**：

$$\begin{cases}\mathrm{d}\boldsymbol{x}=\displaystyle\sum_{j=1}^{n-1}\mathrm{d}u^j\boldsymbol{x}'_{u^j},\\ \displaystyle\sum_{j=1}^{n-1}\boldsymbol{x}''_{u^iu^j}\mathrm{d}u^j=\mathrm{d}\boldsymbol{x}'_{u^i}=\sum_{j,k=1}^{n-1}\Gamma_{ij}^k\mathrm{d}u^j\boldsymbol{x}'_{u^k}+\sum_{j=1}^{n-1}L_{ij}\mathrm{d}u^j\boldsymbol{n}\quad(\text{Gauss 公式}),\\ \displaystyle\sum_{i=1}^{n-1}\boldsymbol{n}'_{u^i}\mathrm{d}u^i=\mathrm{d}\boldsymbol{n}=-\sum_{i,j=1}^{n-1}\omega_i^j\mathrm{d}u^i\boldsymbol{x}'_{u^j}=-\sum_{i,j,l=1}^{n-1}g^{jl}L_{li}\mathrm{d}u^i\boldsymbol{x}'_{u^j}\quad(\text{Weingarten 公式}),\end{cases}$$

$\Leftrightarrow$

$$\begin{cases}\mathrm{d}\boldsymbol{x}=\displaystyle\sum_{j=1}^{n-1}\mathrm{d}u^j\boldsymbol{x}'_{u^j},\\ \boldsymbol{x}''_{u^iu^j}=\displaystyle\sum_{k=1}^{n-1}\Gamma_{ij}^k\boldsymbol{x}'_{u^k}+L_{ij}\boldsymbol{n}\quad(\text{Gauss 公式}),\\ \boldsymbol{n}'_{u^i}=-\displaystyle\sum_{j=1}^{n-1}\omega_i^j\boldsymbol{x}'_{u^j}=\sum_{j,l=1}^{n-1}g^{il}L_{li}\boldsymbol{x}'_{u^i}\quad(\text{Weingarten 公式}).\end{cases}$$

其中

$$\Gamma_{ij}^k=\frac{1}{2}\sum_{l=1}^{n-1}g^{kl}\left(\frac{\partial g_{lj}}{\partial u^i}+\frac{\partial g_{il}}{\partial u^j}-\frac{\partial g_{ij}}{\partial u^l}\right)$$

称为**联络系数**，而且 $\dfrac{\partial g_{ij}}{\partial u^k}=\displaystyle\sum_{l=1}^{n-1}\Gamma_{ik}^lg_{lj}+\sum_{l=1}^{n-1}\Gamma_{jk}^lg_{li}$. (g^{kl}) 为 (g_{ij}) 的逆矩阵. 此外，有

$$L_{ij} = -\boldsymbol{x}'_{u^i}\cdot\boldsymbol{n}'_{u^j} = \boldsymbol{x}''_{u^iu^j}\cdot\boldsymbol{n} = \sum_{k=1}^{n-1}\omega_j^k g_{ik},\quad \omega_k^m = \sum_{i=1}^{n-1} g^{mi}L_{ik}.$$

引理 2.4.1 $\Gamma_{ij}^k = \Gamma_{ji}^k$.

推论 2.4.1 $\dfrac{\partial g^{mk}}{\partial u^l} = -\sum_{i=1}^{n-1} g^{ik}\Gamma_{il}^m - \sum_{i=1}^{n-1} g^{mi}\Gamma_{il}^k$.

例 2.4.1 在 2 维 C^2 正则曲面 $M\subset\mathbf{R}^3$ 上采用正交曲线网$\{u,v\}$,即 $g_{12}=F=0$. 于是

$$\Gamma_{11}^1 = \frac{E'_u}{2E},\quad \Gamma_{11}^2 = -\frac{E'_v}{2G},\quad \Gamma_{12}^1 = \frac{E'_v}{2E},$$

$$\Gamma_{12}^2 = \frac{G'_u}{2G},\quad \Gamma_{22}^1 = -\frac{G'_u}{2E},\quad \Gamma_{22}^2 = \frac{G'_v}{2G},$$

$$\omega_1^1 = \frac{L}{E},\quad \omega_2^1 = \frac{M}{E},\quad \omega_1^2 = \frac{M}{G},\quad \omega_2^2 = \frac{N}{G}.$$

曲面的基本公式可写为

$$\begin{cases} \left.\begin{aligned} \boldsymbol{x}''_{uu} &= \frac{E'_u}{2E}\boldsymbol{x}'_u - \frac{E'_v}{2G}\boldsymbol{x}'_v + L\boldsymbol{n},\\ \boldsymbol{x}''_{uv} &= \frac{E'_v}{2E}\boldsymbol{x}'_u + \frac{G'_u}{2G}\boldsymbol{x}'_v + M\boldsymbol{n},\\ \boldsymbol{x}''_{vv} &= -\frac{G'_u}{2E}\boldsymbol{x}'_u - \frac{G'_v}{2G}\boldsymbol{x}'_v + N\boldsymbol{n}, \end{aligned}\right\}\text{参阅习题 2.11.2}\\ \boldsymbol{n}'_u = -\frac{L}{E}\boldsymbol{x}'_u - \frac{M}{G}\boldsymbol{x}'_v,\\ \boldsymbol{n}'_v = -\frac{M}{E}\boldsymbol{x}'_u - \frac{N}{G}\boldsymbol{x}'_v. \end{cases}$$

定义 2.4.2 设 M 为 $\mathbf{R}^n$ 中的 $n-1$ 维 C^2 正则超曲面,其参数表示为 $\boldsymbol{x}(u^1, u^2,\cdots,u^{n-1})$, $P\in M$, T_PM 为 M 在 P 点的切空间. 令线性变换

$$W: T_PM\to T_PM,\quad \boldsymbol{X}\mapsto W(\boldsymbol{X}),$$

使得 $W(\boldsymbol{X}'_{u^j}) = \sum_{i=1}^{n-1}\omega_j^i\boldsymbol{x}'_{u^i}$,从而

$$W(\boldsymbol{X}) = W\left(\sum_{j=1}^{n-1}\alpha^j\boldsymbol{x}'_{u^j}\right) = \sum_{j=1}^{n-1}\alpha^j W(\boldsymbol{x}'_{u^j}) = \sum_{i,j=1}^{n-1}\alpha^i\omega_j^i\boldsymbol{x}'_{u^i}.$$

我们称 W 为 T_PM 中的 **Weingarten 映射**.

定理 2.4.2 设 M 为 $\mathbf{R}^n$ 中的$n-1$ 维正则超曲面,其参数表示为 $\boldsymbol{x}(u^1,u^2,\cdots, u^{n-1})$, $\boldsymbol{n}$ 为 M 上的单位法向量场,则:

(1) $\mathrm{d}\boldsymbol{n} = -W(\mathrm{d}\boldsymbol{x}) \Leftrightarrow W(\boldsymbol{x}'_{u^i}) = -\boldsymbol{n}'_{u^i} \Leftrightarrow W(\boldsymbol{X}) = -\overline{\nabla}_{\boldsymbol{X}}\boldsymbol{n}$,其中

$$\bar{\nabla}_X \boldsymbol{n} = \bar{\nabla}_{\sum\limits_{i=1}^{n-1}\alpha^i \boldsymbol{x}'_{u^i}} \boldsymbol{n} = \sum_{i=1}^{n-1}\alpha^i \boldsymbol{n}'_{u^i};$$

(2) $II=\langle W(\mathrm{d}\boldsymbol{x}),\mathrm{d}\boldsymbol{x}\rangle$；

(3) W 关于切空间的内积是自共轭的，即

$$\langle W(\boldsymbol{X}),\boldsymbol{Y}\rangle = \langle \boldsymbol{X},W(\boldsymbol{Y})\rangle \quad (\forall \boldsymbol{X},\boldsymbol{Y}\in T_PM);$$

(4) $L_{ij}=\langle W(\boldsymbol{x}'_{u^i}),\boldsymbol{x}'_{u^j}\rangle$.

注 2.4.1　由定理 2.4.2，可用

$$W(\boldsymbol{X}) = -\bar{\nabla}_X \boldsymbol{n} = -\bar{\nabla}_{\sum\limits_{i=1}^{n-1}\alpha^i \boldsymbol{x}'_{u^i}} \boldsymbol{n} = -\sum_{i=1}^{n-1}\alpha^i\,\bar{\nabla}_{\boldsymbol{x}'_{u^i}}\boldsymbol{n} = -\sum_{i=1}^{n-1}\alpha^i \boldsymbol{n}'_{u^i}$$

来定义 Weingarten 映射. 这个定义的第 1 个优点是几何意义比较清楚，$\bar{\nabla}_X\boldsymbol{n}$ 表示单位法向量场 $\boldsymbol{n}$ 沿着 $\boldsymbol{X}$ 方向的变化率；第 2 个优点是 $\bar{\nabla}_X\boldsymbol{n}$ 具有整体性.

注 2.4.2　Weingarten 映射与参数的选取无关.

定义 2.4.3　设 M 为 $\mathbf{R}^n$ 中 $n-1$ 维 C^2 正则曲面，$P\in M$，$\boldsymbol{X},\boldsymbol{Y}\in T_PM$，如果

$$\langle W(\boldsymbol{X}),\boldsymbol{Y}\rangle = 0,$$

则称 $\boldsymbol{X}$ 与 $\boldsymbol{Y}$ 是**共轭**的. 因为由定理 2.4.2(3) 知 W 是自共轭的，所以 $\boldsymbol{Y}$ 与 $\boldsymbol{X}$ 也是共轭的. 因此，也可称 $\boldsymbol{X}$ 与 $\boldsymbol{Y}$ 是**相互共轭**的. 显然，$\boldsymbol{X}=\sum\limits_{i=1}^{n-1}\alpha^i\boldsymbol{x}'_{u^i}$ 与 $\boldsymbol{Y}=\sum\limits_{j=1}^{n-1}\beta^j\boldsymbol{x}'_{u^j}$ 相互共轭等价于

$$0=\langle W(\boldsymbol{X}),\boldsymbol{Y}\rangle = \sum_{i,j=1}^{n-1}L_{ij}\alpha^i\beta^j.$$

如果 $\boldsymbol{X}$ 与自身互相共轭，即 $\langle W(\boldsymbol{X}),\boldsymbol{X}\rangle=0$，则称 $\boldsymbol{X}$ 为**渐近方向**. 于是，

$$\boldsymbol{X}=\sum_{i=1}^{n-1}\alpha^i\boldsymbol{x}'_{u^i}\text{ 为渐近方向} \quad\Leftrightarrow\quad \sum_{i,j=1}^{n-1}L_{ij}\alpha^i\alpha^j = \langle W(\boldsymbol{X}),\boldsymbol{X}\rangle = 0,$$

即渐近方向就是法曲率为 0 的方向.

如果曲面 M 上的一条曲线 $\boldsymbol{x}(\boldsymbol{u}(t))=\boldsymbol{x}(u^1(t),u^2(t),\cdots,u^n(t))$ 上每一点的切向量都为渐近方向，则称这条曲线为**渐近曲线**. 它满足的微分方程为

$$\sum_{i,j=1}^{n-1}L_{ij}u^{i\prime}(t)u^{j\prime}(t)=0,$$

即

$$-\mathrm{d}\boldsymbol{x}\cdot\mathrm{d}\boldsymbol{n} = II = \sum_{i,j=1}^{n-1}L_{ij}\,\mathrm{d}u^i\mathrm{d}u^j = 0.$$

特别地，当 $n=3$ 时，$L_{11}=L$，$L_{12}=L_{21}=M$，$L_{22}=N$，则 $\boldsymbol{X}=\sum\limits_{i=1}^{2}\alpha^i\boldsymbol{x}'_{u^i}$ 与 $\boldsymbol{Y}=$

$\sum_{j=1}^{2}\beta^j \boldsymbol{x}'_{u^j}$ 相互共轭等价于

$$L\alpha^1\beta^1 + M(\alpha^1\beta^2 + \alpha^2\beta^1) + N\alpha^2\beta^2 = 0.$$

$\boldsymbol{X}$ 为渐近方向等价于

$$L\alpha^1\alpha^1 + 2M\alpha^1\alpha^2 + N\alpha^2\alpha^2 = 0.$$

$\boldsymbol{x}(u(t),v(t))$ 为渐近曲线等价于

$$\begin{aligned} & Lu'(t)u'(t) + 2Mu'(t)v'(t) + Nv'(t)v'(t) = 0 \\ \Leftrightarrow\quad & L\mathrm{d}u^2 + 2M\mathrm{d}u\mathrm{d}v + N\mathrm{d}v^2 = 0. \end{aligned}$$

定理 2.4.3 设 M^2 为 $\mathbf{R}^3$ 中的 2 维正则曲面，$\boldsymbol{x}(u,v)$ 为其参数表示，则：

(1) M^2 的坐标曲线网为共轭曲线网(即 $\boldsymbol{x}'_u$ 与 $\boldsymbol{x}'_v$ 相互共轭)$\Leftrightarrow M=0$；

(2) M^2 的坐标曲线网为渐近曲线网(即 $\boldsymbol{x}'_u$ 与 $\boldsymbol{x}'_v$ 都为渐近方向)$\Leftrightarrow L=N=0$；

由(2)推得：$\mathbf{R}^3$ 中的 2 维正则曲面 M^2 的坐标曲线网既为共轭曲线网又为渐近曲线网$\Leftrightarrow L=M=N=0$.

定理 2.4.4 $\mathbf{R}^n$ 中 $n-1$ 维 C^2 正则曲面 M 上的直线必为该曲面上的渐近曲线. 但反之不一定成立，即渐近曲线未必为直线.

定理 2.4.5 $\mathbf{R}^3$ 中 C^2 曲面 $\boldsymbol{x}(\boldsymbol{u})$ 上的不含直线段的 C^2 曲线 $\boldsymbol{x}(\boldsymbol{u}(s))$ 为渐近曲线$\Leftrightarrow$曲面沿此曲线的切平面重合于曲线的密切平面.

2. 习题解答

2.4.1 证明：

(1) $\sum_{i,j=1}^{n-1} g^{ij}g_{ij} = n-1$；

(2) $\dfrac{\partial \ln\sqrt{g}}{\partial u^l} = \sum_{i=1}^{n-1}\Gamma^i_{il}$，其中 $g=\det(g_{ij})$.

证明 对 $\mathbf{R}^n$ 中的 $n-1$ 维超曲面 M，有：

(1) $\sum_{i,j=1}^{n-1} g^{ij}g_{ij} = \sum_{i=1}^{n-1}\left(\sum_{j=1}^{n-1} g^{ij}g_{ji}\right) = \sum_{i=1}^{n-1}\delta^i_i = \sum_{i=1}^{n-1}1 = n-1$；

(2)
$$\begin{aligned}\frac{\partial \ln\sqrt{g}}{\partial u^l} &= \frac{1}{2}\frac{\partial \ln g}{\partial u^l} = \frac{1}{2g}\frac{\partial g}{\partial u^l} = \frac{1}{2g}\sum_{i,j=1}^{n-1}\frac{\partial g_{ij}}{\partial u^l}A_{ij} = \frac{1}{2g}\sum_{i,j=1}^{n-1}\frac{\partial g_{ij}}{\partial u^l}g\cdot g^{ij} \\ &= \frac{1}{2}\sum_{i,j=1}^{n-1}\sum_{m=1}^{n-1}(g_{im}\Gamma^m_{jl} + g_{jm}\Gamma^m_{il})g^{ij} = \frac{1}{2}\sum_{j,m=1}^{n-1}(\delta^j_m\Gamma^m_{jl} + \delta^i_m\Gamma^m_{il}) \\ &= \frac{1}{2}\left(\sum_{j=1}^{n-1}\Gamma^j_{jl} + \sum_{i=1}^{n-1}\Gamma^i_{il}\right) = \sum_{i=1}^{n-1}\Gamma^i_{il}.\end{aligned}$$
□

2.4.2　平面上取极坐标时,第1基本形式为

$$I=\mathrm{d}r^2+r^2\mathrm{d}\theta^2.$$

计算 Γ_{ij}^k.

解　解法1　由 $\boldsymbol{x}(r,\theta)=(r\cos\theta,r\sin\theta)$,知

$$\boldsymbol{x}'_r=(\cos\theta,\sin\theta),\quad \boldsymbol{x}'_\theta=(-r\sin\theta,r\cos\theta).$$

$$g_{11}=E=\boldsymbol{x}'_r\cdot\boldsymbol{x}'_r=\cos^2\theta+\sin^2\theta=1,$$

$$g_{12}=g_{21}=F=\boldsymbol{x}'_r\cdot\boldsymbol{x}'_\theta=0,\quad \boldsymbol{x}'_r\perp\boldsymbol{x}'_\theta,$$

$$g_{22}=G=\boldsymbol{x}'_\theta\cdot\boldsymbol{x}'_\theta=r^2,$$

$$I=E\mathrm{d}r^2+2F\mathrm{d}r\mathrm{d}\theta+G\mathrm{d}\theta^2=\mathrm{d}r^2+r^2\mathrm{d}\theta^2.$$

根据例2.4.1,曲面的基本公式为($u^1=r,u^2=\theta$)

$$\boldsymbol{x}''_{u^1u^1}=\sum_{k=1}^2\Gamma_{11}^k\boldsymbol{x}'_{u^k}+L_{11}\boldsymbol{n},$$

$$\boldsymbol{x}''_{u^1u^2}=\sum_{k=1}^2\Gamma_{12}^k\boldsymbol{x}'_{\boldsymbol{k}}+L_{12}\boldsymbol{n},$$

$$\boldsymbol{x}''_{u^2u^2}=\sum_{k=1}^2\Gamma_{22}^k\boldsymbol{x}'_{\boldsymbol{k}}+L_{22}\boldsymbol{n}.$$

因此

$$\boldsymbol{x}''_{u^1u^1}=\boldsymbol{x}''_{rr}=0\ \Rightarrow\ \Gamma_{11}^1=\Gamma_{11}^2=0,$$

$$\boldsymbol{x}''_{u^1u^2}=\boldsymbol{x}''_{r\theta}=(-\sin\theta,\cos\theta)=\frac{1}{r}\boldsymbol{x}'_\theta\ \Rightarrow\ \Gamma_{12}^1=0,\Gamma_{12}^2=\frac{1}{r},$$

$$\boldsymbol{x}''_{u^2u^2}=\boldsymbol{x}''_{\theta\theta}=(-r\cos\theta,-r\sin\theta)=-r\boldsymbol{x}'_r\ \Rightarrow\ \Gamma_{22}^1=-r,\Gamma_{22}^2=0.$$

解法2　根据例2.4.1,有

$$\Gamma_{11}^1=\frac{E'_r}{2E}=0,\quad \Gamma_{11}^2=-\frac{E'_\theta}{2G}=0,$$

$$\Gamma_{12}^1=\frac{E'_\theta}{2E}=0,\quad \Gamma_{12}^2=\frac{G'_r}{2G}=\frac{2r}{2r^2}=\frac{1}{r},$$

$$\Gamma_{22}^1=-\frac{G'_r}{2E}=-\frac{2r}{2\cdot 1}=-r,\quad \Gamma_{22}^2=\frac{G'_\theta}{2G}=0.$$

□

2.4.3　用 E,F,G 及其偏导函数表达 Γ_{ij}^k.

解　计算得

$$\begin{pmatrix}g_{11}&g_{12}\\g_{21}&g_{22}\end{pmatrix}=\begin{pmatrix}E&F\\F&G\end{pmatrix},$$

$$\begin{pmatrix}g^{11}&g^{12}\\g^{21}&g^{22}\end{pmatrix}=\frac{1}{g}\begin{pmatrix}g_{22}&-g_{21}\\-g_{12}&g_{11}\end{pmatrix}=\frac{1}{EG-F^2}\begin{pmatrix}G&-F\\-F&E\end{pmatrix},$$

其中

$$g=\begin{vmatrix} g_{11} & g_{12} \\ g_{21} & g_{22} \end{vmatrix}=g_{11}g_{22}-g_{12}^2=EG-F^2.$$

根据定理 2.4.1,有($u^1=u,u^2=v$)

$$\Gamma_{ij}^k=\frac{1}{2}\sum_{l=1}^{2}g^{kl}\left(\frac{\partial g_{lj}}{\partial u^i}+\frac{\partial g_{il}}{\partial u^j}-\frac{\partial g_{ij}}{\partial u^l}\right).$$

于是

$$\begin{aligned}
\Gamma_{11}^1&=\frac{1}{2}\left[g^{11}\left(\frac{\partial g_{11}}{\partial u^1}+\frac{\partial g_{11}}{\partial u^1}-\frac{\partial g_{11}}{\partial u^1}\right)+g^{12}\left(\frac{\partial g_{21}}{\partial u^1}+\frac{\partial g_{12}}{\partial u^1}-\frac{\partial g_{11}}{\partial u^2}\right)\right]\\
&=\frac{1}{2g}[G\cdot E'_u-F(F'_u+F'_u-E'_v)]=\frac{GE'_u-2FF'_u+FE'_v}{2(EG-F^2)},\\
\Gamma_{12}^1&=\frac{1}{2}\left[g^{11}\left(\frac{\partial g_{12}}{\partial u^1}+\frac{\partial g_{11}}{\partial u^2}-\frac{\partial g_{12}}{\partial u^1}\right)+g^{12}\left(\frac{\partial g_{22}}{\partial u^1}+\frac{\partial g_{12}}{\partial u^2}-\frac{\partial g_{12}}{\partial u^2}\right)\right]\\
&=\frac{1}{2g}[G(F'_u+E'_v-F'_u)-F(G'_u+F'_v-F'_v)]\\
&=\frac{GE'_v-FG'_u}{2(EG-F^2)},\\
\Gamma_{22}^1&=\frac{1}{2}\left[g^{11}\left(\frac{\partial g_{12}}{\partial u^2}+\frac{\partial g_{21}}{\partial u^2}-\frac{\partial g_{22}}{\partial u^1}\right)+g^{12}\left(\frac{\partial g_{22}}{\partial u^2}+\frac{\partial g_{22}}{\partial u^2}-\frac{\partial g_{22}}{\partial u^2}\right)\right]\\
&=\frac{1}{2g}[G(F'_v+F'_v-G'_u)-F(G'_v+G'_v-G'_v)]\\
&=\frac{-GG'_u+2GF'_v-FG'_v}{2(EG-F^2)}.
\end{aligned}$$

完全类似上述计算,或从对称性得到

$$\Gamma_{22}^2=\frac{EG'_v-2FF'_v+FG'_u}{2(EG-F^2)},$$

$$\Gamma_{11}^2=\frac{-EE'_v+2EF'_u-FE'_u}{2(EG-F^2)},$$

$$\Gamma_{12}^2=\frac{EG'_u-FE'_v}{2(EG-F^2)}.$$ □

2.4.4 证明:

(1) 平移曲面 $M:\boldsymbol{x}(u,v)=\boldsymbol{a}(u)+\boldsymbol{b}(v)$(曲线 $\boldsymbol{a}(u)$沿着曲线 $\boldsymbol{b}(v)$平行移动得到)的参数曲线构成共轭网.

(2) 曲面 $M:z=f(x)+g(y)$上参数曲线族 $x=$常数,$y=$常数构成共轭网.

证明　(1) 由 $\boldsymbol{x}'_u=\boldsymbol{a}'(u)$，$\boldsymbol{x}''_{uv}=0$，得 $M=\boldsymbol{x}''_{uv}\cdot\boldsymbol{n}=0$，故根据定理 2.4.3(1)知，曲面 M 的参数曲线构成共轭网.

(2) 令 M：$\boldsymbol{x}(x,y)=(x,y,f(x)+g(y))=(x,0,f(x))+(0,y,g(y))=\boldsymbol{a}(x)+\boldsymbol{b}(y)$，由(1)知，参数曲线族 $x=$ 常数，$y=$ 常数构成共轭网.　□

2.4.5　证明：椭圆抛物面

$$\boldsymbol{x}(u,v)=\left(u,v,\frac{1}{2}\left(\frac{u^2}{a^2}+\frac{v^2}{b^2}\right)\right)\quad(a>0,b>0)$$

为平移曲面，它可由抛物线 $z=\dfrac{x^2}{2a^2}$，$y=0$ 沿着 $z=\dfrac{y^2}{2b^2}$，$x=0$ 平行移动得到，并且两族参数曲线构成共轭网.

证明　取

$$\boldsymbol{a}(u)=\left(u,0,\frac{u^2}{2a^2}\right),\quad\boldsymbol{b}(v)=\left(0,v,\frac{v^2}{2b^2}\right),$$

即得

$$\boldsymbol{x}(u,v)=\boldsymbol{a}(u)+\boldsymbol{b}(v).$$

它是曲线 $\boldsymbol{a}(u)$ 沿着曲线 $\boldsymbol{b}(v)$ 平移而得到的.

根据习题 2.4.4，两参数曲线族构成共轭网.　□

2.4.6　证明：曲面 M：

$$\boldsymbol{x}(u,v)=(\cos u,\sin u+\sin v,\cos v)$$

的参数曲线都是圆，并且构成共轭网.

证明　设

$$\boldsymbol{a}(u)=(\cos u,\sin u,0),\quad\boldsymbol{b}(v)=(0,\sin v,\cos v),$$

则

$$\boldsymbol{x}(u,v)=\boldsymbol{a}(u)+\boldsymbol{b}(v).$$

这表明 $\boldsymbol{x}(u,v)$ 为平移曲面，它的两参数曲线族构成共轭网.

固定 $v=v_0$，因为 $z=\cos v_0$ 为常数，所以 $\boldsymbol{x}(u,v_0)$ 为平面曲线，且

$$[\boldsymbol{x}(u,v_0)-\boldsymbol{b}(v_0)]^2=\boldsymbol{a}(u)^2=(\cos u,\sin u,0)\cdot(\cos u,\sin u,0)=1,$$

它是以 $\boldsymbol{b}(v_0)$ 为中心、1 为半径的圆.

同理，固定 $u=u_0$，$x=\cos u_0$，可知 $\boldsymbol{x}(u_0,v)$ 为平面曲线，且

$$[\boldsymbol{x}(u_0,v)-\boldsymbol{a}(u_0)]^2=\boldsymbol{b}(v)^2=(0,\sin v,\cos v)\cdot(0,\sin v,\cos v)=1,$$

它是以 $\boldsymbol{a}(u_0)$ 为中心、1 为半径的圆.　□

2.4.7　证明：正螺面 M：

$$\boldsymbol{x}(u,v)=(v\cos u,v\sin u,bu)\quad(0\leqslant u\leqslant 2\pi,-\infty<v<+\infty)$$

的渐近曲线就是它上面的直母线与圆柱螺线.

证明 证法1 (参阅例1.2.3、例2.7.8与习题2.7.7)正螺面上圆柱螺线的主法线为直母线.正螺面为圆柱螺线的主法线曲面.从而,圆柱螺线的密切平面重合于正螺面的切平面.根据定理2.4.5,圆柱螺线为渐近曲线.再根据定理2.4.4,正螺面上的直线必为渐近线,故直母线为渐近线.

证法2 从定义2.4.3知,渐近曲线满足微分方程:

$$L\mathrm{d}u^2+2M\mathrm{d}u\mathrm{d}v+N\mathrm{d}v^2=0.$$

再从例2.7.8得到正螺面的第2基本形式的系数为

$$L=0=N,\quad M=\frac{b}{\sqrt{v^2+b^2}}\neq 0.$$

因此,上述渐近曲线的微分方程就成为

$$M\mathrm{d}u\mathrm{d}v=0,\quad 即\quad \mathrm{d}u\mathrm{d}v=0.$$

由此推得坐标线必满足 $\mathrm{d}u\mathrm{d}v=0$,故它们为渐近曲线.从而,正螺面的直母线与圆柱螺线必为渐近曲线. □

注 但是,习题2.4.7中满足 $\mathrm{d}u\mathrm{d}v=0$ 的光滑曲线未必只有 $u=$常数或 $v=$常数.如:

$$u(t)=\begin{cases}0, & t\leqslant 0,\\ \mathrm{e}^{-\frac{1}{t}}, & t>0,\end{cases}\qquad v(t)=\begin{cases}\mathrm{e}^{\frac{1}{t}}, & t<0,\\ 0, & t\geqslant 0.\end{cases}$$

$$\mathrm{d}u\mathrm{d}v=0.$$

如果 $\boldsymbol{x}(u,v)$ 为光滑正则曲面,$(u(t),v(t))$ 为参数平面上的光滑曲线,$t\in(a,b)$,则

$$\begin{aligned}&\boldsymbol{x}(u(t),v(t))\ 为该曲面上的光滑正则曲线\\ \Leftrightarrow\ &\boldsymbol{x}'_u\cdot u'_t+\boldsymbol{x}'_v\cdot v'_t\neq\boldsymbol{0},t\in(a,b)u'_t与v'_t不全为0,t\in(a,b)\\ \xLeftrightarrow{x'_u与x'_v线性无关}\ &(u(t),v(t))\ 为参数平面上的光滑正则曲线.\end{aligned}$$

由此,当 $t\in(a,b)$,且 $\mathrm{d}u\mathrm{d}v=0$ 时,

$$U_1=\{t\in(a,b)\mid u'_t\neq 0\},\quad U_2=\{t\in(a,b)\mid v'_t\neq 0\}$$

为 (a,b) 中不相交的开集,且 $(a,b)=U_1\cup U_2$.从 (a,b) 连通立知 $U_1=\varnothing,U_2=(a,b)$,此时 $u'_t\equiv 0,u=$常数(v 曲线);或者 $U_2=\varnothing,U_1=(a,b)$,此时 $v'_t\equiv 0,v=$常数(u 曲线).因此,正螺面上正则光滑曲线 $\boldsymbol{x}(u(t),v(t))$ 为渐近曲线,它必为参数曲线,即直母线与圆柱螺线.

2.4.8 计算曲面 $z=f(x,y)$ 的联络系数 Γ_{ij}^k.

解 解法1 记 $x^1=x,x^2=y,z=f(x,y)$,则曲面的参数表示为

$$\boldsymbol{x}(x^1,x^2)=(x^1,x^2,f(x^1,x^2)).$$

于是

$$\boldsymbol{x}'_{x^1}=(1,0,f'_{x^1}),\quad \boldsymbol{x}'_{x^2}=(0,1,f'_{x^2}),$$

$$\boldsymbol{x}'_{x^1}\times\boldsymbol{x}'_{x^2}=\begin{vmatrix}\boldsymbol{e}_1 & \boldsymbol{e}_2 & \boldsymbol{e}_3\\ 1 & 0 & f'_{x^1}\\ 0 & 1 & f'_{x^2}\end{vmatrix}=(-f'_{x^1},-f'_{x^2},1),$$

单位法向量为

$$\boldsymbol{n}=\frac{\boldsymbol{x}'_{x^1}\times\boldsymbol{x}'_{x^2}}{|\boldsymbol{x}'_{x^1}\times\boldsymbol{x}'_{x^2}|}=\frac{(-f'_{x^1},-f'_{x^2},1)}{\sqrt{1+f'^2_{x^1}+f'^2_{x^2}}}.$$

$$\boldsymbol{x}''_{x^ix^j}=(0,0,f''_{x^ix^j}),$$

$$L_{ij}=\boldsymbol{x}''_{x^ix^j}\cdot\boldsymbol{n}=\frac{f''_{x^ix^j}}{\sqrt{1+f'^2_{x^1}+f'^2_{x^2}}}.$$

根据曲线的基本公式(定理 2.4.1),有

$$\begin{aligned}(0,0,f''_{x^ix^j})=\boldsymbol{x}''_{x^ix^j}&=\sum_{k=1}^{2}\Gamma^k_{ij}\boldsymbol{x}'_{x^k}+L_{ij}\boldsymbol{n}\\&=\Gamma^1_{ij}\cdot(1,0,f'_{x^1})+\Gamma^2_{ij}(0,1,f'_{x^2})+L_{ij}\frac{(-f'_{x^1},-f'_{x^2},1)}{\sqrt{1+f'^2_{x^1}+f'^2_{x^2}}}\\&=(\Gamma^1_{ij},\Gamma^2_{ij},\sum_{k=1}^{2}\Gamma^k_{ij}f'_{x^k})+\frac{(-L_{ij}f'_{x^1},-L_{ij}f'_{x^2},L_{ij})}{\sqrt{1+f'^2_{x^1}+f'^2_{x^2}}},\end{aligned}$$

$$\Gamma^k_{ij}=\frac{f'_{x^k}\cdot L_{ij}}{\sqrt{1+f'^2_{x^1}+f'^2_{x^2}}}=\frac{f'_{x^k}\cdot f''_{x^ix^j}}{1+f'^2_{x^1}+f'^2_{x^2}}.$$

$$g_{11}=\boldsymbol{x}'_{x^1}\cdot\boldsymbol{x}'_{x^1}=1+f'^2_{x^1},\quad g_{22}=\boldsymbol{x}'_{x^2}\cdot\boldsymbol{x}'_{x^2}=1+f'^2_{x^2},$$

$$g_{12}=g_{21}=\boldsymbol{x}'_{x^1}\cdot\boldsymbol{x}'_{x^2}=f'_{x^1}f'_{x^2}.$$

$$\begin{aligned}\begin{pmatrix}g^{11} & g^{12}\\ g^{21} & g^{22}\end{pmatrix}&=\frac{1}{g_{11}g_{22}-g_{12}^2}\begin{pmatrix}g_{22} & -g_{12}\\ -g_{12} & g_{11}\end{pmatrix}\\&=\frac{1}{1+f'^2_{x^1}+f'^2_{x^2}}\begin{pmatrix}1+f'^2_{x^2} & -f'_{x^1}f'_{x^2}\\ -f'_{x^1}f'_{x^2} & 1+f'^2_{x^1}\end{pmatrix}.\end{aligned}$$

$$\frac{\partial g_{11}}{\partial x^1}=2f'_{x^1}\cdot f''_{x^1x^1},\quad \frac{\partial g_{11}}{\partial x^2}=2f'_{x^1}\cdot f''_{x^1x^2},$$

$$\frac{\partial g_{12}}{\partial x^1}=f'_{x^1}\cdot f''_{x^2x^1}+f''_{x^1x^1}\cdot f'_{x^2},\quad \frac{\partial g_{12}}{\partial x^2}=f''_{x^1x^2}f'_{x^2}+f'_{x^1}\cdot f''_{x^2x^2},$$

$$\frac{\partial g_{22}}{\partial x^1}=2f'_{x^2}\cdot f''_{x^2x^1},\quad \frac{\partial g_{22}}{\partial x^2}=2f'_{x^2}\cdot f''_{x^2x^1}.$$

解法 2　根据定理 2.4.1,证明

$$\Gamma_{ij}^k=\frac{1}{2}\sum_{l=1}^{2}g^{kl}\left(\frac{\partial g_{lj}}{\partial x^i}+\frac{\partial g_{il}}{\partial x^j}-\frac{\partial g_{ij}}{\partial x^l}\right).$$

于是

$$\begin{aligned}\Gamma_{11}^1&=\frac{1}{2}\left[g^{11}\left(\frac{\partial g_{11}}{\partial x^1}+\frac{\partial g_{11}}{\partial x^1}-\frac{\partial g_{11}}{\partial x^1}\right)+g^{12}\left(\frac{\partial g_{21}}{\partial x^1}+\frac{\partial g_{12}}{\partial x^1}-\frac{\partial g_{11}}{\partial x^2}\right)\right]\\&=\frac{1}{2}\left[g^{11}\frac{\partial g_{11}}{\partial x^1}+g^{12}\left(2\frac{\partial g_{21}}{\partial x^1}-\frac{\partial g_{11}}{\partial x^2}\right)\right]\\&=\frac{1}{2}\cdot\frac{1}{1+f'^2_{x^1}+f'^2_{x^2}}\\&\quad\cdot\{(1+f'^2_{x^2})\cdot 2f'_{x^1}f''_{x^1x^1}-f'_{x^1}f'_{x^2}[2(f'_{x^1}\cdot f''_{x^2x^1}+f''_{x^1x^1}\cdot f'_{x^2})-2f'_{x^1}f''_{x^1x^2}]\}\\&=\frac{f'_{x^1}\cdot f''_{x^1x^1}}{1+f'^2_{x^1}+f'^2_{x^2}}.\end{aligned}$$

同样可求得其他 Γ_{ij}^k,即

$$\Gamma_{ij}^k=\frac{f'_{x^k}f''_{x^ix^j}}{1+f'^2_{x^1}+f'^2_{x^2}}.$$ □

2.4.9　求悬链面 M:

$$\boldsymbol{x}(u,v)=\left(a\operatorname{ch}\frac{v}{a}\cos u,a\operatorname{ch}\frac{v}{a}\sin u,v\right)\quad(a>0)$$

上的渐近曲线.

解　解法 1　由例 2.7.4,知

$$L=-a,\quad M=0,\quad N=\frac{1}{a}.$$

再根据

$$\begin{aligned}\text{渐近曲线}\quad&\Leftrightarrow\quad L\mathrm{d}u^2+2M\mathrm{d}u\mathrm{d}v+N\mathrm{d}v^2=0\\&\Leftrightarrow\quad -a\mathrm{d}u^2+\frac{1}{a}\mathrm{d}v^2=0\\&\Leftrightarrow\quad \mathrm{d}v=\pm a\mathrm{d}u\quad\Leftrightarrow\quad v=\pm au+v_0\end{aligned}$$

即得.

解法 2　由例 2.7.4,悬链面 M 为旋转曲面. 再从例 2.3.3 及 $f(v)=a\operatorname{ch}\frac{v}{a}$, $g(v)=v$,有 $g'(v)=1,g''(v)=0$,

$$L=\frac{-f(v)g'(v)}{\sqrt{f'^2(v)+g'^2(v)}}=\frac{-f(v)}{\sqrt{f'^2(v)+1}},$$
$$M=0,$$
$$N=\frac{f''(v)g'(v)-f'(v)g''(v)}{\sqrt{f'^2(v)+g'^2(v)}}=\frac{f''(v)}{\sqrt{f'^2(v)+1}}.$$

于是

$$\begin{aligned}\text{渐近曲线} &\Leftrightarrow L\mathrm{d}u^2+2M\mathrm{d}u\mathrm{d}v+N\mathrm{d}v^2=0\\ &\Leftrightarrow \frac{-f(v)}{\sqrt{f'^2(v)+1}}\mathrm{d}u^2+\frac{f''(v)}{\sqrt{f'^2(v)+1}}\mathrm{d}v^2=0\\ &\Leftrightarrow \mathrm{d}v=\pm\sqrt{\frac{f(v)}{f''(v)}}\mathrm{d}u=\pm\sqrt{\frac{a\operatorname{ch}\frac{v}{a}}{\left(a\operatorname{ch}\frac{v}{a}\right)''}}\mathrm{d}u=\pm\sqrt{\frac{a\operatorname{ch}\frac{v}{a}}{\frac{1}{a}\operatorname{ch}\frac{v}{a}}}\mathrm{d}u=\pm a\mathrm{d}u\\ &\Leftrightarrow v=\pm au+v_0.\end{aligned}$$

□

2.4.10　在 $\mathbf{R}^3$ 中,证明:

(1) 曲面上的直线是曲面的渐近曲线;

(2) 可展曲面的渐近曲线(除脊线外)就是它的直母线;

(3) 若连通曲面上每一点处均有落在曲面上的三条不同直线相交,则此曲面必为平面片.

证明　(1) 证法 1　参阅定理 2.4.4 的证明.

证法 2　根据定义 2.5.1 及 $\kappa=0$(直线),有

$$\mathbf{0}=0\cdot\mathbf{V}_2(s)=\kappa(s)\cdot\mathbf{V}_2(s)=\boldsymbol{\tau}+\kappa_{\mathrm{n}}(s)\boldsymbol{n},$$

因此

$$0=\kappa_{\mathrm{n}}(s)=\sum_{i,j=1}^{2}L_{ij}\frac{\mathrm{d}u^i}{\mathrm{d}s}\frac{\mathrm{d}u^j}{\mathrm{d}s},$$

或者

$$\begin{aligned}\sum_{i,j=1}^{2}L_{ij}\frac{\mathrm{d}u^i}{\mathrm{d}s}\frac{\mathrm{d}u^j}{\mathrm{d}s}&=\kappa_{\mathrm{n}}(s)=[\boldsymbol{\tau}+\kappa_{\mathrm{n}}(s)\boldsymbol{n}]\cdot\boldsymbol{n}\\ &=\kappa(s)\mathbf{V}_2(s)\cdot\boldsymbol{n}=0\cdot\mathbf{V}_2(s)\cdot\boldsymbol{n}=0,\end{aligned}$$

即直线为渐近曲线.

(2) 直纹面可展 $\xLeftrightarrow{\text{定理2.2.1}}$ $(\boldsymbol{a}'(u),\boldsymbol{l}(u),\boldsymbol{l}'(u))=0$

$$\xLeftrightarrow{\text{例2.7.6}}\quad \frac{LN-M^2}{EG-F^2}=K_G=-\frac{(\boldsymbol{a}'(u),\boldsymbol{l}(u),\boldsymbol{l}'(u))}{(EG-F)^2}=0$$

$$\Leftrightarrow \quad \Delta=(2M)^2-4LN=4(M^2-LN)=0$$

$$\Leftrightarrow \quad L\mathrm{d}u^2+2M\mathrm{d}u\mathrm{d}v+N\mathrm{d}v^2=0 \text{ 有唯一解.}$$

再根据(1),直母线为可展曲面上唯一的渐近线.

(3) 设在曲面的每一点均有曲面的三条不同的直线,根据(1),它们为曲面的三条不同的渐近曲线,即2次方程

$$L\mathrm{d}u^2+2M\mathrm{d}u\mathrm{d}v+N\mathrm{d}v^2=0$$

有三个不同的解.此时,只能是$L=M=N=0$.

由注2.6.1,知

$$\kappa_1\kappa_2=K_{\mathrm{G}}=\frac{LN-M^2}{EG-F^2}=0,$$

$$\frac{\kappa_1+\kappa_2}{2}=H=\frac{1}{2}\frac{GL-2FM+EN}{EG-F^2}=0,$$

即$\kappa_1=\kappa_2=0$.根据定义2.5.3,曲面上的点全为圆点(当然,全为脐点).再根据引理3.1.4(1),立知该连通曲面为平面片. □

2.4.11 证明:每一条曲线C:$\boldsymbol{x}(s)$在它的主法线曲面上是渐近曲线.

证明 曲线C:$\boldsymbol{x}(s)$在它的主法线曲面

$$\tilde{\boldsymbol{x}}(s,v)=\boldsymbol{x}(s)+v\boldsymbol{V}_2(s)$$

上的法向为

$$\tilde{\boldsymbol{x}}'_s\times\tilde{\boldsymbol{x}}'_v\Big|_{v=0}=[\boldsymbol{x}'(s)+v\boldsymbol{V}_2{}'(s)]\Big|_{v=0}\times\boldsymbol{V}_2(s)=\boldsymbol{V}_1(s)\times\boldsymbol{V}_2(s)=\boldsymbol{V}_3(s),$$

它也是该点处密切平面的单位法向.因此,在该点处,主法线曲面的切平面也是曲线C的密切平面.根据定理2.4.5,该曲线C为它的主法线曲面$\tilde{\boldsymbol{x}}(s,v)=\boldsymbol{x}(s)+v\boldsymbol{V}_2(s)$的渐近曲线. □

2.4.12 求双曲抛物面M:

$$\boldsymbol{x}(u,v)=(a(u+v),b(u-v),2uv)\quad(a>0,b>0)$$

(它的直角坐标方程为$\frac{x^2}{a^2}-\frac{y^2}{b^2}=2z$)的渐近曲线.

解 计算得

$$\boldsymbol{x}'_u=(a,b,2v),\quad \boldsymbol{x}'_v=(a,-b,2u),$$

$$\boldsymbol{x}''_{uu}=(0,0,0),\quad \boldsymbol{x}''_{vv}=(0,0,0),\quad \boldsymbol{x}''_{uv}=(0,0,2).$$

$$\boldsymbol{x}'_u\times\boldsymbol{x}'_v=\begin{vmatrix}\boldsymbol{e}_1 & \boldsymbol{e}_2 & \boldsymbol{e}_3\\ a & b & 2v\\ a & -b & 2u\end{vmatrix}=(2bu+2bv,2av-2au,-2ab)$$

$$=2(bu+bv,av-au,-ab).$$

单位法向量为

$$\begin{aligned}\boldsymbol{n} &= \frac{\boldsymbol{x}'_u \times \boldsymbol{x}'_v}{|\boldsymbol{x}'_u \times \boldsymbol{x}'_v|} \\ &= \frac{1}{\sqrt{(bu+bv)^2+(av-au)^2+a^2b^2}}(bu+bv, av-au, -ab).\end{aligned}$$

$$\begin{aligned}L &= \boldsymbol{x}''_{uu} \cdot \boldsymbol{n} = \boldsymbol{0} \cdot \boldsymbol{n} = 0, \\ M &= \boldsymbol{x}''_{uv} \cdot \boldsymbol{n} \\ &= (0,0,2)\frac{1}{\sqrt{(bu+bv)^2+(av-au)^2+a^2b^2}}(bu+bv, av-au, -ab) \\ &= \frac{-2ab}{\sqrt{(bu+bv)^2+(av-au)^2+a^2b^2}} \neq 0, \\ N &= \boldsymbol{x}''_{vv} \cdot \boldsymbol{n} = \boldsymbol{0} \cdot \boldsymbol{n} = 0.\end{aligned}$$

这表明 L, M, N 不全为0. 因此，渐近方程

$$L\mathrm{d}u^2 + 2M\mathrm{d}u\mathrm{d}v + N\mathrm{d}v^2 = 0$$

至多有2个解. 事实上，该方程为

$$\begin{aligned}2M\mathrm{d}u\mathrm{d}v &= 0 \cdot \mathrm{d}u^2 + 2M\mathrm{d}u\mathrm{d}v + 0 \cdot \mathrm{d}v^2 \\ &= L\mathrm{d}u^2 + 2M\mathrm{d}u\mathrm{d}v + N\mathrm{d}v^2 = 0, \quad 即 \quad \mathrm{d}u\mathrm{d}v = 0.\end{aligned}$$

于是，渐近曲线恰为两族坐标曲线 $u=u_0$（常数）及 $v=v_0$（常数），它就是双曲线抛物面 M 上的两族直线. □

2.4.13　求旋转曲面 M：

$$\boldsymbol{x}(u,v) = (f(v)\cos u, f(v)\sin u, v)$$

的渐近曲线.

解　由例2.6.3，知

$$L = -\frac{f(v)}{\sqrt{f'^2(v)+1}}, \quad M = 0, \quad N = \frac{f''(v)}{\sqrt{f'^2(v)+1}},$$

故渐近曲线为

$$\begin{aligned}&0 = L\mathrm{d}u^2 + 2M\mathrm{d}u\mathrm{d}v + N\mathrm{d}v^2 = -\frac{f(v)}{\sqrt{f'^2(v)+1}}\mathrm{d}u^2 + \frac{f''(v)}{\sqrt{f'^2(v)+1}}\mathrm{d}v^2 \\ \Leftrightarrow \quad & -f(v)\mathrm{d}u^2 + f''(v)\mathrm{d}v^2 = 0 \\ \Leftrightarrow \quad & \mathrm{d}u = \pm\sqrt{\frac{f''(v)}{f(v)}}\mathrm{d}v.\end{aligned}$$

这是渐近曲线的方程. □

2.4.14　求曲面 M：$F(x,y,z)=0$ 的渐近曲线应满足的方程.

解 根据定义 2.4.3,渐近曲线方程为

$$II = -\mathrm{d}\boldsymbol{x}\cdot\mathrm{d}\boldsymbol{n} = \sum_{i,j=1} L_{ij}\,\mathrm{d}u^i\mathrm{d}u^j = 0.$$

而 $F(x,y,z)=0$ 的法向为 $\nabla F=(F'_x,F'_y,F'_z)$,单位法向量为

$$\boldsymbol{n} = \frac{\nabla F}{|\nabla F|} = \frac{1}{\sqrt{F'^2_x+F'^2_y+F'^2_z}}(F'_x,F'_y,F'_z).$$

于是,渐近曲线方程为

$$\begin{aligned}0 = II &= -\mathrm{d}\boldsymbol{x}\cdot\mathrm{d}\boldsymbol{n} = -\mathrm{d}\boldsymbol{x}\cdot\mathrm{d}\,\frac{\nabla F}{|\nabla F|}\\ &= -\mathrm{d}\boldsymbol{x}\cdot\left[\frac{\mathrm{d}(\nabla F)}{|\nabla F|}+\mathrm{d}\left(\frac{1}{|\nabla F|}\right)\cdot\nabla F\right]\\ &= -\mathrm{d}\boldsymbol{x}\cdot\frac{\mathrm{d}(\nabla F)}{|\nabla F|},\quad 即\quad -\mathrm{d}\boldsymbol{x}\cdot\mathrm{d}(\nabla F) = 0.\end{aligned}$$

由此得到渐近曲线方程为

$$\begin{cases}\nabla F\cdot\mathrm{d}\boldsymbol{x} = 0,\\ \mathrm{d}\boldsymbol{x}\cdot\mathrm{d}(\nabla F) = 0,\end{cases}$$

即

$$\begin{cases}F'_x\mathrm{d}x+F'_y\mathrm{d}y+F'_z\mathrm{d}z = 0,\\ \mathrm{d}F'_x\cdot\mathrm{d}x+\mathrm{d}F'_y\cdot\mathrm{d}y+\mathrm{d}F'_z\cdot\mathrm{d}z = 0.\end{cases}$$

□

2.4.15 若曲面 M 的参数曲线所构成的四边形对边长相等,则称它为 **Chebyshev 网.**

(1) 参数曲线构成 Chebyshev 网 $\Leftrightarrow E'_v=G'_u=0$.

(2) 参数曲线构成 Chebyshev 网时,可取新参数 $\tilde{u},\tilde{v}$,使得

$$I = \mathrm{d}\tilde{u}^2+2\cos\omega\,\mathrm{d}\tilde{u}\mathrm{d}\tilde{v}+\mathrm{d}\tilde{v}^2,$$

其中 ω 为新参数曲线的交角.

(3) 平移曲面 $\boldsymbol{x}(u,v)=\boldsymbol{a}(u)+\boldsymbol{b}(v)$ 的参数曲线构成 Chebyshev 网.

证明 (1) 在 v 曲线上任取两点 $v=v_1$ 和 $v=v_2$,根据 Chebyshev 网的条件,其距离

$$\begin{aligned}&\int_{v_1}^{v_2}\sqrt{E\mathrm{d}u^2+2F\mathrm{d}u\mathrm{d}v+G\mathrm{d}v^2} \xlongequal{\mathrm{d}u=0} \int_{v_1}^{v_2}\sqrt{G}\mathrm{d}v\ 与\ u\ 无关\\ \Leftrightarrow\quad &0 = \left(\int_{v_1}^{v_2}\sqrt{G}\mathrm{d}v\right)'_u = \int_{v_1}^{v_2}(\sqrt{G})'_u\mathrm{d}v = \int_{v_1}^{v_2}\frac{G'_u}{2\sqrt{G}}\mathrm{d}v,\\ \Leftrightarrow\quad &G'_u = 0.\end{aligned}$$

同理,$E'_v=0$.

(2) 作变换,使

$$\begin{cases} \mathrm{d}\tilde{u} = \sqrt{E(u)}\,\mathrm{d}u, \\ \mathrm{d}\tilde{v} = \sqrt{G(v)}\,\mathrm{d}v, \end{cases}$$

则

$$I = E\mathrm{d}u^2 + 2F\mathrm{d}u\mathrm{d}v + G\mathrm{d}v^2 = \widetilde{E}\mathrm{d}\tilde{u}^2 + 2\widetilde{F}\mathrm{d}\tilde{u}\mathrm{d}\tilde{v} + \widetilde{G}\mathrm{d}\tilde{v}^2$$

$$\xlongequal{\widetilde{E}=1=\widetilde{G}} \mathrm{d}\tilde{u}^2 + 2\widetilde{F}\mathrm{d}\tilde{u}\mathrm{d}\tilde{v} + \mathrm{d}\tilde{v}^2.$$

根据 Cauchy-Schwarz 不等式,得到

$$\widetilde{F}^2 = (\boldsymbol{x}'_{\tilde{u}} \cdot \boldsymbol{x}'_{\tilde{v}})^2 \leqslant \boldsymbol{x}'^2_{\tilde{u}} \cdot \boldsymbol{x}'^2_{\tilde{v}} = \widetilde{E} \cdot \widetilde{G} = 1 \cdot 1 = 1,$$

故可令 $\widetilde{F} = \cos\omega$. 于是

$$I = \mathrm{d}\tilde{u}^2 + 2\cos\omega\mathrm{d}\tilde{u}\mathrm{d}\tilde{v} + \mathrm{d}\tilde{v}^2.$$

(3) 平移曲面 $\boldsymbol{x}(u,v) = \boldsymbol{a}(u) + \boldsymbol{b}(v)$,

$$E = \boldsymbol{x}'_u \cdot \boldsymbol{x}'_u = \boldsymbol{a}'^2(u), \quad G = \boldsymbol{x}'_v \cdot \boldsymbol{x}'_v, \quad E_v = 0 = G'_u,$$

根据(1),平移曲面的参数曲线构成 Chebyshev 网. □

2.4.16　求曲面 $z = xy^2$ 的渐近线.

解　设

$$\boldsymbol{x}(x,y) = (x, y, xy^2),$$

由例 2.6.2,知 $f(x,y) = xy^2$, $f'_x = y^2$, $f'_y = 2xy$, $f''_{xx} = 0$, $f''_{xy} = 2y$, $f''_{yy} = 2x$,

$$L = \frac{f''_{xx}}{\sqrt{1 + f'^2_x + f'^2_y}} = \frac{0}{\sqrt{1 + y^4 + 4x^2y^2}} = 0,$$

$$M = \frac{f''_{xy}}{\sqrt{1 + f'^2_x + f'^2_y}} = \frac{2y}{\sqrt{1 + y^4 + 4x^2y^2}},$$

$$N = \frac{f''_{yy}}{\sqrt{1 + f'^2_x + f'^2_y}} = \frac{2x}{\sqrt{1 + y^4 + 4x^2y^2}}.$$

渐近线方程为

$$L\mathrm{d}x^2 + 2M\mathrm{d}x\mathrm{d}y + N\mathrm{d}y^2 = 0,$$

代入 L, M, N 的值,得

$$4y\mathrm{d}x\mathrm{d}y + 2x\mathrm{d}y^2 = 0 \quad \Leftrightarrow \quad (2y\mathrm{d}x + x\mathrm{d}y)\mathrm{d}y = 0,$$

所以

$$\mathrm{d}y = 0 \quad 或 \quad 2y\mathrm{d}x + x\mathrm{d}y = 0,$$

即 y = 常数或 $-\dfrac{\mathrm{d}x}{x} = \dfrac{\mathrm{d}y}{2y}$, $-\ln x = \dfrac{1}{2}\ln y + \ln c$, $0 = \ln(cxy^{\frac{1}{2}})$, $cxy^{\frac{1}{2}} = 1$, $x = \dfrac{1}{cy^{\frac{1}{2}}}$.

因此,一族渐近曲线为直线,另一族渐近曲线为 $x = \dfrac{1}{cy^{\frac{1}{2}}}$. □

2.5 法曲率向量、测地曲率向量、Euler 公式、主曲率、曲率线

1. 知识要点

定义 2.5.1 设 M 为 $\mathbf{R}^n$ 中的 $n-1$ 维 C^2 超曲面，$\boldsymbol{x}(\boldsymbol{u})=\boldsymbol{x}(u^1,u^2,\cdots,u^{n-1})$ 为其参数表示，$\boldsymbol{x}(u^1(s),u^2(s)),\cdots,u^{n-1}(s))$ 为 M 上的一条 C^2 曲线，s 为弧长参数. $\boldsymbol{x}(\boldsymbol{u}(s))$ 的**曲率向量**定义为

$$\begin{aligned}\kappa(s)\mathbf{V}_2(s)&=\mathbf{V}_1'(s)\\&=\sum_{k=1}^{n-1}\left(\frac{\mathrm{d}^2u}{\mathrm{d}s^2}+\sum_{i,j=1}^{n-1}\Gamma_{ij}^k\frac{\mathrm{d}u^i}{\mathrm{d}s}\frac{\mathrm{d}u^j}{\mathrm{d}s}\right)\boldsymbol{x}'_{u^k}+\left(\sum_{i,j=1}^{n-1}L_{ij}\frac{\mathrm{d}u^i}{\mathrm{d}s}\frac{\mathrm{d}u^j}{\mathrm{d}s}\right)\boldsymbol{n}\\&=\tau+\kappa_{\mathrm{n}}(s)\boldsymbol{n}.\end{aligned}$$

而 $\kappa_{\mathrm{n}}(s)\boldsymbol{n}(s)=\left(\sum_{i,j=1}^{n-1}L_{ij}\frac{\mathrm{d}u^i}{\mathrm{d}s}\frac{\mathrm{d}u^j}{\mathrm{d}s}\right)\boldsymbol{n}(s)$ 称为曲线 $\boldsymbol{x}(\boldsymbol{u}(s))$ 在 s 处的**法曲率向量**，

$$\kappa_{\mathrm{n}}=\sum_{i,j=1}^{n-1}L_{ij}\frac{\mathrm{d}u^i}{\mathrm{d}s}\frac{\mathrm{d}u^j}{\mathrm{d}s}=\kappa\mathbf{V}_2(s)\cdot\boldsymbol{n}=\kappa\cos\theta$$

称为**法曲率**，

$$\tau=\sum_{k=1}^{n-1}\left(\frac{\mathrm{d}^2u^k}{\mathrm{d}s^2}+\sum_{i,j=1}^{n-1}\Gamma_{ij}^k\frac{\mathrm{d}u^i}{\mathrm{d}s}\frac{\mathrm{d}u^j}{\mathrm{d}s}\right)\boldsymbol{x}'_{u^k}$$

称为**测地曲率向量**.

定理 2.5.1(Meusnier) 设 M 为 $\mathbf{R}^n$ 中 $n-1$ 维 C^2 正则曲面(其参数表示为 $\boldsymbol{x}(u^1,u^2,\cdots,u^{n-1})$)上的两条曲线 $\boldsymbol{x}(u^1(s),u^2(s),\cdots,u^{n-1}(s))$ 与 $\boldsymbol{x}(\tilde{u}^1(\tilde{s}),\tilde{u}^2(\tilde{s}),\cdots,\tilde{u}^{n-1}(\tilde{s}))$ 在某点 $P=\boldsymbol{x}(u^1(s_0),u^2(s_0),\cdots,u^{n-1}(s_0))=\boldsymbol{x}(\tilde{u}^1(\tilde{s}_0),\tilde{u}^2(\tilde{s}_0),\cdots,\tilde{u}^{n-1}(\tilde{s}_0))$ 处相切，则它们在这一点的法曲率相同，即 $\tilde{\kappa}_{\mathrm{n}}(\tilde{s}_0)=\kappa_{\mathrm{n}}(s_0)$.

注 2.5.1 用 Weingarten 映射表述法曲率为

$$\kappa_{\mathrm{n}}(\boldsymbol{X})=\langle W(\boldsymbol{X}),\boldsymbol{X}\rangle=\sum_{i,j=1}^{n-1}L_{ij}\alpha^i\alpha^j,\quad \boldsymbol{X}=\sum_{i=1}^{n-1}\alpha^i\boldsymbol{x}'_{u^i}.$$

定义 2.5.2 $\mathbf{R}^3$ 中过点 $P\in M$ 的法线的平面与曲面 M 的交线，称为**法截线**.

定理 2.5.2 设 M 为 $\mathbf{R}^3$ 中的 2 维 C^2 正则曲面，其参数表示为 $\boldsymbol{x}(u^1,u^2)$. M 上 C^2 曲线 C(参数表示为 $\boldsymbol{x}(\boldsymbol{u}(s))$，$s$ 为弧长)在点 P 的法曲率的绝对值等于其相

应的法截线(以曲线 C 在 P 点的单位切向量 $\boldsymbol{T}$ 与曲面 M 在点 P 的单位法向量 $\boldsymbol{n}$ 所张成的平面 $\widehat{\boldsymbol{Tn}}$ 所截得的曲线)C^* 在 P 点的曲率.

引理 2.5.1　设 M 为 $\mathbf{R}^3$ 中的 C^2 正则曲面,$W: T_PM \mapsto T_PM$ 为 Weingarten 映射,它是自共轭线性变换,其特征值 κ_1,κ_2 为实数,则必可选择相应的规范正交的特征向量 $\boldsymbol{e}_1,\boldsymbol{e}_2 \in T_PM$,使得

$$\boldsymbol{W}\begin{pmatrix}\boldsymbol{e}_1\\ \boldsymbol{e}_2\end{pmatrix} = \begin{pmatrix}\kappa_1 & 0\\ 0 & \kappa_2\end{pmatrix}\begin{pmatrix}\boldsymbol{e}_1\\ \boldsymbol{e}_2\end{pmatrix}.$$

定理 2.5.3(Euler 公式)　设 $\boldsymbol{e}_1,\boldsymbol{e}_2 \in T_PM$ 如引理 2.5.1 所述,$\boldsymbol{T} \in T_PM$ 为任一单位切向量,它可表示为

$$\boldsymbol{T}(\theta) = \cos\theta\, \boldsymbol{e}_1 + \sin\theta\, \boldsymbol{e}_2,$$

其中 θ 为从 $\boldsymbol{e}_1$ 到 $\boldsymbol{T}(\theta)$ 的正向夹角,则相应于 $\boldsymbol{T}(\theta)$ 方向的法曲率有 **Euler 公式**:

$$\kappa_{\mathrm{n}}(\theta) = \kappa_1\cos^2\theta + \kappa_2\sin^2\theta.$$

定义 2.5.3　对 $P \in M \subset \mathbf{R}^3$,其法曲率

$$\kappa_{\mathrm{n}}(\theta) = \kappa_1\cos^2\theta + \kappa_2\sin^2\theta \quad (0 \leqslant \theta \leqslant 2\pi), \quad \kappa_1 \leqslant \kappa_n \leqslant \kappa_2,$$

$$\frac{\mathrm{d}\kappa_{\mathrm{n}}}{\mathrm{d}\theta} = (\kappa_2 - \kappa_1)\cdot 2\sin\theta\cdot\cos\theta.$$

(1) 当 $\kappa_1 < \kappa_2$ 时,

$$\frac{\mathrm{d}\kappa_{\mathrm{n}}}{\mathrm{d}\theta} = 0 \quad \Leftrightarrow \quad \theta = 0, \frac{\pi}{2}, \pi, \frac{3\pi}{2}.$$

因此,M 的 Weingarten 映射下的特征方向 $\boldsymbol{e}_1$ 就是使 P 点的法曲率 κ_{n} 达到最小的方向;而特征方向 $\boldsymbol{e}_2$ 就是使 P 点的法曲率 κ_{n} 达到最大的方向. 我们称这两个方向为**主方向**,它们所对应的法曲率 κ_1,κ_2 称为**主曲率**.

(2) 当 $\kappa_1 = \kappa_2 = \rho$ 时,$\kappa_{\mathrm{n}} = \kappa_1\cos^2\theta + k_2\sin^2\theta = \rho$,故 P 点处任何方向的法曲率都相等,并称 P 为 M 的**脐点**. 此时,

$$\rho = \kappa_{\mathrm{n}}(\theta) = \frac{\sum\limits_{i,j=1}^{2} L_{ij}\,\mathrm{d}u^i\,\mathrm{d}u^j}{\sum\limits_{i,j=1}^{2} g_{ij}\,\mathrm{d}u^i\,\mathrm{d}u^j} \quad \Leftrightarrow \quad L_{ij} = \rho g_{ij}\,(i,j = 1,2) \quad \Leftrightarrow \quad II = \rho I.$$

(a) 当 $\rho = 0$ 时,$L_{ij} = 0\,(i,j = 1,2)$,称此脐点为**平点**;

(b) 当 $\rho \neq 0$ 时,称此脐点为**圆点**.

定义 2.5.4　设 M 为 $\mathbf{R}^3$ 中的 2 维 C^2 正则曲面,其参数表示为 $\boldsymbol{x}(\boldsymbol{u}) = \boldsymbol{x}(u^1, u^2)$,$C$ 为 M 上的 C^2 曲线,其参数表示为 $\boldsymbol{x}(\boldsymbol{u}(s))$. 如果 C 的每一点处的切向量正好都是曲面 M 在该点的主方向,则称曲线 C 为曲面 M 的**曲率线**. 换言之,曲率线

是曲面 M 的主方向场的积分曲线.

定理 2.5.4 设 M 为 $\mathbf{R}^3$ 中的 2 维 C^2 正则曲面,$\boldsymbol{x}(\boldsymbol{u})=\boldsymbol{x}(u^1,u^2)$ 为其参数表示,$\boldsymbol{n}$ 为其单位法向量场,则下列条件等价:

(1) C^1 正则曲线 $\boldsymbol{r}(s)=\boldsymbol{x}(\boldsymbol{u}(s))=\boldsymbol{x}(u^1(s),u^2(s))$ 为曲面 M 的曲率线;

(2) (Olinde-Rodrigues 公式,曲率线的特征之一)存在函数 $\lambda(s)$,使得

$$\boldsymbol{n}'(s)=-\lambda(s)\boldsymbol{r}'(s),\quad 即\quad \mathrm{d}\boldsymbol{n}=-\lambda(s)\mathrm{d}\boldsymbol{r},$$

此时,$\lambda(s)$ 正好是曲面 M 在 $\boldsymbol{r}(s)$ 处的主曲率;

(3) (曲率线的特征之二) 沿曲线 $\boldsymbol{r}(s)=\boldsymbol{x}(\boldsymbol{u}(s))$ 的曲面法线所生成的直纹面 Σ 为可展曲面.

例 2.5.1 旋转曲面上的经线与纬线都是曲率线.

定理 2.5.5 设 M 为 $\mathbf{R}^3$ 中的 2 维 C^2 正则曲面,其参数表示为 $\boldsymbol{x}(u^1,u^2)$,C 为 M 上的曲率线,λ 为它的主曲率. 曲率线的切向 $\mathrm{d}\boldsymbol{x}=\sum_{i=1}^{2}\mathrm{d}u^i\boldsymbol{x}'_{u^i}$ 为主方向,则曲率线满足微分方程:

$$\begin{vmatrix} (\mathrm{d}u^2)^2 & -\mathrm{d}u^1\mathrm{d}u^2 & (\mathrm{d}u^1)^2 \\ E & F & G \\ L & M & N \end{vmatrix}=0.$$

定理 2.5.6 在不含脐点的 2 维 C^2 正则曲面 $M\subset\mathbf{R}^3$ 上,$\boldsymbol{x}(u^1,u^2)$ 为其参数表示,则参数曲线网为曲率线网$\Leftrightarrow F=M=0$.

2. 习题解答

2.5.1 设在曲面 M 上,曲线 C 的主法线与曲面法线的交角为 θ. 证明:

$$\kappa_{\mathrm{n}}=\kappa\cos\theta,$$

并在半径为 R 的球面上验证上述公式.

证明 (1) $\kappa_{\mathrm{n}}=(\boldsymbol{\tau}+\kappa_{\mathrm{n}}\boldsymbol{n})\cdot\boldsymbol{n}=\kappa\boldsymbol{V}_2\cdot\boldsymbol{n}(=\boldsymbol{x}''\cdot\boldsymbol{n})=\kappa\cos\theta$.

(2) 因球面的法截线是大圆弧,故 $\kappa_{\mathrm{n}}=-\dfrac{1}{R}$,$\kappa=\dfrac{1}{\rho}$. 由

$$\cos\theta=\boldsymbol{V}_2\cdot\boldsymbol{n}=\frac{1}{\kappa}\boldsymbol{V}_1'\cdot\boldsymbol{n}=\frac{1}{\kappa}[(\boldsymbol{V}_1\cdot\boldsymbol{n})'-\boldsymbol{V}_1\cdot\boldsymbol{n}']$$

$$=-\frac{1}{\kappa}\boldsymbol{V}_1\cdot\left(\frac{\boldsymbol{x}}{R}\right)'=-\rho\boldsymbol{V}_1\cdot\frac{\boldsymbol{V}_1}{R}=-\frac{\rho}{R},$$

$$-\frac{1}{R}=\frac{1}{\rho}\cos\theta,$$

就验证了

$$\kappa_{\mathrm{n}}=\kappa\cos\theta. \qquad \square$$

2.5.2　$\mathbf{R}^3$ 中,设曲线 C 在曲面 M 上曲率恒为 0 或者曲率处处不为 0,则曲线 C 为渐近曲线$\Leftrightarrow C$ 为直线或者 C 的密切平面与曲面的切平面重合.

证明　证法 1　C 为渐近曲线等价于

$$0=\sum_{i,j=1}^{2}L_{ij}\frac{\mathrm{d}u^i}{\mathrm{d}s}\frac{\mathrm{d}u^j}{\mathrm{d}s}=\kappa_{\mathrm{n}}\xlongequal{\text{习题 2.5.1}}\kappa\cos\theta$$

$\Leftrightarrow$　$\kappa=0$,或者 $\cos\theta=0$

$\Leftrightarrow$　C 为直线,或者 $\boldsymbol{n}$ 与 $\boldsymbol{V}_2$ 正交

$\Leftrightarrow$　C 为直线,或者 $\boldsymbol{n}\,/\!/\,\boldsymbol{V}_3$

$\Leftrightarrow$　C 为直线,或者 C 的密切平面与曲面的切平面重合.

证法 2　参阅定理 2.4.5.　$\square$

2.5.3　证明:任何两个正交方向的法曲率 $\kappa_{\mathrm{n}}^1,\kappa_{\mathrm{n}}^2$ 之和 $\kappa_{\mathrm{n}}^1+\kappa_{\mathrm{n}}^2$ 为常数.

证明　由 Euler 公式,

$$\begin{aligned}\kappa_{\mathrm{n}}^1+\kappa_{\mathrm{n}}^2&=(\kappa_1\cos^2\theta+\kappa_2\sin^2\theta)\left[\kappa_1\cos^2\left(\theta+\frac{\pi}{2}\right)+\kappa_2\sin^2\left(\theta+\frac{\pi}{2}\right)\right]\\&=(\kappa_1\cos^2\theta+\kappa_2\sin^2\theta)+(\kappa_1\sin^2\theta+\kappa_2\cos^2\theta)\\&=\kappa_1(\cos^2\theta+\sin^2\theta)+\kappa_2(\sin^2\theta+\cos^2\theta)\\&=\kappa_1+\kappa_2\quad(\text{常数}).\end{aligned}\qquad\square$$

2.5.4　设曲面 M_1,M_2 的交线 C 的曲率为 κ,曲线 C 在 M_i 上的法曲率为 $\kappa_{\mathrm{n}i}$ $(i=1,2)$,M_1 与 M_2 的法线交角为 θ. 证明:

$$\kappa^2\sin^2\theta=\kappa_{\mathrm{n}1}^2+\kappa_{\mathrm{n}2}^2-2\kappa_{\mathrm{n}1}\kappa_{\mathrm{n}2}\cos\theta.$$

证明　我们知道,法曲率向量 $\kappa_{\mathrm{n}_i}\boldsymbol{n}_i$ 是曲率向量 $\kappa\boldsymbol{V}_2$ 在曲面 M_i 的法向 $\boldsymbol{n}_i$ 上的投影. 由于 $\kappa\boldsymbol{V}_2,\kappa_{\mathrm{n}1}\boldsymbol{n}_1,\kappa_{\mathrm{n}2}\boldsymbol{n}_2$ 都垂直交线 C 的单位切向量 $\boldsymbol{V}_1$,故它们共面,都在法平面中,故 $\theta=\theta_1+\theta_2$(见习题 2.5.4 图). 由图知,E,A,D,B 四点共圆,ED 为圆的直径,O 为中心. 根据正弦定理证明,知

$$\frac{\overline{AB}}{\sin\theta}=\kappa,\quad\text{即}\quad\overline{AB}=\kappa\sin\theta.$$

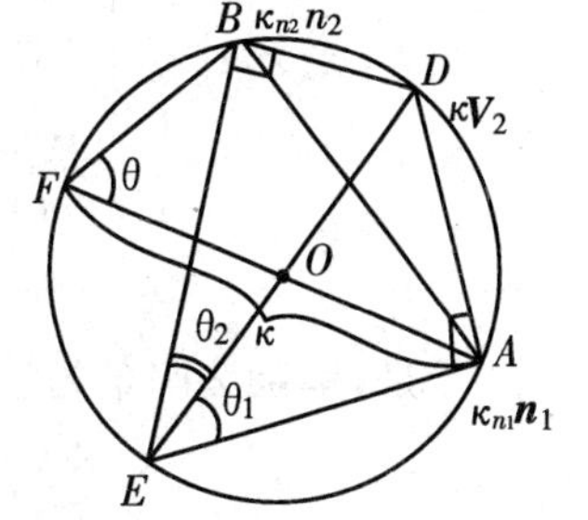

习题 2.5.4 图

再由余弦定理,得到

$$\kappa^2\sin^2\theta=\overline{AB}^2=\kappa_{\mathrm{n}1}^2+\kappa_{\mathrm{n}2}^2-2\kappa_{\mathrm{n}1}\cdot\kappa_{\mathrm{n}2}\cos\theta.\qquad\square$$

2.5.5　证明:

(1) 平面上的点均为平点;

(2) 球面上的点均为圆点.

证明　证法 1　(1) 在平面上,$\boldsymbol{n}=\mathrm{const}$(常单位向

量),故 $\mathrm{d}\boldsymbol{n}=\boldsymbol{0}$,且

$$II=-\mathrm{d}\boldsymbol{n}\cdot\mathrm{d}\boldsymbol{x}=\boldsymbol{0}\cdot\mathrm{d}\boldsymbol{x}=0=\boldsymbol{0}\cdot I,$$

所以平面上的点均为平点.

(2) 不妨考虑中心在原点、半径为 R 的球面,单位法向量 $\boldsymbol{n}=\dfrac{\boldsymbol{x}}{R}$,则

$$II=-\mathrm{d}\boldsymbol{n}\cdot\mathrm{d}\boldsymbol{x}=-\mathrm{d}\left(\frac{\boldsymbol{x}}{R}\right)\cdot\mathrm{d}\boldsymbol{x}=-\frac{1}{R}I,$$

由于 $-\dfrac{1}{R}\neq 0$,所以球面上的点均为圆点.

证法 2 (1) 不妨设平面为

$$\boldsymbol{x}(x,y)=(x,y,0).$$

由例 2.6.2,或由

$$\boldsymbol{x}''_{xx}=\boldsymbol{x}''_{xy}=\boldsymbol{x}''_{yx}=\boldsymbol{x}''_{yy}=\boldsymbol{0},$$

$$L=\boldsymbol{x}''_{xx}\cdot\boldsymbol{n}=0,\quad M=\boldsymbol{x}''_{xy}\cdot\boldsymbol{n}=0,\quad N=\boldsymbol{x}''_{yy}\cdot\boldsymbol{n}=0,$$

立知

$$II=L\mathrm{d}x^2+2M\mathrm{d}x\mathrm{d}y+N\mathrm{d}y^2=0=0\cdot I.$$

所以平面上的点均为平点.

(2) 由例 2.6.3 或习题 2.3.9,或直接计算得

$$\boldsymbol{x}(u,v)=(R\sin v\cos u,R\sin v\sin u,R\cos v),$$

$$\boldsymbol{x}'_u(u,v)=(-R\sin v\sin u,R\sin v\cos u,0),$$

$$\boldsymbol{x}'_v(u,v)=(R\cos v\cos u,R\cos v\sin u,-R\sin v),$$

$$E=\boldsymbol{x}'_u\cdot\boldsymbol{x}'_u=R^2\sin^2 v,$$

$$F=\boldsymbol{x}'_u\cdot\boldsymbol{x}'_v=0,$$

$$G=\boldsymbol{x}'_v\cdot\boldsymbol{x}'_v=R^2.$$

$$\begin{aligned}\boldsymbol{x}'_u\times\boldsymbol{x}'_v&=\begin{vmatrix}\boldsymbol{e}_1 & \boldsymbol{e}_2 & \boldsymbol{e}_3\\ -R\sin v\sin u & R\sin v\cos u & 0\\ R\cos v\cos u & R\cos v\sin u & -R\sin v\end{vmatrix}\\&=(-R^2\sin^2 v\cos u,-R^2\sin^2 v\sin u,-R^2\sin v\cos v)\\&=-R^2\sin v(\sin v\cos u,\sin v\sin u,\cos v).\end{aligned}$$

于是,单位法向量为

$$\boldsymbol{n}=\frac{\boldsymbol{x}'_u\times\boldsymbol{x}'_v}{|\boldsymbol{x}'_u\times\boldsymbol{x}'_v|}=-\boldsymbol{x}=-(\sin v\cos u,\sin v\sin u,\cos v),$$

$$\boldsymbol{x}''_{uu}=(-R\sin v\cos u,-R\sin v\sin u,0),$$

$$\begin{aligned}
&\boldsymbol{x}''_{uv} = (-R\cos v\sin u, R\cos v\cos u, 0),\\
&\boldsymbol{x}''_{vv} = (-R\sin v\cos u, -R\sin v\sin u, -R\cos v),\\
&L = \boldsymbol{x}''_{uu}\cdot\boldsymbol{n} = R\sin^2 v,\\
&M = \boldsymbol{x}''_{uv}\cdot\boldsymbol{n} = 0,\\
&N = \boldsymbol{x}''_{vv}\cdot\boldsymbol{n} = R.
\end{aligned}$$

于是

$$(L,M,N) = \frac{1}{R}(E,F,G),$$

$$II = \frac{1}{R}I,\quad \frac{1}{R}\neq 0.$$

这就证明了球面上的点均为圆点. □

2.5.6 求曲面 $xyz=a^3(a>0)$ 的脐点.

解 设 $\boldsymbol{x}(x,y)=\left(x,y,\frac{a^3}{xy}\right)$,则

$$\boldsymbol{x}'_x = \left(1,0,\frac{-a^3}{x^2y}\right),\quad \boldsymbol{x}'_y = \left(0,1,\frac{-a^3}{xy^2}\right)$$

$$\boldsymbol{x}'_x\times\boldsymbol{x}'_y = \begin{vmatrix} \boldsymbol{e}_1 & \boldsymbol{e}_2 & \boldsymbol{e}_3\\ 1 & 0 & \frac{-a^3}{x^2y}\\ 0 & 1 & \frac{-a^3}{xy^2}\end{vmatrix} = \left(\frac{a^2}{x^2y},\frac{a^3}{xy^2},1\right),$$

单位向量为

$$\boldsymbol{n} = \frac{\boldsymbol{x}'_x\times\boldsymbol{x}'_y}{|\boldsymbol{x}'_x\times\boldsymbol{x}'_y|} = \frac{1}{\sqrt{g}}\left(\frac{a^3}{x^2y},\frac{a^3}{xy^2},1\right),$$

其中 $g=\frac{a^6}{x^4y^2}+\frac{a^6}{x^2y^4}+1$.

$$\boldsymbol{x}''_{xx} = \left(0,0,\frac{2a^3}{x^3y}\right) = \frac{2a^3}{xy}\left(0,0,\frac{1}{x^2}\right),$$

$$\boldsymbol{x}''_{yy} = \left(0,0,\frac{2a^3}{xy^3}\right) = \frac{2a^3}{xy}\left(0,0,\frac{1}{y^2}\right),$$

$$\boldsymbol{x}''_{xy} = \left(0,0,\frac{a^3}{x^2y^2}\right) = \frac{a^3}{xy}\left(0,0,\frac{1}{xy}\right).$$

$$E = \boldsymbol{x}'_x\cdot\boldsymbol{x}'_x = 1+\frac{a^6}{x^4y^2},\quad F = \boldsymbol{x}'_x\cdot\boldsymbol{x}'_y = \frac{a^6}{x^3y^3},\quad G = \boldsymbol{x}'_y\cdot\boldsymbol{x}'_y = 1+\frac{a^6}{x^2y^4},$$

$$L = \boldsymbol{x}''_{xx}\cdot\boldsymbol{n} = \frac{1}{\sqrt{g}}\frac{a^3}{xy}\cdot\frac{2}{x^2},\quad M = \boldsymbol{x}''_{xy}\cdot\boldsymbol{n} = \frac{1}{\sqrt{g}}\cdot\frac{a^3}{xy}\cdot\frac{1}{xy},$$

$$N=\frac{1}{\sqrt{g}}\cdot\frac{a^3}{xy}\cdot\frac{2}{y^2}.$$

$$I=E\mathrm{d}x^2+2F\mathrm{d}x\mathrm{d}y+G\mathrm{d}y^2=\left(1+\frac{a^6}{x^4y^2}\right)\mathrm{d}x^2+\frac{2a^6}{x^3y^3}\mathrm{d}x\mathrm{d}y+\left(1+\frac{a^6}{x^2y^4}\right)\mathrm{d}y^2,$$

$$II=L\mathrm{d}x^2+2M\mathrm{d}x\mathrm{d}y+N\mathrm{d}y^2=\frac{2a^3}{\sqrt{g}xy}\left(\frac{\mathrm{d}x^2}{x^2}+\frac{\mathrm{d}x\mathrm{d}y}{xy}+\frac{\mathrm{d}y^2}{y^2}\right).$$

脐点满足：

$$\begin{aligned}\frac{L}{E}=\frac{M}{F}=\frac{N}{G}\quad&\Leftrightarrow\quad\frac{\frac{2}{x^2}}{1+\frac{a^6}{x^4y^2}}=\frac{\frac{1}{xy}}{\frac{a^6}{x^3y^3}}=\frac{\frac{2}{y^2}}{1+\frac{a^6}{x^2y^4}}\\&\Leftrightarrow\quad\frac{2x^2y^2}{x^4y^2+a^6}=\frac{x^2y^2}{a^6}=\frac{2x^2y^2}{x^2y^4+a^6}\\&\Leftrightarrow\quad\frac{2}{x^4y^2+a^6}=\frac{1}{a^6}=\frac{2}{x^2y^4+a^6}\\&\Leftrightarrow\quad x^4y^2=a^6=x^2y^4\\&\Leftrightarrow\quad x^2=y^2=a^2.\end{aligned}$$

从而，脐点为

$$(a,a,a),(a,-a,-a),(-a,a,-a),(-a,-a,a).$$ □

2.5.7 证明：可展曲面上的直母线既是渐近线又是曲率线；它对应的法曲率为 0；另一族曲率线为母线的正交轨线.

证明 (a) 根据定理 2.4.4，任何曲面上的直线为渐近曲线，故可展曲面上的母线为渐近曲线. 沿着直母线，可展曲面的法线互相平行，即法线曲面为平面. 由法线曲面可展(或从法线曲面 $\tilde{\boldsymbol{x}}(s,v)=\boldsymbol{a}(s)+v\boldsymbol{V}_2(s)=\boldsymbol{x}(s)+v\boldsymbol{V}_2(s)$，$(\boldsymbol{x}',\boldsymbol{V}_2,\boldsymbol{V}_2')=(\boldsymbol{V}_1,\boldsymbol{V}_2,-\kappa\boldsymbol{V}_1+\tau\boldsymbol{V}_3)=\tau(\boldsymbol{V}_1,\boldsymbol{V}_2,\boldsymbol{V}_3)\xlongequal[\tau=0]{\text{沿直线}}0$，知法线曲面可展)和定理 2.5.4 知母线为曲率线.

(b) $\kappa_{\mathrm{n}}\xlongequal{\text{习题 2.5.1}}\kappa\cos\theta=0\cdot\cos\theta=0$.

(c) 由两族曲率线互相正交(参阅定理 2.5.6)推得. □

2.5.8 设一条曲率线(非渐近曲线)C 的密切平面与曲面的切平面交于定角，则该曲率线必为平面曲线.

证明 依题意，沿曲率线 C，$\boldsymbol{V}_3\cdot\boldsymbol{n}=\mathrm{const}$(常数). 两边对弧长 s 求导，得

$$\boldsymbol{V}_3\cdot\frac{\mathrm{d}\boldsymbol{n}}{\mathrm{d}s}+(-\tau\boldsymbol{V}_2)\cdot\boldsymbol{n}=0.$$

根据定理 2.5.4(2),知$\frac{\mathrm{d}\boldsymbol{n}}{\mathrm{d}s}/\!/\boldsymbol{V}_1(s)$,即得

$$\tau\boldsymbol{V}_2\cdot\boldsymbol{n}=0.$$

因 C 不是渐近曲线,根据定理 2.4.5,$\boldsymbol{n}$ 不平行 $\boldsymbol{V}_3$,从而 $\boldsymbol{V}_2\cdot\boldsymbol{n}\neq0$,$\tau=0$,根据定理 1.2.2,$C$ 为平面曲线. □

2.5.9 求曲面 $F(x,y,z)=0$ 的曲率线.

解 根据曲率线的几何特征之二(定理 2.5.4(3)),沿着曲率线 $\boldsymbol{x}(s)$ 的法线曲面(由法线生成的直纹面)Σ:

$$\tilde{\boldsymbol{x}}(s,v)=\boldsymbol{x}(s)+v\boldsymbol{n}(s)$$

为可展曲面等价于

$$(\boldsymbol{x}',\boldsymbol{n},\boldsymbol{n}')=0\quad\Leftrightarrow\quad(\mathrm{d}\boldsymbol{x},\nabla F,\mathrm{d}(\nabla F))=0,$$

其中$\nabla F=(F'_x,F'_y,F'_z)$,即曲率线方程为

$$\begin{vmatrix}\mathrm{d}x & \mathrm{d}y & \mathrm{d}z\\ F'_x & F'_y & F'_z\\ \mathrm{d}F'_x & \mathrm{d}F'_y & \mathrm{d}F'_z\end{vmatrix}=0.$$ □

2.5.10 证明:对于曲面 M 上的一点,若 $K_G>0$,则不存在实的渐近方向;若 $K_G<0$,则存在两个渐近方向,且主方向平分两渐近方向所张成的角.

证明 证法1 (1) 根据定义 2.4.3,渐近方向满足微分方程:

$$L\mathrm{d}u^2+2M\mathrm{d}u\mathrm{d}v+N\mathrm{d}v^2=0.$$

它是2次方程,有实解的条件为 $\Delta=(2M)^2-4LN=4(M^2-LN)\geqslant0$,即 $K_G=\frac{LN-M^2}{EG-F^2}\leqslant0$(参阅注 2.6.1).

当 $K_G<0$ 时,有两个相异的实渐近方向;

当 $K_G=0$ 时,有两个相同的渐近方向;

当 $K_G>0$ 时,无实的渐近方向.

(2) 设 $K_G<0$. 根据定义 2.5.1 与定理 2.5.3 中的 Euler 公式,对于在渐近方向的法曲率,有

$$0=\kappa_n=\kappa_1\cos^2\theta+\kappa_2\sin^2\theta,$$

其中 θ 为渐近方向与主方向的夹角. 于是

$$\tan\theta=\pm\sqrt{-\frac{\kappa_1}{\kappa_2}}.$$

这表明两个渐近方向与主方向的夹角相等.

证法2 (2) 当 $K_G<0$ 时,取两族渐近曲线为参数网,则

$$\mathrm{d}v = 0,\quad L\mathrm{d}u^2 = 0,\quad L = 0,$$
$$\mathrm{d}u = 0,\quad N\mathrm{d}v^2 = 0,\quad N = 0.$$

于是,曲率线微分方程(参阅定理 2.5.5)为

$$\begin{vmatrix} \mathrm{d}v^2 & -\mathrm{d}u\mathrm{d}v & \mathrm{d}u^2 \\ E & F & G \\ 0 & M & 0 \end{vmatrix} = 0,$$

即

$$M(E\mathrm{d}u^2 - G\mathrm{d}v^2) = 0.$$

因为 $L=N=0$,$K_G<0$,所以 $M\neq 0$. 从而上式即为

$$E\mathrm{d}u^2 - G\mathrm{d}v^2 = 0.$$

设$\left(\frac{\mathrm{d}u}{\mathrm{d}s},\frac{\mathrm{d}v}{\mathrm{d}s}\right)$在曲面 M 上平分两渐近方向(1,0)与(0,1)所张成的角,即

$$\frac{E\frac{\mathrm{d}u}{\mathrm{d}s}\cdot 1+F\left(\frac{\mathrm{d}u}{\mathrm{d}s}\cdot 0+\frac{\mathrm{d}v}{\mathrm{d}s}\cdot 1\right)+G\frac{\mathrm{d}v}{\mathrm{d}s}\cdot 0}{\sqrt{E\left(\frac{\mathrm{d}u}{\mathrm{d}s}\right)^2+2F\frac{\mathrm{d}u}{\mathrm{d}s}\frac{\mathrm{d}v}{\mathrm{d}s}+G\left(\frac{\mathrm{d}v}{\mathrm{d}s}\right)^2}\sqrt{E\cdot 1^2+2F\cdot 1\cdot 0+G\cdot 0^2}}$$
$$=\frac{E\frac{\mathrm{d}u}{\mathrm{d}s}\cdot 0+F\left(\frac{\mathrm{d}u}{\mathrm{d}s}\cdot 1+\frac{\mathrm{d}v}{\mathrm{d}s}\cdot 0\right)+G\frac{\mathrm{d}v}{\mathrm{d}s}\cdot 1}{\sqrt{E\left(\frac{\mathrm{d}u}{\mathrm{d}s}\right)^2+2F\frac{\mathrm{d}u}{\mathrm{d}s}\frac{\mathrm{d}v}{\mathrm{d}s}+G\left(\frac{\mathrm{d}v}{\mathrm{d}s}\right)^2}\sqrt{E\cdot 0^2+2F\cdot 0\cdot 1+G\cdot 1^2}},$$

$$\frac{E\frac{\mathrm{d}u}{\mathrm{d}s}+F\frac{\mathrm{d}v}{\mathrm{d}s}}{\sqrt{E}}=\frac{F\frac{\mathrm{d}u}{\mathrm{d}s}+G\frac{\mathrm{d}v}{\mathrm{d}s}}{\sqrt{G}},$$

$$E\sqrt{G}\frac{\mathrm{d}u}{\mathrm{d}s}+\sqrt{G}F\frac{\mathrm{d}v}{\mathrm{d}s}=\sqrt{E}F\frac{\mathrm{d}u}{\mathrm{d}s}+\sqrt{E}G\frac{\mathrm{d}v}{\mathrm{d}s},$$

$$\sqrt{E}(\sqrt{EG}-F)\frac{\mathrm{d}u}{\mathrm{d}s}=\sqrt{G}(\sqrt{EG}-F)\frac{\mathrm{d}v}{\mathrm{d}s},$$

$$\sqrt{E}\frac{\mathrm{d}u}{\mathrm{d}s}=\sqrt{G}\frac{\mathrm{d}v}{\mathrm{d}s},$$

$$E\mathrm{d}u^2-G\mathrm{d}v^2=0.$$

这正说明了两渐近方向的角平分线就是曲面 M 上的曲率线. □

2.5.11 求双曲抛物面

$$\boldsymbol{x}(u,v)=(a(u+v),b(u-v),2uv)$$

$\left(\frac{x^2}{a^2}-\frac{y^2}{b^2}=2z\right)$的曲率线方程.

解 根据习题2.4.12,

$$E=a^2+b^2+4v^2,\quad F=a^2-b^2+4uv,\quad G=a^2+b^2+4u^2,$$

$$L=0,\quad M=\frac{-2ab}{\sqrt{(bu+bv)^2+(av-au)^2+a^2b^2}},\quad N=0.$$

并且 u 曲线与 v 曲线均为渐近曲线. 曲率线方程为

$$\begin{vmatrix} \mathrm{d}v^2 & -\mathrm{d}u\mathrm{d}v & \mathrm{d}u^2 \\ E & F & G \\ 0 & M & 0 \end{vmatrix}=0,$$

即

$$G\mathrm{d}v^2-E\mathrm{d}u^2=0,\quad G\mathrm{d}v^2=E\mathrm{d}u^2,\quad \frac{\mathrm{d}u^2}{G}=\frac{\mathrm{d}v^2}{E},$$

或

$$\frac{\mathrm{d}u^2}{a^2+b^2+4u^2}=\frac{\mathrm{d}v^2}{a^2+b^2+4v^2}.$$ □

2.5.12 (Dupin定理)在 $\mathbf{R}^3$ 中,证明:三族互相正交的曲面交线必为所在曲面的曲率线.

证明 在 $\mathbf{R}^3$ 中取坐标 u,v,w,使坐标曲面 $u=$常数,$v=$常数,$w=$常数恰为已给的三族曲面.

设 $\mathbf{R}^3$ 中任一点的向径为 $\boldsymbol{x}(u,v,w)$,

$$\text{三族曲面正交}\quad\Leftrightarrow\quad \boldsymbol{x}'_u\cdot\boldsymbol{x}'_v=0,\quad \boldsymbol{x}'_v\cdot\boldsymbol{x}'_w=0,\quad \boldsymbol{x}'_w\cdot\boldsymbol{x}'_u=0.$$

两边求导,得

$$\boldsymbol{x}''_{uv}\cdot\boldsymbol{x}'_w+\boldsymbol{x}'_v\cdot\boldsymbol{x}''_{wu}=(\boldsymbol{x}'_v\cdot\boldsymbol{x}'_w)'_u=0,\tag{1}$$

$$\boldsymbol{x}''_{wv}\cdot\boldsymbol{x}'_u+\boldsymbol{x}'_w\cdot\boldsymbol{x}''_{uv}=(\boldsymbol{x}'_u\cdot\boldsymbol{x}'_w)'_v=0,\tag{2}$$

$$\boldsymbol{x}''_{uw}\cdot\boldsymbol{x}'_v+\boldsymbol{x}'_u\cdot\boldsymbol{x}''_{vw}=(\boldsymbol{x}'_u\cdot\boldsymbol{x}'_v)'_w=0,\tag{3}$$

由式(1)+式(2)−式(3),推得

$$2\boldsymbol{x}''_{uv}\cdot\boldsymbol{x}'_w=0.$$

因为 $\boldsymbol{x}'_w$ 为 $w=$常数的法向量,故 $\boldsymbol{x}''_{uv}\cdot\boldsymbol{x}'_w=0$ 蕴涵在曲面 $w=$常数上,$M=0$. 再由 $F=\boldsymbol{x}'_u\cdot\boldsymbol{x}'_v=0$ 及定理2.5.6,立知 $u=$常数,$v=$常数均为曲面 $w=$常数的曲率线. □

2.5.13 设三个函数 $x(u,v)$,$y(u,v)$,$z(u,v)$为微分方程:

$$\frac{\partial^2 f}{\partial u\partial v}=A(u,v)\frac{\partial f}{\partial u}+B(u,v)\frac{\partial f}{\partial v}$$

的独立解,且 $x^2+y^2+z^2$ 也为方程的解. 证明:曲面

$$\boldsymbol{x}(u,v)=(x(u,v),y(u,v),z(u,v))$$

的参数曲线为曲率线.

证明 由题设,知

$$\begin{aligned}\boldsymbol{x}''_{uv}&=\left(\frac{\partial^2 x}{\partial u\partial v},\frac{\partial^2 y}{\partial u\partial v},\frac{\partial^2 z}{\partial u\partial v}\right)\\&=A(u,v)\left(\frac{\partial x}{\partial u},\frac{\partial y}{\partial u},\frac{\partial z}{\partial u}\right)+B(u,v)\left(\frac{\partial x}{\partial v},\frac{\partial y}{\partial v},\frac{\partial z}{\partial v}\right)\\&=A\boldsymbol{x}'_u+B\boldsymbol{x}'_v.\end{aligned}$$

由此得到

$$M=\boldsymbol{x}''_{uv}\cdot\boldsymbol{n}=(A\boldsymbol{x}'_u+B\boldsymbol{x}'_v)\cdot\boldsymbol{n}=0.$$

再由题设,知

$$\begin{aligned}2\boldsymbol{x}'_u\cdot\boldsymbol{x}'_v+2\boldsymbol{x}\cdot\boldsymbol{x}''_{uv}&=(2\boldsymbol{x}\cdot\boldsymbol{x}'_u)'_v=(\boldsymbol{x}^2)''_{uv}=A(\boldsymbol{x}^2)'_u+B(\boldsymbol{x}^2)'_v\\&=A\cdot 2\boldsymbol{x}\cdot\boldsymbol{x}'_u+B\cdot 2\boldsymbol{x}\cdot\boldsymbol{x}'_v=2\boldsymbol{x}\cdot(A\boldsymbol{x}'_u+B\boldsymbol{x}'_v)\\&=2\boldsymbol{x}\cdot\boldsymbol{x}''_{uv},\end{aligned}$$

$$2\boldsymbol{x}'_u\cdot\boldsymbol{x}'_v=0,$$

$$F=\boldsymbol{x}'_u\cdot\boldsymbol{x}'_v=0.$$

根据 $F=M=0$ 及定理 2.5.6,参数曲线网为曲率线网. □

2.5.14 比较 $\mathbf{R}^3$ 中切线曲面 M 上曲率线的曲率与曲面的主曲率.

解 曲线 $\boldsymbol{a}(u)$ 的切线曲面 M(u 为 $\boldsymbol{a}(u)$ 的弧长):

$$\boldsymbol{x}(u,v)=\boldsymbol{a}(u)+v\boldsymbol{a}'(u)=\boldsymbol{a}(u)+v\mathbf{V}_1(u).$$

计算得

$$\boldsymbol{x}'_u=\boldsymbol{a}'(u)+v\boldsymbol{a}''(u)=\mathbf{V}_1(u)+v\kappa(u)\mathbf{V}_2(u),$$

$$\boldsymbol{x}'_v=\boldsymbol{a}'(u)=\mathbf{V}_1(u).$$

$$E=\boldsymbol{x}'_u\cdot\boldsymbol{x}'_u=(\mathbf{V}_1+v\kappa\mathbf{V}_2)\cdot(\mathbf{V}_1+v\kappa\mathbf{V}_2)=1+v^2\kappa^2,$$

$$F=\boldsymbol{x}'_u\cdot\boldsymbol{x}'_v=(\mathbf{V}_1+v\kappa\mathbf{V}_2)\cdot\mathbf{V}_1=\mathbf{V}_1\cdot\mathbf{V}_1=1,$$

$$G=\boldsymbol{x}'_v\cdot\boldsymbol{x}'_v=\mathbf{V}_1\cdot\mathbf{V}_1=1.$$

$$I=E\mathrm{d}u^2+2F\mathrm{d}u\mathrm{d}v+G\mathrm{d}v^2=(1+v^2\kappa^2)\mathrm{d}u^2+2\mathrm{d}u\mathrm{d}v+\mathrm{d}v^2.$$

$$\boldsymbol{x}'_u\times\boldsymbol{x}'_v=(\mathbf{V}_1+v\kappa\mathbf{V}_2)\times\mathbf{V}_1=-v\kappa\mathbf{V}_3,$$

单位法向量为

$$\boldsymbol{n}=-\mathbf{V}_3\quad(\text{不妨设 } v>0,\kappa>0).$$

又因

$$\begin{aligned}\boldsymbol{x}''_{uu}&=\mathbf{V}'_1+v\kappa'\mathbf{V}_2+v\kappa(-\kappa\mathbf{V}_1+\tau\mathbf{V}_3)\\&=\kappa\mathbf{V}_2+v\kappa'\mathbf{V}_2-v\kappa^2\mathbf{V}_1+v\kappa\tau\mathbf{V}_3\end{aligned}$$

$$=-v\kappa^2\boldsymbol{V}_1+(\kappa+v\kappa')\boldsymbol{V}_2+v\kappa\tau\boldsymbol{V}_3,$$
$$\boldsymbol{x}''_{uv}=\kappa\boldsymbol{V}_2,$$
$$\boldsymbol{x}''_{vv}=\boldsymbol{0}.$$

所以

$$L=\boldsymbol{x}''_{uu}\cdot\boldsymbol{n}=[-v\kappa^2\boldsymbol{V}_1+(\kappa+v\kappa')\boldsymbol{V}_2+v\kappa\tau\boldsymbol{V}_3]\cdot(-\boldsymbol{V}_3)=-v\kappa\tau,$$
$$M=\boldsymbol{x}''_{uv}\cdot\boldsymbol{n}=\kappa\boldsymbol{V}_2\cdot(-\boldsymbol{V}_3)=0,$$
$$N=\boldsymbol{x}''_{vv}\cdot\boldsymbol{n}=\boldsymbol{0}\cdot\boldsymbol{n}=0$$
$$II=L\mathrm{d}u^2+2M\mathrm{d}u\mathrm{d}v+N\mathrm{d}v^2=-v\kappa\tau\mathrm{d}u^2.$$

(a) 求主曲率(参阅定义 2.4.2(4), $L_{ij}=\langle W(\boldsymbol{x}'_{u^i}),\boldsymbol{x}'_{u^j}\rangle$):

$$W\begin{pmatrix}\boldsymbol{x}'_{u^1}\\ \boldsymbol{x}'_{u^2}\\ \vdots\\ \boldsymbol{x}'_{u^{n-1}}\end{pmatrix}=\begin{pmatrix}W(\boldsymbol{x}'_{u^1})\\ W(\boldsymbol{x}'_{u^2})\\ \vdots\\ W(\boldsymbol{x}'_{u^{n-1}})\end{pmatrix}=\begin{pmatrix}a_{11}&a_{12}&\cdots&a_{1n-1}\\ a_{21}&a_{22}&\cdots&a_{2n-1}\\ \vdots&\vdots&&\vdots\\ a_{n-1,1}&a_{n-1,2}&\cdots&a_{n-1,n-1}\end{pmatrix}\begin{pmatrix}\boldsymbol{x}'_{u^1}\\ \boldsymbol{x}'_{u^2}\\ \vdots\\ \boldsymbol{x}'_{u^{n-1}}\end{pmatrix},$$

记矩阵 $\boldsymbol{A}=(a_{ij})$,

$$L_{ij}=\langle W(\boldsymbol{x}'_{u^i}),\boldsymbol{x}'_{u^j}\rangle=\left\langle\sum_{l=1}^{n-1}a_{il}\boldsymbol{x}'_{u^l},\boldsymbol{x}'_{u^j}\right\rangle=\sum_{l=1}^{n-1}a_{il}g_{lj},\quad (L_{ij})=(a_{il})(g_{lj}).$$

于是,Weingarten 线性映射 W 在基$\{\boldsymbol{x}'_{u^1},\boldsymbol{x}'_{u^2},\cdots,\boldsymbol{x}'_{u^{n-1}}\}$下的矩阵

$$\boldsymbol{A}=(a_{ij})=(L_{il})(g_{lj})^{-1}.$$

如果非零向量 $\boldsymbol{X}$ 为 W 的特征向量(主方向),相应的特征值为 λ(主曲率),即

$$W(\boldsymbol{X})=\lambda\boldsymbol{X},$$

则特征方程为

$$|\boldsymbol{A}-\lambda\boldsymbol{I}|=|(L_{il})(g_{lj})^{-1}-\lambda\boldsymbol{I}|=0,$$
$$|(L_{ij})-\lambda(g_{ij})|=0.$$

特别当 $n=3$ 时,

$$\left|\begin{pmatrix}L&M\\ M&N\end{pmatrix}-\lambda\begin{pmatrix}E&F\\ F&G\end{pmatrix}\right|=0.$$

对于切线曲面,有

$$\left|\begin{pmatrix}-v\kappa\tau&0\\ 0&0\end{pmatrix}-\lambda\begin{pmatrix}1+v^2\kappa^2&1\\ 1&1\end{pmatrix}\right|=\begin{vmatrix}-v\kappa\tau-\lambda(1+v^2\kappa)&-\lambda\\ -\lambda&-\lambda\end{vmatrix}=0,$$

即

$$\lambda[v\kappa\tau+\lambda(1+v^2\kappa^2)-\lambda]=\lambda\kappa v(\tau+\lambda\kappa v)=0.$$

主曲率为 $\kappa_1=0,\kappa_2=-\dfrac{\tau}{\kappa v}$.

(b) 求曲率线:

$$\begin{vmatrix} dv^2 & -dudv & du^2 \\ 1+v^2\kappa^2 & 1 & 1 \\ -v\kappa\tau & 0 & 0 \end{vmatrix} = \begin{vmatrix} dv^2 & -dudv & du^2 \\ E & F & G \\ L & M & N \end{vmatrix} = 0,$$

即

$$-v\kappa\tau(dudv - du^2) = v\kappa\tau du(du + dv) = 0.$$

故两族曲率线为:

第 1 族:u=常数,为直母线,其曲率为 0,它与曲面的主曲率 $\kappa_1 = 0$ 相等.

第 2 族:$u+v=c$(常数),则 $v=c-u$(c 为常数).

$$\tilde{\boldsymbol{x}}(u) = \boldsymbol{a}(u) + (c-u)\boldsymbol{a}'(u) = \boldsymbol{a}(u) + (c-u)\boldsymbol{V}_1(u),$$

$$\tilde{\boldsymbol{x}}'(u) = \boldsymbol{V}_1(u) - \boldsymbol{V}_1(u) + (c-u)\boldsymbol{V}_1'(u) = (c-u)\kappa\boldsymbol{V}_2(u),$$

$$\begin{aligned}\tilde{\boldsymbol{x}}''(u) &= [-\kappa + (c-u)\kappa']\boldsymbol{V}_2(u) + (c-u)\kappa[-\kappa\boldsymbol{V}_1(u) + \tau\boldsymbol{V}_3(u)] \\ &= -(c-u)\kappa^2\boldsymbol{V}_1(u) + (-\kappa + c\kappa' - u\kappa')\boldsymbol{V}_2(u) + (c-u)\kappa\tau\boldsymbol{V}_3(u),\end{aligned}$$

$$\begin{aligned}\tilde{\boldsymbol{x}}'(u) \times \tilde{\boldsymbol{x}}''(u) &= (c-u)^2\kappa^2[-\kappa\boldsymbol{V}_2(u) \times \boldsymbol{V}_1(u) + \tau\boldsymbol{V}_2(u) \times \boldsymbol{V}_3(u)] \\ &= (c-u)^2\kappa^2[\kappa\boldsymbol{V}_3(u) + \tau\boldsymbol{V}_1(u)].\end{aligned}$$

于是,该曲率线的曲率为

$$\tilde{\kappa} = \frac{|\tilde{\boldsymbol{x}}' \times \tilde{\boldsymbol{x}}''|}{|\tilde{\boldsymbol{x}}'|^3} = \frac{(c-u)^2\kappa^2\sqrt{\kappa^2+\tau^2}}{\kappa^3|c-u|^3} = \frac{\sqrt{\kappa^2+\tau^2}}{\kappa|c-u|}.$$

它与主曲率 $\kappa_2 = -\dfrac{\tau}{\kappa v}$ 不相等.

综合上述,曲率线中一族为直母线,其曲率等于曲面的主曲率,为 0;另一族为直母线的正交轨线,其曲率为 $\tilde{\kappa} = \dfrac{\sqrt{\kappa^2+\tau^2}}{\kappa|c-u|}$,它不等于曲面的主曲率 $\kappa_2 = -\dfrac{\tau}{\kappa v}$. □

2.5.15 已知平面 π 到单位球面 S^2 的中心距离为 $d(0<d<1)$,求 π 与 S^2 交线的曲率与法曲率.

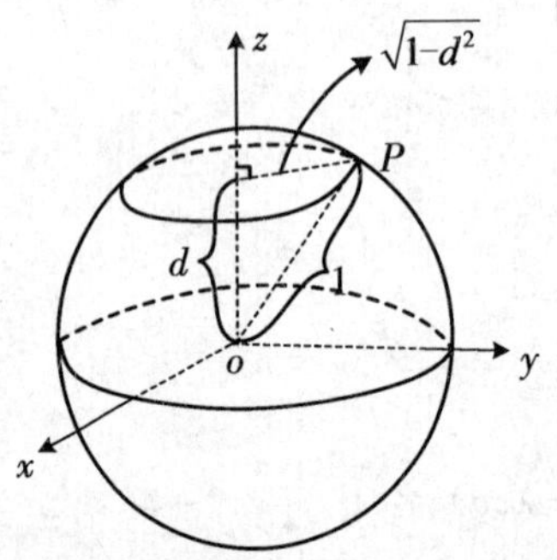

习题 2.5.15 图

解 π 与 S^2 的交线为半径 $\sqrt{1-d^2}$ 的圆,故它的曲率为 $\dfrac{1}{\sqrt{1-d^2}}$. 考虑交线上任一点 P,过 P 点与 P 点法线的任一平面都与曲面 S^2 交于大圆. 当然过 P 点的法线与交线的切线的平面也交 S^2 于大圆(半径为 1). 因此,法曲率总为 $\kappa_n = \dfrac{1}{1} = 1$(见习题 2.5.15 图). □

2.5.16 设 P 为 $\mathbf{R}^3$ 中光滑曲面 M 上的一点. 证

明：当 P 不为脐点时，M 的主曲率 κ_1,κ_2（总假定 $\kappa_1\leqslant\kappa_2$）为 P 附近的光滑函数；当 P 为脐点时，主曲率 κ_1,κ_2 为 P 附近的连续函数.

证明　因为

$$\begin{cases}\dfrac{\kappa_1+\kappa_2}{2}=H,\\ \kappa_1\cdot\kappa_2=K_G,\end{cases}$$

所以，κ_1,κ_2 为 2 次方程

$$\lambda^2-2H\lambda+K_G=0$$

的两个根. 由求根公式，得到

$$\lambda=\frac{2H\pm\sqrt{4H^2-4K_G}}{2}=H\pm\sqrt{H^2-K_G},$$

$$\kappa_1=H-\sqrt{H^2-K_G}\leqslant H+\sqrt{H^2-K_G}=\kappa_2.$$

另一方面，显然有

$$H^2-K_G=\left(\frac{\kappa_1+\kappa_2}{2}\right)^2-\kappa_1\kappa_2=\frac{(\kappa_1-\kappa_2)^2}{4}\geqslant 0.$$

(a) $H^2-K_G>0$，$\kappa_1<\kappa_2$，该点不为脐点. 此时，因 H,K_G 为曲面 M 上的光滑函数，故

$$\kappa_1=H-\sqrt{H^2-K_G},\quad \kappa_2=H+\sqrt{H^2-K_G}$$

也为 M 上的光滑函数.

(b) $H^2-K_G=0$，$\kappa_1=\kappa_2$，该点为脐点. 此时，即使 H,K_G 为 M 上的光滑函数（当然也连续），但由于 $\sqrt{x}$ 在 $x=0$ 处不可导，故

$$\kappa_1=H-\sqrt{H^2-K_G},\quad \kappa_2=H+\sqrt{H^2-K_G}$$

只为 M 上的连续函数. □

2.5.17　求正螺面

$$\boldsymbol{x}(u,v)=(v\cos u,v\sin u,bv)\quad(0\leqslant u\leqslant 2\pi,-\infty<v<+\infty,b>0)$$

的渐近曲线与曲率线.

解　由例 2.7.8，知

$$E=v^2+b^2,\quad F=0,\quad G=1,$$

$$L=0,\quad M=\frac{b}{\sqrt{v^2+b^2}},\quad N=0.$$

渐近线方程：

$$L\mathrm{d}u^2+2M\mathrm{d}u\mathrm{d}v+N\mathrm{d}v^2=0,$$

$$2\cdot\frac{b}{\sqrt{v^2+b^2}}\mathrm{d}u\mathrm{d}v=0,$$

$$\mathrm{d}u\mathrm{d}v=0.$$

因此,两坐标曲线均为渐近线. $v=$常数是 u 曲线,它是圆;$u=$常数是 v 曲线,它是直线.

曲率线方程:

$$0=\begin{vmatrix}\mathrm{d}v^2 & -\mathrm{d}u\mathrm{d}v & \mathrm{d}u^2\\ E & F & G\\ L & M & N\end{vmatrix}=\begin{vmatrix}\mathrm{d}v^2 & -\mathrm{d}u\mathrm{d}v & \mathrm{d}u^2\\ v^2+b^2 & 0 & 1\\ 0 & \dfrac{b}{\sqrt{v^2+b^2}} & 0\end{vmatrix}$$

$$=-\frac{b}{\sqrt{v^2+b^2}}[\mathrm{d}v^2-(v^2+b^2)\mathrm{d}u^2],$$

$$\mathrm{d}v^2-(v^2+b^2)\mathrm{d}u^2=0,$$

$$\frac{\mathrm{d}u}{\mathrm{d}v}=\pm\frac{1}{\sqrt{v^2+b^2}},$$

$$u=\pm\int\frac{\mathrm{d}v}{\sqrt{v^2+b^2}}=\pm\ln\left(v+\sqrt{v^2+b^2}\right)+c.$$

再求主曲率 κ_1,κ_2. 由于 $\kappa_1+\kappa_2=2H,\kappa_1\cdot\kappa_2=K_G$,故 κ_1,κ_2 为 2 次方程

$$\lambda^2-2H\lambda+K_G=0$$

的根. 由例 2.7.8,知 $H=0,K_G=-\dfrac{b^2}{(v+b^2)^2}$,所以

$$\lambda^2-\frac{b^2}{(v^2+b^2)^2}=0,\quad \lambda=\pm\frac{b}{v^2+b^2},$$

$$\kappa_1=-\frac{b}{v^2+b^2},\quad \kappa_2=\frac{b}{v^2+b^2}.$$

或者从

$$\left|\begin{pmatrix}L & M\\ M & N\end{pmatrix}-\lambda\begin{pmatrix}E & F\\ F & G\end{pmatrix}\right|=0,$$

$$\left|\begin{pmatrix}0 & \dfrac{b}{\sqrt{v^2+b^2}}\\ \dfrac{b}{\sqrt{v^2+b^2}} & 0\end{pmatrix}-\lambda\begin{pmatrix}v^2+b^2 & 0\\ 0 & 1\end{pmatrix}\right|=0,$$

$$\begin{vmatrix} -\lambda(v^2+b^2) & \dfrac{b}{\sqrt{v^2+b^2}} \\ \dfrac{b}{\sqrt{v^2+b^2}} & -\lambda \end{vmatrix} = 0,$$

$$\lambda^2(v^2+b^2) - \frac{b^2}{v^2+b^2} = 0,$$

解得
$$\lambda^2 = \frac{b^2}{(v^2+b^2)^2}, \quad \lambda = \pm \frac{b}{v^2+b^2}.$$

$$\kappa_1 = -\frac{b}{v^2+b^2}, \quad \kappa_2 = \frac{b}{v^2+b^2}.$$ □

2.5.18　设曲面 M 上的一条曲率线 $C:\boldsymbol{x}(s)$（s 为弧长），它的每一点处的从法向量 $\boldsymbol{V}_3(s)$ 与曲面在该点处的法向量 $\boldsymbol{n}(s)$ 成定角，且 $\boldsymbol{V}_3(s)\cdot\boldsymbol{n}(s)\neq\pm 1$（即 $\boldsymbol{V}_3(s)$ 不平行于 $\boldsymbol{n}(s)$）. 证明：C 为平面曲线.

证明　因为

$$\boldsymbol{V}_3(s)\cdot\boldsymbol{n}(s) = \cos\theta = c \quad （常数）,$$

所以两边对 s 求导，得到

$$-\tau(\boldsymbol{V}_2\cdot\boldsymbol{n}) = (-\tau\boldsymbol{V}_2)\cdot\boldsymbol{n} + \boldsymbol{V}_3\cdot(-\kappa_i\boldsymbol{x}')$$
$$\xlongequal[C\text{ 为曲率线}]{\text{Olinde-Rodrigues 公式}} \boldsymbol{V}_3'\cdot\boldsymbol{n} + \boldsymbol{V}_3\cdot\boldsymbol{n}' = (\boldsymbol{V}_3\cdot\boldsymbol{n})' = c' = 0.$$

又因为 $\boldsymbol{V}_3$ 和 $\boldsymbol{n}$ 不平行，所以 $\boldsymbol{V}_2\cdot\boldsymbol{n}\neq 0$. 它蕴涵 $\tau=0$. 根据定理 1.2.2，C 为平面曲线. □

2.5.19　若 $\mathbf{R}^3$ 中曲面的所有曲线均为曲率线，则它为全脐的曲面. 进而，若该曲面连通，则它为球面片或平面片.（参阅引理 3.1.4.）

证明　曲面的所有曲线为曲率线⇔所有的方向 $\mathrm{d}u:\mathrm{d}v$ 都满足曲率线方程：

$$\begin{vmatrix} \mathrm{d}v^2 & -\mathrm{d}u\mathrm{d}v & \mathrm{d}u^2 \\ E & F & G \\ L & M & N \end{vmatrix} = 0.$$

它等价于

$$(L,M,N) = \lambda(E,F,G) \quad （即曲面是全脐的）.$$

事实上，(⇐)由行列式性质推得.

(⇒)取 $\mathrm{d}u:\mathrm{d}v=1:0$，代入上面的行列式，得

$$\begin{vmatrix} 0 & 0 & 1 \\ E & F & G \\ L & M & N \end{vmatrix} = 0 \iff EM - LF = 0 \iff \frac{L}{E} = \frac{M}{F}.$$

再取 $\mathrm{d}u:\mathrm{d}v=0:1$,代入上面的行列式,得

$$\begin{vmatrix} 1 & 0 & 0 \\ E & F & G \\ L & M & N \end{vmatrix} = 0 \iff FN - GM = 0 \iff \frac{M}{F} = \frac{N}{G}.$$

综合上述,有

$$\frac{L}{E} = \frac{M}{F} = \frac{N}{G},$$

即

$$(L,M,N) = \lambda(E,F,G). \qquad \square$$

2.6 Gauss 曲率(总曲率)K_G、平均曲率 H

1. 知识要点

定理 2.6.1 设 M 为 $\mathbf{R}^n$ 中的 $n-1$ 维 C^2 正则曲面,其参数表示为 $\boldsymbol{x}(u^1, u^2, \cdots, u^{n-1})$,$\lambda$ 为 $P \in M$ 处的主曲率,相应的主方向为 $\boldsymbol{e} = \sum\limits_{i=1}^{n-1} a^i \boldsymbol{x}'_{u^i}$,即 $W(\boldsymbol{e}) = \lambda\boldsymbol{e}, \boldsymbol{e} \neq \boldsymbol{0}$,其中 $W: T_PM \to T_PM$ 为 Weingarten 映射,则:

(1) $\lambda^{n-1} - \mathrm{tr}(\omega_j^i)\lambda^{n-2} + \cdots + \det(\omega_j^i) = (-1)^{n-1}\det(\omega_j^i - \lambda\delta_j^i)$,这里矩阵 (ω_j^i) 的迹 $\mathrm{tr}(\omega_j^i) = \sum\limits_{i=1}^{n-1} \omega_i^i$.

特别当 $n=3$ 时,

$$\begin{aligned}\det\begin{pmatrix} \omega_1^1 - \lambda & \omega_2^1 \\ \omega_1^2 & \omega_2^2 - \lambda \end{pmatrix} &= \lambda^2 - (\omega_1^1 + \omega_2^2)\lambda + \det\begin{pmatrix} \omega_1^1 & \omega_2^1 \\ \omega_1^2 & \omega_2^2 \end{pmatrix} \\ &= \lambda^2 - \mathrm{tr}(\omega_j^i)\lambda + \det(\omega_j^i) = 0,\end{aligned}$$

即

$$\lambda^2 - 2H\lambda + K_G = 0 \quad (K_G, H \text{ 见定义 } 2.6.1).$$

(2) $\det(L_{kj} - \lambda g_{kj}) = 0$.

当 $n=3$ 时,

$$\det\begin{pmatrix} L - \lambda E & M - \lambda F \\ M - \lambda F & N - \lambda G \end{pmatrix} = 0.$$

定义 2.6.1　在点 $P\in M$，我们定义 Gauss 曲率为

$$K_G=\det(\omega_j^i)=\det\left(\sum_{k=1}^{n-1}g^{ik}L_{kj}\right)=\det(g^{ik})\cdot\det(L_{kj})=\frac{\det(L_{kj})}{\det(g_{ik})},$$

平均曲率为

$$H=\frac{1}{n-1}\mathrm{tr}(\omega_j^i)=\frac{1}{n-1}\mathrm{tr}\left(\sum_{k=1}^{n-1}g^{ik}L_{kj}\right)=\frac{\sum\limits_{i,k=1}^{n-1}g^{ik}L_{ki}}{n-1}.$$

K_G 与 H 都与参数的选取无关.

注 2.6.1　当 $n=3$ 时，

$$K_G=\frac{\det\begin{pmatrix}L & M\\ M & N\end{pmatrix}}{\det\begin{pmatrix}E & F\\ F & G\end{pmatrix}},\quad H=\frac{1}{2}\frac{GL-2FM+EN}{EG-F^2}.$$

注 2.6.2　因 Weingarten 映射 $W:T_PM\to T_PM$，$W(x'_{u^j})=\sum\limits_{i=1}^{n-1}\omega_j^i x'_{u^i}$ 为自共轭线性变换，故 W 的所有特征值 $\kappa_1,\kappa_2,\cdots,\kappa_{n-1}$ 均为实数，且有 $n-1$ 个线性无关的特征向量 $\boldsymbol{e}_1,\boldsymbol{e}_2,\cdots,\boldsymbol{e}_{n-1}$，即 $W(\boldsymbol{e}_j)=\kappa_j\boldsymbol{e}_j$. 从而

$$(\omega_j^i)\overset{\text{相似}}{\sim}\begin{pmatrix}\kappa_1 & & & \\ & \kappa_2 & & \\ & & \ddots & \\ & & & \kappa_{n-1}\end{pmatrix},$$

$$K_G=\det(\omega_j^i)=\det\begin{pmatrix}\kappa_1 & & & \\ & \kappa_2 & & \\ & & \ddots & \\ & & & \kappa_{n-1}\end{pmatrix}=\kappa_1\kappa_2\cdots\kappa_{n-1},$$

$$H=\frac{1}{n-1}\mathrm{tr}(\omega_j^i)=\frac{1}{n-1}\mathrm{tr}\begin{pmatrix}\kappa_1 & & & \\ & \kappa_2 & & \\ & & \ddots & \\ & & & \kappa_{n-1}\end{pmatrix}=\frac{\kappa_1+\kappa_2+\cdots+\kappa_{n-1}}{n-1}.$$

例 2.6.1　环面（$0<r<a$）

$$\boldsymbol{x}(u,v)=((a+r\cos u)\cos v,(a+r\cos u)\sin v,r\sin u)\quad(0\leqslant u,v<2\pi)$$

上的 Gauss（总）曲率为

$$K_G=\frac{\cos u}{r(a+r\cos u)},$$

平均曲率为

$$H=\frac{a+2r\cos u}{2r(a+r\cos u)}.$$

例 2.6.2 在直角坐标系中,曲面 M:

$$z=f(x,y)$$

为 C^2 函数,其中 x,y 为曲面的参数,则第 1 基本形式,第 2 基本形式,Gauss 曲率,平均曲率分别为

$$I=(1+f_x'^2)\mathrm{d}x^2+2f_x'f_y'\mathrm{d}x\mathrm{d}y+(1+f_y'^2)\mathrm{d}y^2,$$

$$II=\frac{f_{xx}''}{\sqrt{1+f_x'^2+f_y'^2}}\mathrm{d}x^2+2\frac{f_{xy}''}{\sqrt{1+f_x'^2+f_y'^2}}\mathrm{d}x\mathrm{d}y+\frac{f_{yy}''}{\sqrt{1+f_x'^2+f_y'^2}}\mathrm{d}y^2,$$

$$K_{\mathrm{G}}=\frac{f_{xx}''f_{yy}''-f_{xy}''^2}{(1+f_x'^2+f_y'^2)^2},$$

$$H=\frac{(1+f_y'^2)f_{xx}''-2f_x'f_y'f_{xy}''+(1+f_x'^2)f_{yy}''}{2(1+f_x'^2+f_y'^2)^{\frac{3}{2}}}.$$

例 2.6.3 旋转曲面

$$\boldsymbol{x}(u,v)=(f(v)\cos u,f(v)\sin u,g(v))\quad(f(v)>0)$$

的第 1 和第 2 基本形式分别为

$$I=f^2(v)\mathrm{d}u^2+[f'^2(v)+g'^2(v)]\mathrm{d}v^2,$$

$$II=\frac{-f(v)g'(v)}{\sqrt{f'^2(v)+g'^2(v)}}\mathrm{d}u^2+\frac{f''(v)g'(v)-f'(v)g''(v)}{\sqrt{f'^2(v)+g'^2(v)}}\mathrm{d}v^2,$$

$$K_{\mathrm{G}}=-\frac{g'(v)[f'(v)g''(v)-f''(v)g'(v)]}{f(v)[f'^2(v)+g'^2(v)]^2},$$

$$H=\frac{\kappa_1+\kappa_2}{2}=\frac{-g'(v)}{2f(v)[f'^2(v)+g'^2(v)]^{\frac{1}{2}}}+\frac{f''(v)g'(v)-f'(v)g''(v)}{2[f'^2(v)+g'^2(v)]^{\frac{3}{2}}}.$$

如果取 $f(v)=R\sin v,g(v)=R\cos v$(半径为 R 的球面),则

$$K_{\mathrm{G}}=\frac{1}{R^2},\quad H=\frac{1}{R}.$$

如果取 $g(v)=v$,则

$$K_{\mathrm{G}}=\frac{f''(v)}{f(v)[1+f'^2(v)]^2},\quad H=\frac{-[1+f'^2(v)]+f(v)f''(v)}{2f(v)[1+f'^2(v)]^{\frac{3}{2}}}.$$

定义 2.6.2 称

$$III=\mathrm{d}\boldsymbol{n}\cdot\mathrm{d}\boldsymbol{n}=\sum_{i,j=1}^{n-1}\boldsymbol{n}_{u^i}'\cdot\boldsymbol{n}_{u^j}'\,\mathrm{d}u^i\mathrm{d}u^j$$

为 $\mathbf{R}^n$ 中 $n-1$ 维 C^2 正则曲面 M 的**第 3 基本形式**.

定理 2.6.2　设 M 为 $\mathbf{R}^3$ 中不含脐点的 2 维 C^2 正则超曲面，则 3 个基本形式之间满足关系式：

$$III-2H\cdot II+K_G I=0.$$

引理 2.6.1　$\mathbf{R}^3$ 中 2 维 C^1 正则曲面 M 上已给两个线性无关的连续切向量场 $\boldsymbol{a}(u,v)$，$\boldsymbol{b}(u,v)$，则可选一族新参数 $(\tilde{u},\tilde{v})$，使在新参数下，$\tilde{u}$ 曲线的切向量 $\boldsymbol{x}'_{\tilde{u}}\,/\!/\,\boldsymbol{a}$，$\tilde{v}$ 曲线的切向量 $\boldsymbol{x}'_{\tilde{v}}\,/\!/\,\boldsymbol{b}$.

引理 2.6.2　设 C^1 正则曲面 M 上无脐点，于是过曲面 M 上每一点有两个不相同的主曲率 κ_1 与 κ_2，相应的主方向 $\boldsymbol{e}_1$ 与 $\boldsymbol{e}_2$ 必线性无关(且正交). 则必可选到参数 $(\tilde{u},\tilde{v})$，使得坐标曲线都是曲率线(这样的参数曲线就是曲率线网).

定义 2.6.3　设 $\mathbf{R}^3$ 中 C^1 正则曲面 M 上有一族 C^1 正则曲线，使得过每点 $P\in M$，只有族中一条曲线通过，它在 P 点的切向量为 $\boldsymbol{a}(u,v)(\neq\boldsymbol{0})$. 再在每点 P 处作一个与 $\boldsymbol{a}(u,v)$ 正交的线性无关的切向量场 $\boldsymbol{b}(u,v)$. 于是，切向量 $\boldsymbol{b}$ 的积分曲线(即该曲线的切向量为 $\boldsymbol{b}(u,v)$)就与原来曲线族的曲线正交. 我们称这族积分曲线为原来曲线族的**正交轨线**.

引理 2.6.3　在 $\mathbf{R}^3$ 中任何 C^1 正则曲面 M 上总可取到局部正交参数曲线网.

定义 2.6.4　设 M 为 $\mathbf{R}^n$ 中的 $n-1$ 维 C^2 正则超曲面，$\boldsymbol{n}(\boldsymbol{u})=\boldsymbol{n}(u^1,u^2,\cdots,u^{n-1})$ 为 $P=\boldsymbol{x}(\boldsymbol{u})\in M$ 处的单位法向量. 我们称

$$\begin{aligned}&G:M\to S^{n-1}\subset\mathbf{R}^n,\\&P=\boldsymbol{x}(\boldsymbol{u})\mapsto G(P)=\boldsymbol{n}(\boldsymbol{u})\in S^{n-1}\end{aligned}$$

为曲面 M 的 **Gauss 映照(映射)**.

定理 2.6.3(Gauss 曲率的几何意义)　设 $\boldsymbol{x}(u,v)$ 为 $\mathbf{R}^3$ 中 C^2 正则曲面，则：

(1) $\boldsymbol{n}'_{u^1}\times\boldsymbol{n}'_{u^2}=K_G\boldsymbol{x}'_{u^1}\times\boldsymbol{x}'_{u^2}=K_G\sqrt{EG-F^2}\,\boldsymbol{n}$；

(2) Gauss(总)曲率 K_G 的另一表示：

$$|K_G(P)|=\lim_{D\to\boldsymbol{u}_0}\frac{\int_D|K_G|\cdot|\boldsymbol{n}'_{u^1}\times\boldsymbol{n}'_{u^2}|\,\mathrm{d}u^1\mathrm{d}u^2}{\int_D|\boldsymbol{n}'_{u^1}\times\boldsymbol{n}'_{u^2}|\,\mathrm{d}u^1\mathrm{d}u^2}=\lim_{\mathscr{D}\to P}\frac{A'}{A}.$$

其中 $P=\boldsymbol{x}(\boldsymbol{u}_0)=\boldsymbol{x}(u_0^1,u_0^2)$，$\mathscr{D}=\boldsymbol{x}(D)\subset M$ 为区域，$\mathscr{D}'=G(\mathscr{D})$，它们相应的面积分别为

$$\begin{aligned}A&=\int_D|\boldsymbol{x}'_{u^1}\times\boldsymbol{x}'_{u^2}|\,\mathrm{d}u^1\mathrm{d}u^2,\\A'&=\int_D|\boldsymbol{n}'_{u^1}\times\boldsymbol{n}'_{u^2}|\,\mathrm{d}u^1\mathrm{d}u^2=\int_D|K_G|\cdot|\boldsymbol{x}'_{u^1}\times\boldsymbol{x}'_{u^2}|\,\mathrm{d}u^1\mathrm{d}u^2.\end{aligned}$$

2. 习题解答

2.6.1 求螺面 M:

$$x(u,v)=(u\cos v,u\sin v,u+v)$$

的 Gauss(总)曲率 K_G 与平均曲率 H.

解 $x'_u=(\cos v,\sin v,1)$, $x'_v=(-u\sin v,u\cos v,1)$,

$x''_{uu}=(0,0,0)$, $x''_{uv}=(-\sin v,\cos v,0)$,

$x''_{vv}=(-u\cos v,-u\sin v,0)$,

$$x'_u\times x'_v=\begin{vmatrix} e_1 & e_2 & e_3 \\ \cos v & \sin v & 1 \\ -u\sin v & u\cos v & 1\end{vmatrix}=(\sin v-u\cos v,-\cos v-u\sin v,u).$$

单位法向量为

$$n=\frac{x'_u\times x'_v}{|x'_u\times x'_v|}=\frac{1}{\sqrt{g}}(\sin v-u\cos v,-\cos v-u\sin v,u),$$

其中

$$g=(\sin v-u\cos v)^2+(-\cos v-u\sin v)^2+u^2$$
$$=1+u^2+u^2=1+2u^2.$$

$E=x'_u\cdot x'_u=2$, $F=x'_u\cdot x'_v=1$, $G=x'_v\cdot x'_v=1+u^2$;

$L=x''_{uu}\cdot n=0$,

$$M=x''_{uv}\cdot n$$
$$=\frac{1}{\sqrt{g}}[-\sin v(\sin v-u\cos v)+\cos v(-\cos v-u\sin v)]=-\frac{1}{\sqrt{g}},$$

$$N=x''_{vv}\cdot n$$
$$=\frac{1}{\sqrt{g}}[-u\cos v(\sin v-u\cos v)-u\sin v(-\cos v-u\sin v)]=\frac{u^2}{\sqrt{g}}.$$

于是

$$I=E\mathrm{d}u^2+2F\mathrm{d}u\mathrm{d}v+G\mathrm{d}v^2=2\mathrm{d}u^2+2\mathrm{d}u\mathrm{d}v+(1+u^2)\mathrm{d}v^2,$$

$$II=L\mathrm{d}u^2+2M\mathrm{d}u\mathrm{d}v+N\cdot\mathrm{d}v^2=\frac{1}{\sqrt{g}}(-2\mathrm{d}u\mathrm{d}v+u^2\mathrm{d}v^2).$$

$$K_G=\frac{LN-M^2}{EG-F^2}=\frac{0\cdot\frac{u^2}{\sqrt{g}}-\left(-\frac{1}{\sqrt{g}}\right)^2}{2\cdot(1+u^2)-1^2}=-\frac{1}{(1+2u^2)^2},$$

$$H=\frac{EN-2FM+GL}{2(EG-F^2)}$$

$$=\frac{2\cdot\frac{u^2}{\sqrt{g}}-2\cdot 1\cdot\left(-\frac{1}{\sqrt{g}}\right)+(1+u^2)\cdot 0}{2[2\cdot(1+u^2)-1^2]}=\frac{1+u^2}{(1+2u^2)^{\frac{3}{2}}}.$$ □

2.6.2 证明:直纹面 M 的 Gauss(总)曲率不可能为正,即 $K_G\leqslant 0$.

证明 证法1 (反证)假设 $K_G=\frac{LN-M^2}{EG-F^2}>0(\Leftrightarrow LN-M^2>0)$. 根据定义 2.4.3,知

$$L\mathrm{d}u^2+2M\mathrm{d}u\mathrm{d}v+N\mathrm{d}v^2=0$$

的判别式 $\Delta=(2M)^2-4LN=4(M^2-LN)<0$,故直纹面 M 无实的渐近方向,这与直纹面 M 上直母线为渐近曲线相矛盾. 因此,$K_G\leqslant 0$.

证法2 沿着直母线(渐近方向),$0=\kappa_n=\kappa_1\cos^2\theta+\kappa_2\sin^2\theta$,故 κ_1,κ_2 不能同为正或同为负. 从而 $K_G=\kappa_1\kappa_2\leqslant 0$.

证法3 设直纹面方程为 $\boldsymbol{x}(u,v)=\boldsymbol{a}(u)+v\boldsymbol{l}(u)$. 根据例 2.3.4,知 $N=0$,故

$$K_G=\frac{LN-M^2}{EG-F^2}=-\frac{M^2}{EG-F^2}\leqslant 0$$

(参阅例 2.7.6). □

2.6.3 求球面

$$\boldsymbol{x}(\theta,\varphi)=(R\sin\theta\cos\varphi,R\sin\theta\sin\varphi,R\cos\theta)$$

的第1、第2基本形式以及 Gauss 曲率 K_G、平均曲率 H.

解 解法1 $\boldsymbol{x}'_\theta=(R\cos\theta\cos\varphi,R\cos\theta\sin\varphi,-R\sin\theta)$,

$\boldsymbol{x}'_\varphi=(-R\sin\theta\sin\varphi,R\sin\theta\cos\varphi,0)$,

$$\boldsymbol{x}'_\theta\times\boldsymbol{x}'_\varphi=\begin{vmatrix}\boldsymbol{e}_1 & \boldsymbol{e}_2 & \boldsymbol{e}_3\\ R\cos\theta\cos\varphi & R\cos\theta\sin\varphi & -R\sin\theta\\ -R\sin\theta\sin\varphi & R\sin\theta\cos\varphi & 0\end{vmatrix}$$

$$=(R^2\sin^2\theta\cos\varphi,R^2\sin^2\theta\sin\varphi,R^2\sin\theta\cos\theta)$$

$$=R^2\sin\theta(\sin\theta\cos\varphi,\sin\theta\sin\varphi,\cos\theta).$$

单位法向量为

$$\boldsymbol{n}=\frac{\boldsymbol{x}'_\theta\times\boldsymbol{x}'_\varphi}{|\boldsymbol{x}'_\theta\times\boldsymbol{x}'_\varphi|}=(\sin\theta\cos\varphi,\sin\theta\sin\varphi,\cos\theta).$$

$\boldsymbol{x}''_{\theta\theta}=(-R\sin\theta\cos\varphi,-R\sin\theta\sin\varphi,-R\cos\theta)$,

$\boldsymbol{x}''_{\theta\varphi}=\boldsymbol{x}''_{\varphi\theta}=(-R\cos\theta\sin\varphi,R\cos\theta\cos\varphi,0)$,

$$\boldsymbol{x}''_{\varphi\varphi}=(-R\sin\theta\cos\varphi,-R\sin\theta\sin\varphi,0).$$

于是

$$\begin{aligned}
E&=\boldsymbol{x}'_\theta\cdot\boldsymbol{x}'_\theta=R^2,\\
F&=\boldsymbol{x}'_\theta\cdot\boldsymbol{x}'_\varphi=0\quad(\boldsymbol{x}'_\theta\perp\boldsymbol{x}'_\varphi),\\
G&=\boldsymbol{x}'_\varphi\cdot\boldsymbol{x}'_\varphi=R^2\sin^2\theta,\\
L&=\boldsymbol{x}''_{\theta\theta}\cdot\boldsymbol{n}=-R,\\
M&=\boldsymbol{x}''_{\theta\varphi}\cdot\boldsymbol{n}=0,\\
N&=\boldsymbol{x}''_{\varphi\varphi}\cdot\boldsymbol{n}=-R\sin^2\theta.
\end{aligned}$$

球面的第1和第2基本形式分别为

$$I=\mathrm{d}s^2=E\mathrm{d}\theta^2+2F\mathrm{d}\theta\mathrm{d}\varphi+G\mathrm{d}\varphi^2=R^2\mathrm{d}\theta^2+R^2\sin^2\theta\mathrm{d}\varphi^2,$$
$$II=L\mathrm{d}\theta^2+2M\mathrm{d}\theta\mathrm{d}\varphi+N\mathrm{d}\varphi^2=-R\mathrm{d}\theta^2-R\sin^2\theta\mathrm{d}\varphi^2.$$

根据注 2.6.1,有

$$K_{\mathrm{G}}=\frac{LN-M^2}{EG-F^2}=\frac{-R\cdot(-R\sin^2\theta)-0^2}{R^2\cdot R^2\sin^2\theta-0^2}=\frac{1}{R^2},$$

$$\begin{aligned}
H&=\frac{1}{2}\frac{GL-2FM+EN}{EG-F^2}\\
&=\frac{1}{2}\frac{R^2\sin^2\theta\cdot(-R)-2\cdot0\cdot0+R^2\cdot(-R\sin^2\theta)}{R^2\cdot R^2\sin^2\theta-0^2}=-\frac{1}{R}.
\end{aligned}$$

解法 2　从球面作为例 2.6.3 的特例得到上述 $K_{\mathrm{G}}=\frac{1}{R^2}, H=-\frac{1}{R}$.

注　求曲面,分别使得:

(1) $I=II=\sin^2 v\mathrm{d}u^2+\mathrm{d}v^2$;

(2) $I=II=\mathrm{d}u^2+\sin^2 u\mathrm{d}v^2$.

解　根据习题 2.6.3 的结果,有:

(1) $\boldsymbol{x}(u,v)=(\sin v\cos u,\sin v\sin u,\cos v)$;

(2) $\boldsymbol{x}(u,v)=(-\sin u\cos v,-\sin u\sin v,-\cos u)$. □

2.6.4　证明:半径为 R 的球面的 Gauss(总)曲率为$\frac{1}{R^2}$,平均曲率为$\frac{1}{R}$.

证明　证法 1　取球面内单位法向量,任何曲线的法曲率为 $\kappa_{\mathrm{n}}=\frac{1}{R}$,则 Gauss(总)曲率

$$K_{\mathrm{G}}=\kappa_1\cdot\kappa_2=\frac{1}{R}\cdot\frac{1}{R}=\frac{1}{R^2},$$

平均曲率

$$H=\frac{\kappa_1+\kappa_2}{2}=\frac{\frac{1}{R}+\frac{1}{R}}{2}=\frac{1}{R}.$$

证法 2 参阅例 2.6.3.

证法 3 根据例 2.7.1,有 $K_G=\frac{1}{R^2}, H=\frac{1}{R}$. □

2.6.5 设曲面 M 上简单闭曲线的切向量与一个主方向的夹角为 θ. 证明:平均曲率

$$H=\frac{1}{2\pi}\int_0^{2\pi}\kappa_n\mathrm{d}\theta.$$

它表明:平均曲率 H 为曲线切向量的法曲率 κ_n 的积分平均值.

证明 由

$$\int_0^{2\pi}\kappa_n\mathrm{d}\theta \xlongequal[\text{Euler 公式}]{\text{定理 2.5.3}} \int_0^{2\pi}(\kappa_1\cos^2\theta+\kappa_2\sin^2\theta)\mathrm{d}\theta$$
$$=\kappa_1\int_0^{2\pi}\cos^2\theta\mathrm{d}\theta+\kappa_2\int_0^{2\pi}\sin^2\theta\mathrm{d}\theta=\kappa_1\pi+\kappa_2\pi=2H\pi,$$

可得

$$H=\frac{1}{2\pi}\int_0^{2\pi}\kappa_n\mathrm{d}\theta.$$ □

2.6.6 证明:连通曲面为球面片或平面片 $\Leftrightarrow H^2=K_G$.

证明 证法 1 连通曲面为球面片或平面片 $\xLeftrightarrow{\text{引理3.1.4}}$ 曲面是全脐的 $\xLeftrightarrow[\text{Euler公式}]{\kappa_n=\kappa_1\cos^2\theta+\kappa_2\sin^2\theta}$ 所有的法曲率都相等,或 $\kappa_1=\kappa_2\Leftrightarrow\lambda^2-2H\lambda+K_G=\lambda^2-2\cdot\frac{\kappa_1+\kappa_2}{2}\lambda+\kappa_1\kappa_2=(\lambda-\kappa_1)\cdot(\lambda-\kappa_2)=0$ 有等根 $\Leftrightarrow$ 判别式为 $\Delta=(2H)^2-4K_G=4(H^2-K_G)=0\Leftrightarrow H^2=K_G$.

证法 2 $H^2=K_G\Leftrightarrow 0=H^2-K_G^2=\left(\frac{\kappa_1+\kappa_2}{2}\right)^2-\kappa_1\kappa_2=\frac{(\kappa_1-\kappa_2)^2}{4}\Leftrightarrow\kappa_1=\kappa_2$,即连通曲面是全脐的 $\xLeftrightarrow{\text{引理3.1.4}}$ 曲面为球面片或平面片. □

2.6.7 在曲面 $M\subset\mathbf{R}^3$ 的每一点处,证明:

当 $K_G>0$ 时,无实的渐近方向;

当 $K_G=0$ 时,有一个渐近方向;

当 $K_G<0$ 时,有两个不同的渐近方向.

并具体证明:单位球面上无渐近方向.

证明 渐近线满足微分方程:

$$L\mathrm{d}u^2+2M\mathrm{d}u\mathrm{d}v+N\mathrm{d}v^2=0,$$

$$\frac{\mathrm{d}u}{\mathrm{d}v}=\frac{-2M\pm\sqrt{4M^2-4LN}}{2L}=\frac{-M\pm\sqrt{M^2-LN}}{L}.$$

于是，

当 $K_G=\dfrac{LN-M^2}{EG-F^2}>0$ 时，$M^2-LN<0$，无实的渐近方向；

当 $K_G=0$ 时，$M^2-LN=0$，有 1 个渐近方向；

当 $K_G<0$ 时，$M^2-LN>0$，有 2 个渐近方向.

现再用几种方法证明：单位球面上无渐近方向.

(a) 如上，由于单位球面的 Gauss(总)曲率 $K_G>0$，故无实的渐近方向.

(b) 因为 $\langle W(\boldsymbol{X}),\boldsymbol{X}\rangle \xlongequal[\text{外法向 }\boldsymbol{n}]{\text{例 2.7.1}} \left\langle -\dfrac{1}{R}\boldsymbol{X},\boldsymbol{X}\right\rangle=-\dfrac{1}{R}\langle \boldsymbol{X},\boldsymbol{X}\rangle \overset{\boldsymbol{X}\neq\boldsymbol{0}}{\neq} 0$，根据定义 2.4.3，$\boldsymbol{X}\neq\boldsymbol{0}$ 不为渐近方向.

(c) 根据注 2.5.1，沿 $\boldsymbol{X}$ 方向的法曲率

$$\kappa_{\mathrm{n}}(\boldsymbol{X})=\langle W(\boldsymbol{X}),\boldsymbol{X}\rangle.$$

而在单位球面上的法曲率 $\kappa_{\mathrm{n}}(X)\xlongequal[\text{外法向 }\boldsymbol{n}]{}-\dfrac{1}{R}\neq 0$，故 $\langle W(\boldsymbol{X}),\boldsymbol{X}\rangle\neq 0$. 从而单位球面上无渐近方向. □

2.6.8 设过曲面 $M\subset\mathbf{R}^3$ 上一点有 m 条切线. 相邻两条之间的交角为 $\dfrac{2\pi}{m}$. 设 $\rho_1,\rho_2,\cdots,\rho_m$ 分别为曲面法线与这些切线所定平面截线的曲率半径. 证明：当 $m>2$ 时，平均曲率

$$H=\frac{1}{m}\left(\frac{1}{\rho_1}+\frac{1}{\rho_2}+\cdots+\frac{1}{\rho_m}\right).$$

证明 取定一个主方向，不妨设 m 条切线与该主方向的夹角为

$$\theta+\frac{i-1}{m}2\pi\quad (i=1,2,\cdots,m).$$

由 Euler 公式，它所对应的法曲率为

$$\kappa_{\mathrm{n}i}=\kappa_1\cos^2\left(\theta+\frac{i-1}{m}2\pi\right)+\kappa_2\sin^2\left(\theta+\frac{i-1}{m}2\pi\right).$$

于是

$$\begin{aligned}\frac{1}{m}\sum_{i=1}^m\frac{1}{\rho_i}&=\frac{1}{m}\sum_{i=1}^m\kappa_{\mathrm{n}i}=\frac{1}{m}\sum_{i=1}^m\left[\kappa_1\cos^2\left(\theta+\frac{i-1}{m}2\pi\right)+\kappa_2\sin^2\left(\theta+\frac{i-1}{m}2\pi\right)\right]\\&=\frac{1}{m}\left\{\frac{\kappa_1}{2}\sum_{i=1}^m\left[1+\cos\left(2\theta+\frac{i-1}{m}4\pi\right)\right]+\frac{\kappa_2}{2}\left[1-\cos\left(2\theta+\frac{i-1}{m}4\pi\right)\right]\right\}\end{aligned}$$

$$\stackrel{*}{=}\frac{1}{m}\left(\frac{\kappa_1}{2}\sum_{i=1}^{m}1+\frac{\kappa_2}{2}\sum_{i=1}^{m}1\right)=\frac{\kappa_1+\kappa_2}{2}=H.$$

其中 $*$ 是因为

$$\begin{aligned}
&\sum_{i=1}^{m}\cos\left(2\theta+\frac{i-1}{m}4\pi\right)\\
&=\frac{1}{2\sin\frac{2\pi}{m}}\sum_{i=1}^{m}2\sin\frac{2\pi}{m}\cos\left(2\theta+\frac{i-1}{m}4\pi\right)\\
&=\frac{1}{2\sin\frac{2\pi}{m}}\sum_{i=1}^{m}\left\{\sin\left[2\theta+\frac{2\pi}{m}(2i-1)\right]-\sin\left[2\theta+\frac{2\pi}{m}(2i-3)\right]\right\}\\
&=\frac{1}{2\sin\frac{2\pi}{m}}\left\{\sin\left[2\theta+\frac{2\pi}{m}(2m-1)\right]-\sin\left(2\theta-\frac{2\pi}{m}\right)\right\}\\
&=\frac{1}{2\sin\frac{2\pi}{m}}\left[\sin\left(2\theta-\frac{2\pi}{m}\right)-\sin\left(2\theta-\frac{2\pi}{m}\right)\right]=0.
\end{aligned}$$

□

2.6.9 求螺旋面

$$\boldsymbol{x}(u,v)=(u\cos v,u\sin v,u+v)$$

的 Gauss(总)曲率 K_{G} 与平均曲率 H.

解 $\boldsymbol{x}_u'=(\cos v,\sin v,1)$，$\boldsymbol{x}_v'=(-u\sin v,u\cos v,1)$，

$$\boldsymbol{x}_u'\times\boldsymbol{x}_v'=\begin{vmatrix}\boldsymbol{e}_1 & \boldsymbol{e}_2 & \boldsymbol{e}_3\\ \cos v & \sin v & 1\\ -u\sin v & u\cos v & 1\end{vmatrix}=(\sin v-u\cos v,-\cos v-u\sin v,u).$$

单位法向量为

$$\boldsymbol{n}=\frac{\boldsymbol{x}_u'\times\boldsymbol{x}_v'}{|\boldsymbol{x}_u'\times\boldsymbol{x}_v'|}=\frac{1}{\sqrt{1+2u^2}}(\sin v-u\cos v,-\cos v-u\sin v,u).$$

$$\boldsymbol{x}_{uu}''=(0,0,0),\quad \boldsymbol{x}_{uv}''=(-\sin v,\cos v,0),\quad \boldsymbol{x}_{vv}''=(-u\cos v,-u\sin v,0).$$

于是

$$E=\boldsymbol{x}_u'\cdot\boldsymbol{x}_u'=2,\quad F=\boldsymbol{x}_u'\cdot\boldsymbol{x}_v'=1,\quad G=\boldsymbol{x}_v'\cdot\boldsymbol{x}_v'=1+u^2;$$

$$L=\boldsymbol{x}_{uu}''\cdot\boldsymbol{n}=0,\quad M=\boldsymbol{x}_{uv}''\cdot\boldsymbol{n}=\frac{-1}{\sqrt{1+2u^2}},\quad N=\boldsymbol{x}_{vv}''\cdot\boldsymbol{n}=\frac{u^2}{\sqrt{1+2u^2}}.$$

$$K_{\mathrm{G}}=\frac{LN-M^2}{EG-F^2}=\frac{0\cdot\frac{u^2}{\sqrt{1+2u^2}}-\left(\frac{-1}{\sqrt{1+2u^2}}\right)^2}{2\cdot(1+u^2)-1^2}=-\frac{1}{(1+2u^2)^2},$$

$$H = \frac{1}{2}\frac{GL - 2FM + EN}{EG - F^2}$$

$$= \frac{1}{2}\frac{(1+u^2)\cdot 0 - 2\cdot 1\cdot \frac{-1}{\sqrt{1+2u^2}} + 2\cdot\frac{u^2}{\sqrt{1+2u^2}}}{2(1+u^2) - 1^2}$$

$$= \frac{1+u^2}{(1+2u^2)^{\frac{3}{2}}}.$$ □

2.6.10 设曲面 M 的第 3 基本形式为

$$III = e\mathrm{d}u^2 + 2f\mathrm{d}u\mathrm{d}v + g\mathrm{d}v^2.$$

证明:

(1) $|K_G| = \sqrt{\dfrac{eg-f^2}{EG-f^2}}$;

(2) $(LN-M^2)^2 = (EG-F^2)(eg-f^2)$.

证明 (1) 根据定理 2.6.2,有关系式

$$III - 2H\cdot II + K_G\cdot I = 0,$$

即

$$\begin{aligned} &e\mathrm{d}u^2 + 2f\mathrm{d}u\mathrm{d}v + g\mathrm{d}v^2 \\ &\quad = 2H(L\mathrm{d}u^2 + 2M\mathrm{d}uv + N\mathrm{d}v^2) - K_G(E\mathrm{d}u^2 + 2F\mathrm{d}u\mathrm{d}v + G\mathrm{d}v^2). \end{aligned}$$

于是

$$\begin{aligned} eg - f^2 &= (2HL - K_GE)(2HN - K_GG) - (2HM - K_GF)^2 \\ &= 4H^2(LN - M^2) - 2HK_G(EN - 2FM + LG) + K_G^2(EG - F^2) \\ &= 4H^2(LN - M^2) - 2H\frac{LN - M^2}{EG - F^2}\cdot 2H(EG - F^2) + K_G^2(EG - F^2) \\ &= K_G^2(EG - F^2), \end{aligned}$$

所以

$$|K_G| = \sqrt{\frac{eg - f^2}{EG - F^2}}.$$

(2) 由(1),得到

$$eg - f^2 = K_G^2(EG - F^2) = \left(\frac{LN - M^2}{EG - F^2}\right)^2(EG - F^2) = \frac{(LN - M^2)^2}{EG - F^2},$$

$$(LN - M^2)^2 = (EG - F^2)(eg - f^2).$$ □

2.6.11 曲面 M 的一个双曲点 P 处,在曲率不为零的渐近曲线上,有

$$|\tau| = \sqrt{-K_G},\quad 即\quad \tau = \pm\sqrt{-K_G}.$$

证明 由定理2.6.2,知

$$III-2H\cdot II+K_G\cdot I=0.$$

沿渐近线有 $II=0$,故 $III+K_GI=0$. 于是

$$K_G=-\frac{III}{I}\overset{\text{定义 2.6.2}}{=\!=\!=\!=}-\frac{\mathrm{d}\boldsymbol{n}\cdot\mathrm{d}\boldsymbol{n}}{\mathrm{d}s\cdot\mathrm{d}s}\overset{\text{定理 2.4.5}}{=\!=\!=\!=}-\left(\frac{\mathrm{d}\boldsymbol{V}_3}{\mathrm{d}s}\right)^2$$

$$=-(-\tau\boldsymbol{V}_2)^2=-\tau^2,$$

$$|\tau|=\sqrt{-K_G}. \qquad \square$$

2.6.12 设曲面 $M\subset\mathbf{R}^3$ 上无抛物点(即 $K_G\neq 0$ 处处成立),则该曲面上的点与单位球面 S^2 在 Gauss 映射 $G:M\to S^2$ 下的像 $G(M)$ 是局部一对一的(是否是整体一对一的? 参阅定理3.3.4).

证明 因为 $K_G\neq 0$ 处处成立,并从定理2.6.3(1),

$$\boldsymbol{n}'_u\times\boldsymbol{n}'_v=K_G\boldsymbol{x}'_u\times\boldsymbol{x}'_v=K_G\sqrt{EG-F^2}\boldsymbol{n}\neq\boldsymbol{0},$$

立知 Gauss 映射的 Jacobi 行列式不为0. 根据逆映射定理(参阅[8]第108页定理8.4.3),Gauss 映射 G 是局部一对一的. $\square$

2.6.13 求曲面 $\boldsymbol{x}(u,v)=(u^3,v^3,u+v)$ 的抛物点轨迹.

解 $\boldsymbol{x}'_u=(3u^2,0,1),\boldsymbol{x}'_v=(0,3v^2,1),$

$\boldsymbol{x}''_{uu}=(6u,0,0),\boldsymbol{x}''_{uv}=(0,0,0),\boldsymbol{x}''_{vv}=(0,6v,0),$

$$\boldsymbol{x}'_u\times\boldsymbol{x}'_v=\begin{vmatrix}\boldsymbol{e}_1 & \boldsymbol{e}_2 & \boldsymbol{e}_3\\ 3u^2 & 0 & 1\\ 0 & 3v^2 & 1\end{vmatrix}$$

$$=(-3v^2,-3u^2,9u^2v^2)=3(-v^2,-u^2,3u^2v^2),$$

$$\boldsymbol{n}=\frac{\boldsymbol{x}'_u\times\boldsymbol{x}'_v}{|\boldsymbol{x}'_u\times\boldsymbol{x}'_v|}=\frac{1}{\sqrt{u^4+v^4+9u^4v^4}}(-v^2,-u^2,3u^2v^2).$$

于是

$$E=\boldsymbol{x}'_u\cdot\boldsymbol{x}'_u=9u^4+1,\quad F=\boldsymbol{x}'_u\cdot\boldsymbol{x}'_v=1,\quad G=\boldsymbol{x}'_v\cdot\boldsymbol{x}'_v=9v^4+1;$$

$$L=\boldsymbol{x}''_{uu}\cdot\boldsymbol{n}=\frac{-6uv^2}{\sqrt{u^4+v^4+9u^4v^4}},\quad M=\boldsymbol{x}''_{uv}\cdot\boldsymbol{n}=0,$$

$$N=\boldsymbol{x}''_{vv}\cdot\boldsymbol{n}=\frac{-6u^2v}{\sqrt{u^4+v^4+9u^4v^4}}.$$

$$I=E\mathrm{d}u^2+2F\mathrm{d}u\mathrm{d}v+G\mathrm{d}v^2=(9u^4+1)\mathrm{d}u^2+2\mathrm{d}u\mathrm{d}v+(9v^4+1)\mathrm{d}v^2,$$

$$II=L\mathrm{d}u^2+2M\mathrm{d}u\mathrm{d}v+N\mathrm{d}v^2=\frac{-6uv}{\sqrt{u^4+v^4+9u^4v^4}}(v\mathrm{d}u^2+u\mathrm{d}v^2).$$

在抛物点处,

$$K_G=\frac{LN-M^2}{EG-F^2}=0 \Leftrightarrow LN-M^2=\frac{36u^3v^3}{u^4+v^4+9u^4v^4}=0$$
$$\Leftrightarrow u=0\text{ 或 }v=0.$$

因此,抛物点轨迹为两条坐标曲线. □

2.6.14 设以 z 轴为旋转轴的旋转曲面 M 的经线有水平切线. 证明:这些切线上的切点都是抛物点,即在该点处,$K_G=0$.

证明 根据例 2.5.1,旋转曲面的纬线是曲率线. 在经线上有水平切线 $\boldsymbol{T}$ 的这一点,曲面单位法向量 $\boldsymbol{n}$ 必垂直于该水平切线 $\boldsymbol{T}$. 当然,纬线是平行 xOy 平面截旋转曲面 M 所得的曲线,$\boldsymbol{n}$ 也垂直于这纬线的切向量 $\boldsymbol{V}_1$,故 $\boldsymbol{n}$ 垂直于由 $\boldsymbol{T}$ 与 $\boldsymbol{V}_1$ 张成的平面. 从而 $\boldsymbol{n}$ 平行于旋转轴(z 轴). 由此推得 $\boldsymbol{n}$ 垂直于纬圆的主法向量 $\boldsymbol{V}_2$,即 $\boldsymbol{n}\perp\boldsymbol{V}_2$. 因此

$$\kappa_n=\kappa\boldsymbol{V}_2\cdot\boldsymbol{n}=\kappa\cdot 0=0,$$

即纬圆方向是渐近方向(参阅定义 2.5.1). 它的截曲率就是法曲率 0. 由于纬圆为曲率线,故有一个主曲率为 0,从而 $K_G=\kappa_1\kappa_2=0$,此点就是抛物点. □

2.6.15 设曲面 M:$\boldsymbol{x}(u,v)$ 上无抛物点,并设 M 的一个平行曲面为 $\overline{M}$:$\overline{\boldsymbol{x}}(u,v)=\boldsymbol{x}(u,v)+\lambda\boldsymbol{n}(u,v)$,$\boldsymbol{n}(u,v)$ 为 $\boldsymbol{x}(u,v)$ 处的单位法向量,其中 λ 为充分小的常数,使 $1-\lambda H+\lambda^2K_G\neq 0$. 证明:可选 $\overline{M}$ 的法向量 $\overline{\boldsymbol{n}}$,使 $\overline{M}$ 的 Gauss(总)曲率 $\overline{K}_G$ 与平均曲率 $\overline{H}$ 分别为

$$\overline{K}_G=\frac{K_G}{1-2\lambda H+\lambda^2K_G},\quad \overline{H}=\frac{H-\lambda K_G}{1-2\lambda H+\lambda^2K_G}.$$

证明 由定理 2.6.3(1),知

$$\boldsymbol{n}_u'\times\boldsymbol{n}_v'=K_G\boldsymbol{x}_u'\times\boldsymbol{x}_v'.$$

而

$$\begin{aligned}\boldsymbol{x}_u'\times\boldsymbol{n}_v'+\boldsymbol{n}_u'\times\boldsymbol{x}_v'&=-\boldsymbol{x}_u'\times(\omega_2^1\boldsymbol{x}_u'+\omega_2^2\boldsymbol{x}_v')-(\omega_1^1\boldsymbol{x}_u'+\omega_1^2\boldsymbol{x}_v')\times\boldsymbol{x}_v'\\&=-(\omega_2^2+\omega_1^1)\boldsymbol{x}_u'\times\boldsymbol{x}_v'=-2H\boldsymbol{x}_u'\times\boldsymbol{x}_v'.\end{aligned}$$

又由 $\overline{\boldsymbol{x}}_u'=\boldsymbol{x}_u'+\lambda\boldsymbol{n}_u'$,$\overline{\boldsymbol{x}}_v'=\boldsymbol{x}_v'+\lambda\boldsymbol{n}_v'$,知

$$\begin{aligned}\overline{\boldsymbol{x}}_u'\times\overline{\boldsymbol{x}}_v'&=(\boldsymbol{x}_u'+\lambda\boldsymbol{n}_u')\times(\boldsymbol{x}_v'+\lambda\boldsymbol{n}_v')\\&=\boldsymbol{x}_u'\times\boldsymbol{x}_v'+\lambda(\boldsymbol{x}_u'\times\boldsymbol{x}_v'+\boldsymbol{n}_u'\times\boldsymbol{x}_v')+\lambda^2(\boldsymbol{n}_u'\times\boldsymbol{n}_v')\\&=(1-2\lambda H+\lambda^2K_G)\boldsymbol{x}_u'\times\boldsymbol{x}_v',\end{aligned}$$

$$\overline{\boldsymbol{n}}=\frac{\overline{\boldsymbol{x}}_u'\times\overline{\boldsymbol{x}}_v'}{|\overline{\boldsymbol{x}}_u'\times\overline{\boldsymbol{x}}_v'|}=\frac{\boldsymbol{x}_u'\times\boldsymbol{x}_v'}{|\boldsymbol{x}_u'\times\boldsymbol{x}_v'|}=\boldsymbol{n}.$$

$$\begin{aligned}\overline{\boldsymbol{x}}_u'\times\overline{\boldsymbol{n}}_v'+\overline{\boldsymbol{n}}_u'\times\overline{\boldsymbol{x}}_v'&=(\boldsymbol{x}_u'+\lambda\boldsymbol{n}_u')\times\boldsymbol{n}_v'+\boldsymbol{n}_u'\times(\boldsymbol{x}_v'+\lambda\boldsymbol{n}_v')\\&=(\boldsymbol{x}_u'\times\boldsymbol{n}_v'+\boldsymbol{n}_u'\times\boldsymbol{x}_v')+2\lambda K_G\boldsymbol{x}_u'\times\boldsymbol{x}_v'.\end{aligned}$$

于是

$$\overline{K}_G(1-2\lambda H+\lambda^2 K_G)\boldsymbol{x}'_u\times\boldsymbol{x}'_v\xlongequal{\text{定理 2.6.3(1)}}\overline{\boldsymbol{n}}'_u\times\overline{\boldsymbol{n}}'_v=\boldsymbol{n}'_u\times\boldsymbol{n}'_v\xlongequal{\text{定理 2.6.3(1)}}K_G\boldsymbol{x}'_u\times\boldsymbol{x}'_v,$$

$$\overline{K}_G=\frac{K_G}{1-2\lambda H+\lambda^2K_G}.$$

再由前面的推导,有

$$\begin{aligned}&-2\overline{H}(1-2\lambda H+\lambda^2K_G)\boldsymbol{x}'_u\times\boldsymbol{x}'_v\\&=-2\overline{H}\overline{\boldsymbol{x}}'_u\times\overline{\boldsymbol{x}}'_v=\overline{\boldsymbol{x}}'_u\times\overline{\boldsymbol{n}}'_v+\overline{\boldsymbol{n}}'_u\times\overline{\boldsymbol{x}}'_v\\&=(\boldsymbol{x}'_u\times\boldsymbol{n}'_v+\boldsymbol{n}'_u\times\boldsymbol{x}'_v)+2\lambda K_G\boldsymbol{x}'_u\times\boldsymbol{x}'_v\\&=-2H\boldsymbol{x}'_u\times\boldsymbol{x}'_v+2\lambda K_G\boldsymbol{x}'_u\times\boldsymbol{x}'_v=(-2H+2\lambda K_G)\boldsymbol{x}'_u\times\boldsymbol{x}'_v,\end{aligned}$$

$$\overline{H}=\frac{H-\lambda K_G}{1-2\lambda H+\lambda^2K_G}.$$ □

2.6.16[*]　在例 2.6.3 中,如果旋转曲面 M 上无脐点,即 $\frac{L}{E}\neq\frac{N}{G}$,则 $LG-NE\neq0$,当 $M=F=0$ 时,曲率线方程为

$$(LG-NE)\mathrm{d}u\cdot\mathrm{d}v=0.$$

证明:正则连通曲率线为 $u=$常数或 $v=$常数.

证明　设 M 的参数表示为 $\boldsymbol{x}(u,v)$. 由于 $\boldsymbol{x}(u(s),v(s))$($s$ 为弧长)是正则的,故

$$\mathbf{0}\neq\frac{\mathrm{d}\boldsymbol{x}(u(s),v(s))}{\mathrm{d}s}=\boldsymbol{x}'_u(u(s),v(s))\frac{\mathrm{d}u}{\mathrm{d}s}+\boldsymbol{x}'_v(u(s),v(s))\frac{\mathrm{d}v}{\mathrm{d}s}.$$

由此推得 $\frac{\mathrm{d}u}{\mathrm{d}s}$ 与 $\frac{\mathrm{d}v}{\mathrm{d}s}$ 不全为 0. 设连通曲率线的弧长 s 的定义域为 (a,b).

如果 $\left.\frac{\mathrm{d}u}{\mathrm{d}s}\right|_{s_0}\neq0$,则由连续性必有含 s_0 的开区间 $(\alpha,\beta)\subset(a,b)$,使 $\frac{\mathrm{d}u}{\mathrm{d}s}$ 与 $\left.\frac{\mathrm{d}u}{\mathrm{d}s}\right|_{s_0}$ 同号. 此时,从 $\mathrm{d}u\mathrm{d}v=0$ 得到,在 (α,β) 上 $\mathrm{d}v=\frac{\mathrm{d}v}{\mathrm{d}s}\mathrm{d}s\equiv0$. 不失一般性,可假定 (α,β) 为使 $\mathrm{d}v=0$ 的最大开区间. 易见,$\alpha=a$.(反证)假设 $a<\alpha$,则由连续性,知 $\left.\frac{\mathrm{d}v}{\mathrm{d}s}\right|_{\alpha}=0$,故必有 $\left.\frac{\mathrm{d}u}{\mathrm{d}s}\right|_{\alpha}\neq0$. 从而,$\exists\,\alpha'$ 使 $a\leqslant\alpha'\leqslant\alpha$,在 (α',β) 上 $\frac{\mathrm{d}u}{\mathrm{d}s}\neq0$,而 $\frac{\mathrm{d}v}{\mathrm{d}s}\equiv0$. 这与 (α,β) 的最大性相矛盾. 这就证明了 $(\alpha,\beta)=(a,b)$,$\left.\frac{\mathrm{d}v}{\mathrm{d}s}\right|_{(a,b)}\equiv0$,$v|_{(a,b)}\equiv$常数.

同理,如果 $\exists\,s_0\in(a,b)$ 使 $\frac{\mathrm{d}v}{\mathrm{d}s}(s_0)\neq0$,则必有 $\left.\frac{\mathrm{d}u}{\mathrm{d}s}\right|_{(a,b)}\equiv0$,$\left.u\right|_{(a,b)}\equiv$常数. □

2.7 常 Gauss 曲率的曲面、极小曲面($H=0$)

1. 知识要点

例 2.7.1 $M=S^{n-1}(\mathbf{R})=\left\{\boldsymbol{x}=(x^1,x^2,\cdots,x^n)\in\mathbf{R}^n \mid \sum\limits_{i=1}^{n}(x^i)^2=R^2\right\}$,则它的 Gauss(总) 曲率 $K_G=(-1)^{n-1}\dfrac{1}{R^{n-1}}$,平均曲率 $H=-\dfrac{1}{R}$.

例 2.7.2 设旋转曲面 M 的待定母线为 yOz 平面中的曲线 $z=f(y)$. 将它绕 z 轴旋转后形成的旋转曲面为

$$\boldsymbol{x}(u,v)=(v\cos u,v\sin u,f(v)).$$

于是,当以母线(称为**曳物线**,该曲线上任一点的切线上介于切点与 z 轴之间的线段始终保持定长 a)

$$\begin{cases}y=a\cos\varphi,\\ z=a[\ln(\sec\varphi+\tan\varphi)-\sin\varphi]\end{cases}\quad(a>0)$$

绕 z 轴旋转后所得的旋转曲面(称为**伪球面**)的 Gauss(总曲率)

$$K_G=-\frac{1}{a^2}.$$

例 2.7.3 考虑 $\mathbf{R}^n$ 中 $n-1$ 维超平面 M:

$$\boldsymbol{x}(x^1,x^2,\cdots,x^{n-1})=(x^1,x^2,\cdots,x^{n-1},f(x^1,x^2,\cdots,x^{n-1})),$$

其中 $f(x^1,x^2,\cdots,x^{n-1})=a_1x^1+a_2x^2+\cdots+a_{n-1}x^{n-1}$,$a_1,a_2,\cdots,a_{n-1}$ 为实常数. 则 M 为全脐子流形(参阅定义 3.1.1),且

$$K_G=0,\quad H=0.$$

上面三例中,球面为常正 Gauss 曲率的代表;伪球面为常负 Gauss 曲率的代表;超平面为常零 Gauss 曲率的代表. 平面为极小曲面($H=0$)的例子.

例 2.7.4 $\mathbf{R}^3$ 中 C^2 正则的旋转曲面 M:

$$\boldsymbol{x}(u,v)=(f(v)\cos u,f(v)\sin u,v)$$

为极小曲面$\Leftrightarrow M$ 为**悬链面**,即由**悬链线** $y=a\operatorname{ch}\left(\dfrac{z}{a}+b\right)$绕 z 轴旋转而得的曲面($a>0,b>0$):

$$\boldsymbol{x}(u,v)=\left(a\mathrm{ch}\left(\frac{v}{a}+b\right)\cos u, a\mathrm{ch}\left(\frac{v}{a}+b\right)\sin u, v\right),$$
$$(u,v)\in[0,2\pi]\times(-\infty,+\infty).$$

例 2.7.6　考虑 $\mathbf{R}^3$ 中直纹面

$$\boldsymbol{x}(u,v)=\boldsymbol{a}(u)+v\boldsymbol{l}(u).$$

由例 2.3.4，有 $N=0, M=\dfrac{(\boldsymbol{a}',\boldsymbol{l},\boldsymbol{l}')}{\sqrt{EG-F^2}}$，

$$K_G=\frac{LN-M^2}{EG-F^2}=\frac{-M^2}{EG-F^2}=-\frac{(\boldsymbol{a}',\boldsymbol{l},\boldsymbol{l}')^2}{(EG-F^2)^2}\leqslant 0.$$

(1) 当 $(\boldsymbol{a}',\boldsymbol{l},\boldsymbol{l}')\neq 0$ 时，$K_G<0$；

(2) 当 $(\boldsymbol{a}',\boldsymbol{l},\boldsymbol{l}')=0$ 时，$K_G=0$.

特别地，直纹面为可展曲面（柱面、锥面、切线面（定理 2.2.2））$\overset{\text{定理2.2.1}}{\Longleftrightarrow}(\boldsymbol{a}',\boldsymbol{l},\boldsymbol{l}')=0\Leftrightarrow K_G=0$. 因此，$K_G=0$ 是可展曲面的另一特征. 这样的曲面可以沿母线剪开，并自然展开为平面.

例 2.7.7　在 $\mathbf{R}^3$ 中，设 C^1 正则曲面 M 上无脐点，则

M 的 Gauss(总) 曲率 $K_G=0 \quad\Leftrightarrow\quad M$ 为可展曲面（即 M 为柱面、锥面或切线面）.

例 2.7.8　正螺面

$$\boldsymbol{x}(u,v)=(v\cos u, v\sin u, bu)\quad(0\leqslant u\leqslant 2\pi, -\infty<v<+\infty, b>0)$$

为极小曲面.

综合上述知，平面、悬链面及正螺面均为极小曲面的重要典型实例. 可以证明：$\mathbf{R}^3$ 中，除了平面，极小的直纹面只有正螺面（参阅[6]第 132 页例 4 或习题 2.7.7）.

定理 2.7.1　设 M 为 $\mathbf{R}^3$ 中 2 维 C^2 正则超曲面，则

M 为极小曲面　$\Leftrightarrow$　曲面 M 的面积达到逗留值（驻点值），即 $A'(0)=0$，

这里 $h(u^1,u^2)$ 为区域 $D\subset\mathbf{R}^2$ 上的 C^1 函数，$\boldsymbol{n}(u^1,u^2)$ 为曲面 M 的单位法向量场. 作一族以 t 为参数的新曲面 M^t：

$$\boldsymbol{x}^t(u^1,u^2)=\boldsymbol{x}(u^1,u^2)+th(u^1,u^2)\boldsymbol{n}(u^1,u^2)\quad(-\varepsilon<t<\varepsilon).$$

当 $t=0$ 时，$M^t|_{t=0}=M$. 曲面 M^t 的面积为

$$A(t)=\iint_D\sqrt{E^tG^t-(F^t)^2}\,\mathrm{d}u^1\mathrm{d}u^2,$$

其中 E^t, F^t, G^t 为 M^t 的第 1 基本形式的系数.

定理 2.7.2　在 $\mathbf{R}^3$ 中，设 Σ 为由 $z=f(x,y)$ 所确定的 C^2 极小曲面，$\partial\Sigma=C$（简单闭曲线）. 则 Σ 在所有以 C 为边界的 C^2 曲面中面积最小.

例 2.7.9　形如 $z=f(x)+g(y)$ 的极小曲面总可以表示为

$$z=\frac{1}{a}\ln\frac{\cos ay}{\cos ax},$$

称它为 Scherk 曲面,a 为非零常数.

2. 习题解答

2.7.1 证明:极小曲面 M 上的点都是双曲点或平点.

证明 因为 M 为极小曲面,故平均曲率

$$H=\frac{\kappa_1+\kappa_2}{2}=0,\quad \kappa_2=-\kappa_1.$$

于是,Gauss(总)曲率

$$K_G=\kappa_1\kappa_2=-\kappa_1^2\leqslant 0.$$

当 $\kappa_1=0$ 时,$\kappa_2=-\kappa_1=0$,该点为平点;

当 $\kappa_1\neq 0$ 时,$K_G=-\kappa_1^2<0$,该点为双曲点.

由此还可看出,极小曲面上绝无椭圆点. □

2.7.2 证明:

曲面 M 为极小曲面($H=0$) $\Leftrightarrow$ 曲面 M 上存在两族正交的渐近曲线.

证明 $\kappa_1+\kappa_2=2H=0,\quad \dfrac{LN-M^2}{EG-F^2}=K_G=\kappa_1\kappa_2=-\kappa_1^2\leqslant 0$

$$\Leftrightarrow\quad H=\frac{\kappa_1+\kappa_2}{2}=\frac{1}{2}\frac{GL-2FM+EN}{EG-F^2}=0$$

$$\Leftrightarrow\quad GL-2FM+EN=0$$

$\overset{\text{习题2.3.5}}{\underset{M^2-LN\geqslant 0}{\Longleftrightarrow}}$ 渐近曲线微分方程 $L\mathrm{d}u^2+2M\mathrm{d}u\mathrm{d}v+N\mathrm{d}v^2=0$ 有两个渐近方向的实解 $\mathrm{d}u:\mathrm{d}v$,且这两个方向正交. □

2.7.3 证明:曲面 M:

$$\boldsymbol{x}(u,v)=(3u(1+v^2)-u^3,3v(1+u^2)-v^3,3(u^2-v^2))$$

是极小曲面(Enneper 曲面),其曲率线是平面曲线,并求出曲率线所在的平面.

证明 (1) 计算得 $\boldsymbol{x}'_u=(3(1+v^2-u^2),6uv,6u)$,$\boldsymbol{x}'_v=(6uv,3(1+u^2-v^2),-6v)$,所以

$$\boldsymbol{x}'_u\times\boldsymbol{x}'_v=\begin{vmatrix}\boldsymbol{e}_1 & \boldsymbol{e}_2 & \boldsymbol{e}_3\\ 3(1+v^2-u^2) & 6uv & 6u\\ 6uv & 3(1+u^2-v^2) & -6v\end{vmatrix}$$

$$=9\begin{vmatrix}\boldsymbol{e}_1 & \boldsymbol{e}_2 & \boldsymbol{e}_3\\ 1+v^2-u^2 & 2uv & 2u\\ 2uv & 1+u^2-v^2 & -2v\end{vmatrix}$$

$$= 9(2u(-2v^2-1-u^2+v^2), 2v(1+v^2-u^2+2u^2),$$
$$1-(v^2-u^2)^2-4u^2v^2)$$
$$= 9(-2u(1+u^2+v^2), 2v(1+u^2+v^2), 1-(u^2+v^2)^2)$$
$$= 9(-2u(1+u^2+v^2), 2v(1+u^2+v^2), (1-u^2-v^2)(1+u^2+v^2))$$
$$= 9(1+u^2+v^2)(-2u, 2v, 1-u^2-v^2).$$

单位法向量为

$$\boldsymbol{n} = \frac{\boldsymbol{x}'_u \times \boldsymbol{x}'_v}{|\boldsymbol{x}'_u \times \boldsymbol{x}'_v|} = \frac{1}{\sqrt{4u^2+4v^2+(1-u^2-v^2)^2}}(-2u, 2v, 1-u^2-v^2)$$
$$= \frac{1}{1+u^2+v^2}(-2u, 2v, 1-u^2-v^2).$$

于是

$$E = \boldsymbol{x}'_u \cdot \boldsymbol{x}'_u = 9[(1+v^2-u^2)^2+4u^2v^2+4u^2] = 9(1+u^2+v^2)^2,$$
$$F = \boldsymbol{x}'_u \cdot \boldsymbol{x}'_v = 0,$$
$$G = \boldsymbol{x}'_v \cdot \boldsymbol{x}'_v = 9[4u^2v^2+(1+u^2-v^2)^2+4v^2] = 9(1+u^2+v^2)^2,$$
$$I = E\mathrm{d}u^2 + 2F\mathrm{d}u\mathrm{d}v + G\mathrm{d}v^2 = 9(1+u^2+v^2)^2(\mathrm{d}u^2+\mathrm{d}v^2).$$
$$\boldsymbol{x}''_{uu} = (-6u, 6v, 6),\quad \boldsymbol{x}''_{vv} = (6u, -6v, -6),\quad \boldsymbol{x}''_{uv} = (6v, 6u, 0),$$
$$L = \boldsymbol{x}''_{uu} \cdot \boldsymbol{n} = \frac{6}{1+u^2+v^2}(2u^2+2v^2+1-u^2-v^2) = 6,$$
$$M = \boldsymbol{x}''_{uv} \cdot \boldsymbol{n} = \frac{6}{1+u^2+v^2}(-2uv+2uv+0) = 0,$$
$$N = \boldsymbol{x}''_{vv} \cdot \boldsymbol{n} = \frac{6}{1+u^2+v^2}(-2u^2-2v^2-1+u^2+v^2) = -6,$$
$$II = L\mathrm{d}u^2 + 2M\mathrm{d}u\mathrm{d}v + N\mathrm{d}v^2 = 6(\mathrm{d}u^2-\mathrm{d}v^2).$$
$$K_G = \kappa_1\kappa_2 = \frac{LN-M^2}{EG-F^2} = \frac{6\cdot(-6)-0^2}{81(1+u^2+v^2)^4-0^2} = -\frac{4}{9(1+u^2+v^2)^4},$$
$$H = \frac{\kappa_1+\kappa_2}{2} = \frac{1}{2}\cdot\frac{GL-2FM+EN}{EG-F^2}$$
$$= \frac{1}{2}\cdot\frac{9(1+u^2+v^2)^2\cdot 6 - 0 + 9(1+u^2+v^2)^2\cdot(-6)}{81(1+u^2+v^2)^4-0^2} = 0,$$

故 M 为极小曲面. 主曲率 κ_1, κ_2 满足:

$$z^2 - 2Hz + K_G = 0,$$
$$z^2 + \frac{-4}{9(1+u^2+v^2)^4} = 0,$$
$$\kappa_1 = z_1 = -\frac{2}{3(1+u^2+v^2)^2},\quad \kappa_2 = z_2 = \frac{2}{3(1+u^2+v^2)^2}.$$

或者由 $F=M=0$ 及定理 2.5.6 知，两参数曲线为正交曲率线网. 另一方面，正因为 $F=0$，即参数曲线正交，故根据定理 2.5.6 的证明，有

$$\kappa_2=\frac{L}{E}=\frac{6}{9(1+u^2+v^2)^2}=\frac{2}{3(1+u^2+v^2)^2},$$

$$\kappa_1=\frac{N}{G}=\frac{-6}{9(1+u^2+v^2)^2}=-\frac{2}{3(1+u^2+v^2)^2}\quad(\kappa_1\leqslant\kappa_2).$$

于是

$$H=\frac{\kappa_1+\kappa_2}{2}=0,\quad K_G=\kappa_1\kappa_2=-\frac{4}{9(1+u^2+v^2)^4}.$$

根据定理 2.5.5，曲率线 $v=v_0$ 所在的平面为

$$y-v_0z=[3v_0(1+u^2)-v_0{}^3]-v_0\cdot 3(u^2-v_0^2)=3v_0+2v_0^3.$$

曲率线 $u=u_0$ 所在的平面为

$$x+u_0z=[3u_0(1+v^2)-u_0^3]+u_0\cdot 3(u_0^2-v^2)=3u_0+2u_0^3.$$ □

2.7.4 证明：

$$\boldsymbol{x}(x,y)=\left(x,y,c\arctan\frac{y}{x}\right)$$

为极小曲面，其中 c 为常数.

证明 设 $z=c\arctan\dfrac{y}{x}$，则

$$z'_x=c\cdot\frac{\dfrac{-y}{x^2}}{1+\left(\dfrac{y}{x}\right)^2}=-c\frac{y}{x^2+y^2},$$

$$z'_y=c\cdot\frac{\dfrac{1}{x}}{1+\left(\dfrac{y}{x}\right)^2}=c\frac{x}{x^2+y^2},$$

$$z''_{xx}=-c\frac{y(-2x)}{(x^2+y^2)^2}=2c\frac{xy}{(x^2+y^2)^2},$$

$$z''_{xy}=-c\frac{(x^2+y^2)-y\cdot 2y}{(x^2+y^2)^2}=c\frac{y^2-x^2}{(x^2+y^2)^2},$$

$$z''_{yy}=c\frac{-x\cdot 2y}{(x^2+y^2)^2}=-2c\frac{xy}{(x^2+y^2)^2},$$

$$(1+z'^2_y)z''_{xx}-2z'_x\cdot z'_y\cdot z''_{xy}+(1+z'^2_x)z''_{yy}$$

$$\xlongequal{z''_{xx}=-z''_{yy}}z'^2_y z''_{xx}-2z'_xz'_yz''_{xy}+z'^2_xz''_{yy}$$

$$= \frac{2c^3x^3y}{(x^2+y^2)^4} - \frac{2c^3(-xy)(y^2-x^2)}{(x^2+y^2)^4} - \frac{2c^3xy^3}{(x^2+y^2)^4}$$

$$= \frac{2c^3xy[x^2+(y^2-x^2)-y^2]}{(x^2+y^2)^4} = 0,$$

$$H \xlongequal{\text{例 2.6.2}} \frac{(1+z_y'^2)z_{xx}''-2z_x'z_y'z_{xy}''+(1+z_x'^2)z_{yy}''}{2(1+z_x'^2+z_y'^2)^{\frac{3}{2}}}$$

$$= \frac{0}{2(1+z_x'^2+z_y'^2)^{\frac{3}{2}}} = 0,$$

即该曲面为极小曲面. □

2.7.5 设伪球面

$$\boldsymbol{x}(\varphi,\theta) = (a\cos\varphi\cos\theta, a\cos\varphi\sin\theta, a[\ln(\sec\varphi+\tan\varphi)-\sin\varphi]) \quad (a>0).$$

证明:$K_G = -\dfrac{1}{a^2}$(常数);$H = -\dfrac{\cos 2\varphi}{a}$(参阅例 2.7.2).

证明 $\boldsymbol{x}_\varphi' = (-a\sin\varphi\cos\theta, -a\sin\varphi\sin\theta, a\tan\varphi\cdot\sin\varphi)$,

$\boldsymbol{x}_\theta' = (-a\cos\varphi\sin\theta, a\cos\varphi\cos\theta, 0)$.

$$E = \boldsymbol{x}_\varphi'\cdot\boldsymbol{x}_\varphi' = a^2(\sin^2\varphi + \tan^2\varphi\cdot\sin^2\varphi)$$
$$= a^2\sin^2\varphi\cdot\sec^2\varphi = a^2\tan^2\varphi,$$

$F = \boldsymbol{x}_\varphi'\cdot\boldsymbol{x}_\theta' = 0$,

$G = \boldsymbol{x}_\theta'\cdot\boldsymbol{x}_\theta' = a^2\cos^2\varphi$,

$\mathrm{I} = E\mathrm{d}\varphi^2 + 2F\mathrm{d}\varphi\mathrm{d}\theta + G\mathrm{d}\theta^2 = a^2\tan^2\varphi\mathrm{d}\varphi + a^2\cos^2\varphi\mathrm{d}\theta^2$.

$$\boldsymbol{x}_\varphi'\times\boldsymbol{x}_\theta' = \begin{vmatrix} \boldsymbol{e}_1 & \boldsymbol{e}_2 & \boldsymbol{e}_3 \\ -a\sin\varphi\cos\theta & -a\sin\varphi\sin\theta & a\tan\varphi\sin\varphi \\ -a\cos\varphi\sin\theta & a\cos\varphi\cos\theta & 0 \end{vmatrix}$$
$$= (-a^2\sin^2\varphi\cos\theta, -a^2\sin^2\varphi\sin\theta, -a^2\sin\varphi\cos\varphi)$$
$$= a^2\sin\varphi(-\sin\varphi\cos\theta, -\sin\varphi\sin\theta, -\cos\varphi),$$

单位法向量为

$$\boldsymbol{n} = \frac{\boldsymbol{x}_\varphi'\times\boldsymbol{x}_\theta'}{|\boldsymbol{x}_\varphi'\times\boldsymbol{x}_\theta'|} = (-\sin\varphi\cos\theta, -\sin\varphi\sin\theta, -\cos\varphi).$$

$\boldsymbol{x}_{\varphi\varphi}'' = (-a\cos\varphi\cos\theta, -a\cos\varphi\sin\theta, a\sin\varphi(1+\sec^2\varphi))$,

$\boldsymbol{x}_{\varphi\theta}'' = (a\sin\varphi\sin\theta, -a\sin\varphi\cos\theta, 0)$,

$\boldsymbol{x}_{\theta\theta}'' = (-a\cos\varphi\cos\theta, -a\cos\varphi\sin\theta, 0)$,

$$L = \boldsymbol{x}_{\varphi\varphi}''\cdot\boldsymbol{n} = a\sin\varphi\cos\varphi - a\sin\varphi\cos\varphi(1+\sec^2\varphi)$$
$$= -a\sin\varphi\cos\varphi\cdot\sec^2\varphi = -a\tan\varphi,$$

$$M=\boldsymbol{x}''_{\varphi\theta}\cdot\boldsymbol{n}=0,$$
$$N=\boldsymbol{x}''_{\theta\theta}\cdot\boldsymbol{n}=a\sin\varphi\cos\varphi,$$
$$II=L\mathrm{d}\varphi^2+2M\mathrm{d}\varphi\mathrm{d}\theta+N\mathrm{d}\theta^2=-a\tan\varphi\mathrm{d}\varphi^2+a\sin\varphi\cos\varphi\mathrm{d}\theta^2.$$

于是

$$K_{\mathrm{G}}=\frac{LN-M^2}{EG-F^2}\xlongequal{F=0=M}\frac{LN}{EG}=\frac{-a\tan\varphi\cdot a\sin\varphi\cos\varphi}{a^2\tan^2\varphi\cdot a^2\cos^2\varphi}=-\frac{1}{a^2},$$

这是负常 Gauss(总)曲率的曲面.

$$H=\frac{1}{2}\frac{GL-2FM+EN}{EG-F^2}=\frac{GL+EN}{2EG}$$
$$=\frac{a\cos^2\varphi\cdot(-a\tan\varphi)+a^2\cdot\tan^2\varphi\cdot a\sin\varphi\cos\varphi}{2a^2\tan^2\varphi\cdot a^2\cos^2\varphi}$$
$$=\frac{-\sin\varphi\cos\varphi+\dfrac{\sin^3\varphi}{\cos\varphi}}{2a\sin^2\varphi}=\frac{-\cos^2\varphi+\sin^2\varphi}{2a\sin\varphi\cos\varphi}=\frac{-\cos 2\varphi}{a\sin 2\varphi}=-\frac{\cot 2\varphi}{a}.\quad\square$$

2.7.6 (1) 在 xOz 平面上,以 z 轴为渐近线的曳物线方程为

$$(x,z)=\left(a\sin t,a\left(\ln\tan\frac{t}{2}+\cos t\right)\right)\quad(a>0).$$

将曳物线绕 z 轴旋转所得的旋转面称为**伪球面**. 它的参数表示为

$$\boldsymbol{x}(t,\theta)=(x(t,\theta),y(t,\theta),z(t,\theta))$$
$$=\left(a\sin t\cos\theta,a\sin t\sin\theta,a\left(\ln\tan\frac{t}{2}+\cos t\right)\right)$$

(见习题 2.7.6 图). 证明:

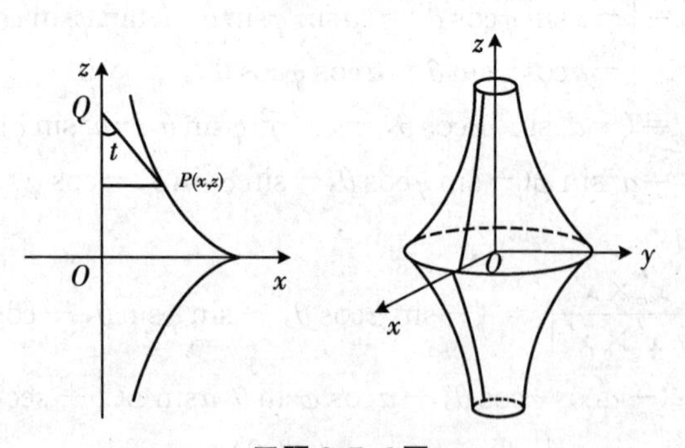

习题 2.7.6 图

$$I=\mathrm{d}s^2=a^2\cot^2t\mathrm{d}t^2+a\sin^2t\mathrm{d}\theta^2,$$
$$II=-a\cot t\mathrm{d}t^2+a\sin t\cos t\mathrm{d}\theta^2,$$

$$K_G = -\frac{1}{a^2}, \quad H = \frac{\cot 2t}{a}.$$

（2）作参数变换

$$(u, v) = (a\ln\sin t, \theta),$$

则有

$$I = ds^2 = du^2 + a^2 e^{\frac{2u}{a}} dv^2,$$

$$K_G = -\frac{1}{a^2}.$$

解 （1）$\boldsymbol{x}'_t = \left(a\cos t\cos\theta, a\cos t\sin\theta, a\frac{\cos^2 t}{\sin t}\right)$，

$\boldsymbol{x}'_\theta = (-a\sin t\sin\theta, a\sin t\cos\theta, 0)$.

$E = \boldsymbol{x}'_t \cdot \boldsymbol{x}'_t = a^2\left(\cos^2 t + \frac{\cos^4 t}{\sin^2 t}\right) = a^2\cos^2 t\,\frac{\sin^2 t + \cos^2 t}{\sin^2 t} = a^2\cot^2 t$,

$F = \boldsymbol{x}'_t \cdot \boldsymbol{x}'_\theta = 0$,

$G = \boldsymbol{x}'_\theta \cdot \boldsymbol{x}'_\theta = a^2\sin^2 t$.

$I = E dt^2 + 2F dt d\theta + G d\theta^2 = a^2\cot^2 t dt^2 + a^2\sin^2 t d\theta^2$.

$$\boldsymbol{x}'_t \times \boldsymbol{x}'_\theta = \begin{vmatrix} \boldsymbol{e}_1 & \boldsymbol{e}_2 & \boldsymbol{e}_3 \\ a\cos t\cos\theta & a\cos t\sin\theta & a\dfrac{\cos^2 t}{\sin t} \\ -a\sin t\sin\theta & a\sin t\cos\theta & 0 \end{vmatrix}$$

$$= (-a^2\cos^2 t\cos\theta, -a^2\cos^4 t\sin\theta, a^2\sin t\cos t)$$

$$= a^2\cos t(-\cos t\cos\theta, -\cos t\sin\theta, \sin t).$$

单位法向量为

$$\boldsymbol{n} = \frac{\boldsymbol{x}'_t \times \boldsymbol{x}'_\theta}{|\boldsymbol{x}'_t \times \boldsymbol{x}'_\theta|} = (-\cos t\cos\theta, -\cos t\sin\theta, \sin t).$$

$$\boldsymbol{x}''_{tt} = \left(-a\sin t\cos\theta, -a\sin t\sin\theta, a\frac{-\cos t(1+\sin^2 t)}{\sin^2 t}\right),$$

$$\boldsymbol{x}''_{t\theta} = (-a\cos t\sin\theta, a\cos t\cos\theta, 0),$$

$$\boldsymbol{x}''_{\theta\theta} = (-a\sin t\cos\theta, -a\sin t\sin\theta, 0),$$

$$L = \boldsymbol{x}''_{tt}\cdot\boldsymbol{n} = a\sin t\cos t(\cos^2\theta + \sin^2\theta) - \frac{a\cos t + a\cos t\sin^2 t}{\sin t} = -a\cos t,$$

$$M = \boldsymbol{x}''_{t\theta}\cdot\boldsymbol{n} = 0,$$

$$N = \boldsymbol{x}''_{\theta\theta}\cdot\boldsymbol{n} = a\sin t\cos t,$$

$$II = L dt^2 + 2M dt d\theta + N d\theta^2 = -a\cot t dt^2 + a\sin t\cos t d\theta^2.$$

$$K_G=\frac{LN-M^2}{EG-F^2}=\frac{LN}{EG}=\frac{\left(-a\dfrac{\cos t}{\sin t}\right)\cdot a\sin t\cos t}{a^2\cos^2 t\cdot a^2\sin^2 t}=-\frac{1}{a^2}\quad(\text{常数}),$$

$$H=\frac{1}{2}\frac{GL-2FM+EN}{EG-F^2}=\frac{GL+EN}{2EG}$$

$$=\frac{a^2\sin^2 t\left(-a\dfrac{\cos t}{\sin t}\right)+a^2\dfrac{\cos^2 t}{\sin^2 t}\cdot a\sin t\cos t}{2a^2\left(\dfrac{\cos t}{\sin t}\right)^2\cdot a^2\sin^2 t}$$

$$=\frac{-\sin^2 t+\cos^2 t}{2a\cos t\cdot\sin t}=\frac{\cos 2t}{a\sin 2t}=\frac{\cot 2t}{a}.$$

(2) 因为

$$\mathrm{d}u=\mathrm{d}(a\ln\sin t)=a\frac{\cos t}{\sin t}\mathrm{d}t=a\cot t\mathrm{d}t,\quad \mathrm{d}v=\mathrm{d}\theta,$$

所以

$$\mathrm{d}u^2+a^2\mathrm{e}^{\frac{2u}{a}}\mathrm{d}v^2=a^2\cdot\cot^2 t\mathrm{d}t^2+a^2\sin^2 t\mathrm{d}\theta^2=I.$$

再由(1)立知

$$K_G=-\frac{1}{a^2}.$$ □

2.7.7 (1) 证明:正螺面 M:

$\boldsymbol{x}(u,v)=(v\cos u,v\sin u,bu)\quad(b>0,0\leqslant u\leqslant 2\pi,-\infty<v<+\infty)$

为极小曲面.

(2) 进而,证明:除含平面片的曲面外,直纹极小曲面都是正螺面.

证明 (1) 根据例 2.7.8,正螺面

$$\boldsymbol{x}(u,v)=(v\cos u,v\sin u,bu)$$

的第 1 和第 2 基本形式分别为

$$I=E\mathrm{d}u^2+2F\mathrm{d}u\mathrm{d}v+G\mathrm{d}v^2=(v^2+b^2)\mathrm{d}u^2+\mathrm{d}v^2,$$

$$II=L\mathrm{d}u^2+2M\mathrm{d}u\mathrm{d}v+N\mathrm{d}v^2=\frac{2b}{\sqrt{v^2+b^2}}\mathrm{d}u\mathrm{d}v.$$

$$H=\frac{1}{2}\frac{GL-2FM+EN}{EG-F^2}=\frac{1}{2}\frac{1\cdot 0-2\cdot 0\dfrac{b}{\sqrt{v^2+b^2}}-(v^2+b^2)\cdot 0}{(v^2+b^2)\cdot 1-0^2}=0,$$

因此,正螺面为极小曲面.

(2) 证法 1 在极小直纹曲面 $\boldsymbol{x}(u,v)=\boldsymbol{a}(u)+v\boldsymbol{l}(u)(\boldsymbol{a}'(u)\perp\boldsymbol{l}(u))$的每一点处,

$$H=0 \quad \Leftrightarrow \quad EN-2FM+GL=0.$$

考虑渐近曲线微分方程：

$$L\mathrm{d}u^2+2M\mathrm{d}u\mathrm{d}v+N\mathrm{d}v^2=0.$$

在双曲点，$LN-M^2<0$，当 $L\neq 0$ 时，解得两个渐近方向为

$$\mathrm{d}u:\mathrm{d}v=\frac{-2M\pm\sqrt{4M^2-4LN}}{2L}=\frac{-M\pm\sqrt{M^2-LN}}{L}$$

（注意：$\frac{\kappa_1+\kappa_2}{2}=H=0\Leftrightarrow\kappa_2=-\kappa_1$. $K_G=\kappa_1\cdot\kappa_2=-\kappa_1^2<0\Leftrightarrow LN-M^2<0\Leftrightarrow M^2-LN>0$）.

由于

$$\begin{aligned}
&\frac{E\mathrm{d}u\,\delta u+F(\mathrm{d}u\,\delta v+\mathrm{d}v\,\delta u)+G\mathrm{d}v\,\delta v}{\mathrm{d}v\,\delta v}\\
&=E\left(\frac{-M+\sqrt{M^2-LN}}{L}\right)\left(\frac{-M-\sqrt{M^2-LN}}{L}\right)\\
&\quad+F\left(\frac{-M+\sqrt{M^2-LN}}{L}+\frac{-M-\sqrt{M^2-LN}}{L}\right)+G\cdot 1\cdot 1\\
&=E\frac{M^2-(M^2-LN)}{L^2}-\frac{2FM}{L}+G=\frac{EN-2FM+GL}{L}=\frac{0}{L}=0,
\end{aligned}$$

故两个渐近方向正交. 当 $N\neq 0$ 时，类似可证两渐近方向正交. 当 $L=N=0$ 时，$M\neq 0$，故 $M\mathrm{d}u\mathrm{d}v=0$，$\mathrm{d}u=0$ 或 $\mathrm{d}v=0$，即 $u=$常数或 $v=$常数. 因为 $F=0$，所以两坐标线正交. 因此，在不含平面片的直纹极小曲面的每一点处，存在两条相互正交的实的渐近曲线. 其中一条是直母线（参阅定理 2.4.4）. 另一条是正交于直母线的不含直线段的渐近曲线. 根据定理 2.4.5，渐近曲线的密切平面与曲面的切平面重合. 这样，非直线的渐近曲线均有公共的主法线. 从而为 Bertrand 曲线，且共轭的 Bertrand 曲线有无限多条，根据定理 1.3.3，非直线的渐近曲线只能是圆柱螺线. 从而，曲面为圆柱螺线的主法线曲面，即为正螺面.

证法 2　设直纹极小曲面 M：$\boldsymbol{x}(u,v)=\boldsymbol{a}(u)+v\boldsymbol{l}(u)$，不妨设 $\boldsymbol{l}^2(u)=1$，$\boldsymbol{a}'(u)\cdot\boldsymbol{l}(u)=0$，$u$ 为 $\boldsymbol{a}(u)$ 的弧长. 于是

$$\begin{aligned}
N&=\boldsymbol{x}''_{vv}\cdot\boldsymbol{n}=\boldsymbol{0}\cdot\boldsymbol{n}=0,\\
F&=\boldsymbol{x}'_u\cdot\boldsymbol{x}'_v=(\boldsymbol{a}'+v\boldsymbol{l}')\cdot\boldsymbol{l}=\boldsymbol{a}'\cdot\boldsymbol{l}+v\boldsymbol{l}'\cdot\boldsymbol{l}=0+0=0.
\end{aligned}$$

因此

$$\begin{aligned}
&M\text{ 为极小曲面，即}\frac{1}{2}\frac{GL-2FM+EN}{EG-F^2}=H=0\\
&\Leftrightarrow\quad GL=GL-2\cdot 0\cdot M+E\cdot 0=GL-2FM+EN=0
\end{aligned}$$

$$\Leftrightarrow \quad L = \boldsymbol{x}''_{uu} \cdot \frac{\boldsymbol{x}'_u \times \boldsymbol{x}'_v}{|\boldsymbol{x}'_u \times \boldsymbol{x}'_v|} = 0$$

$$\Leftrightarrow \quad (\boldsymbol{a}'' + v\boldsymbol{l}'', \boldsymbol{a}' + v\boldsymbol{l}', \boldsymbol{l}) = (\boldsymbol{x}''_{uu}, \boldsymbol{x}'_u, \boldsymbol{x}'_v) = 0 (-\infty < v < +\infty)$$

$$\Leftrightarrow \quad (\boldsymbol{l}', \boldsymbol{l}', \boldsymbol{l})v^2 + [(\boldsymbol{a}'', \boldsymbol{l}', \boldsymbol{l}) + (\boldsymbol{l}'', \boldsymbol{a}', \boldsymbol{l})]v + (\boldsymbol{a}'', \boldsymbol{a}', \boldsymbol{l}) = 0 (-\infty < v < +\infty)$$

$$\Leftrightarrow \begin{cases} (\boldsymbol{a}'', \boldsymbol{a}', \boldsymbol{l}) = 0, & (1) \\ (\boldsymbol{a}'', \boldsymbol{l}', \boldsymbol{l}) + (\boldsymbol{l}'', \boldsymbol{a}', \boldsymbol{l}) = 0, & (2) \\ (\boldsymbol{l}'', \boldsymbol{l}', \boldsymbol{l}) = 0. & (3) \end{cases}$$

由式(3)知,$\boldsymbol{l}'', \boldsymbol{l}', \boldsymbol{l}$ 共面(令 $\boldsymbol{l} = \boldsymbol{b}'$,则$(\boldsymbol{b}''', \boldsymbol{b}'', \boldsymbol{b}') = 0$,根据定理 1.2.1(2),$\boldsymbol{b}(u)$的挠率为 0. 再根据定理 1.2.2,$\boldsymbol{b}(u)$为平面曲线,从而 $\boldsymbol{l}$ 为平面曲线),可取 $\boldsymbol{l}$ 位于一个固定平面内. 不妨设 $\boldsymbol{l} = (\cos u, \sin u, 0)$,则

$$\boldsymbol{l}''_{uu} = (-\cos u, -\sin u, 0) = -\boldsymbol{l}.$$

由

$$\boldsymbol{a}' = \boldsymbol{V}_1, \quad \boldsymbol{a}'' = \boldsymbol{V}'_1 = \kappa \boldsymbol{V}_2,$$

式(1)表示

$$\kappa(\boldsymbol{V}_2 \times \boldsymbol{V}_1) \cdot \boldsymbol{l} = 0.$$

设 $\kappa \neq 0$,则有 $\boldsymbol{l} \cdot \boldsymbol{V}_3 = 0$,又 $\boldsymbol{l} \cdot \boldsymbol{V}_1 = \boldsymbol{l} \cdot \boldsymbol{a}' = 0$,故 $\boldsymbol{l} /\!/ \boldsymbol{V}_2$,不妨设 $\boldsymbol{l} = \boldsymbol{V}_2$(适当取弧长增加的方向). 从

$$\boldsymbol{l}' = \boldsymbol{V}'_2 = -\kappa \boldsymbol{V}_1 + \tau \boldsymbol{V}_3,$$

得到

$$\begin{aligned} \boldsymbol{l}'' &= -\kappa' \boldsymbol{V}_1 - \kappa \boldsymbol{V}'_1 + \tau' \boldsymbol{V}_3 + \tau \boldsymbol{V}'_3 = -\kappa' \boldsymbol{V}_1 - \kappa^2 \boldsymbol{V}_2 + \tau' \boldsymbol{V}_3 + \tau(-\tau \boldsymbol{V}_2) \\ &= -\kappa' \boldsymbol{V}_1 - (\kappa^2 + \tau^2) \boldsymbol{V}_2 + \tau' \boldsymbol{V}_3, \end{aligned}$$

又 $\boldsymbol{l}'' /\!/ \boldsymbol{l} = \boldsymbol{V}_2$,故 $\kappa' = 0, \tau' = 0$,从而 κ 和 τ 均为常数(若 $\tau < 0$,作变换 $\boldsymbol{x}(u) \mapsto -\boldsymbol{x}(u)$,则 $\tau \mapsto -\tau$). 根据例 1.2.3 和定理 1.5.1 以及注 1.5.2 知,$\boldsymbol{a}(u)$为圆柱螺线,从而 $\boldsymbol{a}(u)$的主法线曲面为正螺面(参阅习题 2.2.4).

证法 3　设 M 为不含平面片的直纹极小曲面. 由证法 1,它的两族渐近曲线互相正交. 由于所讨论的曲面 M 是直纹面,其中一族曲线是(直母线),设 $\boldsymbol{a}(u)$是另一族渐近曲线中的一条,u 为弧长参数. 于是,直纹面 M 可表示为

$$M: \boldsymbol{x}(u,v) = \boldsymbol{a}(u) + v\boldsymbol{l}(u), \quad \boldsymbol{l}^2(u) = 1, \quad 其中\ \boldsymbol{a}'(u) \cdot \boldsymbol{l}(u) = 0.$$

① 如果 $\boldsymbol{a}(u)$为直线段,并且对任意 v_0,$\boldsymbol{x}(u, v_0) = \boldsymbol{a}(u) + v_0 \boldsymbol{l}(u)$都是直线,则 $\boldsymbol{a}'(u) = \boldsymbol{e}$ 是常单位向量,并且

$$(\boldsymbol{e} + v\boldsymbol{l}') \times \boldsymbol{l}'' = (\boldsymbol{a} + v\boldsymbol{l})' \times \boldsymbol{l}'' = (\boldsymbol{a} + v\boldsymbol{l})' \times \frac{1}{v}(\boldsymbol{a} + v\boldsymbol{l})''$$

$$\xlongequal{直线段} [\boldsymbol{b}_0 + \varphi(u)\boldsymbol{c}_0]' \times \frac{1}{v}[\boldsymbol{b}_0 + \varphi(u)\boldsymbol{c}_0]''$$

$$=\varphi'(\boldsymbol{c}_0)x\times\frac{1}{v}\varphi''(\boldsymbol{c}_0)=\mathbf{0}\quad(v\neq 0),$$

令 $v\to 0$,得到

$$\boldsymbol{e}\times\boldsymbol{l}''=\mathbf{0},\quad v\boldsymbol{l}'\times\boldsymbol{l}''=\mathbf{0}\quad(v\neq 0),$$

从而由连续性知 $\boldsymbol{l}'\times\boldsymbol{l}''=\mathbf{0}$. 这时曲面 M 的第 2 基本量为

$$L=\boldsymbol{x}''_{uu}\cdot\boldsymbol{n}=\frac{(\boldsymbol{x}''_{uu},\boldsymbol{x}'_u,\boldsymbol{x}'_v)}{\sqrt{g}}=\frac{(v\boldsymbol{l}'',\boldsymbol{e}+v\boldsymbol{l}',\boldsymbol{l})}{\sqrt{g}}=0,$$

$$M=\boldsymbol{x}''_{uv}\cdot\boldsymbol{n}=\frac{(\boldsymbol{x}''_{uv},\boldsymbol{x}'_u,\boldsymbol{x}'_v)}{\sqrt{g}}=\frac{(\boldsymbol{l}',\boldsymbol{e}+v\boldsymbol{l}',\boldsymbol{l})}{\sqrt{g}}=\frac{(\boldsymbol{l}',\boldsymbol{e},\boldsymbol{l})}{\sqrt{g}},$$

$$N=\boldsymbol{x}''_{vv}\cdot\boldsymbol{n}=\frac{(\boldsymbol{x}''_{vv},\boldsymbol{x}'_u,\boldsymbol{x}'_v)}{\sqrt{g}}=\frac{(\mathbf{0},\boldsymbol{e}+v\boldsymbol{l}',\boldsymbol{l})}{\sqrt{g}}=0.$$

(a) 如果在某开区间内 $\boldsymbol{l}''\neq\mathbf{0}$,从 $\boldsymbol{e}\times\boldsymbol{l}''=\mathbf{0}$ 与 $\boldsymbol{l}'\times\boldsymbol{l}''=\mathbf{0}$,可知 $\boldsymbol{l}''\,/\!/\,\boldsymbol{e},\boldsymbol{l}'\,/\!/\,\boldsymbol{l}''\,/\!/\,\boldsymbol{e}$,因此

$$M=\frac{(\boldsymbol{l}',\boldsymbol{e},\boldsymbol{l})}{\sqrt{g}}\xlongequal{\boldsymbol{l}'/\!/\boldsymbol{e}}0.$$

从 $L=N=M=0$ 及引理 3.1.4 可推出 M 必含平面片.

(b) 如果在某开区间内 $\boldsymbol{l}''=\mathbf{0}$,则 $\boldsymbol{l}'$ 为常向量,记 $\boldsymbol{l}'=\boldsymbol{l}_0$,设 $\boldsymbol{l}(u)=u\boldsymbol{l}_0+\boldsymbol{l}_1$. 再由

$$1=|\,\boldsymbol{l}(u)\,|^2=|\,u\boldsymbol{l}_0+\boldsymbol{l}_1\,|^2=u^2\,|\,\boldsymbol{l}_0\,|^2+2u\boldsymbol{l}_0\cdot\boldsymbol{l}_1+|\,\boldsymbol{l}_1\,|^2,$$

可得 $|\boldsymbol{l}_0|^2=0,\boldsymbol{l}_0=0$. 此时,$\boldsymbol{x}(u,v)=\boldsymbol{a}(u)+v\boldsymbol{l}_1$,这表明 M 也含平面片.

② 由题设知曲面 M 不含平面片,因此必有 v_0,使 $\boldsymbol{a}(u)+v_0\boldsymbol{l}(u)$ 不含直线段. 显然,它是正交于直母线的正交轨线,且为渐近曲线. 不妨设它就是 $\boldsymbol{a}(u)$,且在区间 (α,β) 上曲率 $\kappa(u)>0$. $\boldsymbol{V}_1(u),\boldsymbol{V}_2(u),\boldsymbol{V}_3(u)$ 是它的 Frenet 标架. 由于 $\boldsymbol{a}(u)$ 为曲面 M 上的渐近曲线,根据定理 2.4.5,渐近曲线的密切平面与曲面的切平面重合,即 $\boldsymbol{V}_3\,/\!/\,\boldsymbol{n}$(或 $\boldsymbol{V}_3=\pm\boldsymbol{n}$). 因此,沿曲线 $\boldsymbol{a}(u)$,向量 $\boldsymbol{x}'_v=\boldsymbol{l}(u),\boldsymbol{x}'_u(u,0)=\boldsymbol{a}'(u),\boldsymbol{V}_2(u)$ 都垂直于 $\boldsymbol{n}=\pm\boldsymbol{V}_3(u)$. 又 $\boldsymbol{l}(u)\perp\boldsymbol{a}'(u),\boldsymbol{V}_2(u)\perp\boldsymbol{a}'(u)(=\boldsymbol{V}_1(u))$,因此 $\boldsymbol{l}(u)\,/\!/\,\boldsymbol{V}_2(u)$. 这样,直纹面 M 的方程可以表示为

$$M:\boldsymbol{x}(u,v)=\boldsymbol{a}(u)+v\boldsymbol{V}_2(u).$$

它是曲线 $\boldsymbol{x}(u)$ 的主法线曲面. 从

$$\begin{cases}\boldsymbol{x}'_u=\boldsymbol{a}'+v\boldsymbol{V}'_2=\boldsymbol{V}_1+v(-\kappa\boldsymbol{V}_1+\tau\boldsymbol{V}_3)=(1-v\kappa)\boldsymbol{V}_1+v\tau\boldsymbol{V}_3,\\ \boldsymbol{x}'_v=\boldsymbol{V}_2,\end{cases}$$

立得 $F=\boldsymbol{x}'_u\cdot\boldsymbol{x}'_v=[(1-v\kappa)\boldsymbol{V}_1+v\tau\boldsymbol{V}_3]\cdot\boldsymbol{V}_2=0$,以及

$$\begin{aligned}\boldsymbol{x}''_{uu}&=-u\kappa'\boldsymbol{V}_1+(1-v\kappa)\cdot\kappa\boldsymbol{V}_2+v\tau'\boldsymbol{V}_3+v\tau(-\tau\boldsymbol{V}_2)\\&=-v\kappa'\boldsymbol{V}_1+(\kappa-v\kappa^2-v\tau^2)\boldsymbol{V}_2+v\tau'\boldsymbol{V}_3,\end{aligned}$$

$$x''_{vv}=0,\quad N=x''_{vv}\cdot n=0.$$

由 M 是极小曲面,

$$GL=EN-2FM+GL=0,$$

得

$$\begin{aligned}0=L=x''_{uu}\cdot n&=\frac{1}{\sqrt{g}}(x''_{uu},x'_u,x'_v)\\&=\frac{1}{\sqrt{g}}(-v\kappa'V_1+(\kappa-v\kappa^2-v\tau^2)V_2+v\tau'V_3,(1-v\kappa)V_1+v\tau V_3,V_2)\\&=\frac{1}{\sqrt{g}}[v^2\kappa'\tau-v\tau'+v\tau'(1-v\kappa)]=\frac{1}{\sqrt{g}}[v\tau'+v^2(\kappa'\tau-\kappa\tau')],\end{aligned}$$

即

$$v\tau'+v^2(\kappa'\tau-\kappa\tau')=0\quad(\forall v).$$

由此立即推得 $\tau'=0$ 且 $\kappa'\tau=0$,τ 为常数.

若 $\tau=0$,曲线 $a(u)$ 为平面曲线,M: $x(u,v)=a(u)+vV_2(u)$ 含平面片,这与题设相矛盾. 因此,τ 为非零常数. 曲线 $a(u)$ 的曲率 κ 也为正的常数. 根据 κ 和 τ 的连续性和非零常数,可推得 $a(u)$ 是一条整体的具有非零曲率与非零挠率的连通曲线. 再由注 1.5.2 知,$a(u)$ 为圆柱螺线,因而 M: $x(u,v)=a(u)+vV_2(u)$ 为正螺面. □

2.7.8 证明:如果劈锥曲面

$$x(u,v)=(u\cos v,u\sin v,\varphi(v))$$

($\varphi'(v)\neq0$)为极小曲面,则它必为正螺面.

证明 证法 1 因为劈锥面

$$x(u,v)=u(\cos v,\sin v,0)+(0,0,\varphi(v))$$

为直纹面,且 $\varphi'(v)\neq0$,故该劈锥面不含平面片. 根据习题 2.7.7,当劈锥面为极小曲面时,它必为正螺面.

证法 2 计算得

$$x'_u=(\cos v,\sin v,0),\quad x'_v=(-u\sin v,u\cos v,\varphi'(v)),$$

$$x''_{uu}=(0,0,0),\quad x''_{vv}=(-u\cos v,-u\sin v,\varphi''(v)),$$

$$x''_{uv}=(-\sin v,\cos v,0),$$

$$x'_u\times x'_v=\begin{vmatrix}e_1&e_2&e_3\\\cos v&\sin v&0\\-u\sin v&u\cos v&\varphi'(v)\end{vmatrix}=(\varphi'(v)\sin v,-\varphi'(v)\cos v,u),$$

$$\boldsymbol{n}=\frac{\boldsymbol{x}'_u\times\boldsymbol{x}'_v}{|\boldsymbol{x}'_u\times\boldsymbol{x}'_v|}=\frac{1}{\sqrt{\varphi'^2(v)+u^2}}(\varphi'(v)\sin v,-\varphi'(v)\cos v,u).$$

$$E=\boldsymbol{x}'_u\cdot\boldsymbol{x}'_u=1,\quad F=\boldsymbol{x}_u\cdot\boldsymbol{x}'_v=0,\quad G=\boldsymbol{x}'_v\cdot\boldsymbol{x}'_v=\varphi'^2(v)+u^2,$$

$$L=\boldsymbol{x}''_{uu}\cdot\boldsymbol{n}=0,\quad M=\boldsymbol{x}''_{uv}\cdot\boldsymbol{n}=-\frac{\varphi'(v)}{\sqrt{\varphi'^2(v)+u^2}},$$

$$N=\boldsymbol{x}''_{vv}\cdot\boldsymbol{n}=\frac{u\varphi''(v)}{\sqrt{\varphi'^2(v)+u^2}}.$$

于是

$$\begin{aligned}
&H=0\\
\Leftrightarrow\ &\frac{1}{2}\frac{GL-2FM+EN}{EG-F^2}=\frac{1}{2}\frac{N}{G}=\frac{u\varphi''(v)}{2[\varphi'^2(v)+u^2]^{\frac{3}{2}}}=0\\
\Leftrightarrow\ &\varphi''(v)=0\\
\Leftrightarrow\ &\varphi'(v)=b(\text{常值})\overset{\text{题设}}{\neq}0,\\
\Leftrightarrow\ &\varphi(v)=bv+c\quad(c\text{ 为常值}).
\end{aligned}$$

因此

$$\begin{aligned}\boldsymbol{x}(u,v)&=(u\cos v,u\sin v,bv+c)\\&=u(\cos v,\sin v,0)+(0,0,bv)+(0,0,c),\end{aligned}$$

它为该劈锥面为正螺面. □

2.7.9 求 Gauss(总)曲率 $K_G=0$ 的旋转曲面.

解 根据例 2.7.7 或[5]第 157 页命题 3 知,Gauss(总)曲率 $K_G=0$ 的曲面为可展曲面.其中成为旋转曲面的是平面、正圆柱面、正圆锥面. □

2.7.10 若曲面在某一参数表示下,E,F,G 为常数($E>0,G>0,EG-F^2>0$),证明:该曲面是可展的.

证明 证法 1 根据注 2.9.1 中的 Gauss 方程(正交曲线坐标下):

$$K_G=\frac{LN-M^2}{EG}=-\frac{1}{\sqrt{EG}}\left\{\left[\frac{(\sqrt{E})'_v}{\sqrt{G}}\right]'_v+\left[\frac{(\sqrt{G})'_u}{\sqrt{E}}\right]'_u\right\}\overset{E,F,G\text{ 为常数}}{=\!=\!=\!=}0,$$

以及例 2.7.7 推得该曲面是可展的.

在一般情形下,由定理 2.4.1 的证明,又因为 g_{ij} 都为常数,所以联络系数

$$\Gamma_{ij}^k=\frac{1}{2}\sum_{l=1}^{2}g^{kl}\left(\frac{\partial g_{lj}}{\partial u^i}+\frac{\partial g_{il}}{\partial u^j}-\frac{\partial g_{ij}}{\partial u^l}\right)=0.$$

再由定理 2.9.2(Gauss 绝妙定理)证法 2,知

$$\begin{vmatrix}L_{ir}&L_{il}\\L_{jr}&L_{jl}\end{vmatrix}\overset{\text{Gauss 方程}}{=\!=\!=\!=}\sum_{k=1}^{2}g_{kr}\left[\frac{\partial\Gamma_{lj}^k}{\partial u^i}-\frac{\partial\Gamma_{li}^k}{\partial u^j}+\sum_{s=1}^{2}(\Gamma_{lj}^s\Gamma_{si}^k-\Gamma_{li}^s\Gamma_{sj}^k)\right]=0,$$

且

$$K_G = 0.$$

由例 2.7.7 推得该曲面是可展的.

证法 2　第一基本形式

$$\mathrm{I} = E\mathrm{d}u^2 + 2F\mathrm{d}u\mathrm{d}v + G\mathrm{d}v^2$$

是一个二次型. 参数可作一个常系数的非异线性变换,使得

$$\mathrm{I} = \mathrm{d}\tilde{u}^2 + \mathrm{d}\tilde{v}^2.$$

由此可看出曲面与平面等距. 故该曲面为可展曲面. □

2.7.11　若曲面 M:$\boldsymbol{x}(u,v)$在某一参数(u,v)下,$\boldsymbol{x}''_{uu}=\boldsymbol{0}=\boldsymbol{x}''_{uv}$,证明:曲面 M 为柱面.

证明　证法 1　由 $\boldsymbol{x}''_{uu}=\boldsymbol{0}$,知 $\boldsymbol{x}'_u=\boldsymbol{l}(v)$. 再由 $\boldsymbol{l}'(v)=\boldsymbol{x}''_{uv}=\boldsymbol{0}$,知 $\boldsymbol{l}(v)=\boldsymbol{l}(0)$(常向量). 于是,$\boldsymbol{x}'_u=\boldsymbol{l}(v)=\boldsymbol{l}(0)$,

$$\boldsymbol{x} = u\boldsymbol{l}(0) + \boldsymbol{a}(v),$$

这是一个柱面.

证法 2　习题 2.7.11 中,由于

$$L = \boldsymbol{x}''_{uu}\cdot\boldsymbol{n} = \boldsymbol{0}\cdot\boldsymbol{n} = 0,$$
$$M = \boldsymbol{x}''_{uv}\cdot\boldsymbol{n} = \boldsymbol{0}\cdot\boldsymbol{n} = 0,$$

故

$$K_G = \frac{LN - M^2}{EG - F^2} = \frac{0\cdot N - 0^2}{EG - F^2} = 0.$$

根据例 2.7.7,该曲面为可展曲面. 但由此还不足以推出 M 为柱面,只知 M 必为柱面、锥面或切线面. 分别通过计算得到:

柱面:$\boldsymbol{x}(u,v) = \boldsymbol{a}(v) + u\boldsymbol{l}$　($\boldsymbol{l}$ 为常向量),　$\boldsymbol{x}''_{uu} = \boldsymbol{0} = \boldsymbol{x}''_{uv}$.

锥面:$\boldsymbol{x}(u,v) = \boldsymbol{a} + u\boldsymbol{l}(v)$　($\boldsymbol{a}$ 为常向量),　$\boldsymbol{x}''_{uu} = \boldsymbol{0}$,　$\boldsymbol{x}''_{uv} = \boldsymbol{l}'(v) \neq \boldsymbol{0}$.

切线面:$\boldsymbol{x}(u,v) = \boldsymbol{a}(v) + u\boldsymbol{a}'(v)$,　$\boldsymbol{x}''_{uu} = \boldsymbol{0}$,　$\boldsymbol{x}''_{uv} = \boldsymbol{a}''(v) \neq \boldsymbol{0}$,

这就表明 M 必为柱面. □

2.7.12　若平移曲面 M:

$$\boldsymbol{x}(u,v) = \boldsymbol{a}(u) + \boldsymbol{b}(v)$$

的参数曲线构成正交网,证明:M 必为柱面.

证明　(a) 可分别取 u,v 为曲线 $\boldsymbol{a}(u)$,$\boldsymbol{b}(v)$的弧长,则

$$\boldsymbol{x}'_u = \boldsymbol{a}'(u),\quad \boldsymbol{x}'_v = \boldsymbol{b}'(v),$$
$$E = \boldsymbol{x}'_u\cdot\boldsymbol{x}'_u = \boldsymbol{a}'(u)\cdot\boldsymbol{a}'(u) = 1,$$
$$F = \boldsymbol{x}'_u\cdot\boldsymbol{x}'_v = 0\quad(\text{参数曲线正交}),$$

$$G = \boldsymbol{x}'_v \cdot \boldsymbol{x}'_v = \boldsymbol{b}'(v) \cdot \boldsymbol{b}'(v) = 1.$$

于是,E,F,G 均为常数,根据习题 2.7.10,曲面 M 是可展的.

(b) 因为

$$\boldsymbol{x}''_{uv} = (\boldsymbol{x}'_u)'_v = [\boldsymbol{a}'(u)]'_v = \boldsymbol{0},$$

故第 2 基本形式的系数

$$M = \boldsymbol{x}''_{uv} \cdot \boldsymbol{n} = \boldsymbol{0} \cdot \boldsymbol{n} = 0.$$

再由 $F=M=0$ 及定理 2.5.6,参数曲线构成曲率线网. 从(a)知曲面 M 是可展的,故

$$K_G = \frac{LN - M^2}{EG - F^2} = 0 \quad \Leftrightarrow \quad LN = LN - 0^2 = LN - M^2 = 0.$$

情形 1 $L\equiv 0$,应用曲面论基本公式(参阅例 2.4.1),得

$$\boldsymbol{x}''_{uu} = \frac{E'_u}{2E}\boldsymbol{x}'_u - \frac{E'_v}{2G}\boldsymbol{x}'_v + L\boldsymbol{n} = \frac{0}{2E}\boldsymbol{x}'_u - \frac{0}{2G}\boldsymbol{x}'_v + 0 \cdot \boldsymbol{n} = \boldsymbol{0}$$

(注意:E 为常数,故 $E'_u=0=E'_v$). 又因 $\boldsymbol{x}''_{uv}=\boldsymbol{0}$,根据习题 2.7.11 的结果推得曲面 M 为柱面.

情形 2 $N\equiv 0$,应用曲面论基本公式(参阅例 2.4.1),得

$$\boldsymbol{x}''_{vv} = -\frac{G'_u}{2E}\boldsymbol{x}'_u + \frac{G'_v}{2G}\boldsymbol{x}'_v + N\boldsymbol{n} = -\frac{0}{2E}\boldsymbol{x}'_u + \frac{0}{2G}\boldsymbol{x}'_v + 0 \cdot \boldsymbol{n} = \boldsymbol{0}$$

(注意:G 为常数,故 $G'_u=0=G'_v$). 又因 $\boldsymbol{x}''_{uv}=\boldsymbol{0}$,根据习题 2.7.11 的结果推得曲面 M 为柱面.

情形 3 $LN=0$,或 $L=0$,或 $N=0$,难以讨论清楚. □

2.7.13 若连通曲面 M 在某一参数表示下,E,F,G,L,M,N 均为常数,证明:曲面 M 为平面或圆柱面.

证明 由于第 1 基本形式的系数构成正定矩阵,根据线性代数中二次型理论,可通过坐标的正交常系数线性变换,将

$$I = E\mathrm{d}u^2 + 2F\mathrm{d}u\mathrm{d}v + G\mathrm{d}v^2$$

与

$$II = L\mathrm{d}u^2 + 2M\mathrm{d}u\mathrm{d}v + N\mathrm{d}v^2$$

同时化为对角形:

$$I = \mathrm{d}\tilde{u}^2 + \mathrm{d}\tilde{v}^2$$

与

$$II = \widetilde{L}\mathrm{d}\tilde{u}^2 + \widetilde{N}\mathrm{d}\tilde{v}^2$$

(以下仍将 $\tilde{u},\tilde{v},\widetilde{L},\widetilde{N}$ 记为 u,v,L,N). 与习题 2.7.10 和习题 2.7.12 一样,可证得

$LN=K_G=0$.

(a) 常数 $L\neq 0, N=0$. 由 $K_G=0$ 和例 2.7.7,曲面 M 是可展的. 设 $M: \boldsymbol{x}(u,v)=\boldsymbol{a}(u)+v\boldsymbol{l}(u)$,

$$\boldsymbol{l}^2(u)=1,\quad \boldsymbol{l}'(u)\cdot\boldsymbol{l}(u)=0,\quad \boldsymbol{a}'(u)\cdot\boldsymbol{l}(u)=0,\quad \boldsymbol{a}'(u)^2=1.$$

$$\boldsymbol{x}'_u\cdot\boldsymbol{x}'_v=[\boldsymbol{a}'(u)+v\boldsymbol{l}'(u)]\cdot\boldsymbol{l}(u)=\boldsymbol{a}'(u)\cdot\boldsymbol{l}(u)+v\boldsymbol{l}'(u)\cdot\boldsymbol{l}(u)=0.$$

由 Olinder-Rodrigues 公式(定理 2.5.4(2))知

$$\begin{cases}\boldsymbol{n}'_u=-L\boldsymbol{x}'_u,\\ \boldsymbol{n}'_v=-0\cdot\boldsymbol{x}'_v,\end{cases}$$

其中 L 与 0 为主曲率(由定理 2.5.6,$\kappa_1=\dfrac{L}{E}=\dfrac{L}{1}=L, \kappa_2=\dfrac{N}{G}=\dfrac{0}{G}=0$ 或者 $\kappa_1\kappa_2=K_G=0$,则 $\kappa_1=0$ 或 $\kappa_2=0$,不妨设 $\kappa_2=0$. 又有 $\kappa_1=\kappa_1+0=\kappa_1+\kappa_2=2H=\dfrac{GL-2FM+EN}{EG-F^2}=\dfrac{1\cdot L-2\cdot 0\cdot 0+1\cdot 0}{1\cdot 1-0^2}=L$).

从上面第 2 式知 $\boldsymbol{n}$ 与 v 无关,故 $\boldsymbol{n}=\boldsymbol{n}(u)$,

$$\boldsymbol{n}'_u=-L\boldsymbol{x}'_u=-L[\boldsymbol{a}'(u)+v\boldsymbol{l}'(u)].$$

由此推得 $\boldsymbol{l}'(u)=\boldsymbol{0}$,$\boldsymbol{l}(u)$为单位向量. 积分 $\boldsymbol{n}'_u=-L\boldsymbol{a}'(u)$,得到

$$\boldsymbol{n}(u)=-L\boldsymbol{a}(u)+\boldsymbol{c}\quad (\boldsymbol{c}\text{ 为常向量}).$$

代入

$$\boldsymbol{x}''_{uu}\xlongequal{\text{例 2.4.1}}\frac{E'_u}{2E}\boldsymbol{x}'_u-\frac{E'_v}{2G}\boldsymbol{x}'_v+L\boldsymbol{n}\xlongequal{E'_u=0=E'_v}L\boldsymbol{n},$$

得到

$$\boldsymbol{a}''=\boldsymbol{a}''+v\boldsymbol{l}''=\boldsymbol{x}''_{uu}=L\boldsymbol{n}=L(-L\boldsymbol{a}+\boldsymbol{c})=-L^2\boldsymbol{a}+L\boldsymbol{c}.$$

对 $\boldsymbol{a}(u)$作一平移,使上述方程化为

$$\boldsymbol{a}''(u)=L^2\boldsymbol{a}(u)=0.$$

解此常系数向量 2 阶微分方程,得

$$\boldsymbol{a}(u)=\boldsymbol{T}\cos Lu+\boldsymbol{S}\cdot\sin Lu,\quad (\boldsymbol{T},\boldsymbol{S}\text{ 为常向量}).$$

由

$$\begin{aligned}0&=\boldsymbol{a}'(u)\cdot\boldsymbol{l}=L(-\boldsymbol{T}\sin Lu+\boldsymbol{S}\cdot\cos Lu)\cdot\boldsymbol{l}\\&=L(-\boldsymbol{T}\cdot\boldsymbol{l}\sin Lu+\boldsymbol{S}\cdot\boldsymbol{l}\cos Lu)\end{aligned}$$

推得

$$\boldsymbol{T}\cdot\boldsymbol{l}=0,\quad \boldsymbol{S}\cdot\boldsymbol{l}=0,$$

即常向量 $\boldsymbol{T},\boldsymbol{S}$ 都垂直于 $\boldsymbol{l}$.

另一方面,由

$$\begin{aligned}1 &= [\boldsymbol{a}'(u)]^2 = L^2(-\boldsymbol{T}\sin Lu + \boldsymbol{S}\cos Lu)^2 \\ &= L^2(\boldsymbol{T}^2\sin^2 Lu - 2\boldsymbol{T}\cdot\boldsymbol{S}\sin Lu\cos Lu + \boldsymbol{S}^2\cos^2 Lu),\end{aligned}$$

立知

$$L^2\boldsymbol{T}^2 = 1 = L^2\boldsymbol{S}^2,\quad \boldsymbol{T}^2 = \frac{1}{L^2} = \boldsymbol{S}^2,$$

$$\begin{aligned}1 &= \sin^2 Lu - 2\boldsymbol{T}\cdot\boldsymbol{S}\cdot\sin Lu\cos Lu + \cos^2 Lu \\ &= 1 - \boldsymbol{T}\cdot\boldsymbol{S}\cdot 2\sin Lu\cos Lu,\end{aligned}$$

$$\boldsymbol{T}\cdot\boldsymbol{S} = 0.$$

因此，$\frac{1}{L}\boldsymbol{T}$ 与 $\frac{1}{L}\boldsymbol{S}$ 为垂直于固定常单位向量 $\boldsymbol{l}$ 的平面 π 上的规范正交基. 由此推得 $\boldsymbol{a}(u)$ 为垂直于 $\boldsymbol{l}$ 的平面上的圆，而 $\boldsymbol{x}(u,v)$ 为以此圆为准线、以固定方向 $\boldsymbol{l}$ 为母线的圆柱面.

(b) 常数 $N\neq 0, L=0$. 类似(a)可证得 M 为圆柱面.

(c) 常数 $L=N=0$. 由 $M=0$，再根据引理 3.1.4 知 M 为平面(片). 或者，由

$$\begin{cases}\boldsymbol{n}'_u = -L\boldsymbol{x}'_u = 0\cdot\boldsymbol{x}'_u, \\ \boldsymbol{n}'_v = 0\cdot\boldsymbol{x}'_v\end{cases}$$

知，$\boldsymbol{n}(u,v)$ 为常单位向量. 因此

$$\mathrm{d}(\boldsymbol{x}\cdot\boldsymbol{n}) = \mathrm{d}\boldsymbol{x}\cdot\boldsymbol{n} + \boldsymbol{x}\cdot\mathrm{d}\boldsymbol{n} = 0 + \boldsymbol{x}\cdot\boldsymbol{0} = 0,$$

$\boldsymbol{x}\cdot\boldsymbol{n}=$常值，即 M 为连通的平面(片). □

2.8　测地曲率、测地线、测地曲率的 Liouville 公式

1. 知识要点

定理 2.8.1　$\mathbf{R}^3$ 中曲线 C 在 P 点的测地曲率向量 $\boldsymbol{\tau}$ 就是 C 在平面 T_PM 上的投影曲线 C^* 在 P 点的曲率向量.

定义 2.8.1　设 C 为 C^2 正则曲面 M 上的曲线，

$$\kappa\boldsymbol{V}_2 = \boldsymbol{V}'_1 = \boldsymbol{\tau} + \kappa_{\mathrm{n}}\boldsymbol{n},\quad \boldsymbol{\tau} /\!/ \boldsymbol{n}\times\boldsymbol{V}_1,$$

记

$$\boldsymbol{\tau} = \boldsymbol{\kappa}_{\mathrm{g}}(\boldsymbol{n}\times\boldsymbol{V}_1),$$

并称 κ_{g} 为曲线 C 在 P 点处的**测地曲率**. 所以

$$|\kappa_g|=|\kappa_g(\boldsymbol{n}\times\boldsymbol{V}_1)|=|\boldsymbol{\tau}|.$$

此外,还有

$$\begin{aligned}\kappa_g&=\kappa_g(\boldsymbol{n}\times\boldsymbol{V}_1)\cdot(\boldsymbol{n}\times\boldsymbol{V}_1)=\boldsymbol{\tau}\cdot(\boldsymbol{n}\times\boldsymbol{V}_1)=(\boldsymbol{\tau}\times\kappa_n\boldsymbol{n})\cdot(\boldsymbol{n}\times\boldsymbol{V}_1)\\&=\kappa\boldsymbol{V}_2\cdot(\boldsymbol{n}\times\boldsymbol{V}_1)=\kappa(\boldsymbol{V}_1,\boldsymbol{V}_2,\boldsymbol{n})=(\boldsymbol{x}',\boldsymbol{x}'',\boldsymbol{n})\\&=\kappa(\boldsymbol{V}_1\times\boldsymbol{V}_2)\cdot\boldsymbol{n}=\kappa\boldsymbol{V}_3\cdot\boldsymbol{n}.\end{aligned}$$

它表明 κ_g 是 $\kappa\boldsymbol{V}_2=\boldsymbol{x}''$ 或 $\boldsymbol{\tau}=\kappa_g(\boldsymbol{n}\times\boldsymbol{V}_1)$ 在 $\boldsymbol{n}\times\boldsymbol{V}_1$ 上的投影.

定理 2.8.2 $\kappa^2=\kappa_g^2+\kappa_n^2$.

定理 2.8.3(Liouville) 设 M 为 $\mathbf{R}^3$ 中 2 维 C^2 正则曲面,$\boldsymbol{x}(u^1,u^2)$ 为其参数表示,并选 $\{u^1,u^2\}$ 为正交的参数曲线网. 令

$$\boldsymbol{e}_1=\frac{\boldsymbol{x}'_{u^1}}{\sqrt{E}},\quad \boldsymbol{e}_2=\frac{\boldsymbol{x}'_{u^2}}{\sqrt{G}},$$

$\boldsymbol{e}_1,\boldsymbol{e}_2$ 它为 T_PM 中的规范正交基. C 为过 $P\in M$ 的 C^2 曲线,s 为其弧长,单位切向量

$$\boldsymbol{V}_1=\cos\theta\boldsymbol{e}_1+\sin\theta\boldsymbol{e}_2,$$

则 C 的测地曲率为

$$\begin{aligned}\kappa_g&=\frac{\mathrm{d}\theta}{\mathrm{d}s}+\frac{1}{2\sqrt{EG}}\left(-E'_{u^2}\frac{\cos\theta}{\sqrt{E}}+G'_{u^1}\frac{\sin\theta}{\sqrt{G}}\right)\\&=\frac{\mathrm{d}\theta}{\mathrm{d}s}-\frac{1}{2\sqrt{G}}\frac{\partial\ln E}{\partial u^2}\cos\theta+\frac{1}{2\sqrt{E}}\frac{\partial\ln G}{\partial u^1}\sin\theta,\end{aligned}$$

这就是计算测地曲率 κ_g 的 Liouville 公式. 它只涉及 E,F,G,所以 κ_g 只与曲面 M 的第 1 基本形式有关,它是曲面的内蕴几何量.

此外,还有

$$\begin{cases}\dfrac{\mathrm{d}u^1}{\mathrm{d}s}=\dfrac{\cos\theta}{\sqrt{E}},\\[2mm]\dfrac{\mathrm{d}u^2}{\mathrm{d}s}=\dfrac{\sin\theta}{\sqrt{G}},\\[2mm]\dfrac{\mathrm{d}u^2}{\mathrm{d}u^1}=\sqrt{\dfrac{E}{G}}\tan\theta.\end{cases}$$

定义 2.8.2 设 M 为 $\mathbf{R}^3$ 中 2 维 C^2 正则超曲面,$\boldsymbol{x}(u^1,u^2)$ 为其参数表示. 如果 C 的测地曲率 $\kappa_g=0$,则称 C 为**测地线**.

定理 2.8.4 设 M 为 $\mathbf{R}^3$ 中的 2 维 C^2 正则曲面,$\boldsymbol{x}(u^1,u^2)$ 为其参数表示,则以下各条等价:

(1) C 为曲面 M 上的测地线;

(2) $\boldsymbol{\tau}=\mathbf{0}$；

(3) $\dfrac{\mathrm{d}^2u^k}{\mathrm{d}s^2}+\sum\limits_{i,j=1}^{2}\Gamma_{ij}^{k}\dfrac{\mathrm{d}u^i}{\mathrm{d}s}\dfrac{\mathrm{d}u^j}{\mathrm{d}s}=0\ (k=1,2)$；

(4) $C(\kappa\neq0)$的每一点处的主法线向量与在这一点的曲面法线平行；

(5) 曲线 C 的长度达到逗留值(驻点值)，即

$$\frac{\mathrm{d}L}{\mathrm{d}\lambda}(0)=0,$$

其中 $C_\lambda:\boldsymbol{x}(u^1(s,\lambda),u^2(s,\lambda))$为 $C=C_0=\boldsymbol{x}(u^1(s,0),u^2(s,0))=\boldsymbol{x}(u^1(s),u^2(s))$附近的曲线族，$a\leqslant s\leqslant b$，$s$ 为 $C=C_0$ 的弧长(不必为其他 C_λ 的弧长). 记

$$\boldsymbol{x}(u^1(a,\lambda),u^2(a,\lambda))=A,\quad \boldsymbol{x}(u^1(b,\lambda),u^2(b,\lambda))=B,$$

则

$$L(C_\lambda)=\int_a^b\left|\frac{\partial\boldsymbol{x}}{\partial s}\right|\mathrm{d}s=\int_a^b\sqrt{\frac{\partial\boldsymbol{x}}{\partial s}\,\frac{\partial\boldsymbol{x}}{\partial s}}\,\mathrm{d}s$$

为曲线 C_λ 从 A 到 B 的长度.

定义 2.8.3　设 M 为 $\mathbf{R}^n$ 中 $n-1$ 维 C^2 正则超曲面. 如果 M 上的一条 C^2 曲线 C 满足：

$$\frac{\mathrm{d}^2u^k}{\mathrm{d}t^2}+\sum_{i,j=1}^{n-1}\Gamma_{ij}^{k}\frac{\mathrm{d}u^i}{\mathrm{d}t}\frac{\mathrm{d}u^j}{\mathrm{d}t}=0\quad(k=1,2,\cdots,n-1),$$

则称该曲线为一条**测地线**，其中 $\boldsymbol{u}=(u^1,u^2,\cdots,u^{n-1})$为 M 上的参数，$\boldsymbol{x}(\boldsymbol{u})=\boldsymbol{x}(u^1,u^2,\cdots,u^{n-1})$为 M 的参数表示，t 为曲线 C 的参数.

定理 2.8.6　在定义 2.8.3 中，设 $P\in M$，$\boldsymbol{X}\in T_PM$，则在 M 中存在一条唯一的最大测地线 $\sigma(t)$，使得 $\sigma(0)=P$，$\sigma'(0)=\boldsymbol{X}$.

定理 2.8.7　长度达极小值的曲线必为测地线. 但是，测地线的长度未必达极小值.

例 2.8.1　设 M 为 $\mathbf{R}^n$ 中的 $n-1$ 维 C^2 超曲面，σ 为 M 上的一条直线，则 σ 必为 M 上的一条测地线.

例 2.8.2　$\mathbf{R}^3$ 中球面上的测地线恰是大圆弧全体.

例 2.8.3　圆柱面 $x^2+y^2=r^2(r>0)$上的测地线为平行于 xOy 平面的圆、圆柱面上平行于 z 轴的直线以及圆柱螺线.

定理 2.8.8　C^2正则曲面 M 上存在充分小的开邻域，对其内的任何两点 P 与 Q，过 P 与 Q 两点在此小邻域内的测地线段 C 是连接 P 与 Q 两点的曲面上的曲线中弧长最短的曲线.

注 2.8.3　如果不限制在一充分小的曲面片上，定理 2.8.8 未必正确.

2. 习题解答

2.8.1 计算曲线

$$\boldsymbol{x}(s)=\left(\frac{1}{k}\cos ks,\frac{1}{k}\sin ks,h\right)$$

的曲率,其中 $0<h<1,k=\dfrac{1}{\sqrt{1-h^2}}$. 并求它在单位球面上的切向法曲率 κ_n 与测地曲率 κ_g,进而验证:

$$\kappa\boldsymbol{V}_2=\boldsymbol{\tau}+\kappa_n\boldsymbol{n}.$$

解 (1) $\boldsymbol{x}'(s)=(-\sin ks,\cos ks,0)$, $|\boldsymbol{x}(s)|=1$,故 s 为其弧长,$\boldsymbol{V}_1(s)=\boldsymbol{x}'(s)$.

$\kappa(s)\boldsymbol{V}_2(s)=\boldsymbol{V}_1'(s)=\boldsymbol{x}''(s)=-k(\cos ks,\sin ks,0)$,$\kappa(s)=k$,

$\boldsymbol{V}_2(s)=(-\cos ks,-\sin ks,0)$.

$$\boldsymbol{V}_3(s)=\boldsymbol{V}_1(s)\times\boldsymbol{V}_2(s)=\begin{vmatrix}\boldsymbol{e}_1 & \boldsymbol{e}_2 & \boldsymbol{e}_3\\ -\sin ks & \cos ks & 0\\ -\cos ks & -\sin ks & 0\end{vmatrix}=(0,0,1).$$

取单位外法向 $\boldsymbol{n}=\boldsymbol{x}$,则法曲率为

$$\kappa_n=\boldsymbol{x}''(s)\cdot\boldsymbol{n}=-k(\cos ks,\sin ks,0)\cdot\left(\frac{1}{k}\cos ks,\frac{1}{k}\sin ks,h\right)=-1.$$

测地曲率(参阅定理 2.8.2)

$$\kappa_g=\sqrt{\kappa^2-\kappa_n^2}=\sqrt{\left(\frac{1}{\sqrt{1-h^2}}\right)^2-(-1)^2}=\sqrt{\frac{h^2}{1-h^2}}=\frac{h}{\sqrt{1-h^2}}$$

(由于 $\boldsymbol{V}_3\cdot\boldsymbol{n}=h>0$,故开平方取正号,见定义 2.8.1). 或者,由

$$\boldsymbol{\tau}=\kappa_g(\boldsymbol{n}\times\boldsymbol{V}_1)\quad(见定义\ 2.8.1),$$

得到

$$\begin{aligned}\kappa_g&=\boldsymbol{\tau}\cdot(\boldsymbol{n}\times\boldsymbol{V}_1)=(\boldsymbol{\tau}+\kappa_n\boldsymbol{n})\cdot(\boldsymbol{n}\times\boldsymbol{V}_1)=\kappa\boldsymbol{V}_2\cdot(\boldsymbol{n}\times\boldsymbol{V}_1)\\&=\kappa\begin{vmatrix}-\cos ks & -\sin ks & 0\\ -\frac{1}{k}\cos ks & \frac{1}{k}\sin ks & h\\ -\sin ks & \cos ks & 0\end{vmatrix}=-\kappa h(-\cos^2 ks-\sin^2 ks)\\&=\kappa h=\frac{h}{\sqrt{1-h^2}}.\end{aligned}$$

也可从(见定义 2.8.1)

$$\kappa_g=\kappa\boldsymbol{V}_2\cdot(\boldsymbol{n}\times\boldsymbol{V}_1)=\kappa\cdot\boldsymbol{n}\cdot(\boldsymbol{V}_1\times\boldsymbol{V}_2)$$

$$= \kappa \boldsymbol{n} \cdot \boldsymbol{V}_3 = \kappa\left(\frac{1}{k}\cos ks, \frac{1}{k}\sin ks, h\right) \cdot (0,0,1)$$

$$= \kappa h = \frac{h}{\sqrt{1-h^2}}$$

推出(见习题 2.8.1 图).

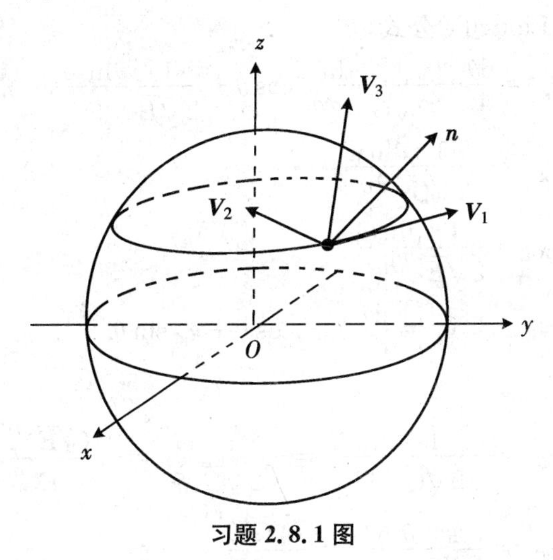

习题 2.8.1 图

(2) $\kappa_n \boldsymbol{n} = -1 \cdot \boldsymbol{n} = -\boldsymbol{x}$,

$\boldsymbol{\tau} = \kappa_g(\boldsymbol{n} \times \boldsymbol{V}_1)$　(定义 2.8.1)

$$= \kappa h \begin{vmatrix} \boldsymbol{e}_1 & \boldsymbol{e}_2 & \boldsymbol{e}_3 \\ \frac{1}{k}\cos ks & \frac{1}{k}\sin ks & h \\ -\sin ks & \cos ks & 0 \end{vmatrix} = kh\left(-h\cos ks, -h\sin ks, \frac{1}{k}\right),$$

$$\boldsymbol{\tau} + \kappa_n \boldsymbol{n} = -kh\left(h\cos ks, h\sin ks, -\frac{1}{k}\right) - \left(\frac{1}{k}\cos ks, \frac{1}{k}\sin ks, h\right)$$

$$= -\frac{1}{k}(k^2h^2+1)(\cos ks, \sin ks, 0) = -\frac{1}{k(1-h^2)}(\cos ks, \sin ks, 0)$$

$$= \boldsymbol{x}'' = \kappa \boldsymbol{V}_2.$$ □

2.8.2　当参数曲线构成正交网时,求参数曲线的测地曲率 κ_{g1} 与 κ_{g2},并证明:

(1) 此时,Liouville 公式可写成

$$\kappa_g = \frac{d\theta}{ds} + \kappa_{g2}\cos\theta + \kappa_{g1}\sin\theta;$$

(2) $K_G=\frac{1}{\sqrt{EG}}\left[\frac{\partial}{\partial v}(\kappa_{g1}\sqrt{G})-\frac{\partial}{\partial u}(\kappa_{g2}\sqrt{G})\right]$;

(3) 若κ为u曲线的曲率，则

$$\kappa^2=\frac{(E'_u)^2}{4E^2G}+\frac{L^2}{E^2}.$$

证明 (1) 由 Liouville 公式，知

$$\kappa_g=\frac{d\theta}{ds}-\frac{1}{2\sqrt{G}}\frac{\partial\ln E}{\partial v}\cos\theta+\frac{1}{2\sqrt{E}}\frac{\partial\ln G}{\partial u}\sin\theta.$$

u曲线：$\theta=0,\kappa_{g1}=-\frac{1}{2\sqrt{G}}\frac{\partial\ln G}{\partial v}$;

v曲线：$\theta=\frac{\pi}{2},\kappa_{g2}=\frac{1}{2\sqrt{E}}\frac{\partial\ln G}{\partial u}$.

$$\kappa_g=\frac{d\theta}{ds}+\kappa_{g1}\cos\theta+\kappa_{g2}\sin\theta.$$

(2) 将

$$\kappa_{g1}=-\frac{1}{2\sqrt{G}}\frac{\partial\ln E}{\partial v}=-\frac{1}{2\sqrt{G}}\frac{E'_v}{E}=-\frac{(\sqrt{E})'_v}{\sqrt{EG}},$$

$$\kappa_{g2}=\frac{1}{2\sqrt{E}}\frac{\partial\ln G}{\partial u}=\frac{(\sqrt{G})'_u}{\sqrt{EG}}$$

代入注 2.9.2 中的 Gauss 曲率公式，得

$$\begin{aligned}K_G&=-\frac{1}{\sqrt{EG}}\left\{\left[\frac{(\sqrt{E})'_v}{\sqrt{G}}\right]'_v+\left[\frac{(\sqrt{G})'_u}{\sqrt{E}}\right]'_u\right\}\\&=-\frac{1}{\sqrt{EG}}\left[-\frac{\partial}{\partial v}(\kappa_{g1}\sqrt{E})+\frac{\partial}{\partial u}(\kappa_{g2}\sqrt{G})\right]\\&=\frac{1}{\sqrt{EG}}\left[\frac{\partial}{\partial v}(\kappa_{g1}\sqrt{E})-\frac{\partial}{\partial u}(\kappa_{g2}\sqrt{G})\right].\end{aligned}$$

(3) $\kappa^2\xlongequal[\theta=0]{\text{定理 2.8.2}}\kappa_g^2+\kappa_n^2\xlongequal[du:dv=1:0]{\kappa_n=\frac{II}{I}}\left(-\frac{1}{2\sqrt{G}}\frac{\partial\ln E}{\partial v}\right)^2+\left(\frac{L}{E}\right)^2$

$=\left(-\frac{E'_v}{2E\sqrt{G}}\right)^2+\left(\frac{L}{E}\right)^2=\frac{(E'_v)^2}{4E^2G}+\frac{L^2}{E^2}.$ □

2.8.3 证明：旋转曲面上纬线的测地曲率等于常数，它的绝对值的倒数(测地曲率半径)等于经线的切线上从切点到旋转轴之间的线段长，即

$$\frac{1}{|\kappa_g|}=\overline{PA}\quad(\text{见习题 2.8.3 图}).$$

证明　(1) 旋转曲面上的纬线是圆,其曲率 κ=常数. 又由对称性,经线(的切线)与轴的交角 u=常数,故

$$|\kappa_g| \xlongequal{\text{定义 2.8.1}} |\kappa_g \boldsymbol{n} \times \boldsymbol{V}_1| = |\kappa \boldsymbol{V}_2| \sin u = \kappa \sin u \quad (\text{常数}).$$

(2) $\overline{PA} = \dfrac{\overline{PB}}{\sin u} = \dfrac{1}{\kappa} \cdot \dfrac{1}{\sin u} \xlongequal{(1)} \dfrac{1}{|\kappa_g|}.$ □

2.8.4　证明:在球面

$$\boldsymbol{x}(u,v) = (R\cos u\cos v, R\cos u\sin v, R\sin u)$$

$$\left(-\frac{\pi}{2} \leqslant u \leqslant \frac{\pi}{2}, 0 \leqslant v \leqslant 2\pi\right)$$

上,任何曲线的测地曲率可写成

$$\kappa_g = \frac{d\theta}{ds} - \sin u \frac{dv}{ds},$$

其中 θ 表示曲线与经线的交角,s 为曲线 $\boldsymbol{x}(u(s), v(s))$ 的弧长参数.

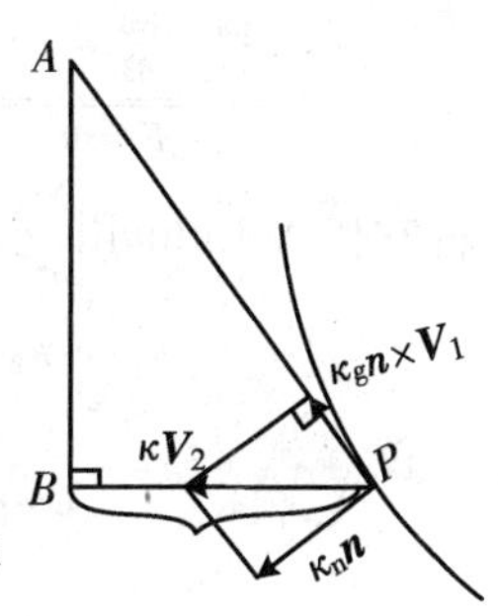

习题 2.8.3 图

再求球面上纬圆的测地曲率(见习题 2.8.4 图). 由此推得哪些纬圆及经圆为测地线.

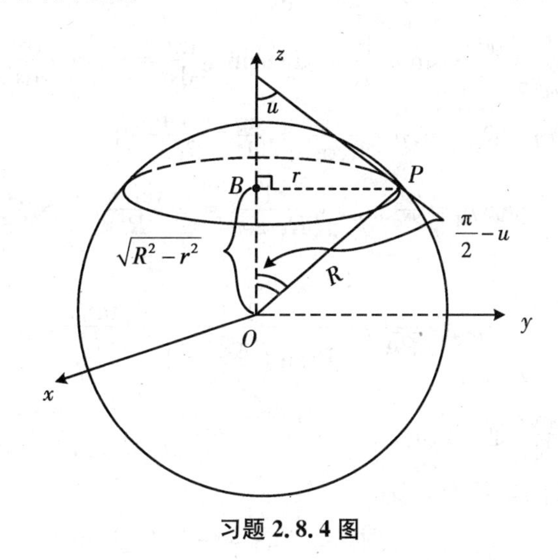

习题 2.8.4 图

证明　对于球面,第 1 基本形式为

$$I = R^2(du^2 + \cos^2 u dv^2).$$

在经线 v=常数上,$\delta v = 0$,

$$\sin\theta = \cos\left(\frac{\pi}{2}-\theta\right)$$

$$= \frac{E\dfrac{du}{ds}\dfrac{\delta u}{\delta s}+F\left(\dfrac{du}{ds}\dfrac{\delta u}{\delta s}+\dfrac{dv}{ds}\dfrac{\delta v}{\delta s}\right)+G\dfrac{dv}{ds}\dfrac{\delta v}{\delta s}}{\sqrt{E\left(\dfrac{du}{ds}\right)^2+2F\dfrac{du}{ds}\dfrac{dv}{ds}+G\left(\dfrac{dv}{ds}\right)^2}\sqrt{E\left(\dfrac{\delta u}{\delta s}\right)^2+2F\dfrac{\delta u}{\delta s}\dfrac{\delta v}{\delta s}+G\left(\dfrac{\delta v}{\delta s}\right)^2}}$$

$$\overset{\frac{\delta u}{\delta s}:\frac{\delta v}{\delta s}=0:1}{\underset{F=0}{=\!=\!=\!=}} \frac{G\dfrac{dv}{ds}}{1\cdot\sqrt{G}} = \sqrt{G}\frac{dv}{ds} = R\cos u\frac{dv}{ds}. \qquad (*)$$

将它代入 Liouville 公式，得到

$$\kappa_g = \frac{d\theta}{ds} - \frac{1}{2\sqrt{G}}\frac{\partial \ln E}{\partial v}\cos\theta + \frac{1}{2\sqrt{E}}\frac{\partial \ln G}{\partial u}\sin\theta$$

$$\overset{(\ln E)'_v=0}{=\!=\!=\!=} \frac{d\theta}{ds} + \frac{1}{2R}\frac{\partial \ln(R^2\cos^2 u)}{\partial u}\sin\theta$$

$$= \frac{d\theta}{ds} - \frac{\sin u}{R\cos u}\sin\theta \overset{(*)}{=\!=} \frac{d\theta}{ds} - \sin u\frac{dv}{ds}.$$

(a) 当曲线为纬圆时，$\theta=\frac{\pi}{2}$（常数），$\frac{d\theta}{ds}=0$，故纬圆的测地曲率为

$$\kappa_g = \frac{d\theta}{ds} - \sin u\frac{dv}{ds} = 0 - \sin u\frac{dv}{ds} = -\sin u\frac{dv}{ds}.$$

由于纬圆的半径为 $r=R\cos u$，$v=\frac{1}{R\cos u}s$，$\frac{dv}{ds}=\frac{1}{R\cos u}$，

$$\kappa_g = -\sin u\cdot\frac{1}{R\cos u} = -\frac{\tan u}{R},$$

根据习题 2.8.3，

$$|\kappa_g| = \frac{1}{\overline{PA}} = \frac{1}{R\tan\left(\frac{\pi}{2}-u\right)} = \frac{\tan u}{R},$$

这与上述 $\kappa_g = -\frac{\tan u}{R}$ 是一致的.

(b) 如果纬圆的半径为 r，则

$$\overline{OB} = \sqrt{R^2-r^2}.$$

于是，纬圆的测地曲率为

$$\kappa_g = -\frac{\tan u}{R} = -\frac{1}{R}\frac{\sqrt{R^2-r^2}}{r} = -\frac{1}{r}\sqrt{\left(\frac{R}{r}\right)^2-1}.$$

显然，当且仅当 $r=R$ 时，$\kappa_g=0$，即此纬圆为测地线.

(c) 经圆，$\theta=0$(常数)，$v=$常数，

$$\kappa_g=\frac{\mathrm{d}\theta}{\mathrm{d}s}-\sin u\,\frac{\mathrm{d}v}{\mathrm{d}s}=0-\sin u\cdot 0=0,$$

故经圆都为测地线. □

2.8.5　证明：在曲面 M：$\boldsymbol{x}(u,v)$ 的一般参数 u,v 下，弧长参数曲线 $(u(s),v(s))$ 的测地曲率为

$$\kappa_g=\sqrt{EG-F^2}(Bu'-Av'+u'v''-v'u''),$$

其中

$$A=A^1=\Gamma_{11}^1u'^2+2\Gamma_{12}^1u'v'+\Gamma_{22}^1v'^2,$$
$$B=A^2=\Gamma_{11}^2u'^2+2\Gamma_{12}^2u'v'+\Gamma_{22}^2v'^2.$$

从而证明了参数曲线的测地曲率分别为

$$\kappa_{g1}=\sqrt{EG-F^2}\,\Gamma_{11}^2u'^3,\quad \kappa_{g2}=-\sqrt{EG-F^2}\,\Gamma_{22}^1v'^3.$$

证明　$\boldsymbol{V}_1=\sum\limits_{i=1}^{2}\boldsymbol{x}'_{u^i}u^{i\prime}$，记 $A^k=\sum\limits_{i,j=1}^{2}\Gamma_{ij}^ku^{i\prime}u^{j\prime}$. 根据定义 2.5.1，

$$\boldsymbol{V}_1'=\kappa(s)\boldsymbol{V}_2(s)\xlongequal{\text{定义 2.5.1}}\sum_{k=1}^{2}\Big(u^{k\prime\prime}+\sum_{i,j=1}^{2}\Gamma_{ij}^ku^{i\prime}u^{j\prime}\Big)\boldsymbol{x}'_{u^k}+\Big(\sum_{i,j=1}^{2}L_{ij}u^{i\prime}u^{j\prime}\Big)\boldsymbol{n}$$
$$=\sum_{k=1}^{2}(A^k+u^{k\prime\prime})\boldsymbol{x}'_{u^k}+\Big(\sum_{i,j=1}^{2}L_{ij}u^{i\prime}u^{j\prime}\Big)\boldsymbol{n}.$$

将它代入

$$\kappa_g\xlongequal{\text{定义 2.8.1}}\kappa\boldsymbol{V}_2\cdot(\boldsymbol{n}\times\boldsymbol{V}_1)=\boldsymbol{n}\cdot(\boldsymbol{V}_1\times\boldsymbol{V}_1')=(\boldsymbol{n},\boldsymbol{V}_1,\boldsymbol{V}_1')$$
$$=\Big(\boldsymbol{n},\sum_{i=1}^{2}\boldsymbol{x}'_{u^i}u^{i\prime},\sum_{k=1}^{2}(A^k+u^{k\prime\prime})\boldsymbol{x}'_{u^k}+\Big(\sum_{i,j=1}^{2}L_{ij}u^{i\prime}u^{j\prime}\Big)\boldsymbol{n}\Big)$$
$$=\Big(\boldsymbol{n},\sum_{i=1}^{2}\boldsymbol{x}'_{u^i}u^{i\prime},\sum_{k=1}^{2}(A^k+u^{k\prime\prime})\boldsymbol{x}'_{u^k}\Big)$$
$$=(\boldsymbol{n},\boldsymbol{x}'_{u^1}u^{1\prime},(A^2+u^{2\prime\prime})\boldsymbol{x}'_{u^2})+(\boldsymbol{n},\boldsymbol{x}'_{u^2}u^{2\prime},(A^1+u^{1\prime\prime})\boldsymbol{x}'_{u^1})$$
$$=(\boldsymbol{n},\boldsymbol{x}'_u,\boldsymbol{x}'_v)[u'(A^2+v'')-v'(A^1+u'')]$$
$$=\sqrt{EG-F^2}(Bu'-Av'+u'v''-v'u'').$$

当 $v=$常数时，$v'=0=v''$，

$$\kappa_{g1}=\sqrt{EG-F^2}\,Bu'=\sqrt{EG-F^2}\,\Gamma_{11}^2u'^3;$$

当 $u=$常数时 $u'=0=u''$，

$$\kappa_{g2}=\sqrt{EG-F^2}(-Av')=-\sqrt{EG-F^2}\,\Gamma_{22}^1v'^3.$$ □

2.8.6　证明：曲面 M 上测地线的方程在一般参数下可取如下形式：

$$\frac{\mathrm{d}^2 v}{\mathrm{d}u^2}=\Gamma_{22}^1\left(\frac{\mathrm{d}v}{\mathrm{d}u}\right)^3+(2\Gamma_{12}^1-\Gamma_{22}^2)\left(\frac{\mathrm{d}v}{\mathrm{d}u}\right)^2+(\Gamma_{11}^1-2\Gamma_{12}^2)\frac{\mathrm{d}v}{\mathrm{d}u}-\Gamma_{11}^2.$$

证明 测地线方程

$$\kappa_g \xlongequal{\text{习题 2.8.5}} \sqrt{EG-F^2}(Bu'-Av'+u'v''-v'u'')=0$$

$$\begin{aligned}
\overset{\text{习题2.8.5}}{\Longleftrightarrow} 0 &= Bu'-Av'+u'v''-v'u''\\
&=(\Gamma_{11}^2 u'^2+2\Gamma_{12}^2 u'v'+\Gamma_{22}^2 v'^2)u'\\
&\quad -(\Gamma_{11}^1 u'^2+2\Gamma_{12}^1 u'v'+\Gamma_{22}^1 v'^2)v'+u^2\frac{\mathrm{d}}{\mathrm{d}s}\left(\frac{v'}{u'}\right)\\
&=u'^2\frac{\mathrm{d}}{\mathrm{d}s}\left(\frac{v'}{u'}\right)+\Gamma_{11}^2 u'^3-\Gamma_{22}^1 v'^3+(2\Gamma_{12}^2-\Gamma_{11}^1)u'^2 v'+(\Gamma_{22}^2-2\Gamma_{12}^1)u'v'^2
\end{aligned}$$

$$\begin{aligned}
\Leftrightarrow u'^3\frac{\mathrm{d}^2 v}{\mathrm{d}u^2} &= u'^2\frac{\mathrm{d}}{\mathrm{d}u}\left(\frac{\mathrm{d}v}{\mathrm{d}u}\right)u'=u'^2\frac{\mathrm{d}}{\mathrm{d}s}\left(\frac{v'}{u'}\right)\\
&=\Gamma_{22}^1 v'^3+(2\Gamma_{12}^1-\Gamma_{22}^2)u'v'^2+(\Gamma_{11}^1-2\Gamma_{12}^2)u'^2 v'-\Gamma_{11}^2 u'^3
\end{aligned}$$

$$\Leftrightarrow \frac{\mathrm{d}^2 v}{\mathrm{d}u^2}=\Gamma_{22}^1\left(\frac{\mathrm{d}v}{\mathrm{d}u}\right)^3+(2\Gamma_{12}^1-\Gamma_{22}^2)\left(\frac{\mathrm{d}v}{\mathrm{d}u}\right)^2+(\Gamma_{11}^1-2\Gamma_{12}^2)\frac{\mathrm{d}v}{\mathrm{d}u}-\Gamma_{11}^2. \qquad \square$$

2.8.7 求正螺面

$$\boldsymbol{x}(u,v)=(v\cos u, v\sin u, au)\quad (a>0)$$

上的测地线.

解 根据例 1.7.8,有

$$I=\mathrm{d}u^2+(u^2+a^2)\mathrm{d}v^2,$$

$$E=1,\quad \frac{\partial \ln E}{\partial v}=0,\quad G=u^2+a^2,\quad \frac{\partial \ln G}{\partial u}=\frac{2u}{u^2+a^2}.$$

于是,测地线方程为

$$0=\kappa_g=\frac{\mathrm{d}\theta}{\mathrm{d}s}-\frac{1}{2\sqrt{G}}\frac{\partial \ln E}{\partial v}\cos\theta+\frac{1}{2\sqrt{E}}\frac{\partial \ln G}{\partial u}\sin\theta,$$

$$\frac{\mathrm{d}\theta}{\mathrm{d}u}\frac{\cos\theta}{\sqrt{E}}\xlongequal{\text{定理 2.8.3}}\frac{\mathrm{d}\theta}{\mathrm{d}u}\frac{\mathrm{d}u}{\mathrm{d}s}=\frac{\mathrm{d}\theta}{\mathrm{d}s}=\frac{1}{2\sqrt{G}}\frac{\partial \ln E}{\partial v}\cos\theta-\frac{1}{2\sqrt{E}}\frac{\partial \ln G}{\partial u}\sin\theta,$$

$$\frac{\mathrm{d}\theta}{\mathrm{d}u}=\frac{1}{2}\sqrt{\frac{E}{G}}\frac{\partial \ln E}{\partial v}-\frac{1}{2}\frac{\partial \ln G}{\partial u}\tan\theta=-\frac{u}{u^2+a^2}\tan\theta,$$

$$\frac{\mathrm{d}v}{\mathrm{d}u}=\frac{\frac{\mathrm{d}v}{\mathrm{d}s}}{\frac{\mathrm{d}u}{\mathrm{d}s}}\xlongequal{\text{定理 2.8.3}}\frac{\frac{\sin\theta}{\sqrt{G}}}{\frac{\cos\theta}{\sqrt{E}}}=\sqrt{\frac{E}{G}}\tan\theta=\frac{\tan\theta}{\sqrt{u^2+a^2}}.$$

考虑上两式中的第 1 式,有

$$\frac{\cos\theta}{\sin\theta}\mathrm{d}\theta=-\frac{u}{u^2+a^2}\mathrm{d}u.$$

两边积分得

$$\ln\sin\theta=-\frac{1}{2}\ln(u^2+a^2)+\ln h=\ln(u^2+a^2)^{-\frac{1}{2}}+\ln h=\ln\frac{h}{\sqrt{u^2+a^2}}$$

$$\sin\theta=\frac{h}{\sqrt{u^2+a^2}}.$$

由习题 2.8.7 图知

$$\tan\theta=\frac{h}{\sqrt{u^2+a^2-h^2}}.$$

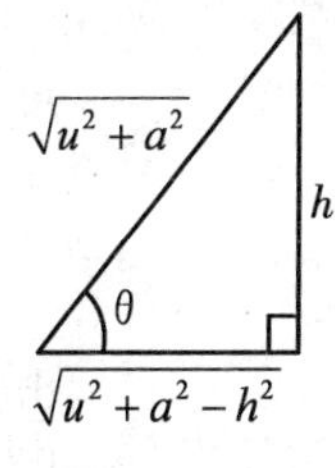

习题 2.8.7 图

代入上两式中的第 2 式,得所求测地线为

$$\frac{\mathrm{d}v}{\mathrm{d}u}=\frac{\tan\theta}{\sqrt{u^2+a^2}}=\frac{h}{\sqrt{u^2+a^2-h^2}\sqrt{u^2+a^2}},$$

$$v=h\int\frac{\mathrm{d}u}{\sqrt{(u^2+a^2)(u^2+a^2-h^2)}}.$$ □

注　例 2.8.3 和习题 2.8.9(2)中指出圆柱面上的圆柱螺线是测地线. 自然会问:正螺面

$$\boldsymbol{x}(u,v)=(u\cos v,u\sin v,av)\quad(a>0)$$

上的圆柱螺线

$$\boldsymbol{x}(u_0,v)=(u_0\cos v,u_0\sin v,av)\quad(u=u_0(\text{常数}),v\text{ 线})$$

为正螺面上的测地线吗?

由例 1.7.8,正螺面的第 1 基本形式为

$$I=\mathrm{d}u^2+(u^2+a^2)\mathrm{d}v^2,\quad E=1,\quad F=0,\quad G=u^2+a^2.$$

当 u_0=常数时,为 v 线,$\theta=\frac{\pi}{2}$. 根据定理 2.8.3,在 $u=u_0$ 处,

$$\kappa_g=\frac{\mathrm{d}\theta}{\mathrm{d}s}-\frac{1}{2\sqrt{G}}\frac{\partial\ln E}{\partial v}\cos\theta+\frac{1}{2\sqrt{E}}\frac{\partial\ln G}{\partial u}\sin\theta$$

$$=0-\frac{1}{2\sqrt{G}}\cdot0\cdot0+\frac{1}{2\cdot1}\frac{2\ln(u^2+a^2)}{\partial u}\cdot1=\frac{u}{u^2+a^2}.$$

因此,当 $u_0\neq0$ 时,$\kappa_g\neq0$,它不是测地线;当 $u_0=0$ 时,$\boldsymbol{x}(0,v)=(0,0,av)$为平行于 z 轴的直线,它是测地线,$\kappa_g=0$.

2.8.8　求下列曲面的测地线:

(1) $I=\mathrm{d}s^2=\rho^2(u)(\mathrm{d}u^2+\mathrm{d}v^2)$;

(2) $I=\mathrm{d}s^2=v(\mathrm{d}u^2+\mathrm{d}v^2)$,$D=\{(u,v)\mid v>0\}$;

(3) $I=\mathrm{d}s^2=\frac{a^2}{v^2}(\mathrm{d}u^2+\mathrm{d}v^2)$($a>0$ 为常数);

(4) $I=\mathrm{d}s^2=[\varphi(u)+\psi(v)](\mathrm{d}u^2+\mathrm{d}v^2)$.

解 (1) 测地线方程:

$$\frac{\mathrm{d}\theta}{\mathrm{d}u}\xlongequal{\text{习题 2.8.7}}\frac{1}{2}\sqrt{\frac{E}{G}}\frac{\partial\ln E}{\partial v}-\frac{1}{2}\frac{\partial\ln G}{\partial u}\tan\theta$$

$$=\frac{\sqrt{\rho^2}}{2\sqrt{\rho^2}}\frac{\partial\ln\rho^2}{\partial v}-\frac{1}{2}\frac{\partial\ln\rho^2}{\partial u}\tan\theta=0-\frac{1}{2}\frac{2\mathrm{d}\ln\rho}{\mathrm{d}u}\tan\theta$$

$$=-\frac{\mathrm{d}\ln\rho}{\mathrm{d}u}\tan\theta,$$

$$\frac{\mathrm{d}v}{\mathrm{d}u}=\frac{\frac{\mathrm{d}v}{\mathrm{d}s}}{\frac{\mathrm{d}u}{\mathrm{d}s}}\xlongequal{\text{定理 2.8.3}}\frac{\frac{\sin\theta}{\sqrt{G}}}{\frac{\cos\theta}{\sqrt{E}}}=\tan\theta.$$

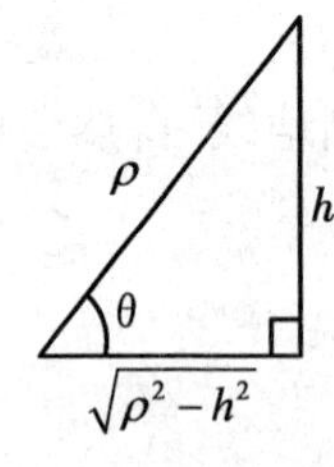

习题 2.8.8 图(Ⅰ)

由第 1 式,

$$\frac{\cos\theta}{\sin\theta}\mathrm{d}\theta=-\mathrm{d}(\ln\rho),\quad \ln\sin\theta=-\ln\rho+\ln h,$$

$$\rho\sin\theta=h\quad(h>0).$$

$$\tan\theta=\pm\frac{h}{\sqrt{\rho^2-h^2}}(\text{习题 2.8.8 图(Ⅰ)}).$$

代入第 2 式,得

$$\frac{\mathrm{d}v}{\mathrm{d}u}=\frac{\frac{\mathrm{d}v}{\mathrm{d}s}}{\frac{\mathrm{d}u}{\mathrm{d}s}}\xlongequal{\text{定理 2.8.3}}\frac{\frac{\sin\theta}{\sqrt{G}}}{\frac{\cos\theta}{\sqrt{E}}}=\tan\theta=\pm\frac{h}{\sqrt{\rho^2-h^2}},$$

积分推出

$$v=\pm h\int\frac{\mathrm{d}u}{\sqrt{\rho^2-h^2}}.$$

(2) 测地线方程(习题 2.8.8 图(Ⅱ)):

$$\frac{\mathrm{d}\theta}{\mathrm{d}u}\xlongequal{\text{习题 2.8.7}}\frac{1}{2}\sqrt{\frac{E}{G}}\frac{\partial\ln E}{\partial v}-\frac{1}{2}\frac{\partial\ln G}{\partial u}\tan\theta=\frac{1}{2}\frac{\partial\ln v}{\partial v}-\frac{1}{2v},$$

$$\frac{\mathrm{d}\theta}{\mathrm{d}v}\frac{\sin\theta}{\sqrt{G}}\xlongequal{\text{定理 2.8.3}}\frac{\mathrm{d}\theta}{\mathrm{d}v}\frac{\mathrm{d}v}{\mathrm{d}s}=\frac{\mathrm{d}\theta}{\mathrm{d}s}=\frac{1}{2\sqrt{G}}\frac{\partial\ln E}{\partial v}\cos\theta-\frac{1}{2\sqrt{E}}\frac{\partial\ln G}{\partial u}\sin\theta,$$

$$\frac{\mathrm{d}\theta}{\mathrm{d}v}=\frac{1}{2}\frac{\partial \ln E}{\partial v}\cot\theta-\frac{1}{2}\sqrt{\frac{G}{E}}\frac{\partial \ln G}{\partial u}=\frac{1}{2v}\cot\theta,$$

由第 2 式，

$$\tan\theta\mathrm{d}\theta=\frac{\mathrm{d}v}{2v},$$

$$-\ln\cos\theta=\frac{1}{2}\ln v-\ln h\quad(h>0),$$

$$\ln\cos\theta=\ln v^{-\frac{1}{2}}+\ln h=\ln\left(hv^{-\frac{1}{2}}\right)$$

$$\cos\theta=hv^{-\frac{1}{2}}=\frac{h}{v^{\frac{1}{2}}},$$

习题 2.8.8 图(Ⅱ)

$$\frac{\mathrm{d}u}{\mathrm{d}v}=\frac{\frac{\mathrm{d}u}{\mathrm{d}s}}{\frac{\mathrm{d}v}{\mathrm{d}s}}=\frac{\frac{\cos\theta}{\sqrt{E}}}{\frac{\sin\theta}{\sqrt{G}}}=\cot\theta=\pm\frac{h}{\sqrt{v-h^2}},$$

$$u=\pm h\int\frac{\mathrm{d}v}{\sqrt{v-h^2}}=\pm 2h\sqrt{v-h^2}+u_0$$

(或从(1)的结果及对称性得到此式). 上式可改写为

$$(u-u_0)^2=4h^2(v-h^2),\quad v=\frac{1}{4h^2}(u-u_0)^2+h^2.$$

这表示测地线在(u,v)平面上为抛物线.

(3) 应用(1)的结果及对称性，得到

$$u=\pm h\int\frac{\mathrm{d}v}{\sqrt{\left(\frac{a}{v}\right)^2-h^2}}=\mp\frac{(a^2-h^2v^2)^{\frac{1}{2}}}{h}+u_0,$$

$$(u-u_0)^2+v^2=\frac{a^2-h^2v^2}{h^2}+v^2=\left(\frac{a}{h}\right)^2.$$

这表示测地线在(u,v)平面上为圆.

(4) 因为 $F=0$，故参数曲线为正交曲线网，并且 $E=G=\varphi(u)+\psi(v)$. 根据例 2.4.1，

$$\Gamma_{11}^1=\frac{E_u'}{2E}=\frac{\varphi_u'}{2(\varphi+\psi)},\qquad \Gamma_{12}^1=\frac{E_v'}{2E}=\frac{\psi_v'}{2(\varphi+\psi)},\quad \Gamma_{22}^1=-\frac{G_u'}{2E}=-\frac{\varphi_u'}{2(\varphi+\psi)},$$

$$\Gamma_{11}^2=-\frac{E_v'}{2G}=-\frac{\psi_u'}{2(\varphi+\psi)},\quad \Gamma_{12}^2=\frac{G_u'}{2G}=\frac{\varphi_u'}{2(\varphi+\psi)},\quad \Gamma_{22}^2=-\frac{G_v'}{2G}=\frac{\psi_v'}{2(\varphi+\psi)}.$$

于是

$$\Gamma_{11}^1=\Gamma_{12}^2=-\Gamma_{22}^1=\frac{\varphi_u'}{2(\varphi+\psi)},\quad \Gamma_{12}^1=\Gamma_{22}^2=-\Gamma_{11}^2=\frac{\psi_v'}{2(\varphi+\psi)}.$$

代入一般参数下的测地线方程(参阅习题 2.8.5),其中

$$A=\Gamma_{11}^1u'^2+2\Gamma_{12}^1u'v'+\Gamma_{22}^1v'^2=\frac{\varphi_u'(u'^2-v'^2)+2\psi_v'u'v'}{2(\varphi+\psi)},$$

$$B=\Gamma_{11}^2u'^2+2\Gamma_{12}^2u'v'+\Gamma_{22}^2v'^2=\frac{\psi_v'(v'^2-u'^2)+2\varphi_u'u'v'}{2(\varphi+\psi)}.$$

于是,测地线

$$\begin{aligned}
&\overset{\text{习题2.8.5}}{\Longleftrightarrow}\sqrt{EG-F^2}(Bu'-Av'+u'v''-v'u'')=\kappa_g=0\\
&\Leftrightarrow(Bu'-Av'+u'v''-v'u'')=0\\
&\Leftrightarrow[\psi_v'(v'^2-u'^2)+2\varphi_u'u'v']u'-[\varphi_u'(u'^2-v'^2)\\
&\quad+2\psi_v'u'v']v'+2(\varphi+\psi)(u'v''-v'u'')=0\\
&\Leftrightarrow\psi_v'(u'v'^2-u'^3)+2\varphi_u'u'^2v'-[\varphi_u'(u'^2v'-v'^3)+2\psi_v'u'v'^2]\\
&\quad+2(\varphi+\psi)(u'v''-v'u'')=0\\
&\Leftrightarrow(\varphi_u'v'-\psi_v'u')(u'^2+v'^2)+2(\varphi+\psi)(u'v''-v'u'')=0.
\end{aligned}$$

两边乘 $u'v'$,得

$$\begin{aligned}
0&=\varphi_u'u'^3v'^2+\varphi_u'v'^4u'-\psi_v'u'^4v'-\psi_v'u'^2v'^3+2\varphi u'^2v'v''\\
&\quad-2\varphi u'v'^2u''+2\psi u'^2v'v''-2\psi u'v'^2u''\\
&=u'^2[(\varphi_u'u'v'^2+2\varphi v'v'')-(\psi_v'u'^2v'-2\psi u'u'')]\\
&\quad+v'^2[(\varphi_u'u'v'^2+2\varphi v'v'')\cdot(\psi_v'u'^2v'+2\psi u'u'')]\\
&\quad+(\psi u'^2-\varphi v'^2)(2u'u''+2v'v'')\\
&=(u'^2+v'^2)(\varphi v'^2-\psi u'^2)'-(\varphi v'^2-\psi u'^2)(u'^2+v'^2)',
\end{aligned}$$

或

$$\mathrm{d}\left(\frac{\varphi v'^2-\psi u'^2}{u'^2+v'^2}\right)=0.$$

从而可得

$$\frac{\varphi v'^2-\psi u'^2}{u'^2+v'^2}=-h,$$

$$\varphi\mathrm{d}v^2-\psi\mathrm{d}u^2=-h(\mathrm{d}u^2+\mathrm{d}v^2),$$

$$(\varphi+h)\mathrm{d}v^2-(\psi-h)\mathrm{d}u^2=0,$$

最后得到测地线的微分方程:

$$[\varphi(u)+h]\mathrm{d}v^2-[\psi(v)-h]\mathrm{d}u^2=0.\qquad\square$$

2.8.9 用各种方法证明：

(1) 平面的测地线为直线；

(2) 圆柱面的测地线为圆柱螺线、直母线、$z=$常数截圆柱面所得的圆.

证明 (1) 证法1 由平面的第1基本形式

$$I=\mathrm{d}u^2+\mathrm{d}v^2,$$

$g_{ij}=\delta_{ij}$(常数). 由此得到$\frac{\partial g_{ij}}{\partial u^k}=0$. 从而，根据定理2.4.1证明中的公式

$$\Gamma_{ij}^k=\frac{1}{2}\sum_{l=1}^{2}g^{kl}\left(\frac{\partial g_{lj}}{\partial u^i}+\frac{\partial g_{il}}{\partial u^j}-\frac{\partial g_{ij}}{\partial u^l}\right),$$

推得 $\Gamma_{ij}^k=0$. 测地线方程就成为

$$0\xlongequal{\text{定理 2.8.4(3)}}\frac{\mathrm{d}^2u^k}{\mathrm{d}s^2}+\sum_{i,j=1}^{2}\Gamma_{ij}^k\frac{\mathrm{d}u^i}{\mathrm{d}s}\frac{\mathrm{d}u^j}{\mathrm{d}s}=\frac{\mathrm{d}^2u^k}{\mathrm{d}s^2}\quad(k=1,2),$$

$$u^k=a_ks+b_k\quad(s=1,2,a_k,b_k\text{ 为常数}),$$

即

$$\begin{cases}u=u^1=a_1s+b_1,\\ v=u^2=a_2s+b_2\quad(a_1,b_1,a_2,b_2\text{ 均为常数}).\end{cases}$$

这是平面上直线的参数表示.

证法2 根据例2.8.1，直线作为最短线必为测地线. 再根据定理2.8.6，平面上的测地线为直线.

证法3 由定理2.8.3，平面 $I=\mathrm{d}u^2+\mathrm{d}v^2$ 的测地线为

$$\frac{\mathrm{d}\theta}{\mathrm{d}u}=0,\quad\frac{\mathrm{d}\theta}{\mathrm{d}v}=0,$$

$$\frac{\mathrm{d}v}{\mathrm{d}u}=\frac{\frac{\mathrm{d}v}{\mathrm{d}s}}{\frac{\mathrm{d}u}{\mathrm{d}s}}=\frac{\frac{\sin\theta}{\sqrt{G}}}{\frac{\cos\theta}{\sqrt{E}}}=\tan\theta,$$

则有 $\theta=$常数，$v=u\tan\theta+c$（c 为常数），故测地线为直线.

(2) 证法1 对于圆柱面

$$\boldsymbol{x}(u,v)=(R\cos u,R\sin u,v),$$

有

$$\boldsymbol{x}_u'=(-R\sin u,R\cos u,0),$$
$$\boldsymbol{x}_v'=(0,0,1),$$

$$\boldsymbol{x}'_u \times \boldsymbol{x}'_v = \begin{vmatrix} \boldsymbol{e}_1 & \boldsymbol{e}_2 & \boldsymbol{e}_3 \\ -R\sin u & R\cos u & 0 \\ 0 & 0 & 1 \end{vmatrix} = (R\cos u, R\sin u, 0),$$

单位法向量为

$$\boldsymbol{n} = \frac{\boldsymbol{x}'_u \times \boldsymbol{x}'_v}{|\boldsymbol{x}'_u \times \boldsymbol{x}'_v|} = (\cos u, \sin u, 0).$$

$$\boldsymbol{x}'_{uu} = (-R\cos u, -R\sin u, 0), \quad \boldsymbol{x}''_{uv} = (0,0,0), \quad \boldsymbol{x}''_{vv} = (0,0,0).$$

$$E = \boldsymbol{x}'_u \cdot \boldsymbol{x}'_u = R^2, \quad F = \boldsymbol{x}'_u \cdot \boldsymbol{x}'_v = 0, \quad G = \boldsymbol{x}'_v \cdot \boldsymbol{x}'_v = 1;$$

$$L = \boldsymbol{x}''_{uu} \cdot \boldsymbol{n} = -R, \quad M = 0 = N.$$

$$I = E\mathrm{d}u^2 + 2F\mathrm{d}u\mathrm{d}v + G\mathrm{d}v^2 = R^2\mathrm{d}u^2 + \mathrm{d}v^2,$$

$$II = L\mathrm{d}u^2 + 2M\mathrm{d}u\mathrm{d}v + N\mathrm{d}v^2 = -R\mathrm{d}u^2.$$

$$K_G = \frac{LN - M^2}{EG - F^2} = \frac{(-R)\cdot 0 - 0^2}{EG - F^2} = 0,$$

$$H = \frac{1}{2}\frac{GL - 2FM + EN}{EG - F^2} = \frac{1}{2}\frac{1\cdot(-R) - 2\cdot 0\cdot 0 + R^2\cdot 0}{R^2\cdot 1 - 0^2} = -\frac{1}{2R}.$$

由于 $g_{ij}(E,F,G)$全为常数,故$\frac{\partial g_{ij}}{\partial u^l}=0$,从而 $\Gamma_{ij}^k=0$. 同(1)的证法 1,

$$\begin{cases} u = a_1 s + b_1, \\ v = a_2 s + b_2 \quad (a_1, b_1, a_2, b_2 \text{ 为常数}). \end{cases}$$

当 $a_1=0, u=b_1$(常数),直线,它是测地线;

当 $a_2=0, v=b_2$(常数),圆,它是测地线;

当 $a_1\neq 0, a_2\neq 0$,圆柱螺线,它是测地线.

证法 2　作变换

$$\begin{cases} \tilde{u} = Ru, \\ \tilde{v} = v, \end{cases}$$

则

$$I = \mathrm{d}\tilde{u}^2 + \mathrm{d}\tilde{v}^2.$$

根据(1)的证法 3,测地线为 $\tilde{v}=\tilde{u}\tan\theta+c$ 或 $v=(R\tan\theta)u+c$. 于是:

当 $\theta=0$ 时,$v=c$,测地线为圆柱面与平面 $z=v=c$ 的交线,是半径为 R 的圆;

当 $0<\theta<\frac{\pi}{2}$时,测地线为圆柱螺线

$$\boldsymbol{x} = (R\cos u, R\sin u, (R\tan\theta) + u + c);$$

当 $\theta=\frac{\pi}{2}$时,测地线为平行 z 轴的直线.

证法 3 (a) 当 $\theta=\frac{\pi}{2}$ 时,直母线为最短线,根据例 2.8.1,它是圆柱面上的测地线.

(b) 当 $\theta=0$, $z=v=$ 常数时,它与圆柱面的交线为半径 R 的圆, $\mathbf{V}_2=(\cos u,\sin u,0)=\boldsymbol{n}$,根据定理 2.8.4(4)知,此圆为圆柱面上的测地线.

(c) 当 $\theta\neq 0,\frac{\pi}{2}$ 时,考虑圆柱螺线

$$\boldsymbol{x}(s)=\left(R\cos\left(s\cdot\frac{\cos\theta}{R}\right),R\sin\left(s\cdot\frac{\cos\theta}{R}\right),s\cdot\sin\theta\right),$$

$$\boldsymbol{x}'(s)=\left(-\cos\theta\cdot\sin\left(s\cdot\frac{\cos\theta}{R}\right),\cos\theta\cdot\cos\left(s\cdot\frac{\cos\theta}{R}\right),\sin\theta\right),$$

$$|\boldsymbol{x}'(s)|=1\quad(s\text{ 为弧长参数}),$$

$$\begin{aligned}\kappa(s)\mathbf{V}_2(s)=\mathbf{V}_1'(s)=\boldsymbol{x}''(s)&=\left(-\frac{\cos^2\theta}{R}\cos\left(s\cdot\frac{\cos\theta}{R}\right),-\frac{\cos^2\theta}{R}\sin\left(s\cdot\frac{\cos\theta}{R}\right),0\right)\\&=-\frac{\cos^2\theta}{R}\left(\cos\left(s\cdot\frac{\cos\theta}{R}\right),\sin\left(s\cdot\frac{\cos\theta}{R}\right),0\right)=-\frac{\cos^2\theta}{n}\boldsymbol{n},\end{aligned}$$

$$\kappa(s)=\frac{\cos^2\theta}{R},\quad \mathbf{V}_2(s)=-\boldsymbol{n}.$$

根据定理 2.8.4(4),该圆柱螺线为圆柱面上的测地线. 根据定理 2.8.6,圆柱面上的测地线恰为此三类曲线. □

2.8.10 证明:

$\kappa>0$ 的曲线为曲面上的测地线

$\Leftrightarrow$ 曲线的密切平面与曲面的切平面正交(即 $\mathbf{V}_3\perp\boldsymbol{n}$)

$\Leftrightarrow$ 由 $\mathbf{V}_1,\mathbf{V}_3$ 张成的从切平面与切平面重合(即 $\mathbf{V}_2/\!/\boldsymbol{n}$).

证明 根据测地线定义 2.8.2,

测地线,即 $\kappa_g=0\ \overset{\text{定理2.8.4}}{\underset{(1)\Leftrightarrow(4)}{\Longleftrightarrow}}$ 曲率向量 $\kappa\mathbf{V}_2$ 在切平面上的投影为 0,即 $\mathbf{V}_2/\!/\boldsymbol{n}$

$\Leftrightarrow$ 曲线的密切平面与曲面的切平面正交(即 $\mathbf{V}_3\perp\boldsymbol{n}$). □

2.8.11 证明:如果曲面 M 上 $\kappa>0$ 的测地线为平面曲线,则它必为曲率线. 如果曲面 M 的所有测地线均为平面曲线且 $\kappa>0$,则曲面 M 为全脐曲面. 进而,如果 M 连通,则 M 为球面片.

证明 根据定理 2.8.4(4)或习题 2.8.10,沿 $\kappa>0$ 的测地线 C,有 $\boldsymbol{n}=\pm\mathbf{V}_2$. 再由题设知 C 为平面曲线,故主法线就是法线,它必在该平面中. 因此,法线曲面也就是主法线曲面必为该平面,它是可展曲面. 再根据定理 2.5.4(3),C 为曲面 M 的曲率线. 因此,曲面 M 的任何方向都为主方向,曲面是全脐曲面.

进而,如果 M 连通,则由引理 3.1.4(1)知,曲面 M 为球面片. □

2.8.12 证明:

(1) 如果曲线既是测地线又是渐近线,则它为直线段;

(2) 如果 $\kappa>0$ 的曲线既是测地线又是曲率线,则它必为平面曲线;

(3) 如果曲面上有两族测地线交于定角,则曲面为可展曲面.

证明 (1) 因为

$$\text{测地线} \quad \Leftrightarrow \quad \kappa_{\mathrm{g}}=0, \qquad \text{渐近曲线} \quad \Leftrightarrow \quad \kappa_{\mathrm{n}}=0,$$

所以

曲线既是测地线又是渐近线

$$\begin{aligned} &\Leftrightarrow \quad \kappa_{\mathrm{g}}=0 \text{ 且 } \kappa_{\mathrm{n}}=0 \\ &\Leftrightarrow \quad 0=\kappa_{\mathrm{g}}^{2}+\kappa_{\mathrm{n}}^{2} \xlongequal{\text{Euler 公式}} \kappa^{2} \\ &\xLeftrightarrow{\text{引理1.2.2}} \quad \text{曲线为直线段}. \end{aligned}$$

(2) 由于 $\kappa>0$ 的曲线为测地线,再由定理 2.8.4(4),有 $\boldsymbol{n}=\pm\boldsymbol{V}_2$. 又因它是曲率线,故法线曲面可展,即主法线曲面可展(定理 2.5.4(3)). 从而 $\tilde{\boldsymbol{x}}(s,v)=\boldsymbol{x}(s)+v\boldsymbol{V}_2(s)$可展等价于(定理 2.2.1)

$$\begin{aligned} 0&=(\boldsymbol{x}'(s),\boldsymbol{V}_2(s),\boldsymbol{V}_2'(s))=(\boldsymbol{V}_1(s),\boldsymbol{V}_2(s),-\kappa(s)\boldsymbol{V}_1(s)+\tau(s)\boldsymbol{V}_3(s)) \\ &=(\boldsymbol{V}_1(s),\boldsymbol{V}_2(s),\tau(s)\boldsymbol{V}_3(s))=\tau(s)(\boldsymbol{V}_1(s),\boldsymbol{V}_2(s),\boldsymbol{V}_3(s))=\tau(s). \end{aligned}$$

根据定理 1.2.2,该曲线为平面曲线.

(3) 取这两族测地线为坐标曲线(参阅引理 2.6.1). Liouville 公式为

$$\kappa_{\mathrm{g}}=\frac{\mathrm{d}\theta}{\mathrm{d}s}-\frac{1}{2\sqrt{G}}\frac{\partial \ln E}{\partial v}\cos\theta+\frac{1}{2\sqrt{E}}\frac{\partial \ln G}{\partial u}\sin\theta.$$

由于$\theta=0$ 为测地线,故得$\dfrac{\mathrm{d}\theta}{\mathrm{d}s}=0,\sin\theta=0,\kappa_{\mathrm{g}}=0,\cos\theta=1,\dfrac{\partial\ln E}{\partial v}=0,E=E(u)$;

由于$\theta=\text{const}$(定角)为测地线,故得$\dfrac{\mathrm{d}\theta}{\mathrm{d}s}=0,\kappa_{\mathrm{g}}=0$. 注意到$\dfrac{\partial\ln E}{\partial v}=\dfrac{\partial\ln E(u)}{\partial v}=0$,有$\dfrac{\partial\ln G}{\partial u}=0,G=G(v)$. 于是对于测地线,有

$$\begin{aligned} 0=\kappa_{\mathrm{g}}&=\frac{\mathrm{d}\theta}{\mathrm{d}s}-\frac{1}{2\sqrt{G}}\frac{\partial \ln E}{\partial v}\cos\theta+\frac{1}{2\sqrt{E}}\frac{\partial \ln G}{\partial u}\sin\theta=\frac{\mathrm{d}\theta}{\mathrm{d}s} \\ &\Leftrightarrow \quad \theta=\text{常数}. \end{aligned}$$

特别取 $\theta=\dfrac{\pi}{2}$,它是第 1 族测地线(u 线)的正交轨线,也是测地线. 因此,如果将 $\theta=\dfrac{\pi}{2}$代替第 2 族测地线,仍记为 v 线,有

$$I = E(u)\mathrm{d}u^2 + G(v)\mathrm{d}v^2.$$

作变换

$$\tilde{u} = \int \sqrt{E(u)}\mathrm{d}u,$$

$$\tilde{v} = \int \sqrt{G(v)}\mathrm{d}v,$$

则有

$$I = \mathrm{d}\tilde{u}^2 + \mathrm{d}\tilde{v}^2.$$

它表明曲面可与平面等距,曲面是可展的. □

2.8.13 设曲面 M_1 与 M_2 沿着曲线 C 相切(即有相同的单位法向 $\boldsymbol{n}$),C 为曲面 M_1 的测地线. 证明:C 也为 M_2 的测地线.

证明 如果 $\kappa(s_0)>0$,则由连续性,存在开邻域 $(s_0-\delta, x_0+\delta)$ 使 $\kappa(s)>0$. 因 M_1 与 M_2 沿 C 相切,即 M_1 与 M_2 沿 C 有相同的单位法向量. 而 C 为 M_1 的测地线,根据定理 2.8.4(4),$\boldsymbol{n}=\pm\mathbf{V}_2$. 再一次应用定理 2.8.4(4),$C$ 在 $(s_0-\delta, s_0+\delta)$ 这一段也为测地线.

如果存在 (a,b) 使 $\kappa(s)=0\,(a<s<b)$,则 C 在这一段上为直线段. 根据例 2.8.1,它为 M_1,M_2 上的测地线段.

综上知,C 在上述两类点上关于 M_2 为测地线,它满足测地线方程:

$$\frac{\mathrm{d}^2 u^k}{\mathrm{d}s^2} + \sum_{i,j=1}^{2} \Gamma_{ij}^k \frac{\mathrm{d}u^i}{\mathrm{d}s}\frac{\mathrm{d}u^j}{\mathrm{d}s} = 0.$$

根据 $\frac{\mathrm{d}u^i}{\mathrm{d}s}, \frac{\mathrm{d}u^j}{\mathrm{d}s}, \frac{\mathrm{d}^2 u^k}{\mathrm{d}s^2}$ 的连续性知,整个 C 上关于 M_2 满足上述测地线方程,所以 C 为 M_2 上的测地线. □

2.8.14 证明:柱面 M 上,$\kappa\neq 0$ 的测地线 C 为一般螺线.

证明 由定理 2.8.4(4),对于曲面上 $\kappa\neq 0$ 的测地线,必有 $\mathbf{V}_2=\pm\boldsymbol{n}$. 但柱面 M:

$$\boldsymbol{x}(u,v) = \boldsymbol{a}(u) + v\boldsymbol{l} \quad (\boldsymbol{l}\text{ 为固定的单位向量})$$

的单位法向量

$$\boldsymbol{n} = \frac{\boldsymbol{x}_u' \times \boldsymbol{x}_v'}{|\boldsymbol{x}_u' \times \boldsymbol{x}_v'|} = \frac{\boldsymbol{a}' \times \boldsymbol{l}}{|\boldsymbol{a}' \times \boldsymbol{l}|}$$

与固定方向 $\boldsymbol{l}$ 正交. 从而柱面 M 上的测地线 C 的主法向量 $\mathbf{V}_2=\pm\boldsymbol{n}$ 正交于固定方向 $\boldsymbol{l}$. 根据例 1.3.4(2)知,C 为一般螺线. □

2.8.15 (1) 求旋转曲面 M:

$$\boldsymbol{x}(u,v) = (f(u)\cos v, f(u)\sin v, u) \quad (f(u)>0)$$

的测地线.设 θ 为测地线与经线的交角，f 为交点到旋转轴之间的距离.证明：

$$f(u)\sin\theta = 常数.$$

(2) 设在旋转曲面 M 上有一条测地线与经线交于定角 $\theta\neq 0$.证明:此曲面 M 为圆柱面.

证明 (1) 由例 2.3.2(6),知

$$I = [1+f'^2(u)]\mathrm{d}u^2 + f^2(u)\mathrm{d}v^2.$$

根据 Liouville 公式(见习题 2.8.7),

$$\frac{\mathrm{d}\theta}{\mathrm{d}u} = \frac{1}{2}\sqrt{\frac{E}{G}}\frac{\partial \ln E}{\partial v} - \frac{1}{2}\frac{\partial \ln G}{\partial u}\tan\theta = -\frac{1}{2}\frac{\partial \ln G}{\partial u}\tan\theta = -\frac{\mathrm{d}[\ln f(u)]}{\mathrm{d}u}\tan\theta,$$

$$\mathrm{d}(\ln\sin\theta) = -\mathrm{d}[\ln f(u)],\quad \mathrm{d}[\ln f(u)\sin\theta] = 0.$$

由此得关系式:

$$f(u)\sin\theta = h(常数) > 0\quad \left(0<\theta\leqslant\frac{\pi}{2}\right),$$

$$\tan\theta = \frac{h}{\sqrt{f^2-h^2}},$$

代入 Liouville 公式,有(见定理 2.8.3)

$$\frac{\mathrm{d}v}{\mathrm{d}u} = \frac{\frac{\mathrm{d}v}{\mathrm{d}s}}{\frac{\mathrm{d}u}{\mathrm{d}s}} = \frac{\frac{\sin\theta}{\sqrt{G}}}{\frac{\cos\theta}{\sqrt{E}}} = \sqrt{\frac{E}{G}}\tan\theta$$

$$= \sqrt{\frac{1+f'^2(u)}{f^2(u)}}\cdot\frac{h}{\sqrt{f^2(u)-h^2}} = \frac{h\sqrt{1+f'^2(u)}}{f(u)\sqrt{f^2(u)-h^2}},$$

$$v = h\int\frac{\sqrt{1+f'^2(u)}}{f(u)\sqrt{f^2(u)-h^2}}\mathrm{d}u.$$

(2) 在(1)中,由 $f(u)\sin\theta=h$(常数),得到

$$f(u) = \frac{h}{\sin\theta} = R\quad(常数),$$

故此曲面

$$\boldsymbol{x}(u,v) = (f(u)\cos v, f(u)\sin v, u) = (R\cos v, R\sin v, u)$$

为圆柱面. □

2.8.16 求曲面 $F(x,y,z)=0$ 的测地线 $\boldsymbol{x}(s)=(x(s),y(s),z(s))$,其中 s 为其弧长

解 由定义 2.8.1,测地线即

$$0 = \kappa_g = (\boldsymbol{n},\boldsymbol{V}_1,\boldsymbol{V}_1'),$$

或

$$\begin{vmatrix} F'_x & F'_y & F'_z \\ x' & y' & z' \\ x'' & y'' & z'' \end{vmatrix} = 0. \qquad \square$$

2.8.17. 设曲面 M 的第 1 基本形式为

$$\mathrm{I} = \mathrm{d}s^2 = \mathrm{d}u^2 + G(u,v)\mathrm{d}v^2.$$

(1) 求 Γ_{ij}^k；

(2) 证明：u 曲线为测地线；

(3) 证明：$K_G = -\frac{1}{\sqrt{G}}\frac{\partial^2 \sqrt{G}}{\partial u^2}$ 或 $(\sqrt{G})''_{uu} + K_G\sqrt{G} = 0$；

(4) 若一条测地线与 u 线的交角为 θ，证明：

$$\frac{\mathrm{d}\theta}{\mathrm{d}v} = -\frac{\partial\sqrt{G}}{\partial u}.$$

证明　(1) 因 $F=0$，故参数曲线为正交网. 根据例 2.4.1，有

$$\Gamma_{11}^1 = \frac{E'_u}{2E} \xlongequal{E=1} 0,\quad \Gamma_{12}^1 = \frac{E'_v}{2E} \xlongequal{E=1} 0,\quad \Gamma_{11}^2 = -\frac{E'_v}{2G} \xlongequal{E=1} 0,$$

$$\Gamma_{22}^1 = -\frac{G'_u}{2E} = -\frac{G'_u}{2},\quad \Gamma_{12}^2 = \frac{G'_u}{2G},\quad \Gamma_{22}^2 = \frac{G'_v}{2G}.$$

(2) u 曲线：$\theta=0$，根据 Liouville 公式，测地曲率

$$\begin{aligned}\kappa_g &= \frac{\mathrm{d}\theta}{\mathrm{d}s} - \frac{1}{2\sqrt{G}}\frac{\partial \ln E}{\partial v}\cos\theta + \frac{1}{2\sqrt{E}}\frac{\partial \ln G}{\partial u}\sin\theta \\ &= 0 - \frac{1}{2\sqrt{G}}\cdot 0\cdot 1 + \frac{1}{2}\cdot\frac{\partial \ln G}{\partial u}\cdot 0 = 0,\end{aligned}$$

故 u 曲线为测地线.

(3) 由 Gauss 方程，得($E=1$)

$$\begin{aligned}K_G &= -\frac{1}{\sqrt{EG}}\left\{\left[\frac{(\sqrt{E})'_v}{\sqrt{G}}\right]'_v + \left[\frac{(\sqrt{G})'_u}{\sqrt{E}}\right]'_u\right\} \\ &= -\frac{1}{\sqrt{G}}[(\sqrt{G})'_u]'_u = -\frac{1}{\sqrt{G}}\frac{\partial^2\sqrt{G}}{\partial u^2}.\end{aligned}$$

(4) 根据习题 2.8.7 的证明，在测地线上，

$$\begin{cases} \dfrac{\mathrm{d}\theta}{\mathrm{d}u} = \dfrac{1}{2}\sqrt{\dfrac{E}{G}}\dfrac{\partial \ln E}{\partial v} - \dfrac{1}{2}\dfrac{\partial \ln G}{\partial u}\tan\theta \xlongequal{E=1} -\dfrac{1}{2}\dfrac{\partial \ln G}{\partial u}\tan\theta, \\ \dfrac{\mathrm{d}v}{\mathrm{d}u} = \sqrt{\dfrac{E}{G}}\tan\theta \xlongequal{E=1} \dfrac{1}{\sqrt{G}}\tan\theta. \end{cases}$$

两式相除，得

$$\frac{d\theta}{dv}=-\frac{\sqrt{G}}{2}\frac{\partial \ln G}{\partial u}=-\frac{G'_u}{2\sqrt{G}}=-\frac{\partial\sqrt{G}}{\partial u}.\qquad\square$$

2.8.18 设曲面 M 的第 1 基本形式为

$$I=ds^2=E(u)du^2+G(u)dv^2.$$

证明：

(1) u 曲线为测地线；

(2) v 曲线为测地线$\Leftrightarrow G'_u(u)=0$.

证明 (1) u 曲线：$\theta=0, F=0, \frac{\partial \ln E(u)}{\partial v}=0$. 根据定理 2.8.3，有

$$\begin{aligned}\kappa_g&=\frac{d\theta}{ds}-\frac{1}{2\sqrt{G}}\frac{\partial \ln E}{\partial v}\cos\theta+\frac{1}{2\sqrt{E}}\frac{\partial \ln G}{\partial u}\sin\theta\\&=0-\frac{1}{2\sqrt{G}}\cdot 0\cdot 1+\frac{1}{2\sqrt{E}}\frac{\partial \ln G}{\partial u}\cdot 0=0,\end{aligned}$$

所以 u 曲线为测地线.

(2) v 曲线：$\theta=\frac{\pi}{2}$（因 $F=0$，u 曲线与 v 曲线正交）. 根据定理 2.8.3，有

$$\begin{aligned}0=\kappa_g&=\frac{d\theta}{ds}-\frac{1}{2\sqrt{G}}\frac{\partial \ln E}{\partial v}\cos\theta+\frac{1}{2\sqrt{E}}\frac{\partial \ln G}{\partial u}\sin\theta\\&=0-\frac{1}{2\sqrt{G}}\cdot 0\cdot 0+\frac{1}{2\sqrt{E}}\cdot\frac{\partial \ln G}{\partial u}\cdot 1=\frac{1}{2\sqrt{E}}\frac{G'_u}{G}\\&\Leftrightarrow\quad G'_u=0.\end{aligned}$$

因此，v 曲线为测地线$\Leftrightarrow G'_u(u)=0$. $\square$

2.8.19 （法坐标系）在曲面 M 的 P 点的切平面 T_PM 上，取正交参数网的正交标架 $\boldsymbol{e}_1,\boldsymbol{e}_2$. 于是，切平面 T_PM 中任一向量 $\boldsymbol{v}$ 可表示为

$$\boldsymbol{v}=\sum_{i=1}^{2}y^i\boldsymbol{e}_i$$

（见习题 2.8.19 图）. 设它的长度为 $|\boldsymbol{v}|=s$. 然后，以 P 为起点、以 $\boldsymbol{v}$ 为初始方向作一条测地线 C，在测地线 C 上选取一点 Q，使得从 P 到 Q 的测地线弧长为 s. 当 $|\boldsymbol{v}|=s$ 充分小时，这总是做得到的，我们就得到了曲面 M 在 P 点的切平面 T_PM 中的向量到曲面 M 点的一个局部对应. 并称这个对应为**指数映射(照)**，记为 $\exp_P$，在这个对应下，

$$\exp_P:\boldsymbol{v}\mapsto Q.$$

我们要证 $\{y^i\}$ 为 P 附近的新坐标系. 为此，只需证明从老坐标系 $\{u^i\}$ 到新坐标

系$\{y^i\}$之间的 Jacobi 行列式

$$\det\left(\frac{\partial u^i}{\partial u^j}\right)\neq 0.$$

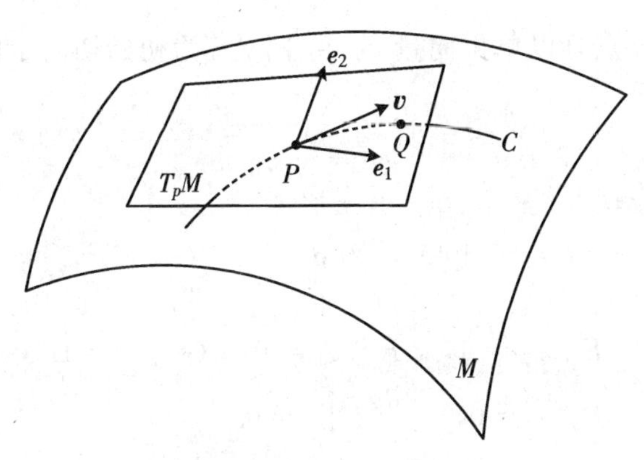

习题 2.8.19 图

不妨设$\{\boldsymbol{x}'_{u^i}|_P\}$为 T_PM 的规范正交基(否则,只需作参数的一个线性变换),且记 $\boldsymbol{e}_i=\boldsymbol{x}'_{u^i}|_P(i=1,2)$.

事实上,因为测地线 C 的微分方程是

$$\frac{\mathrm{d}^2u^i}{\mathrm{d}s^2}+\sum_{i,k=1}^{2}\Gamma^i_{jk}\frac{\mathrm{d}u^j}{\mathrm{d}s}\frac{\mathrm{d}u^k}{\mathrm{d}s}=0\quad(i=1,2).$$

而 C 在 P 点的单位切向量为

$$\sum_{i=1}^{2}\frac{\mathrm{d}u^i}{\mathrm{d}s}\Big|_{s=0}\boldsymbol{x}'_{u^i}|_P=\sum_{i=1}^{2}\frac{\mathrm{d}u^i}{\mathrm{d}s}\Big|_{s=0}\boldsymbol{e}_i=\sum_{i=1}^{2}\frac{y^i}{s}\boldsymbol{e}_i,$$

$$\frac{\mathrm{d}u^i}{\mathrm{d}s}\Big|_{s=0}=\frac{y^j}{|\boldsymbol{v}|}=\frac{y^i}{s}.$$

所以

$$\begin{aligned}u^i(s)&=u^i(0)+\frac{\mathrm{d}u^i}{\mathrm{d}s}\Big|_{s=0}\cdot s+\frac{1}{2}\left(\frac{\mathrm{d}^2u^i}{\mathrm{d}s^2}\right)\Big|_{s=0}\cdot s^2+\cdots,\\&=u^i(0)+\frac{y^i}{s}\cdot s+\frac{1}{2}\left(-\sum_{i,k=1}^{2}\Gamma^i_{jk}\Big|_P\frac{\mathrm{d}u^j}{\mathrm{d}s}\Big|_{s=0}\frac{\mathrm{d}u^k}{\mathrm{d}s}\Big|_{s=0}\right)s^2+\cdots\\&=u^i(0)+y^i-\sum_{i,k=1}^{2}\Gamma^i_{jk}\Big|_P y^jy^k+\cdots.\end{aligned}$$

于是,有

$$\frac{\partial u^i}{\partial y^i}\Big|_{y=0}=\delta^i_j,\quad\det\left(\frac{\partial u^i}{\partial y^i}\Big|_{y=0}\right)=\det(\delta^i_j)=1.$$

因此，在 P 邻近有 $\det\left(\frac{\partial u^i}{\partial y^j}\right)\neq 0$，用$\{y^i\}$作新坐标是合理的.

我们将坐标系$\{y^i\}$称为以 P 为原点、以 $\boldsymbol{e}_1$ 和 $\boldsymbol{e}_2$ 为初始标架的**法坐标系**. 在法坐标系下，过 P 点且以单位向量 $\boldsymbol{v}_0=\sum_{i=1}^{2}y_0^i\boldsymbol{e}_i$ 为初始切向量的测地线方程极为简单：

$$y^i=y_0^i s.$$

定理 在法坐标系$\{y^i\}$下，第 1 基本形式为

$$I=E(\mathrm{d}y^1)^2+2F\mathrm{d}y^1\mathrm{d}y^2+G(\mathrm{d}y^2)^2,$$

且

$$E\mid_{y=0}=1,\quad F\mid_{y=0}=0,\quad G\mid_{y=0}=1.$$

$$\Gamma_{jk}^i\mid_P=0,\qquad \frac{\partial g_{ij}}{\partial y^k}\bigg|_P=0.$$

证明 因为 y^i 曲线为过 P 点、以 $\boldsymbol{e}_i$ 为切方向的测地线，且 y^i 是此测地线的弧长参数，所以 y^i 曲线的切向量 $\boldsymbol{x}'_{y^i}$ 为单位向量，$\boldsymbol{x}'_{y^i}=\boldsymbol{e}_i(i=1,2)$. 又 $\boldsymbol{e}_1,\boldsymbol{e}_2$ 为 T_PM 中的规范正交标架，故

$$E\mid_{y=0}=\boldsymbol{x}'_{y^1}\cdot\boldsymbol{x}'_{y^1}\mid_{y=0}=\boldsymbol{e}_1\cdot\boldsymbol{e}_1=1,$$
$$F\mid_{y=0}=\boldsymbol{x}'_{y^1}\cdot\boldsymbol{x}'_{y^2}\mid_{y=0}=\boldsymbol{e}_1\cdot\boldsymbol{e}_2=0,$$
$$G\mid_{y=0}=\boldsymbol{x}'_{y^2}\cdot\boldsymbol{x}'_{y^2}\mid_{y=0}=\boldsymbol{e}_2\cdot\boldsymbol{e}_2=1.$$

于是，在 P 点附近，法坐标系相当于 Euclid 空间的 Descartes(笛卡儿)直角坐标系.

在上述法坐标系$\{y^i\}$下，过 P 点的测地线 $y^i=y_0^i s$ 中 s 为测地线的弧长参数，代入测地线微分方程：

$$\frac{\mathrm{d}^2y^i}{\mathrm{d}s^2}+\sum_{j,k=1}^{2}\Gamma_{jk}^i(y)\frac{\mathrm{d}y^j}{\mathrm{d}s}\frac{\mathrm{d}y^k}{\mathrm{d}s}=0\quad(i=1,2)$$

后，就得到 $\sum_{j,k=1}^{2}\Gamma_{jk}^i(y_0s)y_0^jy_0^k=0$. 再用 $s=0$ 代入，即得到 $\sum_{j,k=1}^{2}\Gamma_{jk}^i\big|_P y_0^jy_0^k=0$. 因为上式对任何向量 $\boldsymbol{y}_0=(y^1,y^2)$ 都成立，所以 $\Gamma_{jk}^i\mid_P=0$. 利用曲面的基本公式(定理 2.4.1) 证明中的

$$\frac{\partial g_{ij}}{\partial y^k}=\sum_{l=1}^{2}\Gamma_{ik}^l g_{lj}+\sum_{l=1}^{2}\Gamma_{jk}^l g_{li},$$

推得

$$\frac{\partial g_{ij}}{\partial y^k}\bigg|_P=0.$$ □

2.8.20 (测地极坐标系)在曲面 M 上的 P 点、以规范正交基 $\boldsymbol{e}_1$ 和 $\boldsymbol{e}_2$ 为初始

标架的法坐标系$\{y^1, y^2\}$下，令

$$\begin{cases} y^1 = \rho\cos\theta \quad (0 < \rho < +\infty), \\ y^2 = \rho\sin\theta \quad (0 < \theta < 2\pi). \end{cases}$$

我们称(ρ,θ)是以 P 为**极点**、$\boldsymbol{e}_1$ 为**极轴**的**测地极坐标系**(见习题 2.8.20 图). 在 P 点的邻近处，测地极坐标相当于平面上的极坐标系. 此时，极角 θ=常数的曲线是测地线，而将 ρ=常数的曲线称为**测地圆**. 测地圆 $\rho=c$(常数)上的每点到 P 点的测地线的弧长都是相等的，等于 c.

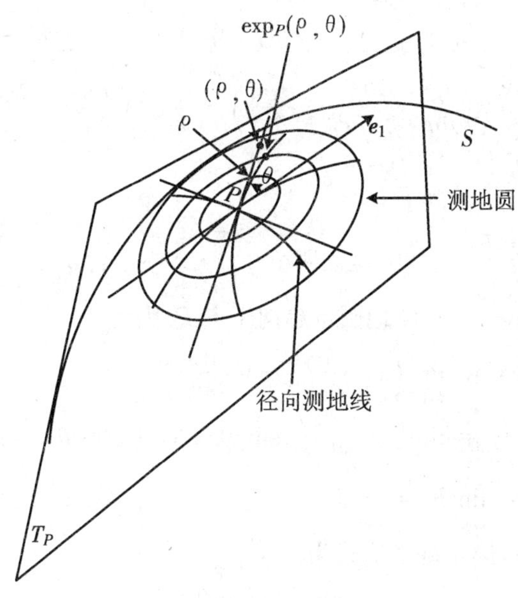

习题 2.8.20 图

定理 1　在测地极坐标系下，曲面

$$\boldsymbol{x}(\rho,\theta) = (x(\rho,\theta), y(\rho,\theta), z(\rho,\theta))$$

的第 1 基本形式为

$$\mathrm{I} = \mathrm{d}s^2 = E(\mathrm{d}\rho)^2 + 2F\mathrm{d}\rho\mathrm{d}\theta + G\mathrm{d}\theta^2 = \mathrm{d}\rho^2 + G(\rho,\theta)\mathrm{d}\theta^2,$$

并且有

$$\lim_{\rho\to 0^+}\sqrt{G} = 0, \quad \lim_{\rho\to 0^+}(\sqrt{G})'_\rho = 1.$$

证明　因为 ρ 是测地线的弧长参数，所以

$$E = \boldsymbol{x}'_\rho \cdot \boldsymbol{x}'_\rho = 1.$$

又因为 θ=常数是测地线，所以它满足测地线微分方程：

$$\frac{\mathrm{d}^2u^k}{\mathrm{d}s^2}+\sum_{i,j=1}^{2}\Gamma_{ij}^k\frac{\mathrm{d}u^i}{\mathrm{d}s}\frac{\mathrm{d}u^j}{\mathrm{d}s}=0\quad(k=1,2).$$

现在,取 $u^1=\rho,u^2=\theta$,所以用 $u^2=\theta=$常数代入上述方程组后,得到

$$\Gamma_{11}^2=0.$$

再由 $E=1$ 及

$$\begin{pmatrix}g_{11}&g_{12}\\g_{21}&g_{22}\end{pmatrix}=\begin{pmatrix}E&F\\F&G\end{pmatrix},$$

$$\begin{pmatrix}g^{11}&g^{12}\\g^{21}&g^{22}\end{pmatrix}=\begin{pmatrix}g_{11}&g_{12}\\g_{21}&g_{22}\end{pmatrix}^{-1}=\frac{1}{EG-F^2}\begin{pmatrix}G&-F\\-F&E\end{pmatrix},$$

$$\Gamma_{11}^2=\frac{1}{2}\sum_{l=1}^{2}g^{2l}\left(\frac{\partial g_{l1}}{\partial u^1}+\frac{\partial g_{1l}}{\partial u^1}-\frac{\partial g_{11}}{\partial u^l}\right)=\frac{1}{2}g^{22}\left(\frac{\partial g_{21}}{\partial u^1}+\frac{\partial g_{12}}{\partial u^1}-\frac{\partial g_{11}}{\partial u^2}\right)$$

$$=g^{22}\frac{\partial g_{12}}{\partial u^1}=\frac{E}{EG-F^2}F'_{u^1},$$

推得 $F'_\rho=F'_{u^1}=\dfrac{EG-F^2}{E}\Gamma_{11}^2=0$. 这表明 $F=\boldsymbol{x}'_\rho\cdot\boldsymbol{x}'_\theta$中不含 ρ.

另一方面,当 $\rho\to0^+$ 时,测地圆也趋向于点 P. 因此

$$\lim_{\rho\to0^+}\boldsymbol{x}'_\theta=\lim_{\rho\to0^+}\left(\boldsymbol{x}'_{y^1}\cdot\frac{\mathrm{d}y^1}{\mathrm{d}\theta}+\boldsymbol{x}'_{y^2}\frac{\mathrm{d}y^2}{\mathrm{d}\theta}\right)$$

$$=\lim_{\rho\to0^+}[\boldsymbol{x}'_{y^1}\cdot\rho(-\sin\theta)+\boldsymbol{x}'_{y^2}\cdot\rho\cos\theta]=0,$$

$$F=\lim_{\rho\to0^+}F=\lim_{\rho\to0^+}\boldsymbol{x}'_\rho\cdot\boldsymbol{x}'_\theta=0.$$

于是,在极坐标系下,第 1 基本形式为

$$\mathrm{I}=\mathrm{d}\rho^2+G(\rho,\theta)\mathrm{d}\theta^2.$$

记法坐标系$\{y^1,y^2\}$下的第 1 基本形式为

$$\mathrm{I}=\widetilde{E}(\mathrm{d}y^1)^2+2\widetilde{F}\mathrm{d}y^1\mathrm{d}y^2+\widetilde{G}(\mathrm{d}y^2)^2.$$

因此,在 P 点有(见习题 2.8.19 的定理)

$$\widetilde{E}\,|_{\rho=0}=1,\quad\widetilde{F}\,|_{\rho=0}=0,\quad\widetilde{G}\,|_{\rho=0}=1.$$

于是

$$\sqrt{EG-F^2}=\sqrt{\widetilde{E}\widetilde{G}-\widetilde{F}^2}\left|\frac{\partial(y^1,y^2)}{\partial(\rho,\theta)}\right|=\sqrt{\widetilde{E}\widetilde{G}-\widetilde{F}^2}\begin{vmatrix}\cos\theta&\sin\theta\\-\rho\sin\theta&\rho\cos\theta\end{vmatrix}$$

$$=\rho\sqrt{\widetilde{E}\widetilde{G}-\widetilde{F}^2},$$

由于 $E=1,F=0$,故有

$$\sqrt{G}=\rho\sqrt{\widetilde{E}\widetilde{G}-\widetilde{F}^2},$$

$$\lim_{\rho\to 0^+}\sqrt{G}=\lim_{\rho\to 0^+}\rho\sqrt{\widetilde{E}\widetilde{G}-\widetilde{F}^2}=0\cdot\sqrt{EG\cdot F^2}\,\Big|_{\rho=0}=0.$$

但是,因为在法坐标系下(见习题 2.8.19 的定理),

$$\frac{\partial\widetilde{E}}{\partial y^k}\Big|_P=\frac{\partial\widetilde{F}}{\partial y^k}\Big|_P=\frac{\partial\widetilde{G}}{\partial y^k}\Big|_P=0\quad(k=1,2),$$

所以

$$\frac{\partial\widetilde{E}}{\partial\rho}=\sum_{k=1}^{2}\frac{\partial\widetilde{E}}{\partial y^k}\frac{\partial y^k}{\partial\rho}=\frac{\partial\widetilde{E}}{\partial y^1}\cos\theta+\frac{\partial\widetilde{E}}{\partial y^2}\sin\theta,$$

$$\lim_{\rho\to 0^+}\widetilde{E}'_\rho=\frac{\partial\widetilde{E}}{\partial y^1}\Big|_P\cos\theta+\frac{\partial\widetilde{E}}{\partial y^2}\Big|_P\sin\theta=0.$$

同理,有

$$\lim_{\rho\to 0^+}\widetilde{F}'_\rho=0=\lim_{\rho\to 0^+}\widetilde{G}'_\rho.$$

最后,得到

$$\begin{aligned}\lim_{\rho\to 0^+}(\sqrt{G})'_\rho&=\lim_{\rho\to 0^+}(\rho\sqrt{\widetilde{E}\widetilde{G}-\widetilde{F}^2})'_\rho=\lim_{\rho\to 0^+}\left[\sqrt{\widetilde{E}\widetilde{G}-\widetilde{F}^2}+\rho\sqrt{(\widetilde{E}\widetilde{G}-\widetilde{F}^2)}'_\rho\right]\\&=1+\lim_{\rho\to 0^+}\rho\cdot\frac{\widetilde{E}'_\rho\widetilde{G}+\widetilde{E}\widetilde{G}'_\rho-2\widetilde{F}\widetilde{F}'_\rho}{2\sqrt{\widetilde{E}\widetilde{G}-\widetilde{F}^2}}=1+0=1.\end{aligned}$$

□

定理 2　在常曲率曲面上,沿着测地圆有常测地曲率.

证明　取习题 2.8.20 中的测地极坐标系,根据习题 2.8.24,对常曲率曲面,有

$$\mathrm{I}=\mathrm{d}s^2=\mathrm{d}\rho^2+G(\rho)\mathrm{d}\theta^2.$$

将测地圆 C 的方程 $\rho=$常数代入定理 2.8.3 的 Liouville 公式,得到沿测地圆的测地曲率

$$\begin{aligned}\kappa_g&=\left(\frac{\mathrm{d}\tilde{\theta}}{\mathrm{d}s}-\frac{1}{2\sqrt{G}}\frac{\partial\ln E}{\partial\theta}\cos\tilde{\theta}+\frac{1}{2\sqrt{E}}\frac{\partial\ln G}{\partial\rho}\sin\tilde{\theta}\right)\Bigg|_{\rho=\rho_0(\text{常数})\neq 0}\\&=\left[0-\frac{1}{2\sqrt{G(\rho)}}\cdot 0\cdot\cos\tilde{\theta}+\frac{1}{2}\frac{\partial\ln G(\rho)}{\partial\rho}\cdot 1\right]\Bigg|_{\rho=\rho_0(\text{常数})\neq 0}\\&=\frac{1}{2}\frac{\mathrm{d}\ln G(\rho)}{\mathrm{d}\rho}\Bigg|_{\rho=\rho_0(\text{常数})\neq 0}\end{aligned}$$

为常数. 其中 $E=1,F=0,G=G(\rho)$,故坐标曲线 $\theta=$常数(方向为$(1,0)$)和 $\rho=$常数$\neq 0$(方向为$(0,1)$). 由 $F=0$ 知它们正交,故 $\tilde{\theta}=\frac{\pi}{2},\frac{\mathrm{d}\tilde{\theta}}{\mathrm{d}s}=0,\sin\tilde{\theta}=1$. □

2.8.21　(半测地坐标系)设曲线 C 为曲面 M 上的一条已知曲线,令 v 为曲线

C 的参数. 过曲线 C 上的每一点 $C(v)$,可作出与 C 正交的测地线 A_v. 特别地,取 $v=v_0$ 的那条测地线 A_{v_0},且令这条测地线的参数为 u.

作这族测地线的正交轨线族,且称这些正交轨线为曲线 C 的**测地平行线**. 如果某条测地平行线与特定的那条测地线 A_{v_0} 的交点 Q 的测地参数为 u,那么我们就把这条测地平行线记为 B_u(习题 2.8.21 图).

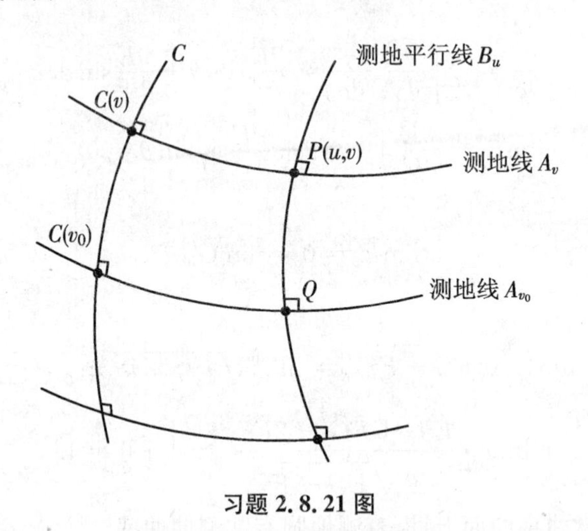

习题 2.8.21 图

当曲面 M 上一点 P 是测地线 A_v 与测地平行线 B_u 的交点时,我们就取 P 点的坐标为 (u,v),并称这种坐标系为**半测地坐标系**.

显然,通常 Euclid 平面上的 Descartes 直角坐标系就是一个特殊的半测地坐标系.

当已知曲线 C 退化为一点时,半测地坐标系就成了测地极坐标系.

定理　在半测地坐标系下,第 1 基本形式为

$$I=E(u)\mathrm{d}u^2+G(u,v)\mathrm{d}v^2.$$

证明　证法 1　因为两族坐标曲线正交,故 $F=0$.

此时,测地线 A_v 为 u 线,测地平行线 B_u 为 v 线. 因为沿测地线 A_v 的测地曲率 $\kappa_g=0$,测地线 A_v(即 u 曲线)到 u 曲线的夹角 $\theta=0$. 因此,由测地曲率的 Liouville 公式(定理 2.8.3)知

$$\begin{aligned}0=\kappa_g&=\frac{\mathrm{d}\theta}{\mathrm{d}s}-\frac{1}{2\sqrt{G}}\frac{\partial\ln E}{\partial v}\cos\theta+\frac{1}{2\sqrt{E}}\frac{\partial\ln G}{\partial u}\sin\theta\\&=0-\frac{1}{2\sqrt{G}}\frac{\partial\ln E}{\partial v}\cdot1+\frac{1}{2\sqrt{E}}\frac{\partial\ln G}{\partial u}\cdot0=-\frac{1}{2\sqrt{G}}\frac{\partial\ln E}{\partial v},\end{aligned}$$

所以

$$\frac{\partial \ln E}{\partial v} = 0.$$

当参数域为凸区域时，根据[8]第 59 页定理 8.1.2，$\ln E$ 和 E 仅与 u 有关，即 $E=E(u)$，第 1 基本形式就成为

$$\mathrm{I} = E(u)\mathrm{d}u^2 + G(u,v)\mathrm{d}v^2.$$

证法 2　由于坐标网是正交的，故 $F=0$. 于是

$$\mathrm{I} = \mathrm{d}s^2 = E\mathrm{d}u^2 + G\mathrm{d}v^2.$$

此时

$$\Gamma_{11}^1 = \frac{E'_u}{2E},\quad \Gamma_{11}^2 = -\frac{E'_v}{2G},\quad \Gamma_{12}^1 = \frac{E'_v}{2E},$$

$$\Gamma_{12}^2 = \frac{G'_u}{2G},\quad \Gamma_{22}^1 = -\frac{G'_u}{2E},\quad \Gamma_{22}^2 = \frac{G'_v}{2G}.$$

因 u 曲线为测地线，则 $v=$常数(即 $u^2=$常数)应满足测地线方程

$$\ddot{u}^2 + \sum_{j,k=1}^{2} \Gamma_{jk}^2 \dot{u}^j \dot{u}^k = 0,$$

$$0 = \Gamma_{11}^2 = -\frac{1}{2}\frac{E'_v}{G},$$

$$E'_v = 0,$$

$$E = E(u),$$

$$\mathrm{I} = E(u)\mathrm{d}u^2 + G(u,v)\mathrm{d}v^2.$$ □

推论　在半测地坐标系中，由任意两条正交轨线所截出的测地线的长度是相等的.

证明　在测地线 A_v 上，从 $u=u_1$ 到 $u=u_2$ 的这段弧长

$$L = \int_{u_1}^{u_2} \sqrt{E(u) + G(u,v)\left(\frac{\mathrm{d}v}{\mathrm{d}u}\right)^2}\,\mathrm{d}u = \int_{u_1}^{u_2} \sqrt{E(u)}\,\mathrm{d}u,$$

它与 v 无关. □

特别地，当 u 为弧长参数时，$E=1$，

$$\mathrm{I} = \mathrm{d}s^2 = \mathrm{d}u^2 + G(u,v)\mathrm{d}v^2.$$

2.8.22　在曲面 M 上的一个坐标网中，一族为测地线，另一族为这族测地线的正交轨线，则这个坐标网称为**半测地坐标网**. 证明：

(1) 平面极坐标网为半测地坐标网(原点除外)；

(2) 平面上直角坐标网为半测地坐标网(实际上是全测地坐标网)；

(3) 给定曲面上一条曲线 C，则总存在一个半测地坐标网，它的非测地坐标曲

线族中包含给定的曲线 C,且它的第 1 基本形式为

$$I=\mathrm{d}s^2=E\mathrm{d}u^2+G\mathrm{d}v^2=E(u)\mathrm{d}u^2+G(u,v)\mathrm{d}v^2,$$

其中 $E'_v=0$,即 $E=E(u)$,u 曲线为测地线.

(4) 在(3)中,在曲面 M 上,如果给定的曲线 C 为测地线且为 v 曲线($u=u_0$),再取与 C 正交的测地线族为 u 曲线;另取此测地线族的正交轨线为 v 曲线,则得一半测地坐标网. 此时,曲面的第 1 基本形式可简化为

$$I=\mathrm{d}s^2=\mathrm{d}u^2+G(u,v)\mathrm{d}v^2,$$

其中 $G(u_0,v)=1$,$G'_u(u_0,v)=0$.

证明 (1) 参阅习题 2.8.20.

(2) 显然,此时 $I=\mathrm{d}s^2=\mathrm{d}x^2+\mathrm{d}y^2$,平面上任何直线都为测地线,$x$ 线与 y 线是两族彼此正交的坐标曲线,它们都是直线,且是测地线.

(3) 参阅习题 2.8.21.

(4) 参阅习题 2.8.23. □

2.8.23 证明:存在测地坐标系,使第 1 基本形式为

$$I=\mathrm{d}s^2=\mathrm{d}u^2+G(u,v)\mathrm{d}v^2,$$

且 $\sqrt{G}\,|_{u=0}=1$,$(\sqrt{G})'_u|_{u=0}=0$.

证明 在习题 2.8.21 中,曲线 C 取为测地线,v 为其弧长参数. 由习题 2.8.21 中的推论知,可取 u 为测地线 A_v 的弧长. 于是

$$E(u,v)=\boldsymbol{x}'_u(u,v)\cdot\boldsymbol{x}'_u(u,v)=1.$$

应用定理 2.8.3 于 $C(u=0)$,有 $\theta=\frac{\pi}{2}$,$E=1$,且

$$\begin{aligned}0=\kappa_g\,|_{u=0}&=\left(\frac{\mathrm{d}\theta}{\mathrm{d}s}-\frac{1}{2\sqrt{G}}\frac{\partial\ln E}{\partial v}\cos\theta+\frac{1}{2\sqrt{G}}\frac{\partial\ln G}{\partial u}\sin\theta\right)\bigg|_{u=0}\\&=\frac{1}{2}\frac{\partial\ln G}{\partial u}\bigg|_{u=0}=\frac{\partial\ln\sqrt{G}}{\partial u}\bigg|_{u=0}=\frac{(\sqrt{G})'_u}{\sqrt{G}}\bigg|_{u=0},\end{aligned}$$

$$(\sqrt{G})'_u\big|_{u=0}=0.$$

而

$$\sqrt{G}\,|_{u=0}=\sqrt{G(0,v)}=\sqrt{\boldsymbol{x}'_v(0,v)\cdot\boldsymbol{x}'_v(0,v)}\xlongequal{v\text{ 为 }\boldsymbol{x}(0,v)\text{ 的弧长}}1.\ \square$$

2.8.24 对于 Gauss(总)曲率 K_G 为常数的曲面 M,在测地极坐标系 $\{\rho,\theta\}$ 下其第 1 基本形式取如下形式:

(1) 当 $K_G=0$ 时,$I=\mathrm{d}\rho^2+\rho^2\mathrm{d}\theta^2$;

(2) 当 $K_G=\frac{1}{a^2}>0$ 时，$I=\mathrm{d}\rho^2+a^2\sin^2\frac{\rho}{a}\mathrm{d}\theta^2$；

(3) 当 $K_G=-\frac{1}{a^2}<0$ 时，$I=\mathrm{d}\rho^2+a^2\mathrm{sh}^2\frac{\rho}{a}\mathrm{d}\theta^2$.

证明　我们选定曲面 M 上一点 P 为极点的测地极坐标系 $\{\rho,\theta\}$，根据习题 2.8.20，曲面 M 的第 1 基本形式为

$$I=\mathrm{d}\rho^2+G(\rho,\theta)\mathrm{d}\theta^2,$$

且满足：

$$\lim_{\rho\to 0^+}G=0,\quad \lim_{\rho\to 0^+}(\sqrt{G})'_\rho=1.$$

再由 Gauss 定理，推得

$$K_G=-\frac{1}{\sqrt{EG}}\left\{\left[\frac{(E)'_\theta}{\sqrt{G}}\right]'_\theta+\left[\frac{(\sqrt{G})'_\rho}{\sqrt{E}}\right]'_\rho\right\}=-\frac{(\sqrt{G})''_{\rho\rho}}{\sqrt{G}},$$

$$(\sqrt{G})''_{\rho\rho}+K_G\sqrt{G}=0.$$

(1) $K_G=0$，则

$$(\sqrt{G})''_{\rho\rho}=0.$$

积分后得

$$(\sqrt{G})'_\rho=g(\theta).$$

因为 $\lim\limits_{\rho\to 0^+}(\sqrt{G})'_\rho=1$，所以 $g(\theta)=1$，即

$$(\sqrt{G})'_\rho=1.$$

再积分后得到

$$\sqrt{G}=\rho+f(\theta).$$

因为 $\lim\limits_{\rho\to 0^+}\sqrt{G}=0$，故 $f(\theta)=0$，$\sqrt{G}=\rho$，$G=\rho^2$. 于是

$$I=\mathrm{d}\rho^2+\rho^2\mathrm{d}\theta^2.$$

(2) $k_G=\frac{1}{a^2}>0$（$a>0$ 为常数），则

$$(\sqrt{G})''_{\rho\rho}+\frac{1}{a^2}\sqrt{G}=0,$$

$$\sqrt{G}=A(\theta)\cos\frac{\rho}{a}+B(\theta)\sin\frac{\rho}{a}.$$

因为 $\lim\limits_{\rho\to 0^+}\sqrt{G}=0$，故 $A(\theta)=0$. 由于 $(\sqrt{G})'_\rho=B(\theta)\cdot\frac{1}{a}\cos\frac{\rho}{a}$ 及 $\lim\limits_{\rho\to 0^+}(\sqrt{G})'_\rho=1$，故 $B(\theta)$

$=a$. 于是

$$I=\mathrm{d}\rho^2+a^2\sin^2\frac{\rho}{a}\mathrm{d}\theta^2.$$

(3) $K_G=-\frac{1}{a^2}<0(a>0$ 为常数),则

$$(\sqrt{G})''_{\rho\rho}-\frac{1}{a^2}\sqrt{G}=0,$$

$$\sqrt{G}=A(\theta)\operatorname{ch}\frac{\rho}{a}+B(\theta)\operatorname{sh}\frac{\rho}{a}.$$

同(2),利用初始条件可得到

$$I=\mathrm{d}\rho^2+a^2\operatorname{sh}^2\frac{\rho}{a}\mathrm{d}\theta^2.$$ □

注 从习题 2.8.24 的结果可看出,两个具有相同常 Gauss(总)曲率 K_G 的曲面具有相同的第 1 基本形式,它们彼此是局部等距的.

平面作为 Gauss(总)曲率 $K_G=0$ 的曲面的代表;球面作为 Gauss(总)曲率为正的常数的曲面的代表,对于半径为 a 的球面,$K_G=\frac{1}{a^2}$;伪球面作为负常 Gauss(总)曲率 $K_G=-\frac{1}{a^2}$的代表(参阅例 2.7.2. 这种曲面之间彼此是局部等距的,所以只要找出一个作为代表即可. 为此,我们就在旋转曲面范围中去找).

例 2.7.7 指出,曲面可展$\Leftrightarrow K_G=0$. 于是,可展曲面与平面互相局部等距,即可展曲面在局部能等距地展开到平面上去,这也就是它为什么被称为可展曲面的道理.

2.8.25 证明:负常 Gauss(总)曲率曲面 $M\left(K_G=-\frac{1}{a^2}<0,a>0\right)$的第 1 基本形式可取为:

(1) $I=\mathrm{d}u^2+\mathrm{e}^{\frac{2u}{a}}\mathrm{d}v^2$;

(2) $I=\frac{a^2}{v^2}(\mathrm{d}u^2+\mathrm{d}v^2)$.

证明 (1) 在习题 2.8.20 中的测地极坐标系里,过 P_0 点取常数测地曲率为$\frac{1}{a}$的测地圆为参数曲线之一. 此时,Gauss 方程为

$$K_G=-\frac{1}{\sqrt{EG}}\left\{\left[\frac{(\sqrt{E})'_v}{\sqrt{G}}\right]'_v+\left[\frac{(\sqrt{G})'_u}{\sqrt{E}}\right]'_u\right\}\xlongequal{E=1}-\frac{(\sqrt{G})''_{uu}}{\sqrt{G}},$$

$$(\sqrt{G})''_{uu}+K_G\sqrt{G}=0.$$

初始条件：

$$\sqrt{G}\mid_{u=0}=1,$$

$$\frac{1}{a}=\kappa_g\mid_{u=0}\xlongequal[\text{Liouville 公式}]{\text{定理 2.8.3}}\left(\frac{d\theta}{ds}-\frac{1}{2\sqrt{G}}\frac{\partial\ln E}{\partial v}\cos\theta+\frac{1}{2\sqrt{E}}\frac{\partial\ln G}{\partial u}\sin\theta\right)\Bigg|_{u=0}$$

$$\xlongequal[E=1]{\theta=\frac{\pi}{2}}\frac{\partial\ln\sqrt{G}}{\partial u}\Bigg|_{u=0}=\frac{(\sqrt{G})'_u}{\sqrt{G}}\Bigg|_{u=0}.$$

解得

$$\sqrt{G}=f_1(v)\operatorname{ch}\frac{u}{a}+f_2(v)\operatorname{sh}\frac{u}{a}\xlongequal{f_1(v)=f_2(v)=1}\operatorname{ch}\frac{u}{a}+\operatorname{sh}\frac{u}{a}=e^{\frac{u}{a}}.$$

因此

$$I=du^2+e^{\frac{2u}{a}}dv^2.$$

(2) 由(1)得到第 1 基本形式为

$$I=du^2+e^{\frac{2u}{a}}dv^2=e^{\frac{2u}{a}}(e^{-\frac{2u}{a}}du^2+dv^2).$$

作变换

$$\begin{cases}\tilde{u}=v,\\ \tilde{v}=ae^{-\frac{u}{a}},\end{cases}$$

推得

$$I=\frac{a^2}{\tilde{v}^2}(d\tilde{u}^2+d\tilde{v}^2).$$ □

2.8.26　证明：常 Gauss(总)曲率曲面的第 1 基本形式可取如下形式：

(1) 当 $K_G=0$ 时，$I=du^2+dv^2$；

(2) 当 $K_G=\frac{1}{a^2}>0$ 时，$I=du^2+\cos^2\frac{u}{a}dv^2$；

(3) 当 $K_G=-\frac{1}{a^2}<0$ 时，$I=du^2+\operatorname{ch}^2\frac{u}{a}dv^2$.

证明　取习题 2.8.23 中的半测地坐标系，则第 1 基本形式为

$$I=du^2+G(u,v)dv^2,$$

$$\sqrt{G}\mid_{u=0}=1,\quad(\sqrt{G})'_u\mid_{u=0}=0.$$

根据 Gauss 方程：

$$K_G=-\frac{1}{\sqrt{EG}}\left\{\left[\frac{(\sqrt{E})'_v}{\sqrt{G}}\right]'_v+\left[\frac{(\sqrt{G})'_u}{\sqrt{E}}\right]'_u\right\}\xlongequal{E=1}-\frac{1}{\sqrt{G}}[0+(\sqrt{G})''_{uu}]$$

$$(\sqrt{G})''_{uu}+K_G\sqrt{G}=0.$$

解得：

(1) 当 $K_G=0$ 时，

$$(\sqrt{G})''_{uu}=0,\quad (\sqrt{G})'_u=f_2(v),\quad \sqrt{G}=f_1(v)+f_2(v)u.$$

将 $u=0$ 代入上式，得到

$$f_1(v)=f_1(v)\cdot 1+f_2(v)\cdot 0=\sqrt{G}\,\Big|_{u=0}\xlongequal{\text{习题 2.8.23}}1.$$

再由

$$0\xlongequal{\text{习题 2.8.23}}(\sqrt{G})'_u\big|_{u=0}=[f_1(v)+f_2(v)u]'_u\Big|_{u=0}=f_2(v),$$

推得

$$\sqrt{G}=f_1(v)+f_2(v)u=1+0\cdot u=1,$$
$$I=\mathrm{d}u^2+G(u,v)\mathrm{d}v^2=\mathrm{d}u^2+\mathrm{d}v^2.$$

(2) 当 $K_G=\frac{1}{a^2}>0$ 时，Gauss 方程：

$$(\sqrt{G})''_{uu}+K_G\sqrt{G}=0,$$
$$\sqrt{G}=f_1(v)\cos\frac{u}{a}+f_2(v)\sin\frac{u}{a}.$$

将 $u=0$ 代入上式，得到

$$f_1(v)=f_1(v)\cdot 1+f_2(v)\cdot 0=\sqrt{G}\,\Big|_{u=0}\xlongequal{\text{习题 2.8.23}}1.$$

再由

$$\begin{aligned}0&\xlongequal{\text{习题 2.8.23}}(\sqrt{G})'_u\big|_{u=0}=\left[f_1(v)\cos\frac{u}{a}+f_2(v)\sin\frac{u}{a}\right]'_u\Bigg|_{u=0}\\&=\left[\cos\frac{u}{a}+f_2(v)\sin\frac{u}{a}\right]'_u\Bigg|_{u=0}\\&=\left[-\frac{1}{a}\sin\frac{u}{a}+f_2(v)\cdot\frac{1}{a}\cos\frac{u}{a}\right]\Bigg|_{u=0}=\frac{1}{a}f_2(v),\end{aligned}$$

推得

$$\sqrt{G}=1\cdot\cos\frac{u}{a}+0\cdot\sin\frac{u}{a}=\cos\frac{u}{a},$$

$$I=\mathrm{d}u^2+G(u,v)\mathrm{d}v^2=\mathrm{d}u^2+\cos^2\frac{u}{a}\mathrm{d}v^2.$$

(3) 当 $K_G=-\frac{1}{a^2}<0$ 时，Gauss 方程：

$$(\sqrt{G})''_{uu} + K_G\sqrt{G} = 0,$$

$$\sqrt{G} = f_1(v)\operatorname{ch}\frac{u}{a} + f_2(v)\operatorname{sh}\frac{u}{a}.$$

将 $u=0$ 代入上式，得到

$$f_1(v) = f_1(v)\cdot 1 + f_2(v)\cdot 0 = \sqrt{G}\,\Big|_{u=0} \xlongequal{\text{习题 2.8.23}} 1.$$

再由

$$0 \xlongequal{\text{习题 2.8.23}} (\sqrt{G})'_u\big|_{u=0} = \left[1\cdot\operatorname{ch}\frac{u}{a} + f_2(v)\operatorname{sh}\frac{u}{a}\right]'_u\Big|_u = 0$$

$$= \left[\frac{1}{a}\operatorname{sh}\frac{u}{a} + \frac{1}{a}f_2(v)\operatorname{ch}\frac{u}{a}\right]\Big|_{u=0} = \frac{1}{a}f_2(v),$$

推得

$$\sqrt{G} = 1\cdot\operatorname{ch}\frac{u}{a} + 0\cdot\operatorname{sh}\frac{u}{a} = \operatorname{ch}\frac{u}{a},$$

$$I = \mathrm{d}u^2 + \operatorname{ch}^2\frac{u}{a}\mathrm{d}v^2.$$

□

2.8.27　在平面上取极坐标系 $\{r,\theta\}$.

(1) 证明：$I=\mathrm{d}r^2+r^2\mathrm{d}\theta^2$；

(2) 计算 Γ_{ij}^k.

证明　(1)（参阅习题 2.8.20）$\boldsymbol{x}(r,\theta)=(r\cos\theta, r\sin\theta)$. 计算得

$$\boldsymbol{x}'_r = (\cos\theta,\sin\theta),\quad \boldsymbol{x}'_\theta = (-r\sin\theta, r\cos\theta),$$

$$E = \boldsymbol{x}'_r\cdot\boldsymbol{x}'_r = 1,\quad F = \boldsymbol{x}'_r\cdot\boldsymbol{x}'_\theta = 0,\quad G = \boldsymbol{x}'_\theta\cdot\boldsymbol{x}'_\theta = r^2,$$

$$I = \mathrm{d}r^2 + r^2\mathrm{d}\theta^2.$$

(2) 因 $F=0$，即 $\boldsymbol{x}'_r\perp\boldsymbol{x}'_\theta$，$E=1$，$G=r^2$，所以根据例 2.4.1，得到

$$\Gamma_{11}^1 = \frac{E'_r}{2E} = 0,\quad \Gamma_{11}^2 = -\frac{E'_\theta}{2G} = 0,$$

$$\Gamma_{12}^1 = \Gamma_{21}^1 = \frac{E'_\theta}{2E} = 0,\quad \Gamma_{12}^2 = \Gamma_{21}^2 = \frac{G'_r}{2G} = \frac{2r}{2r^2} = \frac{1}{r},$$

$$\Gamma_{22}^1 = -\frac{G'_r}{2E} = -\frac{2r}{2} = -r,\quad \Gamma_{22}^2 = \frac{G'_\theta}{2G} = 0$$

（参阅习题 2.4.2 解法 1）.　□

2.8.28　设曲面 M 上以点 P 为中心、r 为半径的测地圆的周长为 $L(r)$，所围区域的面积为 $A(r)$. 证明：P 点的 Gauss(总)曲率：

(1) $K_G(P)=\lim\limits_{r\to0^+}\dfrac{3}{\pi}\dfrac{2\pi r-L(r)}{r^3}$；

(2) $K_G(P)=\lim\limits_{r\to0^+}\frac{12}{\pi}\frac{\pi r^2-A(r)}{r^4}$.

从而,Gauss(总)曲率刻画了曲面在给定点 P 邻近的内蕴几何与平面几何的差异.

证明 取关于点 P 的测地极坐标系$\{r,\theta\}$,使第1基本形式为

$$\mathrm{I}=\mathrm{d}r^2+G(r,\theta)\mathrm{d}\theta^2,$$

且$\sqrt{G}|_{r=0}=0,(\sqrt{G})'_r|_{r=0}=1$.

同习题2.8.24的证明,有

$$(\sqrt{G})''_{rr}|_{r=0}=-\sqrt{G}K_G|_{r=0}=0,$$

$$\begin{aligned}(\sqrt{G})'''_{rrr}|_{r=0}&=(-\sqrt{G}K_G)'_r|_{r=0}=[-\sqrt{G}(K_G)'_r-(\sqrt{G})'_rK_G]|_{r=0}\\&=-K_G|_{r=0}=-K_G(P).\end{aligned}$$

由 Taylor 展开,得到

$$\begin{aligned}\sqrt{G}&=(\sqrt{G})|_{r=0}+(\sqrt{G})'_r|_{r=0}\cdot r+\frac{(\sqrt{G})''_{rr}}{2!}\bigg|_{r=0}\cdot r^2+\frac{(\sqrt{G})'''_{rrr}}{3!}\bigg|_{r=0}\cdot r^3+\cdots\\&=r-\frac{K_G(P)}{6}r^3+\cdots.\end{aligned}$$

于是,周长

$$\begin{aligned}L(r)&=\int_0^{2\pi}\sqrt{\mathrm{d}r^2+G(r,\theta)\mathrm{d}\theta}\xlongequal[\mathrm{d}r=0]{r=\text{常数}}\int_0^{2\pi}\sqrt{G}\mathrm{d}\theta=\int_0^{2\pi}\left[r-\frac{K_G(P)}{6}r^3+\cdots\right]\mathrm{d}\theta\\&=2\pi r-\frac{\pi}{3}K_G(P)r^3+\cdots,\end{aligned}$$

面积

$$\begin{aligned}A(r)&=\int_0^r\mathrm{d}r\int_0^{2\pi}\sqrt{EG-F^2}\,\mathrm{d}\theta=\int_0^r\mathrm{d}r\int_0^{2\pi}\sqrt{G}\mathrm{d}\theta\\&=\int_0^r\mathrm{d}r\int_0^{2\pi}\left[r-\frac{K_G(P)}{6}r^3+\cdots\right]\mathrm{d}\theta\\&=\int_0^r\left[2\pi r-\frac{\pi}{3}K_G(P)r^3+\cdots\right]\mathrm{d}r\\&=\pi r^2-\frac{\pi K_G(P)}{12}r^4+\cdots.\end{aligned}$$

(1) $$\begin{aligned}\lim_{r\to0^+}\frac{3}{\pi}\frac{2\pi r-L(r)}{r^3}&=\frac{3}{\pi}\lim_{r\to0^+}\frac{2\pi r-\left[2\pi r-\frac{\pi}{3}K_G(P)r^3+\cdots\right]}{r^3}\\&=\frac{3}{\pi}\lim_{r\to0^+}\left[\frac{\pi}{3}K_G(P)+\cdots\right]=K_G(P).\end{aligned}$$

(2)　$$\lim_{r\to 0^+}\frac{12}{\pi}\frac{\pi r^2-A(r)}{r^4}=\frac{12}{\pi}\lim_{r\to 0^+}\frac{\pi r^2-\left[\pi r^2-\frac{\pi K_G(P)}{12}r^4+\cdots\right]}{r^4}$$
$$=\frac{12}{\pi}\lim_{r\to 0^+}\left[\frac{\pi}{12}K_G(P)+\cdots\right]=K_G(P).$$

特别当曲面为平面时,$L(r)=2\pi r, A(r)=\pi r^2$,有

$$\lim_{r\to 0^+}\frac{3}{\pi}\frac{2\pi r-L(r)}{r^3}=\lim_{r\to 0^+}\frac{3}{\pi}\frac{2\pi r-2\pi r}{r^3}=\lim_{r\to 0^+}\frac{3}{\pi}\frac{0}{r^3}=0=K_G(P),$$

$$\lim_{r\to 0^+}\frac{12}{\pi}\frac{\pi r^2-A(r)}{r^4}=\lim_{r\to 0^+}\frac{12}{\pi}\frac{\pi r^2-\pi r^2}{r^4}=\lim_{r\to 0^+}\frac{12}{\pi}\cdot\frac{0}{r^4}=0=K_G(P).$$

从而可看出 Gauss(总)曲率刻画了曲面在给定点 P 邻近的内蕴几何与平面几何的差异.　□

2.8.29　设曲面的第 1 基本形式为

$$I=v(\mathrm{d}u^2+\mathrm{d}v^2),\quad E=G=v,\quad F=0.$$

证明:测地线在 uv 平面上为一条抛物线.

证明　由测地线的微分方程得

$$\frac{\mathrm{d}u}{\mathrm{d}s}=\frac{1}{\sqrt{E}}\cos\theta=\frac{1}{\sqrt{v}}\cos\theta,$$

$$\frac{\mathrm{d}v}{\mathrm{d}s}=\frac{1}{\sqrt{G}}\sin\theta=\frac{1}{\sqrt{v}}\sin\theta,$$

$$\frac{\mathrm{d}\theta}{\mathrm{d}s}=\frac{1}{2\sqrt{GE}}\left(\frac{E'_v}{\sqrt{E}}\cos\theta-\frac{G'_u}{\sqrt{G}}\sin\theta\right)=\frac{1}{2v\sqrt{v}}\cos\theta=\frac{1}{2v}\frac{\mathrm{d}u}{\mathrm{d}s}.$$

由前两个方程得

$$\sin\theta\mathrm{d}u=\cos\theta\mathrm{d}v,\quad 即\quad \frac{\mathrm{d}u}{\mathrm{d}v}=\cot\theta.$$

由最后一个方程得

$$\mathrm{d}\theta=\frac{1}{2v}\mathrm{d}u,$$

$$\sin\theta\mathrm{d}\theta=\sin\theta\cdot\frac{1}{2v}\mathrm{d}u=\sin\theta\cdot\frac{1}{2v}\cos\theta\mathrm{d}v=\frac{1}{2v}\cos\theta\mathrm{d}v,$$

则有

$$\tan\theta\mathrm{d}\theta=\frac{1}{2v}\mathrm{d}v.$$

两边积分得

$$-\ln\cos\theta=\frac{1}{2}\ln v-\ln c,$$

$$\sqrt{v}\cos\theta=c,\quad \cos\theta=\frac{c}{\sqrt{v}}\quad (c\text{ 为积分常数}, c>0).$$

$$\frac{\mathrm{d}u}{\mathrm{d}v}=\cot\theta=\pm\frac{\cos\theta}{\sqrt{1-\cos^2\theta}}=\pm\frac{c}{\sqrt{v-c^2}},$$

所以

$$\mathrm{d}u=\pm\frac{c\mathrm{d}v}{\sqrt{v-c^2}}.$$

再积分得

$$u=\pm 2c\sqrt{v-c^2}+u_0,$$
$$(u-u_0)^2=4c^2(v-c^2),$$
$$v=\frac{1}{4c^2}(u-u_0)^2+c^2.$$

因此,所求的测地线在 uv 平面上是抛物线(参阅习题 2.8.8(2)). □

2.9 曲面的基本方程、曲面论的基本定理、Gauss 绝妙定理

1. 知识要点

定理 2.9.1 设 M 为 $\mathbf{R}^n$ 中 $n-1$ 维 C^3 正则超曲面,则第 1 和第 2 基本形式的系数 g_{ij}, L_{ij} 必须满足下面的曲面基本方程:

$$\frac{\partial\Gamma_{ij}^k}{\partial u^l}-\frac{\partial\Gamma_{il}^k}{\partial u^j}+\sum_{m=1}^{n-1}(\Gamma_{ij}^m\Gamma_{ml}^k-\Gamma_{il}^m\Gamma_{mj}^k)=L_{ij}\omega_l^k-L_{il}\omega_j^k\quad(\text{Gauss 方程}),$$

$$\frac{\partial L_{ij}}{\partial u^l}-\frac{\partial L_{il}}{\partial u^j}+\sum_{m=1}^{n-1}(\Gamma_{ij}^m L_{ml}-\Gamma_{il}^m L_{mj})=0\quad(\text{Codazzi 方程}).$$

注 2.9.2 当 $n=3$ 时,$n-1=2$,$u^1=u$,$u^2=v$,选用正交曲线网,有 $F=g_{12}=g_{21}=0$. 于是,Gauss 方程中只有一个独立方程:

$$-\frac{1}{\sqrt{EG}}\left\{\left[\frac{(\sqrt{E})'_v}{\sqrt{G}}\right]'_v+\left[\frac{(\sqrt{G})'_u}{\sqrt{E}}\right]'_u\right\}=\frac{LN-M^2}{EG}(=K_G).$$

而 Codazzi 方程中只有两个独立方程:

$$\begin{cases} \left(\dfrac{L}{\sqrt{E}}\right)'_v - \left(\dfrac{M}{\sqrt{E}}\right)'_u - N\dfrac{(\sqrt{E})'_v}{G} - M\dfrac{(\sqrt{G})'_u}{\sqrt{EG}} = 0, \\ \left(\dfrac{N}{\sqrt{G}}\right)'_u - \left(\dfrac{M}{\sqrt{G}}\right)'_v - L\dfrac{(\sqrt{G})'_u}{E} - M\dfrac{(\sqrt{E})'_v}{\sqrt{EG}} = 0. \end{cases}$$

定理 2.9.2(Gauss 绝妙定理) $\mathbf{R}^3$ 中 C^3 正则超曲面 M 的 Gauss(总)曲率 K_G 由曲面的第 1 基本形式(的系数)完全确定(而与第 2 基本形式(的系数 L_{ij})无关!).

定理 2.9.3(推广的 Gauss 绝妙定理) $\mathbf{R}^{2k+1}$(k 为自然数)中 C^3 正则超曲面 M 的 Gauss(总)曲率 K_G 由曲面 M 的第 1 基本形式(的系数 g_{ij})完全确定(而与第 2 基本形式(的系数 L_{ij})无关!).

由曲面的第 1 基本形式所决定的几何,即所谓曲面的内蕴几何学.而 Gauss 绝妙定理表明 Gauss 曲率 K_G 就是一个曲面的内蕴几何量.

例 2.9.1 设 M 为 $\mathbf{R}^3$ 中 2 维 C^3 正则曲面,它的第 1 基本形式为

$$I = \frac{\mathrm{d}u^2 + \mathrm{d}v^2}{\left[1 + \frac{c}{4}(u^2 + v^2)\right]^2} \quad (c \text{ 为常数}),$$

其中 u,v 为参数,那么 M 的 Gauss(总)曲率为常数 c.

当 $c \geqslant 0$ 时,曲面的定义域 $D = \mathbf{R}^2$;当 $c < 0$ 时,$D = \left\{(u,v) \in \mathbf{R}^2 \mid u^2 + v^2 < -\frac{4}{c}\right\}$.

定理 2.9.4 设 $\mathbf{R}^{n-1}$ 中单连通区域($(u^1, u^2, \cdots, u^{n-1})$ 为其参数)中定义的函数 g_{ij}, L_{ij} 关于 i,j 对称,(g_{ij}) 正定,且满足 Gauss-Codazzi 方程,则偏微分方程组

$$\begin{cases} \dfrac{\partial \boldsymbol{x}}{\partial u^i} = \boldsymbol{x}_i, \\ \dfrac{\partial \boldsymbol{x}_i}{\partial u^j} = \sum\limits_{k=1}^{n-1} \Gamma_{ij}^k \boldsymbol{x}_k + L_{ij}\boldsymbol{n}, \\ \dfrac{\partial \boldsymbol{n}}{\partial u^j} = -\sum\limits_{k=1}^{n-1} \omega_j^k \boldsymbol{x}_k \quad \left(\omega_j^k = \sum\limits_{l=1}^{n-1} g^{kl} L_{lj}\right) \end{cases}$$

(用 $\boldsymbol{x}_i$ 代替了 $\boldsymbol{x}'_{u^i}$),或相当于全微分方程组

$$\begin{cases} \mathrm{d}\boldsymbol{x} = \sum\limits_{i=1}^{n-1} \boldsymbol{x}_i \mathrm{d}u^i, \\ \mathrm{d}\boldsymbol{x}_i = -\sum\limits_{j,k=1}^{n-1} \Gamma_{ij}^k \mathrm{d}u^j \boldsymbol{x}_k + \sum\limits_{j=1}^{n-1} L_{ij}\mathrm{d}u^j \boldsymbol{n}, \\ \mathrm{d}\boldsymbol{n} = -\sum\limits_{k,j=1}^{n-1} \omega_j^k \mathrm{d}u^j \boldsymbol{x}_k = -\sum\limits_{k,l,j=1}^{n-1} g^{kl} L_{lj} \mathrm{d}u^j \boldsymbol{x}_k. \end{cases}$$

在初始($u^i=u_0^i$)条件

$$\begin{cases} \boldsymbol{x}=\underset{\circ}{\boldsymbol{x}}, \\ \boldsymbol{x}_i=\underset{\circ}{\boldsymbol{x}_i}, \\ \boldsymbol{n}=\underset{\circ}{\boldsymbol{n}} \end{cases}$$

下(其中 $\underset{\circ}{\boldsymbol{x}_i}\cdot\underset{\circ}{\boldsymbol{x}_j}=g_{ij}(u_0)$, $\underset{\circ}{\boldsymbol{x}_i}\cdot\underset{\circ}{\boldsymbol{n}}=0$, $\underset{\circ}{\boldsymbol{n}}\cdot\underset{\circ}{\boldsymbol{n}}=1$),存在着唯一的解$(\boldsymbol{x},\boldsymbol{x}_i,\boldsymbol{n})$.

定理 2.9.5(曲面论的基本定理) $\mathbf{R}^{n-1}$中在单连通区域上给出了两组 g_{ij}, L_{ij} $(i,j=1,2,\cdots,n-1)$,它们关于 i,j 是对称的,其中(g_{ij})正定,而且满足 Gauss-Codazzi 方程,则存在 $\mathbf{R}^n$ 中的$n-1$ 维曲面,它以 g_{ij}, L_{ij} 为第 1、第 2 基本形式的系数,且满足此性质的曲面除 $\mathbf{R}^n$ 中的一个刚性运动外是唯一的.

2. 习题解答

2.9.1 在 $\mathbf{R}^3$ 中曲面的一般参数下,证明:Gauss 方程为

$$K_G F=(\Gamma_{12}^1)'_u-(\Gamma_{11}^1)'_v+\Gamma_{12}^2\Gamma_{12}^1-\Gamma_{11}^2\Gamma_{22}^1,$$

$$K_G E=(\Gamma_{11}^2)'_v-(\Gamma_{12}^2)'_u+\Gamma_{11}^1\Gamma_{12}^2-\Gamma_{11}^2\Gamma_{22}^2-\Gamma_{12}^1\Gamma_{11}^2-(\Gamma_{12}^2)^2,$$

$$K_G G=(\Gamma_{22}^1)'_u-(\Gamma_{12}^1)'_v+\Gamma_{22}^2\Gamma_{12}^1+\Gamma_{22}^1\Gamma_{11}^1-\Gamma_{12}^2\Gamma_{22}^1-(\Gamma_{12}^1)^2,$$

$$K_G F=(\Gamma_{12}^2)'_v-(\Gamma_{22}^2)'_u+\Gamma_{12}^1\Gamma_{12}^2-\Gamma_{22}^1\Gamma_{11}^2,$$

而 Codazzi 方程为

$$L'_v-M'_u=L\Gamma_{12}^1+M(\Gamma_{12}^2-\Gamma_{11}^1)-N\Gamma_{11}^2,$$

$$M'_v-N'_u=L\Gamma_{22}^1+M(\Gamma_{22}^2-\Gamma_{12}^1)-N\Gamma_{12}^2.$$

证明 (1) 在 Gauss 方程($n=3$):

$$\frac{\partial\Gamma_{ij}^k}{\partial u^l}-\frac{\partial\Gamma_{il}^k}{\partial u^j}+\sum_{m=1}^{2}(\Gamma_{ij}^m\Gamma_{ml}^k-\Gamma_{il}^m\Gamma_{mj}^k)=L_{ij}\omega_l^k-L_{il}\omega_j^k$$

中,取 $k=i=l=1$, $j=2$,得到

$$\begin{aligned}
&(\Gamma_{12}^1)'_u-(\Gamma_{11}^1)'_v+\Gamma_{12}^2\Gamma_{21}^1-\Gamma_{11}^2\Gamma_{22}^1\\
&=L_{12}\omega_1^1-L_{11}\omega_2^1=L_{12}(g^{11}L_{11}+g^{12}L_{21})-L_{11}(g^{11}L_{12}+g^{12}L_{22})\\
&=g^{12}(L_{12}^2-L_{11}L_{22})\\
&=\frac{-F}{EG-F^2}(L_{12}^2-L_{11}L_{22})=K_G F,
\end{aligned}$$

其中 $\omega_k^m=\sum_{i=1}^{2}g^{mi}L_{ik}$.

由对称性立知第 4 式成立.或者仿上直接验证:

取 $k=i=l=2$, $j=1$,得到

$$
\begin{aligned}
&(\Gamma^2_{12})'_v - (\Gamma^2_{22})'_u + \Gamma^1_{12}\Gamma^2_{12} - \Gamma^1_{22}\Gamma^2_{11} \\
&= L_{12}\omega^2_2 - L_{22}\omega^2_1 = L_{12}(g^{21}L_{12} + g^{22}L_{22}) - L_{22}(g^{21}L_{11} + g^{22}L_{21}) \\
&= L^2_{12}g^{21} - L_{11}L_{22}g^{21} = g^{21}(L^2_{12} - L_{11}L_{22}) \\
&= \frac{-F}{EG - F^2}(L^2_{12} - L_{11}L_{22}) = K_G F.
\end{aligned}
$$

取 $k=1=l, i=2=j$，得到

$$
\begin{aligned}
&(\Gamma^1_{22})'_u - (\Gamma^1_{12})'_v + \Gamma^2_{22}\Gamma^1_{12} + \Gamma^1_{22}\Gamma^1_{11} - \Gamma^2_{12}\Gamma^1_{22} - (\Gamma^1_{12})^2 \\
&= L_{22}\omega^1_1 - L_{21}\omega^1_2 = L_{22}(g^{11}L_{11} + g^{12}L_{21}) - L_{12}(g^{11}L_{12} + g^{12}L_{22}) \\
&= g^{11}(L_{11}L_{22} - L^2_{12}) = \frac{G}{EG - F^2}(L_{11}L_{22} - L^2_{12}) = K_G G.
\end{aligned}
$$

由对称性立知第 2 式成立. 或者仿上直接验证：

取 $k=2=l, i=1=j$，得到

$$
\begin{aligned}
&(\Gamma^2_{11})'_v - (\Gamma^2_{12})'_u + \Gamma^1_{11}\Gamma^2_{12} + \Gamma^2_{11}\Gamma^2_{22} - \Gamma^1_{12}\Gamma^2_{11} - (\Gamma^2_{12})^2 \\
&= L_{11}\omega^2_2 - L_{12}\omega^2_1 = L_{11}(g^{21}L_{12} + g^{22}L_{22}) - L_{12}(g^{21}L_{11} + g^{22}L_{21}) \\
&= g^{22}(L_{11}L_{22} - L^2_{12}) = \frac{E}{EG - F^2}(L_{11}L_{22} - L^2_{12}) = K_G E.
\end{aligned}
$$

(2) 在 Codazzi 方程($n=3$)：

$$
\frac{\partial L_{ij}}{\partial u^l} - \frac{\partial L_{il}}{\partial u^j} + \sum_{m=1}^{2}(\Gamma^m_{ij}L_{ml} - \Gamma^m_{il}L_{mj}) = 0
$$

中，取 $i=j=1, l=2$，得到

$$
(L_{11})'_v - (L_{12})'_u + (\Gamma^1_{11}L_{12} - \Gamma^1_{12}L_{11}) + (\Gamma^2_{11}L_{22} - \Gamma^2_{12}L_{21}) = 0,
$$

即

$$
L'_v - M'_u = L\Gamma^1_{12} + M(\Gamma^2_{12} - \Gamma^1_{11}) - N\Gamma^2_{11}.
$$

由对称性立知第 2 式成立. 或者仿上直接证明：

取 $i=j=2, l=1$，得到

$$
(L_{22})'_u - (L_{21})'_2 + (\Gamma^1_{22}L_{11} - \Gamma^1_{21}L_{12}) + (\Gamma^2_{22}L_{21} - \Gamma^2_{21}L_{22}) = 0,
$$

即

$$
\begin{aligned}
&N'_u - M'_v + L\Gamma^1_{22} - M\Gamma^1_{21} + M\Gamma^2_{22} - N\Gamma^2_{21} = 0, \\
&M'_v - N'_u = L\Gamma^1_{22} + M(\Gamma^2_{22} - \Gamma^1_{12}) - N\Gamma^2_{12}.
\end{aligned}
$$

□

2.9.2 如果将习题 2.9.1 中 Codazzi 方程的 L,M,N 分别用 E,F,G 代替，则可得到恒等式(猜测)：

$$
\begin{aligned}
E'_v - F'_u &= E\Gamma^1_{12} + F(\Gamma^2_{12} - \Gamma^1_{11}) - G\Gamma^2_{11}, \\
F'_v - G'_u &= E\Gamma^1_{22} + F(\Gamma^2_{22} - \Gamma^1_{12}) - G\Gamma^2_{12}.
\end{aligned}
$$

证明 相当于 Codazzi 方程的是方程

$$\frac{\partial g_{ij}}{\partial u^l}-\frac{\partial g_{il}}{\partial u^j}+\sum_{m=1}^{2}(\Gamma_{ij}^m g_{ml}-\Gamma_{il}^m L_{mj})=0.$$

易见,上式可由

$$\frac{\partial g_{ij}}{\partial u^l}-\frac{\partial g_{ij}}{\partial u^j}=\left(\sum_{m=1}^{2}\Gamma_{il}^m g_{mj}+\sum_{m=1}^{2}\Gamma_{jl}^m g_{mi}\right)-\left(\sum_{m=1}^{2}\Gamma_{ij}^m g_{ml}+\sum_{m=1}^{2}\Gamma_{lj}^m g_{mi}\right)$$

$$=\sum_{m=1}^{2}(\Gamma_{il}^m g_{mj}-\Gamma_{ij}^m g_{ml})$$

立即推得. 于是,完全仿习题 2.9.1 的推导得到本题的结果. □

2.9.3 证明:当 $\mathbf{R}^3$ 中曲面 M 的参数曲线取曲率线网时,Codazzi 方程化为

$$L'_v=HE'_v,\quad N'_u=HG'_u.$$

从而再证明:平均曲率为常数的连通曲面为平面片,或者为球面片,或者第 1、第 2 基本形式由下式给出:

$$I=\lambda(\mathrm{d}\bar{u}^2+\mathrm{d}\bar{v}^2),$$
$$II=(1+\lambda H)\mathrm{d}\bar{u}^2-(1-\lambda H)\mathrm{d}\bar{v}^2.$$

证明 (1) 将定理 2.5.6 证明中的 $\kappa_1=\frac{L}{E}$, $\kappa_2=\frac{N}{G}$ 及 $F=M=0$ 代入习题 2.9.1 中的

$$L'_v-M'_u=L\Gamma_{12}^1+M(\Gamma_{12}^2-\Gamma_{11}^1)-N\Gamma_{11}^2,$$
$$M'_v-N'_u=L\Gamma_{22}^1+M(\Gamma_{22}^2-\Gamma_{12}^1)-N\Gamma_{12}^2,$$

得到

$$L'_v=L\Gamma_{12}^1-N\Gamma_{11}^2\xlongequal{\text{例 2.4.1}}L\frac{E'_v}{2E}+N\frac{E'_v}{2G}=\frac{\kappa_1+\kappa_2}{2}E'_v=HE'_v,$$

$$-N'_u=L\Gamma_{22}^1-N\Gamma_{12}^2\xlongequal{\text{例 2.4.1}}L\frac{-G'_u}{2E}-N\frac{G'_u}{2G}=-\frac{\kappa_1+\kappa_2}{2}G'_u=-HG'_u,$$

$$N'_u=HG'_u.$$

(2) 当 $H=$常数时,由 $L'_v=HE'_v$, $N'_u=HG'_u$,推得

$$L=HE+\varphi(u),\quad N=HG+\psi(v).$$

从而有

$$2H=\kappa_1+\kappa_2=\frac{L}{E}+\frac{N}{G}=\left(H+\frac{\varphi}{E}\right)+\left(H+\frac{\psi}{G}\right)=2H+\left(\frac{\varphi}{E}+\frac{\psi}{G}\right),$$

所以

$$\frac{\varphi}{E}+\frac{\psi}{G}=0,\quad \text{即}\quad \frac{\varphi}{E}=-\frac{\psi}{G}.$$

情况1　设上式为0,即 $\varphi=\psi=0, L=HE, N=HG$,注意到 $M=F=0$,有

$$(L,M,N)=H(E,F,G).$$

因此,曲面是全脐的,根据引理3.1.4(1),连通曲面 M 或为平面片,或为球面片.

情况2　当上式中 $\dfrac{\varphi}{E}=-\dfrac{\psi}{G}=\dfrac{1}{\lambda}\neq 0$ 时,有

$$E=\lambda\varphi,\quad G=-\lambda\psi.$$

从而有

$$L=(1+\lambda H)\varphi,\quad N=(1-\lambda H)\psi.$$

(a) 若 $\lambda>0$ 时,有 $\varphi=\dfrac{E}{\lambda}>0, -\psi=\dfrac{G}{\lambda}>0$,作变换

$$\begin{cases}\bar{u}=\displaystyle\int\sqrt{\varphi(u)}\,\mathrm{d}u,\\ \bar{v}=\displaystyle\int\sqrt{-\psi(v)}\,\mathrm{d}v,\end{cases}$$

则

$$\begin{aligned}I&=E\mathrm{d}u^2+G\mathrm{d}v^2=\lambda\varphi\mathrm{d}u^2-\lambda\psi\mathrm{d}v^2=\lambda(\mathrm{d}\bar{u}^2+\mathrm{d}\bar{v}^2),\\ II&=L\mathrm{d}u^2+N\mathrm{d}v^2=(HE+\varphi)\mathrm{d}u^2+(HG+\psi)\mathrm{d}v^2\\ &=(1+\lambda H)\varphi\mathrm{d}u^2-(1-\lambda H)(-\psi)\mathrm{d}v^2\\ &=(1+\lambda H)\mathrm{d}\bar{u}^2-(1-\lambda H)\mathrm{d}\bar{v}^2.\end{aligned}$$

(b) 若 $\lambda<0$ 时,$-\varphi=-\dfrac{E}{\lambda}>0, \psi=-\dfrac{G}{\lambda}>0$,作变换

$$\begin{cases}\bar{u}=\displaystyle\int\sqrt{-\varphi(u)}\,\mathrm{d}u,\\ \bar{v}=\displaystyle\int\sqrt{\psi(v)}\,\mathrm{d}v,\end{cases}$$

则

$$\begin{aligned}I&=E\mathrm{d}u^2+G\mathrm{d}v^2=\lambda\varphi\mathrm{d}u^2-\lambda\psi\mathrm{d}v^2\\ &=-\lambda(-\varphi\mathrm{d}u^2+\psi\mathrm{d}v^2)=-\lambda(\mathrm{d}\bar{u}^2+\mathrm{d}\bar{v}^2),\\ II&=L\mathrm{d}u^2+N\mathrm{d}v^2=(HE+\varphi)\mathrm{d}u^2+(HG+\psi)\mathrm{d}v^2\\ &=(-1-\lambda H)(-\varphi)\mathrm{d}u^2+(1-\lambda H)\psi\mathrm{d}v^2\\ &=(-1-\lambda H)\mathrm{d}\bar{u}^2+(1-\lambda H)\mathrm{d}\bar{v}^2.\\ &=-(1+\lambda H)\mathrm{d}\bar{u}^2+(1-\lambda H)\mathrm{d}\bar{u}^2\end{aligned}$$

如果交换 $\bar{u}$ 与 $\bar{v}$,并用 $-\lambda$ 代 λ,则 I 与 II 分别为

$$I=\lambda(\mathrm{d}\bar{u}^2+\mathrm{d}\bar{v}^2),$$

$$II=(1+\lambda H)\mathrm{d}\bar{u}^2-(1-\lambda H)\mathrm{d}\bar{v}^2.$$

情况 3　当上式中$\frac{\varphi}{E}=-\frac{\psi}{G}=\frac{1}{\lambda}\neq 0$时,可能有$\frac{\varphi}{E}=-\frac{\psi}{G}=0$,未能讨论清.　□

2.9.4　设曲面 M 的第 1 基本形式取等温形式:

$$I=\rho^2(\mathrm{d}u^2+\mathrm{d}v^2).$$

证明:

$$K_{\mathrm{G}}=-\frac{1}{\rho^2}\Delta\ln\rho,$$

其中 $\Delta=\frac{\partial^2}{\partial u^2}+\frac{\partial^2}{\partial v^2}$. 从而,当 $\rho=\frac{1}{u^2+v^2+c}$时,$K_{\mathrm{G}}=4c$(常数).

证明　(1) 将第 1 基本量 $E=G=\rho^2$ 代入正交曲线网下的 Gauss 方程(见注 2.9.2),得到

$$\begin{aligned}K_{\mathrm{G}}&=-\frac{1}{\sqrt{EG}}\left\{\left[\frac{(\sqrt{E})'_v}{\sqrt{G}}\right]'_v+\left[\frac{(\sqrt{G})'_u}{\sqrt{E}}\right]'_u\right\}\\&=-\frac{1}{\rho^2}\left[\left(\frac{\rho'_v}{\rho}\right)'_v+\left(\frac{\rho'_u}{\rho}\right)'_u\right]=-\frac{1}{\rho^2}\left[(\ln\rho)''_{uu}+(\ln\rho)''_{vv}\right]=-\frac{1}{\rho^2}\Delta\ln\rho.\end{aligned}$$

(2) 当 $\rho=\frac{1}{u^2+v^2+c}$时,

$$\begin{aligned}K_{\mathrm{G}}&=(u^2+v^2+c)^2\Delta\ln(u^2+v^2+c)\\&=(u^2+v^2+c)^2\left[\left(\frac{2u}{u^2+v^2+c}\right)'_u+\left(\frac{2v}{u^2+v^2+c}\right)'_v\right]\\&=2(u^2+v^2+c)^2\left[\frac{(u^2+v^2+c)-u\cdot 2u}{(u^2+v^2+c)^2}+\frac{(u^2+v^2+c)-v\cdot 2v}{(u^2+v^2+c)^2}\right]\\&=2(u^2+v^2+c)^2\cdot\frac{2c}{(u^2+v^2+c)^2}=4c\quad(\text{常数}).\end{aligned}$$

□

2.9.5　已知以下曲面的第 1 基本形式,求 Gauss(总)曲率 K_{G}:

(1) $I=\frac{a^2}{v^2}(\mathrm{d}u^2+\mathrm{d}v^2)(a>0)$.

(2) $I=\mathrm{d}u^2+\mathrm{e}^{\frac{2u}{a}}\mathrm{d}v^2(a>0)$.

(3) $I=\mathrm{d}u^2+\mathrm{ch}^2\frac{u}{a}\mathrm{d}v^2(a>0)$.

解　(1) 由习题 2.9.4,$E=\frac{a^2}{v^2}$,$\ln\sqrt{E}=\ln\frac{a}{v}=\ln a-\ln v$,$(\ln\sqrt{E})''_{uu}=0$,

$$(\ln\sqrt{E})'_v=-\frac{1}{v},\quad(\ln\sqrt{E})''_{vv}=\frac{1}{v^2}.$$

$$K_G=-\frac{1}{E}\Delta\ln\sqrt{E}-\frac{1}{E}[(\ln\sqrt{E})''_{uu}+(\ln\sqrt{E})''_{vv}]$$
$$=-\frac{v^2}{a^2}\left(0+\frac{1}{v^2}\right)=-\frac{1}{a^2}\quad（负常数）.$$

(2) 将 $E=1,G=\mathrm{e}^{\frac{2u}{a}}$ 代入 Gauss 方程(见注 2.9.2),得

$$K_G=-\frac{1}{\sqrt{EG}}\left\{\left[\frac{(\sqrt{E})'_v}{\sqrt{G}}\right]'_v+\left[\frac{(\sqrt{G})'_u}{\sqrt{E}}\right]'_u\right\}$$
$$=-\frac{1}{\mathrm{e}^{\frac{u}{a}}}[0+(\mathrm{e}^{\frac{u}{a}})''_{uu}]=-\frac{1}{\mathrm{e}^{\frac{u}{a}}}\cdot\frac{1}{a^2}\mathrm{e}^{\frac{u}{a}}=-\frac{1}{a^2}\quad（负常数）.$$

(3) 将 $E=1,G=\mathrm{ch}^2\dfrac{u}{a}$ 代入 Gauss 方程(见注 2.9.2),得

$$K_G=-\frac{1}{\sqrt{EG}}\left\{\left[\frac{(\sqrt{F})'_v}{\sqrt{G}}\right]'_v+\left[\frac{(\sqrt{G})'_u}{\sqrt{E}}\right]'_u\right\}$$
$$=-\frac{1}{\mathrm{ch}\frac{u}{a}}\left[0+\left(\mathrm{ch}\frac{u}{a}\right)''_{uu}\right]=-\frac{1}{\mathrm{ch}\frac{u}{a}}\cdot\frac{1}{a^2}\mathrm{ch}\frac{u}{a}=-\frac{1}{a^2}\quad（负常数）.$$

2.9.6　应用行列式乘法法则,证明:

$$(\boldsymbol{x}''_{uu},\boldsymbol{x}'_u,\boldsymbol{x}'_v)\cdot(\boldsymbol{x}''_{vv},\boldsymbol{x}'_u,\boldsymbol{x}'_v)=\begin{vmatrix}\boldsymbol{x}''_{uu}\cdot\boldsymbol{x}''_{vv} & \boldsymbol{x}'_u\cdot\boldsymbol{x}''_{uu} & \boldsymbol{x}'_v\cdot\boldsymbol{x}''_{uu}\\ \boldsymbol{x}'_u\cdot\boldsymbol{x}''_{vv} & E & F\\ \boldsymbol{x}'_v\cdot\boldsymbol{x}''_{vv} & F & G\end{vmatrix},$$

$$(\boldsymbol{x}''_{uv},\boldsymbol{x}'_u,\boldsymbol{x}'_v)^2=\begin{vmatrix}\boldsymbol{x}''^2_{uv} & \boldsymbol{x}'_u\cdot\boldsymbol{x}''_{uv} & \boldsymbol{x}'_v\cdot\boldsymbol{x}''_{uv}\\ \boldsymbol{x}'_u\cdot\boldsymbol{x}''_{uv} & E & F\\ \boldsymbol{x}'_v\cdot\boldsymbol{x}''_{uv} & F & G\end{vmatrix}.$$

证明　视向量为行向量,则由行列式乘法法则,有

$$(\boldsymbol{x}''_{uu},\boldsymbol{x}'_u,\boldsymbol{x}'_v)\cdot(\boldsymbol{x}''_{vv},\boldsymbol{x}'_u,\boldsymbol{x}'_v)$$
$$=\left|\begin{pmatrix}\boldsymbol{x}''_{uu}\\ \boldsymbol{x}'_u\\ \boldsymbol{x}'_v\end{pmatrix}\right|\cdot\left|\begin{pmatrix}\boldsymbol{x}''_{vv}\\ \boldsymbol{x}'_u\\ \boldsymbol{x}'_v\end{pmatrix}\right|=\left|\begin{pmatrix}\boldsymbol{x}''_{uu}\\ \boldsymbol{x}'_u\\ \boldsymbol{x}'_v\end{pmatrix}\begin{pmatrix}\boldsymbol{x}''_{vv}\\ \boldsymbol{x}'_u\\ \boldsymbol{x}'_v\end{pmatrix}^{\mathrm{T}}\right|$$
$$=\begin{vmatrix}\boldsymbol{x}''_{uu}\cdot\boldsymbol{x}''_{vv} & \boldsymbol{x}'_u\cdot\boldsymbol{x}''_{uu} & \boldsymbol{x}'_v\cdot\boldsymbol{x}''_{uu}\\ \boldsymbol{x}'_u\cdot\boldsymbol{x}''_{vv} & E & F\\ \boldsymbol{x}'_v\cdot\boldsymbol{x}''_{vv} & F & G\end{vmatrix},$$

$$(\boldsymbol{x}''_{uv},\boldsymbol{x}'_u,\boldsymbol{x}'_v)^2=\left|\begin{pmatrix}\boldsymbol{x}''_{uv}\\ \boldsymbol{x}'_u\\ \boldsymbol{x}'_v\end{pmatrix}\right|\left|\begin{pmatrix}\boldsymbol{x}''_{uv}\\ \boldsymbol{x}'_u\\ \boldsymbol{x}'_v\end{pmatrix}^{\mathrm{T}}\right|=\left|\begin{pmatrix}\boldsymbol{x}''_{uv}\\ \boldsymbol{x}'_u\\ \boldsymbol{x}'_v\end{pmatrix}\begin{pmatrix}\boldsymbol{x}''_{uv}\\ \boldsymbol{x}'_u\\ \boldsymbol{x}'_v\end{pmatrix}^{\mathrm{T}}\right|$$

$$=\begin{vmatrix}\boldsymbol{x}''^2_{uv} & \boldsymbol{x}'_u\cdot\boldsymbol{x}'_{uv} & \boldsymbol{x}'_v\cdot\boldsymbol{x}'_{uv}\\ \boldsymbol{x}'_u\cdot\boldsymbol{x}''_{uv} & E & F\\ \boldsymbol{x}'_v\cdot\boldsymbol{x}''_{uv} & F & G\end{vmatrix}.\qquad\square$$

2.9.7 证明：

$$LN-M^2=\frac{1}{g}[(\boldsymbol{x}''_{uu},\boldsymbol{x}'_u,\boldsymbol{x}'_v)(\boldsymbol{x}''_{vv},\boldsymbol{x}'_u,\boldsymbol{x}'_v)-(\boldsymbol{x}''_{uv},\boldsymbol{x}'_u,\boldsymbol{x}'_v)^2],$$

其中 $g=EG-F^2$.

证明 $LN-M^2=(\boldsymbol{x}''_{uu}\cdot\boldsymbol{n})(\boldsymbol{x}''_{vv}\cdot\boldsymbol{n})-(\boldsymbol{x}''_{uv}\cdot\boldsymbol{n})^2$

$$=\frac{\boldsymbol{x}''_{uu}\cdot(\boldsymbol{x}'_u\times\boldsymbol{x}'_v)}{|\boldsymbol{x}'_u\times\boldsymbol{x}'_v|}\cdot\frac{\boldsymbol{x}''_{vv}\cdot(\boldsymbol{x}'_u\times\boldsymbol{x}'_v)}{|\boldsymbol{x}'_u\times\boldsymbol{x}'_v|}-\left[\frac{\boldsymbol{x}''_{uv}\cdot(\boldsymbol{x}'_u\times\boldsymbol{x}'_v)}{|\boldsymbol{x}'_u\times\boldsymbol{x}'_v|}\right]^2$$

$$=\frac{1}{|\boldsymbol{x}'_u\times\boldsymbol{x}'_v|^2}[(\boldsymbol{x}'_{uu},\boldsymbol{x}'_u,\boldsymbol{x}'_v)(\boldsymbol{x}'_{vv},\boldsymbol{x}'_u,\boldsymbol{x}'_v)-(\boldsymbol{x}'_{uv},\boldsymbol{x}'_u,\boldsymbol{x}'_v)^2]$$

$$=\frac{1}{g}[(\boldsymbol{x}'_{uu},\boldsymbol{x}'_u,\boldsymbol{x}'_v)(\boldsymbol{x}'_{vv},\boldsymbol{x}'_u,\boldsymbol{x}'_v)-(\boldsymbol{x}'_{uv},\boldsymbol{x}'_u,\boldsymbol{x}'_v)^2].\qquad\square$$

2.9.8 证明：

$$\boldsymbol{x}'_u\cdot\boldsymbol{x}''_{uu}=\frac{E'_u}{2},\quad \boldsymbol{x}'_v\cdot\boldsymbol{x}''_{vv}=\frac{G'_v}{2},$$

$$\boldsymbol{x}'_u\cdot\boldsymbol{x}''_{uv}=\frac{E'_v}{2},\quad \boldsymbol{x}'_v\cdot\boldsymbol{x}''_{uv}=\frac{G'_u}{2},$$

$$\boldsymbol{x}'_v\cdot\boldsymbol{x}''_{uu}=F'_u-\frac{E'_v}{2},\boldsymbol{x}'_u\cdot\boldsymbol{x}''_{vv}=F'_v-\frac{G'_u}{2}.$$

证明 由 $\boldsymbol{x}'^2_u=E$,知

$$2\boldsymbol{x}'_u\cdot\boldsymbol{x}''_{uu}=E'_u,\quad \boldsymbol{x}'_u\cdot\boldsymbol{x}''_{uu}=\frac{E'_u}{2};$$

$$2\boldsymbol{x}'_u\cdot\boldsymbol{x}''_{uv}=E'_v,\quad \boldsymbol{x}'_u\cdot\boldsymbol{x}''_{uv}=\frac{E'_v}{2}.$$

由 $\boldsymbol{x}'^2_v=G$,知

$$2\boldsymbol{x}'_v\cdot\boldsymbol{x}''_{uv}=G'_u,\quad \boldsymbol{x}'_v\cdot\boldsymbol{x}''_{uv}=\frac{G'_u}{2};$$

$$2\boldsymbol{x}'_v\cdot\boldsymbol{x}''_{vv}=G'_v,\quad \boldsymbol{x}'_v\cdot\boldsymbol{x}''_{vv}=\frac{G'_v}{2}.$$

又由 $\boldsymbol{x}'_u\cdot\boldsymbol{x}'_v=F$,知

$$\boldsymbol{x}'_u\cdot\boldsymbol{x}''_{vu}+\boldsymbol{x}''_{uu}\cdot\boldsymbol{x}'_v=F'_u,\quad \boldsymbol{x}''_{uv}\cdot\boldsymbol{x}'_v+\boldsymbol{x}'_u\cdot\boldsymbol{x}''_{vv}=F'_v.$$

于是

$$\boldsymbol{x}'_v\cdot\boldsymbol{x}''_{uu}=F'_u-\boldsymbol{x}'_u\cdot\boldsymbol{x}''_{uv}=F'_u-\frac{E'_v}{2},$$

$$\boldsymbol{x}'_u\cdot\boldsymbol{x}''_{vv}=F'_v-\boldsymbol{x}''_{uv}\cdot\boldsymbol{x}'_v=F'_v-\frac{G'_u}{2}.$$ □

2.9.9　证明:在曲线 M 的一般参数下,

$$K_G=\frac{1}{g^2}\left(\begin{vmatrix}-\frac{G''_{uu}}{2}+F''_{uv}-\frac{E''_{vv}}{2} & \frac{E'_u}{2} & F'_u-\frac{E'_v}{2}\\ F'_v-\frac{G'_u}{2} & E & F\\ \frac{G'_v}{2} & F & G\end{vmatrix}-\begin{vmatrix}0 & \frac{E'_v}{2} & \frac{G'_u}{2}\\ \frac{E'_v}{2} & E & F\\ \frac{G'_u}{2} & F & G\end{vmatrix}\right),$$

其中 $g=EG-F^2$. 由此可知,Gauss(总)曲率由第 1 基本形式(的系数)完全决定,它是曲面的内蕴几何量.

证明

$$K_G=\frac{LN-M^2}{EG-F^2}$$

$$\xlongequal{\text{习题 2.9.7}}\frac{1}{g^2}[(\boldsymbol{x}''_{uu},\boldsymbol{x}'_u,\boldsymbol{x}'_v),(\boldsymbol{x}''_{vv},\boldsymbol{x}_u,\boldsymbol{x}'_v)-(\boldsymbol{x}''_{uv},\boldsymbol{x}_u,\boldsymbol{x}'_v)^2]$$

$$\xlongequal{\text{习题 2.9.6}}\frac{1}{g^2}\left(\begin{vmatrix}\boldsymbol{x}''_{uu}\cdot\boldsymbol{x}''_{vv} & \boldsymbol{x}'_u\cdot\boldsymbol{x}''_{uu} & \boldsymbol{x}'_v\cdot\boldsymbol{x}''_{uu}\\ \boldsymbol{x}'_u\cdot\boldsymbol{x}''_{vv} & E & F\\ \boldsymbol{x}'_v\cdot\boldsymbol{x}''_{vv} & F & G\end{vmatrix}\right.$$

$$\left.-\begin{vmatrix}\boldsymbol{x}''^{\,2}_{uv} & \boldsymbol{x}'_u\cdot\boldsymbol{x}''_{uv} & \boldsymbol{x}'_v\cdot\boldsymbol{x}''_{uv}\\ \boldsymbol{x}'_u\cdot\boldsymbol{x}''_{uv} & E & F\\ \boldsymbol{x}'_v\cdot\boldsymbol{x}''_{uv} & F & G\end{vmatrix}\right)$$

$$=\frac{1}{g^2}\left(\begin{vmatrix}\boldsymbol{x}''_{uu}\cdot\boldsymbol{x}''_{vv}-\boldsymbol{x}''^{\,2}_{uv} & \boldsymbol{x}'_u\cdot\boldsymbol{x}''_{uu} & \boldsymbol{x}'_v\cdot\boldsymbol{x}''_{uu}\\ \boldsymbol{x}'_u\cdot\boldsymbol{x}''_{vv} & E & F\\ \boldsymbol{x}'_v\cdot\boldsymbol{x}''_{vv} & F & G\end{vmatrix}+\begin{vmatrix}\boldsymbol{x}''^{\,2}_{uv} & \boldsymbol{x}'_u\cdot\boldsymbol{x}''_{uu} & \boldsymbol{x}'_v\cdot\boldsymbol{x}''_{uu}\\ 0 & E & F\\ 0 & F & G\end{vmatrix}\right)$$

$$-\left(\begin{vmatrix}\boldsymbol{x}''^{\,2}_{uv} & \boldsymbol{x}'_u\cdot\boldsymbol{x}''_{uv} & \boldsymbol{x}'_v\cdot\boldsymbol{x}''_{uv}\\ 0 & E & F\\ 0 & F & G\end{vmatrix}-\begin{vmatrix}0 & \boldsymbol{x}'_u\cdot\boldsymbol{x}''_{uv} & \boldsymbol{x}'_v\cdot\boldsymbol{x}''_{uv}\\ \boldsymbol{x}'_u\cdot\boldsymbol{x}''_{uv} & E & F\\ \boldsymbol{x}'_v\cdot\boldsymbol{x}''_{uv} & F & G\end{vmatrix}\right)$$

$$\xlongequal[*]{\text{中间两项相消}} \frac{1}{g^2}\left(\begin{vmatrix} -\frac{G''_{uu}}{2}+F''_{uv}-\frac{E''_{vv}}{2} & \frac{E'_u}{2} & F'_u-\frac{E'_v}{2} \\ F'_v-\frac{G'_u}{2} & E & F \\ \frac{G'_v}{2} & F & G \end{vmatrix} - \begin{vmatrix} 0 & \frac{E'_v}{2} & \frac{G'_u}{2} \\ \frac{E'_v}{2} & E & F \\ \frac{G'_u}{2} & F & G \end{vmatrix}\right).$$

对于步骤 * ,由习题 2.9.8,知

$$\boldsymbol{x}'_u\cdot\boldsymbol{x}''_{uv}=\frac{E'_v}{2},\quad \boldsymbol{x}'_v\cdot\boldsymbol{x}''_{uv}=\frac{G'_u}{2},$$

$$\boldsymbol{x}'_u\cdot\boldsymbol{x}''_{vv}=F'_v-\frac{G'_u}{2},\quad \boldsymbol{x}'_v\cdot\boldsymbol{x}''_{vv}=\frac{G'_v}{2},$$

$$\boldsymbol{x}'_u\cdot\boldsymbol{x}''_{uu}=\frac{E'_u}{2},\quad \boldsymbol{x}'_v\cdot\boldsymbol{x}''_{uu}=F'_u-\frac{E'_v}{2}.$$

此外,

$$\begin{aligned}\boldsymbol{x}''_{uu}\cdot\boldsymbol{x}''_{vv}-\boldsymbol{x}''^{\,2}_{uv}&=(\boldsymbol{x}''_{uu}\cdot\boldsymbol{x}''_{vv}+\boldsymbol{x}'_u\cdot\boldsymbol{x}'''_{vvu})-(\boldsymbol{x}''_{uv}\cdot\boldsymbol{x}''_{uv}+\boldsymbol{x}'_u\cdot\boldsymbol{x}'''_{uvv})\\&=(\boldsymbol{x}'_u\cdot\boldsymbol{x}''_{vv})'_u-(\boldsymbol{x}'_u\cdot\boldsymbol{x}''_{uv})'_v=\left(F'_v-\frac{G'_u}{2}\right)'_u-\left(\frac{E'_v}{2}\right)'_v\\&=F''_{vu}-\frac{G''_{uu}}{2}-\frac{E''_{vv}}{2}=-\frac{G''_{uu}}{2}+F''_{uv}-\frac{E''_{vv}}{2}.\end{aligned}$$

或者

$$\begin{aligned}&F'_u=(\boldsymbol{x}'_u\cdot\boldsymbol{x}'_v)'_u=\boldsymbol{x}''_{uu}\cdot\boldsymbol{x}'_v+\boldsymbol{x}'_u\cdot\boldsymbol{x}''_{uv},\\&F''_{uv}=\boldsymbol{x}'''_{uuv}\cdot\boldsymbol{x}'_v+\boldsymbol{x}''_{uu}\cdot\boldsymbol{x}''_{vv}+\boldsymbol{x}''_{uv}\cdot\boldsymbol{x}''_{uv}+\boldsymbol{x}'_u\cdot\boldsymbol{x}'''_{uvv},\\&E'_v=(\boldsymbol{x}'_u\cdot\boldsymbol{x}'_u)'_v=2\boldsymbol{x}''_{uv}\cdot\boldsymbol{x}'_u,\\&E''_{vv}=2\boldsymbol{x}'''_{uvv}\cdot\boldsymbol{x}'_u+2\boldsymbol{x}''_{uv}\cdot\boldsymbol{x}''_{uv},\\&G'_u=(\boldsymbol{x}'_v\cdot\boldsymbol{x}'_v)'_u=2\boldsymbol{x}''_{uv}\cdot\boldsymbol{x}'_v,\\&G''_{uu}=2\boldsymbol{x}'''_{uuv}\cdot\boldsymbol{x}'_v+2\boldsymbol{x}''_{uv}\cdot\boldsymbol{x}''_{uv},\\&-\frac{G''_{uu}}{2}+F''_{uv}-\frac{E''_{vv}}{2}=-(\boldsymbol{x}'''_{uuv}\cdot\boldsymbol{x}'_v+\boldsymbol{x}''_{uv}\cdot\boldsymbol{x}''_{uv})\\&\qquad+(\boldsymbol{x}'''_{uuv}\cdot\boldsymbol{x}'_v+\boldsymbol{x}''_{uu}\cdot\boldsymbol{x}''_{vv}+\boldsymbol{x}''_{uv}\cdot\boldsymbol{x}''_{uv}+\boldsymbol{x}'_u\cdot\boldsymbol{x}'''_{uvv})\\&\qquad-(\boldsymbol{x}'''_{uvv}\cdot\boldsymbol{x}'_u+\boldsymbol{x}''_{uv}\cdot\boldsymbol{x}''_{uv})\\&\qquad=\boldsymbol{x}''_{uu}\cdot\boldsymbol{x}''_{vv}-\boldsymbol{x}''_{uv}\cdot\boldsymbol{x}''_{uv}.\end{aligned}$$

□

注 当曲面采用正交坐标网时(即 $F=0$),应用习题 2.9.9,并通过计算可得到

$$K_G=-\frac{1}{\sqrt{EG}}\left\{\left[\frac{(\sqrt{G})'_u}{\sqrt{E}}\right]'_u+\left[\frac{(\sqrt{E})'_v}{\sqrt{G}}\right]'_v\right\}.$$

证明 将 $F=0$ 代入习题 2.9.9 中的公式,得到

$$K_G=\frac{1}{(EG)^2}\left(\begin{vmatrix}-\frac{G''_{uu}}{2}-\frac{E''_{vv}}{2} & \frac{E'_u}{2} & -\frac{E'_v}{2}\\ -\frac{G'_u}{2} & E & 0\\ \frac{G'_v}{2} & 0 & G\end{vmatrix}-\begin{vmatrix}0 & \frac{E'_v}{2} & \frac{G'_u}{2}\\ \frac{E'_v}{2} & E & 0\\ \frac{G'_u}{2} & 0 & G\end{vmatrix}\right)$$

$$=\frac{1}{(EG)^2}\left[-\frac{E'_v}{2}\left(-E\frac{G'_v}{2}\right)+G\left(-\frac{G''_{uu}}{2}E-\frac{E''_{vv}}{2}E+\frac{G'_u}{2}\cdot\frac{E'_u}{2}\right)\right.$$
$$\left.+G\frac{E'^2_v}{4}+\frac{G_u'}{2}\frac{G'_u}{2}E\right]$$

$$=\frac{1}{4(EG)^2}(EE'_vG'_v-2EGG''_{uu}-2EGE''_{vv}+GG'_uE'^2_v+GE'^2_v+EG'^2_u)$$

$$=\frac{1}{2\sqrt{EG}}\left(\frac{G''_{uu}\sqrt{EG}-G'_u\dfrac{E'_uG+EG'_u}{2\sqrt{EG}}}{EG}+\frac{E''_{vv}\sqrt{EG}-E'_v\dfrac{E'_vG+EG'_v}{2\sqrt{EG}}}{EG}\right)$$

$$=-\frac{1}{\sqrt{EG}}\left\{\left[\frac{G'_u}{2\sqrt{EG}}\right]'_u+\left[\frac{E'_v}{2\sqrt{EG}}\right]'_v\right\}$$

$$=-\frac{1}{\sqrt{EG}}\left\{\left[\frac{(\sqrt{G})'_u}{\sqrt{E}}\right]'_u+\left[\frac{(\sqrt{E})'_v}{\sqrt{G}}\right]'_v\right\}.$$ □

2.9.10 设曲面 M_1 与 M_2 的第 1 基本形式相差一个正的常数倍,即 $I^{(1)}=\rho I^{(2)}$, $\rho>0$(称该两曲面**位相似**).证明:相应的 Gauss 曲率有如下关系:

$$K_G^{(1)}=\frac{1}{\rho}K_G^{(2)}.$$

证明 由 $I^{(1)}=\rho I^{(2)}$ 知 $g_{ij}^{(1)}=\rho g_{ij}^{(2)}$,代入习题 2.9.9 中 K_G 的表达式,并注意到行列式的性质,得

$$K_G^{(1)}=\frac{\rho^3}{\rho^4}K_G^{(2)}=\frac{1}{\rho}K_G^{(2)}.$$ □

2.9.11 (1) 应用曲面论基本定理,证明:不存在曲面,使得

$$E=G=1,\quad F=0;\quad L=1,\quad M=0,\quad N=-1.$$

(2) 是否存在曲面,使得

$$E=1,\quad F=0,\quad G=\cos^2 u;\quad L=\cos^2 u,\quad M=0,\quad N=1?$$

证明 (1)(反证)假设存在这样的曲面,则

$$-1=\frac{1\cdot(-1)-0^2}{1\cdot 1}=\frac{LN-M^2}{EG}$$

$$=K_G\xlongequal{\text{Gauss 方程}}-\frac{1}{\sqrt{EG}}\left\{\left[\frac{(\sqrt{E})'_v}{\sqrt{G}}\right]'_v+\left[\frac{(\sqrt{G})'_u}{\sqrt{E}}\right]'_u\right\}=-1\cdot 0=0,$$

矛盾.因此,不存在所要求的曲面.

(2) 将 $E=1,F=0,G=\cos^2 u$ 和 $L=\cos^2 u,M=0,N=1$ 分别代入注 2.9.2 中 Gauss 方程和 Codazzi 方程第 1 式,得到

$$-\frac{1}{\sqrt{EG}}\left\{\left[\frac{(\sqrt{E})'_v}{\sqrt{G}}\right]'_v+\left[\frac{(\sqrt{G})'_u}{\sqrt{E}}\right]'_u\right\}$$

$$=-\frac{1}{\cos u}\left\{0+\left[\frac{(\cos u)'}{1}\right]'_u\right\}=-\frac{1}{\cos u}(-\cos u)=1$$

$$=\frac{\cos^2 u\cdot 1-0^2}{1\cdot\cos^2 u}=\frac{LN-M^2}{EG}=K_G,$$

左右相等.

$$\left(\frac{L}{\sqrt{E}}\right)'_v-\left(\frac{M}{\sqrt{E}}\right)'_u-N\frac{(\sqrt{E})'_v}{G}-M\frac{(\sqrt{G})'_u}{\sqrt{EG}}=0-0-0-0=0,$$

等式成立.但是,当代入 Codazzi 方程第 2 式时,发现

$$\left(\frac{N}{\sqrt{G}}\right)'_u-\left(\frac{M}{\sqrt{G}}\right)'_v-L\frac{(\sqrt{G})'_u}{E}-M\frac{(\sqrt{E})'_v}{\sqrt{EG}}$$

$$=\left(\frac{1}{\cos u}\right)'_u-0-\cos^2 u\frac{(\cos u)'_u}{1}-0$$

$$=\frac{\sin u}{\cos^2 u}+\cos^2 u\sin u=\frac{\sin u(-1+\cos^4 u)}{\cos^2 u}\neq 0,$$

左右不相等.因此,应用反证法推得不存在所要求的曲面. □

2.9.12 设曲面 M 的第 1、第 2 基本形式为

$$I=II=\mathrm{d}u^2+\sin^2 u\mathrm{d}v^2.$$

证明:该曲面为单位球面.

证明 由习题 2.6.3 知单位球面

$$\boldsymbol{x}(u,v)=(-\sin u\cos v,-\sin u\sin v,-\cos u)$$

的第 1、第 2 基本形式均为

$$I=II=\mathrm{d}u^2+\sin^2 u\mathrm{d}v^2.$$

再根据定理 2.9.5 知,题中所给出的曲面 M 必为单位球面(可相差一个刚性

运动)． □

注 定理 2.9.5 要求(g_{ij})为正定矩阵，而

$$\begin{pmatrix} g_{11} & g_{12} \\ g_{21} & g_{22} \end{pmatrix} = \begin{pmatrix} 1 & 0 \\ 0 & \sin^2 u \end{pmatrix}$$

当 $\sin u \neq 0$ 时为正定矩阵，因此，当 $0 < u < \pi$ 时，在单连通区域$(0,\pi)\times(0,2\pi)$上，$\boldsymbol{x}(u,v)$为单位球面(可相差一个刚性运动)．

2.9.13 设曲面 M 的第 1、第 2 基本形式分别为

$$I = (1+u^2)\mathrm{d}u^2 + u^2\mathrm{d}v^2, \quad II = \frac{\mathrm{d}u^2 + u^2\mathrm{d}v^2}{\sqrt{1+u^2}}.$$

求该曲面 M 的表达式.

解 利用旋转曲面

$$\boldsymbol{x}(u,v) = (u\cos v, u\sin v, \varphi(u))$$

的第 1、第 2 基本形式：

$$I = (1+\varphi'^2)\mathrm{d}u^2 + u^2\mathrm{d}v^2, \quad II = \frac{\varphi''\mathrm{d}u^2 + u\varphi'\mathrm{d}v^2}{\sqrt{1+\varphi'^2}}.$$

与题中所述的第 1、第 2 基本形式比较，应有

$$\varphi'(u) = u, \quad \varphi = \frac{u^2}{2} + c \quad (\text{可取 } c = 0, \text{至多相差一个平移}),$$

解得

$$\boldsymbol{x}(u,v) = \left(u\cos v, u\sin v, \frac{u^2}{2}\right).$$

再由曲面论基本定理知，上述曲面为所求曲面(至多相差一个刚性运动)． □

2.9.14 设 M 与 $\widetilde{M}$ 为 n 维 $C^k(k\geqslant 1)$Riemann 流形，如果存在 C^k同胚$\varphi: M\to \widetilde{M}$，使得$\forall \boldsymbol{X},\boldsymbol{Y}\in T_PM$，在 φ 下对应于$\varphi_*(\boldsymbol{X})$，$\varphi_*(\boldsymbol{X})\in T_{\varphi(P)}\widetilde{M}$，且

$$\tilde{g} = (\varphi_*(\boldsymbol{X}), \varphi_*(\boldsymbol{Y})) = g(\boldsymbol{X},\boldsymbol{Y}),$$

其中 $g,\tilde{g}$ 分别为$M,\widetilde{M}$ 的 Riemann 度量，则称 φ 为**等距(同尺)映射**.

特别地，当 $\mathbf{R}^n$ 中两个 $n-1$ 维参数曲面

$$M: \boldsymbol{x}(u^1,u^2,\cdots,u^{n-1}), \quad \widetilde{M}: (\tilde{u}^1,\tilde{u}^2,\cdots,\tilde{u}^{n-1})$$

在参数$(u^1,u^2,\cdots,u^{n-1})$与$(\tilde{u}^1,\tilde{u}^2,\cdots,\tilde{u}^{n-1})$的一个对应下，它们的第 1 基本形式相等：

$$\tilde{I} = \mathrm{d}\tilde{s}^2 = \mathrm{d}s^2 = I,$$

则称这两个曲面是**等距**的，且称$(u^1,u^2,\cdots,u^{n-1})$与$(\tilde{u}^1,\tilde{u}^2,\cdots,\tilde{u}^{n-1})$之间的对应为**等距对应**.

显然,在等距对应下,保内积、保角、保长度、保面积、保体积. 它们仅与第 1 基本形式 $I = \mathrm{d}s^2 = \sum_{i,j=1}^{n-1} g_{ij}\,\mathrm{d}u^i\mathrm{d}u^j$(或其系数 g_{ij})有关. 讨论这些量的几何学就称为曲面的**内蕴几何学**. 由这些内蕴量所决定的几何性质称为曲面的**内蕴性质**.

例如,Gauss绝妙定理指出Gauss(总)曲率只依赖于第1基本形式,而与第2基本形式无关. 它是一个等距不变量,是一个内蕴性质.

例 悬链面

$$\boldsymbol{x}(\theta,t) = \left(a\operatorname{ch}\frac{t}{a}\cos\theta, a\operatorname{ch}\frac{t}{a}\sin\theta, t\right) \quad (-\infty < t < +\infty, 0 < \theta < 2\pi)$$

与正螺面

$$\tilde{\boldsymbol{x}}(u,v) = (v\cos u, v\sin u, au) \quad (-\infty < v < +\infty, 0 < u < 2\pi)$$

彼此是等距的,其中 $a>0$.

直接验证对应点处的 Gauss(总)曲率是相等的.

证明 根据例 2.7.8,正螺面的第 1 基本形式为

$$\tilde{I} = \mathrm{d}\tilde{s}^2 = (v^2 + a^2)\mathrm{d}u^2 + \mathrm{d}v^2.$$

而且例 2.7.4 中可看到悬链面的第 1 基本形式为

$$I = a^2\operatorname{ch}^2\frac{t}{a}\mathrm{d}\theta^2 + \operatorname{ch}^2\frac{t}{a}\mathrm{d}t^2 = \operatorname{ch}^2\frac{t}{a}(a^2\mathrm{d}\theta^2 + \mathrm{d}t^2).$$

比较两式不难看出,如果令变换

$$\begin{cases} u = \theta, \\ v = a\operatorname{sh}\dfrac{t}{a}, \end{cases} \quad \text{或} \quad \begin{cases} \theta = u, \\ t = a\ln\left[\dfrac{v}{a} + \sqrt{\left(\dfrac{v}{a}\right)^2 + 1}\right], \end{cases}$$

就有

$$\begin{aligned}\tilde{I} &= (v^2 + a^2)\mathrm{d}u^2 + \mathrm{d}v^2 = \left(a^2\operatorname{sh}^2\frac{t}{a} + a^2\right)\mathrm{d}\theta^2 + \left(a\operatorname{ch}\frac{t}{a}\cdot\frac{1}{a}\mathrm{d}t\right)^2 \\ &= a^2\operatorname{ch}^2\frac{t}{a}\mathrm{d}\theta^2 + \operatorname{ch}^2\frac{t}{a}\mathrm{d}t^2 = I,\end{aligned}$$

以及

$$\widetilde{K}_G \xlongequal{\text{例 2.7.8}} -\frac{a^2}{(v^2 + a^2)^2} = -\frac{a^2}{\left(a^2\operatorname{sh}^2\frac{t}{a} + a^2\right)^2} = -\frac{1}{a^2\operatorname{ch}^4\frac{t}{a}} \xlongequal{\text{例 2.7.4}} K_G. \quad \square$$

2.9.15 求下述两个曲面间的等距变换:

(1) $\widetilde{D} = \{(\tilde{u},\tilde{v}) \mid \tilde{v} > 0\}$, $\tilde{I} = \mathrm{d}\tilde{s}^2 = \dfrac{a^2}{\tilde{v}^2}(\mathrm{d}\tilde{u}^2 + \mathrm{d}\tilde{v}^2)$;

(2) $D = \mathbf{R}^2$, $I = \mathrm{d}s^2 = \mathrm{d}u^2 + \mathrm{e}^{\frac{2u}{a}}\mathrm{d}v^2$.

解 解法1 作变换

$$\begin{cases}\tilde{u}=v,\\ \tilde{v}=a\mathrm{e}^{-\frac{u}{a}},\end{cases} \quad \text{或} \quad \begin{cases}u=-a\ln\dfrac{\tilde{v}}{a},\\ v=\tilde{u},\end{cases}$$

则

$$\tilde{I}=\mathrm{d}\tilde{s}^2=\frac{a^2}{\tilde{v}^2}(\mathrm{d}\tilde{u}^2+\mathrm{d}\tilde{v}^2)=\frac{a^2}{a^2\mathrm{e}^{-\frac{2u}{a}}}(\mathrm{d}v^2+\mathrm{e}^{-\frac{2u}{a}}\mathrm{d}u^2)$$

$$=\mathrm{d}u^2+\mathrm{e}^{\frac{2u}{a}}\mathrm{d}v^2=\mathrm{d}s^2=I,$$

它表明两个曲面是等距的(参阅习题 2.9.14).

解法2 由习题 2.7.6 或习题 2.9.5 知,(1)与(2)中的 Gauss(总)曲率都为常数$-\dfrac{1}{a^2}$. 根据习题 2.8.24 的注推得上述两曲面是等距的.

2.9.16 设曲面 $M:\boldsymbol{x}(u,v)=(u\cos v,u\sin v,\ln u)$ 与 $\widetilde{M}:\tilde{\boldsymbol{x}}(u,v)=(u\cos v,u\sin v,v)$ 在对应 $(u,v)\mapsto(u,v)$ 下,Gauss(总)曲率相等,但此对应不是等距映射.

证明 考虑曲面 $M:\boldsymbol{x}(u,v)=(u\cos v,u\sin v,\ln u)$,

$$\boldsymbol{x}'_u=\left(\cos v,\sin v,\frac{1}{u}\right),\quad \boldsymbol{x}'_v=(-u\sin v,u\cos v,0),$$

$$E=\boldsymbol{x}'_u\cdot\boldsymbol{x}'_u=1+\frac{1}{u^2},\quad F=\boldsymbol{x}'_u\cdot\boldsymbol{x}'_v=0,\quad G=\boldsymbol{x}'_v\cdot\boldsymbol{x}'_v=u^2,$$

$$I=E\mathrm{d}u^2+2F\mathrm{d}u\mathrm{d}v+G\mathrm{d}v^2=\left(1+\frac{1}{u^2}\right)\mathrm{d}u^2+u^2\mathrm{d}v^2,$$

$$\boldsymbol{x}'_u\times\boldsymbol{x}'_v=\begin{vmatrix}\boldsymbol{e}_1 & \boldsymbol{e}_2 & \boldsymbol{e}_3\\ \cos v & \sin v & \dfrac{1}{u}\\ -u\sin v & u\cos v & 0\end{vmatrix}=(-\cos v,-\sin v,u),$$

$$\boldsymbol{n}=\frac{\boldsymbol{x}'_u\times\boldsymbol{x}'_v}{|\boldsymbol{x}'_u\times\boldsymbol{x}'_v|}=\frac{1}{\sqrt{1+u^2}}(-\cos v,-\sin v,u).$$

$$\boldsymbol{x}''_{uu}=\left(0,0,-\frac{1}{u^2}\right),\quad \boldsymbol{x}''_{uv}=(-\sin v,\cos v,0),\quad \boldsymbol{x}''_{vv}=(-u\cos v,-u\sin v,0),$$

$$L=\boldsymbol{x}''_{uu}\cdot\boldsymbol{n}=-\frac{1}{u\sqrt{1+u^2}},\quad M=\boldsymbol{x}''_{uv}\cdot\boldsymbol{n}=0,\quad N=\boldsymbol{x}''_{vv}\cdot\boldsymbol{n}=\frac{u}{\sqrt{1+u^2}}.$$

于是,Gauss(总)曲率为

$$K_G=\frac{LN-M^2}{EG-F^2}=\frac{-\dfrac{1}{u\sqrt{1+u^2}}\cdot\dfrac{u}{\sqrt{1+u^2}}-0^2}{\left(1+\dfrac{1}{u^2}\right)\cdot u^2-0^2}=-\frac{1}{(1+u^2)^2}.$$

再考虑曲面 $\widetilde{M}:\tilde{\boldsymbol{x}}(u,v)=(u\cos v,u\sin v,v)$,

$$\tilde{\boldsymbol{x}}'_u=(\cos v,\sin v,0),\quad \tilde{\boldsymbol{x}}'_v=(-u\sin v,u\cos v,1),$$
$$\widetilde{E}=\tilde{\boldsymbol{x}}'_u\cdot\tilde{\boldsymbol{x}}'_u=1,\quad \widetilde{F}=\tilde{\boldsymbol{x}}'_u\cdot\tilde{\boldsymbol{x}}'_v=0,\quad \widetilde{G}=\boldsymbol{x}'_v\cdot\boldsymbol{x}'_v=1+u^2,$$
$$\widetilde{\mathrm{I}}=\widetilde{E}\mathrm{d}u^2+2\widetilde{F}\mathrm{d}u\mathrm{d}v+\widetilde{G}\mathrm{d}v^2=\mathrm{d}u^2+(1+u^2)\mathrm{d}v^2.$$
$$\tilde{\boldsymbol{x}}'_u\times\tilde{\boldsymbol{x}}'_v=\begin{vmatrix}\boldsymbol{e}_1&\boldsymbol{e}_2&\boldsymbol{e}_3\\ \cos v&\sin v&0\\ -u\sin v&u\cos v&1\end{vmatrix}=(\sin v,-\cos v,u),$$
$$\tilde{\boldsymbol{n}}=\frac{\tilde{\boldsymbol{x}}'_u\times\tilde{\boldsymbol{x}}'_v}{|\tilde{\boldsymbol{x}}'_u\times\tilde{\boldsymbol{x}}'_v|}=\frac{1}{\sqrt{1+u^2}}(\sin v,-\cos v,u).$$
$$\tilde{\boldsymbol{x}}''_{uu}=(0,0,0),\quad \tilde{\boldsymbol{x}}''_{uv}=(-\sin v,\cos v,0),\quad \tilde{\boldsymbol{x}}''_{vv}=(-u\cos v,-u\sin v,1).$$
$$\widetilde{L}=\tilde{\boldsymbol{x}}''_{uu}\cdot\tilde{\boldsymbol{n}}=0,\quad \widetilde{M}=\tilde{\boldsymbol{x}}''_{uv}\cdot\boldsymbol{n}=-\frac{1}{\sqrt{1+u^2}},\quad \widetilde{N}=\tilde{\boldsymbol{x}}''_{vv}\cdot\boldsymbol{n}=0.$$

于是,Gauss(总)曲率为

$$\widetilde{K}_G=\frac{\widetilde{L}\widetilde{N}-\widetilde{M}^2}{\widetilde{E}\widetilde{G}-\widetilde{F}^2}=\frac{0\cdot 0-\left(-\dfrac{1}{\sqrt{1+u^2}}\right)^2}{1\cdot(1+u^2)-0^2}=-\frac{1}{(1+u^2)^2}=K_G.$$

但是,显然有

$$\widetilde{\mathrm{I}}=\mathrm{d}u^2+(1+u^2)\mathrm{d}v^2\neq\left(1+\frac{1}{u^2}\right)\mathrm{d}u^2+u^2\mathrm{d}v^2=\mathrm{I},$$

故此对应不是等距的. □

2.9.17 证明:曲面 $M:\boldsymbol{x}(u,v)=\left(au,bv,\dfrac{au^2+bv^2}{2}\right)$ 与 $\widetilde{M}:\tilde{\boldsymbol{x}}(\tilde{u},\tilde{v})=\tilde{\boldsymbol{x}}(u,v)=\left(\tilde{a}u,\tilde{b}v,\dfrac{\tilde{a}u^2+\tilde{b}v^2}{2}\right)$ 当 $\tilde{a}\tilde{b}=ab$ 时,在点 (u,v) 处 Gauss(总)曲率相等. 但 M 与 $\widetilde{M}$ 在此对应下未必为等距映射. 问 (a,b) 与 $(\tilde{a},\tilde{b})$ 满足什么关系时,M 与 $\widetilde{M}$ 在此对应下等距?

证明 考虑曲面 $M:\boldsymbol{x}(u,v)=\left(au,bv,\dfrac{au^2+bu^2}{2}\right)$.

$$\boldsymbol{x}'_u=(a,0,au),\quad \boldsymbol{x}'_v=(0,b,bv),$$
$$E=\boldsymbol{x}'_u\cdot\boldsymbol{x}'_u=a^2+a^2u^2=a^2(1+u^2),$$

$$G=\boldsymbol{x}_v'\cdot\boldsymbol{x}_v'=b^2+b^2v^2=b^2(1+v^2),$$
$$F=\boldsymbol{x}_u'\cdot\boldsymbol{x}_v'=abuv,$$

第 1 基本形式为

$$\mathrm{I}=E\mathrm{d}u^2+2F\mathrm{d}u\mathrm{d}v+G\mathrm{d}v^2=a^2(1+u^2)\mathrm{d}u^2+2abuv\mathrm{d}u\mathrm{d}v+b^2(1+v^2)\mathrm{d}v^2.$$

$$\boldsymbol{x}_u'\times\boldsymbol{x}_v'=\begin{vmatrix}\boldsymbol{e}_1 & \boldsymbol{e}_2 & \boldsymbol{e}_3\\ a & 0 & au\\ 0 & b & bv\end{vmatrix}=(-abu,-abv,ab)=ab(-u,-v,1),$$

单位向量为

$$\boldsymbol{n}=\frac{\boldsymbol{x}_u'\times\boldsymbol{x}_v'}{|\boldsymbol{x}_u'\times\boldsymbol{x}_v'|}=\frac{1}{\sqrt{1+u^2+v^2}}(-u,-v,1).$$

$$\boldsymbol{x}_{uu}''=(0,0,a),\quad \boldsymbol{x}_{uv}''=(0,0,0),\quad \boldsymbol{x}_{vv}''=(0,0,b),$$

$$L=\boldsymbol{x}_{uu}''\cdot\boldsymbol{n}=\frac{a}{\sqrt{1+u^2+v^2}},\quad M=\boldsymbol{x}_{uv}''\cdot\boldsymbol{n}=0,$$

$$N=\boldsymbol{x}_{vv}''\cdot\boldsymbol{n}=\frac{b}{\sqrt{1+u^2+v^2}}.$$

因此，Gauss(总)曲率为

$$K_{\mathrm{G}}=\frac{LN-M^2}{EG-F^2}=\frac{\dfrac{a}{\sqrt{1+u^2+v^2}}\cdot\dfrac{b}{\sqrt{1+u^2+v^2}}-0^2}{a^2(1+u^2)\cdot b^2(1+v^2)-(abuv)^2}=\frac{1}{ab(1+u^2+v^2)^2}.$$

同理(由 M 与 $\widetilde{M}$ 的参数表示的形式相同)，$\widetilde{M}$ 的第 1 基本形式为

$$\begin{aligned}\tilde{\mathrm{I}}&=\widetilde{E}\mathrm{d}u^2+2\widetilde{F}\mathrm{d}u\mathrm{d}v+\widetilde{G}\mathrm{d}v^2\\&=\tilde{a}^2(1+u^2)\mathrm{d}u^2+2\tilde{a}\tilde{b}uv\mathrm{d}u\mathrm{d}v+\tilde{b}^2(1+v^2)\mathrm{d}v^2.\end{aligned}$$

Gauss(总)曲率为

$$\widetilde{K}_{\mathrm{G}}(u,v)=\frac{1}{\tilde{a}\tilde{b}(1+u^2+v^2)^2}\xlongequal{\tilde{a}\tilde{b}=ab}\frac{1}{ab(1+u^2+v^2)^2}=K_{\mathrm{G}}(u,v).$$

但当 $\tilde{a}^2\neq a^2$ 或 $\tilde{b}^2\neq b^2$ 时，$\tilde{\mathrm{I}}\neq\mathrm{I}$，故对应 $M\to\widetilde{M}$，$(u,v)\mapsto(\tilde{u},\tilde{v})=(u,v)$ 不是等距对应.

显然，此对应为等距对应，即 $\tilde{\mathrm{I}}=\mathrm{I}$ 等价于

$$\begin{cases}\tilde{a}^2=a^2,\\ \tilde{a}\tilde{b}=ab,\\ \tilde{b}^2=b^2\end{cases}\Leftrightarrow\quad\begin{cases}\tilde{a}=a,\\ \tilde{b}=b,\end{cases}\text{或}\ \begin{cases}\tilde{a}=-a,\\ \tilde{b}=-b.\end{cases}$$

□

2.9.18　设常 Gauss 曲率曲面 $M:\boldsymbol{x}(u,v)$ 的第 1 基本形式为

$$\mathrm{I}=\mathrm{d}s^2=\mathrm{d}u^2+c^2\mathrm{e}^{\frac{2u}{a}}\mathrm{d}v^2.$$

曲面 $\widetilde{M}$:$\tilde{\boldsymbol{x}}=\boldsymbol{x}-a\boldsymbol{x}'_u$($a$ 充分小). 证明:$\widetilde{M}$ 与 M 有相同的 Gauss 曲率,但对应点的切平面互相正交.

证明 由于 $E=1$,故 $E'_u=E'_v=0$. 于是,根据例 2.4.1,

$$\Gamma^1_{11}=\Gamma^1_{12}=\Gamma^2_{11}=0,\quad \Gamma^2_{12}=\frac{G'_u}{2G},\quad \Gamma^1_{22}=-\frac{G'_u}{2E},\quad \Gamma^2_{22}=\frac{G'_v}{2G}=0.$$

再由 Gauss 公式(定理 2.4.1),得到

$$\begin{cases}\boldsymbol{x}''_{uu}=L\boldsymbol{n},\\ \boldsymbol{x}''_{uv}=\dfrac{G'_v}{2G}\boldsymbol{x}'_v+M\boldsymbol{n}=\dfrac{1}{a}\boldsymbol{x}'_v+M\boldsymbol{n},\\ \boldsymbol{x}''_{vv}=-\dfrac{G'_u}{2E}\boldsymbol{x}'_u+N\boldsymbol{n}=-\dfrac{c^2}{a}\mathrm{e}^{\frac{2u}{a}}\boldsymbol{x}'_u+N\boldsymbol{n}.\end{cases}$$

(1) 计算 $\widetilde{M}$ 的第 1 基本形式系数:

$$\tilde{\boldsymbol{x}}'_u=\boldsymbol{x}'_u-a\boldsymbol{x}''_{uu}=\boldsymbol{x}'_u-aL\boldsymbol{n},$$

$$\tilde{\boldsymbol{x}}'_v=\boldsymbol{x}'_v-a\boldsymbol{x}''_{uv}=\boldsymbol{x}'_v-a\left(\frac{1}{a}\boldsymbol{x}'_v+M\boldsymbol{n}\right)=-aM\boldsymbol{n},$$

$$\begin{aligned}\widetilde{E}&=\tilde{\boldsymbol{x}}'_u\cdot\tilde{\boldsymbol{x}}'_u=(\boldsymbol{x}'_u-aL\boldsymbol{n})^2\\&=\boldsymbol{x}'_u\cdot\boldsymbol{x}'_u-2aL\boldsymbol{x}'_u\cdot\boldsymbol{n}+a^2L^2\boldsymbol{n}\cdot\boldsymbol{n}=1+a^2L^2,\end{aligned}$$

$$\widetilde{F}=\tilde{\boldsymbol{x}}'_u\cdot\tilde{\boldsymbol{x}}'_v=(\boldsymbol{x}'_u-aL\boldsymbol{n})\cdot(-aM\boldsymbol{n})=a^2LM,$$

$$\widetilde{G}=\tilde{\boldsymbol{x}}'_v\cdot\tilde{\boldsymbol{x}}'_v=(-aM\boldsymbol{n})^2=a^2M^2.$$

$$\begin{aligned}\tilde{\boldsymbol{x}}'_u\times\tilde{\boldsymbol{x}}'_v&=(\boldsymbol{x}'_u-aL\boldsymbol{n})\times(-aM\boldsymbol{n})=-aM\boldsymbol{x}'_u\times\boldsymbol{n}\\&=aM\frac{\boldsymbol{x}'_v}{|\boldsymbol{x}'_v|}=\frac{aM}{\sqrt{G}}\boldsymbol{x}'_v\quad(\text{注意}:F=0,\boldsymbol{x}'_u\perp\boldsymbol{x}'_v),\end{aligned}$$

$$\tilde{\boldsymbol{n}}=\frac{1}{\sqrt{G}}\boldsymbol{x}'_v=\frac{1}{c}\mathrm{e}^{-\frac{u}{a}}\boldsymbol{x}'_v.$$

$$\tilde{\boldsymbol{n}}\cdot\boldsymbol{n}=\frac{1}{c}\mathrm{e}^{-\frac{u}{a}}\boldsymbol{x}'_v\cdot\boldsymbol{n}=0,$$

这就表明 $\widetilde{M}$ 与 M 在对应点处切平面正交.

(2) 计算 $\widetilde{M}$ 的第 2 基本形式系数:

$$\tilde{\boldsymbol{n}}'_u=\frac{1}{c}\mathrm{e}^{-\frac{u}{a}}\left(\boldsymbol{x}''_{uv}-\frac{1}{a}\boldsymbol{x}'_v\right)=\frac{1}{c}\mathrm{e}^{-\frac{u}{a}}\left(\frac{1}{a}\boldsymbol{x}'_v+M\boldsymbol{n}-\frac{1}{a}\boldsymbol{x}'_v\right)=\frac{1}{c}\mathrm{e}^{-\frac{u}{a}}M\boldsymbol{n},$$

$$\tilde{\boldsymbol{n}}'_v=\frac{1}{c}\mathrm{e}^{-\frac{u}{a}}\boldsymbol{x}''_{vv}=\frac{1}{c}\mathrm{e}^{-\frac{u}{a}}\left(-\frac{c^2}{a}\mathrm{e}^{\frac{2u}{a}}\boldsymbol{x}'_u+N\boldsymbol{n}\right).$$

$$\widetilde{L}=-\tilde{\boldsymbol{n}}'_u\cdot\tilde{\boldsymbol{x}}'_u=-\frac{1}{c}\mathrm{e}^{-\frac{u}{a}}M\boldsymbol{n}\cdot(\boldsymbol{x}'_u-aL\boldsymbol{n})=\frac{a}{c}\mathrm{e}^{-\frac{u}{a}}LM,$$

$$\widetilde{M}=-\tilde{\boldsymbol{n}}_u'\cdot\tilde{\boldsymbol{x}}_v'=-\frac{1}{c}\mathrm{e}^{-\frac{u}{a}}M\boldsymbol{n}\cdot(-aM\boldsymbol{n})=\frac{a}{c}\mathrm{e}^{-\frac{u}{a}}M^2,$$

$$\widetilde{N}=\tilde{\boldsymbol{n}}_v'\cdot\tilde{\boldsymbol{x}}_v'=-\frac{1}{c}\mathrm{e}^{-\frac{u}{a}}\left(-\frac{c^2}{a}\mathrm{e}^{\frac{2u}{a}}\boldsymbol{x}_u'+N\boldsymbol{n}\right)\cdot(-aM\boldsymbol{n})=\frac{a}{c}\mathrm{e}^{-\frac{u}{a}}MN.$$

于是

$$\widetilde{K}_{\mathrm{G}}=\frac{\widetilde{L}\widetilde{N}-\widetilde{M}^2}{\widetilde{E}\widetilde{G}-\widetilde{F}^2}=\frac{\frac{a}{c}\mathrm{e}^{-\frac{u}{a}}LM\cdot\frac{a}{c}\mathrm{e}^{-\frac{u}{a}}MN-\left(\frac{a}{c}\mathrm{e}^{\frac{u}{a}}M^2\right)^2}{(1+a^2L^2)\cdot a^2M^2-(a^2LM)^2}$$

$$=\frac{\left(\frac{a}{c}\mathrm{e}^{-\frac{u}{a}}M\right)^2}{a^2M^2}(LN-M^2)=\frac{\mathrm{e}^{-\frac{2u}{a}}}{c^2}(LN-M^2)=\frac{LN-M^2}{EG-F^2}=K_{\mathrm{G}}.\qquad\square$$

2.9.19　设曲面 M 的第 1 基本形式为

$$I=\mathrm{d}s^2=\frac{\mathrm{d}u^2+\mathrm{d}v^2}{(u^2+v^2+C)^2}\quad(C\text{ 为常数}).$$

(1) 计算 Γ_{ij}^k；

(2) 求 K_{G}.

解　(1) 解法 1　因为

$$E=G=\frac{1}{(u^2+v^2+C)^2},\quad F=0,$$

所以

$$E_u'=\frac{-2(u^2+v^2+C)\cdot 2u}{(u^2+v^2+C)^4}=\frac{-4u}{(u^2+v^2+C)^3}=G_u',$$

$$E_v'=\frac{-2(u^2+v^2+C)\cdot 2v}{(u^2+v^2+C)^4}=\frac{-4v}{(u^2+v^2+C)^3}=G_v'.$$

从而，根据例 2.4.1，有

$$\Gamma_{11}^1=\frac{E_u'}{2E}=\frac{-2u}{u^2+v^2+C},\qquad \Gamma_{11}^2=\frac{-E_v'}{2G}=\frac{2v}{u^2+v^2+C},$$

$$\Gamma_{12}^1=\frac{E_v'}{2E}=\frac{-2v}{u^2+v^2+C},\qquad \Gamma_{12}^2=\frac{G_u'}{2G}=\frac{-2u}{u^2+v^2+C},$$

$$\Gamma_{22}^1=\frac{-G_u'}{2E}=\frac{2u}{u^2+v^2+C},\qquad \Gamma_{22}^2=\frac{G_v'}{2G}=\frac{-2v}{u^2+v^2+C}.$$

解法 2　因为

$$\Gamma_{ij}^k=\frac{1}{2}\sum_{l=1}^{2}g^{kl}\left(\frac{\partial g_{il}}{\partial u^j}+\frac{\partial g_{jl}}{\partial u^i}-\frac{\partial g_{ij}}{\partial u^l}\right),$$

所以

$$\Gamma_{11}^1=\frac{1}{2}\sum_{l=1}^{2}g^{1l}\left(\frac{\partial g_{1l}}{\partial u^1}+\frac{\partial g_{1l}}{\partial u^1}-\frac{\partial g_{11}}{\partial u^l}\right)$$

$$=\frac{1}{2}g^{11}\left(\frac{\partial g_{11}}{\partial u^1}+\frac{\partial g_{11}}{\partial u^1}-\frac{\partial g_{11}}{\partial u^1}\right)+\frac{1}{2}g^{12}\left(\frac{\partial g_{12}}{\partial u^1}+\frac{\partial g_{12}}{\partial u^1}-\frac{\partial g_{11}}{\partial u^2}\right)$$

$$=\frac{1}{2}\frac{g_{22}}{g_{11}g_{22}-g_{12}^2}\frac{\partial g_{11}}{\partial u^1}+\frac{-g_{12}}{\sqrt{g_{11}g_{22}-g_{12}^2}}\left(\frac{\partial g_{12}}{\partial u^1}+\frac{\partial g_{12}}{\partial u^1}-\frac{\partial g_{12}}{\partial u^2}\right)$$

$$=\frac{1}{2}\frac{\dfrac{1}{(u^2+v^2+C)^2}}{\dfrac{1}{(u^2+v^2+C)^4}}\cdot\frac{-4u}{(u^2+v^2+C)^3}=\frac{-2u}{u^2+v^2+C}.$$

同理,可得

$$\Gamma_{12}^1=\frac{-2v}{u^2+v^2+C},\quad \Gamma_{22}^1=\frac{2u}{u^2+v^2+C},\quad \Gamma_{11}^2=\frac{2v}{u^2+v^2+C},$$

$$\Gamma_{12}^2=\frac{-2u}{u^2+v^2+C},\quad \Gamma_{22}^2=\frac{-2v}{u^2+v^2+C}.$$

(2) 解法 1　根据 Gauss 方程,有

$$K_G=-\frac{1}{\sqrt{EG}}\left\{\left[\frac{(\sqrt{E})'_v}{\sqrt{G}}\right]'_v+\left[\frac{(\sqrt{G})'_u}{\sqrt{E}}\right]'_u\right\}=-\frac{1}{\sqrt{EG}}\left\{\left(\frac{E'_v}{2\sqrt{EG}}\right)'_v+\left(\frac{G'_u}{2\sqrt{EG}}\right)'_u\right\}$$

$$=-(u^2+v^2+C)^2\left\{\left[\frac{\dfrac{-4v}{(u^2+v^2+C)^3}}{\dfrac{2}{(u^2+v^2+C)^2}}\right]'_v+\left[\frac{\dfrac{-4u}{(u^2+v^2+C)^3}}{\dfrac{2}{(u^2+v^2+C)^2}}\right]'_u\right\}$$

$$=-(u^2+v^2+C)^2\left[\left(\frac{-2v}{u^2+v^2+C}\right)'_v+\left(\frac{-2u}{u^2+v^2+C}\right)'_u\right]$$

$$=2(u^2+v^2+C)^2\left[\frac{1\cdot(u^2+v^2+C)-v\cdot 2v}{(u^2+v^2+C)^2}+\frac{1\cdot(u^2+v^2+C)-u\cdot 2u}{(u^2+v^2+C)^2}\right]$$

$$=2(u^2-v^2+C+v^2-u^2+C)=4C\quad(常数).$$

这是常 Gauss(总)曲率 $K_G=4C$ 的曲面.

解法 2　由(1)知

$$(\Gamma_{11}^2)'_v=\frac{2(u^2+v^2+C)-4v^2}{(u^2+v^2+C)^2}=\frac{2u^2-2v^2+2C}{(u^2+v^2+C)^2},$$

$$(\Gamma_{12}^2)'_u=\frac{-2(u^2+v^2+C)+4u^2}{(u^2+v^2+C)^2}=\frac{2u^2-2v^2-4C}{(u^2+v^2+C)^2},$$

$$\Gamma_{11}^1\Gamma_{12}^2=\frac{4u^2}{(u^2+v^2+C)^2},\quad \Gamma_{11}^2\Gamma_{22}^2=\frac{-4v^2}{(u^2+v^2+C)^2},$$

$$\Gamma_{12}^1\Gamma_{11}^2=\frac{-4v^2}{(u^2+v^2+C)^2},\quad \Gamma_{12}^2\Gamma_{12}^2=\frac{4u^2}{(u^2+v^2+C)^2}.$$

由此推得

$$\begin{aligned}
K_G &\overset{*}{=} \frac{1}{E}\left[(\Gamma_{11}^2)'_v-(\Gamma_{12}^2)'_u+\Gamma_{11}^1\Gamma_{12}^2+\Gamma_{11}^2\Gamma_{22}^2-\Gamma_{12}^1\Gamma_{11}^2-\Gamma_{12}^1\Gamma_{12}^2\right]\\
&=(u^2+v^2+C)^2\left[\frac{2u^2-2v^2+2C}{(u^2+v^2+C)^2}-\frac{2u^2-2v^2-2C}{(u^2+v^2+C)^2}+\frac{4u^2}{(u^2+v^2+C)^2}\right.\\
&\quad\left.+\frac{-4v^2}{(u^2+v^2+C)^2}-\frac{-4v^2}{(u^2+v^2+C)^2}-\frac{4u^2}{(u^2+v^2+C)^2}\right]\\
&=(u^2+v^2+C)^2\cdot\frac{4C}{(u^2+v^2+C)^2}=4C\quad（常数）.
\end{aligned}$$

这是常 Gauss 曲率 $K_G=4C$ 的曲面.

对于步骤 *，由定理 2.9.1 及其证明得到 Gauss 公式

$$\begin{aligned}
&\frac{\partial\Gamma_{ij}^k}{\partial u^l}-\frac{\partial\Gamma_{il}^k}{\partial u^j}+\sum_{m=1}^{n-1}(\Gamma_{ij}^m\Gamma_{ml}^k-\Gamma_{il}^m-\Gamma_{mj}^k)\\
&=L_{ij}\omega_l^k-L_{il}\omega_j^k=L_{ij}\sum_{h=1}^{n-1}g^{kh}L_{hl}-L_{il}\sum_{h=1}^{n-1}g^{kh}L_{hj}=\sum_{h=1}^{n-1}g^{kh}(L_{ij}L_{hl}-L_{il}L_{hj}).
\end{aligned}$$

取 $k=2,l=2,i=1,j=1$，有

$$\begin{aligned}
&(\Gamma_{11}^2)'_v-(\Gamma_{12}^2)'_u+\Gamma_{11}^1\Gamma_{12}^2+\Gamma_{11}^2\Gamma_{22}^2-\Gamma_{12}^1\Gamma_{11}^2-\Gamma_{12}^2\Gamma_{12}^2\\
&=\frac{\partial\Gamma_{11}^2}{\partial u^2}-\frac{\partial\Gamma_{12}^2}{\partial u^1}-\sum_{m=1}^{2}(\Gamma_{11}^m\Gamma_{m2}^2-\Gamma_{12}^m\Gamma_{m1}^2)\\
&=g^{21}(L_{11}L_{12}-L_{12}L_{11})+g^{22}(L_{11}L_{22}-L_{12}^2)\\
&=g^{22}(L_{11}L_{22}-L_{12}^2)=\frac{E}{EG-F^2}(LN-M^2)=EK_G.
\end{aligned}$$

□

2.10　Riemann 流形、Levi-Civita 联络、向量场的平行移动、测地线

1. 知识要点

定义 2.10.4　设 $(M,\mathscr{D})$ 为 n 维 $C^r(r\geqslant1)$ 微分流形，$P\in M$，f 为 P 的某个局部坐标系 (U,φ)，$\{u^i\}$ 中的 C^r 函数，我们定义 P 点处**坐标切向量** $\left.\frac{\partial}{\partial u^i}\right|_P$ $(i=1,2,\cdots,n)$，使得

$$\left.\frac{\partial}{\partial u^i}\right|_P f = \left.\frac{\partial(f\circ\varphi^{-1})}{\partial u^i}\right|_{\varphi(P)}.$$

称 P 点处所有的切向量组成的空间

$$T_P M = \left\{ \sum_{i=1}^{n} \alpha^i \left.\frac{\partial}{\partial u^i}\right|_P \,\middle|\, \alpha^i \in \mathbf{R}, i = 1,2,\cdots,n \right\}$$

为 P 点处的**切空间**. M 上所有切向量形成一个**切丛**

$$TM = \bigcup_{P\in M} T_P M,$$

它是所有切空间 $T_P M(P\in M)$ 的并. 设

$$\boldsymbol{X}: M \to TM$$

为映射,且 $\boldsymbol{X}(P)\in T_P M$,则称 $\boldsymbol{X}$ 为 M 上的**切向量场**. 如果对 M 的任一局部坐标系 $(U,\varphi),\{u^i\}\in\mathscr{D}$,

$$\boldsymbol{X} = \sum_{i=1}^{n} \alpha^i(u^1,u^2,\cdots,u^n)\frac{\partial}{\partial u^i}$$

的每个系数 $\alpha^i(u^1,u^2,\cdots,u^n)$ 为 $u^1,u^2,\cdots,u^n$ 的 $C^k(0\leqslant k\leqslant r)$ 函数,则称 $\boldsymbol{X}$ 为 M 上的 **C^k 切向场**. 当 $k=0$ 时,也称为**连续切向量场**. $C^k(TM)$ 为 M 上 C^k 切向量场的全体.

定义 2.10.5 如果 $g=\langle,\rangle$ 对 $\forall P\in M$,

$$g_P = \langle,\rangle_p : T_P M \times T_P M \to \mathbf{R}$$

为 $T_P M$ 上的一个内积,它是 $T_P M$ 上的一个正定的对称的双(偏)线性函数. 又对任何局部坐标系 $(U_\alpha,\varphi_\alpha),\{u^i\}$,

$$g\left(\frac{\partial}{\partial u^i},\frac{\partial}{\partial u^j}\right) = g_{ij}(u^1,u^2,\cdots,u^n)$$

为 $u^1,u^2,\cdots,u^n$ 的 C^r 函数,则称 g 为 $(M,\mathscr{D})$ 上的一个 **C^r Riemann 度量**,而 (M,g) 称为 $(M,\mathscr{D})$ 上的一个 **C^r Riemann 流形**.

设 $(U_\alpha,\varphi_\alpha),\{u^i\}$ 与 $(U_\beta,\varphi_\beta),\{v^i\}$ 为 P 点的两个局部坐标系,则有**坐标基向量的变换公式**:

$$\left.\frac{\partial}{\partial v^j}\right|_P = \sum_{i=1}^{n} \frac{\partial u^i}{\partial v^j}\left.\frac{\partial}{\partial u^i}\right|_P,$$

$$\begin{pmatrix} \dfrac{\partial}{\partial v^1} \\ \vdots \\ \dfrac{\partial}{\partial v^n} \end{pmatrix}_P = \begin{pmatrix} \dfrac{\partial u^1}{\partial v^1} & \cdots & \dfrac{\partial u^n}{\partial v^1} \\ \vdots & & \vdots \\ \dfrac{\partial u^1}{\partial v^n} & \cdots & \dfrac{\partial u^n}{\partial v^n} \end{pmatrix}_{\varphi_\beta(P)} \begin{pmatrix} \dfrac{\partial}{\partial u^1} \\ \vdots \\ \dfrac{\partial}{\partial u^n} \end{pmatrix}_P.$$

对 $\boldsymbol{X}_P \in T_P M$，$\sum_{j=1}^{n}\beta^j \frac{\partial}{\partial v^j} = \boldsymbol{X}_P - \sum_{i=1}^{n}\alpha^i \frac{\partial}{\partial u^i}\bigg|_P$，有**坐标变换公式**：

$$\beta^j = \sum_{i=1}^{n} \frac{\partial v^j}{\partial u^i}\alpha^i \quad (j = 1,2,\cdots,n),$$

$$\begin{pmatrix}\beta^1\\ \vdots \\ \beta^n\end{pmatrix} = \begin{pmatrix}\frac{\partial v^1}{\partial u^1} & \cdots & \frac{\partial v^1}{\partial u^n}\\ \vdots & & \vdots \\ \frac{\partial v^n}{\partial u^1} & \cdots & \frac{\partial v^n}{\partial u^n}\end{pmatrix}_{\varphi_\alpha(P)} \begin{pmatrix}\alpha^1\\ \vdots \\ \alpha^n\end{pmatrix}.$$

进而

$$\tilde{g}_{kl} = g\left(\frac{\partial}{\partial v^k},\frac{\partial}{\partial v^l}\right) = \sum_{i,j=1}^{n} g\left(\frac{\partial}{\partial u^i},\frac{\partial}{\partial u^j}\right)\frac{\partial u^i}{\partial v^k}\frac{\partial u^j}{\partial v^l} = \sum_{i,j=1}^{n} g_{ij}\frac{\partial u^i}{\partial v^k}\frac{\partial u^j}{\partial v^l},$$

$$\begin{pmatrix}\tilde{g}_{11} & \cdots & \tilde{g}_{1n}\\ \vdots & & \vdots \\ \tilde{g}_{n1} & \cdots & \tilde{g}_{nn}\end{pmatrix} = \begin{pmatrix}\frac{\partial u^1}{\partial v^1} & \cdots & \frac{\partial u^n}{\partial v^1}\\ \vdots & & \vdots \\ \frac{\partial u^1}{\partial v^n} & \cdots & \frac{\partial u^n}{\partial v^n}\end{pmatrix}\begin{pmatrix}g_{11} & \cdots & g_{1n}\\ \vdots & & \vdots \\ g_{n1} & \cdots & g_{nn}\end{pmatrix}\begin{pmatrix}\frac{\partial u^1}{\partial v^1} & \cdots & \frac{\partial u^1}{\partial v^n}\\ \vdots & & \vdots \\ \frac{\partial u^n}{\partial v^1} & \cdots & \frac{\partial u^n}{\partial v^n}\end{pmatrix}.$$

这就表明矩阵$(\tilde{g}_{ij})$与(g_{ij})是相合的.

我们称

$$\boldsymbol{X}f = \left(\sum_{i=1}^{n}\alpha^i \frac{\partial}{\partial u^i}\right)f = \sum_{i=1}^{n}\alpha^i \frac{\partial f}{\partial u^i}$$

为 C^r 函数 f(即 $f\circ\varphi_\alpha^{-1}$ 是 C^r的)沿 $\boldsymbol{X}$ 方向的**方向导数**$\left(\frac{\partial f}{\partial u^i}为\frac{\partial(f\circ\varphi_\alpha^{-1})}{\partial u^i}的简单表示\right)$. 它与局部坐标系的选取无关.

设 $\boldsymbol{X},\boldsymbol{Y}$ 为 M 上的 $C^k(k\geqslant 1)$切向量场. 在局部坐标系$(U_\alpha,\varphi_\alpha)$，$\{u^i\}$中，记

$$\boldsymbol{X} = \sum_{i=1}^{n}\alpha^i \frac{\partial}{\partial u^i}, \quad \boldsymbol{Y} = \sum_{j=1}^{n}\beta^j \frac{\partial}{\partial u^j}.$$

令

$$[\boldsymbol{X},\boldsymbol{Y}] = \sum_{j=1}^{n}\left[\sum_{i=1}^{n}\left(\alpha^i \frac{\partial \beta^j}{\partial u^i} - \beta^i \frac{\partial \alpha^j}{\partial u^i}\right)\right]\frac{\partial}{\partial u^j}.$$

不难验证，右式与局部坐标系的选取无关. 因此，$[\boldsymbol{X},\boldsymbol{Y}]$定义了 M 上的一个整体 C^{k-1}切向量场，称它为 $\boldsymbol{X}$ 与 $\boldsymbol{Y}$ 的**交换子积**或**方括号积**或 Y 关于 X 的 **Lie 导数**.

令

$$\nabla_{\frac{\partial}{\partial u^i}} \frac{\partial}{\partial u^j} = \sum_{k=1}^{n} \Gamma_{ij}^{k} \frac{\partial}{\partial u^k},$$

其中 $\Gamma_{ij}^{k} = \dfrac{1}{2}\sum\limits_{r=1}^{n} g^{kr}\left(\dfrac{\partial g_{rj}}{\partial u^i} + \dfrac{\partial g_{ri}}{\partial u^j} - \dfrac{\partial g_{ij}}{\partial u^r}\right)$,则

$$\nabla_{\boldsymbol{X}} \boldsymbol{Y} = \sum_{i,j=1}^{n} \alpha^i \frac{\partial \beta^j}{\partial u^i} \frac{\partial}{\partial u^j} + \sum_{i,j,k=1}^{n} \alpha^i \beta^j \Gamma_{ij}^{k} \frac{\partial}{\partial u^k}$$

与局部坐标系的选取无关. 因此,$\nabla_X Y$ 定义了 M 上的一个整体 C^{k-1} 切向量场.

如果$(M,\mathscr{D})$,(M,g),$\boldsymbol{X},\boldsymbol{Y}$ 都是 C^∞ 的,易见$\nabla_{\boldsymbol{X}}\boldsymbol{Y}$ 也是 C^∞ 的,且算子(或映射)

$$\nabla: C^\infty(TM) \times C^\infty(TM) \to C^\infty(TM),$$
$$(\boldsymbol{X},\boldsymbol{Y}) \mapsto \nabla_{\boldsymbol{X}}\boldsymbol{Y}$$

满足($C^\infty(TM)$ 为 M 上的 C^∞ 切向量场的全体):

(1) $\nabla_{f_1\boldsymbol{X}_1+f_2\boldsymbol{X}_2}\boldsymbol{Y} = f_1 \nabla_{\boldsymbol{X}_1}\boldsymbol{Y} + f_2 \nabla_{\boldsymbol{X}_2}\boldsymbol{Y}$,
$f_1, f_2 \in C^\infty(M,\mathbf{R})$, $\boldsymbol{X}_1, \boldsymbol{X}_2, \boldsymbol{Y} \in C^\infty(TM)$;

(2) $\nabla_{\boldsymbol{X}}(\lambda_1\boldsymbol{Y}_1 + \lambda_2\boldsymbol{Y}_2) = \lambda_1\nabla_{\boldsymbol{X}}\boldsymbol{Y}_1 + \lambda_2\nabla_{\boldsymbol{X}}\boldsymbol{Y}_2$,
$\lambda_1, \lambda_2 \in \mathbf{R}$, $\boldsymbol{X}, \boldsymbol{Y}_1, \boldsymbol{Y}_2 \in C^\infty(TM)$;

(线性性)

(3) $\nabla_{\boldsymbol{X}}(f\boldsymbol{Y}) = (\boldsymbol{X}f)\boldsymbol{Y} + f\nabla_{\boldsymbol{X}}\boldsymbol{Y}$, $f \in C^\infty(M,\mathbf{R})$, $\boldsymbol{X},\boldsymbol{Y} \in C^\infty(TM)$(导性);

(4) $T(\boldsymbol{X},\boldsymbol{Y}) = \nabla_{\boldsymbol{X}}\boldsymbol{Y} - \nabla_{\boldsymbol{Y}}\boldsymbol{X} - [\boldsymbol{X},\boldsymbol{Y}] = 0$, $\forall \boldsymbol{X},\boldsymbol{Y} \in C^\infty(TM)$,即**挠张量** $T=0$;

(5) $\boldsymbol{Z}\langle\boldsymbol{X},\boldsymbol{Y}\rangle = \langle\nabla_{\boldsymbol{Z}}\boldsymbol{X},\boldsymbol{Y}\rangle + \langle\boldsymbol{X},\nabla_{\boldsymbol{Z}}\boldsymbol{Y}\rangle$, $\forall \boldsymbol{X},\boldsymbol{Y},\boldsymbol{Z} \in C^\infty(TM)$.

我们称满足上述 5 个条件的∇ 为 Riemann 流形$(M,g)=(M,\langle,\rangle)$上的 **Riemann 联络**或 **Levi-Civita 联络**.

定理 2.10.1 设∇ 为 n 维 C^∞ Riemann 流形$(M,g)=(M,\langle,\rangle)$上的 Riemann 联络,$\sigma:[a,b]\to M$ 为 C^∞ 曲线,则对$\forall \boldsymbol{Y} \in T_{\sigma(a)}M$,存在 σ 上的唯一 $\boldsymbol{Y}(t) \in T_{\sigma(t)}M$,使得 $\boldsymbol{Y}(a)=\boldsymbol{Y}$,$\boldsymbol{Y}(t)$关于 t 是 C^∞ 的,且 $\boldsymbol{Y}(t)$沿 σ 是**平行的**或 $\boldsymbol{Y}(t)$是 $\boldsymbol{Y}$ 沿 σ 的**平行移动**,即$\nabla_{\sigma'(t)}\boldsymbol{Y}(t)=0$ 等价于

$$\frac{\mathrm{d}Y^k}{\mathrm{d}t} + \sum_{i,j=1}^{n} \Gamma_{ij}^{k} \frac{\mathrm{d}u^i}{\mathrm{d}t} Y^j = 0 \quad (k=1,2,\cdots,n) \quad (\text{向量场的平移方程}),$$

其中 $\boldsymbol{Y} = \sum\limits_{j=1}^{n} Y^j(t) \dfrac{\partial}{\partial u^j}\Big|_{\sigma(t)}$.

推论 2.10.1 在局部坐标系(U,φ),$\{u^i\}$中,

σ 为测地线,即$\nabla_{\sigma'(t)}\sigma'(t)=0$

$$\Leftrightarrow \quad \frac{\mathrm{d}^2 u^k}{\mathrm{d}t^2} + \sum_{i,j=1}^{n} \Gamma_{ij}^{k} \frac{\mathrm{d}u^i}{\mathrm{d}t}\frac{\mathrm{d}u^j}{\mathrm{d}t} = 0 \quad (k=1,2,\cdots,n) \quad (\text{测地线方程}).$$

例 2.10.3　设

$$M=\mathbf{R}^n=\{(x^1,x^2,\cdots,x^n)\mid x^i\in\mathbf{R},i=1,2,\cdots,n\},$$

$g_{ij}=\begin{cases}1,i=j,\\0,i\neq j\end{cases}$ $(i=1,2,\cdots,n)$，则 $\Gamma_{ij}^k=0(k,i,j=1,2,\cdots,n)$. 于是

$$\text{测地线}\quad\Leftrightarrow\quad\frac{\mathrm{d}^2x^k}{\mathrm{d}t^2}+\sum_{i,j=1}^n\Gamma_{ij}^k\frac{\mathrm{d}x^i}{\mathrm{d}t}\frac{\mathrm{d}x^j}{\mathrm{d}t}=0\quad(k=1,2,\cdots,n)$$

$$\Leftrightarrow\quad\frac{\mathrm{d}^2x^k}{\mathrm{d}t^2}=0\quad(k=1,2,\cdots,n)$$

$$\Leftrightarrow\quad x^k=\alpha^k+\beta^kt\quad(k=1,2,\cdots,n)\quad(\text{直线}).$$

定理 2.10.2　设 ∇ 为 n 维 C^∞ Riemann 流形 $(M,g)=(M,\langle,\rangle)$ 的切丛 TM 上的 Riemann 联络（Levi-Civita 联络）.

(1) 挠张量 $T=0\Leftrightarrow$ 对任何局部坐标系 (U,φ)，$\{u^i\}$，有 $\Gamma_{ij}^k=\Gamma_{ji}^k(\forall i,j,k=1,2,\cdots,n)$（对称联络）.

(2) 下列条件等价：

(a) ∇ 满足

$$Z\langle X,Y\rangle=\langle\nabla_ZX,Y\rangle+\langle X,\nabla_ZY\rangle,\quad\forall X,Y,Z\in C^\infty(TM);$$

(b) 对任何局部坐标系 $\{u^i\}$，有

$$\frac{\partial g_{ij}}{\partial u^k}=\sum_{l=1}^ng_{lj}\Gamma_{ki}^l+\sum_{l=1}^ng_{il}\Gamma_{kj}^l\quad(i,j,k=1,2,\cdots,n);$$

(c) 平行移动保持内积不变（当然也保持长度不变）.

注 2.10.1　设 $\sigma(t)$ 为 M 上的 C^∞ 曲线，如果 $\nabla_{\sigma'(t)}\sigma'(t)=0$，即 $\sigma'(t)$ 沿 $\sigma(t)$ 是平行的，也就是 $\sigma(t)$ 为 M 上的测地线. 根据 Riemann 联络的条件(5)及定理 2.10.2(2)(c)，$\sigma'(t)$ 的长度 $|\sigma'(t)|$ 为常数. 特别当 $|\sigma'(0)|=1$ 时，$|\sigma'(t)|=1$，故 t 为 $\sigma(t)$ 的弧长参数.

注 2.10.2　上面 C^k 切向量场、C^r Riemann 流形、Levi-Civita 联络等都是先在局部坐标系内定义，再证明与局部坐标系的选取无关的. 这种称为坐标观点，即古典观点. 另一种是映射观点或算子观点，即近代观点. 当计算时采用不同的局部坐标系，并推导出它们之间的关系. 值得提出的是表达它们关系的公式，若采用近代观点很容易得到，而采用古典观点需要漫长的过程和复杂的计算才能得到.

2. 习题解答

2.10.1*　(Riemann 流形基本定理) n 维 C^∞ Riemann 流形 $(M,g)=(M,\langle,\rangle)$ 上存在唯一的 Riemann 联络.

证明　证法 1（近代观点、不变观点或映射观点）　先证唯一性. 设 ∇ 及 $\overline{\nabla}$ 都是

$(M,g)=(M,\langle,\rangle)$的 Riemann 联络，则

$$\begin{aligned}
&\boldsymbol{X}\langle\boldsymbol{Y},\boldsymbol{Z}\rangle+\boldsymbol{Y}(\boldsymbol{Z},\boldsymbol{X})-\boldsymbol{Z}\langle\boldsymbol{X},\boldsymbol{Y}\rangle\\
&\quad=\langle\nabla_{\boldsymbol{X}}\boldsymbol{Y},\boldsymbol{Z}\rangle+\langle\boldsymbol{Y},\nabla_{\boldsymbol{X}}\boldsymbol{Z}\rangle+\langle\nabla_{\boldsymbol{Y}}\boldsymbol{Z},\boldsymbol{X}\rangle+\langle\boldsymbol{Z},\nabla_{\boldsymbol{Y}}\boldsymbol{X}\rangle-\langle\nabla_{\boldsymbol{Z}}\boldsymbol{X},\boldsymbol{Y}\rangle-\langle\boldsymbol{X},\nabla_{\boldsymbol{Z}}\boldsymbol{Y}\rangle\\
&\quad=\langle\nabla_{\boldsymbol{X}}\boldsymbol{Y},\boldsymbol{Z}\rangle+\langle\boldsymbol{Y},[\boldsymbol{X},\boldsymbol{Z}]\rangle+\langle[\boldsymbol{Y},\boldsymbol{Z}],\boldsymbol{X}\rangle+\langle\boldsymbol{Z},\nabla_{\boldsymbol{X}}\boldsymbol{Y}\rangle+\langle\boldsymbol{Z},[\boldsymbol{Y},\boldsymbol{X}]\rangle\\
&2\langle\nabla_{\boldsymbol{X}}\boldsymbol{Y},\boldsymbol{Z}\rangle\\
&\quad=\boldsymbol{X}\langle\boldsymbol{Y},\boldsymbol{Z}\rangle+\boldsymbol{Y}\langle\boldsymbol{Z},\boldsymbol{X}\rangle-\boldsymbol{Z}\langle\boldsymbol{X},\boldsymbol{Y}\rangle\\
&\qquad-\langle\boldsymbol{Y},[\boldsymbol{X},\boldsymbol{Z}]\rangle-\langle\boldsymbol{X},[\boldsymbol{Y},\boldsymbol{Z}]\rangle-\langle\boldsymbol{Z},[\boldsymbol{Y},\boldsymbol{X}]\rangle. \qquad (*)
\end{aligned}$$

同理

$$\begin{aligned}
2\langle\overline{\nabla}_{\boldsymbol{X}}\boldsymbol{Y},\boldsymbol{Z}\rangle&=\boldsymbol{X}\langle\boldsymbol{Y},\boldsymbol{Z}\rangle+\boldsymbol{Y}\langle\boldsymbol{Z},\boldsymbol{X}\rangle-\boldsymbol{Z}\langle\boldsymbol{X},\boldsymbol{Y}\rangle-\langle\boldsymbol{Y},[\boldsymbol{X},\boldsymbol{Z}]\rangle\\
&\quad-\langle\boldsymbol{X},[\boldsymbol{Y},\boldsymbol{Z}]\rangle-\langle\boldsymbol{Z},[\boldsymbol{Y},\boldsymbol{X}]\rangle.
\end{aligned}$$

于是

$$\langle\nabla_{\boldsymbol{X}}\boldsymbol{Y},\boldsymbol{Z}\rangle=\langle\overline{\nabla}_{\boldsymbol{X}}\boldsymbol{Y},\boldsymbol{Z}\rangle,\quad\langle\nabla_{\boldsymbol{X}}\boldsymbol{Y}-\overline{\nabla}_{\boldsymbol{X}}\boldsymbol{Y},\boldsymbol{Z}\rangle=0.$$

根据引理 1.3.6，$\nabla_{\boldsymbol{X}}\boldsymbol{Y}-\overline{\nabla}_{\boldsymbol{X}}\boldsymbol{Y}=0$，$\nabla_{\boldsymbol{X}}\boldsymbol{Y}=\overline{\nabla}_{\boldsymbol{X}}\boldsymbol{Y}$，$\forall\,\boldsymbol{X},\boldsymbol{Y}\in C^\infty(TM)$，即$\nabla=\overline{\nabla}$.

再证存在性，从式（$*$）出发定义

$$\nabla_{\boldsymbol{X}}\boldsymbol{Y}=\sum_{i=1}^n\langle\nabla_{\boldsymbol{X}}\boldsymbol{Y},\boldsymbol{e}_i\rangle\boldsymbol{e}_i,$$

其中$\{\boldsymbol{e}_i\}$为局部 C^∞ 规范正交基向量场，而$\langle\nabla_{\boldsymbol{X}}\boldsymbol{Y},\boldsymbol{e}_i\rangle$按公式（$*$）给出. 如果$\{\bar{\boldsymbol{e}}_i\}$为另一局部 C^∞ 规范正交基向量场，则

$$\begin{aligned}
\sum_{i=1}^n\langle\nabla_{\boldsymbol{X}}\boldsymbol{Y},\bar{\boldsymbol{e}}_i\rangle\bar{\boldsymbol{e}}_i&=\sum_{i=1}^n\left\langle\nabla_{\boldsymbol{X}}\boldsymbol{Y},\sum_{j=1}^n a_i^j\boldsymbol{e}_j\right\rangle\left(\sum_{l=1}^n a_i^l\boldsymbol{e}_l\right)\\
&=\sum_{j,l=1}^n\left(\sum_{i=1}^n a_i^j a_i^l\right)\langle\nabla_{\boldsymbol{X}}\boldsymbol{Y},\boldsymbol{e}_j\rangle\boldsymbol{e}_l\\
&=\sum_{j,l=1}^n\delta_{jl}\langle\nabla_{\boldsymbol{X}}\boldsymbol{Y},\boldsymbol{e}_j\rangle\boldsymbol{e}_l=\sum_{j=1}^n\langle\nabla_{\boldsymbol{X}}\boldsymbol{Y},\boldsymbol{e}_j\rangle\boldsymbol{e}_j.
\end{aligned}$$

也就是公式（$*$）与局部 C^∞ 规范正交基的选取无关，故$\nabla_{\boldsymbol{X}}\boldsymbol{Y}$ 确实定义了一个整体 C^∞ 切向量场. 由 $\boldsymbol{Z}$ 的任意性，通过式（$*$）作简单的运算，可知∇ 满足线性联络的 3 个条件. 此外，由于

$$\begin{aligned}
&2\langle\nabla_{\boldsymbol{X}}\boldsymbol{Y}-\nabla_{\boldsymbol{Y}}\boldsymbol{X}-[\boldsymbol{X},\boldsymbol{Y}],\boldsymbol{Z}\rangle\\
&\quad=\{\boldsymbol{X}\langle\boldsymbol{Y},\boldsymbol{Z}\rangle+\boldsymbol{Y}\langle\boldsymbol{Z},\boldsymbol{X}\rangle-\boldsymbol{Z}\langle\boldsymbol{X},\boldsymbol{Y}\rangle-\langle\boldsymbol{Y},[\boldsymbol{X},\boldsymbol{Z}]\rangle\\
&\qquad-\langle\boldsymbol{X},[\boldsymbol{Y},\boldsymbol{Z}]\rangle-\langle\boldsymbol{Z},[\boldsymbol{Y},\boldsymbol{X}]\rangle\}\\
&\qquad-\{\boldsymbol{Y}\langle\boldsymbol{X},\boldsymbol{Z}\rangle+\boldsymbol{X}\langle\boldsymbol{Z},\boldsymbol{Y}\rangle-\boldsymbol{Z}\langle\boldsymbol{Y},\boldsymbol{X}\rangle-\langle\boldsymbol{X},[\boldsymbol{Y},\boldsymbol{Z}]\rangle\\
&\qquad-\langle\boldsymbol{Y},[\boldsymbol{X},\boldsymbol{Z}]\rangle-\langle\boldsymbol{Z},[\boldsymbol{X},\boldsymbol{Y}]\rangle\}-2\langle[\boldsymbol{X},\boldsymbol{Y}],\boldsymbol{Z}\rangle
\end{aligned}$$

$$= 0,$$

又由于 $\boldsymbol{Z}$ 任意,特别地 $\boldsymbol{Z}=\nabla_{\boldsymbol{X}}\boldsymbol{Y}-\nabla_{\boldsymbol{Y}}\boldsymbol{X}-[\boldsymbol{X},\boldsymbol{Y}]$,所以

$$T\langle \boldsymbol{X},\boldsymbol{Y}\rangle = \nabla_{\boldsymbol{X}}\boldsymbol{Y}-\nabla_{\boldsymbol{Y}}\boldsymbol{X}-[\boldsymbol{X},\boldsymbol{Y}] = 0,$$

即∇满足(4). 另有

$$\begin{aligned}
&2\langle \nabla_{\boldsymbol{Z}}\boldsymbol{X},\boldsymbol{Y}\rangle + 2\langle \nabla_{\boldsymbol{Z}}\boldsymbol{Y},\boldsymbol{X}\rangle \\
&\quad = \{\boldsymbol{Z}\langle \boldsymbol{X},\boldsymbol{Y}\rangle + \boldsymbol{X}\langle \boldsymbol{Y},\boldsymbol{Z}\rangle - \boldsymbol{Y}\langle \boldsymbol{Z},\boldsymbol{X}\rangle - \langle \boldsymbol{X},[\boldsymbol{Z},\boldsymbol{Y}]\rangle \\
&\qquad - \langle \boldsymbol{Z},[\boldsymbol{X},\boldsymbol{Y}]\rangle - \langle \boldsymbol{Y},[\boldsymbol{X},\boldsymbol{Z}]\rangle\} + \{\boldsymbol{Z}\langle \boldsymbol{Y},\boldsymbol{X}\rangle + \boldsymbol{Y}\langle \boldsymbol{X},\boldsymbol{Z}\rangle \\
&\qquad - \boldsymbol{X}\langle \boldsymbol{Z},\boldsymbol{Y}\rangle - \langle \boldsymbol{Y},[\boldsymbol{Z},\boldsymbol{X}]\rangle - \langle \boldsymbol{Z},[\boldsymbol{Y},\boldsymbol{X}]\rangle - \langle \boldsymbol{X},[\boldsymbol{Y},\boldsymbol{Z}]\rangle\} \\
&\quad = 2\boldsymbol{Z}\langle \boldsymbol{X},\boldsymbol{Y}\rangle,
\end{aligned}$$

即 $\boldsymbol{Z}\langle \boldsymbol{X},\boldsymbol{Y}\rangle=\langle \nabla_{\boldsymbol{Z}}\boldsymbol{X},\boldsymbol{Y}\rangle+\langle \boldsymbol{X},\nabla_{\boldsymbol{Z}}\boldsymbol{Y}\rangle$,这就证明了$\nabla$满足(5).

证法 2(古典观点或坐标观点)　设$\{x^i\}$和$\{y^i\}$为$P\in M$的局部坐标系,$g_{ij} = \left\langle \frac{\partial}{\partial x^i},\frac{\partial}{\partial x^j}\right\rangle$, $\sum\limits_{j=1}^n g_{ij}g^{jk} = \delta_i^k$,

$$\tilde{g}_{ij} = \left\langle \frac{\partial}{\partial y^i},\frac{\partial}{\partial y^j}\right\rangle = \left\langle \sum_{l=1}^n \frac{\partial x^l}{\partial y^i}\frac{\partial}{\partial x^l},\sum_{s=1}^n \frac{\partial x^s}{\partial y^j}\frac{\partial}{\partial x^s}\right\rangle = \sum_{l,s=1}^n \frac{\partial x^l}{\partial y^i}\frac{\partial x^s}{\partial y^j}g_{ls},$$

$$\sum_{l=1}^n \tilde{g}_{ij}\tilde{g}^{jk} = \delta_i^k,\quad \tilde{g}^{ij} = \sum_{l,s=1}^n \frac{\partial y^i}{\partial x^l}\frac{\partial y^j}{\partial x^s}g^{ls},$$

$$\nabla_{\frac{\partial}{\partial x^i}}\frac{\partial}{\partial x^j} = \sum_{k=1}^n \Gamma_{ij}^k\frac{\partial}{\partial x^k},\quad \nabla_{\frac{\partial}{\partial y^i}}\frac{\partial}{\partial y^j} = \sum_{k=1}^n \tilde{\Gamma}_{ij}^k\frac{\partial}{\partial y^k}.$$

唯一性.

$$\begin{aligned}
&\frac{1}{2}\sum_{r=1}^n g^{kr}\left(\frac{\partial g_{rj}}{\partial x^i}+\frac{\partial g_{ri}}{\partial x^j}-\frac{\partial g_{ij}}{\partial x^r}\right) \\
&\quad = \frac{1}{2}\Big[-\sum_{r=1}^n g^{kr}\Big(\sum_{l=1}^n g_{lj}\Gamma_{ri}^l+\sum_{l=1}^n g_{il}\Gamma_{rj}^l\Big)+\sum_{r=1}^n g^{kr}\Big(\sum_{l=1}^n g_{lj}\Gamma_{ri}^l+\sum_{l=1}^n g_{rl}\Gamma_{ij}^l\Big) \\
&\qquad + \sum_{r=1}^n g^{kr}\Big(\sum_{l=1}^n g_{li}\Gamma_{jr}^l+\sum_{l=1}^n g_{rl}\Gamma_{ji}^l\Big)\Big] \\
&\quad = \frac{1}{2}(\Gamma_{ij}^k+\Gamma_{ji}^k) = \Gamma_{ij}^k.
\end{aligned}$$

这就证明了 Γ_{ij}^k,从而 Riemann 联络∇完全由 g_{ij} 及其偏导数确定,即由 Riemann 度量 g 确定.

存在性. 设

$$\Gamma_{ij}^k = \frac{1}{2}\sum_{\gamma=1}^n g^{kr}\left(\frac{\partial g_{rj}}{\partial x^i}+\frac{\partial g_{ri}}{\partial x^j}-\frac{\partial g_{ij}}{\partial x^r}\right),$$

$$\widetilde{\Gamma}^{\gamma}_{\alpha\beta}=\frac{1}{2}\sum_{\delta=1}^{n}\widetilde{g}^{\gamma\delta}\left(\frac{\partial\widetilde{g}_{\delta\beta}}{\partial y^{\alpha}}+\frac{\partial\widetilde{g}_{\delta\alpha}}{\partial y^{\beta}}-\frac{\partial\widetilde{g}_{\alpha\beta}}{\partial y^{\delta}}\right),$$

则 $\Gamma^k_{ij}=\Gamma^k_{ji}$，$\widetilde{\Gamma}^{\gamma}_{\alpha\beta}=\widetilde{\Gamma}_{\beta\alpha}$. 作下面的计算：

$$\widetilde{g}_{\delta\beta}=\sum_{i,j=1}^{n}\frac{\partial x^i}{\partial y^{\delta}}\frac{\partial x^j}{\partial y^{\beta}}g_{ij},$$

$$\frac{\partial\widetilde{g}_{\delta\beta}}{\partial y^{\alpha}}=\sum_{i,j,l=1}^{n}\frac{\partial x^i}{\partial y^{\alpha}}\frac{\partial x^j}{\partial y^{\beta}}\frac{\partial x^l}{\partial y^{\delta}}\frac{\partial g_{lj}}{\partial x^i}+\sum_{i,j=1}^{n}\left(\frac{\partial^2 x^i}{\partial y^{\delta}\partial y^{\alpha}}\frac{\partial x^j}{\partial y^{\beta}}g_{ij}+\frac{\partial x^l}{\partial y^{\delta}}\frac{\partial^2 x^j}{\partial y^{\beta}\partial y^{\alpha}}g_{ij}\right),$$

同理

$$\begin{aligned}\frac{\partial\widetilde{g}_{\delta\alpha}}{\partial y^{\beta}}&=\frac{\partial\widetilde{g}_{\alpha\delta}}{\partial y^{\beta}}\\&=\sum_{i,j,l=1}^{n}\frac{\partial x^i}{\partial y^{\alpha}}\frac{\partial x^j}{\partial y^{\beta}}\frac{\partial x^l}{\partial y^{\delta}}\frac{\partial g_{ij}}{\partial x^j}+\sum_{i,j=1}^{n}\left(\frac{\partial^2 x^i}{\partial y^{\alpha}\partial y^{\beta}}\frac{\partial x^j}{\partial y^{\delta}}g_{ij}+\frac{\partial x^i}{\partial y^{\alpha}}\frac{\partial^2 x^j}{\partial y^{\delta}\partial y^{\beta}}g_{ij}\right),\end{aligned}$$

$$\frac{\partial\widetilde{g}_{\alpha\beta}}{\partial y^{\delta}}=\sum_{i,j,l=1}^{n}\frac{\partial x^i}{\partial y^{\alpha}}\frac{\partial x^j}{\partial y^{\beta}}\frac{\partial x^l}{\partial y^{\delta}}\frac{\partial g_{ij}}{\partial x^l}+\sum_{i,j=1}^{n}\left(\frac{\partial^2 x^i}{\partial y^{\alpha}\partial y^{\delta}}\frac{\partial x^j}{\partial y^{\beta}}g_{ij}+\frac{\partial x^i}{\partial y^{\alpha}}\frac{\partial^2 x^j}{\partial y^{\beta}\partial y^{\delta}}g_{ij}\right),$$

$$\begin{aligned}\widetilde{\Gamma}^{\gamma}_{\alpha\beta}&=\frac{1}{2}\sum_{\delta=1}^{n}\widetilde{g}^{\gamma\delta}\left(\frac{\partial\widetilde{g}_{\delta\beta}}{\partial y^{\alpha}}+\frac{\partial\widetilde{g}_{\delta\alpha}}{\partial y^{\beta}}-\frac{\partial\widetilde{g}_{\alpha\beta}}{\partial y^{\delta}}\right)\\&=\frac{1}{2}\sum_{i,j,k,l,s,\delta=1}^{n}\frac{\partial y^{\gamma}}{\partial x^k}\frac{\partial y^{\delta}}{\partial x^s}g^{ks}\cdot\frac{\partial x^i}{\partial y^{\alpha}}\frac{\partial x^j}{\partial y^{\beta}}\frac{\partial x^l}{\partial y^{\delta}}\left(\frac{\partial g_{lj}}{\partial x^i}+\frac{\partial g_{il}}{\partial x^j}-\frac{\partial g_{ij}}{\partial x^l}\right)\\&\quad+\frac{1}{2}\sum_{i,j,k,l,s,\delta=1}^{n}\frac{\partial y^{\gamma}}{\partial x^k}\frac{\partial y^{\delta}}{\partial x^s}g^{ks}\left(\frac{\partial x^i}{\partial y^{\delta}}\frac{\partial^2 x^j}{\partial y^{\beta}\partial y^{\alpha}}g_{ij}+\frac{\partial^2 x^i}{\partial y^{\alpha}\partial y^{\beta}}\frac{\partial x^j}{\partial y^{\delta}}g_{ij}\right)\\&=\frac{1}{2}\sum_{i,j,k,l,s=1}^{n}\frac{\partial y^{\gamma}}{\partial x^k}\frac{\partial x^i}{\partial y^{\alpha}}\frac{\partial x^j}{\partial y^{\beta}}\frac{\partial x^l}{\partial x^s}g^{ks}\left(\frac{\partial g_{lj}}{\partial x^i}+\frac{\partial g_{il}}{\partial x^j}-\frac{\partial g_{ij}}{\partial x^l}\right)\\&\quad+\sum_{i,j,k=1}^{n}\frac{\partial y^{\gamma}}{\partial x^k}\frac{\partial y^i}{\partial x^s}\frac{\partial^2 x^j}{\partial y^{\beta}\partial y^{\alpha}}g^{ks}g_{ij}\\&=\frac{1}{2}\sum_{i,j,k,l=1}^{n}\frac{\partial x^i}{\partial y^{\alpha}}\frac{\partial x^j}{\partial y^{\beta}}\frac{\partial y^{\gamma}}{\partial x^k}g^{kl}\left(\frac{\partial g_{lj}}{\partial x^i}+\frac{\partial g_{il}}{\partial x^j}-\frac{\partial g_{ij}}{\partial x^l}\right)\\&\quad+\sum_{i,j,k=1}^{n}\frac{\partial y^{\gamma}}{\partial x^k}\frac{\partial^2 x^j}{\partial y^{\beta}\partial y^{\alpha}}g^{ki}g_{ij}\\&=\sum_{i,j,k=1}^{u}\frac{\partial x^i}{\partial y^{\alpha}}\frac{\partial x^j}{\partial y^{\beta}}\frac{\partial y^{\gamma}}{\partial x^k}\Gamma^k_{ij}+\sum_{j=1}^{n}\frac{\partial^2 x^j}{\partial y^{\alpha}\partial y^{\beta}}\frac{\partial y^{\gamma}}{\partial x^j},\end{aligned}$$

$$\sum_{l=1}^{n}g_{lj}\Gamma^l_{ki}+\sum_{l=1}^{n}g_{il}\Gamma^l_{kj}$$

$$
\begin{aligned}
&= \frac{1}{2}\sum_{l=1}^{n} g_{lj}\sum_{s=1}^{n} g^{ls}\left(\frac{\partial g_{si}}{\partial x^k}+\frac{\partial g_{sk}}{\partial x^i}-\frac{\partial g_{ki}}{\partial x^s}\right)+\frac{1}{2}\sum_{l=1}^{n} g_{il}\sum_{s=1}^{n} g^{ls}\left(\frac{\partial g_{sj}}{\partial x^k}+\frac{\partial g_{sk}}{\partial x^j}-\frac{\partial g_{kj}}{\partial x^s}\right)\\
&= \frac{1}{2}\sum_{s=1}^{n}\delta_j^s\left(\frac{\partial g_{si}}{\partial x^k}+\frac{\partial g_{sk}}{\partial x^i}-\frac{\partial g_{ki}}{\partial x^s}\right)+\frac{1}{2}\sum_{s=1}^{n}\delta_i^s\left(\frac{\partial g_{sj}}{\partial x^k}+\frac{\partial g_{sk}}{\partial x^j}-\frac{\partial g_{kj}}{\partial x^s}\right)\\
&= \frac{1}{2}\left(\frac{\partial g_{ji}}{\partial x^k}+\frac{\partial g_{jk}}{\partial x^i}-\frac{\partial g_{ki}}{\partial x^j}\right)+\frac{1}{2}\left(\frac{\partial g_{ij}}{\partial x^k}+\frac{\partial g_{ik}}{\partial x^j}-\frac{\partial g_{kj}}{\partial x^i}\right)\\
&= \frac{\partial g_{ij}}{\partial x^k}.
\end{aligned}
$$

证法 3(正交活动标架法或外微分形式法) 设$\{\boldsymbol{e}_1,\cdots,\boldsymbol{e}_n\}$为 TM 的局部C^∞规范正交标架场,$\{\omega^1,\cdots,\omega^n\}$是对偶于$\{\boldsymbol{e}_1,\cdots,\boldsymbol{e}_n\}$的局部 C^∞ 1 形式(称为**余标架场**).则 Riemann 联络存在唯一定理等价于 g 的联络 1 形式或 Levi-Civita 1 形式 $\omega=(\omega_j^i)$由结构方程

$$
\mathrm{d}\omega^i=\sum_{j=1}^{n}\omega^j\wedge\omega_j^i,\quad \omega_i^j+\omega_j^i=0
$$

唯一确定.

事实上,设

$$
\nabla\boldsymbol{e}_i=\sum_{j=1}^{n}\omega_i^j\otimes\boldsymbol{e}_j,
$$

则∇与 g 相容,即

$$
\begin{aligned}
&\boldsymbol{X}(g(\boldsymbol{Y},\boldsymbol{Z}))=g(\nabla_{\boldsymbol{X}}\boldsymbol{Y},\boldsymbol{Z})+g(\boldsymbol{Y},\nabla_{\boldsymbol{X}}\boldsymbol{Z})\\
\Leftrightarrow\quad &0=\mathrm{d}g_{ij}(\boldsymbol{X})=\boldsymbol{X}g_{ij}=\boldsymbol{X}(g(\boldsymbol{e}_i,\boldsymbol{e}_j))\\
&\quad=g(\nabla_{\boldsymbol{X}}\boldsymbol{e}_i,\boldsymbol{e}_j)+g(\boldsymbol{e}_i,\nabla_{\boldsymbol{X}}\boldsymbol{e}_j)\\
&\quad=[g(\nabla\boldsymbol{e}_i,\boldsymbol{e}_j)+g(\boldsymbol{e}_i,\nabla\boldsymbol{e}_j)](\boldsymbol{X})\\
&\quad=\Big[g\Big(\sum_{l=1}^{n}\omega_i^l\otimes\boldsymbol{e}_l,\boldsymbol{e}_j\Big)+g\Big(\boldsymbol{e}_i,\sum_{t=1}^{n}\omega_j^t\otimes\boldsymbol{e}_t\Big)\Big](\boldsymbol{X})\\
&\quad=(\omega_i^j+\omega_j^i)(\boldsymbol{X})\\
\Leftrightarrow\quad &\omega_i^j+\omega_j^i=0.
\end{aligned}
$$

此外,挠张量为 0,即

$$
\begin{aligned}
&0=T(\boldsymbol{X},\boldsymbol{Y})=\nabla_{\boldsymbol{X}}\boldsymbol{Y}-\nabla_{\boldsymbol{Y}}\boldsymbol{X}-[\boldsymbol{X},\boldsymbol{Y}]\\
\Leftrightarrow\quad &[\boldsymbol{e}_i,\boldsymbol{e}_j]=\nabla_{\boldsymbol{e}_i}\boldsymbol{e}_j-\nabla_{\boldsymbol{e}_j}\boldsymbol{e}_i=(\nabla\boldsymbol{e}_j)(\boldsymbol{e}_i)-(\nabla\boldsymbol{e}_i)(\boldsymbol{e}_j)\\
&\qquad=\Big(\sum_{l=1}^{n}\omega_j^l\otimes\boldsymbol{e}_l\Big)(\boldsymbol{e}_i)-\Big(\sum_{l=1}^{n}\omega_i^l\otimes\boldsymbol{e}_l\Big)(\boldsymbol{e}_j)\\
&\qquad=\sum_{l=1}^{n}[\omega_j^l(\boldsymbol{e}_i)-\omega_i^l(\boldsymbol{e}_j)]\boldsymbol{e}_l.
\end{aligned}
$$

于是

$$\mathrm{d}\omega^l = \sum_{k=1}^{n}\omega^k \wedge \omega_k^l$$

$$\Leftrightarrow \quad -\omega^l([\boldsymbol{e}_i,\boldsymbol{e}_j]) = \boldsymbol{e}_i\omega^l(\boldsymbol{e}_j) - \boldsymbol{e}_j\omega^l(\boldsymbol{e}_i) - \omega^l([\boldsymbol{e}_i,\boldsymbol{e}_j])$$

$$= \mathrm{d}\omega^l(\boldsymbol{e}_i,\boldsymbol{e}_j) = \sum_{k=1}^{n}\omega^k \wedge \omega_k^l(\boldsymbol{e}_i,\boldsymbol{e}_j)$$

$$= \sum_{k=1}^{n}[\omega_k^l(\boldsymbol{e}_j)\delta_i^k - \omega_k^l(\boldsymbol{e}_i)\delta_j^k] = \omega_i^l(\boldsymbol{e}_j) - \omega_j^l(\boldsymbol{e}_i)$$

$$\Leftrightarrow \quad [\boldsymbol{e}_i,\boldsymbol{e}_j] = \sum_{l=1}^{n}[\omega_j^l(\boldsymbol{e}_i) - \omega_i^l(\boldsymbol{e}_j)]\boldsymbol{e}_l$$

$$\Leftrightarrow \quad T = 0.$$

设$[\boldsymbol{e}_i,\boldsymbol{e}_j] = \sum_{l=1}^{n} c_{ij}^l \boldsymbol{e}_l$，$\omega_i^j = \sum_{l=1}^{n} h_{il}^j \omega^l$，则

$$\omega_i^j + \omega_j^i = 0 \quad \Leftrightarrow \quad h_{il}^j + h_{jl}^i = 0 \quad \Leftrightarrow \quad h_{il}^j = -h_{jl}^i,$$

$$[\boldsymbol{e}_i,\boldsymbol{e}_j] = \sum_{i=1}^{n}[\omega_j^l(\boldsymbol{e}_i) - \omega_i^l(\boldsymbol{e}_j)]\boldsymbol{e}_l \quad \Leftrightarrow \quad c_{ij}^l = h_{ji}^l - h_{ij}^l.$$

如果 c_{ij}^l 已知，则 h_{ij}^l 为上述线性方程组的解.

唯一性. 如果(M,g) 上存在 Levi-Civita 联络∇ 或有 Levi-Civita 1 形式 $\omega_i^j = \sum_{l=1}^{n} h_{il}^j \omega^l$，则它满足 Cartan 结构方程

$$\mathrm{d}\omega^i = \sum_{j=1}^{n}\omega^j \wedge \omega_j^i, \quad \omega_i^j + \omega_j^i = 0,$$

而 h_{il}^j 满足线性方程组

$$\begin{cases} h_{il}^j = -h_{jl}^i, \\ c_{ij}^l = h_{ji}^l - h_{ij}^l \quad (i,j,l = 1,2,\cdots,n). \end{cases}$$

从而必有

$$\frac{1}{2}(c_{jl}^i + c_{li}^j - c_{ij}^l) = \frac{1}{2}(h_{lj}^i - h_{jl}^i + h_{il}^j - h_{li}^j - h_{ji}^l + h_{ij}^l)$$

$$= \frac{1}{2}(-h_{ij}^l + h_{il}^j + h_{il}^j + h_{ji}^l - h_{ji}^l + h_{ij}^l) = h_{il}^j,$$

即解是唯一的.

存在性. 容易看出，由 $c_{ij}^l = -c_{ji}^l$ 得

$$h_{il}^j = \frac{1}{2}(c_{jl}^i + c_{li}^j - c_{ij}^l),$$

满足：

$$\begin{cases} h_{il}^j = -h_{jl}^i, \\ h_{ji}^l - h_{ij}^l = \frac{1}{2}(c_{li}^j + c_{ij}^l - c_{jl}^i) - \frac{1}{2}(c_{lj}^i + c_{ji}^l - c_{il}^j) = c_{ij}^l, \end{cases}$$

即由 $\omega_i^j = \sum_{l=1}^{n} h_{il}^j \omega^l$ 和 $\nabla \boldsymbol{e}_i = \sum_{j=1}^{n} \omega_i^j \otimes \boldsymbol{e}_j$ 定义的 ∇ 满足 Levi-Civita 联络的条件. □

2.10.2*　考察参数区域为上半平面

$$D = \{(x,y) \mid y > 0\},$$

而其第 1 基本形式为

$$\mathrm{I} = \mathrm{d}s^2 = E\mathrm{d}x^2 + 2F\mathrm{d}x\mathrm{d}y + G\mathrm{d}y^2 = \frac{1}{y^2}(\mathrm{d}x^2 + \mathrm{d}y^2), \quad F = 0, \quad E = \frac{1}{y^2} = G.$$

并称这个度量为 **Poincaré 度量**. 证明：它的测地线为正交于 x 轴的上半平面的半圆或半直线(即平行 y 轴的半直线).

证明　证法 1　由例 2.4.1，有

$$\Gamma_{11}^1 = \frac{E_x'}{2E} = 0,$$

$$\Gamma_{12}^1 = \Gamma_{21}^1 = \frac{E_y'}{2E} = \frac{\left(\frac{1}{y^2}\right)'}{2\cdot\frac{1}{y^2}} = \frac{-2y^{-3}}{2y^{-2}} = -\frac{1}{y},$$

$$\Gamma_{22}^1 = -\frac{G_x'}{2E} = 0,$$

$$\Gamma_{11}^2 = -\frac{E_y'}{2G} = -\frac{\left(\frac{1}{y^2}\right)'}{2\cdot\frac{1}{y^2}} = -\frac{-2y^{-3}}{2y^{-2}} = \frac{1}{y},$$

$$\Gamma_{12}^2 = \Gamma_{21}^2 = \frac{G_x'}{2G} = 0,$$

$$\Gamma_{22}^2 = \frac{G_y'}{2G} = \frac{\left(\frac{1}{y^2}\right)'}{2\,\frac{1}{y^2}} = \frac{-2y^{-3}}{2y^{-2}} = -\frac{1}{y}.$$

测地线方程：

$$\begin{cases} \frac{\mathrm{d}^2 x}{\mathrm{d}s^2} + \Gamma_{11}^1 \frac{\mathrm{d}x}{\mathrm{d}s}\frac{\mathrm{d}x}{\mathrm{d}s} + \Gamma_{12}^1 \frac{\mathrm{d}x}{\mathrm{d}s}\frac{\mathrm{d}y}{\mathrm{d}s} + \Gamma_{21}^1 \frac{\mathrm{d}y}{\mathrm{d}s}\frac{\mathrm{d}x}{\mathrm{d}s} + \Gamma_{22}^1 \frac{\mathrm{d}y}{\mathrm{d}s}\frac{\mathrm{d}y}{\mathrm{d}s} = 0, \\ \frac{\mathrm{d}^2 y}{\mathrm{d}s^2} + \Gamma_{11}^2 \frac{\mathrm{d}x}{\mathrm{d}s}\frac{\mathrm{d}x}{\mathrm{d}s} + \Gamma_{12}^2 \frac{\mathrm{d}x}{\mathrm{d}s}\frac{\mathrm{d}y}{\mathrm{d}s} + \Gamma_{21}^2 \frac{\mathrm{d}y}{\mathrm{d}s}\frac{\mathrm{d}x}{\mathrm{d}s} + \Gamma_{22}^2 \frac{\mathrm{d}y}{\mathrm{d}s}\frac{\mathrm{d}y}{\mathrm{d}s} = 0, \end{cases}$$

即

$$\begin{cases}\ddot{x}-\dfrac{2}{y}\dot{x}\dot{y}=0,\\ \ddot{y}+\dfrac{1}{y}\dot{x}\dot{x}-\dfrac{1}{y}\dot{y}\dot{y}=0,\end{cases}\qquad \begin{cases}\dfrac{\mathrm{d}}{\mathrm{d}s}\left(\dfrac{\dot{x}}{y}\right)-\dfrac{\dot{x}}{y}\dfrac{\dot{y}}{y}=0,\\ \dfrac{\mathrm{d}}{\mathrm{d}s}\left(\dfrac{\dot{y}}{y}\right)+\dfrac{\dot{x}}{y}\dfrac{\dot{x}}{y}=0.\end{cases}$$

记 $\boldsymbol{x}(s)=(x(s),y(s))$ 为测地线，它的单位切向量为

$$\dot{\boldsymbol{x}}(s)=\dot{x}\frac{\partial}{\partial x}+\dot{y}\frac{\partial}{\partial y}=\frac{\dot{x}}{y}\boldsymbol{e}_1+\frac{\dot{y}}{y}\boldsymbol{e}_2=\xi^1\boldsymbol{e}_1+\xi^2\boldsymbol{e}_1,$$

$$|\dot{\boldsymbol{x}}(s)|=(\xi^1)^2+(\xi^2)^2=1.$$

其中

$$\begin{cases}\boldsymbol{e}_1=\dfrac{1}{\sqrt{E}}\dfrac{\partial}{\partial x}=y\dfrac{\partial}{\partial x},\\ \boldsymbol{e}_2=\dfrac{1}{\sqrt{G}}\dfrac{\partial}{\partial y}=y\dfrac{\partial}{\partial y},\end{cases}\qquad \begin{cases}\xi^1=\dfrac{\dot{x}}{y},\\ \xi^2=\dfrac{\dot{y}}{y}.\end{cases}$$

于是

$$\begin{cases}\dfrac{\mathrm{d}\xi^1}{\mathrm{d}s}-\xi^1\xi^2=0,\\ \dfrac{\mathrm{d}\xi^2}{\mathrm{d}s}+\xi^1\xi^1=0.\end{cases}$$

由上面的第 1 式，当 $\xi^1\neq 0$ 时，

$$\frac{\mathrm{d}\xi^1}{\xi^1}=\xi^2\mathrm{d}s=\frac{\mathrm{d}y}{y},$$

解得 $\xi^1=cy$. 代入 $(\xi^1)^2+(\xi^2)^2=1$，有

$$c^2y^2+\left(\frac{\dot{y}}{y}\right)^2=1,\quad \mathrm{d}s=\frac{\mathrm{d}y}{y\sqrt{1-c^2y^2}}.$$

令 $y=\dfrac{1}{c}\sin t$，就得到

$$\mathrm{d}s=\frac{\dfrac{1}{c}\cos t\mathrm{d}t}{\dfrac{1}{c}\sin y\sqrt{1-\sin^2 t}}=\frac{\mathrm{d}t}{\sin t}.$$

由

$$\xi^2=\frac{\dot{y}}{y}=\frac{1}{y}\frac{\mathrm{d}y}{\mathrm{d}s}=\frac{c}{\sin t}\frac{\mathrm{d}y}{\mathrm{d}t}\frac{\mathrm{d}t}{\mathrm{d}s}=\frac{c}{\sin t}\cdot\frac{1}{c}\cos t\cdot\sin t=\cos t,$$

以及 $(\xi^1)^2+(\xi^2)^2=1$，知 $\xi^1=\sin t$. 因此

$$\begin{aligned}x&=\int\dot{x}\mathrm{d}s=\int\xi^1 y\mathrm{d}s=\int\sin t\cdot\frac{1}{c}\sin t\frac{\mathrm{d}s}{\mathrm{d}t}\mathrm{d}t\\&=\int\sin t\cdot\frac{1}{c}\sin t\cdot\frac{1}{\sin t}\mathrm{d}t\\&=\frac{1}{c}\int\sin t\mathrm{d}t=-\frac{1}{c}\cos t+d.\end{aligned}$$

于是

$$\begin{cases}x=-\dfrac{1}{c}\cos t+d,\\ y=\dfrac{1}{c}\sin t,\end{cases}$$

或

$$(x-d)^2+y^2=\frac{1}{c^2}.$$

此外,当 $\dfrac{\dot{x}}{y}=\xi^1\equiv0$ 时,$x=a$(常数)也为解.

由此,测地线为圆心在 x 轴上的上半圆和与 y 轴平行的上半直线(它们都是与 x 轴正交的曲线).

证法 2　在区域 $D=\{(x,y)\mid y>0\}$上,第 1 基本形式

$$I=\mathrm{d}s^2=E\mathrm{d}x^2+2F\mathrm{d}x\mathrm{d}y+G\mathrm{d}y^2=\frac{\mathrm{d}x^2+\mathrm{d}y^2}{y^2},$$

则

$$\begin{cases}\boldsymbol{e}_1=\dfrac{1}{\sqrt{E}}\dfrac{\partial}{\partial x}=y\dfrac{\partial}{\partial x},\\ \boldsymbol{e}_2=\dfrac{1}{\sqrt{G}}\dfrac{\partial}{\partial y}=y\dfrac{\partial}{\partial y},\end{cases}\qquad\begin{cases}\omega_1=\sqrt{E}\mathrm{d}x=\dfrac{\mathrm{d}x}{y},\\ \omega_2=\sqrt{G}\mathrm{d}y=\dfrac{\mathrm{d}y}{y}.\end{cases}$$

由

$$\begin{cases}\omega_{12}\wedge\omega_2=\mathrm{d}\omega_1=\mathrm{d}\left(\dfrac{\mathrm{d}x}{y}\right)=\dfrac{-\mathrm{d}y}{y^2}\wedge\mathrm{d}x=\dfrac{\mathrm{d}x}{y}\wedge\omega_2,\\ \omega_{21}\wedge\omega_1=\mathrm{d}\omega_2=\mathrm{d}\left(\dfrac{\mathrm{d}y}{y}\right)=0=-\dfrac{\mathrm{d}x}{y}\wedge\omega_1,\end{cases}$$

得到

$$\omega_{12}=\frac{\mathrm{d}x}{y}.$$

设(M,g)为$(\overline{M},\overline{g})$的 2 维 Riemann 子流形,$\nabla$ 与$\overline{\nabla}$ 分别为其 Riemann 联络,易知∇ 与$\overline{\nabla}^{\mathrm{T}}$,其中“T”表示向 M 的切平面投影,即有

$$\overline{\nabla}_X Y = \overline{\nabla}_X^{\mathrm{T}} Y + \overline{\nabla}_X^{\perp} Y = \nabla_X Y + h(X,Y) \quad (\text{Gauss 公式}),$$
$$\nabla_X Y = \overline{\nabla}_X^{\mathrm{T}} Y.$$

由此，我们定义标架$\{e_1, e_2\}$的协变微分为

$$\nabla e_1 = \omega_{12} e_2, \quad \nabla e_2 = \omega_{21} e_1.$$

对切向量场 $v = \xi^1 e_1 + \xi^2 e_2$，

$$\nabla v = \mathrm{d}\xi^1 e_1 + \mathrm{d}\xi^2 e_2 + \xi^1 \omega_{12} e_2 + \xi^2 \omega_{21} e.$$

设 $C:\{x(s), y(s)\}$为测地线，s 为弧长，则它的单位切向量

$$t(s) = \dot{x}\frac{\partial}{\partial x} + \dot{y}\frac{\partial}{\partial y} = \frac{\dot{x}}{y} e_1 + \frac{\dot{y}}{y} e_2 = \xi^1 e_1 + \xi^2 e_2$$

$$\Leftrightarrow \quad \frac{\nabla t}{\mathrm{d}s} = \left(\frac{\mathrm{d}\xi^1}{\mathrm{d}s} + \frac{\omega_{21}}{\mathrm{d}s}\xi^2\right) e_1 + \left(\frac{\mathrm{d}\xi^2}{\mathrm{d}s} + \frac{\omega_{12}}{\mathrm{d}s}\xi^1\right) e_2, \frac{\omega_{12}}{\mathrm{d}s} = \frac{1}{y}\frac{\mathrm{d}x}{\mathrm{d}s}$$

$$\Leftrightarrow \begin{cases} \dfrac{\mathrm{d}\xi^1}{\mathrm{d}s} + \dfrac{\omega_{21}}{\mathrm{d}s}\xi^2 = 0, \\ \dfrac{\mathrm{d}\xi^2}{\mathrm{d}s} + \dfrac{\omega_{12}}{\mathrm{d}s}\xi^1 = 0, \end{cases} \quad \frac{\omega_{12}}{\mathrm{d}s} = \frac{1}{y}\frac{\mathrm{d}x}{\mathrm{d}s}.$$

将

$$\xi^1 = \frac{\dot{x}}{y}, \quad \xi^2 = \frac{\dot{y}}{y}$$

代入上式，得到

$$\begin{cases} \dfrac{\mathrm{d}}{\mathrm{d}s}\left(\dfrac{\dot{x}}{y}\right) - \dfrac{\dot{x}}{y}\,\dfrac{\dot{y}}{y} = 0, \\ \dfrac{\mathrm{d}}{\mathrm{d}s}\left(\dfrac{\dot{y}}{y}\right) + \dfrac{\dot{x}}{y}\,\dfrac{\dot{x}}{y} = 0, \end{cases} \quad \text{或者} \quad \begin{cases} \dfrac{\mathrm{d}\xi^1}{\mathrm{d}s} - \xi^1\xi^2 = 0, \\ \dfrac{\mathrm{d}\xi^2}{\mathrm{d}s} + \xi^1\xi^1 = 0. \end{cases}$$

以下完全同证法 1，可得到所有的测地线为圆心在 x 轴上的上半圆和与 y 轴平行的上半直线(习题 2.10.1 图).

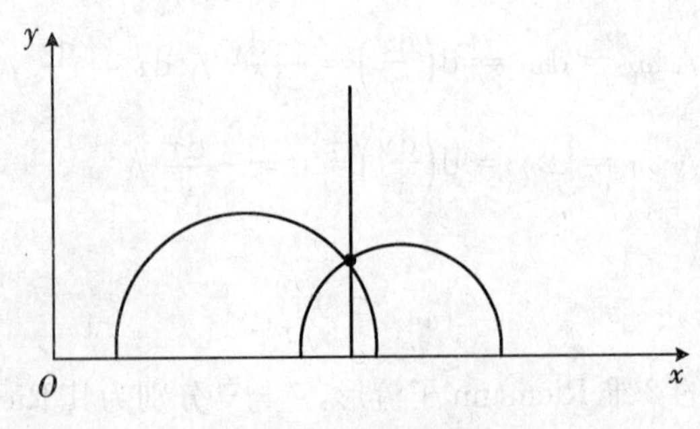

习题 2.10.1 图

注1 习题2.10.1中测地线也可参阅习题2.8.8(3).

注2(3种常曲率的典型几何) 根据习题2.9.5(1),知 $I=\frac{a^2}{v^2}(\mathrm{d}u^2+\mathrm{d}v^2)(a>0)$ 的Gauss(总)曲率 $K_G=-\frac{1}{a^2}$(负常数). 由习题2.10.2知($a=1$),曲面的测地线为圆心在 x 轴上的上半圆和与 y 轴平行的上半直线. 过每条测地线外一点,有无数条测地线与该测地线平行(无限延长不相交). 它是经典的 **Lobachevskiĭ 几何**的一个模型.

根据习题2.6.4知,Gauss(总)曲率 $K_G=\frac{1}{R^2}>0$(正常数). 测地线为球面上的大圆,过每条测地线(大圆)外一点无测地线(大圆)与该测地线平行(任何两条测地线(大圆)必相交). 在此球面上产生了**球面几何**.

根据[21]例2.7.3知,$K_G=0$ 的超平面中的测地线就是所有的直线,过每条测地线(直线)外一点,恰有一条测地线(直线)与该测地线平行. 在此超平面上产生了 **Euclid 几何**.

注3 区域是平面上的单位圆盘

$$U=\{(u,v)\mid u^2+v^2<1\},$$

第1基本形式为

$$\begin{aligned}
I=\mathrm{d}s^2&=\frac{4}{[1-(u^2+v^2)^2]^2}(\mathrm{d}u^2+\mathrm{d}v^2)\\
&\xlongequal[w=u+\mathrm{i}v]{\text{复坐标}}\frac{4}{[1-(u^2+v^2)^2]^2}\mathrm{d}(u+\mathrm{i}v)\mathrm{d}(\overline{u+\mathrm{i}v})\\
&=\frac{4}{(1-|w|^2)^2}\mathrm{d}w\mathrm{d}\overline{w}.
\end{aligned}$$

这个Riemann度量也称为 **Poincaré 度量**.

如果将前面的参数区域是上半平面 $D=\{(x,y)\mid y>0\}$ 的

$$I=\mathrm{d}s^2=\frac{1}{y^2}(\mathrm{d}x^2+\mathrm{d}y^2)$$

记作

$$I=\mathrm{d}s^2=\frac{1}{y^2}(\mathrm{d}x^2+\mathrm{d}y^2)\xlongequal{z=x+\mathrm{i}y}\frac{1}{(\mathrm{Im}z)^2}\mathrm{d}z\mathrm{d}\bar{z},$$

则两个Poincaré度量本质上是一样的,即它们是等距(同尺)的. 事实上,从单位圆盘到上半平面间有保角变换

$$z=\mathrm{i}\frac{1-w}{1+w}\qquad\left(\text{或者 } w=\frac{\mathrm{i}-z}{\mathrm{i}+z},\text{且 } |w|<1\Leftrightarrow y>0\right).$$

易见

$$\mathrm{d}w=\mathrm{d}\,\frac{\mathrm{i}-z}{\mathrm{i}+z}=\frac{-\mathrm{d}z\cdot(\mathrm{i}+z)-(\mathrm{i}-z)\mathrm{d}z}{(\mathrm{i}+z)^2}=\frac{-2\mathrm{i}\mathrm{d}z}{(\mathrm{i}+z)^2},$$

$$\mathrm{d}\overline{w}=\frac{2\mathrm{i}\mathrm{d}\overline{z}}{(-\mathrm{i}+\overline{z})^2}$$

$$\begin{aligned}&\frac{4}{(1-|w|^2)^2}\mathrm{d}w\,\mathrm{d}\overline{w}\\&=\frac{1}{\left(1-\left|\frac{\mathrm{i}-z}{\mathrm{i}+z}\right|^2\right)^2}\cdot\frac{-2\mathrm{i}\mathrm{d}z}{(\mathrm{i}+z)^2}\cdot\frac{2\mathrm{i}\mathrm{d}\overline{z}}{(-\mathrm{i}+\overline{z})^2}\\&=4\cdot\frac{(\mathrm{i}+z)^2(-\mathrm{i}+\overline{z})^2}{[(\mathrm{i}+z)(-\mathrm{i}+\overline{z})-(\mathrm{i}-z)(-\mathrm{i}-\overline{z})]^2}\cdot\frac{-2\mathrm{i}\mathrm{d}z}{(\mathrm{i}+z)^2}\cdot\frac{2\mathrm{i}\mathrm{d}\overline{z}}{(-\mathrm{i}+\overline{z})^2}\\&=\frac{4(\mathrm{i}+z)^2(-\mathrm{i}+\overline{z})^2}{(4\mathrm{Im}z)^2}\cdot\frac{-2\mathrm{i}\mathrm{d}z}{(\mathrm{i}+z)^2}\cdot\frac{2\mathrm{i}\mathrm{d}\overline{z}}{(-\mathrm{i}+\overline{z})^2}=\frac{1}{(\mathrm{Im}z)^2}\mathrm{d}z\mathrm{d}\overline{z}.\end{aligned}$$

因为

$$|w|\xlongequal{y=0}\left|\frac{\mathrm{i}-x}{\mathrm{i}+x}\right|=1,$$

故上述等距变换将 x 轴(包括无穷远点)变为单位圆. 上面的等距变换也为保角变换,所以将上半平面的测地线变为正交于单位圆的圆弧(单位圆内部分)或单位圆的直径,它们是单位圆内的测地线(见习题 2.10.1 注 3 图).

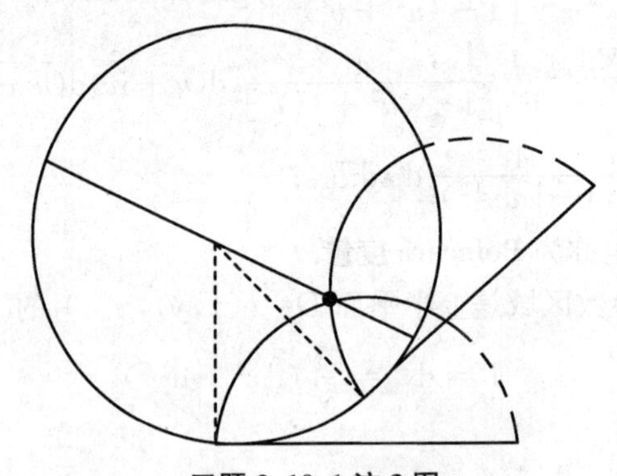

习题 2.10.1 注 3 图

2.11　正交活动标架

1. 知识要点

定理 2.11.1　设 M 为 $\mathbf{R}^n(n\geqslant 3)$ 中 $n-1$ 维 C^2 正则曲面，其参数表示为

$$\begin{aligned}\boldsymbol{x}&=\boldsymbol{x}(u^1,u^2,\cdots,u^{n-1})\\&=(x^1(u^1,u^2,\cdots,u^{n-1}),x^2(u^1,u^2,\cdots,u^{n-1}),\cdots,x^n(u^1,u^2,\cdots,u^{n-1})).\end{aligned}$$

(应用 Gram-Schmidt 正交化)选 $\{\boldsymbol{e}_i\mid i=1,2,\cdots,n-1\}$ 为 M 的切空间上的 C^1 局部规范正交基，使得单位法向量为

$$\boldsymbol{e}_n=(-1)^{n-1}\boldsymbol{e}_1\times\boldsymbol{e}_2\times\cdots\times\boldsymbol{e}_{n-1},$$

而 $\{\boldsymbol{x}_1,\boldsymbol{e}_1,\boldsymbol{e}_2,\cdots,\boldsymbol{e}_{n-1},\boldsymbol{e}_n\}$ 构成了曲面 M 的一个右手系的 C^1 局部正交活动标架场.

设 $\boldsymbol{x}'_{u^i}=\sum\limits_{i=1}^{n-1}a_{ij}\boldsymbol{e}_j$，即

$$\begin{pmatrix}\boldsymbol{x}'_{u^1}\\\boldsymbol{x}'_{u^2}\\\vdots\\\boldsymbol{x}'_{u^{n-1}}\end{pmatrix}=\begin{pmatrix}a_{11}&a_{12}&\cdots&a_{1,n-1}\\a_{21}&a_{22}&\cdots&a_{2,n-1}\\\vdots&\vdots&&\vdots\\a_{n-1,1}&a_{n-1,2}&\cdots&a_{n-1,n-1}\end{pmatrix}\begin{pmatrix}\boldsymbol{e}_1\\\boldsymbol{e}_2\\\vdots\\\boldsymbol{e}_{n-1}\end{pmatrix},$$

其中

$$\boldsymbol{A}=\begin{pmatrix}a_{11}&a_{12}&\cdots&a_{1,n-1}\\a_{21}&a_{22}&\cdots&a_{2,n-1}\\\vdots&\vdots&&\vdots\\a_{n-1,1}&a_{n-1,2}&\cdots&a_{n-1,n-1}\end{pmatrix}$$

为非异矩阵，

$$\omega_j=\sum_{j=1}^{n-1}a_{ij}\,\mathrm{d}u^i\quad(j=1,2,\cdots,n-1)\quad(1\text{ 阶微分形式}),$$

$$\mathrm{d}\boldsymbol{e}_i=\sum_{j=1}^{n}\omega_{ij}\boldsymbol{e}_j\quad(i=1,2,\cdots,n),$$

式中

$$\omega_{ij}=\langle\mathrm{d}\boldsymbol{e}_i,\boldsymbol{e}_j\rangle\quad(i,j=1,2,\cdots,n)\quad(1\text{ 阶微分形式}).$$

则：

$$\left.\begin{aligned}&(1)\ \mathrm{d}\boldsymbol{x}=\sum_{j=1}^{n-1}\omega_j\boldsymbol{e}_j,\\&\mathrm{d}\boldsymbol{e}_i=\sum_{j=1}^{n}\omega_{ij}\boldsymbol{e}_j\ (i=1,2,\cdots,n),\end{aligned}\right\}\text{(曲面 }M\text{ 的正交活动标架的运动方程)}$$

其中 $\omega_{ij}+\omega_{ji}=0,\omega_{ii}=0$.

(2) 曲面 M 的第 1 基本形式

$$I=\langle\mathrm{d}\boldsymbol{x},\mathrm{d}\boldsymbol{x}\rangle=\sum_{i=1}^{n-1}\omega_i\omega_i;$$

第 2 基本形式

$$II=-\langle\mathrm{d}\boldsymbol{x},\mathrm{d}\boldsymbol{e}_n\rangle=\sum_{j=1}^{n-1}\omega_j\omega_{jn};$$

第 3 基本形式

$$III=\langle\mathrm{d}\boldsymbol{e}_n,\mathrm{d}\boldsymbol{e}_n\rangle=\sum_{i=1}^{n-1}\omega_{ni}\omega_{ni}.$$

定理 2.11.2 曲面 M 的第 1 基本形式与正交活动标架的选取无关,而第 2 与第 3 基本形式与相同法向的正交活动标架的选取无关.

定理 2.11.3 设 M 为 $\mathbf{R}^n$ 中 $n-1$ 维 C^2 正则曲面,则

$$\begin{pmatrix}\omega_1\\\omega_2\\\vdots\\\omega_{n-1}\end{pmatrix}=\begin{pmatrix}a_{11}&a_{21}&\cdots&a_{n-1,1}\\a_{12}&a_{22}&\cdots&a_{n-1,2}\\\vdots&\vdots&&\vdots\\a_{1,n-1}&a_{2,n-1}&\cdots&a_{n-1,n-1}\end{pmatrix}\begin{pmatrix}\mathrm{d}u^1\\\mathrm{d}u^2\\\vdots\\\mathrm{d}u^{n-1}\end{pmatrix},$$

$\omega_i(\boldsymbol{e}_j)=\delta_{ij}$ ($\{\omega_1,\omega_2,\cdots,\omega_{n-1}\}$ 为 $\{\boldsymbol{e}_1,\boldsymbol{e}_2,\cdots,\boldsymbol{e}_{n-1}\}$ 的对偶基).

记

$$\begin{pmatrix}\omega_{1n}\\\omega_{2n}\\\vdots\\\omega_{n-1,n}\end{pmatrix}=\begin{pmatrix}h_{11}&h_{12}&\cdots&h_{1,n-1}\\h_{21}&h_{22}&\cdots&h_{2,n-1}\\\vdots&\vdots&&\vdots\\h_{n-1,1}&h_{n-1,2}&\cdots&h_{n-1,n-1}\end{pmatrix}\begin{pmatrix}\omega_1\\\omega_2\\\vdots\\\omega_{n-1}\end{pmatrix},$$

则

$$\begin{pmatrix}L_{11}&L_{12}&\cdots&L_{1,n-1}\\L_{21}&L_{22}&\cdots&L_{2,n-1}\\\vdots&\vdots&&\vdots\\L_{n-1,1}&L_{n-1,2}&\cdots&L_{n-1,n-1}\end{pmatrix}=\mathbf{A}\begin{pmatrix}h_{11}&h_{12}&\cdots&h_{1,n-1}\\h_{21}&h_{22}&\cdots&h_{2,n-1}\\\vdots&\vdots&&\vdots\\h_{n-1,1}&h_{n-1,2}&\cdots&h_{n-1,n-1}\end{pmatrix}\mathbf{A}^{\mathrm{T}},\quad h_{ij}=h_{ji}.$$

进而,曲面 M 的 Gauss 曲率 $K_G=\det(h_{ij})$,平均曲率

$$H=\frac{1}{2}\mathrm{tr}(h_{ij})-\frac{1}{n-1}\sum_{i=1}^{n-1}h_{ii}.$$

定理 2.11.4　设$\{\boldsymbol{x};\boldsymbol{e}_1,\boldsymbol{e}_2,\cdots,\boldsymbol{e}_{n-1},\boldsymbol{e}_n\}$为曲面 M 的正交活动标架，$\wedge$ 为外积，则

$$\omega_1\wedge\omega_2\wedge\cdots\wedge\omega_{n-1}=\sqrt{\det(g_{ij})}\mathrm{d}u^1\wedge\mathrm{d}u^2\wedge\cdots\wedge\mathrm{d}u^{n-1}$$

为曲面 M 的体积元.

定理 2.11.5　Weingarten 映射 W 在正交活动标架$\{\boldsymbol{x};\boldsymbol{e}_1,\boldsymbol{e}_2,\cdots,\boldsymbol{e}_{n-1},\boldsymbol{e}_n\}$下的系数矩阵为

$$(h_{ij})=\begin{pmatrix}h_{11}&h_{12}&\cdots&h_{1,n-1}\\h_{21}&h_{22}&\cdots&h_{2,n-1}\\\vdots&\vdots&&\vdots\\h_{n-1,1}&h_{n-1,2}&\cdots&h_{n-1,n-1}\end{pmatrix},$$

其中 $h_{ij}=\langle W(\boldsymbol{e}_i),\boldsymbol{e}_j\rangle$.

注 2.11.1　在等式两边求导和在外微分等式两边求外微分 d，往往会得到意想不到的惊奇结果. 这是读者必须熟练掌握的方法.

微分正交活动标架的运动方程

$$\begin{cases}\mathrm{d}\boldsymbol{x}=\displaystyle\sum_{i=1}^{n-1}\omega_i\boldsymbol{e}_i,\\\mathrm{d}\boldsymbol{e}_i=\displaystyle\sum_{i=1}^{n-1}\omega_{ij}\boldsymbol{e}_j,\quad\omega_{ij}+\omega_{ji}=0\quad(i,j=1,2,\cdots,n)\end{cases}$$

的第 1 式，得到 M 的第 1 结构方程：

$$\mathrm{d}\omega_i-\sum_{j=1}^{n-1}\omega_j\wedge\omega_{ji}=0,$$

以及

$$\sum_{i=1}^{n-1}\omega_i\wedge\omega_{in}=0,\quad h_{ij}=h_{ji};$$

微分第 2 式，得到 M 的第 2 结构方程：

$$\mathrm{d}\omega_{ik}-\sum_{j=1}^{n}\omega_{ij}\wedge\omega_{jk}=0\quad(i,j=1,2,\cdots,n).$$

注 2.11.2　在[11]定理 1.6.5(Riemann 流形的基本定理)证明(活动标架法)中看到

$$\boldsymbol{X}\langle\boldsymbol{Y},\boldsymbol{Z}\rangle=\langle\nabla_{\boldsymbol{X}}\boldsymbol{Y},\boldsymbol{Z}\rangle+\langle\boldsymbol{Y},\nabla_{\boldsymbol{X}}\boldsymbol{Z}\rangle\quad(\forall C^2\text{ 切向量场 }\boldsymbol{X},\boldsymbol{Y},\boldsymbol{Z})$$

$$\Leftrightarrow\quad\omega_{ij}+\omega_{ji}=0\quad(i,j=1,2,\cdots,n-1).$$

$$T(\boldsymbol{X},\boldsymbol{Y})=\nabla_{\boldsymbol{X}}\boldsymbol{Y}-\nabla_{\boldsymbol{Y}}\boldsymbol{X}-[\boldsymbol{X},\boldsymbol{Y}]=0\quad(\forall C^2\text{ 切向量场 }\boldsymbol{X},\boldsymbol{Y})$$

$$\Leftrightarrow\quad \mathrm{d}\omega_i=\sum_{j=1}^{n-1}\omega_j\wedge\omega_{ji}\quad(i=1,2,\cdots,n-1).$$

关于正交活动标架进一步的研究和结果请参阅[11]1.6 节.

例 2.11.1 当 $n=3$ 时,M 为 $\mathbf{R}^3$ 中的 C^2 曲面,$\boldsymbol{x}(u^1,u^2)$为其参数表示,则

$$\begin{cases}\mathrm{d}\omega_1=\omega_2\wedge\omega_{21},\\ \mathrm{d}\omega_2=\omega_1\wedge\omega_{12},\\ \sum\limits_{i=1}^{2}\omega_i\wedge\omega_{i3}=0,\end{cases}\qquad \begin{cases}\mathrm{d}\omega_{12}=\omega_{13}\wedge\omega_{32}=-K_{\mathrm{G}}\,\omega_1\wedge\omega_2,\\ \mathrm{d}\omega_{13}=\omega_{12}\wedge\omega_{23},\\ \mathrm{d}\omega_{23}=\omega_{21}\wedge\omega_{13}\end{cases}$$

例 2.11.2 设(u,v)为 C^2 曲面 M 的正交参数,则

$$\begin{cases}\boldsymbol{e}_1=\dfrac{\boldsymbol{x}'_u}{\sqrt{E}},\\ \boldsymbol{e}_2=\dfrac{\boldsymbol{x}'_v}{\sqrt{G}},\end{cases}\quad \begin{cases}\omega_1=\sqrt{E}\mathrm{d}u,\\ \omega_2=\sqrt{G}\mathrm{d}v,\end{cases}$$

$$\begin{cases}\omega_{12}=-\omega_{21}=-\dfrac{E'_v}{2\sqrt{EG}}\mathrm{d}u+\dfrac{G'_u}{2\sqrt{EG}}\mathrm{d}v,\\ \omega_{13}=\dfrac{L}{\sqrt{E}}\mathrm{d}u+\dfrac{M}{\sqrt{E}}\mathrm{d}v,\\ \omega_{23}=\dfrac{M}{\sqrt{G}}\mathrm{d}u+\dfrac{N}{\sqrt{G}}\mathrm{d}v.\end{cases}$$

例 2.11.3 设连通曲面 M 的两个主曲率 κ_1,κ_2 都为常数.

(1) 如果 $\kappa_1=\kappa_2$,则 M 是全脐点曲面. 根据定理 3.1.1,知 M 为平面片或球面片.

(2) 如果 $\kappa_2\neq\kappa_2$,则 M 无脐点. 应用活动标架法可证 M 为圆柱面.

例 2.11.4 设 M 为 $\mathbf{R}^3$ 中的 C^2 曲面,无脐点且 Gauss 曲率 $K_{\mathrm{G}}=0$,则 M 为可展曲面.

注 2.11.3 在近代微分几何中,研究 Riemann 流形 N^{n+p} 中的 n 维 Riemann 子流形 M^n 时,都选 N^{n+p} 上正交的活动标架场 $\boldsymbol{e}_1,\boldsymbol{e}_2,\cdots,\boldsymbol{e}_n,\boldsymbol{e}_{n+1},\cdots,\boldsymbol{e}_{n+p}$,使它们限制到 M^n 上时,$\boldsymbol{e}_1,\boldsymbol{e}_2,\cdots,\boldsymbol{e}_n$ 为 M^n 上的规范正交的切标架场,$\boldsymbol{e}_{n+1},\boldsymbol{e}_{n+2},\cdots,\boldsymbol{e}_{n+p}$ 为 M^n 上的规范正交的法标架场. $\omega_1,\omega_2,\cdots,\omega_n,\omega_{n+1},\cdots,\omega_{n+p}$ 为其对偶,可有相应的基本公式(运动方程)和基本方程(结构方程). 关于 Riemann 流形上正交活动标架进一步的知识可参阅[11]第 92 页 1.6 节、第 131 页 1.8 节.

2. 习题解答

2.11.1　设 M 为 $\mathbf{R}^3$ 中 2 维光滑曲面，$\{u,v\}$ 为点 $P\in M$ 邻近的局部坐标(参数)，$\{\boldsymbol{x}(u,v),\boldsymbol{x}'_u(u,v),\boldsymbol{x}'_v(u,v),\boldsymbol{n}(u,v)\}$ 称为自然标架场. $\{\boldsymbol{x}(u,v),\boldsymbol{e}_1(u,v),\boldsymbol{e}_2(u,v),\boldsymbol{e}_3(u,v)\}$ 为规范正交标架场，$\mathrm{d}\boldsymbol{x},\mathrm{d}\boldsymbol{e}_i(i=1,2,3)$ 都可用 $\boldsymbol{e}_1,\boldsymbol{e}_2,\boldsymbol{e}_3$ 的线性组合表示. 此公式称为曲面 M 的基本公式(或运动方程)：

$$\begin{cases}\mathrm{d}\boldsymbol{x}=\sum\limits_{i=1}^{3}\omega_i\boldsymbol{e}_i, & \omega_3=0,\\ \mathrm{d}\boldsymbol{e}_i=\sum\limits_{i=1}^{3}\omega_{ij}\boldsymbol{e}_j, & \omega_{ij}+\omega_{ji}=0\quad(i,j=1,2,3).\end{cases}$$

$$\begin{cases}\mathrm{d}\boldsymbol{x}=\omega_1\boldsymbol{e}_1+\omega_2\boldsymbol{e}_2,\\ \left.\begin{array}{l}\mathrm{d}\boldsymbol{e}_1=\qquad\ \omega_{12}\boldsymbol{e}_2+\omega_{13}\boldsymbol{e}_3,\\ \mathrm{d}\boldsymbol{e}_2=\omega_{21}\boldsymbol{e}_1\qquad+\omega_{23}\boldsymbol{e}_3,\end{array}\right\}(\text{Gauss 公式})\\ \mathrm{d}\boldsymbol{e}_3=\omega_{31}\boldsymbol{e}_1+\omega_{32}\boldsymbol{e}_2\quad(\text{Weingarten 公式}).\end{cases}$$

$$\begin{cases}\omega_i=\langle\mathrm{d}\boldsymbol{x},\boldsymbol{e}_i\rangle=\mathrm{d}\boldsymbol{x}\cdot\boldsymbol{e}_i\quad(i=1,2),\\ \omega_3=\langle\mathrm{d}\boldsymbol{x},\boldsymbol{e}_3\rangle=\mathrm{d}\boldsymbol{x}\cdot\boldsymbol{e}_3=0;\\ \omega_{ij}=\langle\mathrm{d}\boldsymbol{e}_i,\boldsymbol{e}_j\rangle=\mathrm{d}\boldsymbol{e}_i\cdot\boldsymbol{e}_j\quad(i,j==1,2,3).\\ \omega_{ij}+\omega_{ji}=\langle\mathrm{d}\boldsymbol{e}_i,\boldsymbol{e}_j\rangle+\langle\boldsymbol{e}_i,\mathrm{d}\boldsymbol{e}_j\rangle=\mathrm{d}\langle\boldsymbol{e}_i,\boldsymbol{e}_j\rangle=\mathrm{d}\delta_{ij}=0,\\ \omega_{ij}=-\omega_{ji},\quad\omega_{ii}=0.\end{cases}$$

在近代微分几何中，$\mathbf{R}^3$ 中的光滑曲面 M：$\boldsymbol{x}=\boldsymbol{x}(u,v)$，它的自然切标架场为 $\{\boldsymbol{x}'_u,\boldsymbol{x}'_v\}$，并称 $\{\mathrm{d}u,\mathrm{d}v\}$ 为它的对偶余切标架场，即

$$\mathrm{d}u(\boldsymbol{x}'_u)=1,\quad\mathrm{d}u(\boldsymbol{x}'_v)=0,$$
$$\mathrm{d}v(\boldsymbol{x}'_u)=0,\quad\mathrm{d}v(\boldsymbol{x}'_v)=1.$$

而 $\{\boldsymbol{e}_1,\boldsymbol{e}_2,\boldsymbol{e}_3\}$ 为 $\mathbf{R}^3$ 中的规范正交活动标架，它限制到曲面 M 上，$\{\boldsymbol{e}_1,\boldsymbol{e}_2\}$ 为 M 上的规范正交切标架场，$\boldsymbol{e}_3$ 为 M 的法标架场，$\{\omega_1,\omega_2,\omega_3\}$ 为 $\{\boldsymbol{e}_1,\boldsymbol{e}_2,\boldsymbol{e}_3\}$ 的对偶标架场，即

$$\omega_i(\boldsymbol{e}_j)=\delta_{ij}\quad(i,j=1,2,3).$$

曲面 M 的第 1 和第 2 基本形式分别为

$$\mathrm{I}=\mathrm{d}\boldsymbol{x}\cdot\mathrm{d}\boldsymbol{x}=\Big(\sum_{i=1}^{2}\omega_i\boldsymbol{e}_i\Big)\cdot\Big(\sum_{j=1}^{2}\omega_j\boldsymbol{e}_j\Big)=\omega_1^2+\omega_2^2,$$

$$\mathrm{II}=-\mathrm{d}\boldsymbol{x}\cdot\mathrm{d}\boldsymbol{e}_3=-(\omega_1\boldsymbol{e}_1+\omega_2\boldsymbol{e}_2)\cdot(\omega_{31}\boldsymbol{e}_1+\omega_{32}\boldsymbol{e}_2)=\omega_1\omega_{13}+\omega_2\omega_{23}.$$

定理 1　如果 $\{u,v\}$ 为曲面 M 的正交坐标系，则有下面的计算公式：

$$\omega_1=\sqrt{E}\mathrm{d}u,\quad \omega_2=\sqrt{G}\mathrm{d}v,\quad \omega_3=0,$$

$$\begin{cases}\left.\begin{aligned}\omega_{13}&=\frac{L\mathrm{d}u+M\mathrm{d}v}{\sqrt{E}}=-\omega_{31},\\ \omega_{12}&=\frac{-E'_v\mathrm{d}u+G'_u\mathrm{d}v}{2\sqrt{EG}}=-\omega_{21},\end{aligned}\right\}\Leftrightarrow\ (1)\text{ 与}(2)\\ \left.\omega_{23}=\frac{M\mathrm{d}u+N\mathrm{d}v}{\sqrt{G}}=-\omega_{32},\right\}\Leftrightarrow\ (3)\text{ 与}(4)\end{cases}$$

其中

$$(1)\ \boldsymbol{e}'_{1u}=-\frac{E'_v}{2\sqrt{EG}}\boldsymbol{e}_2+\frac{L}{\sqrt{E}}\boldsymbol{e}_3,\quad (2)\ \boldsymbol{e}'_{1v}=-\frac{G'_u}{2\sqrt{EG}}\boldsymbol{e}_2+\frac{M}{\sqrt{E}}\boldsymbol{e}_3,$$

$$(3)\ \boldsymbol{e}'_{2u}=\frac{E'_v}{2\sqrt{EG}}\boldsymbol{e}_1+\frac{M}{\sqrt{G}}\boldsymbol{e}_3,\quad (4)\ \boldsymbol{e}'_{2v}=-\frac{G'_u}{2\sqrt{EG}}\boldsymbol{e}_1+\frac{N}{\sqrt{G}}\boldsymbol{e}_3.$$

证明 因为

$$\omega_1\boldsymbol{e}_1+\omega_2\boldsymbol{e}_2=\mathrm{d}\boldsymbol{x}=\boldsymbol{x}'_u\mathrm{d}u+\boldsymbol{x}'_v\mathrm{d}v=\sqrt{E}\mathrm{d}u\boldsymbol{e}_1+\sqrt{G}\mathrm{d}v\boldsymbol{e}_2,$$

所以

$$\omega_1=\sqrt{E}\mathrm{d}u,\quad \omega_2=\sqrt{G}\mathrm{d}v,\quad \omega_3=\mathrm{d}\boldsymbol{x}\cdot\boldsymbol{e}_3=0.$$

又因为

$$\boldsymbol{e}_1=\frac{1}{\sqrt{E}}\boldsymbol{x}'_u,\quad \boldsymbol{e}_2=\frac{1}{\sqrt{G}}\boldsymbol{x}'_v,\quad \boldsymbol{e}_3=\boldsymbol{e}_1\times\boldsymbol{e}_2,$$

$$\begin{aligned}\omega_{12}\boldsymbol{e}_2+\omega_{13}\boldsymbol{e}_3&=\mathrm{d}\boldsymbol{e}_1=\boldsymbol{e}'_{1u}\mathrm{d}u+\boldsymbol{e}'_{1v}\mathrm{d}v\\ &=\left(-\frac{E'_u}{2E\sqrt{E}}\boldsymbol{x}'_u+\frac{1}{\sqrt{E}}\boldsymbol{x}''_{uu}\right)\mathrm{d}u+\left(-\frac{E'_v}{2E\sqrt{E}}\boldsymbol{x}'_u+\frac{1}{\sqrt{E}}\boldsymbol{x}''_{uv}\right)\mathrm{d}v\\ &=-\frac{E'_u\mathrm{d}u+E'_v\mathrm{d}v}{2E}\boldsymbol{e}_1+\frac{\mathrm{d}u}{\sqrt{E}}\boldsymbol{x}''_{uu}+\frac{\mathrm{d}v}{\sqrt{E}}\boldsymbol{x}''_{uv}\\ &\xlongequal[\text{例 2.4.1}]{\text{习题 2.11.2}}-\frac{E'_u\mathrm{d}u+E'_v\mathrm{d}v}{2E}\boldsymbol{e}_1+\frac{\mathrm{d}u}{\sqrt{E}}\left(\frac{E'_u}{2\sqrt{E}}\boldsymbol{e}_1-\frac{E'_v}{2\sqrt{G}}\boldsymbol{e}_2+L\boldsymbol{e}_3\right)\\ &\quad+\frac{\mathrm{d}v}{\sqrt{E}}\left(\frac{E'_v}{2\sqrt{E}}\boldsymbol{e}_1+\frac{G'_u}{2\sqrt{G}}\boldsymbol{e}_2+M\boldsymbol{e}_3\right)\\ &=\frac{-E'_v\mathrm{d}u+G'_u\mathrm{d}v}{2\sqrt{EG}}\boldsymbol{e}_2+\frac{L\mathrm{d}u+M\mathrm{d}v}{\sqrt{E}}\boldsymbol{e}_3\\ &=\left(-\frac{E'_v}{2\sqrt{EG}}\boldsymbol{e}_2+\frac{L}{\sqrt{E}}\boldsymbol{e}_3\right)\mathrm{d}u+\left(\frac{G'_u}{2\sqrt{EG}}\boldsymbol{e}_2+\frac{M}{\sqrt{E}}\boldsymbol{e}_3\right)\mathrm{d}v,\end{aligned}$$

所以

$$\left.\begin{aligned}\omega_{13}&=\frac{L\mathrm{d}u+M\mathrm{d}v}{\sqrt{E}},\\ \omega_{12}&=\frac{-E'_v\mathrm{d}u+G'_u\mathrm{d}v}{2\sqrt{EG}}\end{aligned}\right\}\Leftrightarrow\left\{\begin{aligned}\boldsymbol{e}'_{1u}&=-\frac{E'_v}{2\sqrt{EG}}\boldsymbol{e}_2+\frac{L}{\sqrt{E}}\boldsymbol{e}_3,\\ \boldsymbol{e}'_{1v}&=\frac{G'_u}{2\sqrt{EG}}\boldsymbol{e}_2+\frac{M}{\sqrt{E}}\boldsymbol{e}_3.\end{aligned}\right.$$

同理,因为

$$\begin{aligned}\omega_{21}\boldsymbol{e}_1+\omega_{23}\boldsymbol{e}_3&=\mathrm{d}\boldsymbol{e}_2=\boldsymbol{e}'_{2u}\mathrm{d}u+\boldsymbol{e}'_{2v}\mathrm{d}v\\ &=\left(-\frac{G'_u}{2G\sqrt{G}}\boldsymbol{x}'_v+\frac{1}{\sqrt{G}}\boldsymbol{x}''_{vu}\right)\mathrm{d}u+\left(-\frac{G'_v}{2G\sqrt{G}}\boldsymbol{x}'_v+\frac{1}{\sqrt{G}}\boldsymbol{x}''_{vv}\right)\mathrm{d}v\\ &=-\frac{G'_u\mathrm{d}u+G'_v\mathrm{d}v}{2G}\boldsymbol{e}_2+\frac{\mathrm{d}u}{\sqrt{G}}\boldsymbol{x}''_{vu}+\frac{\mathrm{d}v}{\sqrt{G}}\boldsymbol{x}''_{vv}\\ &\xlongequal[\text{例 2.4.1}]{\text{习题 2.11.2}}-\frac{G'_u\mathrm{d}u+G'_v\mathrm{d}v}{2G}\boldsymbol{e}_2+\frac{\mathrm{d}u}{\sqrt{G}}\left(\frac{E'_v}{2\sqrt{E}}\boldsymbol{e}_1+\frac{G'_u}{2\sqrt{G}}\boldsymbol{e}_2+M\boldsymbol{e}_3\right)\\ &\quad+\frac{\mathrm{d}v}{\sqrt{G}}\left(-\frac{G'_u}{2\sqrt{E}}\boldsymbol{e}_1+\frac{G'_v}{2\sqrt{G}}\boldsymbol{e}_2+N\boldsymbol{e}_3\right)\\ &=\frac{E'_v\mathrm{d}u-G'_u\mathrm{d}v}{2\sqrt{EG}}\boldsymbol{e}_1+\frac{M\mathrm{d}u+N\mathrm{d}v}{\sqrt{G}}\boldsymbol{e}_3\\ &=\left(\frac{E'_v}{2\sqrt{EG}}\boldsymbol{e}_1+\frac{M}{\sqrt{G}}\boldsymbol{e}_3\right)\mathrm{d}u+\left(-\frac{G'_u}{2\sqrt{EG}}\boldsymbol{e}_1+\frac{N}{\sqrt{G}}\boldsymbol{e}_3\right)\mathrm{d}v,\end{aligned}$$

所以

$$\left.\begin{aligned}\omega_{12}&=\frac{-E'_v\mathrm{d}u+G'_u\mathrm{d}v}{2\sqrt{EG}},\\ \omega_{23}&=\frac{M\mathrm{d}u+N\mathrm{d}v}{\sqrt{G}}\end{aligned}\right\}\Leftrightarrow\left\{\begin{aligned}\boldsymbol{e}'_{2u}&=\frac{E'_v}{2\sqrt{EG}}\boldsymbol{e}_1+\frac{M}{\sqrt{G}}\boldsymbol{e}_3,\\ \boldsymbol{e}'_{2v}&=-\frac{G'_u}{2\sqrt{EG}}\boldsymbol{e}_1+\frac{N}{\sqrt{G}}\boldsymbol{e}_3.\end{aligned}\right.$$

□

定理 2　$\mathbf{R}^3$ 中曲面的基本方程(结构方程):设曲面 M 的基本公式中的度量形式 ω_i 及联络形式 ω_{ij} 满足:

(1) 第 1 结构方程:

$$\mathrm{d}\omega_i=\sum_{j=1}^{3}\omega_{ij}\wedge\omega_j\quad(i=1,2,3),$$

即

$$\begin{cases}\mathrm{d}\omega_1=\omega_{12}\wedge\omega_2,\\ \mathrm{d}\omega_2=\omega_{21}\wedge\omega_1,\\ \mathrm{d}\omega_3=\omega_{31}\wedge\omega_1+\omega_{32}\wedge\omega_2=0;\end{cases}$$

(2) 第 2 结构方程:

$$d\omega_{ij}=\sum_{k=1}^{3}\omega_{ik}\wedge\omega_{kj}\quad(i,j=1,2,3),$$

即

$$\left.\begin{array}{l}\left.\begin{array}{l}d\omega_{12}=\omega_{13}\wedge\omega_{32}\\ \Leftrightarrow\quad K_G=\dfrac{LN-M^2}{EG}=-\dfrac{1}{\sqrt{EG}}\left[\dfrac{(\sqrt{E})'_v}{\sqrt{G}}\right]'_v+\left[\dfrac{(\sqrt{G})'_u}{\sqrt{E}}\right]'_u,\end{array}\right\}\text{Gauss 方程}\\ \left.\begin{array}{l}d\omega_{13}=\omega_{12}\wedge\omega_{23}\\ \Leftrightarrow\quad\left(\dfrac{L}{\sqrt{E}}\right)'_v-\left(\dfrac{M}{\sqrt{E}}\right)'_u=N\cdot\dfrac{(\sqrt{E})'_v}{G}+M\cdot\dfrac{(\sqrt{G})'_u}{\sqrt{EG}},\\ d\omega_{23}=\omega_{21}\wedge\omega_{13}\\ \Leftrightarrow\quad\left(\dfrac{N}{\sqrt{G}}\right)'_u-\left(\dfrac{M}{\sqrt{G}}\right)'_v=L\cdot\dfrac{(\sqrt{G})'_u}{E}+M\dfrac{(\sqrt{E})'_v}{\sqrt{EG}}.\end{array}\right\}\text{Codazzi 方程}\end{array}\right.$$

证明 (1) 设$\{u,v\}$为正交坐标.因为$\omega_1=\sqrt{E}du,\omega_2=\sqrt{G}dv$,所以

$$\begin{aligned}\omega_{12}\wedge\omega_2&\xlongequal{\text{定理 1}}\left(-\frac{E'_v}{2\sqrt{EG}}du+\frac{G'_u}{2\sqrt{EG}}dv\right)\wedge\sqrt{G}dv\\&=-\frac{E'_v}{2\sqrt{E}}du\wedge dv=-(\sqrt{E})'_v du\wedge dv=(\sqrt{E})'_v dv\wedge du\\&=d(\sqrt{E}du)=d\omega_1,\\ \omega_{21}\wedge\omega_1&\xlongequal{\text{定理 1}}\left(\frac{E'_v}{2\sqrt{EG}}du-\frac{G'_u}{2\sqrt{EG}}dv\right)\wedge\sqrt{E}du\\&=\frac{G'_u}{2\sqrt{G}}du\wedge dv=d(\sqrt{G}dv)=d\omega_2.\end{aligned}$$

(2)

$$\begin{aligned}d\omega_{12}&\xlongequal{\text{定理 1}}d\left(-\frac{E'_v}{2\sqrt{EG}}du+\frac{G'_u}{2\sqrt{EG}}dv\right)\\&=\left(-\frac{E'_v}{2\sqrt{EG}}\right)'_v dv\wedge du+\left(\frac{G'_u}{2\sqrt{EG}}\right)'_u du\wedge dv\\&=\left[\left(\frac{G'_u}{2\sqrt{EG}}\right)'_u+\left(\frac{E'_v}{2\sqrt{EG}}\right)'_v\right]du\wedge dv\\&=\left[\left(\frac{E'_v}{2\sqrt{EG}}\right)'_v+\left(\frac{G'_u}{2\sqrt{EG}}\right)'_u\right]du\wedge dv\\&=\left\{\left[\frac{(\sqrt{E})'_v}{\sqrt{G}}\right]'_v+\left[\frac{(\sqrt{G})'_u}{\sqrt{E}}\right]'_u\right\}du\wedge dv,\end{aligned}$$

$$\omega_{13}\wedge\omega_{32}\xlongequal{\text{定理 1}}\frac{L\mathrm{d}u+M\mathrm{d}v}{\sqrt{E}}\wedge\left(-\frac{M\mathrm{d}u+N\mathrm{d}v}{\sqrt{G}}\right)$$
$$=\left(\frac{M^2}{\sqrt{EG}}-\frac{LN}{\sqrt{EG}}\right)\mathrm{d}u\wedge\mathrm{d}v$$
$$=-\sqrt{EG}K_{\mathrm{G}}\mathrm{d}u\wedge\mathrm{d}v.$$

由此推得

$$\mathrm{d}\omega_{12}=\omega_{13}\wedge\omega_{32}$$
$$\Leftrightarrow\quad K_{\mathrm{G}}=\frac{LN-M^2}{EG}=-\frac{1}{\sqrt{EG}}\left\{\left[\frac{(\sqrt{E})'_v}{\sqrt{G}}\right]'_v+\left[\frac{(\sqrt{G})'_u}{\sqrt{E}}\right]'_u\right\}.$$

($\Leftarrow$)由注 2.9.2 和注 2.9.3 得.

($\Rightarrow$)由例 2.11.2 得.

此外,

$$\mathrm{d}\omega_{13}\xlongequal{\text{定理 1}}\mathrm{d}\left(\frac{L\mathrm{d}u+M\mathrm{d}v}{\sqrt{E}}\right)=\left(\frac{L}{\sqrt{E}}\right)'_v\mathrm{d}v\wedge\mathrm{d}u+\left(\frac{M}{\sqrt{E}}\right)'_u\mathrm{d}u\wedge\mathrm{d}v$$
$$=\left[-\left(\frac{L}{\sqrt{E}}\right)'_v+\left(\frac{M}{\sqrt{E}}\right)'_u\right]\mathrm{d}u\wedge\mathrm{d}v,$$

$$\omega_{12}\wedge\omega_{23}\xlongequal{\text{定理 1}}\frac{-E'_v\mathrm{d}u+G'_u\mathrm{d}v}{2\sqrt{EG}}\wedge\frac{M\mathrm{d}u+N\mathrm{d}v}{\sqrt{G}}$$
$$=\frac{-E'_vN-G'_uM}{2\sqrt{EG}}\mathrm{d}u\wedge\mathrm{d}v$$
$$=-\left[N\cdot\frac{(\sqrt{E})'_v}{G}+M\frac{(\sqrt{G})'_u}{\sqrt{EG}}\right]\mathrm{d}u\wedge\mathrm{d}v.$$

由此推得

$$\mathrm{d}\omega_{13}=\omega_{12}\wedge\omega_{23}$$
$$\Leftrightarrow\quad\left(\frac{L}{\sqrt{E}}\right)'_v-\left(\frac{M}{\sqrt{E}}\right)'_u=N\cdot\frac{(\sqrt{E})'_v}{G}+M\cdot\frac{(\sqrt{G})'_u}{\sqrt{EG}}.$$

($\Leftarrow$)由注 2.9.3 得.

($\Rightarrow$)由例 2.11.2 得.

类似上面的证明,或者根据对称性,有

$$\mathrm{d}\omega_{23}=\omega_{21}\wedge\omega_{13}$$
$$\Leftrightarrow\quad\left(\frac{N}{\sqrt{G}}\right)'_u-\left(\frac{M}{\sqrt{G}}\right)'_v=L\cdot\frac{(\sqrt{G})'_u}{E}+M\cdot\frac{(\sqrt{E})'_v}{\sqrt{EG}}$$

(⇐)由注 2.9.3 得.

(⇒)由例 2.11.2 得. □

2.11.2 设曲面 M:$\boldsymbol{x}(u,v)$具有 2 阶连续偏导数,$\{u,v\}$为正交曲线网,证明曲面的 Gauss 公式:

$$\begin{cases} \boldsymbol{x}''_{uu}=\dfrac{E'_u}{2\sqrt{E}}\boldsymbol{e}_1-\dfrac{E'_v}{2\sqrt{G}}\boldsymbol{e}_2+L\boldsymbol{e}_3, \\ \boldsymbol{x}''_{uv}=\dfrac{E'_v}{2\sqrt{E}}\boldsymbol{e}_1+\dfrac{G'_u}{2\sqrt{G}}\boldsymbol{e}_2+M\boldsymbol{e}_3=\boldsymbol{x}''_{vu}, \\ \boldsymbol{x}''_{vv}=-\dfrac{G'_u}{2\sqrt{E}}\boldsymbol{e}_1+\dfrac{G'_v}{2\sqrt{G}}\boldsymbol{e}_2+N\boldsymbol{e}_3. \end{cases}$$

证明 证法 1 参阅例 2.4.1.

证法 2 (用待定系数法)设

$$\begin{cases} \boldsymbol{x}''_{uu}=\lambda_{11}\boldsymbol{e}_1+\lambda_{12}\boldsymbol{e}_2+\lambda_{13}\boldsymbol{e}_3, \\ \boldsymbol{x}''_{uv}=\lambda_{21}\boldsymbol{e}_1+\lambda_{22}\boldsymbol{e}_2+\lambda_{23}\boldsymbol{e}_3, \\ \boldsymbol{x}''_{vv}=\lambda_{31}\boldsymbol{e}_1+\lambda_{32}\boldsymbol{e}_2+\lambda_{33}\boldsymbol{e}_3. \end{cases}$$

第 1 式两边与 $\boldsymbol{e}_3$ 作内积,得 $\lambda_{13}=\boldsymbol{x}''_{uu}\cdot\boldsymbol{e}_3=L$. 因为

$$\boldsymbol{e}_1=\frac{1}{\sqrt{E}}\boldsymbol{x}'_u,\quad \boldsymbol{e}_1\cdot\boldsymbol{e}_1=1,$$

故两边关于 u 求导,得

$$\left(-\frac{E'_u}{2E\sqrt{E}}\boldsymbol{x}'_u+\frac{1}{\sqrt{E}}\boldsymbol{x}''_{uu}\right)\cdot\boldsymbol{e}_1=\boldsymbol{e}'_{1u}\cdot\boldsymbol{e}_1=0,$$

即

$$\frac{-E'_u}{2E}+\frac{1}{\sqrt{E}}\lambda_{11}=0,$$

所以

$$\lambda_{11}=\frac{E'_u}{2\sqrt{E}}.$$

在 $\boldsymbol{e}_1\cdot\boldsymbol{e}_1=1$ 两边关于 v 求导,得

$$\left(-\frac{E'_v}{2E\sqrt{E}}\boldsymbol{x}'_u+\frac{1}{\sqrt{E}}\boldsymbol{x}''_{uv}\right)\cdot\boldsymbol{e}_1=\boldsymbol{e}'_{1v}\cdot\boldsymbol{e}_1=0,$$

即

$$-\frac{E'_v}{2E}+\frac{1}{\sqrt{E}}\lambda_{21}=0,$$

所以

$$\lambda_{21}=\frac{E'_v}{2\sqrt{E}}.$$

在 $\boldsymbol{e}_1\cdot\boldsymbol{e}_2=0$ 两边关于 u 求导，得 $\boldsymbol{e}'_{1u}\cdot\boldsymbol{e}_2+\boldsymbol{e}_1\cdot\boldsymbol{e}'_{2u}=0$，即$\left(\text{注意：}\boldsymbol{e}_2=\frac{1}{\sqrt{G}}\boldsymbol{x}'_v\right)$

$$\left[\left(\frac{1}{\sqrt{E}}\right)'_u\boldsymbol{x}'_u+\frac{1}{\sqrt{E}}\boldsymbol{x}''_{uu}\right]\cdot\boldsymbol{e}_2+\boldsymbol{e}_1\cdot\left[\left(\frac{1}{\sqrt{G}}\right)'_u\boldsymbol{x}'_v+\frac{1}{\sqrt{G}}\boldsymbol{x}''_{vu}\right]=0,$$

$$\frac{1}{\sqrt{E}}\lambda_{12}+\frac{1}{\sqrt{G}}\lambda_{21}=0,$$

$$\lambda_{12}=-\frac{\sqrt{E}}{\sqrt{G}}\lambda_{21}=-\frac{\sqrt{E}}{\sqrt{G}}\cdot\frac{E'_v}{2\sqrt{E}}=-\frac{E'_v}{2\sqrt{G}}.$$

同理或由对称性，得到

$$\lambda_{31}=-\frac{G'_u}{2\sqrt{E}},\quad \lambda_{32}=\frac{G'_v}{2\sqrt{G}}.$$

在 $\boldsymbol{e}_1\cdot\boldsymbol{e}_2=0$ 两边关于 v 求导，得

$$\boldsymbol{e}'_{1v}\cdot\boldsymbol{e}_2+\boldsymbol{e}_1\cdot\boldsymbol{e}'_{2v}=0,$$

即

$$\left[\left(\frac{1}{\sqrt{E}}\right)'_v\boldsymbol{x}'_u+\frac{1}{\sqrt{E}}\boldsymbol{x}''_{uv}\right]\cdot\boldsymbol{e}_2+\boldsymbol{e}_1\cdot\left[\left(\frac{1}{\sqrt{G}}\right)'_v\boldsymbol{x}'_v+\frac{1}{\sqrt{G}}\boldsymbol{x}''_{vv}\right]=0,$$

$$\frac{1}{\sqrt{E}}\lambda_{22}+\frac{1}{\sqrt{G}}\lambda_{31}=0,$$

$$\lambda_{22}=-\frac{\sqrt{E}}{\sqrt{G}}\lambda_{31}=-\frac{\sqrt{E}}{\sqrt{G}}\left(-\frac{G'_u}{2\sqrt{E}}\right)=\frac{G'_u}{2\sqrt{G}}.$$

也可从 $\lambda_{21}=\dfrac{E'_v}{2\sqrt{E}}$ 与对称性，得 $\lambda_{22}=\dfrac{G'_u}{2\sqrt{G}}$.

最后，易见

$$\lambda_{13}=\boldsymbol{x}''_{uu}\cdot\boldsymbol{e}_3=L,\quad \lambda_{23}=\boldsymbol{x}''_{uv}\cdot\boldsymbol{e}_3=M,\quad \lambda_{33}=\boldsymbol{x}''_{vv}\cdot\boldsymbol{e}_3=N.\qquad\square$$

2.11.3*　设 (M^n,g) 与 $(\widetilde{M}^{n+p},\tilde{g})=(\widetilde{M}^{n+p},\langle,\rangle)$ 分别为 n 维与 $n+p$ 维 C^∞ Riemann 流形，∇ 与 $\widetilde{\nabla}$ 分别为 (M^n,g) 与 $(\widetilde{M}^{n+p},\tilde{g})$ 相应的 Riemann(Levi-Civita) 联络. $f:M^n\to M^{n+p}$ 为 C^∞ 等距浸入，而 $g=f^*\tilde{g}$. 对于已给的 C^∞ 切向量场 $\boldsymbol{X},\boldsymbol{Y}\in C^\infty(TM)$，有 **Gauss 公式**(参阅[11]第 75～78 页)：

$$\widetilde{\nabla}_{\boldsymbol{X}}\boldsymbol{Y}=(\widetilde{\nabla}_{\boldsymbol{X}}\boldsymbol{Y})^{\mathrm{T}}+(\widetilde{\nabla}_{\boldsymbol{X}}\boldsymbol{Y})^{\perp}=\widetilde{\nabla}_{\boldsymbol{X}}\boldsymbol{Y}+h(\boldsymbol{X},\boldsymbol{Y}),\quad \boldsymbol{h}(\boldsymbol{X},\boldsymbol{Y})=\boldsymbol{h}(\boldsymbol{Y},\boldsymbol{X}),$$

其中 $\boldsymbol{h}:TM\times TM\to TM^{\perp}$ 为 f **的第 2 基本形式**. 再设 $\boldsymbol{e}_1,\boldsymbol{e}_2,\cdots,\boldsymbol{e}_n,\boldsymbol{e}_{n+1},\cdots,\boldsymbol{e}_{n+p}\in$

$T_x\widetilde{M}$ 为规范正交基，其对偶基为 $\omega^1,\omega^2,\cdots,\omega^n,\omega^{n+1},\cdots,\omega^{n+p}$. $\boldsymbol{e}_1,\boldsymbol{e}_2,\cdots,\boldsymbol{e}_n\in T_xM$, $\boldsymbol{e}_{n+1},\cdots,\boldsymbol{e}_{n+p}\in T_xM^{\perp}$. 于是

$$\boldsymbol{h}=\sum_{\alpha=n+1}^{n+p}\sum_{i,j=1}^{n}h_{ij}^{\alpha}\omega^i\otimes\omega^j\otimes\boldsymbol{e}_\alpha,$$

其中

$$h_{ij}^{\alpha}=\langle\boldsymbol{h}(\boldsymbol{e}_i,\boldsymbol{e}_j),\boldsymbol{e}_\alpha\rangle,\quad \boldsymbol{h}(\boldsymbol{e}_i,\boldsymbol{e}_j)=\sum_{\alpha=n+1}^{n+p}h_{ij}^{\alpha}\boldsymbol{e}_\alpha,\quad h_{ij}^{\alpha}=h_{ji}^{\alpha}.$$

注 当 M 为 $\mathbf{R}^n$ 中 $n-1$ 维超曲面时，$\boldsymbol{e}_n=\boldsymbol{n}$ 为 M 的单位法向量，则

$$\begin{aligned}\langle\boldsymbol{h}(\boldsymbol{X},\boldsymbol{Y}),\boldsymbol{n}\rangle&=\langle\widetilde{\nabla}_{\boldsymbol{X}}\boldsymbol{Y}-\nabla_{\boldsymbol{X}}\boldsymbol{Y},\boldsymbol{n}\rangle=\langle\widetilde{\nabla}_{\boldsymbol{X}}\boldsymbol{Y},\boldsymbol{n}\rangle=\langle\boldsymbol{Y},\widetilde{\nabla}_{\boldsymbol{X}}\boldsymbol{n}\rangle\\&=\langle\boldsymbol{Y},W(\boldsymbol{X})\rangle=\Big\langle\sum_{j=1}^{n-1}\beta^j\boldsymbol{x}'_{u^j},\boldsymbol{W}\Big(\sum_{i=1}^{n-1}\alpha^i\boldsymbol{x}'_{u^i}\Big)\Big\rangle=\sum_{i,j=1}^{n-1}L_{ij}\alpha^i\beta^j,\end{aligned}$$

$$\langle\boldsymbol{h}(\boldsymbol{x}'_{u^i},\boldsymbol{x}'_{u^j}),\boldsymbol{n}\rangle=\langle\boldsymbol{x}'_{u^j},W(\boldsymbol{x}'_{u^i})\rangle=L_{ij},$$

$$\langle\boldsymbol{h}(\mathrm{d}\boldsymbol{x},\mathrm{d}\boldsymbol{x}),\boldsymbol{n}\rangle=\Big\langle h\Big(\sum_{j=1}^{n-1}\boldsymbol{x}'_{u^j}\mathrm{d}u^j,\sum_{i=1}^{n-1}\boldsymbol{x}'_{u^i}\mathrm{d}u^i\Big),\boldsymbol{n}\Big\rangle=\sum_{i,j=1}^{n-1}L_{ij}\,\mathrm{d}u^i\mathrm{d}u^j,$$

对照定义 2.3.3 中的第 2 基本形式 II，可知 h 实际上是 II 的推广.

定义 如果 $\boldsymbol{h}=\boldsymbol{0}$ 或 $h_{ij}^{\alpha}=0(i,j=1,2,\cdots,n;\alpha=n+1,\cdots,n+p)$，则称 f 在点 $x\in M^n$ 是**全测地**的；如果在每个点 $x\in M^r$ 是全测地的，则称 f 为**全测地浸入**，M^n 为 $\widetilde{M}^{n+p}$ 的**全测地子流形**.

显然，

$$\begin{aligned}\boldsymbol{h}=\boldsymbol{0}\ &\Leftrightarrow\ \boldsymbol{h}(\boldsymbol{X},\boldsymbol{Y})=0,\ \forall\,\boldsymbol{X},\boldsymbol{Y}\in C^\infty(TM)\\&\Leftrightarrow\ \boldsymbol{h}(\boldsymbol{X},\boldsymbol{X})=0,\ \forall\,\boldsymbol{X}\in C^\infty(TM)\\&\Leftrightarrow\ \widetilde{\nabla}_{\boldsymbol{X}}\boldsymbol{X}=\nabla_{\boldsymbol{X}}\boldsymbol{X}+\boldsymbol{h}(\boldsymbol{X},\boldsymbol{X})=\nabla_{\boldsymbol{X}}\boldsymbol{X},\ \forall\,\boldsymbol{X}\in C^\infty(TM)\\&\Leftrightarrow\ \text{任何包含在 } M^n \text{ 中的测地线必为 } \widetilde{M}^{n+p} \text{ 中的测地线.}\end{aligned}$$

定理 第 2 基本形式 $\boldsymbol{h}$ 的长度的平方

$$S=|\,\boldsymbol{h}\,|^2=\sum_{\alpha,i,j}(h_{ij}^{\alpha})^2=\sum_{\alpha=n+1}^{n+p}\sum_{i,j=1}^{n}(h_{ij}^{\alpha})^2$$

不依赖于规范正交基 $\boldsymbol{e}_1,\boldsymbol{e}_2,\cdots,\boldsymbol{e}_n,\boldsymbol{e}_{n+1},\cdots,\boldsymbol{e}_{n+p}$ 的选取.

显然，$\boldsymbol{h}=\boldsymbol{0}\Leftrightarrow S=|\boldsymbol{h}|=0$.

证明 设 $\tilde{\boldsymbol{e}}_1,\tilde{\boldsymbol{e}}_2,\cdots,\tilde{\boldsymbol{e}}_n,\tilde{\boldsymbol{e}}_{n+1},\cdots,\tilde{\boldsymbol{e}}_{n+p}$ 为另一规范正交基，$\tilde{\omega}^1,\tilde{\omega}^2,\cdots,\tilde{\omega}^n,\tilde{\omega}^{n+1},\cdots,\tilde{\omega}^{n+p}$ 为其对偶基，而

$$\boldsymbol{e}_\alpha=\sum_\beta a_\alpha^\beta\tilde{\boldsymbol{e}}_\beta,\quad \omega^i=\sum_k b_k^i\tilde{\omega}^k,$$

其中 (a_α^β) 与 (b_k^i) 都为正交矩阵. 易见

$$\begin{aligned}\sum_{\beta,k,l}\tilde{h}^{\beta}_{kl}\tilde{\omega}^k\otimes\tilde{\omega}^l\otimes\tilde{\boldsymbol{e}}_{\beta}=h&=\sum_{\alpha,i,j}h^{\alpha}_{ij}\omega^i\otimes\omega^j\otimes\boldsymbol{e}_{\alpha}\\&=\sum_{\alpha,i,j}h^{\alpha}_{ij}\Big(\sum_k b^i_k\tilde{\omega}^k\Big)\otimes\Big(\sum_l b^j_l\tilde{\omega}^l\Big)\otimes\Big(\sum_{\beta}a^{\beta}_{\alpha}\tilde{\boldsymbol{e}}_{\beta}\Big)\\&=\sum_{\alpha,\beta,k,l,i,j}h^{\alpha}_{ij}b^i_kb^j_la^{\beta}_{\alpha}\tilde{\omega}^k\otimes\tilde{\omega}^l\otimes\tilde{\boldsymbol{e}}_{\beta}.\end{aligned}$$

由此推得 $\tilde{h}^{\beta}_{kl}=\sum\limits_{\alpha,i,j}h^{\alpha}_{ij}b^i_kb^j_la^{\beta}_{\alpha}$($\boldsymbol{h}$ 的分量变换公式).

于是

$$\begin{aligned}\sum_{\beta,k,l}(\tilde{h}^{\beta}_{kl})^2&=\sum_{\beta,k,l}\Big(\sum_{\alpha,i,j}h^{\alpha}_{ij}b^i_kb^j_la^{\beta}_{\alpha}\Big)^2=\sum_{\beta,k,l}\Big(\sum_{\alpha,i,j}h^{\alpha}_{ij}b^i_kb^j_la^{\beta}_{\alpha}\Big)\Big(\sum_{r,s,t}h^r_{st}b^s_kb^t_la^{\beta}_r\Big)\\&=\sum_{\alpha,i,j}\Big(\sum_k b^i_kb^s_k\Big)\Big(\sum_l b^j_lb^t_l\Big)\Big(\sum_{\beta}a^{\beta}_{\alpha}a^{\beta}_r\Big)h^{\alpha}_{ij}h^r_{st}=\sum_{\alpha,i,j}\delta^{is}\delta^{jt}\delta_{\alpha r}h^{\alpha}_{ij}h^r_{st}\\&=\sum_{\alpha,i,j}h^{\alpha}_{ij}h^{\alpha}_{ij}=\sum_{\alpha,i,j}(h^{\alpha}_{ij})^2.\end{aligned}$$ □

2.11.4* **定义1** 我们称

$$\begin{aligned}\boldsymbol{H}(\boldsymbol{x})&=\frac{1}{n}\sum_{j=1}^n(\tilde{\nabla}_{\boldsymbol{e}_j}\boldsymbol{e}_j)^{\perp}=\frac{1}{n}\sum_{j=1}^n\boldsymbol{h}(\boldsymbol{e}_j,\boldsymbol{e}_j)=\frac{1}{n}\sum_{j=1}^n\sum_{\alpha=n+1}^{n+p}h^{\alpha}_{jj}\boldsymbol{e}_{\alpha}\\&=\sum_{\alpha=n+1}^{n+p}\Big(\frac{1}{n}\sum_{j=1}^n h^{\alpha}_{jj}\Big)\boldsymbol{e}_{\alpha}=\sum_{\alpha=n+1}^{n+p}\frac{1}{n}\mathrm{tr}\boldsymbol{H}_{\alpha}\cdot\boldsymbol{e}_{\alpha}\end{aligned}$$

为点 $x\in M^n$ 处的**平均曲率向量**,其中 $\boldsymbol{H}_{\alpha}=(h^{\alpha}_{ij})$. 在超曲面的特殊情况下,

$$\boldsymbol{H}(x)=\frac{1}{n}(\mathrm{tr}\boldsymbol{H}_{n+i})\boldsymbol{e}_{n+1}=\frac{1}{n}\sum_{j=1}^n h^{n+1}_{jj}\boldsymbol{e}_{n+1}.$$

参阅定理 2.11.3 中平均曲率 $H=\frac{1}{2}\mathrm{tr}(h_{ij})=\frac{1}{n-1}\sum\limits_{j=1}^{n-1}h_{jj}$ 知,平均曲率向量就是平均曲率概念的推广.

引理1 $\sum\limits_{\alpha=n+1}^{n+p}\Big(\frac{1}{n}\sum\limits_{j=1}^n h^{\alpha}_{jj}\Big)\boldsymbol{e}_{\alpha}$ 和 $\frac{1}{n}\sqrt{\sum\limits_{\alpha}\Big(\sum\limits_j h^{\alpha}_{jj}\Big)^2}$ 都与规范正文基 $\boldsymbol{e}_1,\boldsymbol{e}_2,\cdots,\boldsymbol{e}_n,\boldsymbol{e}_{n+1},\cdots,\boldsymbol{e}_{n+p}$ 的选取无关.

证明 (1)

$$\begin{aligned}\sum_{\beta}\Big(\frac{1}{n}\sum_k\tilde{h}^{\beta}_{kk}\Big)\tilde{\boldsymbol{e}}_{\beta}&=\sum_{\beta}\Big[\frac{1}{n}\sum_k\Big(\sum_{\alpha,i,j}h^{\alpha}_{ij}b^i_kb^j_ka^{\beta}_{\alpha}\Big)\Big]\Big(\sum_{\gamma}a^{\beta}_{\gamma}\boldsymbol{e}_{\gamma}\Big)\\&=\sum_{\alpha,\gamma,i,j}\frac{1}{n}\Big(\sum_k b^i_kb^j_k\Big)\Big(\sum_{\beta}a^{\beta}_{\alpha}a^{\beta}_{\gamma}\Big)h^{\alpha}_{ij}\boldsymbol{e}_{\gamma}\\&=\sum_{\alpha,\gamma,i,j}\frac{1}{n}\delta^{ij}\delta_{\alpha\gamma}h^{\alpha}_{ij}\boldsymbol{e}_{\gamma}=\sum_{\alpha}\Big(\frac{1}{n}\sum_j h^{\alpha}_{jj}\Big)\boldsymbol{e}_{\alpha}.\end{aligned}$$

(2) $$\sum_{\beta}\Big(\sum_k\tilde{h}^{\beta}_{kk}\Big)^2=\sum_{\beta}\Big(\sum_{\alpha,k,i,j}h^{\alpha}_{ij}b^i_kb^j_ka^{\beta}_{\alpha}\Big)\Big(\sum_{\nu,l,s,t}h^{\nu}_{st}b^s_lb^t_la^{\beta}_{\nu}\Big)$$

$$
\begin{aligned}
&= \sum_{\alpha,\nu,i,j,s,t} \Big(\sum_k b_k^i b_k^j\Big)\Big(\sum_l b_l^s b_l^t\Big)\Big(\sum_\beta a_\alpha^\beta a_\nu^\beta\Big) h_{ij}^\alpha h_{st}^\nu \\
&= \sum_{\alpha,\nu,i,j,s,t} \delta^{ij}\delta^{st}\delta_{\alpha\nu} h_{ij}^\alpha h_{st}^\nu = \sum_{\alpha,j,s} h_{jj}^\alpha h_{ss}^\alpha \\
&= \sum_\alpha \Big(\sum_j h_{jj}^\alpha\Big)\Big(\sum_s h_{ss}^\alpha\Big) = \sum_\alpha \Big(\sum_j h_{jj}^\alpha\Big)^2 .
\end{aligned}
$$

□

定义 2 如果 $\boldsymbol{H}(\boldsymbol{x})=\boldsymbol{0}$，则称等距浸入 f 在 $x\in M^n$ 是**极小的**；如果 f 在每个点 $x\in M^n$ 是极小的(即 $\boldsymbol{H}(\boldsymbol{x})\equiv\boldsymbol{0}$)，则称 f 为**极小浸入**，而 M^n(或 $f(M^n)$)称为 $\widetilde{M}^{n+p}$ 的**极小子流形**. 显然，

$$
\begin{aligned}
\boldsymbol{H}(\boldsymbol{x}) = \boldsymbol{0} \quad &\Leftrightarrow \quad \frac{1}{n}\sum_{j=1}^n h_{jj}^\alpha = 0 \ (\alpha = n+1,\cdots,n+p) \\
&\Leftrightarrow \quad \mathrm{tr}\boldsymbol{H}_\alpha = 0 \ (\alpha = n+1,\cdots,n+p).
\end{aligned}
$$

如果 $\nabla^\perp \boldsymbol{H}(\boldsymbol{x})=[\widetilde{\nabla}\boldsymbol{H}(\boldsymbol{x})]^\perp=\boldsymbol{0}$($\Leftrightarrow \nabla_{\boldsymbol{X}}^\perp \boldsymbol{H}(\boldsymbol{x})=\boldsymbol{0}$, $\forall \boldsymbol{X}\in C^\infty(TM)$)，则称 M^n 具有**平行平均曲率向量**. 此即 $\boldsymbol{H}(\boldsymbol{x})$ 在法丛 $TM^\perp$ 中关于法联络 $\nabla^\perp$ 是平行的. 根据引理 1，

$$
|\boldsymbol{H}(\boldsymbol{x})| = \sqrt{\frac{1}{n^2}\sum_\alpha (\mathrm{tr}\boldsymbol{H}_\alpha)^2} = \frac{1}{n}\sqrt{\sum_\alpha (\mathrm{tr}\boldsymbol{H}_\alpha)^2} = \frac{1}{n}\sqrt{\sum_\alpha \Big(\sum_j h_{jj}^\alpha\Big)^2}
$$

与规范正交基的选取无关，称它为**平均曲率**(注意，它与超曲面中定义的平均曲率 $H=\dfrac{1}{n}\sum\limits_j h_{jj}^{n+1}$ 可能相差一个符号). 它是超曲面中定义的平均曲率的推广. 易见

$$
M^n \text{ 为极小子流形}(\boldsymbol{H}(\boldsymbol{x}) = \boldsymbol{0}) \quad \Leftrightarrow \quad |\boldsymbol{H}(\boldsymbol{x})| = 0.
$$

而极小子流形是极小(超)曲面的推广.

引理 2 (1) $\boldsymbol{H}(\boldsymbol{x})=\boldsymbol{0}$($\Leftrightarrow|\boldsymbol{H}(\boldsymbol{x})|=0$)蕴涵着 $\nabla^\perp \boldsymbol{H}(\boldsymbol{x})=\boldsymbol{0}$，即极小子流形具有平行平均曲率向量；

(2) $\nabla^\perp \boldsymbol{H}(\boldsymbol{x})=\boldsymbol{0}$ 蕴涵着 $|\boldsymbol{H}(\boldsymbol{x})|$ 为局部常值；

(3) 设 M^n 连通，且 $\nabla^\perp \boldsymbol{H}(\boldsymbol{x})=\boldsymbol{0}$，则 $|\boldsymbol{H}(\boldsymbol{x})|=$常值.

证明 (1) 因为 $\boldsymbol{H}(\boldsymbol{x})=\boldsymbol{0}$，所以

$$
\nabla^\perp \boldsymbol{H}(\boldsymbol{x}) = [\widetilde{\nabla}\boldsymbol{H}(\boldsymbol{x})]^\perp = (\widetilde{\nabla}\boldsymbol{0})^\perp = \boldsymbol{0}^\perp = \boldsymbol{0}.
$$

(2) 对 $\forall \boldsymbol{X}\in C^\infty(TM)$，有

$$
\begin{aligned}
\boldsymbol{X}|\boldsymbol{H}(\boldsymbol{x})|^2 &= \widetilde{\nabla}_{\boldsymbol{X}}\langle \boldsymbol{H}(\boldsymbol{x}),\boldsymbol{H}(\boldsymbol{x})\rangle = 2\langle \widetilde{\nabla}_{\boldsymbol{X}}\boldsymbol{H}(\boldsymbol{x}),\boldsymbol{H}(\boldsymbol{x})\rangle \\
&= 2\langle \nabla_{\boldsymbol{X}}^\perp \boldsymbol{H}(\boldsymbol{x}),\boldsymbol{H}(\boldsymbol{x})\rangle = 2\langle \boldsymbol{0},\boldsymbol{H}(\boldsymbol{x})\rangle = 0,
\end{aligned}
$$

故 $\dfrac{\partial}{\partial x^i}|\boldsymbol{H}(\boldsymbol{x})|^2=0$，$|\boldsymbol{H}(\boldsymbol{x})|$ 为局部常值.

(3) 任取定一点 $\boldsymbol{x}_0\in M^n$，令

$$U=\{\boldsymbol{x}\mid |\boldsymbol{H}(\boldsymbol{x})|=|\boldsymbol{H}(\boldsymbol{x}_0)|\},$$
$$V=\{\boldsymbol{x}\mid |\boldsymbol{H}(\boldsymbol{x})|\neq|\boldsymbol{H}(\boldsymbol{x}_0)|\}.$$

因为 $|\boldsymbol{H}(\boldsymbol{x})|$ 为局部常值，故 U,V 均为开集（或由 $|\boldsymbol{H}(\boldsymbol{x})|$ 为 $\boldsymbol{x}$ 的连续函数，知 V 为开集）. 再从 $\boldsymbol{x}_0\in U,U\neq\varnothing$ 和 M^n 的连通性推得 $V=\varnothing,U=M^n$. 这就证明了 $|\boldsymbol{H}(\boldsymbol{x})|=|\boldsymbol{H}(\boldsymbol{x}_0)|$（常值）. □

2.11.5*　定义　设 $\boldsymbol{\xi}$ 为 M^n 上的 C^∞ 法向量场，如果

$$\langle\boldsymbol{h}(\boldsymbol{X},\boldsymbol{Y}),\boldsymbol{\xi}(\boldsymbol{x})\rangle=\lambda(x)\langle\boldsymbol{X},\boldsymbol{Y}\rangle,\quad\forall\,\boldsymbol{X},\boldsymbol{Y}\in C^\infty(TM),$$

其中 $\lambda(\boldsymbol{x})$（依赖于 $\boldsymbol{\xi}(\boldsymbol{x})$）为 M^n 上的 C^∞ 函数，则称 M^n 关于 $\boldsymbol{\xi}(\boldsymbol{x})$ 是**脐点**的.

容易看出，$\langle\boldsymbol{h}(\boldsymbol{X},\boldsymbol{Y}),\xi\rangle=\lambda\langle\boldsymbol{X},\boldsymbol{Y}\rangle$ 在点 x 的值只与 $\boldsymbol{X}(\boldsymbol{x}),\boldsymbol{Y}(\boldsymbol{x}),\boldsymbol{\xi}(\boldsymbol{x})$ 有关. 此时，仅考虑一点，就称 $\boldsymbol{x}$ **为关于 $\xi(\boldsymbol{x})$ 的脐点**.

如果 M^n 关于任何局部 C^∞ 法向量场是脐点的（下面的引理 2 指出，它等价于关于任何 C^∞ 法向量场是脐点的），则称 M^n 是**全脐子流形**.

如果 M^n 关于平均曲率向量场 $\boldsymbol{H}(\boldsymbol{x})$ 是脐点的，即

$$\langle\boldsymbol{h}(\boldsymbol{X},\boldsymbol{Y}),\boldsymbol{H}(\boldsymbol{x})\rangle=\lambda(\boldsymbol{x})\langle\boldsymbol{X},\boldsymbol{Y}\rangle,\quad\forall\,\boldsymbol{X},\boldsymbol{Y}\in C^\infty(TM),$$

则称 M^n 为**伪脐子流形**.

如果对 $\forall\,\boldsymbol{X}\in C^\infty(TM),|\boldsymbol{X}|=1$，有 $|\boldsymbol{h}(\boldsymbol{X},\boldsymbol{X})|=\lambda(\boldsymbol{x})$，则称 M^n 是 λ **迷向**的.

引理 1　如果 M^n 关于 C^∞ 法向量场 $\boldsymbol{\xi}(x)$ 是脐点的，则

$$\lambda(\boldsymbol{x})=\langle\boldsymbol{H}(\boldsymbol{x}),\boldsymbol{\xi}(\boldsymbol{x})\rangle.$$

特别地，当 M^n 是伪脐点的时，

$$\lambda(\boldsymbol{x})=\langle\boldsymbol{H}(\boldsymbol{x}),\boldsymbol{H}(\boldsymbol{x})\rangle=|\boldsymbol{H}(\boldsymbol{x})|^2.$$

证明　由 $\langle\boldsymbol{h}(\boldsymbol{X},\boldsymbol{Y}),\boldsymbol{\xi}(\boldsymbol{x})\rangle=\lambda(x)\langle\boldsymbol{X},\boldsymbol{Y}\rangle$，得到

$$\begin{aligned}\langle\boldsymbol{H}(\boldsymbol{x}),\boldsymbol{\xi}(\boldsymbol{x})\rangle&=\Big\langle\frac{1}{n}\sum_{j=1}^n\boldsymbol{h}(\boldsymbol{e}_j,\boldsymbol{e}_j),\boldsymbol{\xi}(x)\Big\rangle=\frac{1}{n}\sum_{j=1}^n\langle\boldsymbol{h}(\boldsymbol{e}_j,\boldsymbol{e}_j),\boldsymbol{\xi}(\boldsymbol{x})\rangle\\&=\frac{1}{n}\sum_{j=1}^n\lambda(\boldsymbol{x})\langle\boldsymbol{e}_j,\boldsymbol{e}_j\rangle=\lambda(\boldsymbol{x}).\end{aligned}$$

□

引理 2　下列命题等价：

(1) M^n 是全脐的；

(2) M^n 关于任何整体 C^∞ 法向量场是脐点的；

(3) $\boldsymbol{h}(\boldsymbol{X},\boldsymbol{Y})=\boldsymbol{H}(\boldsymbol{x})\langle\boldsymbol{X},\boldsymbol{Y}\rangle,\ \forall\,\boldsymbol{X},\boldsymbol{Y}\in C^\infty(TM)$；

(4) $h_{ij}^\alpha=\boldsymbol{H}^\alpha\delta_{ij}\,(i,j=1,2,\cdots,n;n+1,\cdots,n+p)$，其中 $\boldsymbol{H}^\alpha$ 为 $\boldsymbol{H}(\boldsymbol{x})$ 关于 $\boldsymbol{e}_\alpha$ 的分量；

(5) $\boldsymbol{h}(\boldsymbol{u},\boldsymbol{u})=\boldsymbol{H}(\boldsymbol{x})$，其中 u 为 M^n 上的局部 C^∞ 单位切向量场；

(6) $f(\boldsymbol{x})\equiv 0$,其中

$$f(\boldsymbol{x})=\max_{\boldsymbol{u},\boldsymbol{v}\in T_{1x}M}\ |\boldsymbol{h}(\boldsymbol{u},\boldsymbol{u})-\boldsymbol{h}(\boldsymbol{v},\boldsymbol{v})|^2,$$

而

$$T_{1x}M=\{\boldsymbol{u}\in T_xM\mid|\boldsymbol{u}|=1\}.$$

证明 (1)⇒(2) 因为整体 C^∞ 法向量场 $\boldsymbol{\xi}$ 必是局部 C^∞ 法向量场,由(1)知 M^n 关于任何整体 C^∞ 法向量场是脐点的.

(1)⇐(2) 对于任何局部 C^∞ 法向量场 $\boldsymbol{\xi}$ 及其定义域中的点 x_0,取 C^∞ 鼓包函数 φ,使在 x_0 的某开邻域 U 中,$\varphi|_U\equiv 1,\varphi|_{M^n-V}\equiv 0$,其中开集 $V\supset\overline{U}$. 于是,$\varphi\xi$ 自然延拓为 M^n 上的一个 C^∞ 向量场,且 $\varphi\boldsymbol{\xi}|_U=\boldsymbol{\xi}$. 由此,根据引理 1,对 $\forall\boldsymbol{X},\boldsymbol{Y}\in C^\infty(TM)$,有

$$\begin{aligned}\langle\boldsymbol{h}(\boldsymbol{X},\boldsymbol{Y}),\boldsymbol{\xi}|_U\rangle&=\langle\boldsymbol{h}(\boldsymbol{X},\boldsymbol{Y}),\varphi\boldsymbol{\xi}|_U\rangle=\langle\boldsymbol{h}(\boldsymbol{X},\boldsymbol{Y}),\varphi\boldsymbol{\xi}\rangle|_U\\&=\langle\boldsymbol{H}(\boldsymbol{x}),\varphi(\boldsymbol{\xi})\rangle|_U\langle\boldsymbol{X},\boldsymbol{Y}\rangle=\langle\boldsymbol{H}(\boldsymbol{x}),\boldsymbol{\xi}|_U\rangle\langle\boldsymbol{X},\boldsymbol{Y}\rangle.\end{aligned}$$

因此

$$\langle\boldsymbol{h}(\boldsymbol{X},\boldsymbol{Y}),\boldsymbol{\xi}\rangle=\langle\boldsymbol{H}(\boldsymbol{x}),\boldsymbol{\xi}(\boldsymbol{x})\rangle\langle\boldsymbol{X},\boldsymbol{Y}\rangle,$$

即 M^n 关于 $\boldsymbol{\xi}$ 是脐点的,从而 M^n 是全脐点.

(1)⇐(3) 对任何局部 C^∞ 法向量场 $\boldsymbol{\xi}$,$\boldsymbol{\xi}$ 的定义域为 U,对 $\forall\boldsymbol{X},\boldsymbol{Y}\in C^\infty(TU)$,$\forall\boldsymbol{x}_0\in U$,作 M^n 上的 C^∞ 切向量场 $\widetilde{\boldsymbol{X}},\widetilde{\boldsymbol{Y}}\in C^\infty(TM)$,使得 $\widetilde{\boldsymbol{X}}|_V=\boldsymbol{X}|_V,\widetilde{\boldsymbol{Y}}|_V=\boldsymbol{Y}|_V$,且 $\boldsymbol{x}_0\in V\subset U$,$V$ 为 M^n 上的开集. 于是

$$\begin{aligned}\langle\boldsymbol{h}(\boldsymbol{X},\boldsymbol{Y}),\boldsymbol{\xi}\rangle&=\langle\boldsymbol{h}(\widetilde{\boldsymbol{X}},\widetilde{\boldsymbol{Y}}),\boldsymbol{\xi}\rangle=\langle\boldsymbol{H}(\boldsymbol{x})\langle\widetilde{\boldsymbol{X}},\widetilde{\boldsymbol{Y}}\rangle,\boldsymbol{\xi}(\boldsymbol{x})\rangle\\&=\langle\boldsymbol{H}(\boldsymbol{x}),\boldsymbol{\xi}(\boldsymbol{x})\rangle\langle\boldsymbol{X},\boldsymbol{Y}\rangle=\lambda(\boldsymbol{x})\langle\boldsymbol{X},\boldsymbol{Y}\rangle,\\\lambda(\boldsymbol{x})&=\langle\boldsymbol{H}(\boldsymbol{x}),\boldsymbol{\xi}(\boldsymbol{x})\rangle\quad(\boldsymbol{x}\in V).\end{aligned}$$

因为 $\boldsymbol{x}_0\in U$ 任取,所以

$$\langle\boldsymbol{h}(\boldsymbol{X},\boldsymbol{Y}),\boldsymbol{\xi}\rangle=\lambda(\boldsymbol{x})\langle\boldsymbol{X},\boldsymbol{Y}\rangle\quad(\boldsymbol{x}\in U).$$

这表明 M^n 关于局部 C^∞ 法向量场 $\boldsymbol{\xi}$ 是脐点的. 从而 M^n 是全脐的.

(1)⇒(3) 对于局部 C^∞ 规范正交标架场 $\{\boldsymbol{e}_\alpha|\alpha=n+1,\cdots,n+p\}$ 和 $\forall\boldsymbol{X},\boldsymbol{Y}\in C^\infty(TM)$,根据引理 1 和上述(1)⇐(3)的方法,有

$$\langle\boldsymbol{h}(\boldsymbol{X},\boldsymbol{Y}),\boldsymbol{e}_\alpha\rangle=\langle\boldsymbol{H}(x),\boldsymbol{e}_\alpha\rangle\langle\boldsymbol{X},\boldsymbol{Y}\rangle.$$

因此

$$\begin{aligned}\boldsymbol{h}(\boldsymbol{X},\boldsymbol{Y})&=\sum_\alpha\langle\boldsymbol{h}(\boldsymbol{X},\boldsymbol{Y}),\boldsymbol{e}_\alpha\rangle\boldsymbol{e}_\alpha=\sum_\alpha\langle\boldsymbol{H}(\boldsymbol{x}),\boldsymbol{e}_\alpha\rangle\langle\boldsymbol{X},\boldsymbol{Y}\rangle\boldsymbol{e}_\alpha\\&=\Big(\sum_\alpha\langle\boldsymbol{H}(\boldsymbol{x}),\boldsymbol{e}_\alpha\rangle\boldsymbol{e}_\alpha\Big)\langle\boldsymbol{X},\boldsymbol{Y}\rangle=\boldsymbol{H}(\boldsymbol{x})\langle\boldsymbol{X},\boldsymbol{Y}\rangle.\end{aligned}$$

(3)⇔(4) 显然.

(3)⇒(5)　应用上述(1)⇐(3)的方法，对 M^n 上的任何局部 C^∞ 单位切向量场 $\boldsymbol{u}$，

$$\boldsymbol{h}(\boldsymbol{u},\boldsymbol{u})=\boldsymbol{H}(\boldsymbol{x})\langle\boldsymbol{u},\boldsymbol{u}\rangle=\boldsymbol{H}(\boldsymbol{x}).$$

(3)⇐(5)　对 $\forall\,\boldsymbol{X},\boldsymbol{Y}\in C^\infty(TM)$，有

$$\begin{aligned}\boldsymbol{h}(\boldsymbol{X},\boldsymbol{Y})&=\begin{cases}\boldsymbol{h}\left(\dfrac{\boldsymbol{X}}{|\boldsymbol{X}|},\dfrac{\boldsymbol{X}}{|\boldsymbol{X}|}\right)|\boldsymbol{X}|^2=\boldsymbol{H}(\boldsymbol{x})\,|\boldsymbol{X}|^2, & \boldsymbol{X}\neq\boldsymbol{0}\\ 0, & \boldsymbol{X}=\boldsymbol{0}\end{cases}\\&=\boldsymbol{H}(\boldsymbol{x})\,|\boldsymbol{X}|^2.\end{aligned}$$

因此

$$\begin{aligned}\boldsymbol{h}(\boldsymbol{X},\boldsymbol{Y})&=\frac{1}{2}[\boldsymbol{h}(\boldsymbol{X}+\boldsymbol{Y},\boldsymbol{X}+\boldsymbol{Y})-\boldsymbol{h}(\boldsymbol{X},\boldsymbol{X})-\boldsymbol{h}(\boldsymbol{Y},\boldsymbol{Y})]\\&=\frac{1+\boldsymbol{H}(\boldsymbol{x})}{2}(|\boldsymbol{X}+\boldsymbol{Y}|^2-|\boldsymbol{X}|^2-|\boldsymbol{Y}|^2)=\boldsymbol{H}(\boldsymbol{x})\langle\boldsymbol{X},\boldsymbol{Y}\rangle.\end{aligned}$$

(5)⇒(6)　由(5)得

$$\begin{aligned}f(x)&=\max_{\boldsymbol{u},\boldsymbol{v}\in T_{1x}M}|\boldsymbol{h}(\boldsymbol{u},\boldsymbol{u})-\boldsymbol{h}(\boldsymbol{v},\boldsymbol{v})|^2=\max_{\boldsymbol{u},\boldsymbol{v}\in T_{1x}M}|\boldsymbol{H}(\boldsymbol{x})-\boldsymbol{H}(\boldsymbol{x})|^2\\&=\max_{\boldsymbol{u},\boldsymbol{v}\in T_{1x}M}0=0.\end{aligned}$$

(5)⇐(6)　显然，

$$\begin{aligned}&0\equiv f(\boldsymbol{x})=\max_{\boldsymbol{u},\boldsymbol{v}\in T_{1x}M}|\boldsymbol{h}(\boldsymbol{u},\boldsymbol{u})-\boldsymbol{h}(\boldsymbol{v},\boldsymbol{v})|^2\\&\Leftrightarrow\quad\boldsymbol{h}(\boldsymbol{u},\boldsymbol{u})=\text{常量},\ \boldsymbol{u}\in T_{1x}M\ (\text{只与 }\boldsymbol{x}\text{ 有关}).\end{aligned}$$

于是，对 M^n 上的任何局部 C^∞ 单位切向量场 $\boldsymbol{u}$，

$$\boldsymbol{h}(\boldsymbol{u},\boldsymbol{u})=\frac{1}{n}\sum_{j=1}^{n}\boldsymbol{h}(\boldsymbol{e}_j,\boldsymbol{e}_j)=\boldsymbol{H}(\boldsymbol{x}).$$

□

引理 3　(1) 全测地子流形⇔全脐和极小子流形；

(2) 全脐子流形必为 $|\boldsymbol{H}(\boldsymbol{x})|$ 迷向和伪脐子流形.

证明　(1) M^n 为全测地子流形，即 $\boldsymbol{h}=\boldsymbol{0}$ 等价于

$$\begin{aligned}&h_{ij}^{\alpha}=0\ (i,j=1,2,\cdots,n;\alpha=n+1,\cdots,n+p)\\&\Leftrightarrow\quad\begin{cases}\boldsymbol{H}(x)=\sum\limits_{\alpha}\left(\dfrac{1}{n}\sum\limits_{j=1}^{n}h_{jj}^{\alpha}\right)\boldsymbol{e}_\alpha=0\\ \boldsymbol{h}(\boldsymbol{X},\boldsymbol{Y})=\boldsymbol{H}(x)\langle\boldsymbol{X},\boldsymbol{Y}\rangle,\ \forall\,\boldsymbol{X},\boldsymbol{Y}\in C^\infty(TM)\end{cases}\\&\Leftrightarrow\quad M^n\text{ 是全脐和极小子流形}.\end{aligned}$$

(2) 因为 M^n 是全脐的，故对 M^n 上任何 C^∞ 法向量场 $\boldsymbol{\xi}$，特别对 $\boldsymbol{\xi}=\boldsymbol{H}(\boldsymbol{x})$ 是脐点的，即对 $\forall\,\boldsymbol{X},\boldsymbol{Y}\in C^\infty(TM)$，

$$\langle \boldsymbol{h}(\boldsymbol{X},\boldsymbol{Y}),\boldsymbol{H}(\boldsymbol{x})\rangle \xlongequal{\text{引理 1}} \langle \boldsymbol{H}(\boldsymbol{x}),\boldsymbol{H}(\boldsymbol{x})\rangle\langle \boldsymbol{X},\boldsymbol{Y}\rangle = |\boldsymbol{H}(\boldsymbol{x})|^2\langle \boldsymbol{X},\boldsymbol{Y}\rangle,$$

即 M^2 是伪脐子流形.

因 M^n 是全脐的,根据引理 2(3),

$$\boldsymbol{h}(\boldsymbol{X},\boldsymbol{Y}) = \boldsymbol{H}(\boldsymbol{x})\langle \boldsymbol{X},\boldsymbol{Y}\rangle.$$

于是,对 $\forall \boldsymbol{X}\in C^\infty(TM)$, $|\boldsymbol{X}|=1$,有

$$|\boldsymbol{h}(\boldsymbol{X},\boldsymbol{X})| = |\boldsymbol{H}(\boldsymbol{x})\langle \boldsymbol{X},\boldsymbol{X}\rangle| = |\boldsymbol{H}(\boldsymbol{x})|\langle \boldsymbol{X},\boldsymbol{X}\rangle = |\boldsymbol{H}(\boldsymbol{X})|,$$

这表明 M^n 是 $\lambda(\boldsymbol{x})=|\boldsymbol{H}(\boldsymbol{x})|$ 迷向的. □

注 上面给出的第 2 基本形式

$$\boldsymbol{h} = \sum_{\alpha=n+1}^{n+p}\sum_{i,j=1}^{n} h_{ij}^{\alpha}\omega^i \otimes \omega^j \otimes \boldsymbol{e}_\alpha,$$

第 2 基本形式 $\boldsymbol{h}$ 的长度

$$S = |\boldsymbol{h}|^2 = \sum_{\alpha=n+1}^{n+p}\sum_{i,j=1}^{n}(h_{ij}^{\alpha})^2,$$

平均曲率向量

$$\boldsymbol{H}(\boldsymbol{x}) = \sum_{j=1}^{n}\left(\frac{1}{n}\sum_{j=1}^{n} h_{jj}^{\alpha}\right)\boldsymbol{e}_\alpha,$$

以及全测地、极小和全脐子流形的知识在近代微分几何的研究中是非常重要的.进一步的内容可参阅[11]第 131~143 页.

第 3 章　曲面的整体性质

第 2 章着重讨论了曲面的局部性质，它只与曲面的局部性状有关，而与远离该点的性状无关. 这一章进而研究整个曲面所具有的几何性质，称它为曲面的整体性质. 20 世纪以来，人们对曲面的整体性质研究得非常多，发现这种整体性质与局部性质之间有着深刻的联系. 曲面以及 Riemann 流形（它是曲面的推广）的整体性质的研究，已成为近代微分几何中的重要内容.

本章证明了 $\mathbf{R}^3$ 中紧致、定向、连通的 C^2 全脐超曲面必为球面；常正 Gauss（总）曲率的紧致、连通、定向的超曲面必为球面；证明了球面的刚性定理，即与球面等距的曲面必为球面；还证明了 $\mathbf{R}^3$ 中不存在紧致、定向的 C^2 极小曲面以及极小曲面的 Bernstein 定理.

著名的 Gauss-Bonnet 公式及 Poincaré 切向量场指标定理是联系微分几何与代数拓扑两大领域的重要公式，是联系局部量与整体量的极其重要的定理. 作为应用，我们有绝对全曲率的不等式 $\iint\limits_M |K_G| \mathrm{d}\sigma \geqslant 4\pi(1+g)$ 和 Hadamard 凸曲面定理.

3.1　紧致全脐超曲面、球面的刚性定理

1. 知识要点

定义 3.1.1　设 M 为 $\mathbf{R}^n$ 中的 $n-1$ 维可定向（定义 3.1.2）的 C^2 超曲面（$n-1$ 维流形），$\boldsymbol{n}$ 为单位法向量场，$\boldsymbol{x}(u^1, u^2, \cdots, u^{n-1})$ 为 $P \in M$ 点处的定向局部参数表示. 如果存在 ρ，使得在 P 点，有

$$L_{ij} = \rho g_{ij},$$

则称 P 为 M 的**脐点**. 易见，脐点的定义与定向局部参数的选取无关（此时，单位法向量场同为 $\boldsymbol{n}$），且 ρ 相同，与局部参数无关.

进而可推得：

Weingarten 映射 W 的特征值全为 ρ 等价于

$$(\omega_j^i) = \rho I \quad \Leftrightarrow \quad (g^{ik})(L_{kj}) = \rho I \quad \Leftrightarrow \quad (L_{ij}) = \rho(g_{ij}).$$

如果 M 的每一点都为脐点，则称 M 为**全脐(点)超曲面**.

定义 3.1.2 设 $(M,\mathscr{D})$ 为 k 维 C^1 流形. 如果 $\mathscr{D}_1 \subset \mathscr{D}$ 满足：

(1) $\bigcup_{(U,\varphi)\in\mathscr{D}_1} U = M$；

(2) 对任何 $(U,\varphi),\{u^1,u^2,\cdots,u^k\}\in\mathscr{D}_1,(V,\psi),\{v^1,v^2,\cdots,v^k\}\in\mathscr{D}_1$，必有

$$\frac{\partial(v^1,v^2,\cdots,v^k)}{\partial(u^1,u^2,\cdots,u^k)} > 0,$$

则称 $(M,\mathscr{D})$ 是**可定向的**.

引理 3.1.1 设 M 为 $\mathbf{R}^n$ 中的 $n-1$ 维 C^1 子流形，则

$$\begin{aligned} M\text{可定向} \quad &\Leftrightarrow \quad M\text{上存在处处非零的连续法向量场} \\ &\Leftrightarrow \quad M\text{上存在连续的单位法向量场}. \end{aligned}$$

引理 3.1.2 设 M 为 $C^r(r\geqslant 0)$ 流形，则

$$M\text{道路连通} \quad \Leftrightarrow \quad M\text{连通}.$$

引理 3.1.3 设 M 为 $C^r(r\geqslant 0)$ 连通流形，f 为 M 上的实连续函数.

(1) (零值定理)为如果 $f(p)>0,f(q)<0$，则必存在 $r\in M$，使得 $f(r)=0$；

(2) 如果 f 局部为常值，则 f 必为常数.

引理 3.1.4 在 $\mathbf{R}^n$ 中，

(1) $n-1$ 维 C^2 连通全脐超曲面 $M\Rightarrow M$ 必为 $n-1$ 维连通超平面片或 $n-1$ 维连通超球面片. 自然，M 具有常 Gauss 曲率.

(2) M 为 $n-1$ 维超平面片或 $n-1$ 维超球面片 $\Rightarrow M$ 为 $n-1$ 维全脐超曲面.

定理 3.1.1 设 M 为 $\mathbf{R}^n$ 中连通、可定向的 $n-1$ 维 C^2 全脐超曲面，则 M 为 $n-1$ 维超平面片或 $n-1$ 维超球面片. 对于前者，若 M 完备，则 M 必为整个平面；对于后者，若 M 紧致，则 M 必为整个球面.

引理 3.1.5 设 M 为 $\mathbf{R}^3$ 中 C^2 正则曲面，$\boldsymbol{x}(u^1,u^2)$ 为其参数表示，$P\in M$，且满足：

(1) $K_G(P)>0$，即 P 点的 Gauss(总)曲率为正；

(2) 在 P 点，函数 κ_1 达极大值，同时函数 κ_2 达极小值，

则 P 为 M 的脐点. $\kappa_1(Q)$ 与 $\kappa_2(Q)$ 为 M 上点 Q 处的两个主曲率，总假定 $\kappa_1(Q)\geqslant\kappa_2(Q)$. 因此，$\kappa_1$ 与 κ_2 为二次方程 $\lambda^2-2H\lambda+K_G=0$ 的两个根，且为 M 上的连续函数. 除脐点 $(\kappa_1=\kappa_2)$ 外，函数 κ_1 与 κ_2 为 M 上的 C^2 函数.

定理 3.1.2 设M为$\mathbf{R}^3$中的紧致定向C^2流形(2维超曲面),则至少有一点$P_0\in M$,在P_0点Gauss(总)曲率$K_G(P_0)>0$.

推论 3.1.1 $\mathbf{R}^3$中不存在$K_G\leqslant 0$处处成立的2维紧致、定向曲面M.

定理 3.1.3 设M为$\mathbf{R}^3$中Gauss曲率K_G为常数的紧致、连通、定向的C^2流形(2维超曲面),则M必为球面.

定理 3.1.4(球面的刚性定理) 设$\varphi:\Sigma\to M$为球面$\Sigma\subset\mathbf{R}^3$到$C^2$流形超曲面$M=\varphi(\Sigma)\subset\mathbf{R}^3$上的等距对应(参阅习题2.9.14),则$M$必为球面

定理 3.1.5(Liebmann) 设M为$\mathbf{R}^3$中紧致、定向、连通的2维C^4流形(超曲面),它的Gauss(总)曲率$K_G>0$,且平均曲率H为常数,则M必为球面.

定理 3.1.6 设M为$\mathbf{R}^3$中的紧致、定向、连通的2维流形(超曲面),它的Gauss(总)曲率$K_G>0$,且在M上,$\kappa_2=f(\kappa_1)$为κ_1的递减函数(定理3.1.3和定理3.1.5为其特例),则M必为球面.

2. 习题解答

3.1.1 设$f(\boldsymbol{x})$为$\mathbf{R}^n$上的一个C^r函数($r\geqslant 1$),

$$M=\{\boldsymbol{x}\in\mathbf{R}^n\mid f(\boldsymbol{x})=0\}\neq\varnothing,$$

且对$\forall\,\boldsymbol{x}=(x^1,x^2,\cdots,x^n)\in M$, $\left(\dfrac{\partial f}{\partial x^1},\dfrac{\partial f}{\partial x^2},\cdots,\dfrac{\partial f}{\partial x^n}\right)\neq(0,0,\cdots,0)$. 证明:$M$为一个$n-1$维$C^r$微分流形.

证明 对$\forall\,\boldsymbol{p}\in M$, $\left.\left(\dfrac{\partial f}{\partial x^1},\dfrac{\partial f}{\partial x^2},\cdots,\dfrac{\partial f}{\partial x^n}\right)\right|_{\boldsymbol{p}}\neq(0,0,\cdots,0)\Leftrightarrow\exists\, i\in\{1,2,\cdots,n\}$,使$\left.\dfrac{\partial f}{\partial x^i}\right|_{\boldsymbol{p}}\neq 0$. 根据隐射(隐函数)定理(参阅[8]第103页定理8.4.1),存在$\boldsymbol{p}$在M上的开邻域$U_{\boldsymbol{p}}$,使得$x^i=x^i(x^1,x^2,\cdots,x^{i-1},x^{i+1},\cdots,x^n)$为$C^r$函数. 此时,$\{x^1,x^2,\cdots,x^{i-1},x^{i+1},\cdots,x^n\}$为$U_{\boldsymbol{p}}$的局部坐标,$\varphi_{\boldsymbol{p}}:U_{\boldsymbol{p}}\to\varphi_{\boldsymbol{p}}(U_{\boldsymbol{p}})\subset\mathbf{R}^{n-1}$, $\varphi_{\boldsymbol{p}}(\boldsymbol{x})=(x^1,x^2,\cdots,x^{i-1},x^{i+1},\cdots,x^n)$为局部坐标映射. 于是

$$\mathscr{D}=\{(U_{\boldsymbol{p}},\varphi_{\boldsymbol{p}})\mid\boldsymbol{p}\in M\}$$

确定了M为一个$n-1$维C^r流形. □

注 更一般地,有:

定理 设M_i为n_i维C^r($r\geqslant 1$)流形($i=1,2$),$f:M_1\to M_2$为C^r映射. 如果对$\forall\,\boldsymbol{p}\in M_1$,有

$$(\operatorname{rank} f)_{\boldsymbol{p}}=l\quad(\text{定值}),$$

则对$\forall\,\boldsymbol{q}\in M_2$,

$$f^{-1}(\boldsymbol{q})=\{\boldsymbol{p}\in M_1 \mid f(\boldsymbol{p})=\boldsymbol{q}\}$$

为空集或 M_1 的 n_1-l 维 C^r 正则子流形.

证明 参阅[7]第 34 页定理 4. □

3.1.2 设 M 为 $\mathbf{R}^3$ 中的一个 2 维 $C^k(k\geqslant 1)$ 正则曲面,点 $P\in M$. 证明:在 M 中存在 P 的一个开邻域 U,使得 U 可用下列 3 种形式的 C^k 函数:

$$z=f(x,y),\quad y=g(x,z),\quad x=h(y,z)$$

中的一个确定为 C^k 曲面片.

证明 设 V 为 P 点的坐标邻域,局部坐标为 $\{u,v\}$,

$$\boldsymbol{x}(u,v)=(x(u,v),y(u,v),z(u,v)),$$

其中 $x(u,v),y(u,v),z(u,v)$ 都为 u,v 的 C^k 函数. 因为 M 为 C^k 正则曲面,故秩

$$\operatorname{rank}\begin{pmatrix} x'_u & y'_u & z'_u \\ x'_v & y'_v & z'_v \end{pmatrix}=2.$$

因此,至少有一个 2 阶子式在 P 点不为 0,不妨设行列式

$$\frac{\partial(x,y)}{\partial(u,v)}\neq 0.$$

根据逆映射(反函数)定理(参阅[8]第 108 页定理 8.4.3)可知,在 P 的一个开邻域 $U\subset V\subset M$ 中反解出

$$(u,v)=(u(x,y),v(x,y)),$$

这里 $u(x,y),v(x,y)$ 为 C^k 函数. 因此,

$$z=z(u,v)=z(u(x,y),v(x,y))=f(x,y),$$

即 U 为 $(x,y,f(x,y))$ 形式确定的 C^k 曲面片. □

注 更一般地,有:

定理 设 M 为 $\mathbf{R}^m$ 中的一个 n 维 $C^k(k\geqslant 1)$ 正则曲面,点 $P\in M$. 证明:在 M 中存在 P 点的一个开邻域 U,使得 U 可用

$$C_m^{m-n}=C_m^n=\frac{m!}{n!(m-n)!}$$

种形式的 C^k 函数组:

$$\begin{cases} x^{j_1}=x^{j_1}(x^{i_1},x^{i_2},\cdots,x^{i_n})=f_{j_1}(x^{i_1},x^{i_2},\cdots,x^{i_n}) \quad (i_1<i_2<\cdots<i_n), \\ \cdots \\ x^{j_{m-n}}=x^{j_{m-n}}(x^{i_1},x^{i_2},\cdots,x^{i_n})=f_{j_{m-n}}(x^{i_1},x^{i_2},\cdots,x^{i_n}) \quad (j_1<j_2<\cdots<j_{m-n}) \end{cases}$$

中的一组确定为 C^k 曲面片,其中 $(i_1,i_2,\cdots,i_n,j_1,j_2,\cdots,j_{m-n})$ 为 $1,2,\cdots,m$ 的一个排列.

证明 完全仿照习题 3.1.2 的证明. □

3.1.3　设$(M,\mathscr{D})$为$\mathbf{R}^{n+1}$中的n维$C^k(k\geqslant1)$连通、正则子流形，则下列各条等价：

(1) M可定向；

(2) M上存在连续变动的单位法向量场($\Leftrightarrow M$上存在连续变动的处处非零的法向量场)；

(3) 对M上任何闭曲线C，从C上的任一固定点P出发，一个单位法向量沿C连续变动，当回到P点时，单位法向量不变；

(4) 对$\forall P,Q\in M$，C_1与C_2是从P到Q的任何两条曲线，一个单位法向量从P点出发分别沿C_1，C_2连续变动时，到达Q点，单位法向量相同.

自然有它的对偶形式：

(1′) M不可定向；

(2′) M上不存在连续变动的单位法向量场($\Leftrightarrow M$上不存在连续变动的处处非零的法向量场).

(3′) 在M上存在一条闭曲线C，从C的某一点P出发，某个单位法向量沿C连续变动时，当回到P点时，单位法向量改变方向；

(4′) 存在$P,Q\in M$，C_1与C_2是从P到Q的某两条曲线，某个单位法向量从P点出发分别沿C_1，C_2连续变动时，到达Q点，单位法向量不同(即相反).

证明　(1)$\Leftrightarrow$(2)　参阅[7]第 183 页定理 2 或[8]第 328 页定理 11.2.1.

(2)$\Rightarrow$(3)　显然.

(3)$\Leftarrow$(4)　取$C_1=C$，$C_2=P$(常值)的道路. 显然，沿$C_2=P$(常值)的道路，单位法向量不变，由(4)沿$C_1=C$，回到P时，单位法向量也不变.

(3)$\Rightarrow$(4)　令$C=C_2^{-1}C_1$，它是从P到P的闭曲线，由(3)知单位法向量不变，故一个单位法向量从P点出发分别沿C_1，C_2连续变动时，到达Q点，单位法向量相同.

(2)$\Leftarrow$(4)　在M上取定一点P，由于M连通，它等价于道路连通. 对$\forall Q\in M$，任作连接P与Q的道路C. P点处的一个单位法向量沿C连续变动得到Q点处的一个单位法向量. 由(4)知，它与道路C的选取无关. 于是，唯一决定了M上的一个单位法向量场$\boldsymbol{n}$. 因为$\boldsymbol{n}$是沿曲线连续变动得到的，显然从局部看$\boldsymbol{n}$是连续的，自然它也是M上的连续单位法向量场. □

注　用单位体积元素$\boldsymbol{e}^1\wedge\boldsymbol{e}^2\wedge\cdots\wedge\boldsymbol{e}^n=\sqrt{\deg(g_{ij})}\,\mathrm{d}u^1\wedge\mathrm{d}u^2\wedge\cdots\wedge\mathrm{d}u^n$代替单位法向量场

$$\frac{\boldsymbol{x}'_{u^1}\times\boldsymbol{x}'_{u^2}\times\cdots\times\boldsymbol{x}'_{u^n}}{|\boldsymbol{x}'_{u^1}\times\boldsymbol{x}'_{u^2}\times\cdots\times\boldsymbol{x}'_{u^n}|},$$

可以得到以下各条等价：

(1) M 可定向；

(2) M 上存在连续变动的单位体积元素($\Leftrightarrow M$ 上存在连续变动的处处非零的体积元素)；

(3) 对 M 上任何闭曲线 C，从 C 上的任一固定点 P 出发，一个单位体积元素沿 C 连续变动，当回到 P 点时，单位体积元素不变；

(4) 对 $\forall P,Q\in M$，C_1 与 C_2 是从 P 到 Q 的任何两条曲线，一个单位体积元素从 P 点出发分别沿 C_1，C_2 连续变动时，到达 Q 点，单位体积元素相同.

类似习题 3.1.3 的对偶形式，自然有上述的对偶形式：$(1')$ M 不可定向$\Leftrightarrow(2')\Leftrightarrow(3')\Leftrightarrow(4')$.

3.1.4 C^1 曲面 $M\subset\mathbf{R}^3$，它为可定向曲面$\Leftrightarrow M$ 上存在一个连续的单位法向量场.

引理 3.1.1 是此题的高维推广，其证明参阅[7]第 183 页定理 2 或[8]第 328 页定理 11.2.1

证明 ($\Rightarrow$)设 M 为可定向曲面，则可用一族坐标邻域覆盖 M，使得在任意两个坐标邻域的交集中，坐标转换函数有正的 Jacobi 行列式. 因此，在每个坐标邻域 U 中，若 $P\in U$，$P=\boldsymbol{x}(u,v)$，则定义单位法向量

$$\boldsymbol{n}(P)=\frac{\boldsymbol{x}'_u\times\boldsymbol{x}'_v}{|\boldsymbol{x}'_u\times\boldsymbol{x}'_v|}.$$

易见，$\boldsymbol{n}(P)$ 与 P 所在的定向坐标系的选取无关(因 $\boldsymbol{x}'_u\times\boldsymbol{x}'_v=\left(\boldsymbol{x}'_{\bar{u}}\dfrac{\partial\bar{u}}{\partial u}+\boldsymbol{x}'_{\bar{v}}\dfrac{\partial\bar{v}}{\partial u}\right)\cdot\left(\boldsymbol{x}'_{\bar{u}}\dfrac{\partial\bar{u}}{\partial\bar{v}}+\boldsymbol{x}'_{\bar{v}}\dfrac{\partial\bar{v}}{\partial v}\right)=\dfrac{\partial(\bar{u},\bar{v})}{\partial(u,v)}\boldsymbol{x}'_{\bar{u}}\times\boldsymbol{x}'_{\bar{v}}$). 则 $\boldsymbol{n}(P)$ 为 M 上的连续单位法向量场.

($\Leftarrow$) 设 M 上存在一个连续的单位法向量场 $\boldsymbol{n}(P)$. 考虑一族覆盖 M 的连通的坐标系$\{(U_\alpha,\varphi_\alpha)\mid\alpha\in\Gamma\}$. 设$(U_\alpha,\varphi_\alpha)$的局部坐标为$\{u,v\}$. 由于

$$\frac{\boldsymbol{x}'_u\times\boldsymbol{x}'_v}{|\boldsymbol{x}'_u\times\boldsymbol{x}'_v|}$$

也是 $U_\alpha\subset M$ 上的连续单位法向量场，因此，对 $P\in U_\alpha$，必有

$$\boldsymbol{n}(P)=\pm\frac{\boldsymbol{x}'_u\times\boldsymbol{x}'_v}{|\boldsymbol{x}'_u\times\boldsymbol{x}'_v|}.$$

但是，由于 U_α 连通，故在 U_α 上，上述等式必须恒取“+”号或恒取“−”号. 于是，在 U_α 上我们可选局部坐标$\{u,v\}$，使得 $\boldsymbol{n}(P)=\dfrac{\boldsymbol{x}'_u\times\boldsymbol{x}'_v}{|\boldsymbol{x}'_u\times\boldsymbol{x}'_v|}$(若取“−”号，只需交换 u,v 的次序或换为 $u,-v$ 得到新坐标，使得上式成立).

在每个 U_α 中都采用上述方法选取局部坐标系. 此时,在任意两个这样的局部坐标邻域的交集中,坐标转换的 Jacobi 行列式为正的,从而 M 为可定向曲面. □

3.1.5　证明:2 维单位球面 $S^2\subset\mathbf{R}^3$ 是可定向的.

证明　证法 1　设 $\boldsymbol{x}(t)=(x(t),y(t),z(t))$ 为 $\mathbf{R}^3$ 中的 2 维单位球面 S^2:$x^2+y^2+z^2=1$ 中过点 $P=(x(0),y(0),z(0))$ 的任一条 C^1 曲线,则

$$x^2(t)+y^2(t)+z^2(t)=1.$$

两边对 t 求导,得到

$$\begin{aligned}&2(x(t),y(t),z(t))\cdot(x'(t),y'(t),z'(t))\\&\quad=2[x(t)x'(t)+y(t)y'(t)+z(t)z'(t)]=0,\end{aligned}$$

即 $(x(t),y(t),z(t))\perp(x'(t),y'(t),z'(t))$,从而 $P=\boldsymbol{x}(0)=(x(0),y(0),z(0))$ 为 $P=\boldsymbol{x}(0)$ 点处的单位法向量. 于是,$\boldsymbol{x}$ 为 S^2 上整体连续的单位法向量场. 或者从 $F(x,y,z)=x^2+y^2+z^2-1$,$(F'_x,F'_y,F'_z)=(2x,2y,2z)$ 为法向量场,从而 $\boldsymbol{n}=(x,y,z)$ 为 S^2 上的整体单位法向量场. 根据题 3.1.3(2)知,S^2 是可定向的曲面.

证法 2　设 $U_{上},U_{下},U_{左},U_{右},U_{前},U_{后}$ 为 6 个开半球面,用 x,y,z 中的 2 个作为它们的局部坐标. 例如:

$$\begin{aligned}U_{上}&=\{(x,y,\sqrt{1-x^2-y^2})\mid x^2+y^2<1\},\\U_{左}&=\{(x,-\sqrt{1-x^2-z^2},z)\mid x^2+z^2<1\}\end{aligned}$$

等. 这 6 块曲面片覆盖了 S^2. 可验证任两片若有交集,那么其 Jacobi 行列式大于 0. 如:

$$U_{上}\cap U_{左}\neq\varnothing,\quad (x,y)=(x,-\sqrt{1-x^2-z^2})\quad(z>0),$$

$$\frac{\partial(x,y)}{\partial(x,z)}=\begin{vmatrix}1&0\\\dfrac{2x}{2\sqrt{1-x^2-z^2}}&\dfrac{2z}{2\sqrt{1-x^2-z^2}}\end{vmatrix}=\frac{z}{\sqrt{1-x^2-z^2}}>0.$$

根据定义 3.1.2 知 S^2 是可定向的.

证法 3　应用北极投影与南极投影,参阅[7]第 187 页例 2 方法 2.

证法 4　应用单位体积元素,参阅[7]第 187 页例 2 方法 4. □

注　更一般地,可证 n 维单位球面 $S^n\subset\mathbf{R}^{n+1}$ 是可定向的,其证明参阅[7]第 187 页例 2.

3.1.6　圆柱面 M:$x^2+y^2=R^2$ 是可定向的.

证明　证法 1　因 $F(x,y,z)=x^2+y^2-R^2=0$,$(F'_x,F'_y,F'_z)=(2x,2y,0)$ 为柱面的法向,而 $\boldsymbol{n}=\left(\dfrac{x}{R},\dfrac{y}{R},0\right)$ 为圆柱面的连续单位法向量场,根据引理 3.1.1 或习

题 3.1.1,圆柱面 $x^2+y^2=R^2$ 是可定向的.

证法 2　设圆柱面 $x^2+y^2=R^2$ 的参数表示为 $\boldsymbol{x}(\theta,z)=(R\cos\theta,R\sin\theta,z)$,则

$$\boldsymbol{x}'_\theta=(-R\sin\theta,R\cos\theta,0),\quad \boldsymbol{x}'_z=(0,0,1),$$

$$\boldsymbol{x}'_\theta\times\boldsymbol{x}'_z=\begin{vmatrix}\boldsymbol{e}_1 & \boldsymbol{e}_2 & \boldsymbol{e}_3\\ -R\sin\theta & R\cos\theta & 0\\ 0 & 0 & 1\end{vmatrix}=(R\cos\theta,R\sin\theta,0),$$

单位法向量

$$\boldsymbol{n}=\frac{\boldsymbol{x}'_\theta\times\boldsymbol{x}'_z}{|\boldsymbol{x}'_\theta\times\boldsymbol{x}'_z|}=(\cos\theta,\sin\theta,0).$$

注意,参数 θ 只有资格作局部坐标,而不能作为整体坐标,但显然 $\boldsymbol{n}=(\cos\theta,\sin\theta,0)$ 为圆柱面上整体连续的单位法向量场,根据引理 3.1.1 或习题 3.1.1,圆柱面是可定向的.

证法 3　将圆柱面用两个局部坐标系 (U_1,φ_1) 与 (U_2,φ_2) 覆盖:

$$\varphi_1:U_1=(0,2\pi)\times(-\infty,+\infty)\to M,$$
$$\varphi_2:U_2=(-\pi,\pi)\times(-\infty,+\infty)\to M,$$

其中

$$\varphi_1(\theta,z)=(R\cos\theta,R\sin\theta,z),$$
$$\varphi_2(\eta,z)=(R\cos\eta,R\sin\eta,z),$$
$$\eta=\begin{cases}\theta, & 0<\theta<\pi,\\ \theta-2\pi, & \pi<\theta<2\pi,\end{cases}$$
$$\frac{\partial(\eta,z)}{\partial(\theta,z)}=\begin{vmatrix}1 & 0\\ 0 & 1\end{vmatrix}=1.$$

根据定义 3.1.2,圆柱面 M 是可定向的.

证法 4　虽然 θ 只是局部坐标,不是整体坐标,但 $\mathrm{d}\theta\wedge\mathrm{d}z$ 是整个圆柱面 M 上的处处非零的 C^∞ 2 形式,根据习题 3.1.3 注(2)知,圆柱面 M 是可定向的. □

3.1.7　证明:$\boldsymbol{R}^3$ 中环面 T^2 是可定向的.

证明　证法 1　环面的参数表示为

$$\boldsymbol{x}(u,v)=((a+r\cos u)\cos v,(a+r\cos u)\sin v,r\sin u),$$

其中 $0<r<a$, $0\leqslant u\leqslant 2\pi$, $0\leqslant v\leqslant 2\pi$. 则

$$\boldsymbol{x}'_u(u,v)=(-r\sin u\cos v,-r\sin u\sin v,r\cos u),$$
$$\boldsymbol{x}'_v(u,v)=(-(a+r\cos u)\sin v,(a+r\cos u)\cos v,0),$$

$$\boldsymbol{x}'_u(u,v)\times\boldsymbol{x}'_v(u,v)=\begin{vmatrix}\boldsymbol{e}_1 & \boldsymbol{e}_2 & \boldsymbol{e}_3\\ -r\sin u\cos v & -r\sin u\sin v & r\cos u\\ -(a+r\cos u)\sin v & (a+r\cos u)\cos v & 0\end{vmatrix}$$
$$=r(a+r\cos u)(-\cos u\cos v,-\cos u\sin v,-\sin u),$$

单位法向量

$$\boldsymbol{n}(u,v)=\frac{\boldsymbol{x}'_u(u,v)\times\boldsymbol{x}'_v(u,v)}{|\boldsymbol{x}'_u(u,v)\times\boldsymbol{x}'_v(u,v)|}=(-\cos u\cos v,-\cos u\sin v,-\sin u).$$

显然，$\boldsymbol{n}(u,v)$ 为环面 T^2 上的整体 C^∞ 单位法向量场，根据习题 3.1.3(2)知，环面 T^2 是可定向的.

证法 2　考察上述环面 T^2 的参数表示，选以 $(i\pi,j\pi)(i,j=0,\pm1)$ 为中心、2π 为边长的开正方形，它对应环面的开集作为 T^2 上的局部坐标邻域，共 9 个覆盖了整个环面，其中凡有非空交集的任何两个，它们的局部坐标分别记为 $\{u,v\},\{\bar{u},\bar{v}\}$，必有

$$\begin{cases}\bar{u}=u+a,\\ \bar{v}=v+b,\end{cases}$$

其中 $a,b=\pm\pi$. 因此

$$\frac{\partial(\bar{u},\bar{v})}{\partial(u,v)}=\begin{vmatrix}1 & 0\\ 0 & 1\end{vmatrix}=1>0.$$

根据定义 3.1.2，环面是可定向的.

证法 3　因为

$$\sqrt{\det\begin{pmatrix}\bar{g}_{11} & \bar{g}_{12}\\ \bar{g}_{21} & \bar{g}_{22}\end{pmatrix}}\,\mathrm{d}\bar{u}\wedge\mathrm{d}\bar{v}=\sqrt{\det\begin{pmatrix}\frac{\partial u}{\partial\bar{u}} & \frac{\partial v}{\partial\bar{u}}\\ \frac{\partial u}{\partial\bar{v}} & \frac{\partial v}{\partial\bar{v}}\end{pmatrix}\begin{pmatrix}g_{11} & g_{12}\\ g_{21} & g_{22}\end{pmatrix}\begin{pmatrix}\frac{\partial u}{\partial\bar{u}} & \frac{\partial u}{\partial\bar{v}}\\ \frac{\partial u}{\partial\bar{u}} & \frac{\partial v}{\partial\bar{v}}\end{pmatrix}}\cdot\frac{\partial(\bar{u},\bar{v})}{\partial(u,v)}\mathrm{d}u\wedge\mathrm{d}v$$
$$\xlongequal{\text{证法 2}}\sqrt{\det\begin{pmatrix}g_{11} & g_{12}\\ g_{21} & g_{22}\end{pmatrix}}\,\mathrm{d}u\wedge\mathrm{d}v,$$

所以，9 个局部 C^∞ 单位体积元素（2 维情形也称为面积元）

$$\sqrt{\det\begin{pmatrix}g_{11} & g_{12}\\ g_{21} & g_{22}\end{pmatrix}}\,\mathrm{d}u\wedge\mathrm{d}v,$$

形（拼）成了环面 T^2 上的 C^∞ 单位体积元素. 根据习题 3.1.3 注(2)，环面 T^2 是可定向的. □

注　在代数拓扑中判定单纯复合形的可定向与不可定向，就是通过单纯剖分，然后对每个单纯形附上一个定向，并在其低一维的单纯形上得到诱导定向. 如果相

邻的两个单纯形在其公共低一维的单纯形上诱导定向都恰好相反，则该单纯复合形称为**可定向**的；否则称为**不可定向**的. 图(a)是环面的单纯(三角)剖分示意图，它是可定向的；而图(b)是 Möbius 带的单纯(三角)剖分示意图，它是不可定向的.

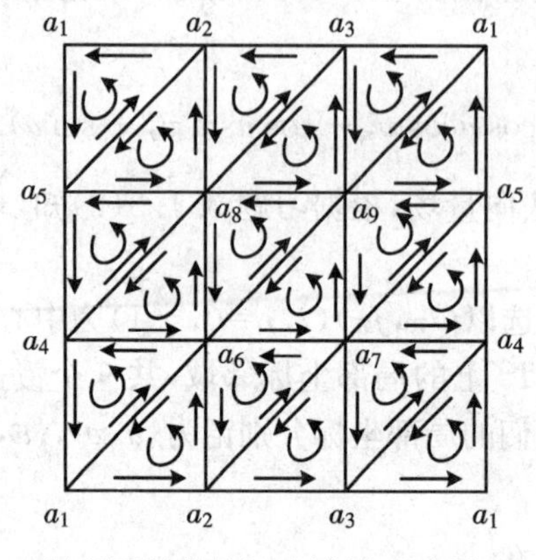

(a) 环面的单纯(三角)剖分示意图

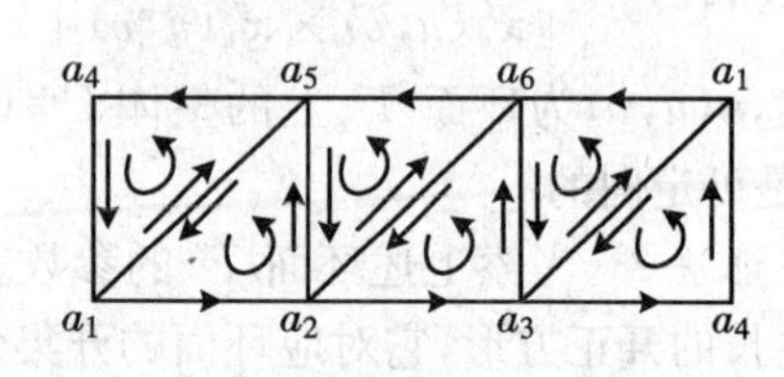

(b) Möbius带的单纯(三角)剖分示意图

习题 3.1.7 注图

3.1.8 证明：Möbius 带是不可定向的.

证明 不可定向曲面的一个著名例子为 Möbius 带. 设想有一张矩形纸带(习题 3.1.8 图(Ⅰ))，记作 ABB_1A_1，用手捏着它的两头，然后像拧麻花一样将它扭转过来，再将线段 AB 与线段 A_1B_1 粘贴起来，但要使 A 与 B_1 粘贴，而 B 与 A_1 粘贴，这样得到的曲面就称为 **Möbius 带**. 记这曲面为 M.

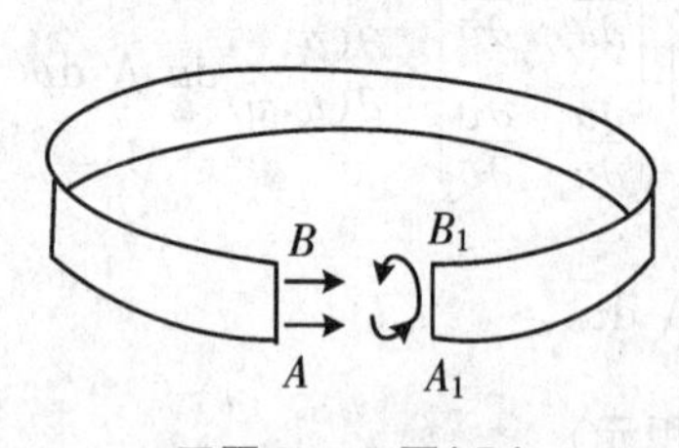

习题 3.1.8 图(Ⅰ)

在 M 的中心线上任取一点 P，在 P 点处指定一个单位法向量，当点 P 在曲面 M 上沿其中心线连续变化时，这个单位法向量也连续地改变，当点 P 扫过一圈仍回到原来的出发点 P 时，单位法向量的方向正好与最初的单位法向量的方向相反(习题 3.1.8 图(Ⅱ)). 这就说明 Möbius 带是不可定向的(严格的证明应该用反证法)，即它是单侧曲面. 蚂蚁在 Möbius 带上无需越过它的边界就能爬遍所有的地方. 换另一种通俗的说法，那就是，有一个人提着红色油漆桶来刷 Möbius 带，那么他可以将 Möbius 带的所有部分全都刷上红色油漆，而无需越过它的边界. 对于双侧曲面(如球面、柱面等)是绝对做不到的！

上面只是一种定性的描述，就连连续变动的单位法向量场的描述也是不具体的. 现在，我们运用 Möbius 带的参数表示来加以严格证明：

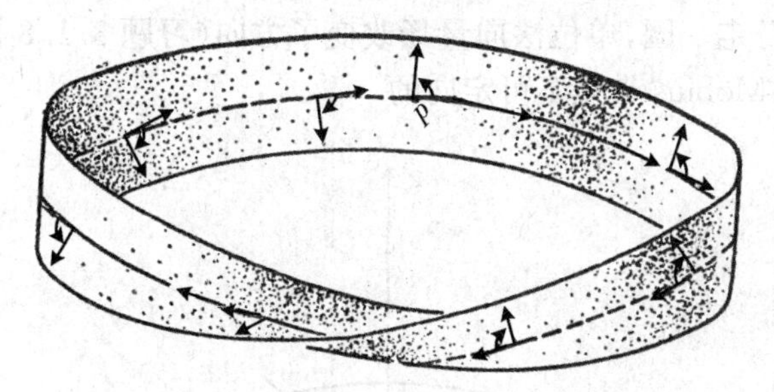

习题 3.1.8 图(Ⅱ)

证法 1　设 Möbius 带 M 的参数表示为

$$\begin{aligned}\boldsymbol{x}(u,v)&=(2\cos u,2\sin u,0)+v\left(\sin\frac{u}{2}\cos u,\sin\frac{u}{2}\sin u,\cos\frac{u}{2}\right)\\&=\left(2\cos u+v\sin\frac{u}{2}\cos u,2\sin u+v\sin\frac{u}{2}\sin u,v\cos\frac{u}{2}\right),\\&\qquad(u,v)\in[0,2\pi]\times(-\delta,\delta).\end{aligned}$$

因为

$$\begin{aligned}\boldsymbol{x}'_u(u,0)&=(-2\sin u,2\cos u,0),\\\boldsymbol{x}'_v(u,0)&=\left(\sin\frac{u}{2}\cos u,\sin\frac{u}{2}\sin u,\cos\frac{u}{2}\right),\end{aligned}$$

即

$$\begin{pmatrix}\boldsymbol{x}'_u(u,0)\\\boldsymbol{x}'_v(u,0)\end{pmatrix}=\begin{pmatrix}-2\sin u&2\cos u&0\\\sin\frac{u}{2}\cos u&\sin\frac{u}{2}\sin u&\cos\frac{u}{2}\end{pmatrix}\begin{pmatrix}\boldsymbol{e}_1\\\boldsymbol{e}_2\\\boldsymbol{e}_3\end{pmatrix},$$

所以法向量为

$$\begin{aligned}\boldsymbol{x}'_u(u,0)\times\boldsymbol{x}'_v(u,0)&=\begin{vmatrix}\boldsymbol{e}_1&\boldsymbol{e}_2&\boldsymbol{e}_3\\-2\sin u&2\cos u&0\\\sin\frac{u}{2}\cos u&\sin\frac{u}{2}\sin u&\cos\frac{u}{2}\end{vmatrix}\\&=\left(2\cos\frac{u}{2}\cos u,2\cos\frac{u}{2}\sin u,-2\sin\frac{u}{2}\right),\end{aligned}$$

从而，$|\boldsymbol{x}'_u(u,0)\times\boldsymbol{x}'_v(u,0)|=2$，且

$$\boldsymbol{n}(u,0)=\frac{\boldsymbol{x}'_u(u,0)\times\boldsymbol{x}'_v(u,0)}{|\boldsymbol{x}'_u(u,0)\times\boldsymbol{x}'_v(u,0)|}=\left(\cos\frac{u}{2}\cos u,\cos\frac{u}{2}\sin u,-\sin\frac{u}{2}\right)$$

为沿中心线 $C=\{(2\cos u,2\sin u,0)\mid 0\leqslant u\leqslant 2\pi\}$ 的 C^∞ 单位法向量场，但

$$\boldsymbol{n}(0,0)=(1,0,0),\quad \boldsymbol{n}(2\pi,0)=(-1,0,0),$$

即 $\boldsymbol{n}(u,0)$ 沿圆 C 走一圈，单位法向量场改变了方向(习题 3.1.8 图(Ⅲ)). 根据习题 3.1.3(3′)知，Möbius 带是不可定向的.

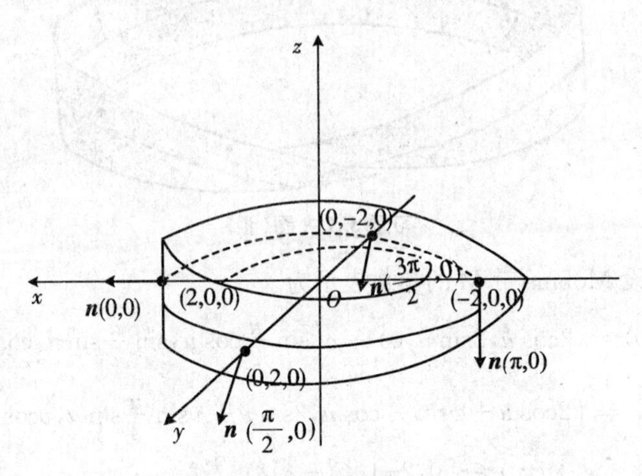

习题 3.1.8 图(Ⅲ)

证法 2　在证法 2 中，取 Möbius 带的两个坐标邻域 U_1,U_2. 相应的参数域分别为 $(0,2\pi)\times(-\delta,\delta)$，$(-\pi,\pi)\times(-\delta,\delta)$. 而 $U_1\cup U_2=M$，$U_1\cap U_2=V_1\cup V_2$，$V_1\cap V_2=\varnothing$.

在 V_1 中，$0<u<\pi$，$-\delta<v<\delta$，

$$\begin{cases}\bar{u}=u,\\ \bar{v}=v,\end{cases}\quad \frac{\partial(\bar{u},\bar{v})}{\partial(u,v)}=\begin{vmatrix}1&0\\0&1\end{vmatrix}=1.$$

在 V_2 中，$\pi<u<2\pi$，$-\delta<v<\delta$，

$$\begin{cases}\bar{u}=u-2\pi,\\ \bar{v}=-v,\end{cases}\quad \frac{\partial(\bar{u},\bar{v})}{\partial(u,v)}=\begin{vmatrix}1&0\\0&-1\end{vmatrix}=-1.$$

根据习题 3.1.10 知，Möbius 带 M 是不可定向的. □

3.1.9　设 k 维 C^1 流形 M 被两个坐标邻域覆盖，且它们的交集是连通的. 证明：M 为可定向曲面.

证明　设 U_1,U_2 为覆盖 M 的两个坐标邻域，局部坐标分别为 $\{u^1,u^2,\cdots,u^k\}$ 与 $\{v^1,v^2,\cdots,v^k\}$. 由于 $U_1\cap U_2$ 是连通的，故 Jacobi 行列式

$$J=\frac{\partial(v^1,v^2,\cdots,v^k)}{\partial(u^1,u^2,\cdots,u^k)}$$

在 $U_1\cap U_2$ 中保持同号(反设 $\exists P,Q\in U_1\cap U_2$，使得 $J(P)>0$，$J(Q)<0$，根据连续

函数的零值定理(参阅[8]第 35 页定理 7.4.2),必有 $R\in U_1\cap U_2$,使 $J(R)=0$,这与$J\neq0$相矛盾.或者设 $U^+=\{P|J(P)>0,P\in U_1\cap U_2\}$,$U^-=\{P|J(P)<0,P\in U_1\cap U_2\}$,由于 J 连续,故 U^+,U^- 均为 M 中的开集,当然也为 $U_1\cap U_2$ 中的开集.从 $U_1\cap U_2$ 连通立知:$U^+=\varnothing$,$U^-=U_1\cap U_2$;或 $U^-=\varnothing$,$U^+=U_1\cap U_2$.这表明了 J 在 $U_1\cap U_2$ 中保持同号).

若 J 在 $U_1\cap U_2$ 中恒正,则根据定义 3.1.2,M 可定向.

若 J 在 $U_1\cap U_2$ 中恒负,则在 U 中换局部坐标$\{v^1,v^2,\cdots,v^{k-1},v^k\}$为$\{v^1,v^2,\cdots,v^{k-1},-v^k\}$,则

$$\frac{\partial(v^1,v^2,\cdots,v^{k-1},-v^k)}{\partial(u^1,u^2,\cdots,u^{k-1},u^k)}$$

在 $U_1\cap U_2$ 中恒大于 0.这表明 M 是可定向的. □

3.1.10　设曲面 $M\subset\mathbf{R}^3$ 可用两个连通坐标开邻域 U_1,U_2 覆盖,若 $U_1\cap U_2$ 有两个连通分支 V_1,V_2,而坐标转换的 Jacobi 行列式在 V_1 中为正的,在 V_2 中为负的(习题 3.1.10 图),证明:M 是不可定向的.

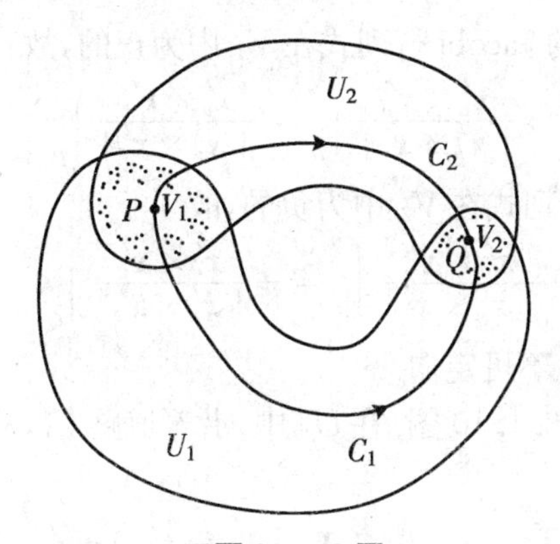

习题 3.1.10 图

证明　证法 1(反证)　假设 M 可定向,根据习题 3.1.3(2),存在 M 上的连续单位法向量场 $\boldsymbol{n}(P)$.适当选择 U_1 中的局部坐标$\{u,v\}$,U_2 中的局部坐标为$\{\bar{u},\bar{v}\}$,使得在 U_1 中,$\boldsymbol{n}(P)=\left.\dfrac{\boldsymbol{x}_u'\times\boldsymbol{x}_v'}{|\boldsymbol{x}_u'\times\boldsymbol{x}_v'|}\right|_P$;在 U_2 中,$\boldsymbol{n}(P)=\left.\dfrac{\boldsymbol{x}_{\bar{u}}'\times\boldsymbol{x}_{\bar{v}}'}{|\boldsymbol{x}_{\bar{u}}'\times\boldsymbol{x}_{\bar{v}}'|}\right|_P$.于是,在 $U_1\cap U_2$ 中,应当有

$$\left.\frac{\boldsymbol{x}_u'\times\boldsymbol{x}_v'}{|\boldsymbol{x}_u'\times\boldsymbol{x}_v'|}\right|_P=\boldsymbol{n}(P)=\left.\frac{\boldsymbol{x}_{\bar{u}}'\times\boldsymbol{x}_{\bar{v}}'}{|\boldsymbol{x}_{\bar{u}}'\times\boldsymbol{x}_{\bar{v}}'|}\right|_P,\quad\frac{\partial(\bar{u},\bar{v})}{\partial(u,v)}>0.$$

但由题设 $U_1\cap U_2=V_1\cup V_2$,且在 V_1,V_2 中总有一个使$\dfrac{\partial(\bar{u},\bar{v})}{\partial(u,v)}<0$.此时,

$$\frac{\boldsymbol{x}'_u\times\boldsymbol{x}'_v}{|\boldsymbol{x}'_u\times\boldsymbol{x}'_v|}=-\frac{\boldsymbol{x}'_{\bar{u}}\times\boldsymbol{x}'_{\bar{v}}}{|\boldsymbol{x}'_{\bar{u}}\times\boldsymbol{x}'_{\bar{v}}|},$$

这与上式相矛盾.

证法 2　取点 $P\in V_1$, $Q\in V_2$, $\{u,v\}$ 为 U_1 中的局部坐标, $\{\bar{u},\bar{v}\}$ 为 U_2 中的局部坐标,

$$\left.\frac{\partial(u,v)}{\partial(\bar{u},\bar{v})}\right|_{V_1}>0,\quad \left.\frac{\partial(u,v)}{\partial(\bar{u},\bar{v})}\right|_{V_2}<0.$$

因为开局部坐标邻域 U_1, U_2 连通,故它们必道路连通. 从而,可在 U_i 中存在连接 P 与 Q 的一条道路 $C_i(i=1,2)$. 在 U_1 中沿着道路 C_1,从 P 到达 Q 得到连续的单位法向量场

$$\frac{\boldsymbol{x}'_u\times\boldsymbol{x}'_v}{|\boldsymbol{x}'_u\times\boldsymbol{x}'_v|};$$

而在 U_2 中,沿着道路 C_2,从 P 到达 Q 得到连续的单位法向量场

$$\frac{\boldsymbol{x}'_{\bar{u}}\times\boldsymbol{x}'_{\bar{v}}}{|\boldsymbol{x}'_{\bar{u}}\times\boldsymbol{x}'_{\bar{v}}|}.$$

根据题设知,坐标转换的 Jacobi 行列式在 V_1 中为正的,故

$$\left.\frac{\boldsymbol{x}'_u\times\boldsymbol{x}'_v}{|\boldsymbol{x}'_u\times\boldsymbol{x}'_v|}\right|_P=\left.\frac{\boldsymbol{x}'_{\bar{u}}\times\boldsymbol{x}'_{\bar{v}}}{|\boldsymbol{x}'_{\bar{u}}\times\boldsymbol{x}'_{\bar{v}}|}\right|_P$$

而坐标转换的 Jacobi 行列式在 V_2 中为负的,故

$$\left.\frac{\boldsymbol{x}'_u\times\boldsymbol{x}'_v}{|\boldsymbol{x}'_u\times\boldsymbol{x}'_v|}\right|_Q=-\left.\frac{\boldsymbol{x}'_{\bar{u}}\times\boldsymbol{x}'_{\bar{v}}}{|\boldsymbol{x}'_{\bar{u}}\times\boldsymbol{x}'_{\bar{v}}|}\right|_Q.$$

根据习题 3.1.3(4′),M 不可定向.

证法 3　参阅习题 3.1.10 图. 在 U_1 中,沿着道路 C_1,从 P 到达 Q 得到连续的单位法向量场

$$\frac{\boldsymbol{x}'_u\times\boldsymbol{x}'_v}{|\boldsymbol{x}'_u\times\boldsymbol{x}'_v|}.$$

再在 U_2 中,沿着道路 C_2^{-1},从 Q 到 P 得到连续单位法向量场$\left(\text{注意:}\left.\frac{\partial(u,v)}{\partial(\bar{u},\bar{v})}\right|_{V_2}<0\right)$

$$-\frac{\boldsymbol{x}'_{\bar{u}}\times\boldsymbol{x}'_{\bar{v}}}{|\boldsymbol{x}'_{\bar{u}}\times\boldsymbol{x}'_{\bar{v}}|}$$

到达 P 时,它为

$$-\left.\frac{\boldsymbol{x}'_{\bar{u}}\times\boldsymbol{x}'_{\bar{v}}}{|\boldsymbol{x}'_{\bar{u}}\times\boldsymbol{x}'_{\bar{v}}|}\right|_P.$$

由于$\left.\frac{\partial(u,v)}{\partial(\bar{u},\bar{v})}\right|_{V_1}>0$,故

$$-\frac{\boldsymbol{x}'_{\bar{u}}\times\boldsymbol{x}'_{\bar{v}}}{|\boldsymbol{x}'_{\bar{u}}\times\boldsymbol{x}'_{\bar{v}}|}\Big|_P=-\frac{\boldsymbol{x}'_u\times\boldsymbol{x}'_v}{|\boldsymbol{x}'_u\times\boldsymbol{x}'_v|}\Big|_P.$$

这表明绕闭曲线 $C_1C_2^{-1}$ 走一圈后，连续的单位法向量场在 P 点改变方向. 根据习题 3.1.3(3′)，M 不可定向.

证法 4 应用习题 3.1.3 注证明 M 不可定向. □

注 习题 3.1.10 可推广为：设 n 维曲面 $M\subset\mathbf{R}^{n+1}$ 可用两个连通坐标邻域 U_1，U_2 覆盖，若 $U_1\cap U_2$ 有两个连通分支 V_1,V_2，而坐标转换的 Jacobi 行列式在 V_1 中为正的，在 V_2 中为负的，则 M 是不可定向的.

只需将单位法向量 $\dfrac{\boldsymbol{x}'_u\times\boldsymbol{x}'_v}{|\boldsymbol{x}'_u\times\boldsymbol{x}'_v|}$ 换为

$$\frac{\boldsymbol{x}'_{u^1}\times\boldsymbol{x}'_{u^2}\times\cdots\times\boldsymbol{x}'_{u^n}}{|\boldsymbol{x}'_{u^1}\times\boldsymbol{x}'_{u^2}\times\cdots\times\boldsymbol{x}'_{u^n}|}=\begin{vmatrix}\boldsymbol{e}_1 & \boldsymbol{e}_2 & \cdots & \boldsymbol{e}_n & \boldsymbol{e}_{n+1}\\ x^1_{u^1} & x^2_{u^1} & \cdots & x^n_{u^1} & x^{n+1}_{u^1}\\ \vdots & \vdots & & \vdots & \vdots\\ x^1_{u^n} & x^2_{u^n} & \cdots & x^n_{u^n} & x^{n+1}_{u^n}\end{vmatrix}$$

即可.

3.1.11 设 $M\subset\mathbf{R}^3$ 的 Gauss 曲率 $K_G>0$，平均曲率 $H>0$，且为无脐点的曲面. 证明：M 上使得平均曲率达到极大，而同时 Gauss 曲率 K_G 达到极小的点是不存在的.

证明 设 κ_1,κ_2 为主曲率，且又设 $\kappa_1\geqslant\kappa_2$，则

$$\begin{cases}\kappa_1+\kappa_2=2H,\\ \kappa_1\kappa_2=K_G.\end{cases}$$

于是，κ_1,κ_2 为 2 次方程 $x^2-2Hx+K_G=0$ 的两个根$\left(注意：H^2-K_G=\left(\dfrac{\kappa_1+\kappa_2}{2}\right)^2-\kappa_1\kappa_2=\left(\dfrac{\kappa_1-\kappa_2}{2}\right)\geqslant0\right)$. 因为 $\kappa_1\geqslant\kappa_2$，故

$$\begin{cases}\kappa_1=\dfrac{2H+2\sqrt{H^2-K_G}}{2}=H+\sqrt{H^2-K_G},\\[2ex] \kappa_2=\dfrac{2H-2\sqrt{H^2-K_G}}{2}=H-\sqrt{H^2-K_G}.\end{cases}$$

(反证)假设在 P 点 H 达到极大，而 K_G 达到极小，则从 $\kappa_1=H+\sqrt{H^2-K_G}$ 可知，κ_1 在 P 点达到极大. 因为 $K_G>0$，故 κ_1,κ_2 同号. 所以，从 $\kappa_1\kappa_2=K_G$ 可推得 κ_2 在 P 点达到极小. 于是，根据引理 3.1.5 推出 P 点为脐点，这与题设相矛盾. □

3.1.12 设 $M\subset\mathbf{R}^3$ 为 $K_G>0$ 的紧致曲面，$\dfrac{H}{K_G}=c$(常数). 证明：M 为球面.

证明 证法 1 因为

$$\frac{\kappa_1+\kappa_2}{2}=H=cK_G=c\kappa_1\kappa_2,$$

$$\kappa_2=\frac{\kappa_1}{2c\kappa_1-1},$$

所以

$$\frac{d\kappa_2}{d\kappa_1}=\frac{1\cdot(2c\kappa_1-1)-\kappa_1\cdot 2c}{(2c\kappa_1-1)^2}=-\frac{1}{(2c\kappa_1-1)^2}<0.$$

根据习题 3.1.15,M 为球面.

证法 2 因为

$$\kappa_2=\frac{\kappa_1}{2c\kappa_1-1}=\frac{1}{2c}\frac{2c\kappa_1-1+1}{2c\kappa_1-1}=\frac{1}{2c}\left(1+\frac{1}{2c\kappa_1-1}\right)$$

为 κ_1 的严格减函数,根据定理 3.1.6 知,M 必为球面. □

3.1.13 设 M 为 $\mathbf{R}^3$ 中的 C^4 正则曲面,$\boldsymbol{x}(u^1,u^2)$为其参数表示,$P_0\in M$,且满足:

(1) $K_G(P_0)>0$,即 P_0 点的 Gauss(总)曲率为正的;

(2) 在 P_0 点,函数 κ_1 达到极大值,同时函数 κ_2 达到极小值,

则 P_0 为 M 的脐点. 这和以下条件等价:

设 M 为 $\mathbf{R}^3$ 中的 C^4 正则曲面,$\boldsymbol{x}(u^1,u^2)$为其参数表示,$P_0\in M$,且满足:

(1′) P_0 为非脐点;

(2′) 在 P_0 点,函数 κ_1 达极大值,同时函数 κ_2 达极小值.

则 $K_G(P_0)\leqslant 0$.

证明 (⇒)已知(1)与(2).(反证)反设 $K_G(P_0)>0$,由(2)立知,P_0 为脐点,这与已知(1′)相矛盾. 这就证明了 $K_G(P_0)\leqslant 0$.

(⇐)已知(1′)与(2′).(反证)反设 P_0 为非脐点,由(2)立知,$K_G(P_0)\leqslant 0$,这与已知(1)相矛盾. 这就证明了 P_0 为 M 的脐点. □

3.1.14 设 M 为 $\mathbf{R}^3$ 中的 C^4 正则曲面,$\boldsymbol{x}(u^1,u^2)$为其参数表示,$P_0\in M$,且满足:

(1) P_0 为非脐点;

(2) 在 P_0 点,函数 κ_1 达到极大值,同时函数 κ_2 达到极小值,

试应用正交活动标架法(外微分运算)证明:$K_G(P_0)\leqslant 0$.

证明 证法 1 由习题 3.1.13 与引理 3.1.5 可得.

证法 2 (用正交活动标架法(外微分运算))由题设(1),P_0 为非脐点,不妨设

$\kappa_1(P_0)>\kappa_2(P_0)$. 取曲率网为坐标曲线网，则坐标曲线的方向为主方向. 此时，有（例 2.11.3）

$$\begin{cases}\omega_{13}=\kappa_1\omega_1,\\ \omega_{23}=\kappa_2\omega_2,\end{cases}$$

并且

$$\begin{cases}d\omega_1=\omega_2\wedge\omega_{21},\\ d\omega_2=\omega_1\wedge\omega_{12},\end{cases}\qquad\begin{cases}d\omega_{13}=\omega_{12}\wedge\omega_{23},\\ d\omega_{23}=\omega_{21}\wedge\omega_{13},\end{cases}$$

$$d\omega_{12}=\omega_{13}\wedge\omega_{32}=-K_G\omega_1\wedge\omega_2.$$

但是

$$\begin{cases}d\omega_{13}=d\kappa_1\wedge\omega_1+\kappa_1 d\omega_1,\\ d\omega_{23}=d\kappa_2\wedge\omega_2+\kappa_2 d\omega_2.\end{cases}$$

根据曲面的结构方程，有

$$\omega_{12}\wedge\omega_{23}=d\omega_{13}=d\kappa_1\wedge\omega_1+\kappa_1 d\omega_1,$$

$$\omega_{12}\wedge\kappa_2\omega_2=d\omega_{13}=d\kappa_1\wedge\omega_1+\kappa_1\omega_2\wedge\omega_{21}.$$

由此推得

$$d\kappa_1\wedge\omega_1+(\kappa_1-\kappa_2)\omega_2\wedge\omega_{21}=0. \tag{1}$$

同理可得

$$d\kappa_2\wedge\omega_2+(\kappa_2-\kappa_1)\omega_1\wedge\omega_{12}=0. \tag{2}$$

因为 ω_1 与 ω_2 线性无关，故 $d\kappa_1$ 与 $d\kappa_2$ 可用 ω_1 与 ω_2 线性表示. 令

$$d\kappa_i=\sum_{j=1}^{2}\kappa_{ij}\omega_j\quad(i=1,2),$$

$$d\kappa_{ij}=\sum_{l=1}^{2}\kappa_{ijl}\omega_l\quad(i,j=1,2).$$

由于

$$\kappa_1(P_0)=\max\kappa_1(P),\quad \kappa_2(P_0)=\min\kappa_2(P),$$

故

$$\kappa_{ij}(P_0)=0, \tag{3}$$

并且

$$\kappa_{1ii}(P_0)\leqslant 0,\quad \kappa_{2ii}(P_0)\geqslant 0\quad(i=1,2). \tag{4}$$

将

$$d\kappa_1\wedge\omega_1=\kappa_{12}\omega_2\wedge\omega_1,$$

$$d\kappa_2\wedge\omega_2=\kappa_{21}\omega_1\wedge\omega_2,$$

代入式(1)、式(2)，得

$$\kappa_{12}\omega_2 \wedge \omega_1 + (\kappa_1 - \kappa_2)\omega_2 \wedge \omega_{21} = 0,$$
$$\kappa_{21}\omega_1 \wedge \omega_2 + (\kappa_2 - \kappa_1)\omega_1 \wedge \omega_{12} = 0,$$
$$(a - \kappa_{12})\omega_1 \wedge \omega_2 = (\kappa_1 - \kappa_2)\omega_{12} = a\omega_1 + b\omega_2,$$

因此

$$\kappa_{12}\omega_2 \wedge \omega_1 + a\omega_1 \wedge \omega_2 + b\omega_2 \wedge \omega_2 = 0.$$

于是

$$a = \kappa_{12}.$$

同样,有

$$\kappa_{21}\omega_1 \wedge \omega_2 + a\omega_1 \wedge \omega_1 + b\omega_2 \wedge \omega_1 = 0,$$

从而

$$b = \kappa_{21}.$$

由此推得

$$(\kappa_1 - \kappa_2)\omega_{12} = \kappa_{12}\omega_1 + \kappa_{21}\omega_2.$$

将上式再外微分一次,得到

$$(\mathrm{d}\kappa_1 - \mathrm{d}\kappa_2) \wedge \omega_{12} + (\kappa_1 - \kappa_2)\mathrm{d}\omega_{12} = \mathrm{d}\kappa_{12} \wedge \omega_1 + \kappa_{12}\mathrm{d}\omega_1 + \mathrm{d}\kappa_{21} \wedge \omega_2 + \kappa_{21}\mathrm{d}\omega_2.$$

由于

$$\mathrm{d}\omega_{12} = -K_G\, \omega_1 \wedge \omega_2$$
$$\mathrm{d}\omega_1 = \omega_2 \wedge \omega_{21} = \frac{\kappa_{12}\omega_1 \wedge \omega_2}{\kappa_1 - \kappa_2}, \quad \mathrm{d}\omega_2 = \omega_1 \wedge \omega_{12} = \frac{\kappa_{21}\omega_1 \wedge \omega_2}{\kappa_1 - \kappa_2},$$
$$\mathrm{d}\kappa_{12} = \kappa_{121}\omega_1 + \kappa_{122}\omega_2, \quad \mathrm{d}\kappa_{21} = \kappa_{211}\omega_1 + \kappa_{212}\omega_2,$$

故

$$-K_G(\kappa_1 - \kappa_2)\omega_1 \wedge \omega_2 = \kappa_{122}\omega_2 \wedge \omega_1 + \kappa_{211}\omega_1 \wedge \omega_2 + \frac{(\kappa_{12}^2 + \kappa_{21}^2)\omega_1 \wedge \omega_2}{\kappa_1 - \kappa_2} - (\mathrm{d}\kappa_1 - \mathrm{d}\kappa_2) \wedge \omega_{12}.$$

但是,在 P_0 点 $\kappa_{ij}(P_0)=0$,$\mathrm{d}\kappa_i(P_0)=0$,因此

$$-K_G(P_0) = \frac{\kappa_{211}(P_0) - \kappa_{122}(P_0)}{\kappa_1(P_0) - \kappa_2(P_0)} \overset{式(4)}{\geqslant} 0,$$

即

$$K_G(P_0) \leqslant 0. \qquad \square$$

3.1.15 设 $\mathbf{R}^3$ 中曲面 M 的每一点处主曲率为 κ_1 和 κ_2,如果 κ_1 与 κ_2 之间存在某种函数关系:

$$w = w(\kappa_1, \kappa_2) = 0,$$

则称 M 为 **Weingarten** 曲面,简称 **W** 曲面.

如果

$$\frac{\mathrm{d}\kappa_2}{\mathrm{d}\kappa_1}=-\frac{\dfrac{\partial w}{\partial \kappa_1}}{\dfrac{\partial w}{\partial \kappa_2}}<0 \quad \text{或} \quad \frac{\partial w}{\partial \kappa_1}\cdot\frac{\partial w}{\partial \kappa_2}>0$$

(此时,一个曲率是另一个曲率的单调减函数),则称 M 为**椭圆型 W 曲面**.

定理 $K_G>0$ 的紧致连通椭圆型 W 曲面 M 为球面.

证明 证法 1 设 M 在某个开集 M_i 的紧致闭包 $\overline{M}_i$ 上有

$$\kappa_1(P)\geqslant\kappa_2(P),$$

并且在 $\overline{M}_i$ 上存在 P_0,使得 $\kappa_1(P_0)=\max\kappa_1(P)$. 又因为 M 是椭圆型 W 曲面,故 $\kappa_2(P_0)=\min\kappa_2(P)$,所以有

$$\kappa_1(P_0)\geqslant\kappa_1(P)\geqslant\kappa_2(P)\geqslant\kappa_2(P_0).$$

如果 P_0 不是脐点,则根据习题 3.1.13,有

$$K_G(P_0)\leqslant 0.$$

这与题设 $K_G>0$ 相矛盾. 所以判定 P_0 为脐点,即有

$$\kappa_1(P_0)=\kappa_2(P_0).$$

因此,$\kappa_1(P)=\kappa_2(P)$,M_i 上每一点都是脐点. 以上讨论对 M 的坐标覆盖中的每个坐标域 M_i 均成立,所以 M 上的每一点均为脐点. 根据定理 3.1.1,紧致全脐曲面 M 必为球面.

证法 2 因为$\dfrac{\mathrm{d}\kappa_2}{\mathrm{d}\kappa_1}<0$,故 κ_2 为 κ_1 的严格递减的函数,根据定理 3.1.6,$K_G>0$ 的紧致连通椭圆型 W 曲面 M 必为球面. □

推论 1 常平均曲率曲面 M 为椭圆型 W 曲面. $K_G>0$ 的紧致、常平均曲率的连通曲面 M 必为球面.

证明 证法 1 因为

$$\frac{\kappa_1+\kappa_2}{2}=H=c \quad (\text{常数}),$$

故

$$\kappa_2=2c-\kappa_1,\quad \frac{\mathrm{d}\kappa_2}{\mathrm{d}\kappa_1}=-1<0,$$

M 为椭圆型 W 曲面. 根据上述定理立知,$K_G>0$ 的紧致、常平均曲率的连通曲面 M 必为球面.

证法 2 由 $\kappa_2=2c-\kappa_1$ 知,κ_2 为 κ_1 的严格减函数,根据定理 3.1.6,$K_G>0$ 的紧致、常平均曲率的连通曲面 M 必为球面.

推论 2　正的常 Gauss 曲率曲面 M 为椭圆型 W 曲面.

紧致、正的常 Gauss 曲率的连通曲面 M 必为球面.

证明　证法 1　因为 $\kappa_1\kappa_2=K_G=c$(常数)>0,故

$$\kappa_2=\frac{c}{\kappa_1},\quad \frac{d\kappa_2}{d\kappa_1}=-\frac{c}{\kappa_1^2}<0,$$

M 为椭圆型 W 曲面.根据上述定理立知,紧致、正的常 Gauss 曲率的连通曲面 M 必为球面.

证法 2　因为

$$\kappa_2=\frac{c}{\kappa_1}$$

为 κ_1 的严格减函数,根据定理 3.1.6 知,紧致、正的常 Gauss 曲率的连通曲面 M 必为球面. □

3.1.16　设 $M\subset\mathbf{R}^3$ 为 $K_G>0$ 的紧致连通曲面,Gauss 曲率 K_G 与平均曲率 H 满足:

$$aK_G+bH+c=0,$$

其中 a,b,c 为常数,且 $b^2-4ac>0$(习题 3.1.12 为其特例),则 M 必为球面.

证明　证法 1　因为

$$aK_G+bH+c=0,$$

$$a\kappa_1\kappa_2+b\cdot\frac{\kappa_1+\kappa_2}{2}+c=0,$$

$$2a\kappa_1\kappa_2+b(\kappa_1+\kappa_2)+2c=0,$$

$$\kappa_2=-\frac{b\kappa_1+2c}{2a\kappa_1+b},$$

$$\frac{d\kappa_2}{d\kappa_1}=-\frac{b\cdot(2a\kappa_1+b)-(b\kappa_1+2c)\cdot 2a}{(2a\kappa_1+b)^2}=-\frac{b^2-4ac}{(2a\kappa_1+b)^2}<0.$$

根据习题 3.1.14,M 为球面.

证法 2　因为当 $a\neq 0$ 时,有

$$\kappa_2=-\frac{b\kappa_1+2c}{2a\kappa_1+b}=\frac{\frac{b}{2a}(2a\kappa_1+b)+2c-\frac{b^2}{2a}}{2a\kappa_1+b}=-\frac{b}{2a}+\frac{b^2-4ac}{2a(2a\kappa_1+b)},$$

而当 $a=0$ 时,由 $b^2-4ac>0$ 必有 $b\neq 0$,故

$$\kappa_2=-\frac{b\kappa_1+2c}{b}=-\kappa_1-\frac{2c}{b}.$$

在两种情形下 κ_2 均为 κ_1 的严格减函数,根据定理 3.1,6,M 必为球面. □

3.2　极小曲面的 Bernstein 定理

1. 知识要点

定理 3.2.1　在 $\mathbf{R}^3$ 中，2 维 C^2 紧致定向的极小曲面 $M(H=0)$ 是不存在的.

定理 3.2.2(Jorgens)　如果全平面 $\mathbf{R}^2$ 的函数 $\varphi(x,y)$ 满足：

$$\begin{cases}\varphi''_{xx}\varphi''_{yy}-(\varphi''_{xy})^2=1\\ \varphi''_{xx}>0,\end{cases}$$

则 $\varphi''_{xx},\varphi''_{xy},\varphi''_{yy}$ 必为常数. 因此，φ 为 x,y 的 2 次多项式.

定理 3.2.3(Bernstein)　设 M 的参数表示为

$$(x,y,f(x,y)),\quad (x,y)\in\mathbf{R}^2,$$

其中 $f(x,y)$ 为 $\mathbf{R}^2$ 上的 C^2 函数. 如果 M 为极小曲面，则它必为平面.

定理 3.2.4(Heirz, Hopf)　$M:(x,y,f(x,y)),x^2+y^2\leqslant r^2$ 为 $\mathbf{R}^3$ 中的极小曲面，则 Gauss(总)曲率 K_G 在 $(x,y)=(0,0)$ 处的值 $K_G(0,0)$ 满足：

$$|K_G(0,0)|\leqslant\frac{A}{r^2},$$

其中 A 为一个对于任何极小曲面都适用的通用常数. 例如，取 A 为 16.

2. 习题解答

3.2.1*　设 $\boldsymbol{e}_1,\boldsymbol{e}_2,\omega_1,\omega_2$ 和 $\bar{\boldsymbol{e}}_1,\bar{\boldsymbol{e}}_2,\bar{\omega}_1,\bar{\omega}_2$ 为 $\mathbf{R}^3$ 中 C^2 超曲面 M 上的规范正交标架，f 为 M 上的 C^2 函数，

$$\bar{f}_1\bar{\omega}_1+\bar{f}_2\bar{\omega}_2=\mathrm{d}f=f_1\omega_1+f_2\omega_2$$

(f 沿 $\boldsymbol{e}_i$ 方向的方向导数 $\boldsymbol{e}_if=\mathrm{d}f(\boldsymbol{e}_i)=(f_1\omega_1+f_2\omega_2)(\boldsymbol{e}_i)=f_i$). 记

$$\begin{pmatrix}\bar{\omega}_1\\ \bar{\omega}_2\end{pmatrix}=\begin{pmatrix}\cos\theta & \sin\theta\\ -\sin\theta & \cos\theta\end{pmatrix}\begin{pmatrix}\omega_1\\ \omega_2\end{pmatrix},$$

$$\bar{\omega}_{12}=\bar{a}\bar{\omega}_1+\bar{b}\bar{\omega}_2,\quad \omega_{12}=a\omega_1+b\omega_2,$$

$$\begin{pmatrix}\mathrm{d}\bar{f}_1+\bar{f}_2\bar{\omega}_{21}\\ \mathrm{d}\bar{f}_2+\bar{f}_1\bar{\omega}_{12}\end{pmatrix}=\begin{pmatrix}\bar{f}_{11}\bar{\omega}_1+\bar{f}_{12}\bar{\omega}_2\\ \bar{f}_{21}\bar{\omega}_1+\bar{f}_{22}\bar{\omega}_2\end{pmatrix},\quad \begin{pmatrix}\mathrm{d}f_1+f_2\omega_{21}\\ \mathrm{d}f_2+f_1\omega_{12}\end{pmatrix}=\begin{pmatrix}f_{11}\omega_1+f_{12}\omega_2\\ f_{21}\omega_1+f_{22}\omega_2\end{pmatrix}.$$

则：

(1) $\bar{\omega}_1\wedge\bar{\omega}_2=\omega_1\wedge\omega_2$；

(2) $\begin{pmatrix} \mathrm{d}\bar{\omega}_1 \\ \mathrm{d}\bar{\omega}_2 \end{pmatrix} = \begin{pmatrix} \bar{a} \\ \bar{b} \end{pmatrix} \bar{\omega}_1 \wedge \bar{\omega}_2$，$\begin{pmatrix} \mathrm{d}\omega_1 \\ \mathrm{d}\omega_2 \end{pmatrix} = \begin{pmatrix} a \\ b \end{pmatrix} \omega_1 \wedge \omega_2$；

(3) $\begin{pmatrix} \bar{f}_1 \\ \bar{f}_2 \end{pmatrix} = \begin{pmatrix} \cos\theta & \sin\theta \\ -\sin\theta & \cos\theta \end{pmatrix} \begin{pmatrix} f_1 \\ f_2 \end{pmatrix}$；

(4) $\begin{pmatrix} \bar{a} \\ \bar{b} \end{pmatrix} = \begin{pmatrix} \cos\theta & \sin\theta \\ -\sin\theta & \cos\theta \end{pmatrix} \begin{pmatrix} a \\ b \end{pmatrix} + \begin{pmatrix} -\sin\theta & \cos\theta \\ -\cos\theta & -\sin\theta \end{pmatrix} \begin{pmatrix} -\theta_2 \\ \theta_1 \end{pmatrix}$；

(5) $\bar{\omega}_{12} = \omega_{12} + \mathrm{d}\theta$；

(6) $\begin{pmatrix} \mathrm{d}\bar{f}_1 + \bar{f}_2 \bar{\omega}_{21} \\ \mathrm{d}\bar{f}_2 + \bar{f}_1 \bar{\omega}_{12} \end{pmatrix} = \begin{pmatrix} \cos\theta & \sin\theta \\ -\sin\theta & \cos\theta \end{pmatrix} \begin{pmatrix} \mathrm{d}f_1 + f_2 \omega_{21} \\ \mathrm{d}f_2 + f_1 \omega_{12} \end{pmatrix}$；

(7) $f_{12} = f_{21}$；

(8) $f_{11} + f_{22}$与规范正交标架的选取无关，并称

$$\Delta_1 : C^2(M, \mathbf{R}) \to C^0(M, \mathbf{R})$$
$$f \mapsto \Delta_1 f = f_{11} + f_{22}$$

为 M 上的 **Laplace 算子**. 如果 $\Delta_1 f = 0$，则称 f 为**调和函数**.

证明 (1) $\bar{\omega}_1 \wedge \bar{\omega}_2 = (\cos\theta\omega_1 + \sin\theta\omega_2) \wedge (-\sin\theta\omega_1 + \cos\theta\omega_2)$
$= (\cos^2\theta + \sin^2\theta)\omega_1 \wedge \omega_2 = \omega_1 \wedge \omega_2$.

(2) $$\begin{pmatrix} \mathrm{d}\omega_1 \\ \mathrm{d}\omega_2 \end{pmatrix} \xlongequal[\text{见[21]2.11节}]{M\text{上的第1结构方程}} \begin{pmatrix} \omega_2 \wedge \omega_{21} \\ \omega_1 \wedge \omega_{12} \end{pmatrix} = \begin{pmatrix} \omega_2 \wedge (-a\omega_1 - b\omega_2) \\ \omega_1 \wedge (a\omega_1 + b\omega_2) \end{pmatrix} = \begin{pmatrix} a \\ b \end{pmatrix} \omega_1 \wedge \omega_2.$$

(3) $$(f_1, f_2) \begin{pmatrix} \omega_1 \\ \omega_2 \end{pmatrix} = \mathrm{d}f = (\bar{f}_1, \bar{f}_2) \begin{pmatrix} \bar{\omega}_1 \\ \bar{\omega}_2 \end{pmatrix} = (\bar{f}_1, \bar{f}_2) \begin{pmatrix} \cos\theta & \sin\theta \\ -\sin\theta & \cos\theta \end{pmatrix} \begin{pmatrix} \omega_1 \\ \omega_2 \end{pmatrix},$$

$$(f_1, f_2) = (\bar{f}_1, \bar{f}_2) \begin{pmatrix} \cos\theta & \sin\theta \\ -\sin\theta & \cos\theta \end{pmatrix},$$

$$\begin{pmatrix} f_1 \\ f_2 \end{pmatrix} = \begin{pmatrix} \cos\theta & -\sin\theta \\ \sin\theta & \cos\theta \end{pmatrix} \begin{pmatrix} \bar{f}_1 \\ \bar{f}_2 \end{pmatrix}, \quad \begin{pmatrix} \bar{f}_1 \\ \bar{f}_2 \end{pmatrix} = \begin{pmatrix} \cos\theta & \sin\theta \\ -\sin\theta & \cos\theta \end{pmatrix} \begin{pmatrix} f_1 \\ f_2 \end{pmatrix}.$$

(4) $$\begin{pmatrix} \bar{a} \\ \bar{b} \end{pmatrix} \omega_1 \wedge \omega_2 \xlongequal{(1)} \begin{pmatrix} \bar{a} \\ \bar{b} \end{pmatrix} \bar{\omega}_1 \wedge \bar{\omega}_2 = \begin{pmatrix} \bar{\omega}_2 \wedge (-\bar{a}\bar{\omega}_1 - \bar{b}\bar{\omega}_2) \\ \bar{\omega}_1 \wedge (\bar{a}\bar{\omega}_1 + \bar{b}\bar{\omega}_2) \end{pmatrix} = \begin{pmatrix} \omega_2 \wedge \omega_{21} \\ \omega_1 \wedge \omega_{12} \end{pmatrix}$$

$$= \begin{pmatrix} \mathrm{d}\bar{\omega}_1 \\ \mathrm{d}\bar{\omega}_2 \end{pmatrix} = \mathrm{d} \begin{pmatrix} \bar{\omega}_1 \\ \bar{\omega}_2 \end{pmatrix} = \mathrm{d} \begin{pmatrix} \cos\theta & \sin\theta \\ -\sin\theta & \cos\theta \end{pmatrix} \begin{pmatrix} \omega_1 \\ \omega_2 \end{pmatrix}$$

$$= \begin{pmatrix} \cos\theta & \sin\theta \\ -\sin\theta & \cos\theta \end{pmatrix} \mathrm{d} \begin{pmatrix} \omega_1 \\ \omega_2 \end{pmatrix} + \begin{pmatrix} -\sin\theta & \cos\theta \\ -\cos\theta & -\sin\theta \end{pmatrix} \mathrm{d}\theta \wedge \begin{pmatrix} \omega_1 \\ \omega_2 \end{pmatrix}$$

$$= \begin{pmatrix} \cos\theta & \sin\theta \\ -\sin\theta & \cos\theta \end{pmatrix} \begin{pmatrix} a \\ b \end{pmatrix} \omega_1 \wedge \omega_2 + \begin{pmatrix} -\sin\theta & \cos\theta \\ -\cos\theta & -\sin\theta \end{pmatrix} (\theta_1\omega_1 + \theta_2\omega_2) \wedge \begin{pmatrix} \omega_1 \\ \omega_2 \end{pmatrix}$$

$$= \begin{pmatrix} \cos\theta & \sin\theta \\ -\sin\theta & \cos\theta \end{pmatrix}\begin{pmatrix} a \\ b \end{pmatrix}\omega_1 \wedge \omega_2 + \begin{pmatrix} -\sin\theta & \cos\theta \\ -\cos\theta & -\sin\theta \end{pmatrix}\begin{bmatrix} -\theta_2 \\ \theta_1 \end{bmatrix}\omega_1 \wedge \omega_2,$$

$$\begin{pmatrix} \bar{a} \\ \bar{b} \end{pmatrix} = \begin{pmatrix} \cos\theta & \sin\theta \\ -\sin\theta & \cos\theta \end{pmatrix}\begin{pmatrix} a \\ b \end{pmatrix} + \begin{pmatrix} -\sin\theta & \cos\theta \\ -\cos\theta & -\sin\theta \end{pmatrix}\begin{bmatrix} -\theta_2 \\ \theta_1 \end{bmatrix}.$$

(5) $$\bar{\omega}_{12} = (\bar{a},\bar{b})\begin{bmatrix} \bar{\omega}_1 \\ \bar{\omega}_2 \end{bmatrix} \xlongequal{(4)} (a,b)\begin{pmatrix} \cos\theta & -\sin\theta \\ \sin\theta & \cos\theta \end{pmatrix}\begin{pmatrix} \cos\theta & \sin\theta \\ -\sin\theta & \cos\theta \end{pmatrix}\begin{bmatrix} \omega_1 \\ \omega_2 \end{bmatrix}$$

$$+ (-\theta_2,\theta_1)\begin{pmatrix} -\sin\theta & -\cos\theta \\ \cos\theta & -\sin\theta \end{pmatrix}\begin{pmatrix} \cos\theta & \sin\theta \\ -\sin\theta & \cos\theta \end{pmatrix}\begin{bmatrix} \omega_1 \\ \omega_2 \end{bmatrix}$$

$$= (a,b)\begin{pmatrix} 1 & 0 \\ 0 & 1 \end{pmatrix}\begin{bmatrix} \omega_1 \\ \omega_2 \end{bmatrix} + (-\theta_2,\theta_1)\begin{pmatrix} 0 & -1 \\ 1 & 0 \end{pmatrix}\begin{bmatrix} \omega_1 \\ \omega_2 \end{bmatrix}$$

$$= (a,b)\begin{bmatrix} \omega_1 \\ \omega_2 \end{bmatrix} + (\theta_1,\theta_2)\begin{bmatrix} \omega_1 \\ \omega_2 \end{bmatrix}$$

$$= \omega_{12} + \mathrm{d}\theta.$$

(6) 证法1 $$\mathrm{d}\bar{f}_1 + \bar{f}_2\bar{\omega}_{21} \xlongequal{(5)} \mathrm{d}(\cos\theta f_1 + \sin\theta f_2)$$

$$+ (-\sin\theta f_1 + \cos\theta f_2)(-\omega_{12} - \mathrm{d}\theta)$$

$$= \cos\theta(\mathrm{d}f_1 - f_2\omega_{12}) + \sin\theta(\mathrm{d}f_2 + f_1\omega_{12})$$

$$-\sin\theta f_1\mathrm{d}\theta + \cos\theta f_2\mathrm{d}\theta - (-\sin\theta f_1 + \cos\theta f_2)\mathrm{d}\theta$$

$$= \cos\theta(\mathrm{d}f_1 + f_2\omega_{21}) + \sin\theta(\mathrm{d}f_2 + f_1\omega_{12}),$$

$$\mathrm{d}\bar{f}_2 + \bar{f}_1\bar{\omega}_{12} \xlongequal{(5)} \mathrm{d}(-\sin\theta f_1 + \cos\theta f_2)$$

$$+ (\cos\theta f_1 + \sin\theta f_2)(\omega_{12} + \mathrm{d}\theta)$$

$$= -\sin\theta(\mathrm{d}f_1 + f_2\omega_{21}) + \cos\theta(\mathrm{d}f_2 + f_1\omega_{12})$$

$$-\cos\theta f_1\mathrm{d}\theta - \sin\theta f_2\mathrm{d}\theta + (\cos\theta f_1 + \sin\theta f_2)\mathrm{d}\theta$$

$$= -\sin\theta(\mathrm{d}f_1 + f_2\omega_{21}) + \cos\theta(\mathrm{d}f_2 + f_1\omega_{12}),$$

即

$$\begin{bmatrix} \mathrm{d}\bar{f}_1 + \bar{f}_2\bar{\omega}_{21} \\ \mathrm{d}\bar{f}_2 + \bar{f}_1\bar{\omega}_{12} \end{bmatrix} = \begin{pmatrix} \cos\theta & \sin\theta \\ -\sin\theta & \cos\theta \end{pmatrix}\begin{bmatrix} \mathrm{d}f_1 + f_2\omega_{21} \\ \mathrm{d}f_2 + f_1\omega_{12} \end{bmatrix}.$$

证法2 应用矩阵运算,有

$$\begin{bmatrix} \mathrm{d}\bar{f}_1 + \bar{f}_2\bar{\omega}_{21} \\ \mathrm{d}\bar{f}_2 + \bar{f}_1\bar{\omega}_{12} \end{bmatrix} = \mathrm{d}\begin{bmatrix} \bar{f}_1 \\ \bar{f}_2 \end{bmatrix} + \begin{bmatrix} -\bar{f}_2 \\ \bar{f}_1 \end{bmatrix}\bar{\omega}_{12}$$

$$\xlongequal{(5)} \mathrm{d}\begin{pmatrix} \cos\theta & \sin\theta \\ -\sin\theta & \cos\theta \end{pmatrix}\begin{bmatrix} f_1 \\ f_2 \end{bmatrix} + \begin{pmatrix} \sin\theta & -\cos\theta \\ \cos\theta & \sin\theta \end{pmatrix}\begin{bmatrix} f_1 \\ f_2 \end{bmatrix}(\omega_{12} + \mathrm{d}\theta)$$

$$= \begin{pmatrix} \cos\theta & \sin\theta \\ -\sin\theta & \cos\theta \end{pmatrix} \begin{pmatrix} \mathrm{d}f_1 \\ \mathrm{d}f_2 \end{pmatrix} + \begin{pmatrix} -\sin\theta & \cos\theta \\ -\cos\theta & -\sin\theta \end{pmatrix} \mathrm{d}\theta \begin{pmatrix} f_1 \\ f_2 \end{pmatrix}$$

$$+ \begin{pmatrix} \sin\theta & -\cos\theta \\ \cos\theta & \sin\theta \end{pmatrix} \begin{pmatrix} f_1 \\ f_2 \end{pmatrix} \omega_{12} + \begin{pmatrix} \sin\theta & -\cos\theta \\ \cos\theta & \sin\theta \end{pmatrix} \begin{pmatrix} f_1 \\ f_2 \end{pmatrix} \mathrm{d}\theta$$

$$= \begin{pmatrix} \cos\theta & \sin\theta \\ -\sin\theta & \cos\theta \end{pmatrix} \begin{pmatrix} \mathrm{d}f_1 \\ \mathrm{d}f_2 \end{pmatrix} + \begin{pmatrix} \sin\theta & -\cos\theta \\ \cos\theta & \sin\theta \end{pmatrix} \begin{pmatrix} f_1 \\ f_2 \end{pmatrix} \omega_{12}$$

$$= \begin{pmatrix} \cos\theta & \sin\theta \\ -\sin\theta & \cos\theta \end{pmatrix} \begin{pmatrix} \mathrm{d}f_1 + f_2\omega_{21} \\ \mathrm{d}f_2 + f_1\omega_{12} \end{pmatrix}.$$

(7) 因为

$$0 = \mathrm{d}(\mathrm{d}f) = \mathrm{d}(f_1\omega_1 + f_2\omega_2) = \mathrm{d}f_1 \wedge \omega_1 + f_1\mathrm{d}\omega_1 + \mathrm{d}f_2 \wedge \omega_2 + f_2\mathrm{d}\omega_2$$

$$\xlongequal{\text{第 1 结构方程}} (\mathrm{d}f_1 + f_2\omega_{21}) \wedge \omega_1 + (\mathrm{d}f_2 + f_1\omega_{12}) \wedge \omega_2$$

$$= (f_{11}\omega_1 + f_{12}\omega_2) \wedge \omega_1 + (f_{21}\omega_1 + f_{22}\omega_2) \wedge \omega_2$$

$$= (f_{21} - f_{12})\omega_1 \wedge \omega_2,$$

所以 $f_{12} = f_{21}$.

(8) 证法 1

$$\begin{pmatrix} \cos\theta & \sin\theta \\ -\sin\theta & \cos\theta \end{pmatrix} \begin{pmatrix} f_{11} & f_{12} \\ f_{21} & f_{22} \end{pmatrix} \begin{pmatrix} \omega_1 \\ \omega_2 \end{pmatrix} = \begin{pmatrix} \cos\theta & \sin\theta \\ -\sin\theta & \cos\theta \end{pmatrix} \begin{pmatrix} \mathrm{d}f_1 + f_2\omega_{21} \\ \mathrm{d}f_2 + f_1\omega_{12} \end{pmatrix}$$

$$\xlongequal{(6)} \begin{pmatrix} \mathrm{d}\bar{f}_1 + \bar{f}_2\bar{\omega}_{21} \\ \mathrm{d}\bar{f}_2 + \bar{f}_1\bar{\omega}_{12} \end{pmatrix} = \begin{pmatrix} \bar{f}_{11} & \bar{f}_{12} \\ \bar{f}_{21} & \bar{f}_{22} \end{pmatrix} \begin{pmatrix} \bar{\omega}_1 \\ \bar{\omega}_2 \end{pmatrix} = \begin{pmatrix} \bar{f}_{11} & \bar{f}_{12} \\ \bar{f}_{21} & \bar{f}_{22} \end{pmatrix} \begin{pmatrix} \cos\theta & \sin\theta \\ -\sin\theta & \cos\theta \end{pmatrix} \begin{pmatrix} \omega_1 \\ \omega_2 \end{pmatrix},$$

$$\begin{pmatrix} \bar{f}_{11} & \bar{f}_{12} \\ \bar{f}_{21} & \bar{f}_{22} \end{pmatrix} = \begin{pmatrix} \cos\theta & \sin\theta \\ -\sin\theta & \cos\theta \end{pmatrix} \begin{pmatrix} f_{11} & f_{12} \\ f_{21} & f_{22} \end{pmatrix} \begin{pmatrix} \cos\theta & -\sin\theta \\ \sin\theta & \cos\theta \end{pmatrix},$$

即

$$\begin{pmatrix} \bar{f}_{11} & \bar{f}_{12} \\ \bar{f}_{21} & \bar{f}_{22} \end{pmatrix} \overset{\text{相似}}{\sim} \begin{pmatrix} f_{11} & f_{12} \\ f_{21} & f_{22} \end{pmatrix}.$$

由此推得

$$\bar{f}_{11} + \bar{f}_{22} = \mathrm{tr} \begin{pmatrix} \bar{f}_{11} & \bar{f}_{12} \\ \bar{f}_{21} & \bar{f}_{22} \end{pmatrix} = \mathrm{tr} \begin{pmatrix} f_{11} & f_{12} \\ f_{21} & f_{22} \end{pmatrix} = f_{11} + f_{22}.$$

这表明 $f_{11} + f_{22}$ 与规范正交标架的选取无关.

证法 2 设

$$\begin{pmatrix} \bar{f}_{11} & \bar{f}_{12} \\ \bar{f}_{21} & \bar{f}_{22} \end{pmatrix} \sim \begin{pmatrix} f_{11} & f_{12} \\ f_{21} & f_{22} \end{pmatrix},$$

即

$$\begin{pmatrix}\bar{f}_{11} & \bar{f}_{12}\\ \bar{f}_{21} & \bar{f}_{22}\end{pmatrix}=\begin{pmatrix}u_{11} & u_{12}\\ u_{21} & u_{22}\end{pmatrix}\begin{pmatrix}f_{11} & f_{12}\\ f_{21} & f_{22}\end{pmatrix}\begin{pmatrix}v_{11} & v_{12}\\ v_{21} & v_{22}\end{pmatrix},$$

其中$\begin{pmatrix}v_{11} & v_{12}\\ v_{21} & v_{22}\end{pmatrix}=\begin{pmatrix}u_{11} & u_{12}\\ u_{21} & u_{22}\end{pmatrix}^{-1}$. 于是

$$\begin{aligned}\mathrm{tr}\begin{pmatrix}\bar{f}_{11} & \bar{f}_{12}\\ \bar{f}_{21} & \bar{f}_{22}\end{pmatrix}&=\bar{f}_{11}+\bar{f}_{22}=\sum_{i=1}^{2}\bar{f}_{ii}=\sum_{i,l,s=1}^{2}u_{il}f_{ls}v_{si}=\sum_{l,s=1}^{2}\Big(\sum_{i=1}^{2}u_{il}v_{si}\Big)f_{ls}\\&=\sum_{l,s=1}^{2}\delta_{sl}f_{ls}=\sum_{l=1}^{2}f_{ll}=\mathrm{tr}\begin{pmatrix}f_{11} & f_{12}\\ f_{21} & f_{22}\end{pmatrix}.\end{aligned}$$

□

3.2.2*　设 Δ_1 为习题 3.2.1 中的 Laplace 算子，即

$$\Delta_1 f=f_{11}+f_{22}.$$

而 Δ_2 为[20]1.5 节定义 5 中的 Laplace-Beltrami 算子，即

$$\Delta_2: C^\infty(M,\mathbf{R})\to C^\infty(M,\mathbf{R}),$$

$$\Delta_2 f=\mathrm{div}\,\mathrm{grad} f.$$

Gauss 公式　设 f 与 g 为曲面 M 上的 C^∞ 函数，D 为 M 的一个区域，$\partial D=C$ 为闭曲线，则当 $i=1,2$ 时，有：

(1) $\iint\limits_D g\Delta_i f\mathrm{d}A+\iint\limits_D\langle\nabla g,\nabla f\rangle\mathrm{d}A=\oint_C g\dfrac{\partial f}{\partial \boldsymbol{n}}\mathrm{d}s$，其中 $\boldsymbol{n}$ 为区域 D 在 M 上的外法向量，$\mathrm{d}s$ 为弧长元，$\mathrm{d}A$ 为面积元；

(2) $\iint\limits_D(g\Delta_i f-f\Delta_i g)\mathrm{d}A=\oint_C\Big(g\dfrac{\partial f}{\partial \boldsymbol{n}}-f\dfrac{\partial g}{\partial \boldsymbol{n}}\Big)\mathrm{d}s.$

证明　(1) 当 $i=1$ 时，

$$\begin{aligned}\mathrm{d}(f_1\omega_2-f_2\omega_1)&\xlongequal[\text{见[21]2.11节}]{\text{第1结构方程}}\mathrm{d}f_1\wedge\omega_2+f_1\omega_{21}\wedge\omega_1-\mathrm{d}f_2\wedge\omega_1-f_2\omega_{12}\wedge\omega_2\\&=(\mathrm{d}f_1+f_2\omega_{21})\wedge\omega_2-(\mathrm{d}f_2+f_1\omega_{12})\wedge\omega_1\\&=(f_{11}\omega_1+f_{12}\omega_2)\wedge\omega_2-(f_{21}\omega_1+f_{22}\omega_2)\wedge\omega_1\\&=(f_{11}+f_{22})\omega_1\wedge\omega_2=\Delta_1 f\omega_1\wedge\omega_2.\end{aligned}$$

$$\iint\limits_D\Delta_1 f\omega_1\wedge\omega_2=\iint\limits_D\mathrm{d}(f_1\omega_2-f_2\omega_1)\xlongequal{\text{Stokes 公式}}\oint_C(f_1\omega_2-f_1\omega_1).$$

此外，由

$$\begin{aligned}\mathrm{d}[g(f_1\omega_2-f_2\omega_1)]&=\mathrm{d}g\wedge(f_1\omega_2-f_2\omega_1)+g\mathrm{d}(f_1\omega_2-f_2\omega_1)\\&=(g_1\omega_1+g_2\omega_2)\wedge(f_1\omega_2-f_2\omega_1)+g\Delta_1 f\omega_1\wedge\omega_2\\&=(f_1g_1+f_2g_2)\omega_1\wedge\omega_2+g\Delta_1 f\omega_1\wedge\omega_2,\end{aligned}$$

推得

$$\iint_D g\,\Delta_1 f\mathrm{d}A+\iint_D(f_1g_1+f_2g_2)\mathrm{d}A$$

$$=\iint_D \mathrm{d}g(f_1\omega_2-f_2\omega_1)\xlongequal{\text{Stokes 公式}}\oint_C g(f_1\omega_2-f_2\omega_1).$$

$$\xlongequal{*}\oint_C -gf_2\mathrm{d}s=\oint_C g\,\frac{\partial f}{\partial \boldsymbol{n}}\mathrm{d}s,$$

对于步骤 *，

$$\begin{aligned}\bar{f}_1\bar{\omega}_2-\bar{f}_2\bar{\omega}_1&=(\cos\theta f_1+\sin\theta f_2)(-\sin\theta\omega_1+\cos\theta\omega_2)\\&\quad-(-\sin\theta f_1+\cos\theta f_2)(\cos\theta\omega_1+\sin\theta\omega_2)\\&=-\sin\theta\cos\theta f_1\omega_1-\sin^2\theta f_2\omega_1+\cos^2\theta f_1\omega_2+\sin\theta\cos\theta f_2\omega_2\\&\quad+\sin\theta\cos\theta f_1\omega_1-\cos^2\theta f_2\omega_1+\sin^2\theta f_1\omega_2-\sin\theta\cos\theta f_2\omega_2\\&=f_1\omega_2-f_2\omega_1,\end{aligned}$$

即 $f_1\omega_2-f_2\omega_1$ 与规范正交标架的选取无关. 因此，在 C 上我们可选取 $\boldsymbol{e}_1=\frac{\mathrm{d}\boldsymbol{x}}{\mathrm{d}s}$为其单位切向量，$\boldsymbol{n}=\boldsymbol{e}_1\times\boldsymbol{e}_3=-\boldsymbol{e}_2$ 为 C 的外法向. 在此标架下，沿着 C 有 $\omega_1=\mathrm{d}s$，$\omega_2=0$，从而有$\frac{\partial f}{\partial \boldsymbol{n}}=\boldsymbol{n}f=(-\boldsymbol{e}_2)f=\mathrm{d}f(-\boldsymbol{e}_2)=(f_1\omega_1+f_2\omega_2)(-\boldsymbol{e}_2)=-f_2\omega_2(\boldsymbol{e}_2)=-f_2$，

$$\oint_C g(f_1\omega_2-f_2\omega_1)=\oint_C -gf_2\mathrm{d}s=\oint_C g\frac{\partial f}{\partial\boldsymbol{n}}\mathrm{d}s.$$

当 $i=2$ 时(参阅[20]1.5 节定理 6(1)的证明)，因为($\omega_1\wedge\omega_2=\mathrm{d}V=\mathrm{d}A$)

$$\begin{aligned}\mathrm{d}(g\cdot i_{\mathrm{grad}f}\mathrm{d}V)&=g\cdot\mathrm{d}(i_{\mathrm{grad}f}\mathrm{d}V)+\mathrm{d}g\wedge i_{\mathrm{grad}\,f}\mathrm{d}V\\&=g\mathrm{d}(i_{\mathrm{grad}f})\mathrm{d}V+\mathrm{d}g(\mathrm{grad}f)\mathrm{d}V\\&=g\mathrm{div}\ \mathrm{grad}f\cdot\mathrm{d}V+\langle\mathrm{d}g,\mathrm{d}f\rangle\mathrm{d}V\\&=g\Delta_2 f\cdot\mathrm{d}V+\langle\nabla g,\nabla f\rangle\mathrm{d}V,\end{aligned}$$

其中

$$\begin{aligned}\mathrm{d}g(\mathrm{grad}f)&=\Big(\sum_{i=1}^2 g^{ij}\,\frac{\partial f}{\partial x^j}\,\frac{\partial}{\partial x^i}\Big)g=\sum_{i=1}^2 g^{ij}\,\frac{\partial g}{\partial x^i}\,\frac{\partial f}{\partial x^j}\\&=\langle\sum_{i=1}^2\frac{\partial g}{\partial x^i}\mathrm{d}x^i,\sum_{j=1}^2\frac{\partial f}{\partial x^j}\mathrm{d}x^j\rangle\\&=\langle\mathrm{d}g,\mathrm{d}f\rangle=\langle\nabla g,\nabla f\rangle,\end{aligned}$$

$$\begin{aligned}(\mathrm{d}i_{\mathrm{grad}}f)\mathrm{d}V&=(\mathrm{d}i_{\mathrm{grad}f}+i_{\mathrm{grad}f}\mathrm{d})\mathrm{d}V\\&=L_{\mathrm{grad}f}\mathrm{d}V=\mathrm{div}\ \mathrm{grad}f\cdot\mathrm{d}V,\end{aligned}$$

所以

$$\iint_D g\Delta_2 f \mathrm{d}V + \iint_D \langle \nabla g, \nabla f\rangle \mathrm{d}V = \iint_D \mathrm{d}(g \cdot i_{\mathrm{grad}f}\mathrm{d}V)$$

$$\xlongequal{\text{Stokes 公式}} \int_{\partial D} g \cdot i_{\mathrm{grad}f}\mathrm{d}V$$

$$= \int_{\partial D} g \frac{\partial f}{\partial \boldsymbol{n}} \mathrm{d}s,$$

式中

$$\begin{aligned} i_{\mathrm{grad}f}\mathrm{d}V(\boldsymbol{e}_1) &= \mathrm{d}V(\mathrm{grad}f, \boldsymbol{e}_1) = \omega_1 \wedge \omega_2(f_1\boldsymbol{e}_1 + f_2\boldsymbol{e}_2, \boldsymbol{e}_1) = f_2\omega_1 \wedge \omega_2(\boldsymbol{e}_2, \boldsymbol{e}_1) \\ &= f_2[\omega_1(\boldsymbol{e}_2)\omega_2(\boldsymbol{e}_1) - \omega_1(\boldsymbol{e}_1)\omega_2(\boldsymbol{e}_2)] = f_2(0-1) \\ &= -f_2 = \frac{\partial f}{\partial \boldsymbol{n}} = \frac{\partial f}{\partial \boldsymbol{n}}\omega_1(\boldsymbol{e}_1), \end{aligned}$$

$$i_{\mathrm{grad}f}\mathrm{d}V = \frac{\partial f}{\partial \boldsymbol{n}}\omega_1.$$

(2) 由(1)立知,对 $i=1,2$,有

$$\begin{aligned} &\iint_D (g\Delta_i f - f\Delta_i g)\mathrm{d}A \\ &= \left[\iint_D g\Delta_i f\mathrm{d}A + \iint_D \langle \nabla g, \nabla f\rangle \mathrm{d}A\right] - \left[\iint_D f\nabla_i g\mathrm{d}A + \iint_D \langle \nabla f, \nabla g\rangle \mathrm{d}A\right] \\ &\xlongequal{(1)} \oint_{\partial D}\left(g\frac{\partial f}{\partial \boldsymbol{n}} - f\frac{\partial g}{\partial \boldsymbol{n}}\right)\mathrm{d}s. \end{aligned}$$

□

3.2.3* 设 $\boldsymbol{x}=\boldsymbol{x}(u^1,u^2)$ 为 $\mathbf{R}^3$ 中 C^2 曲面 M 的参数表示,

$$I = \mathrm{d}s^2 = \sum_{i,j=1}^{2} g_{ij}\mathrm{d}u^i\mathrm{d}u^j.$$

又设 f 为 M 上的 C^2 曲数. 证明:Laplace 算子 Δ_1(参阅习题 3.2.1、习题 3.2.2)在参数(u^1,u^2)下的表示为

$$\Delta_1 f = \frac{1}{\sqrt{g}}\sum_{i,j=1}^{2}\frac{\partial}{\partial u^j}\left(\sqrt{g}g^{ij}\frac{\partial f}{\partial u^i}\right),$$

其中 $g=|(g_{ij})|=\det(g_{ij})(l=1,2)$. 由此得到 $\Delta_1 f=\Delta_2 f$.

证明 证法 1 取正交规范标架 $\boldsymbol{e}_1,\boldsymbol{e}_2,\omega_1,\omega_2$ 为其对偶基,

$$I = \mathrm{d}s^2 = \sum_{i,j=1}^{2} g_{ij}\mathrm{d}u^i\mathrm{d}u^j = \omega_1\omega_1 + \omega_2\omega_2.$$

设

$$\begin{cases}\omega_1 = a_{11}\mathrm{d}u^1 + a_{12}\mathrm{d}u^2,\\ \omega_2 = a_{21}\mathrm{d}u^1 + a_{22}\mathrm{d}u^2,\end{cases}$$

将它代入上式,推得

$$\sum_{i,j=1}^{2} g_{ij}\mathrm{d}u^i\mathrm{d}u^j = \sum_{l=1}^{2}\omega_l\omega_l = \sum_{l=1}^{2}\Big(\sum_{i=1}^{2}a_{li}\mathrm{d}u^i\Big)\Big(\sum_{j=1}^{2}a_{lj}\mathrm{d}u^j\Big)$$
$$= \sum_{i,j=1}^{2}\Big(\sum_{l=1}^{2}a_{li}a_{lj}\Big)\mathrm{d}u^i\mathrm{d}u^j,$$

$$\sum_{l=1}^{2}a_{li}a_{lj} = g_{ij},$$

即矩阵 $\boldsymbol{A}=(a_{ij})$ 满足 $\boldsymbol{A}^{\mathrm{T}}\boldsymbol{A}=(g_{ij})$. 设 $(g^{ij})=(g_{ij})^{-1}$,则

$$\boldsymbol{A}^{-1}\cdot(\boldsymbol{A}^{\mathrm{T}})^{-1} = (g_{ij})^{-1} = (g^{ij}),$$
$$\boldsymbol{I}_2 = (\delta_{ls}) = \boldsymbol{A}(g^{ij})\boldsymbol{A}^{\mathrm{T}} = (a_{li})(g^{ij})(a_{sj}).$$

设 f 为曲面 M 上的 C^2 函数,它关于正交标架 $\boldsymbol{e}_1,\boldsymbol{e}_2,\omega_1,\omega_2$ 的导数为 f_1,f_2. 则 f 关于参数 u^1,u^2 的导数与 f 关于正交标架 $\boldsymbol{e}_1,\boldsymbol{e}_2,\omega_1,\omega_2$ 的导数的关系如下:

$$\mathrm{d}f = f'_{u^1}\mathrm{d}u^1 + f'_{u^2}\mathrm{d}u^2 = f_1\omega_1 + f_2\omega_2 = \sum_{i=1}^{2}f_i\omega_i$$
$$= \sum_{i=1}^{2}f_i\Big(\sum_{j=1}^{2}a_{ij}\mathrm{d}u^j\Big) = \sum_{j=1}^{2}\Big(\sum_{i=1}^{2}a_{ij}f_i\Big)\mathrm{d}u^j,$$

$$f'_{u^j} = \sum_{i=1}^{2}a_{ij}f_i \quad (j=1,2).$$

再设 h 为曲面 M 上的另一 C^2 函数,则

$$\sum_{i,j=1}^{2}f'_{u^i}h'_{u^j}g^{ij} = \sum_{i,j=1}^{2}\Big(\sum_{l=1}^{2}a_{li}f_l\Big)\Big(\sum_{s=1}^{2}a_{sj}\cdot h_s\Big)g^{ij} = \sum_{l,s=1}^{2}\Big(\sum_{i,j=1}^{2}a_{li}g^{ij}a_{sj}\Big)f_lh_s$$
$$= \sum_{l,s=1}^{2}\delta_{ls}f_lh_s = \sum_{l=1}^{2}f_lh_l = \langle f_1\boldsymbol{e}_1 + f_2\boldsymbol{e}_2, h_1\boldsymbol{e}_1 + h_2\boldsymbol{e}_2\rangle = \langle\nabla f,\nabla h\rangle.$$

设 $g=\det(g_{ij})$, $\psi=\sqrt{g}\Big[\Big(\sum_{i=1}^{2}g^{i1}f'_{u^i}\Big)\mathrm{d}u^2 - \Big(\sum_{i=1}^{2}g^{i2}f'_{u^i}\Big)\mathrm{d}u^1\Big]$,则

$$\mathrm{d}\psi = \Big[\frac{\partial}{\partial u^1}\Big(\sqrt{g}\sum_{i=1}^{2}g^{i1}f'_{u^i}\Big) + \frac{\partial}{\partial u^2}\Big(\sum_{i=1}^{2}\sqrt{g}\sum_{i=1}^{2}g^{i2}f'_{u^i}\Big)\Big]\mathrm{d}u^1\wedge\mathrm{d}u^2$$
$$= \sum_{j=1}^{2}\frac{\partial}{\partial u^j}\Big(\sqrt{g}\sum_{i=1}^{2}g^{ij}f'_{u^i}\Big)\mathrm{d}u^i\wedge\mathrm{d}u^j = \Big[\sum_{i,j=1}^{2}\frac{\partial}{\partial u^j}\Big(\sqrt{g}g^{ij}\frac{\partial f}{\partial u^i}\Big)\Big]\mathrm{d}u^1\wedge\mathrm{d}u^2,$$

$$\mathrm{d}h\wedge\psi = (h'_{u^1}\mathrm{d}u^1 + h'_{u^2}\mathrm{d}u^2)\wedge\sqrt{g}\Big[\Big(\sum_{i=1}^{2}g^{i1}f'_{u^i}\Big)\mathrm{d}u^2 - \Big(\sum_{i=1}^{2}g^{i2}f'_{u^i}\Big)\mathrm{d}u^1\Big]$$

$$= \Big(\sum_{i,j=1}^{2} g^{ij} f'_{u^i} h'_{u^j} \sqrt{g}\Big) du^1 \wedge du^2.$$

由于曲面 M 的面积元 $dA=\omega_1 \wedge \omega_2=\sqrt{g}du^1 \wedge du^2$，故

$$\begin{aligned} d(h\psi) &= h d\psi + dh \wedge \psi \\ &= h \cdot \frac{1}{\sqrt{g}}\Big[\sum_{i,j=1}^{2} \frac{\partial}{\partial u^j}\Big(\sqrt{g} g^{ij} \frac{\partial f}{\partial u^i}\Big)\Big] dA + (f_1 h_1 + f_2 h_2) dA. \end{aligned}$$

设 D 为曲面 M 的任一区域，∂D 为闭曲线，C^2 函数 $h|_{M-D}\equiv 0$，则

$$\begin{aligned} &\iint_D h \cdot \frac{1}{\sqrt{g}}\Big[\sum_{i,j=1}^{2} \frac{\partial}{\partial u^j}\Big(\sqrt{g} g^{ij} \frac{\partial f}{\partial u^i}\Big)\Big] dA + \iint_D (f_1 h_1 + f_2 h_2) dA \\ &= \iint_D d(h\psi) \xlongequal{\text{Stokes 公式}} \oint_{\partial D} h\psi \xlongequal{h|_{\partial D}=0} 0. \end{aligned}$$

另一方面，

$$\begin{aligned} &\iint_D h\Delta_1 f dA + \iint_D (f_1 h_1 + f_2 h_2) dA \\ &= \iint_D h\Delta_1 f dA + \iint_D \langle \nabla f, \nabla h\rangle dA \\ &\xlongequal[\boldsymbol{n}\text{ 为 } D \text{ 的外法向}]{\text{Green 公式}} \oint_{\partial D} h \frac{\partial f}{\partial \boldsymbol{n}} ds \xlongequal{h|_{\partial D}=0} 0. \end{aligned}$$

由以上两式，立即推得

$$\iint_D h\Delta_1 f dA = -\iint_D (f_1 h_1 + f_2 h_2) dA = \iint_D h \cdot \frac{1}{\sqrt{g}}\Big[\sum_{i,j=1}^{2} \frac{\partial}{\partial u^j}\Big(\sqrt{g} g^{ij} \frac{\partial f}{\partial u^i}\Big)\Big] dA.$$

根据 D 与 h 的任意性，立即得到

$$\Delta_1 f = \frac{1}{\sqrt{g}}\Big[\sum_{i,j=1}^{2} \frac{\partial}{\partial u^j}\Big(\sqrt{g} g^{ij} \frac{\partial f}{\partial u^i}\Big)\Big] \quad (l = 1,2).$$

（反证）假设存在 $P_0 \in M$，使上式左右不相等，不妨设

$$\Big\{\Delta_1 f - \frac{1}{\sqrt{g}}\Big[\sum_{i,j=1}^{2} \frac{\partial}{\partial u^j}\Big(\sqrt{g} g^{ij} \frac{\partial f}{\partial u^i}\Big)\Big]\Big\}\Big|_{P_0} > 0.$$

根据连续性知，P_0 在 M 上有坐标邻域 (U,φ)，使得

$$\Big\{\Delta_1 f - \frac{1}{\sqrt{g}}\Big[\sum_{i,j=1}^{2} \frac{\partial}{\partial u^j}\Big(\sqrt{g} g^{ij} \frac{\partial f}{\partial u^i}\Big)\Big]\Big\}\Big|_{U} > 0,$$

且 $D=\varphi^{-1}\Big(\overline{B\Big(0;\frac{1}{2}\Big)}\Big)\subset U$. 令

$$h(P)=\begin{cases}\exp\left\{-\dfrac{1}{[1/4-\|\varphi(P)\|^2]^2}\right\}, & \|\varphi(P)\|<\dfrac{1}{2},\\ 0, & \|\varphi(P)\|\geqslant\dfrac{1}{2},\end{cases}$$

易见,h 为 M 上的 C^2 函数,而 $h|_{M-D}\equiv 0$. 于是

$$0=\iint_D h\left\{\Delta_1 f-\frac{1}{\sqrt{g}}\left[\sum_{i,j=1}^{2}\frac{\partial}{\partial u^j}\left(\sqrt{g}g^{ij}\frac{\partial f}{\partial u^i}\right)\right]\right\}\mathrm{d}A>0,$$

矛盾.

证法 2 (参阅[20]1.5 节引理 4)当 $l=2$ 时,因为

$$\left[\boldsymbol{X},\frac{\partial}{\partial u^i}\right]=\left[\sum_{j=1}^{2}a^j\frac{\partial}{\partial u^j},\frac{\partial}{\partial u^i}\right]=-\sum_{j=1}^{2}\frac{\partial a^j}{\partial u^i}\frac{\partial}{\partial u^j},$$

$$\omega_1\wedge\omega_2\left(\frac{\partial}{\partial u^1},\frac{\partial}{\partial u^2}\right)=\sqrt{\det(g_{kl})}\mathrm{d}u^1\wedge\mathrm{d}u^2\left(\frac{\partial}{\partial u^1},\frac{\partial}{\partial u^2}\right)=\sqrt{\det(g_{kl})},$$

所以

$$\begin{aligned}(\mathrm{div}\boldsymbol{X})\sqrt{\det(g_{kl})}&=(\mathrm{div}\boldsymbol{X})\omega_1\wedge\omega_2\left(\frac{\partial}{\partial u^1},\frac{\partial}{\partial u^2}\right)\\&=L_{\boldsymbol{X}}(\omega_1\wedge\omega_2)\left(\frac{\partial}{\partial u^1},\frac{\partial}{\partial u^2}\right)\\&=\sum_{i=1}^{2}a^i\frac{\partial\sqrt{\det(g_{kl})}}{\partial u^i}+\sum_{i=1}^{2}\frac{\partial a^i}{\partial u^i}\sqrt{\det(g_{kl})},\end{aligned}$$

$$\mathrm{div}\boldsymbol{X}=\sum_{i=1}^{2}\frac{\partial a^i}{\partial u^i}+\frac{1}{2}\sum_{i=1}^{2}a^i\frac{\partial\ln\det(g_{kl})}{\partial u^i}\quad(\text{散度公式}).$$

再把 $\mathrm{grad}f=\sum_{i=1}^{2}\left(\sum_{j=1}^{2}g^{ij}\frac{\partial f}{\partial u^j}\right)\frac{\partial f}{\partial u^i}$ 代入散度公式,得到

$$\begin{aligned}\Delta_2 f&=\sum_{i,j=1}^{2}g^{ij}\frac{\partial^2 f}{\partial u^i\partial u^j}+\sum_{i,j=1}^{2}\left(\frac{\partial g^{ij}}{\partial u^i}+\frac{1}{2}g^{ij}\frac{\partial\ln\det(g_{kl})}{\partial u^i}\right)\frac{\partial f}{\partial u^j}\\&=\frac{1}{\sqrt{g}}\left[\sum_{i,j=1}^{2}\frac{\partial}{\partial u^j}\left(\sqrt{g}g^{ij}\frac{\partial f}{\partial u^i}\right)\right].\end{aligned}$$

当 $l=1$ 时,采用正交坐标系 $\{u^1,u^2\}$,根据[21]2.11 节,知

$$E=\langle\boldsymbol{x}'_{u^1},\boldsymbol{x}'_{u^1}\rangle,\quad F=\langle\boldsymbol{x}'_{u^1},\boldsymbol{x}'_{u^2}\rangle,\quad G=\langle\boldsymbol{x}'_{u^2},\boldsymbol{x}'_{u^2}\rangle,$$

第 1 基本形式 $I=E\mathrm{d}u^1\mathrm{d}u^1+G\mathrm{d}u^2\mathrm{d}u^2$.

$$\begin{cases} \boldsymbol{e}_1 = \dfrac{\boldsymbol{x}'_{u^1}}{\sqrt{E}}, \\ \boldsymbol{e}_2 = \dfrac{\boldsymbol{x}'_{u^2}}{\sqrt{G}}, \end{cases} \quad \begin{cases} \omega_1 = \sqrt{E}\mathrm{d}u^1, \\ \omega_2 = \sqrt{G}\mathrm{d}u^2, \end{cases}$$

$$\omega_{12} = -\omega_{21} = -\frac{E'_{u^2}}{2\sqrt{EG}}\mathrm{d}u^1 + \frac{G'_{u^1}}{2\sqrt{EG}}\mathrm{d}u^2.$$

由于

$$\begin{pmatrix} g_{11} & g_{12} \\ g_{21} & g_{22} \end{pmatrix} = \begin{pmatrix} E & 0 \\ 0 & G \end{pmatrix}, \quad \begin{pmatrix} g^{11} & g^{12} \\ g^{21} & g^{22} \end{pmatrix} = \begin{pmatrix} g_{11} & g_{12} \\ g_{21} & g_{22} \end{pmatrix}^{-1} = \begin{pmatrix} \dfrac{1}{E} & 0 \\ 0 & \dfrac{1}{G} \end{pmatrix},$$

根据习题 3.2.1 及上述 $l=2$ 的结果,有

$$\begin{aligned}
\Delta_2 f &= \frac{1}{\sqrt{g}}\left[\sum_{j=1}^{2}\frac{\partial}{\partial u^j}\left(\sqrt{g}g^{1j}\frac{\partial f}{\partial u^i}\right) + \sum_{j=1}^{2}\frac{\partial}{\partial u^j}\left(\sqrt{g}g^{2i}\frac{\partial f}{\partial u^2}\right)\right] \\
&= \frac{1}{\sqrt{g}}\left[\frac{\partial}{\partial u^1}\left(\sqrt{g}g^{11}\frac{\partial f}{\partial u^1}\right) + \frac{\partial}{\partial u^2}\left(\sqrt{g}g^{12}\frac{\partial f}{\partial u^1}\right)\right. \\
&\quad \left. + \frac{\partial}{\partial u^1}\left(\sqrt{g}g^{21}\frac{\partial f}{\partial u^2}\right) + \frac{\partial}{\partial u^2}\left(\sqrt{g}g^{22}\frac{\partial f}{\partial u^2}\right)\right] \\
&\xlongequal{g^{12}=g^{21}=0} \frac{1}{\sqrt{EG}}\left[\frac{\partial}{\partial u^1}\left(\sqrt{EG}\cdot\frac{1}{E}\frac{\partial f}{\partial u^1}\right) + \frac{\partial}{\partial u^2}\left(\sqrt{EG}\frac{1}{G}\frac{\partial f}{\partial u^2}\right)\right] \\
&= \frac{1}{\sqrt{EG}}\left[\frac{\partial}{\partial u^1}\left(\sqrt{\frac{G}{E}}\frac{\partial f}{\partial u^1}\right) + \frac{\partial}{\partial u^2}\left(\sqrt{\frac{E}{G}}\frac{\partial f}{\partial u^2}\right)\right] \\
&= \frac{1}{\sqrt{EG}}\left[\sqrt{\frac{G}{E}}\frac{\partial^2 f}{\partial u^1\partial u^1} + \left(\frac{\partial}{\partial u^1}\sqrt{\frac{G}{E}}\right)\frac{\partial f}{\partial u^1} + \left(\frac{\partial}{\partial u^2}\sqrt{\frac{E}{G}}\right)\frac{\partial f}{\partial u^2} + \sqrt{\frac{E}{G}}\frac{\partial^2 f}{\partial u^2\partial u^2}\right] \\
&= \frac{1}{E}f''_{u^1u^1} + \frac{1}{G}f''_{u^2u^2} + \frac{1}{\sqrt{EG}}\frac{\dfrac{G'_{u^1}E - G\cdot E'_{u^1}}{E^2}}{2\sqrt{\dfrac{G}{E}}}\frac{\partial f}{\partial u^1} + \frac{1}{\sqrt{EG}}\frac{\dfrac{E'_{u^2}G - EG'_{u^2}}{G^2}}{2\sqrt{\dfrac{E}{G}}}\frac{\partial f}{\partial u^2} \\
&= \frac{1}{E}f''_{u^1u^1} + \frac{1}{G}f''_{u^2u^2} + \frac{G'_{u^1}E - GE'_{u^1}}{2GE^2} + \frac{E'_{u^2}G - EG'_{u^2}}{2EG^2} \\
&= \frac{1}{E}f''_{u^1u^1} + \frac{1}{G}f''_{u^2u^2} + \frac{G'_{u^1}f'_{u^1}}{2EG} + \frac{E'_{u^2}f'_{u^2}}{2EG} - \frac{E'_{u^1}f'_{u^1}}{2E^2} - \frac{G'_{u^2}f'_{u^2}}{2G^2} \\
&= \frac{1}{E}\left(\frac{1}{\sqrt{E}}f''_{u^1u^1} - \frac{f'_{u^1}E'_{u^1}}{2E\sqrt{E}} + \frac{f'_{u^2}E'_{u^2}}{2\sqrt{EG}}\right) + \frac{1}{G}\left(\frac{1}{\sqrt{G}}f''_{u^2u^2} - \frac{f'_{u^2}G'_{u^2}}{2\sqrt{G}G} + \frac{f'_{u^1}G'_{u^1}}{2E\sqrt{G}}\right)
\end{aligned}$$

$$\stackrel{*}{=} f_{11} + f_{22} = \Delta_1 f.$$

对于步骤 *，$f'_{u^1}\mathrm{d}u^1 + f'_{u^2}\mathrm{d}u^2 = \mathrm{d}f = f_1\omega_1 + f_2\omega_2 = f_1\sqrt{E}\mathrm{d}u^1 + f_2\sqrt{G}\mathrm{d}u^2$，

$$\begin{aligned}
& f_{11}\sqrt{E}\mathrm{d}u^1 + f_{12}\sqrt{G}\mathrm{d}u^2 \\
&= f_{11}\omega_1 + f_{12}\omega_2 = \mathrm{d}f_1 + f_2\omega_{21} \\
&= \mathrm{d}\left(\frac{f'_{u^1}}{\sqrt{E}}\right) - \frac{f'_{u^2}}{\sqrt{G}}\left(-\frac{E'_{u^2}}{2\sqrt{EG}}\mathrm{d}u^1 + \frac{G'_{u^1}}{2\sqrt{EG}}\mathrm{d}u^2\right) \\
&= \frac{(f''_{u^1u^1}\mathrm{d}u^1 + f''_{u^1u^2}\mathrm{d}u^2)\sqrt{E} - f'_{u^1}\dfrac{E'_{u^1}\mathrm{d}u^1 + E'_{u^2}\mathrm{d}u^2}{2\sqrt{E}}}{E} \\
&\quad + \frac{f'_{u^2}E'_{u^2}}{2\sqrt{EG}}\mathrm{d}u^1 - \frac{f'_{u^2}G'_{u^1}}{2\sqrt{EG}}\mathrm{d}u^2
\end{aligned}$$

$$f_{11} = \frac{1}{\sqrt{E}}\left(\frac{1}{\sqrt{E}}f''_{u^1u^1} - \frac{f'_{u^1}E'_{u^1}}{2E\sqrt{E}} + \frac{f'_{u^2}E'_{u^2}}{2\sqrt{EG}}\right).$$

同理，可得

$$\begin{aligned}
& f_{21}\sqrt{E}\mathrm{d}u^1 + f_{22}\sqrt{G}\mathrm{d}u^2 \\
&= f_{21}\omega_1 + f_{22}\omega_2 = \mathrm{d}f_2 + f_1\omega_{12} \\
&= \mathrm{d}\left(\frac{f'_{u^2}}{\sqrt{G}}\right) + \frac{f'_{u^1}}{\sqrt{E}}\left(-\frac{E'_{u^2}}{2\sqrt{EG}}\mathrm{d}u^1 + \frac{G'_{u^1}}{2\sqrt{EG}}\mathrm{d}u^2\right) \\
&= \frac{(f''_{u^2u^1}\mathrm{d}u^1 + f''_{u^2u^2}\mathrm{d}u^2)\sqrt{G} - f'_{u^2}\dfrac{G'_{u^1}\mathrm{d}u^1 + G'_{u^2}\mathrm{d}u^2}{2\sqrt{G}}}{G} \\
&\quad - \frac{f'_{u^1}E'_{u^2}}{2E\sqrt{G}}\mathrm{d}u^1 + \frac{f'_{u^1}G'_{u^1}}{2E\sqrt{G}}\mathrm{d}u^2,
\end{aligned}$$

$$f_{22} = \frac{1}{\sqrt{G}}\left(\frac{1}{\sqrt{G}}f''_{u^2u^2} - \frac{f'_{u^2}G'_{u^2}}{2G\sqrt{G}} + \frac{f'_{u^1}G'_{u^1}}{2E\sqrt{G}}\right)$$

证法 3

$$\begin{cases}\omega_1 = \sqrt{E}\mathrm{d}u^1, \\ \omega_2 = \sqrt{G}\mathrm{d}u^2,\end{cases} \qquad \begin{cases} f_1 = \dfrac{f'_{u^1}}{\sqrt{E}}, \\[2ex] f_2 = \dfrac{f'_{u^2}}{\sqrt{G}}.\end{cases}$$

$$\omega_{12} = a\omega_1 + b\omega_2 = -\frac{E'_{u^2}}{2\sqrt{EG}}\mathrm{d}u^1 + \frac{G'_{u^1}}{2\sqrt{EG}}\mathrm{d}u^2 = -\frac{E'_{u^2}}{2E\sqrt{G}}\omega_1 + \frac{G'_{u^1}}{2G\sqrt{E}}\omega_2,$$

$$\begin{cases} a = -\dfrac{E'_{u^2}}{2E\sqrt{G}}, \\ b = \dfrac{G'_{u^1}}{2G\sqrt{E}}. \end{cases}$$

$$\begin{cases} f_{11}\omega_1 + f_{12}\omega_2 = \mathrm{d}f_1 + f_2\omega_{21} = (\mathrm{d}f_1)|_{\omega_1}\omega_1 + (\mathrm{d}f_1)|_{\omega_2}\omega_2 + f_2(-a\omega_1 - b\omega_2), \\ f_{21}\omega_1 + f_{22}\omega_2 = \mathrm{d}f_2 + f_1\omega_{12} = (\mathrm{d}f_2)|_{\omega_1}\omega_1 + (\mathrm{d}f_2)|_{\omega_2}\omega_2 + f_1(a\omega_1 + b\omega_2), \end{cases}$$

$$\begin{cases} f_{11} = (\mathrm{d}f_1)|_{\omega_1} - af_2, \\ f_{22} = (\mathrm{d}f_2)|_{\omega_2} + bf_1, \end{cases}$$

$$\begin{aligned} \Delta_1 f &= f_{11} + f_{22} = (\mathrm{d}f_1)|_{\omega_1} + (\mathrm{d}f_2)|_{\omega_2} - af_2 + bf_1. \\ &= \mathrm{d}\left(\frac{f'_{u^1}}{\sqrt{E}}\right)\bigg|_{\omega_1} + \mathrm{d}\left(\frac{f'_{u^2}}{\sqrt{G}}\right)\bigg|_{\omega_2} + \frac{E'_{u^2}}{2E\sqrt{G}}\left(\frac{f'_{u^2}}{\sqrt{G}}\right) + \left(\frac{G'_{u^1}}{2G\sqrt{E}}\right)\left(\frac{f'_{u^1}}{\sqrt{E}}\right) \\ &= \left.\frac{(f''_{u^1u^1}\,\mathrm{d}u^1 + f''_{u^1u^2}\,\mathrm{d}u^2)\sqrt{E} - f'_{u^1}\dfrac{E'_{u^1}\,\mathrm{d}u^1 + E'_{u^2}\,\mathrm{d}u^2}{2\sqrt{E}}}{E}\right|_{\omega_1} \\ &\quad + \left.\frac{(f'_{u^2u^1}\,\mathrm{d}u^1 + f''_{u^2u^2}\,\mathrm{d}u^2)\sqrt{G} - f'_{u^2}\dfrac{G'_{u^1}\,\mathrm{d}u^1 + G'_{u^2}\,\mathrm{d}u^2}{2\sqrt{G}}}{G}\right|_{\omega_2} \\ &\quad + \frac{f'_{u^2}E'_{u^2}}{2EG} + \frac{f'_{u^1}G'_{u^1}}{2EG} \\ &= \left(\frac{f''_{u^1u^1}}{E} - \frac{f'_{u^1}E'_{u^2}}{2E^2}\right) + \left(\frac{f''_{u^2u^2}}{G} - \frac{f'_{u^2}G'_{u^2}}{2G^2}\right) + \frac{f'_{u^2}E'_{u^2}}{2EG} + \frac{f'_{u^1}G'_{u^1}}{2EG} \\ &= \frac{1}{\sqrt{g}}\left[\sum_{i,j=1}^{2}\frac{\partial}{\partial u^j}\left(\sqrt{g}g^{ij}\frac{\partial f}{\partial u^i}\right)\right]. \end{aligned}$$

证法 4

$$\begin{aligned} \Delta_1 f\omega_1 \wedge \omega_2 &= (f_{11} + f_{22})\omega_1 \wedge \omega_2 \\ &= (f_{11}\omega_1 + f_{12}\omega_2) \wedge \omega_2 - (f_{21}\omega_1 + f_{22}\omega_2) \wedge \omega_1 \\ &= (\mathrm{d}f_1 + f_2\omega_{21}) \wedge \omega_2 - (\mathrm{d}f_2 + f_1\omega_{12}) \wedge \omega_1 \\ &= \mathrm{d}(f_1\omega_2 - f_2\omega_1) \\ &= \mathrm{d}f_1 \wedge \omega_2 + f_1\mathrm{d}\omega_2 - \mathrm{d}f_2 \wedge \omega_1 - f_2\mathrm{d}\omega_1 \\ &= \left[(\mathrm{d}f_1)\big|_{\omega_1} + (\mathrm{d}f_2)\big|_{\omega_2} + f_1 b - f_2 a\right]\omega_1 \wedge \omega_2 \\ &\xlongequal{\text{证法 3}} \frac{1}{\sqrt{g}}\left[\sum_{i,j=1}^{2}\frac{\partial}{\partial u^j}\left(\sqrt{g}g^{ij}\frac{\partial f}{\partial u^i}\right)\right]\omega_1 \wedge \omega_2, \end{aligned}$$

$$\Delta_1 f = \frac{1}{\sqrt{g}}\left[\sum_{i,j=1}^{2} \frac{\partial}{\partial u^j}\left(\sqrt{g} g^{ij} \frac{\partial f}{\partial u^i}\right)\right]. \qquad \square$$

3.2.4* （参阅[20]4.1 节定义 1、定义 2）设$(M,g)=(M,\langle,\rangle)$为 n 维 C^∞ 定向 Riemann 流形，$F^s(M)=C^\infty(\wedge^s M)$为$(M,g)$上的 s 次 C^∞ 形式的空间，自然可定义一个整体的 Hodge **星算子**（它是线性算子）

$$* = *_s : F^s(M) \to F^{n-s}(M),$$
$$\omega \mapsto *\omega$$

使得

$$*(\omega^{i_1} \wedge \cdots \wedge \omega^{i_s}) = \omega^{j_1} \wedge \cdots \wedge \omega^{j_{n-s}},$$
$$(\omega^{i_1} \wedge \cdots \wedge \omega^{i_s}) \wedge (\omega^{j_1} \wedge \cdots \wedge \omega^{j_{n-s}}) = \omega^1 \wedge \cdots \wedge \omega^n,$$

其中 $\boldsymbol{e}_1,\cdots,\boldsymbol{e}_n$ 为(M,g)上的局部 C^∞ 定向规范正交基，而 $\omega_1,\cdots,\omega_n$ 为其对偶基. 设 $1\in F^0(M)$为(M,g)上的常值函数，$\omega_1\wedge\cdots\wedge\omega_n\in F^n(M)$为$(M,g)$上的定向体积元素. 则

$$*1 = \omega_1 \wedge \cdots \wedge \omega_n, \qquad *\omega_1 \wedge \cdots \wedge \omega_n = 1.$$

显然，$*$ 可线性扩张到 $F(M)=\bigoplus\limits_{s=0}^{n} F^s(M)$上，且仍有

$$*_{n-s} \circ *_s = (-1)^{s(n-s)} \mathrm{Id}_{F^s(M)},$$
$$\omega \wedge *\eta = \langle \omega, \eta \rangle \omega_1 \wedge \cdots \wedge \omega_n, \quad \omega, \eta \in F^s(M).$$

我们称

$$\delta = (-1)^{n(s+1)} * \mathrm{d} * : F^s(M) \to F^{s-1}(M)$$
$$\omega \mapsto \delta\omega = (-1)^{n(s+1)+1} * \mathrm{d} * \omega$$

为$(M,g)=(M,\langle,\rangle)$上的**上微分算子**. 而当 $s=0$ 时，

$$\delta : F^0(M) \to F^{-1}(M) = \{0\},$$
$$\omega \mapsto \delta\omega = 0,$$

即 $\delta=0$.

将 $\Delta_3=\mathrm{d}\delta+\delta\mathrm{d}: F^s(M)\to F^s(M)$称为 s 次形式 $F^s(M)$上的 **Laplace-Beltrami 算子**. 如果 $\Delta_3\omega=0$，则称 ω 为 **s 次调和形式**.

特别地，在 0 次形式 $F^0(M)=C^\infty(M,\boldsymbol{R})$上，有

$$\Delta_3 = \Delta_1 = \Delta_2.$$

证明 证法 1 设 $\omega_{12}=-\omega_{21}=a\omega_1+b\omega_2$，则

$$\begin{cases} \mathrm{d}\omega_1 = \omega_{12} \wedge \omega_2 = (a\omega_1 + b\omega_2) \wedge \omega_2 = a\omega_1 \wedge \omega_2, \\ \mathrm{d}\omega_2 = \omega_{21} \wedge \omega_1 = (-a\omega_1 - b\omega_2) \wedge \omega_1 = b\omega_1 \wedge \omega_2. \end{cases}$$

$$\begin{cases} *\omega_1 = \omega_2, \\ *\omega_2 = -\omega_1 \end{cases} \quad \begin{cases} \delta\omega_1 = *\mathrm{d}*\omega_1 = *\mathrm{d}\omega_2 = *(b\omega_1 \wedge \omega_2) - b, \\ \delta\omega_2 = *\mathrm{d}*\omega_2 = *\mathrm{d}(-\omega_1) = -*(a\omega_1 \wedge \omega_2) = -a. \end{cases}$$

$$\begin{aligned}
\Delta_3 f &= (\mathrm{d}\delta + \delta d) f = \delta \mathrm{d} f = \delta(f_1\omega_1 + f_2\omega_2) = *\mathrm{d}*(f_1\omega_1 + f_2\omega_2) \\
&= *\mathrm{d}(f_1 \cdot *\omega_1 + f_2 \cdot *\omega_2) \\
&= *[\mathrm{d}f_1 \wedge *\omega_1 + f_1\mathrm{d}(*\omega_1) + \mathrm{d}f_2 \wedge *\omega_2 + f_2\mathrm{d}(*\omega_2)] \\
&= *[\mathrm{d}f_1 \wedge \omega_2 + f_1\mathrm{d}\omega_2 + \mathrm{d}f_2 \wedge (-\omega_1) + f_2\mathrm{d}(-\omega_1)] \\
&= *[(\mathrm{d}f_1|_{\omega_1} \cdot \omega_1 + \mathrm{d}f|_{\omega_2} \cdot \omega_2) \wedge \omega_2 + f_1 \cdot b\omega_1 \wedge \omega_2 \\
&\quad + (\mathrm{d}f_2|_{\omega_1} \cdot \omega_1 + \mathrm{d}f_2|_{\omega_2} \cdot \omega_2) \wedge (-\omega_1) - f_2 a\omega_1 \wedge \omega_2] \\
&= \mathrm{d}f_1|_{\omega_1} + \mathrm{d}f_2|_{\omega_2} + f_1 b - f_2 a \xlongequal{\text{习题 3.2.3}} \Delta_1 f = \Delta_2 f.
\end{aligned}$$

证法 2　在局部坐标系$\{u^i\}$中，

$$\begin{aligned}
&(-1)^{j-1}a_j\mathrm{d}u^1 \wedge \cdots \wedge \mathrm{d}u^n \\
&= \mathrm{d}u^i \wedge \left(\sum_{l=1}^n a_l u^1 \wedge \cdots \wedge \widehat{\mathrm{d}u^l} \wedge \cdots \wedge \mathrm{d}u^n\right) \\
&= \mathrm{d}u^j \wedge *(\mathrm{d}u^i) = \langle \mathrm{d}u^j, \mathrm{d}u^i \rangle \omega_1 \wedge \cdots \wedge \omega_n = g^{ji}\omega_1 \wedge \cdots \wedge \omega_n \\
&= g^{ji}\sqrt{\det(g_{ks})}\mathrm{d}u^1 \wedge \cdots \wedge \mathrm{d}u^n,
\end{aligned}$$

$$*(\mathrm{d}u^i) = \sum_{j=1}^n (-1)^{j-1} g^{ji}\sqrt{\det(g_{ks})}\mathrm{d}u^1 \wedge \cdots \wedge \widehat{\mathrm{d}u^j} \wedge \cdots \wedge \mathrm{d}u^n.$$

于是，对 $\delta: F^1(M) \to F^0(M), \omega \mapsto \delta\omega$，

$$\begin{aligned}
\delta\omega &= \delta\left(\sum_{i=1}^n a_i \mathrm{d}x^i\right) = *\mathrm{d}*\left(\sum_{i=1}^n a_i \mathrm{d}u^i\right) \\
&= *\mathrm{d}\sum_{i=1}^n a_i \sum_{j=1}^n (-1)^{j-1} g^{ji}\sqrt{\det(g_{ks})}\mathrm{d}u^1 \wedge \cdots \wedge \widehat{\mathrm{d}u^j} \cdots \wedge \mathrm{d}u^n \\
&= *\sum_{i,j=1}^n (-1)^{j-1}\left[\sum_{l=1}^n \frac{\partial a_i}{\partial u^l}\mathrm{d}u^l \wedge g^{ji}\sqrt{\det(g_{ks})}\mathrm{d}u^1 \wedge \cdots \wedge \widehat{\mathrm{d}u^j} \wedge \cdots \wedge \mathrm{d}u^n\right. \\
&\quad + \sum_{l=1}^n a_i \frac{\partial g^{ji}}{\partial u^l}\mathrm{d}u^l \wedge \sqrt{\det(g_{ks})}\mathrm{d}u^1 \wedge \cdots \wedge \widehat{\mathrm{d}u^j} \wedge \cdots \wedge \cdots \wedge \mathrm{d}u^n \\
&\quad \left. + \frac{1}{2}\sum_{l=1}^n a_i g^{ji} \frac{\partial \ln\det(g_{ks})}{\partial u^l}\sqrt{\det(g_{ks})}\mathrm{d}u^l \wedge \mathrm{d}u^1 \wedge \cdots \wedge \widehat{\mathrm{d}u^j} \wedge \cdots \wedge \mathrm{d}u^n\right] \\
&= \sum_{i,j=1}^n \left[g^{ij}\frac{\partial a_i}{\partial u^j} + a_i \frac{\partial g^{ij}}{\partial u^j} + \frac{1}{2}a_i g^{ij}\frac{\partial \ln\det(g_{ks})}{\partial u^j}\right],
\end{aligned}$$

$$\Delta_3 f=(\mathrm{d}\delta+\delta\mathrm{d})f=\delta\mathrm{d}f=\delta\Big(\sum_{i=1}^{n}\frac{\partial f}{\partial u^i}\mathrm{d}u^i\Big)$$

$$=\sum_{i=1}^{n}\Big[g^{ij}\frac{\partial^2 f}{\partial u^i\partial u^j}+\frac{\partial g^{ij}}{\partial u^j}\frac{\partial f}{\partial u^i}+\frac{1}{2}g^{ij}\frac{\partial f}{\partial u^i}\frac{\partial\ln\det(g_{ks})}{\partial u^j}\Big]$$

$$\xlongequal{\text{习题 3.2.3 证法 2}}\Delta_2 f=\Delta_1 f.$$ □

3.2.5* 设 M 为 $\mathbf{R}^3$ 中的 2 维 C^2 参数曲面，其参数表示为

$$\boldsymbol{x}(x,y)=(x,y,f(x,y)),$$

$\boldsymbol{x}$ 称为 M 的**位置向量**.

设 $p=f'_x,q=f'_y,r=f''_{xx},s=f''_{xy},t=f''_{yy}$，则

$$\boldsymbol{x}'_x\times\boldsymbol{x}'_y=(1,0,f'_x)\times(0,1,f'_y)=(-f'_x,-f'_y,1)=(-p,-q,1),$$

$$W=|\boldsymbol{x}'_x\times\boldsymbol{x}'_y|=\sqrt{1+p^2+q^2}.$$

$$\boldsymbol{n}=\frac{\boldsymbol{x}'_x\times\boldsymbol{x}'_y}{|\boldsymbol{x}'_x\times\boldsymbol{x}'_y|}=\frac{1}{W}(-p,-q,1).$$

则：

(1) 第 1 基本形式与第 2 基本形式分别为

$$I=(1+p^2)\mathrm{d}x^2+2pq\mathrm{d}x\mathrm{d}y+(1+q)^2\mathrm{d}y^2,$$

$$II=\frac{1}{W}(r\mathrm{d}x^2+2s\mathrm{d}x\mathrm{d}y+t\mathrm{d}y^2);$$

(2) 平均曲率

$$H=\frac{1}{2W^3}[(1+q^2)r-2pqs+(1+p^2)t]$$

$$=\frac{1}{2}\Big[\frac{\partial}{\partial x}\Big(\frac{p}{W}\Big)+\frac{\partial}{\partial y}\Big(\frac{q}{W}\Big)\Big];$$

(3) M 为极小曲面，即

$$H=0\quad\Leftrightarrow\quad\frac{\partial}{\partial x}\Big(\frac{p}{W}\Big)+\frac{\partial}{\partial y}\Big(\frac{q}{W}\Big)=0\quad(\text{见下面的(5)})$$

$$\Leftrightarrow\quad(1+f'^2_y)f''_{xx}-2f'_xf'_yf''_{xy}+(1+f'^2_x)f''_{yy}=0;$$

(4) $\Delta F=\frac{1}{W}\Big[\frac{\partial}{\partial x}\Big(\frac{1+q^2}{W}F'_x-\frac{pq}{W}F'_y\Big)+\frac{\partial}{\partial y}\Big(\frac{-pq}{W}F'_x+\frac{1+p^2}{W}F'_y\Big)\Big]$，其中 F 为 M 上的 C^2 函数，$\Delta=\Delta_1=\Delta_2=\Delta_3$；

(5) 设 $\boldsymbol{a}\in\mathbf{R}^3$ 为固定向量，$F=\langle\boldsymbol{x},\boldsymbol{a}\rangle$，则 $\Delta F=2H\langle\boldsymbol{e}_3,\boldsymbol{a}\rangle$；

(6) $\Delta\boldsymbol{x}=(\Delta x,\Delta y,\Delta f)=2H\boldsymbol{e}_3=2H\boldsymbol{n}$，$\boldsymbol{n}=\boldsymbol{e}_3$ 为 M 的单位法向量场；

(7) M 为极小曲面，即

$$H=0 \quad \Leftrightarrow \quad \Delta \boldsymbol{x}=0$$

$$\Leftrightarrow \begin{cases}\Delta x=0, \\ \Delta y=0, \\ \Delta f=0\end{cases} \Leftrightarrow \begin{cases}\dfrac{\partial}{\partial x} \dfrac{1+q^2}{W}+\dfrac{\partial}{\partial y} \dfrac{-pq}{W}=0, \\ \dfrac{\partial}{\partial x} \dfrac{-pq}{W}+\dfrac{\partial}{\partial y} \dfrac{1+p^2}{W}=0, \\ \dfrac{\partial}{\partial x}\left(\dfrac{p}{W}\right)+\dfrac{\partial}{\partial y}\left(\dfrac{q}{W}\right)=0,\end{cases}$$

这表明 M 上的函数 x, y, f 均为调和函数.

证明　(1) 计算得

$$E=\boldsymbol{x}_x' \cdot \boldsymbol{x}_x'=(1,0,f_x') \cdot (1,0,f_x')=1+f_x'^2=1+p^2,$$

$$F=\boldsymbol{x}_x' \cdot \boldsymbol{x}_y'=(1,0,f_x') \cdot (0,1,f_y')=f_x' f_y'=pq,$$

$$G=\boldsymbol{x}_y' \cdot \boldsymbol{x}_y'=(0,1,f_y') \cdot (0,1,f_y')=1+f_y'^2=1+q^2,$$

$$I=E \mathrm{d} x^2+2 F \mathrm{d} x \mathrm{d} y+G \mathrm{d} y^2=(1+p^2) \mathrm{d} x^2+2 p q \mathrm{d} x \mathrm{d} y+(1+q^2) \mathrm{d} y^2.$$

$$\boldsymbol{x}_{xx}''=(0,0,f_{xx}''), \quad \boldsymbol{x}_{xy}''=(0,0,f_{xy}''), \quad \boldsymbol{x}_{yy}''=(0,0,f_{yy}''),$$

$$L=\boldsymbol{x}_{xx}'' \cdot \boldsymbol{n}=(0,0,f_{xx}'') \cdot \frac{1}{W}(-p,-q,1)=\frac{1}{W} f_{xx}''=\frac{r}{W},$$

$$M=\boldsymbol{x}_{xy}'' \cdot \boldsymbol{n}=(0,0,f_{xy}'') \cdot \frac{1}{W}(-p,-q,1)=\frac{1}{W} f_{xy}''=\frac{s}{W},$$

$$N=\boldsymbol{x}_{yy}'' \cdot \boldsymbol{n}=(0,0,f_{yy}'') \cdot \frac{1}{W}(-p,-q,1)=\frac{1}{W} f_{yy}''=\frac{t}{W},$$

$$II=L \mathrm{d} x^2+2 M \mathrm{d} x \mathrm{d} y+N \mathrm{d} y^2=\frac{1}{W}(r \mathrm{d} x^2+2 s \mathrm{d} x \mathrm{d} y+t \mathrm{d} y^2).$$

(2) $$H=\frac{1}{2} \operatorname{tr}\begin{pmatrix}L & M \\ M & N\end{pmatrix}\begin{pmatrix}E & F \\ F & G\end{pmatrix}^{-1}=\frac{1}{2} \operatorname{tr}\begin{pmatrix}\dfrac{r}{W} & \dfrac{s}{W} \\ \dfrac{s}{W} & \dfrac{t}{W}\end{pmatrix}\begin{pmatrix}1+p^2 & pq \\ pq & 1+q^2\end{pmatrix}^{-1}$$

$$=\frac{1}{2} \operatorname{tr}\begin{pmatrix}\dfrac{r}{W} & \dfrac{s}{W} \\ \dfrac{s}{W} & \dfrac{t}{W}\end{pmatrix}\begin{pmatrix}\dfrac{1+q^2}{W^2} & -\dfrac{pq}{W^2} \\ -\dfrac{pq}{W^2} & \dfrac{1+p^2}{W^2}\end{pmatrix}=\frac{1}{2 W^3}\begin{pmatrix}r & s \\ s & t\end{pmatrix}\begin{pmatrix}1+q^2 & -pq \\ -pq & 1+p^2\end{pmatrix}$$

$$=\frac{1}{2 W^3}\{[(1+q^2) r+s(-pq)]+[s+(-pq)+(1+p^2) t]\}$$

$$=\frac{1}{2W^3}[(1+q^2)r-2pqs+(1+p^2)t]$$

$$=\frac{p'_xW^2-p^2p'_x-qpq'_x+q'_yW^2-pqp'_y-q^2q'_y}{2W^3}$$

$$=\frac{p'_xW-p\dfrac{2pp'_x+2qq'_x}{2W}}{2W^2}+\frac{q'_yW-q\dfrac{2pp'_y+2qq'_y}{2W}}{2W^2}$$

$$=\frac{p'_xW-pW'_x}{2W^2}+\frac{q'_yW-qW'_y}{2W^2}$$

$$=\frac{1}{2}\left[\frac{\partial}{\partial x}\left(\frac{p}{W}\right)+\frac{\partial}{\partial y}\left(\frac{q}{W}\right)\right].$$

(3) 由(2)立即推得.

(4) 由(1),有

$$\sqrt{g}=\sqrt{EG-F^2}=\sqrt{(1+p^2)(1+q^2)-(pq)^2}=\sqrt{1+p^2+q^2}=W,$$

$$\begin{pmatrix}g^{11} & g^{12}\\ g^{21} & g^{22}\end{pmatrix}=\begin{pmatrix}g_{11} & g_{12}\\ g_{21} & g_{22}\end{pmatrix}^{-1}=\begin{pmatrix}1+p^2 & pq\\ pq & 1+q^2\end{pmatrix}^{-1}=\begin{pmatrix}\dfrac{1+q^2}{W^2} & -\dfrac{pq}{W^2}\\ -\dfrac{pq}{W^2} & \dfrac{1+p^2}{W^2}\end{pmatrix}.$$

由此推得

$$\Delta F=\Delta_1F=\Delta_2F=\Delta_3F\xlongequal{\text{习题 3.2.3}}\frac{1}{\sqrt{g}}\sum_{i,j=1}^{2}\frac{\partial}{\partial u^j}\left(\sqrt{g}g^{ij}\frac{\partial F}{\partial u^i}\right)$$

$$=\frac{1}{W}\left[\frac{\partial}{\partial u^1}\left(Wg^{11}\frac{\partial F}{\partial u^1}+Wg^{21}\frac{\partial F}{\partial u^2}\right)+\frac{\partial}{\partial u^2}\left(Wg^{12}\frac{\partial F}{\partial u^1}+Wg^{22}\frac{\partial F}{\partial u^2}\right)\right]$$

$$\xlongequal{u^1=x,u^2=y}\frac{1}{W}\left[\frac{\partial}{\partial x}\left(\frac{1+q^2}{W}F'_x-\frac{pq}{W}F'_y\right)+\frac{\partial}{\partial y}\left(\frac{-pq}{W}F'_x+\frac{1+p^2}{W}F'_y\right)\right].$$

(5) 设 $\boldsymbol{e}_1,\boldsymbol{e}_2,\boldsymbol{e}_3$ 为 M 上的规范正交标架,$\omega_1,\omega_2,\omega_3$ 为其对偶基. 又设 $\boldsymbol{a}\in\mathbf{R}^3$ 为常向量. 令 $F=\langle\boldsymbol{x},\boldsymbol{a}\rangle$,则

$$F_1\omega_1+F_2\omega_2=\mathrm{d}F=\mathrm{d}\langle\boldsymbol{x},\boldsymbol{a}\rangle=\langle\mathrm{d}\boldsymbol{x},\boldsymbol{a}\rangle$$

$$\xlongequal[\text{运动方程}]{\text{正交活动标架}}\left\langle\sum_{j=1}^{2}\omega_j\boldsymbol{e}_j,\boldsymbol{a}\right\rangle=\langle\boldsymbol{e}_1,\boldsymbol{a}\rangle\omega_1+\langle\boldsymbol{e}_2,\boldsymbol{a}\rangle\omega_2,$$

$$\begin{cases}F_1=\langle\boldsymbol{e}_1,\boldsymbol{a}\rangle,\\ F_2=\langle\boldsymbol{e}_2,\boldsymbol{a}\rangle.\end{cases}$$

$$\begin{cases} F_{11}\omega_1 + F_{13}\omega_2 = \mathrm{d}F_1 + F_2\omega_{21} - \mathrm{d}\langle \boldsymbol{e}_1, \boldsymbol{a}\rangle + \langle \boldsymbol{e}_2, \boldsymbol{a}\rangle\omega_{21} \\ \qquad = \langle \mathrm{d}\boldsymbol{e}_1, \boldsymbol{a}\rangle + \langle \boldsymbol{e}_2, \boldsymbol{a}\rangle\omega_{21} \\ \qquad \xlongequal{\text{运动方程}} \langle \omega_{11}\boldsymbol{e}_1 + \omega_{12}\boldsymbol{e}_2 + \omega_{13}\boldsymbol{e}_3, \boldsymbol{a}\rangle + \langle \boldsymbol{e}_2, \boldsymbol{a}\rangle\omega_{21} \\ \qquad = \langle \boldsymbol{e}_2, \boldsymbol{a}\rangle\omega_{12} + \langle \boldsymbol{e}_3, \boldsymbol{a}\rangle\omega_{13} - \langle \boldsymbol{e}_2, \boldsymbol{a}\rangle\omega_{12} = \langle \boldsymbol{e}_3, \boldsymbol{a}\rangle\omega_{13} \\ \qquad \xlongequal{[21]\text{定理 2.11.1}} \langle \boldsymbol{e}_3, \boldsymbol{a}\rangle(h_{11}\omega_1 + h_{12}\omega_2), \\ F_{21}\omega_1 + F_{22}\omega_2 = \mathrm{d}F_2 + F_1\omega_{12} = \mathrm{d}\langle \boldsymbol{e}_2, \boldsymbol{a}\rangle + \langle \boldsymbol{e}_1, \boldsymbol{a}\rangle\omega_{12} \\ \qquad = \langle \mathrm{d}\boldsymbol{e}_2, \boldsymbol{a}\rangle + \langle \boldsymbol{e}_1, \boldsymbol{a}\rangle\omega_{12} \\ \qquad \xlongequal{\text{运动方程}} \langle \omega_{21}\boldsymbol{e}_1 + \omega_{22}\boldsymbol{e}_2 + \omega_{23}\boldsymbol{e}_3, \boldsymbol{a}\rangle + \langle \boldsymbol{e}_1, \boldsymbol{a}\rangle\omega_{12} \\ \qquad = -\langle \boldsymbol{e}_1, \boldsymbol{a}\rangle\omega_{12} + \langle \boldsymbol{e}_3, \boldsymbol{a}\rangle\omega_{23} + \langle \boldsymbol{e}_1, \boldsymbol{a}\rangle\omega_{12} = \langle \boldsymbol{e}_3, \boldsymbol{a}\rangle\omega_{23} \\ \qquad \xlongequal{[21]\text{定理 2.11.1}} \langle \boldsymbol{e}_3, \boldsymbol{a}\rangle(h_{21}\omega_1 + h_{22}\omega_2). \end{cases}$$

于是

$$\Delta F = F_{11} + F_{22} = \langle \boldsymbol{e}_3, \boldsymbol{a}\rangle(h_{11} + h_{22}) \xlongequal{[21]\text{定理 2.11.3}} 2H\langle \boldsymbol{e}_3, \boldsymbol{a}\rangle.$$

(6) 设 $\boldsymbol{i},\boldsymbol{j},\boldsymbol{k}$ 为 $\mathbf{R}^3$ 中的三个常向量,它们是通常的 Euclid 基.

当 $\boldsymbol{a}=\boldsymbol{i}$ 时,

$$F = \langle \boldsymbol{x}, \boldsymbol{i}\rangle = \langle x\boldsymbol{i} + y\boldsymbol{j} + f\boldsymbol{k}, \boldsymbol{i}\rangle = x,$$

所以,$\Delta x = 2H\langle \boldsymbol{e}_3, \boldsymbol{i}\rangle = 2H \cdot 0 = 0$.

当 $\boldsymbol{a}=\boldsymbol{j}$ 时,

$$F = \langle \boldsymbol{x}, \boldsymbol{j}\rangle = \langle x\boldsymbol{i} + y\boldsymbol{j} + f\boldsymbol{k}, \boldsymbol{j}\rangle = y,$$

所以,$\Delta y = 2H\langle \boldsymbol{e}_3, \boldsymbol{j}\rangle = 2H \cdot 0 = 0$.

当 $\boldsymbol{a}=\boldsymbol{k}$ 时,

$$F = \langle \boldsymbol{x}, \boldsymbol{k}\rangle = \langle x\boldsymbol{i} + y\boldsymbol{j} + f\boldsymbol{k}, \boldsymbol{k}\rangle = f,$$

所以,$\Delta f = 2H\langle \boldsymbol{e}_3, \boldsymbol{k}\rangle$.

由此推得

$$\begin{aligned} \Delta\boldsymbol{x} &= (\Delta x, \Delta y, \Delta f) = (0, 0, 2H\langle \boldsymbol{e}_3, \boldsymbol{k}\rangle) = 2H(\langle \boldsymbol{e}_3, \boldsymbol{i}\rangle, \langle \boldsymbol{e}_3, \boldsymbol{j}\rangle, \langle \boldsymbol{e}_3, \boldsymbol{k}\rangle) \\ &= 2H[\langle \boldsymbol{e}_3, \boldsymbol{i}\rangle\boldsymbol{i} + \langle \boldsymbol{e}_3, \boldsymbol{j}\rangle\boldsymbol{j} + \langle \boldsymbol{e}_3, \boldsymbol{k}\rangle\boldsymbol{k}] = 2H\boldsymbol{e}_3. \end{aligned}$$

(7) 分别用 $F=x,y,f$ 代入(4)得到:极小曲面,即 $H=0$

$$\Leftrightarrow \Delta \boldsymbol{x} = 0$$

$$\Leftrightarrow \begin{cases} \Delta x = 0, \\ \Delta y = 0, \\ \Delta f = 0 \end{cases}$$

$$\Leftrightarrow \begin{cases} 0 = \Delta x = \dfrac{1}{W}\Big[\dfrac{\partial}{\partial x}\Big(\dfrac{1+q^2}{W}\cdot 1 - \dfrac{pq}{W}\cdot 0\Big) + \dfrac{\partial}{\partial y}\Big(\dfrac{-pq}{W}\cdot 1 + \dfrac{1+p^2}{W}\cdot 0\Big)\Big], \\ 0 = \Delta y = \dfrac{1}{W}\Big[\dfrac{\partial}{\partial x}\Big(\dfrac{1+q^2}{W}\cdot 0 - \dfrac{pq}{W}\cdot 1\Big) + \dfrac{\partial}{\partial y}\Big(\dfrac{-pq}{W}\cdot 0 + \dfrac{1+p^2}{W}\cdot 1\Big)\Big], \\ 0 = \Delta f = \dfrac{1}{W}\Big[\dfrac{\partial}{\partial x}\Big(\dfrac{1+q^2}{W}\cdot f'x - \dfrac{pq}{W}f'_y\Big) + \dfrac{\partial}{\partial y}\Big(\dfrac{-pq}{W}f'_x + \dfrac{1+p^2}{W}f'_y\Big)\Big] \end{cases}$$

$$\Leftrightarrow \begin{cases} 0 = \dfrac{\partial}{\partial x}\dfrac{1+q^2}{W} + \dfrac{\partial}{\partial y}\dfrac{-pq}{W}, \\ 0 = \dfrac{\partial}{\partial x}\dfrac{-pq}{W} + \dfrac{\partial}{\partial y}\dfrac{1+p^2}{W}, \\ 0 = \dfrac{1}{W}\Big[\Big(\dfrac{\partial}{\partial x}\dfrac{1+q^2}{W} + \dfrac{\partial}{\partial y}\dfrac{-pq}{W}\Big)p + \Big(\dfrac{\partial}{\partial x}\dfrac{-pq}{W} + \dfrac{\partial}{\partial y}\dfrac{1+p^2}{W}\Big)q \\ \qquad + \Big(\dfrac{1+q^2}{W}r - \dfrac{2pqs}{W} + \dfrac{1+p^2}{W}t\Big)\Big] \end{cases}$$

$$\Leftrightarrow \begin{cases} 0 = \dfrac{\partial}{\partial x}\dfrac{1+q^2}{W} + \dfrac{\partial}{\partial y}\dfrac{-pq}{W}, \\ 0 = \dfrac{\partial}{\partial x}\dfrac{-pq}{W} + \dfrac{\partial}{\partial y}\dfrac{1+p^2}{W}, \\ 0 = (1+q^2)r - 2pqs + (1+p^2)t \end{cases}$$

$$\overset{(2)}{\Leftrightarrow} \begin{cases} \dfrac{\partial}{\partial x}\dfrac{1+q^2}{W} + \dfrac{\partial}{\partial y}\dfrac{-pq}{W} = 0, \\ \dfrac{\partial}{\partial x}\dfrac{-pq}{W} + \dfrac{\partial}{\partial y}\dfrac{1+p^2}{W} = 0, \\ \dfrac{\partial}{\partial x}\Big(\dfrac{p}{W}\Big) + \dfrac{\partial}{\partial y}\Big(\dfrac{q}{W}\Big) = 0. \end{cases}$$

3.2.6* $\mathbf{R}^3$ 中任何 C^2 极小曲面 M 上存在局部等温参数.

证明 由流形的定义知,M 的每一点必有单连通的坐标邻域,使得它的坐标参数为$\{x,y\}$(或$\{y,z\}$,或$\{z,x\}$). 在此坐标邻域中,M 的参数表示为

$$\boldsymbol{x} = (x, y, f(x,y)).$$

设 $p=f'_x, q=f'_y$. 由习题 3.2.5(7):

$$\frac{\partial}{\partial x}\frac{-pq}{W}+\frac{\partial}{\partial y}\frac{1+p^2}{W}=0,$$

得到

$$\xi'_x=\frac{1+p^2}{W},\quad \xi'_y=\frac{pq}{W},$$

$$\xi''_{xy}=\frac{\partial}{\partial y}\frac{1+p^2}{W}=\frac{\partial}{\partial x}\frac{pq}{W}=\xi''_{yx}.$$

因此,它有解 $\xi=\xi(x,y)$. 同理,由习题 3.2.5(7):

$$\frac{\partial}{\partial x}\frac{1+q^2}{W}+\frac{\partial}{\partial y}\frac{-pq}{W}=0,$$

得到

$$\eta'_x=\frac{pq}{W},\quad \eta'_y=\frac{1+q^2}{W},$$

$$\eta''_{xy}=\frac{\partial}{\partial y}\frac{pq}{W}=\frac{\partial}{\partial x}\frac{1+q^2}{W}=\eta''_{yx}.$$

因此,它有解 $\eta=\eta(x,y)$. 又因为 $\xi'_y=\frac{pq}{W}=\eta'_x$,所以存在函数 $\varphi=\varphi(x,y)$ 满足

$$\varphi'_x=\xi,\quad \varphi'_y=\eta$$

(注意到 $\varphi''_{xy}=\xi'_y=\frac{pq}{W}=\eta'_x=\varphi''_{yx}$). 显然,

$$\varphi''_{xx}=\xi'_x=\frac{1+p^2}{W}>0,\quad \varphi''_{yx}=\varphi''_{xy}=\frac{pq}{W},\quad \varphi''_{yy}=\eta'_y=\frac{1+q^2}{W}>0.$$

因此

$$\begin{vmatrix}\varphi''_{xx} & \varphi''_{xy}\\ \varphi''_{xy} & \varphi''_{yy}\end{vmatrix}=\begin{vmatrix}\frac{1+p^2}{W} & \frac{pq}{W}\\ \frac{pq}{W} & \frac{1+q^2}{W}\end{vmatrix}=\frac{1}{W^2}[(1+p^2)(1+q^2)-p^2q^2]$$

$$=\frac{1}{W^2}(1+p^2+q^2)=1>0.$$

它表明

$$\begin{pmatrix}\varphi''_{xx} & \varphi''_{xy}\\ \varphi''_{xy} & \varphi''_{yy}\end{pmatrix}$$

为正定矩阵.

考察 Levy 变换

$$\begin{cases} u = x + \xi(x,y), \\ v = y + \eta(x,y). \end{cases}$$

由于

$$\begin{cases} u'_x \mathrm{d}x + u'_y \mathrm{d}y = \mathrm{d}u = \mathrm{d}x + \xi'_x \mathrm{d}x + \xi'_y \mathrm{d}y = \left(1 + \dfrac{1+p^2}{W}\right)\mathrm{d}x + \dfrac{pq}{W}\mathrm{d}y, \\ v'_x \mathrm{d}x + v'_y \mathrm{d}y = \mathrm{d}v = \mathrm{d}y + \eta'_x \mathrm{d}x + \eta'_y \mathrm{d}y = \dfrac{pq}{W}\mathrm{d}x + \left(1 + \dfrac{1+q^2}{W}\right)\mathrm{d}y, \end{cases}$$

故 Levy 变换的 Jacobi 行列式为

$$\begin{aligned} \begin{vmatrix} u'_x & u'_y \\ v'_x & v'_y \end{vmatrix} &= \begin{vmatrix} 1 + \dfrac{1+p^2}{W} & \dfrac{pq}{W} \\ \dfrac{pq}{W} & 1 + \dfrac{1+q^2}{W} \end{vmatrix} = \left(1 + \dfrac{1+p^2}{W}\right)\left(1 + \dfrac{1+q^2}{W}\right) - \dfrac{p^2q^2}{W^2} \\ &= 1 + \dfrac{2+p^2+q^2}{W} + \dfrac{1+p^2+q^2+p^2q^2}{W^2} - \dfrac{p^2q^2}{W^2} \\ &= 1 + \dfrac{2+p^2+q^2}{W} + \dfrac{1+p^2+q^2}{W^2} = 2 + \dfrac{2+p^2+q^2}{W} > 0. \end{aligned}$$

这表明 Levy 变换 $(x,y) \mapsto (u,v)$ 为参数变换.

进而

$$\begin{aligned} \mathrm{d}u^2 + \mathrm{d}v^2 &= \left[\left(1 + \frac{1+p^2}{W}\right)\mathrm{d}x + \frac{pq}{W}\mathrm{d}y\right]^2 + \left[\frac{pq}{W}\mathrm{d}x + \left(1 + \frac{1+q^2}{W}\right)\mathrm{d}y\right]^2 \\ &= \left[\left(1 + \frac{1+p^2}{W}\right)^2 + \frac{p^2q^2}{W^2}\right]\mathrm{d}x^2 + 2\,\frac{pq}{W}\left[\left(1 + \frac{1+p^2}{W}\right)\right. \\ &\quad \left. + \left(1 + \frac{1+q^2}{W}\right)\right]\mathrm{d}x\mathrm{d}y + \left[\frac{p^2q^2}{W^2} + \left(1 + \frac{1+q^2}{W}\right)^2\right]\mathrm{d}y^2 \\ &= \left(\frac{1+W}{W}\right)^2(1+p^2)\mathrm{d}x^2 + \frac{2W+1+W^2}{W^2} \cdot 2pq\,\mathrm{d}x\mathrm{d}y \\ &\quad + \left(\frac{1+W}{W}\right)^2(1+q^2)\mathrm{d}y^2 \\ &= \left(\frac{1+W}{W}\right)^2\left[(1+p^2)\mathrm{d}x^2 + 2pq\,\mathrm{d}x\mathrm{d}y + (1+q^2)\mathrm{d}y^2\right], \end{aligned}$$

其中

$$\left(1+\frac{1+p^2}{W}\right)^2+\frac{p^2q^2}{W^2}=1+2\cdot\frac{1+p^2}{W}+\frac{(1+p^2)^2}{W^2}+\frac{p^2q^2}{W^2}$$

$$=1+\frac{2}{W}(1+p^2)+\frac{1+p^2}{W^2}+\frac{p^2+p^4+p^2q^2}{W^2}$$

$$=\frac{1}{W^2}(1+p^2)+\frac{2}{W}(1+p^2)+1+p^2$$

$$=\frac{1+2W+W^2}{W^2}(1+p^2)=\left(\frac{1+W}{W}\right)^2(1+p^2).$$

同理或由对称性，知

$$\left(1+\frac{1+q^2}{W}\right)^2+\frac{p^2q^2}{W^2}=\left(\frac{1+W}{W}\right)^2(1+q^2),$$

于是，根据习题 3.2.5(1)，M 的第1基本形式为

$$I=(1+p^2)dx^2+2pq\,dx\,dy+(1+q^2)dy^2$$

$$=\left(\frac{W}{1+W}\right)(du^2+dv^2),$$

这表明$\{u,v\}$为M的局部等温参数. □

3.2.7* 设$\{r,\theta\}$为平面 $\mathbf{R}^2$ 上的极坐标系，其参数表示为

$$\boldsymbol{x}=(r\cos\theta,r\sin\theta).$$

则第1基本形式为

$$I=dr^2+r^2d\theta^2,$$

且在极坐标系下，Laplace 算子为

$$\Delta f=f''_{rr}+\frac{f'_r}{r}+\frac{f''_{\theta\theta}}{r^2},$$

其中 f 为 r,θ 的 C^2 函数.

证明 证法1 计算得

$$\boldsymbol{x}'_r=(\cos\theta,\sin\theta),\quad \boldsymbol{x}'_\theta=(-r\sin\theta,r\cos\theta),$$

$$E=\boldsymbol{x}'_r\cdot\boldsymbol{x}'_r=\cos^2\theta+\sin^2\theta=1,$$

$$F=\boldsymbol{x}'_r\cdot\boldsymbol{x}'_\theta=-r\cos\theta\sin\theta+r\sin\theta\cos\theta=0\quad(\text{即 }\boldsymbol{x}'_r\perp\boldsymbol{x}'_\theta),$$

$$G=\boldsymbol{x}'_\theta\cdot\boldsymbol{x}'_\theta=r^2\sin^2\theta+r^2\cos^2\theta=r^2,$$

$$I=Edr^2+2Fdrd\theta+Gd\theta^2=dr^2+r^2d\theta^2.$$

取

$$\begin{cases}\omega_1=\sqrt{E}\mathrm{d}r=\mathrm{d}r,\\ \omega_2=\sqrt{G}\mathrm{d}\theta=r\mathrm{d}\theta,\end{cases}$$

则

$$\omega_{12}=-\omega_{21}=-\frac{E'_\theta}{2\sqrt{EG}}\mathrm{d}r+\frac{G'_r}{2\sqrt{EG}}\mathrm{d}\theta=0\cdot\mathrm{d}r+\frac{2r}{2\sqrt{1\cdot r^2}}\mathrm{d}\theta=\mathrm{d}\theta.$$

于是,对 C^2 函数 f,

$$\begin{cases}f_1=\dfrac{f'_r}{\sqrt{E}}=f'_r,\\ f_2=\dfrac{f'_\theta}{\sqrt{G}}=\dfrac{f'_\theta}{r},\end{cases}$$

$$\begin{cases}f_{11}\omega_1+f_{12}\omega_2=\mathrm{d}f_1+f_2\omega_{21}=f''_{rr}\mathrm{d}r+f''_{r\theta}\mathrm{d}\theta-\dfrac{f'_\theta}{r}\mathrm{d}\theta\\ \qquad\qquad=f''_{rr}\omega_1+\dfrac{rf''_{r\theta}-f'_\theta}{r^2}\omega_2,\\ f_{21}\omega_1+f_{22}\omega_2=\mathrm{d}f_2+f_1\omega_{12}=\dfrac{(f''_{\theta r}\mathrm{d}r+f''_{\theta\theta}\mathrm{d}\theta)r-f'_\theta\mathrm{d}r}{r^2}+f'_r\mathrm{d}\theta\\ \qquad\qquad=\dfrac{rf''_{\theta r}-f'_\theta}{r^2}\omega_1+\left(\dfrac{f''_{\theta\theta}}{r^2}+\dfrac{f'_r}{r}\right)\omega_2.\end{cases}$$

因此

$$\Delta f=f_{11}+f_{22}=f''_{rr}+\frac{f'_r}{r}+\frac{f''_{\theta\theta}}{r^2}.$$

证法 2　根据习题 3.2.3 的证法 2,有

$$\Delta f=\frac{1}{\sqrt{EG}}\left[\frac{\partial}{\partial r}\left(\sqrt{\frac{G}{E}}f'_r\right)+\frac{\partial}{\partial\theta}\left(\sqrt{\frac{E}{G}}f'_\theta\right)\right]=\frac{1}{r}\left[\frac{\partial}{\partial r}(rf'_r)+\frac{\partial}{\partial\theta}\left(\frac{1}{r}f'_\theta\right)\right]$$

$$=\frac{1}{r}\left[(f'_r+rf''_{rr})+\frac{1}{r}f''_{\theta\theta}\right]=f''_{rr}+\frac{f'_r}{r}+\frac{f''_{\theta\theta}}{r^2}.$$

□

3.2.8*　设 $\mathbf{R}^3$ 中 C^2 曲面 M 在等温参数 $\{u,v\}$ 下,第 1 基本形式:

$$I=\mathrm{d}s^2=E(\mathrm{d}u^2+\mathrm{d}v^2)=\lambda^2(\mathrm{d}u^2+\mathrm{d}v^2),\quad E=G=\lambda^2\quad(\lambda>0).$$

(1) Laplace 算子表达式为

$$\Delta f=\frac{1}{E}(f''_{uu}+f''_{vv})=\frac{1}{\lambda^2}(f''_{uu}+f''_{vv}),$$

其中 f 为 M 上的 C^2 函数;

(2) Gauss 曲率为

$$K_G = -\Delta \ln \sqrt{E} = -\Delta \ln \lambda.$$

证明　(1) 证法1　取

$$\begin{cases}\omega_1 = \sqrt{E}\mathrm{d}u = \lambda \mathrm{d}u,\\ \omega_2 = \sqrt{G}\mathrm{d}v = \lambda \mathrm{d}v,\end{cases}$$

则

$$\omega_{12} = -\omega_{21} = -\frac{E'_v}{2\sqrt{EG}}\mathrm{d}u + \frac{G'_u}{2\sqrt{EG}}\mathrm{d}v = -\frac{(\sqrt{E})'_v}{\sqrt{G}}\mathrm{d}u + \frac{(\sqrt{G})'_u}{2\sqrt{E}}\mathrm{d}v$$
$$= -\frac{\lambda'_v}{\lambda}\mathrm{d}u + \frac{\lambda'_u}{\lambda}\mathrm{d}v = -(\ln\lambda)'_v\mathrm{d}u + (\ln\lambda)'_u\mathrm{d}v.$$

$$f_1\omega_1 + f_2\omega_2 = f'_u\mathrm{d}u + f'_v\mathrm{d}v = \frac{f'_u}{\sqrt{E}}\omega_1 + \frac{f'_v}{\sqrt{G}}\omega_2 = \frac{f'_u}{\lambda}\omega_1 + \frac{f'_v}{\lambda}\omega_2,$$

$$\begin{cases}f_1 = \dfrac{f'_u}{\sqrt{E}} = \dfrac{f'_u}{\lambda},\\ f_2 = \dfrac{f'_v}{\sqrt{G}} = \dfrac{f'_v}{\lambda}.\end{cases}$$

于是

$$\begin{cases}f_{11}\omega_1 + f_{12}\omega_2\\ \quad = \mathrm{d}f_1 + f_2\omega_{21} = \mathrm{d}\,\dfrac{f'_u}{\lambda} + \dfrac{f'_v}{\lambda}\left(\dfrac{\lambda'_v}{\lambda}\mathrm{d}u - \dfrac{\lambda'_u}{\lambda}\mathrm{d}v\right),\\ \quad = \dfrac{1}{\lambda}(f''_{uu}\mathrm{d}u + f''_{uv}\mathrm{d}v) - \dfrac{f'_u}{\lambda^2}(\lambda'_u\mathrm{d}u + \lambda'_v\mathrm{d}v) + \dfrac{f'_v}{\lambda}\left(\dfrac{\lambda'_v}{\lambda}\mathrm{d}u - \dfrac{\lambda'_u}{\lambda}\mathrm{d}v\right)\\ \quad = \left(\dfrac{f''_{uu}}{\lambda^2} - \dfrac{f'_u\lambda'_u}{\lambda^3} + \dfrac{f'_v\lambda'_v}{\lambda^3}\right)\omega_1 + \left(\dfrac{f''_{uv}}{\lambda^2} - \dfrac{f'_u\lambda'_v}{\lambda^3} - \dfrac{f'_v\lambda'_u}{\lambda^3}\right)\omega_2,\\ f_{21}\omega_1 + f_{22}\omega_2\\ \quad = \mathrm{d}f_2 + f_1\omega_{12} = \mathrm{d}\,\dfrac{f'_v}{\lambda} + \dfrac{f'_u}{\lambda}\left(-\dfrac{\lambda'_v}{\lambda}\mathrm{d}u + \dfrac{\lambda'_u}{\lambda}\mathrm{d}v\right)\\ \quad = \dfrac{1}{\lambda}(f''_{vu}\mathrm{d}u + f''_{vv}\mathrm{d}v) - \dfrac{f'_v}{\lambda^2}(\lambda'_u\mathrm{d}u + \lambda'_v\mathrm{d}v) + \dfrac{f'_u}{\lambda}\left(-\dfrac{\lambda'_v}{\lambda}\mathrm{d}u + \dfrac{\lambda'_u}{\lambda}\mathrm{d}v\right)\\ \quad = \left(\dfrac{f''_{vu}}{\lambda^2} - \dfrac{f'_v\lambda'_u}{\lambda^3} - \dfrac{f'_u\lambda'_v}{\lambda^3}\right)\omega_1 + \left(\dfrac{f''_{vv}}{\lambda^2} - \dfrac{f'_v\lambda'_v}{\lambda^3} + \dfrac{f'_u\lambda'_u}{\lambda^3}\right)\omega_2,\end{cases}$$

$$\Delta f=f_{11}+f_{22}=\left(\frac{f''_{uu}}{\lambda^2}-\frac{f'_u\lambda'_u}{\lambda^3}+\frac{f'_v\lambda'_v}{\lambda^3}\right)+\left(\frac{f''_{vv}}{\lambda^2}-\frac{f'_v\lambda'_v}{\lambda^3}+\frac{f'_u\lambda'_u}{\lambda^3}\right)$$

$$=\frac{1}{\lambda^2}(f''_{uu}+f''_{vv})=\frac{1}{E}(f''_{uu}+f''_{vv}).$$

证法 2　根据习题 3.2.3 的证法 2，有

$$\Delta f=\frac{1}{\sqrt{EG}}\left[\frac{\partial}{\partial u}\left(\sqrt{\frac{G}{E}}f'_u\right)+\frac{\partial}{\partial v}\left(\sqrt{\frac{E}{G}}f'_v\right)\right]$$

$$=\frac{1}{E}\left(\frac{\partial}{\partial u}f'_u+\frac{\partial}{\partial v}f'_v\right)=\frac{1}{E}(f''_{uu}+f''_{vv})=\frac{1}{\lambda^2}(f''_{uu}+f''_{uv}).$$

(2) 证法 1

$$K_G\xlongequal{\text{注 2.9.2}}-\frac{1}{\sqrt{EG}}\left\{\left[\frac{(\sqrt{E})'_u}{\sqrt{G}}\right]'_u+\left[\frac{(\sqrt{G})'_v}{\sqrt{E}}\right]'_v\right\}$$

$$\xlongequal{E=G=\lambda^2}-\frac{1}{\lambda^2}\left[\left(\frac{\lambda'_u}{\lambda}\right)'_u+\left(\frac{\lambda'_v}{\lambda}\right)'_v\right]$$

$$=-\frac{1}{\lambda^2}[(\ln\lambda)''_{uu}+(\ln\lambda)''_{vv}]\xlongequal{(1)}-\Delta\ln\lambda=-\Delta\ln\sqrt{E}.$$

证法 2　根据[21]2.11 节，知

$$K_G\omega_1\wedge\omega_2=-d\omega_{12}=-d[-(\ln\lambda)'_v du+(\ln\lambda)'_u dv]$$

$$=-[(\ln\lambda)''_{uu}+(\ln\lambda)''_{vv}]du\wedge dv$$

$$=-\frac{1}{\lambda^2}[(\ln\lambda)''_{uu}+(\ln\lambda)''_{vv}]\omega_1\wedge\omega_2,$$

$$K_G=-\frac{1}{\lambda^2}[(\ln\lambda)''_{uu}+(\ln\lambda)''_{vv}]=-\Delta\ln\lambda=-\Delta\ln\sqrt{E}.$$ □

3.3　Gauss-Bonnet 公式

1. 知识要点

定理 3.3.1（局部 Gauss-Bonnet 公式）　(1)（光滑闭曲线围成单连通区域的 Gauss-Bonnet 公式）设 C 为 C^2 正则曲面 M 上的一条光滑(C^2)正则简单闭曲线，它

包围的区域 $\mathscr{D}$ 为一个单连通区域，相应的参数平面中的区域为 D. 选曲面 M 上的参数曲线网(u,v)为正交曲线网. s 为曲线 C 的弧长，则有

$$\int_C \kappa_g \mathrm{d}s + \iint_{\mathscr{D}} K_G \mathrm{d}\sigma = 2\pi.$$

(2)（逐段光滑闭曲线围成单连通区域的 Gauss-Bonnet 公式）在(1)中将"C 为光滑(C^2)正则简单闭曲线"改为"逐段光滑(C^2)正则简单闭曲线"，仍有

$$\sum_{i=1}^{n} \theta_i + \int_C \kappa_g \mathrm{d}s + \iint_{\mathscr{D}} K_G \mathrm{d}\sigma = 2\pi,$$

其中 C 由光滑(C^2)曲线 $C_1, C_2, \cdots, C_n$ 组成，θ_i 为其交接处的跳跃角(可正可负).

推论 3.3.1　由测地线段所围成的单连通的测地 n 边形中，Gauss-Bonnet(测地线上，$\kappa_g = 0$)化为

$$\sum_{i=1}^{n} \theta_i + \iint_{\mathscr{D}} K_G \mathrm{d}\sigma = 2\pi.$$

如记 η_i 为 A_i 点处的内角，则 $\theta_i = \pi - \eta_i$，

$$\sum_{i=1}^{n} \eta_i = (n-2)\pi + \iint_{\mathscr{D}} K_G \mathrm{d}\sigma.$$

当 $n=3$，K_G 为常数时，测地三角形的内角和为

$$\eta_1 + \eta_2 + \eta_3 = \pi + K_G \cdot A \quad \left(A = \iint_{\mathscr{D}} \mathrm{d}\sigma \text{ 为 } \mathscr{D} \text{ 的面积}\right)$$

$$\begin{cases} < \pi, & \text{当 } K_G < 0 \text{ 时} \quad \text{(常负曲率曲面，如伪球面)}, \\ = \pi, & \text{当 } K_G = 0 \text{ 时} \quad \text{(如 Euclid 平面)}, \\ > \pi, & \text{当 } K_G > 0 \text{ 时} \quad \text{(常正曲率曲面，如球面)}. \end{cases}$$

引理 3.3.1　亏格为 g(洞数)的 2 维定向紧致曲面 M 的 Euler-Poincaré 示性数为 $\chi(M) = 2(1-g)$，其中 $\chi(M) = \alpha_0 - \alpha_1 + \alpha_2$，$\alpha_0$ 为三角剖分中三角形的顶点个数，α_1 为三角剖分中三角形的边数，α_2 为三角剖分中三角形的个数. $\alpha_0, \alpha_1, \alpha_2$ 与三角剖分有关，而 $\chi(M) = \alpha_0 - \alpha_1 + \alpha_2$ 与三角剖分无关.

定理 3.3.2(整体 Gauss-Bonnet 公式)　设 Ω 为 $\mathbf{R}^3$ 中 2 维 C^2 定向流形(超曲面)M 上的一个区域，Ω 的边界 $\partial\Omega$ 是由 n 条简单闭曲线 $C_1, C_2, \cdots, C_n$ 组成的. 其中每条 C_i 是分段光滑(C^2)正则且正定向(与 M 的定向一致)的. $C_1, C_2, \cdots, C_n$ 的外角记为 $\theta_1, \theta_2, \cdots, \theta_n$($\theta_i$ 的正负号由 M 的定向决定：当 $\boldsymbol{x}'(s_i^-)$ 到 $\boldsymbol{x}'(s_i^+)$ 的方向与 M 的

定向一致时,θ_i 取正号;反之,取负号. 因此,$-\pi\leqslant\theta_i\leqslant\pi$). 于是,有

$$\sum_{i=1}^{n}\theta_i+\sum_{i=1}^{n}\int_{C_i}\kappa_g(s)\mathrm{d}s+\iint_{\Omega}K_G\mathrm{d}\sigma=2\pi\chi(\Omega).$$

注 3.3.1 在定理 3.3.2 中,

(1) Gauss-Bonnet 公式的左边是一个微分几何量,右边是一个拓扑不变量. 因此,该公式是联系微分几何与代数拓扑两大领域的极其重要的公式.

(2) θ_i,κ_g,K_G 都是局部的微分几何量,经积分与求和成为整体的量;而公式右边是拓扑学中的一个整体量. 因此,该 Gauss-Bonnet 公式是局部量与整体量相联系的极其重要的公式.

推论 3.3.2 设 Ω 为 $\mathbf{R}^3$ 中 2 维 C^2 定向流形(超曲面)M 上的一个单连通区域,Ω 的边界为分段 C^2 正则的简单闭曲线 C,s 为弧长参数,$s_0,s_1,\cdots,s_n$ 与 $\theta_0,\theta_1,\cdots,\theta_n$ 分别为 C 的顶点(两相邻分段曲线的交点)的弧长参数与外角,其中 s_{n+1} 与 s_0 为同一顶点的参数,κ_g 为 C 的测地曲率,则有

$$\sum_{i=0}^{n}\theta_i+\sum_{i=0}^{n}\int_{s_i}^{s_{i+1}}\kappa_g(s)\mathrm{d}s+\iint_{\Omega}K_G\mathrm{d}\sigma=2\pi.$$

推论 3.3.3 设 M 为 $\mathbf{R}^3$ 中 2 维紧致 C^2 定向流形(超曲面),则有

$$\iint_{M}K_G\mathrm{d}\sigma=2\pi\chi(M).$$

例 3.3.1 设 M 为 $\mathbf{R}^3$ 中的 2 维 C^2 紧致、定向、连通的流形(超曲面),它的 Gauss(总)曲率 $K_G\geqslant 0$,则 M 的 Euler 示性数 $\chi(M)=2$,亏格 $g(M)=0$,且它必与球面同胚,以及

$$\iint_{M}K_G\mathrm{d}\sigma=4\pi.$$

例 3.3.2 设 M 为 $\mathbf{R}^3$ 中的 2 维定向 C^2 流形(超曲面),Gauss(总)曲率 $K_G<0$,则 M 上不存在由一点出发且相交于另一点的两条测地线,使所围的区域 Ω 是单连通的.

例 3.3.3 设 C 为 $\mathbf{R}^3$ 中一条曲率非零的 C^1 正则闭曲线,如果它的主法向量 $\mathbf{V}_2(s)$(称为**主法线像**)为单位球面 S^2 上的简单闭曲线,则它平分 S^2 的面积.

定理 3.3.3 设 M 为 $\mathbf{R}^3$ 中的 2 维紧致、定向、连通的 C^2 流形(超曲面),其亏格为 g,则

$$\iint_{M^+} K_G \mathrm{d}\sigma \geqslant 4\pi,\quad \iint_{M} K_G \mathrm{d}\sigma = 4\pi(1-g),$$

以及 M 的**绝对全曲率**

$$\iint_{M} |K_G| \mathrm{d}\sigma \geqslant 4\pi(1+g),$$

其中 $M^+ = \{\boldsymbol{x}\in M \mid \text{Gauss(总)曲率 } K_G(\boldsymbol{x})\geqslant 0\}$.

定理 3.3.4(Hadamard,1897)　设 M 为 $\mathbf{R}^3$ 中的 2 维紧致、定向、连通的 C^2 流形(超曲面),如果 M 的 Gauss(总)曲率 K_G 处处为正的(Gauss 曲率恒为正的紧致曲面称为**卵形面**),则:

(1) Gauss 映射为一一映射;

(2) M 为严格凸曲面(如果 M 位于每一点的切平面的同一侧,则称 M 为**凸曲面**;进而,如果凸曲面上每一点 P 的切平面都只与该曲面交于该切点 P 一个点,则称 M 为**严格凸曲面**).

注 3.3.1　在定理 3.3.4 中,如果将"$K_G>0$"改为"$K_G\geqslant 0$",则 M 为凸曲面的结论仍成立. 读者可参阅文献[14].

注 3.3.2　关于卵形面,特别是等宽曲面的研究参阅习题 3.3.7.

2. 习题解答

3.3.1　计算下列曲面的 Euler-Poincaré 示性数:

(1) 椭球面 $\left\{(x,y,z)\in\mathbf{R}^3 \,\middle|\, \frac{x^2}{a^2}+\frac{y^2}{b^2}+\frac{z^2}{c^2}=1, a>0, b>0, c>0\right\}$;

(2) $M=\{(x,y,z)\in\mathbf{R}^3 \mid x^2+y^4+z^6=1\}$;

(3) 环面 $S^1\times S^1$ 或它的同胚像

$T^2: \boldsymbol{x}(u,v) = ((a+r\cos u)\cos v, (a+r\cos u)\sin v, r\sin u)\quad (0<r<a)$.

解　(1) 因为椭球面 M 同胚于单位球面 S^2,所以根据 Euler-Poincaré 示性数的拓扑(同胚)不变性知,它的 Euler 示性数为 2. 至于单位球面 S^2 的 Euler-Poincaré 示性数有如下几种解法.

解法 1　参阅推论 3.3.1 后的论述. S^2 的 Euler-Poincaré 示性数

$$\chi(S^2) = \sum_{i=0}^{2}(-1)^i\alpha_i = 4-6+4 = 2.$$

解法 2　根据参考文献[13]第 112 页例 4.6 知，S^2 的整系数单纯同调群为

$$H_0(S^2)\cong\mathbf{Z},\quad H_1(S^2)=0,\quad H_2(S^2)\cong\mathbf{Z},$$

其中 $\mathbf{Z}$ 为整数群. 于是，由 Euler-Poincaré 公式([13]第 118 页定理 5.3)，

$$\chi(S^2)=\sum_{i=0}^{2}(-1)^i R_i=1-0+1=2,$$

其中 R_i 为 S^2 的第 i 个 Betti 数，即 $H_i(S^2)$的秩：$\mathrm{rank}H_i(S^2)$或秩 $H_i(S^2)$.

解法 3　显然，S^2 的 Gauss 曲率为 1. 根据推论 3.3.3，有

$$4\pi=\iint_{S^2}\frac{1}{1^2}\mathrm{d}\sigma=\iint_{S^2}\frac{1}{R^2}\mathrm{d}\sigma=\iint_{S^2}K_G\mathrm{d}\sigma=2\pi\chi(S^2),$$

$$\chi(S^2)=\frac{4\pi}{2\pi}=2.$$

解法 4　从例 3.4.1，得到

$$\chi(S^2)=\mathrm{Ind}_pX+\mathrm{Ind}_{-p}X=1+1=2$$

(也可仿单位球面的各种解法直接解得椭球面的 Euler-Poincaré 示性数为 2).

(2) 作映射 $f:S^2=\{(u_1,u_2,u_3)\in\mathbf{R}^3\mid u_1^2+u_2^2+u_3^2=1\}\to M=\{(x,y,z)\in\mathbf{R}^3\mid x^2+y^4+z^6=1\}$，

$$(x,y,z)=f(u_1,u_2,u_3)=\begin{cases}(u_1,\sqrt{u_2},\sqrt[3]{u_3}), & u_2>0,\\ (u_1,-\sqrt{-u_2},\sqrt[3]{u_3}), & u_2\leqslant 0.\end{cases}$$

易见，f 为拓扑(同胚)映射，根据 Euler-Poincaré 示性数的拓扑(同胚)不变性立知，M 的 Euler-Poincaré 示性数为

$$\chi(M)=\chi(S^2)\xlongequal{(2)}2.$$

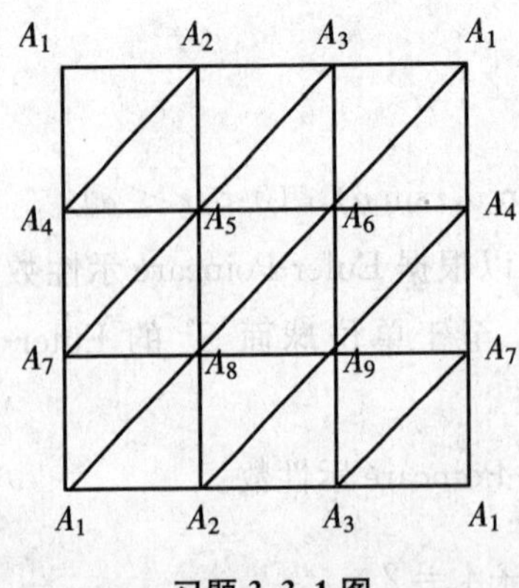

习题 3.3.1 图

(3) 解法 1　由习题 3.3.1 图(环面 T^2 的三角剖分示意图)，知

$$\chi(T^2)=\sum_{i=0}^{2}(-1)^i\alpha_i=9-27+18=0.$$

解法 2　根据参考文献[13]第 110 页例 4.3 知，T^2 的整系数单纯同调群为

$$H_0(T^2)\approx\mathbf{Z},\quad H_1(T^2)\approx\mathbf{Z}\oplus\mathbf{Z},\quad H_2(T_2)\approx\mathbf{Z}.$$

于是，由 Euler-Poincaré 公式([13]第 118 页定理

5.3),

$$\chi(T^2)=\sum_{i=0}^{2}(-1)^iR_i=1-2+1=0.$$

解法 3 由例 2.6.1,T^2 的 Gauss 曲率为

$$K_G=\frac{\cos u}{r(a+r\cos u)},$$

故根据推论 3.3.3,有

$$\begin{aligned}\chi(T^2)&=\frac{1}{2\pi}\iint_{T^2}K_G\mathrm{d}\sigma=\frac{1}{2\pi}\iint_{[0,2\pi]^2}\frac{\cos u}{r(a+r\cos u)}\sqrt{EG-F^2}\mathrm{d}u\mathrm{d}v\\&=\frac{1}{2\pi}\iint_{[0,2\pi]^2}\frac{\cos u}{r(a+r\cos u)}\cdot r(a+r\cos u)\mathrm{d}u\mathrm{d}v\\&=\frac{1}{2\pi}\int_0^{2\pi}\mathrm{d}v\int_0^{2\pi}\cos u\mathrm{d}u=\sin u\Big|_0^{2\pi}=0.\end{aligned}$$

解法 4 根据[7]第 253 页例 5,环面 $S^1\times S^1$ 上有处处非零的 C^∞ 切向量场$\frac{\partial}{\partial\theta}$或$\frac{\partial}{\partial\varphi}$. 或者它的 C^∞ 同胚像 T^2 上有处处非零的 C^∞ 切向量场

$$\boldsymbol{x}'_u(u,v)=(-r\sin u\cos v,-r\sin u\sin v,r\cos u)$$

或

$$\boldsymbol{x}'_v(u,v)=(-(a+r\cos u)\sin v,(a+r\cos u)\cos v,0).$$

再根据[7]第 250 页定理 2,知 $\chi(T^2)=0$. □

3.3.2 $\mathbf{R}^3$ 中一个 2 维紧致曲面 M 的洞(窟窿)数称为它的**亏格**.

$\mathbf{R}^3$ 中亏格为 g 的 2 维、紧致、定向、连通曲面的 Euler-Poincaré 示性数 $\chi(M)$ 为 $2(1-g)$,即 $\chi(M)=2(1-g)$.

进而,立知 $\mathbf{R}^3$ 中 2 维紧致、定向、连通曲面 M 的 Euler-Poincaré 示性数总是 $2,0,-2,-4,\cdots,-2n,\cdots$中的一个.

证明 切开紧致曲面 M 的每一个环柄,将切口用面盖上. 由于每切开一个环柄,都需要盖上两个面. 因此,将环柄全部切掉后,一共要盖上 $2g$ 个面. 切补后的曲面 $\widetilde{M}$ 同胚于球面. 根据拓扑学定理,Euler-Poincaré 示性数是拓扑(同胚)不变量,即同胚(拓扑映射)下保持 Euler-Poincaré 示性数不变,因此

$$\chi(M)+2g=\chi(\widetilde{M})=\chi(S^2)=2,$$

从而

$$\chi(M)=2-2g=2(1-g).$$

当 $g=0,1,2,3\cdots,n+1,\cdots$ 时，Euler-Poincaré 示性数为 $2,0,-2,-4,\cdots,-2n,\cdots$. □

3.3.3 设 M 为 $\mathbf{R}^3$ 中定向 C^2 曲面，K_G 处处小于零. 证明：M 上不存在围成单连通区域的光滑测地线.

证明 本题是例 3.3.2 的特殊情形，其中 $\theta_1=\theta_2=0$. □

3.3.4 设 $M\subset\mathbf{R}^3$ 为紧致、定向而不同胚于球面的 2 维 C^2 连通曲面. 证明：M 上必有点，使得 Gauss 曲率分别为正的、负的和零.

证明 因为 M 紧致，所以根据定理 3.1.2 知，M 上必存在点，其 Gauss(总)曲率 K_G 为正的. 再根据例 3.3.1 及 M 不同胚于球面可知，M 上必有点，其 Gauss(总)曲率为负的. 由于 K_G 为连续函数，故紧致集上的连续函数必能达到最大值(正值)与最小值(负值). 从连续函数的零值定理推得 K_G 必达到零值. □

3.3.5 设 $M\subset\mathbf{R}^3$ 为同胚于球面的 C^2 曲面，Gauss 映射 $G:M\to G(M)=S^2$，$G(P)=\boldsymbol{n}(P)$(P 点处的单位法向量)为上述同胚. $\Gamma\subset M$ 为 M 上的简单闭测地线，它又是曲率非零的正则曲线. 又设 U 和 V 为 M 上以 Γ 为公共边界的开区域. 证明：$G(U)$和 $G(V)$的面积相同.

证明 由题意知 $M=U\cup V\cup\Gamma$，U,V,Γ 彼此不相交. 因为 $G:M\to S^2$ 为同胚，所以

$$S^2=G(U)\cup G(V)\cup G(\Gamma),$$

且 $G(U),G(V),G(\Gamma)$ 彼此不相交，$G(\Gamma)$将 S^2 分成两部分，分别是 $G(U)$与 $G(V)$. 但 Γ 又是 M 上的简单闭测地线，因此，Γ 的主法向量 $\mathbf{V}_2$ 与 M 的单位法向量 $\boldsymbol{n}$ 一致. 从而，根据例 3.3.3，Γ 的法线像 $G(\Gamma)=\boldsymbol{n}(\Gamma)$平分 S^2 的面积，即

$$G(U)=\boldsymbol{n}(U)\quad\text{与}\quad G(V)=\boldsymbol{n}(V)$$

的面积相同. □

3.3.6 应用 Gauss-Bonnet 公式证明：如果曲面 M 上存在两族交于定角 θ 的测地线，则 M 的 Gauss(总)曲率处处为零.

证明 (反证)假设存在点 $P_0\in M$，使得 $K_G(P_0)\neq 0$，不妨设 $K_G(P_0)>0$. 由于

$K_G(P)$为P的连续函数，故必有P_0的开邻域U，使$K_G(P)$在U上与$K_G(P_0)$同号．再在U中取4条测地线组成四边形，相对的两条属于题中所指的同一族，两族交于定角θ，并围成单连通区域D(见习题3.3.6图).

因此，根据Gauss-Bonnet公式，有

$$\begin{aligned}0&<\iint_D K_G(P)\mathrm{d}\sigma\\&=2\pi\chi(D)-\sum_{i=1}^{4}\theta_i-\sum_{i=1}^{4}\int_{C_i}\kappa_g(s)\mathrm{d}s\\&=2\pi\cdot1-[\theta+(\pi-\theta)+\theta+(\pi-\theta)]\\&=2\pi-2\pi=0,\end{aligned}$$

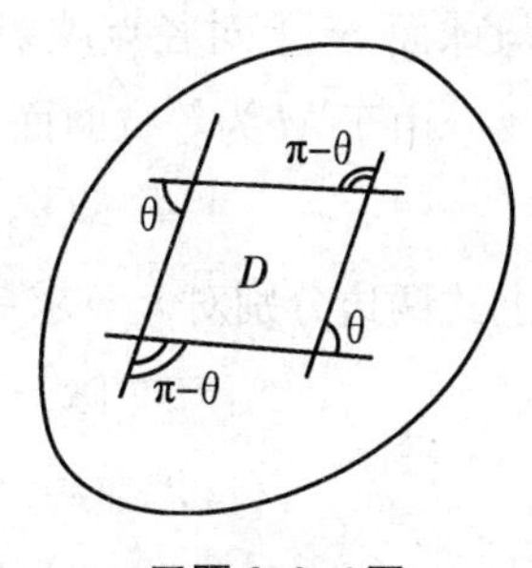

习题3.3.6图

矛盾.

□

3.3.7　我们在定理3.3.4中知道，Gauss曲率恒为正的紧致、定向曲面称为**卵形面**．定理3.3.4指出：卵形面M的Gauss映射为一一映射，且M为严格凸曲面.

对于卵形面M上任一点P，有唯一的一点$\bar{P}$，使得P,$\bar{P}$处的切平面互相平行，P,$\bar{P}$处的外单位法向量是相反的向量．称P,$\bar{P}$是卵形面的一对**相对点**，这两点处切平面的距离记为$\omega(P)$．如果$\omega(P)=\omega$为常数，则称M为**等宽曲面**(ω为其**宽度**)．这是等宽曲线概念的推广．下面将1.7节中等宽曲线的性质推广到等宽曲面上.

(1) 设点$P\in M$，则M上存在唯一点$\bar{P}$，使得P与$\bar{P}$的切平面互相平行，它们是一对相对点.

M的任一对相对点P,$\bar{P}$的连线平行于P,$\bar{P}$处的法向量.

(2) M的任一对相对点P,$\bar{P}$处的主方向互相平行．设κ_i,$\bar{\kappa}_i$分别是P,$\bar{P}$处对应主方向$\boldsymbol{e}_i$,$\bar{\boldsymbol{e}}_i$的主曲率．它们都用曲面M的单位内法向量$\boldsymbol{n}$计算，则κ_i,$\bar{\kappa}_i>0$，且

$$\frac{1}{\kappa_i}+\frac{1}{\bar{\kappa}_i}=\omega\,(\text{常数,宽度})\quad(i=1,2).$$

(3) $\iint_M H\mathrm{d}\sigma=2\pi\omega$，其中平均曲率用曲面$M$的内单位法向量计算.

证明　(1) 设π_P为P点的切平面，$\boldsymbol{n}_P$为其内单位法向量，令$\bar{P}$为离π_P最远点，由定理3.3.4及其证明，$\bar{P}$点处的内单位法向量$\boldsymbol{n}_{\bar{P}}=-\boldsymbol{n}_P$，且这样的$\bar{P}$是唯

一的.

设 $\boldsymbol{x}(u,v)$ 为 $P\in M$ 附近的坐标表示，$P(u,v)$ 的相对点 $\overline{P}$ 也可用 (u,v) 表示. 由此得 $\overline{P}$ 的开邻域上坐标表示为 $\overline{\boldsymbol{x}}(u,v)$. 应用 Gauss 映射 $G:M\to S^2$ 为微分同胚与球面 S^2 上对径点映射也为微分同胚，可以证明 $\overline{\boldsymbol{x}}(u,v)$ 关于 u,v 也连续可导.

由于 M 为等宽曲面，故宽度 $\omega(P)=\omega$ 为常数. 设

$$\overline{\boldsymbol{x}}(u,v)-\boldsymbol{x}(u,v)=\lambda\boldsymbol{x}'_u+\mu\boldsymbol{x}'_v+\omega\boldsymbol{n}(u,v).$$

上式两边分别对 u,v 求导，得

$$\begin{cases}\overline{\boldsymbol{x}}'_u-\boldsymbol{x}'_u=\lambda'_u\boldsymbol{x}'_u+\lambda\boldsymbol{x}''_{uu}+\mu'_u\boldsymbol{x}'_v+\mu\boldsymbol{x}''_{vu}+\omega\boldsymbol{n}'_u,\\ \overline{\boldsymbol{x}}'_v-\boldsymbol{x}'_v=\lambda'_v\boldsymbol{x}'_u+\lambda\boldsymbol{x}''_{uv}+\mu'_v\boldsymbol{x}'_v+\mu\boldsymbol{x}''_{vv}+\omega\boldsymbol{n}'_v.\end{cases}$$

因为 $\boldsymbol{n}(u,v)$ 与 $\boldsymbol{x}(u,v)$，$\overline{\boldsymbol{x}}(u,v)$ 处的切平面都垂直，上两式的两边与 $\boldsymbol{n}(u,v)$ 作内积，得

$$\begin{cases}\lambda L+\mu M=(\lambda\boldsymbol{x}''_{uu}+\mu\boldsymbol{x}''_{vu})\cdot\boldsymbol{n}=(\overline{\boldsymbol{x}}'_u-\boldsymbol{x}'_u)\cdot\boldsymbol{n}=0,\\ \lambda M+\mu N=(\lambda\boldsymbol{x}''_{uv}+\mu\boldsymbol{x}''_{vv})\cdot\boldsymbol{n}=(\overline{\boldsymbol{x}}'_v-\boldsymbol{x}'_v)\cdot\boldsymbol{n}=0.\end{cases}$$

因为卵形面 M 上每一点的 Gauss 曲率 $K_G=\dfrac{LN-M^2}{EG-F^2}>0$，故 $LN-M^2>0$，即 M 上任一点都是椭圆点，故上面的方程组只有零解 $(\lambda,\mu)=(0,0)$. 这就证明了

$$\overline{\boldsymbol{x}}(u,v)-\boldsymbol{x}(u,v)=\omega\boldsymbol{n}(u,v),$$

即 M 的任一对相对点 $P,\overline{P}$ 的连线平行于 $P,\overline{P}$ 的单位法向量.

(2) 设上面证明中 $\boldsymbol{x}(u,v)$ 的坐标网为 P 附近的曲率线网，$\boldsymbol{x}'_u,\boldsymbol{x}'_v$ 为主方向，相应的主曲率为 κ_1,κ_2. 由于 $\boldsymbol{n}$ 为卵形面上的单位内法向量，故必有 $\kappa_1,\kappa_2>0$. 根据 Olinde-Rodrigues 公式(定理 2.5.4(2))，有

$$\begin{cases}\boldsymbol{n}'_u=-\kappa_1\boldsymbol{x}'_u,\\ \boldsymbol{n}'_v=-\kappa_2\boldsymbol{x}'_v.\end{cases}$$

运用 $\overline{\boldsymbol{x}}(u,v)=\boldsymbol{x}(u,v)+\omega\boldsymbol{n}(u,v)$，可得

$$\begin{cases}\overline{\boldsymbol{x}}'_u=\boldsymbol{x}'_u+\omega\boldsymbol{n}'_u=(1-\kappa_1\omega)\boldsymbol{x}'_u=-\dfrac{\kappa_1\omega-1}{\kappa_1}(-\boldsymbol{n}'_u),\\ \overline{\boldsymbol{x}}'_v=\boldsymbol{x}'_v+\omega\boldsymbol{n}'_v=(1-\kappa_2\omega)\boldsymbol{x}'_v=-\dfrac{\kappa_2\omega-1}{\kappa_2}(-\boldsymbol{n}'_v).\end{cases}$$

$\overline{\boldsymbol{x}}(u,v)$ 处的内单位法向量为 $-\boldsymbol{n}(u,v)$，由 Olinde-Rodrigues 公式知 $\overline{\boldsymbol{x}}'_u,\overline{\boldsymbol{x}}'_v$ 也为主方向. 根据上式推得

$$\bar{\kappa_1}=\frac{\kappa_1}{\kappa_1\omega-1},\quad \bar{\kappa_2}=\frac{\kappa_2}{\kappa_2\omega-1}$$

为 $\bar{\boldsymbol{x}}(u,v)$ 处的主曲率. 同 $\kappa_1,\kappa_2>0$ 的理由, $\bar{\kappa_1},\bar{\kappa_2}>0$. 因此

$$\frac{1}{\kappa_i}+\frac{1}{\bar{\kappa_i}}=\frac{1}{\kappa_i}+\frac{\kappa_i\omega-1}{\kappa_i}=\omega\quad(i=1,2).$$

这就证明了(2).

对应曲面上的脐点,可以取脐点附近的正交网,上面的证明仍成立.

(3) 由上述得到

$$\begin{aligned}\iint_M H(\bar{P})\mathrm{d}\bar{\sigma}&=\iint_M\frac{\bar{\kappa_1}+\bar{\kappa_2}}{2}\,|\,\bar{\boldsymbol{x}}'_u\times\bar{\boldsymbol{x}}'_v\,|\,\mathrm{d}u\mathrm{d}v\\&=\iint_M\frac{1}{2}\left(\frac{\kappa_1}{\kappa_1\omega-1}+\frac{\kappa_2}{\kappa_2\omega-1}\right)\left|\left[-\frac{\kappa_1\omega-1}{\kappa_1}(-\boldsymbol{n}'_u)\right]\times\left[-\frac{\kappa_2\omega-1}{\kappa_2}(-\boldsymbol{n}'_v)\right]\right|\mathrm{d}u\mathrm{d}v\\&\xlongequal{\kappa_i\omega>1}\frac{1}{2}\iint_M\frac{[\kappa_1(\kappa_2\omega-1)+\kappa_2(\kappa_1\omega-1)]}{\kappa_1\kappa_2}\,|\,\boldsymbol{n}'_u\times\boldsymbol{n}'_v\,|\,\mathrm{d}u\mathrm{d}v\\&\xlongequal{\text{定理 2.6.3(1)}}\frac{1}{2}\iint_M\frac{[\kappa_1(\kappa_2\omega-1)+\kappa_2(\kappa_1\omega-1)]}{K_G}K_G\cdot|\,\boldsymbol{x}'_u\times\boldsymbol{x}'_v\,|\,\mathrm{d}u\mathrm{d}v\\&=\frac{1}{2}\iint_M[\kappa_1(\kappa_2\omega-1)+\kappa_2(\kappa_1\omega-1)]\mathrm{d}\sigma=\iint_M\omega K_G\mathrm{d}\sigma-\iint_M H(P)\mathrm{d}\sigma.\end{aligned}$$

易见, $\iint_M H(\bar{P})\mathrm{d}\bar{\sigma}=\iint_M H(P)\mathrm{d}\sigma$, 故

$$\iint_M H(P)\mathrm{d}\sigma=\frac{1}{2}\iint_M\omega K_G\mathrm{d}\sigma=\frac{\omega}{2}\iint_M K_G\mathrm{d}\sigma\xlongequal{\text{Gauss-Bonnet 定理}}\frac{\omega}{2}\cdot4\pi=2\pi\omega.\qquad\square$$

3.3.8 如果 Gauss 曲率 $K_G(P)=0$, 则称 Gauss 映射 $G:M\to S^2$ 在 P 点处是**退化**的;如果 $K_G(P)\neq0$, 则称 Gauss 映射 G 在 P 点处是**非退化**的.

如果 $Q\in S^2$, $G^{-1}(Q)=\{P\in M\,|\,G(P)=Q\}$ 中每一点都是非退化的,则称 Q 为 Gauss 映射 G 的**正则值**;否则(即 $\exists P\in G^{-1}(Q)$, 使得 $K_G(P)=0$), 称 Q 为**临界值**.

根据[12]第 130 页定理 2.1.1, S^2 上几乎所有(除一个 Lebesgue 零测集)的点为正则值.

对于 $\mathbf{R}^3$ 中 2 维紧致曲面 M 及 Gauss 映射 G 的正则值 Q, $G^{-1}(Q)$ 为 M 上的离散点集,当然为有限集(参阅[12]第 172 页引理 3.2.1), 且 $G^{-1}(Q)$ 中每一点有一

个开邻域，在这个开邻域上没有 $G^{-1}(Q)$ 中的其他点. 设

$$G^{-1}(Q)=\{P_1,P_2,\cdots,P_l;P_{l+1},P_{l+2},\cdots,P_{l+r}\},$$

在点 $P_1,P_2,\cdots,P_l$ 处 Gauss 曲率 $K_G>0$；在点 $P_{l+1},P_{l+2},\cdots,P_{l+r}$ 处 Gauss 曲率 $K_G<0$. 根据上述知道，存在 P_i 的开邻域 U_i，Q 的开邻域 V，使得 $G:U_i\to V$ 都为微分同胚. 在 $U_1,U_2,\cdots,U_l$ 上 G 是保定向的覆叠；在 $U_{l+1},U_{l+2},\cdots,U_{l+r}$ 上 G 是反定向的覆叠. 称 $l-r$ 为 Gauss 映射 G 在正则值 Q 处的映射度，记为 $\deg(G,Q)$，其中 deg 表示"度". 再根据[12]第 176 页引理 3. 2. 6，$\deg(G,Q)$ 与正则值 Q 的选取无关，故记为 $\deg G=l-r$，称它为 Gauss 映射的**映射度**，也称为 **Brouwer 度**.

定理　对于一个定向 2 维闭曲面（紧致、无边曲面）M，Gauss 映射 $G:M\to S^2$ 的映射度（Brouwer 度，参阅[12]定义 3. 2. 2）

$$\deg G=l-r=\frac{\chi(M)}{2}\xlongequal{\text{Gauss-Bonnet 公式}}\frac{1}{4\pi}\iint_M K_G\mathrm{d}\sigma.$$

证明　现证前一等式. 根据[12]第 210 页引理 4. 1. 10 与 207 页定理 4. 11，得到

$$\deg G_\varepsilon=\sum_{\chi(x)=0}\mathrm{Ind}X=\chi(M),$$

其中 $G_\varepsilon:\partial\bar{U}_\varepsilon\to S^2$ 为 $\partial\bar{U}_\varepsilon$ 的 Gauss 映射，而 $\bar{U}_\varepsilon=\{\boldsymbol{x}\in\mathbf{R}^3\mid\exists\, y\in M,\text{使得}\ \|\boldsymbol{x}-\boldsymbol{y}\|\leqslant\varepsilon\}$ 为 3 维 C^∞ 带边流形. 这是在投影 $\pi:U_\varepsilon\to M$ 下的管状邻域. 我们给 $\bar{U}_\varepsilon$ 一个通常的定向和 $\partial\bar{U}_\varepsilon$ 的诱导定向，使得相应的 Gauss(法)映射 $G_\varepsilon:\partial\bar{U}_\varepsilon\to S^2$ 是指向外的.

因为 $\partial\bar{U}_\varepsilon$ 由两个分支组成，而每个分支都同胚于 M，Gauss(法)映射 $G_\varepsilon:\partial\bar{U}_\varepsilon\to S^2$ 的映射度（Brouwer 度）恰好为 M 的 Gauss(法)映射 $G:M\to S^2$ 的映射度（Brouwer 度）的 2 倍，即 $\deg G_\varepsilon=2\deg G$. 由此立知

$$\deg G=\frac{1}{2}\deg G_\varepsilon=\frac{\chi(M)}{2}.\qquad\square$$

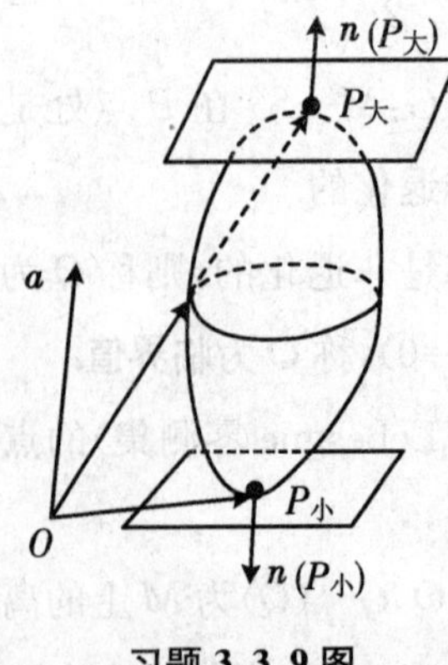

习题 3. 3. 9 图

3. 3. 9　对于 $\mathbf{R}^3$ 中 2 维定向光滑闭曲面（紧致、无边的曲面称为**闭曲面**）M，Gauss 映射 $G:M\to S^2$ 为满射.

证明　设曲面 M 的外单位法向量场为 $\boldsymbol{n}$. 对于任何单位向量 $\boldsymbol{a}$，定义函数 $f:M\to\mathbf{R}$，$f(P)=\overrightarrow{OP}\cdot\boldsymbol{a}\ (\forall P\in M)$. 由于 M 是一个紧致、无边的曲面，f 不为常数表明至少有一个最大值与最小值，$P_大$ 与 $P_小$ 分别为函数 f 的最大值点与最小值点（习题 3. 3. 9 图）.

设 U 为 $P_{大}$ 的开坐标邻域，$\{u,v\}$ 为其局部坐标，$\boldsymbol{x}(u(t),v(t))$ 为过 $P_{大}$ 的任一条曲线，$P_{大}=\boldsymbol{x}(u(0),v(0))$. 于是，$f$ 可表示为

$$f(u,v)=\boldsymbol{x}(u,v)\cdot\boldsymbol{a},$$
$$f(u(t),v(t))=\boldsymbol{x}(u(t),v(t))\cdot\boldsymbol{a}.$$

由于 $f(u(t),v(t))$ 在 $t=0$ 处达到最大值，故

$$\left.\frac{\mathrm{d}f(u(t),v(t))}{\mathrm{d}t}\right|_{t=0}=\left[\boldsymbol{x}_u'(u(t),v(t))u'(t)+\boldsymbol{x}_v'(u(t),v(t))v'(t)\right]\cdot\boldsymbol{a}\Big|_{t=0}=0.$$

上式对任意过 $P_{大}$ 的曲线成立，所以在 $P_{大}$ 处，$\boldsymbol{x}_u'\perp\boldsymbol{a},\boldsymbol{x}_v'\perp\boldsymbol{a}$. 这就证明了单位向量 $\boldsymbol{a}/\!/\boldsymbol{n}(P_{大})$. 类似地，$\boldsymbol{a}/\!/\boldsymbol{n}(P_{小})$. 显然，$\boldsymbol{a}=\boldsymbol{n}(P_{大})$ 或 $\boldsymbol{a}=\boldsymbol{n}(P_{小})$. 它表明 Gauss 映射 G 为满射. □

3.3.10　对于 $\mathbf{R}^3$ 中 2 维定向的闭曲面(紧致、无边的曲面)，有

$$\iint_{M^+}K_G\mathrm{d}\delta\geqslant 4\pi,$$

$$\iint_{M}|K_G|\mathrm{d}\sigma\geqslant 8\pi-2\pi\chi(M)=4\pi[1+g(M)],$$

其中 $M^+=\{P\in M|K_G(P)\geqslant 0\}$，$g=g(M)$ 为曲面 M 的亏格.

证明　再记 $M^-=\{P\in M|K_G(P)<0\}$，并考察习题 3.3.9 的证明可知，那里得到的函数 f 的最大值点与最小值点 P_1,P_2 中每个点都不可能是双曲点，它的两个主曲率必须同号，故 $K_G(P_i)\geqslant 0(i=1,2)$. 这表明限制到 M^+ 上，Gauss 映射已经是满射. 因此

$$\iint_{M^+}K_G\mathrm{d}\sigma=\iint_{M^+}|\boldsymbol{n}_u'\times\boldsymbol{n}_v'|\mathrm{d}u\mathrm{d}v\geqslant\iint_{S^2}\mathrm{d}\bar{\sigma}=4\pi\quad(\mathrm{d}\bar{\sigma}\text{ 为 }S^2\text{ 上的面积元}).$$

于是，再由 $\chi(M)=2[1-g(M)]$，得到

$$\begin{aligned}\iint_{M}|K_G|\mathrm{d}\sigma&=\iint_{M^+}K_G\mathrm{d}\sigma-\iint_{M^-}K_G\mathrm{d}\sigma\\&=2\iint_{M^+}K_G\mathrm{d}\sigma-\iint_{M}K_G\mathrm{d}\sigma\overset{\text{Gauss-Bonnet公式}}{\geqslant}2\cdot 4\pi-2\pi\chi(M)\\&=4\pi\{2-[1-g(M)]\}=4\pi[1+g(M)].\end{aligned}$$

□

3.3.11　(1) 对 $\mathbf{R}^3$ 中定向光滑的 2 维闭曲面 M，如果

$$\iint_{M}|K_G|\mathrm{d}\sigma=4\pi,$$

则 M 同胚于球面，且它的 Gauss 曲率 $K_G\geqslant 0$.

(2) 进一步,如果定向光滑的 2 维闭曲面 M 的 Gauss 曲率 $K_G>0$(即 M 为卵形面),则 Gauss 映射 $G:M\to S^2$ 为一个微分同胚,且 M 为整体严格凸曲面.

证明 (1) 由于

$$4\pi \xlongequal{\text{题设}} \iint_M |K_G|\,d\sigma \geqslant 4\pi[1+g(M)] \geqslant 4\pi,$$

故等号成立,必有 $g(M)=0$,即 $\chi(M)=2[1-g(M)]=2$. 根据 $\mathbf{R}^3$ 中 2 维定向、紧致曲面的拓扑分类定理,知 M 同胚于球面. 由

$$4\pi = \iint_M |K_G|\,d\sigma = \iint_{M^+} |K_G|\,d\sigma + \iint_{M^-} |K_G|\,d\sigma$$

$$\geqslant 4\pi + \iint_{M^-} |K_G|\,d\sigma \geqslant 4\pi,$$

立知

$$\iint_{M^-} |K_G|\,d\sigma = 0.$$

因为 $|K_G|$ 在 M 上连续且非负,所以 $|K_G|$ 在 M^- 上恒为 0,即 K_G 在 M^- 上恒为 0. 从而,$M^-=\{P\in M \mid K_G(P)<0\}=\varnothing$. 由此推得,在 M 上,$K_G\geqslant 0$.

(2) 由题意,$K_G>0$,故

$$0 < \iint_M K_G\,d\sigma \xlongequal{\text{Gauss-Bonnet 公式}} 2\pi\chi(M) = 4\pi[1-g(M)],$$

$$0 \leqslant g(M) < 1, \quad g(M) = 0.$$

根据 $\mathbf{R}^3$ 中 2 维定向、紧致曲面拓扑分类定理,知 M 同胚于球面. 习题 3.3.9 表明 Gauss 映射 $G:M\to S^2$ 为满射. 由于 $K_G>0$, $|\boldsymbol{n}'_u\times\boldsymbol{x}'_v|=K_G|\boldsymbol{x}'_u\times\boldsymbol{x}'_v|$,Gauss 映射 G 在 M 上每一点是局部微分同胚的,S^2 上每一点都是 Gauss 映射 G 的正则值.

根据习题 3.3.8 定理,以及 $r=0$(因 $K_G>0$),有

$$l = l-0 = l-r = \deg G = \frac{1}{2}\chi(M)$$

$$= \frac{1}{4\pi}\iint_M K_G\,d\sigma \xlongequal{\text{同胚于球面}} \frac{1}{2}\chi(S^2) = \frac{1}{2}\cdot 2 = 1.$$

这就证明了 Gauss 映射 $G:M\to S^2$ 为微分同胚.

Gauss 曲率 $K_G>0$ 的曲面 M 上的每一点为椭圆点,曲面 M 是局部严格凸的:M 上每一点 P 有一个开邻域 U_P 在这一点处于切平面 π_P 的同一侧,此切平面 π_P 与此开邻域 U_P 只有一个交点 P,它就是切点(或参阅定理 3.3.4 的证明). 下证 M 是整体严格凸的.

设 $P\in M$ 为任一点，π_P 为点 P 处的切平面，$\boldsymbol{n}_P$ 为 P 点处的单位法向量. 构造习题 3.3.9 中的函数 $f(u,v)=\boldsymbol{x}(u,v)\cdot\boldsymbol{n}_P$.（反证）假设在平面 π_P 的两侧都有 M 上的点；或者 M 在 π_P 的同一侧，但平面 π_P 上除了 P 还有 M 的其他点. 由习题 3.3.9的证明可知，$\boldsymbol{n}_P$ 至少是 M 的两点处的定向法向量（P 是其中之一），这与 Gauss 映射 $G:M\to S^2$ 为微分同胚（当然为一一映射）相矛盾. 因此，曲面 M 严格在切平面 π_P 的同一侧. 从而，M 是整体严格凸的. □

3.3.12（Minkowski 公式）　设 $M\subset\mathbf{R}^3$ 为 2 维光滑、定向、紧致曲面，$\boldsymbol{x}(P)$ 为它的位置向量，$\boldsymbol{n}(P)$ 为 P 点处的连续单位法向量. 函数

$$\varphi(P)=-\langle\boldsymbol{x}(P),\boldsymbol{n}(P)\rangle=-\boldsymbol{x}(P)\boldsymbol{n}(P)\quad(P\in M)$$

称为曲面 M 的**支撑函数**. 它是坐标原点 O 到 P 的切平面的有向距离，则有 Minkowski 公式：

(1) $\displaystyle\iint_M H\,\mathrm{d}\sigma=\iint_M K_{\mathrm{G}}\varphi\,\mathrm{d}\sigma$；

(2) $\displaystyle\iint_M \mathrm{d}\sigma=\iint_M H\varphi\,\mathrm{d}\sigma$.

证明　(1) 显然，1 阶微分形式 $(\boldsymbol{x},\boldsymbol{n},\mathrm{d}\boldsymbol{n})$ 在 M 上是整体定义的，它与标架的选取无关. 设 $\{\boldsymbol{e}_1,\boldsymbol{e}_2,\boldsymbol{e}_3\}$ 是 M 上局部坐标系上的规范正交标架，$\boldsymbol{e}_3$ 为 M 的连续的单位法向量场，$\{\omega_1,\omega_2,\omega_{12},\omega_{13},\omega_{23}\}$ 是相应的诸微分形式（参阅定理 2.11.1）. 于是

$$\begin{aligned}
\mathrm{d}(\boldsymbol{x},\boldsymbol{n},\mathrm{d}\boldsymbol{n})&=\mathrm{d}(\boldsymbol{x},\boldsymbol{e}_3,\mathrm{d}\boldsymbol{e}_3)\\
&=(\mathrm{d}\boldsymbol{x},\boldsymbol{e}_3,\mathrm{d}\boldsymbol{e}_3)+(\boldsymbol{x},\mathrm{d}\boldsymbol{e}_3,\mathrm{d}\boldsymbol{e}_3)+(\boldsymbol{x},\boldsymbol{e}_3,\mathrm{dd}\boldsymbol{e}_3)\\
&=(\omega_1\boldsymbol{e}_1+\omega_2\boldsymbol{e}_2,\boldsymbol{e}_3,\omega_{31}\boldsymbol{e}_1+\omega_{32}\boldsymbol{e}_2)\\
&\quad+(\boldsymbol{x},\omega_{31}\boldsymbol{e}_1+\omega_{32}\boldsymbol{e}_2,\omega_{31}\boldsymbol{e}_1+\omega_{32}\boldsymbol{e}_2)+(\boldsymbol{x},\boldsymbol{e}_3,0)\\
&=(-\omega_1\wedge\omega_{32}+\omega_2\wedge\omega_{31})+2\omega_{31}\wedge\omega_{32}(\boldsymbol{x},\boldsymbol{e}_1,\boldsymbol{e}_2)+0\\
&\overset{(*)}{=}2H\omega_1\wedge\omega_2-2\boldsymbol{x}\cdot\boldsymbol{n}\omega_{31}\wedge\omega_{32}\\
&\overset{(**)}{=}2(H-K_{\mathrm{G}}\varphi)\omega_1\wedge\omega_2,
\end{aligned}$$

其中（$**$）$\mathrm{d}\omega_{12}=\omega_{13}\wedge\omega_{32}=-K_{\mathrm{G}}\omega_1\wedge\omega_2$，参阅例 2.11.1，而

$$(*)\ -\omega_1\wedge\omega_{32}+\omega_2\wedge\omega_{31}=2H\omega_1\wedge\omega_2,$$

证明如下：

$$\begin{aligned}
-\omega_1\wedge\omega_{32}+\omega_2\wedge\omega_{31}&=-\omega_1\wedge(-h_{21}\omega_1-h_{22}\omega_2)+\omega_2\wedge(-h_{11}\omega_1-\omega_{12}\omega_2)\\
&=(h_{22}+h_{11})\omega_1\wedge\omega_2=2H\omega_1\wedge\omega_2.
\end{aligned}$$

或者选取正交参数系 $\{u,v\}$（参阅例 2.11.1），有

$$
\begin{aligned}
&-\omega_1\wedge\omega_{32}+\omega_2\wedge\omega_{31}\\
&=-\sqrt{E}\mathrm{d}u\wedge\left(-\frac{M}{\sqrt{G}}\mathrm{d}u-\frac{N}{\sqrt{G}}\mathrm{d}v\right)+\sqrt{G}\mathrm{d}v\wedge\left(-\frac{L}{\sqrt{E}}\mathrm{d}u-\frac{M}{\sqrt{E}}\mathrm{d}v\right)\\
&=\left(\frac{N\sqrt{E}}{\sqrt{G}}+\frac{L\sqrt{G}}{\sqrt{E}}\right)\mathrm{d}u\wedge\mathrm{d}v=\frac{EN+LG}{\sqrt{GE}}\mathrm{d}u\wedge\mathrm{d}v\\
&=\frac{EN+LG}{GE}\sqrt{GE}\mathrm{d}u\wedge\mathrm{d}v\\
&\xlongequal{\text{注 2.6.1}}2H\omega_1\wedge\omega_2.
\end{aligned}
$$

对 $\mathrm{d}(\boldsymbol{x},\boldsymbol{n},\mathrm{d}\boldsymbol{n})=2(H-K_{\mathrm{G}}\varphi)\omega_1\wedge\omega_2$ 两边积分,就得到

$$
\begin{aligned}
\iint\limits_M(H-K_{\mathrm{G}}\varphi)\mathrm{d}\sigma&=\iint\limits_M(H-K_{\mathrm{G}}\varphi)\omega_1\wedge\omega_2\\
&=\frac{1}{2}\iint\limits_M\mathrm{d}(\boldsymbol{x},\boldsymbol{n},\mathrm{d}\boldsymbol{n})\xlongequal{\text{Stokes 定理}}\frac{1}{2}\iint\limits_{\partial M}(\boldsymbol{x},\boldsymbol{n},\mathrm{d}n)\xlongequal{\partial M=\varnothing}0,
\end{aligned}
$$

即

$$\iint\limits_M H\mathrm{d}\sigma=\iint\limits_M K_{\mathrm{G}}\varphi\mathrm{d}\sigma.$$

(2) 类似(1)的证明,有

$$
\begin{aligned}
\mathrm{d}(\boldsymbol{x},\boldsymbol{n},\mathrm{d}\boldsymbol{x})&=\mathrm{d}(\boldsymbol{x},\boldsymbol{e}_3,\mathrm{d}\boldsymbol{x})\\
&=(\mathrm{d}\boldsymbol{x},\boldsymbol{e}_3,\mathrm{d}\boldsymbol{x})+(\boldsymbol{x},\mathrm{d}\boldsymbol{e}_3,\mathrm{d}\boldsymbol{x})+(\boldsymbol{x},\boldsymbol{e}_3,\mathrm{dd}\boldsymbol{x})\\
&=(\omega_1\boldsymbol{e}_1+\omega_2\boldsymbol{e}_2,\boldsymbol{e}_3,\omega_1\boldsymbol{e}_1+\omega_2\boldsymbol{e}_2)\\
&\quad+(\boldsymbol{x},\omega_{31}\boldsymbol{e}_1+\omega_{32}\boldsymbol{e}_2,\omega_1\boldsymbol{e}_1+\omega_2\boldsymbol{e}_2)+(\boldsymbol{x},\boldsymbol{e}_3,0)\\
&=(-\omega_1\wedge\omega_2+\omega_2\wedge\omega_1)+(\omega_{31}\wedge\omega_2-\omega_{32}\wedge\omega_1)(\boldsymbol{x},\boldsymbol{e}_1,\boldsymbol{e}_2)+0\\
&=-2\omega_1\wedge\omega_2+2H\varphi\omega_1\wedge\omega_2.
\end{aligned}
$$

两边积分就得到

$$
\begin{aligned}
0&\xlongequal{\partial M=\varnothing}\iint\limits_{\partial M}(\boldsymbol{x},\boldsymbol{n},\mathrm{d}\boldsymbol{x})\xlongequal{\text{Stokes 定理}}\iint\limits_M\mathrm{d}(\boldsymbol{x},\boldsymbol{n},\mathrm{d}\boldsymbol{x})\\
&=-2\iint\limits_M\omega_1\wedge\omega_2+2\iint\limits_M H\varphi\omega_1\wedge\omega_2=-2\iint\limits_M\mathrm{d}\sigma+2\iint\limits_M H\varphi\mathrm{d}\sigma,
\end{aligned}
$$

$$\iint\limits_M\mathrm{d}\sigma=\iint\limits_M H\varphi\mathrm{d}\sigma.$$ □

作为 Minkowski 公式的应用,我们给出两个有关球面特性的定理.

3.3.13 (1) 设 $M\subset\mathbf{R}^3$ 为 2 维紧致、定向、连通的凸曲面,且 M 的平均曲率 $H=$常数,则 M 为一个球面;

(2) 设 $M\subset\mathbf{R}^3$ 为 $K_G>0$ 的 2 维紧致、定向、连通的曲面，且 $\dfrac{H}{K_G}=$常数，则 M 为球面.

证明　(1) 证法1　因为

$$\iint_M K_G\varphi d\sigma \xlongequal{\text{Minkowski 公式(1)}} \iint_M H d\sigma \xlongequal{H=\text{常数}} H\iint_M d\sigma$$

$$\xlongequal{\text{Minkowski 公式(2)}} H\iint_M H\varphi d\sigma \xlongequal{H=\text{常数}} \iint_M H^2\varphi d\sigma,$$

$$\iint_M (H^2-K_G)\varphi d\sigma=0.$$

此外，由于

$$H^2-K_G=\left(\frac{\kappa_1+\kappa_2}{2}\right)^2-\kappa_1\kappa_2=\frac{1}{4}(\kappa_1-\kappa_2)^2\geqslant 0,$$

以及 M 为凸曲面，可将坐标原点取在凸曲面所包围的开区域内，并取单位法向 $\boldsymbol{n}$ 指向凸曲面包围的开区域($\boldsymbol{n}$ 为单位内法向量). 此时，$\varphi>0$. 因此，$\iint_M (H^2-K_G)\varphi d\sigma=0$ 蕴涵着 $H^2-K_G=0$(应用反证法，并注意到 $H^2-K_G\geqslant 0$ 及 H^2-K_G 为连续函数)，则 $H^2=K_G$. 根据上述不等式，有

$$0=H^2-K_G=\frac{1}{4}(\kappa_1-\kappa_2)^2\geqslant 0,$$

$$\kappa_1-\kappa_2=0,\quad \kappa_1=\kappa_2,$$

即 M 为全脐点曲面. 根据定理 3.1.1，紧致、定向、连通曲面 M 必为整个球面.

证法2　参阅习题 3.1.15 推论 1.

(2) 证法1　因为

$$\iint_M d\sigma \xlongequal{\text{Minkowski 公式(2)}} \iint_M H\varphi d\sigma=\iint_M \frac{H}{K_G}K_G\varphi d\sigma \xlongequal{\frac{H}{K_G}=\text{常数}} \frac{H}{K_G}\iint_M K_G\varphi d\sigma$$

$$\xlongequal{\text{Minkowski 公式(1)}} \frac{H}{K_G}\iint_M H d\sigma=\iint_M \frac{H^2}{K_G}d\sigma,$$

移项得

$$\iint_M \frac{H^2-K_G}{K_G}d\sigma=0.$$

因为 $K_G>0$ 与 H^2-K_G 连续，以及

$$H^2-K_G=\frac{1}{4}(\kappa_1-\kappa_2)^2\geqslant 0,$$

所以应用反证法立知 $H^2-K_G=0$,即 $\kappa_1=\kappa_2$,M 为全脐点曲面. 根据定理 3.1.1,$K_G>0$ 的紧致、定向、连通曲面 M 必为整个球面.

证法 2　设$\frac{H}{K_G}=c$(常数),则 $H=cK_G$,$cK_G-H=0$. 由于$(-1)^2-4\cdot c\cdot 0=1>0$与 $K_G>0$,根据习题 3.1.16,曲面 M 必为球面. □

3.3.14　计算

$$\iint_{T^2} H^2 \mathrm{d}\sigma,$$

其中 T^2:$\boldsymbol{x}(u,v)=((a+r\cos u)\cos v,(a+r\cos u)\sin v,a\sin u)$ $(0\leqslant u\leqslant 2\pi,0\leqslant v\leqslant 2\pi,0<r<a)$为 $\mathbf{R}^3$ 中的标准环面.

解　解法 1

$$\begin{aligned}\iint_{T^2} H^2\mathrm{d}\sigma &\xlongequal{\text{例 2.6.1}} \iint_{[0,2\pi]^2}\left[\frac{a+2r\cos u}{2r(a+r\cos u)}\right]^2\cdot r(a+r\cos u)\mathrm{d}u\mathrm{d}v\\ &= \iint_{[0,2\pi]^2}\left[\frac{1}{r}-\frac{a}{2r(a+r\cos u)}\right]^2\cdot r(a+r\cos u)\mathrm{d}u\mathrm{d}v\\ &= \iint_{[0,2\pi]^2}\left[\cos u+\frac{a^2}{4r(a+r\cos u)}\right]\mathrm{d}u\mathrm{d}v=\int_{-\pi}^{\pi}\frac{\pi a^2}{2r(a+r\cos u)}\mathrm{d}u\\ &\xlongequal{0<e=\frac{r}{a}<1}\frac{\pi}{2e}\int_{-\pi}^{\pi}\frac{\mathrm{d}u}{1+e\cos u}=\frac{\pi}{2e}\,\frac{2}{\sqrt{1-e^2}}\arctan\left(\sqrt{\frac{1-e}{1+e}}\tan\frac{u}{2}\right)\Bigg|_{-\pi}^{\pi}\\ &= \frac{\pi^2}{e\sqrt{1-e^2}}\geqslant\frac{\pi^2}{\frac{1}{2}}=2\pi^2.\end{aligned}$$

倒数第 2 个是"$\geqslant$",这是因为

$$2e\sqrt{1-e^2}\leqslant e^2+(\sqrt{1-e^2})^2=e^2+(1-e^2)=1.$$

前式等号成立$\Leftrightarrow e=\sqrt{1-e^2}\Leftrightarrow e^2=1-e^2\Leftrightarrow e=\frac{\sqrt{2}}{2}$,即 $a=\sqrt{2}r$.

解法 2　从

$$\begin{aligned}&\boldsymbol{x}'_u=(-r\sin u\cos v,-r\sin u\sin v,r\cos u),\\ &\boldsymbol{x}'_v=(-(a+r\cos u)\sin v,(a+r\cos u)\cos v,0),\\ &\boldsymbol{e}_1=(-\sin u\cos v,-\sin u\sin v,\cos u)\\ &\boldsymbol{e}_2=(-\sin v,\cos v,0)\quad(\boldsymbol{e}_1\text{ 与 }\boldsymbol{e}_2\text{ 规范正交}),\end{aligned}$$

$$e_3 = e_1 \times e_2 = \begin{vmatrix} \boldsymbol{i} & \boldsymbol{j} & \boldsymbol{k} \\ -\sin u\cos v & -\sin u\sin v & \cos u \\ -\sin v & \cos v & 0 \end{vmatrix}$$

$$= (-\cos u\cos v, -\cos u\sin v, -\sin u).$$

根据例 2.11.2 和例 2.6.1, e_1, e_2 的对偶基为

$$\begin{cases} \omega_1 = \sqrt{E}\mathrm{d}u = r\mathrm{d}u, \\ \omega_2 = \sqrt{G}\mathrm{d}v = (a + r\cos u)\mathrm{d}v. \end{cases}$$

或也可以从

$$\begin{cases} \omega_1 = \langle \mathrm{d}\boldsymbol{x}, \boldsymbol{e}_1 \rangle, \\ \omega_2 = \langle \mathrm{d}\boldsymbol{x}, \boldsymbol{e}_2 \rangle \end{cases}$$

得到.

$$\begin{cases} \omega_{13} = \langle \mathrm{d}\boldsymbol{e}_1, \boldsymbol{e}_3 \rangle = \mathrm{d}u = \dfrac{1}{r}\omega_1, \\ \omega_{23} = \langle \mathrm{d}\boldsymbol{e}_2, \boldsymbol{e}_3 \rangle = \cos u\mathrm{d}v = \dfrac{\cos u}{a + r\cos u}\omega_2, \end{cases}$$

即

$$\begin{pmatrix} \omega_{13} \\ \omega_{23} \end{pmatrix} = \begin{pmatrix} \dfrac{1}{r} & 0 \\ 0 & \dfrac{\cos u}{a + r\cos u} \end{pmatrix} \begin{pmatrix} \omega_1 \\ \omega_2 \end{pmatrix}.$$

因此,环面 T^2 的平均曲率为

$$H = \frac{h_{11} + h_{22}}{2} = \frac{1}{2}\left(\frac{1}{r} + \frac{\cos u}{a + r\cos u}\right) = \frac{1}{r} - \frac{a}{2r(a + r\cos u)}.$$

由此,完全与解法 1 相应部分得到一样的结果. □

3.3.15 设 M 为 $\mathbf{R}^3$ 中的 2 维紧致、光滑、连通曲面, H 为其平均曲率,则

$$\iint_M H^2 \mathrm{d}\sigma \geqslant 4\pi,$$

其中等号成立⇔M 为一个球面.

证明 设 κ_1, κ_2 为曲面 M 的两个主曲率, $M^+ = \{P \in M \mid K_G(P) \geqslant 0\}$, $M^- = \{P \in M \mid K_G(P) < 0\}$,则有

$$\iint_M H^2 \mathrm{d}\sigma \geqslant \iint_{M^+} H^2 \mathrm{d}\sigma = \iint_{M^+} \frac{1}{4}(\kappa_1 + \kappa_2)^2 \mathrm{d}\sigma$$

$$= \frac{1}{4}\iint_{M^+} (\kappa_1 - \kappa_2)^2 \mathrm{d}\sigma + \iint_{M^+} \kappa_1\kappa_2 \mathrm{d}\sigma \geqslant \iint_{M^+} K_G \mathrm{d}\sigma \geqslant 4\pi.$$

($\Leftarrow$)设 M 为球面,则 $H^2=K_G\geqslant 0,M=M^+$. 根据 Gauss-Bonnet 公式,上面式子中各不等号全为等号,即有

$$\iint_M H^2\mathrm{d}\sigma=4\pi.$$

($\Rightarrow$) 设 $\iint_M H^2\mathrm{d}\sigma=4\pi$,则 $\iint_{M^-}H^2\mathrm{d}\sigma=0$ 且在 M^+ 上,$\kappa_1=\kappa_2$. 根据 H^2 的连续非负知 $H|_{M^-}\equiv 0$. 从引理 3.1.5,$\exists P_0\in M^+$,使得 $K_G(P_0)>0$. 由 K_G 的连续性,必有 P_0 的连通开邻域 U_{P_0},使得 $K_G|_{U_{P_0}}>0$,则 $U_{P_0}\subset M^+$. 在 U_{P_0} 上,有 $\kappa_1=\kappa_2$,即 U_{P_0} 为全脐的. 应用引理 3.1.4(1),$M|_{U_{P_0}}$ 为球面片. 在 U_{P_0} 上,$\kappa_1=\kappa_2$ 为非零常数. 因为主曲率 κ_1,κ_2 连续,在 U_{P_0} 上,$\kappa_1=\kappa_2=$ 常数 $\neq 0$,所以 $\kappa_1=\kappa_2$ 在 M 上处处成立. 因此,当 $\iint_M H^2\mathrm{d}\sigma=4\pi$ 成立时,M 是紧致、全脐的光滑连通曲面,定理3.1.1 指出 M 只能为球面.

综合上述,有

$$\iint_M H^2\mathrm{d}\sigma=4\pi \quad\Leftrightarrow\quad M\text{ 为一球面}. \qquad \square$$

推论 设 M 为 $\mathbf{R}^3$ 中的一个同胚于环面的光滑、紧致、连通曲面,则

$$\iint_M H^2\mathrm{d}\sigma>4\pi$$

$\left(\text{如习题 3.3.14},\iint_{T^2}H^2\mathrm{d}\sigma=\dfrac{\pi}{e\sqrt{1-e^2}}\geqslant 2\pi^2>4\pi\right)$.

证明 由习题 3.3.15,知

$$\iint_M H^2\mathrm{d}\sigma\geqslant 4\pi.$$

假设 $\iint_M H^2\mathrm{d}\sigma=4\pi$,根据习题 3.3.15,$M$ 同胚于球面. 于是

$$2=\chi(\text{球面})\xlongequal{\text{同胚}}\chi(\text{环面})=0,$$

矛盾. 因此 $\iint_M H^2\mathrm{d}\sigma>4\pi$. $\square$

3.4　2 维紧致定向流形 M 的 Poincaré 切向量场指标定理

1. 知识要点

定义 3.4.1　设 $\boldsymbol{X}$ 为 $\mathbf{R}^3$ 中 C^1 流形 M 上的切向量场,如果 $\boldsymbol{X}(P)=0$,则称 P 为切向量场 X 的奇点(零点). 若存在 P 的开邻域 U,使 $\boldsymbol{X}$ 在 U 中只有一个奇点,则称 P 为 $\boldsymbol{X}$ 的**孤立奇点**.

引理 3.4.1　设 $\boldsymbol{X}$ 为 $\mathbf{R}^3$ 中 2 维 C^1 紧致流形 M 上只含孤立奇点的连续切向量场,则奇点的个数是有限的.

定义 3.4.2　设 M 为 $\mathbf{R}^3$ 中 2 维 C^2 定向流形,$P\in M$ 为 M 上的 C^1 切向量场 $\boldsymbol{X}$ 的孤立奇点,在 P 的一个局部坐标系 (U,φ),$\{u,v\}$ 内选取右旋规范正交标架 $\{\boldsymbol{e}_1,\boldsymbol{e}_2,\boldsymbol{n}\}$,使得 $\boldsymbol{e}_1$ 为与 $\boldsymbol{x}_u'$ 方向一致的单位向量,$\boldsymbol{n}$ 为定向流形 M 的正向单位法向量场. 显然

$$\boldsymbol{X}_0=\frac{\boldsymbol{X}}{|\boldsymbol{X}|}=a(u,v)\boldsymbol{e}_1+b(u,v)\boldsymbol{e}_2$$

为单位切向量场,它在 $\boldsymbol{X}$ 的非奇点处都有定义. 在 P 点适当小开邻域内作一 C^1 简单正则闭曲线 C,其参数为 $t\in[0,L]$,使它在 U 中围成包含 P 在内的小开邻域 D,并且在曲线内部除 P 点外无切向量场 $\boldsymbol{X}$ 的奇点. 曲线 C 上也无 $\boldsymbol{X}$ 的奇点,又参数 t 增加方向与曲面的定向相一致,即向法线正向看,观察者依 t 的增加方向前进时,D 常在观察者的左侧.

记单位切向量 $\boldsymbol{X}_0$ 与 $\boldsymbol{e}_1$ 的夹角为 φ,并可取 φ 为 t 的连续可导的函数. 沿曲线 C,a,b 可表示为 $a(t)$,$b(t)$. 由于

$$\tan\varphi=\frac{b}{a},\quad \cot\varphi=\frac{a}{b},$$

两者必有一个成立,在两种情况下,都有

$$\frac{\mathrm{d}\varphi}{\mathrm{d}t}=\frac{ab'-ba'}{a^2+b^2}.$$

P 点绕 C 转一圈,$\boldsymbol{X}_0(P)$ 也必转回原处,则 φ 的变化(角差)

$$\varphi(L)-\varphi(0)=\oint_C\frac{\mathrm{d}\varphi}{\mathrm{d}t}\mathrm{d}t=\oint_C\frac{ab'-ba'}{a^2+b^2}\mathrm{d}t=\int_0^L\frac{ab'-ba'}{a^2+b^2}\mathrm{d}t$$

必为 2π 的整倍数，所以 $\boldsymbol{X}(P)$ 所转的圈数

$$I=\frac{1}{2\pi}[\varphi(L)-\varphi(0)]=\frac{1}{2\pi}\oint_C\frac{ab'-ba'}{a^2+b^2}\mathrm{d}t$$

必为整数. 当闭曲线 C 为分段 C^1 光滑曲线时，上述公式仍然适用. 此时，上述积分可视为每段积分之和，而在每段上，$\varphi(t)$，$a(t)$，$b(t)$ 都是连续可导的. 我们称 I 为 C^1 切向量场 $\boldsymbol{X}$ 在孤立奇点 P 处的**指标**，记为 $\mathrm{Ind}_P\boldsymbol{X}$.

引理 3.4.2 设 M 为 $\mathbf{R}^3$ 中 2 维 C^3 定向流形，M 上 C^2 切向量 $\boldsymbol{X}$ 在其孤立奇点 P 的指标 I 与分段 C^1 光滑闭曲线 C 的选取无关.

引理 3.4.3 在定义 3.4.2 中，切向量场 $\boldsymbol{X}$ 在孤立奇点 P 的指标 I 与 P 的局部坐标系的选取无关.

定理 3.4.1(Poincaré 切向量场指标定理) 设 M 为 $\mathbf{R}^3$ 中 C^3 紧致、定向流形，$\boldsymbol{X}$ 为 M 上只含孤立奇点的 C^2 切向量场，则它所有孤立奇点 P_i 处的指标 $\mathrm{Ind}_{P_i}\boldsymbol{X}$ $(i=1,2,\cdots,n)$ 之和等于曲面 M 的 Euler-Poincaré 示性数 $\chi(M)$，即

$$\sum_{i=1}^n\mathrm{Ind}_{P_i}X=\chi(M).$$

注 3.4.2 Poincaré 切向量场指标定理表明：只含孤立奇点的切向量场奇点指标和并不依赖于切向量场的选择，而是一个拓扑不变量 $\chi(M)$.

$\sum\limits_{i=1}^n\mathrm{Ind}_{P_i}\boldsymbol{X}=\chi(M)$ 的左边是一个微分几何量，而右边 $\chi(M)$ 是一个拓扑不变量. 因此，这公式是继 Gauss-Bonnet 公式之后又一个联系几何与拓扑的重要定理.

$\sum\limits_{i=1}^n\mathrm{Ind}_{P_i}\boldsymbol{X}=\chi(M)$ 的左边每个 $\mathrm{Ind}_{P_i}\boldsymbol{X}$ 均为局部量，而右边 $\chi(M)$ 为一个整体量. 因此，这公式是局部量经求和得到整体量继 Gauss-Bonnet 公式之后又一重要定理.

关于 Poincaré 切向量场指标定理，有进一步的推广，它是 Poincaré-Hopf 指数定理，读者可参阅[7]第 225 页定理 1.

此外，从 $\sum\limits_{i=1}^n\mathrm{Ind}_{P_i}\boldsymbol{X}=\chi(M)$ 还可看出，用一个特殊的只含有限个孤立零点的切向量场来计算 M 的 Euler-Poincaré 示性数.

推论 3.4.1 R^3 中 2 维 C^3 紧致、定向流形 M 上存在处处非零的 C^2 切向量场 $\boldsymbol{X}\Leftrightarrow\chi(M)=0$.

例 3.4.1 设 $\boldsymbol{X}(\boldsymbol{x})=\boldsymbol{p}-\langle\boldsymbol{p},\boldsymbol{x}\rangle\boldsymbol{x}$，$\boldsymbol{x}\in S^2$($\mathbf{R}^3$ 中的单位球面)，$\boldsymbol{p}=(0,0,1)\in S^2$ 为单位球面 S^2 的北极. 易见，$\boldsymbol{X}(\boldsymbol{x})$ 为 S^2 上的单位切向量场，它恰有两个孤立奇

点:$\boldsymbol{p}$ 与 $-\boldsymbol{p}$. 并且

$$\mathrm{Ind}_{p}\boldsymbol{X} = 1 = \mathrm{Ind}_{-p}\boldsymbol{X}, \quad \chi(S^2) = \mathrm{Ind}_{p}\boldsymbol{X} + \mathrm{Ind}_{-p}\boldsymbol{X} = 1 + 1 = 2.$$

例 3.4.2 设 $\mathbf{R}^3$ 中普通环面 T^2 的参数表示为

$$\boldsymbol{x}(s,v) = \left(\left(a + b\cos\frac{s}{b}\right)\cos v, \left(a + b\cos\frac{s}{b}\right)\sin v, b\sin\frac{s}{b}\right)$$

$$(0 \leqslant s < 2\pi b, 0 \leqslant v < 2\pi, 0 < b < a),$$

则

$$\boldsymbol{x}'_s(s,v) = \left(-\sin\frac{s}{b}\cos v, -\sin\frac{s}{b}\sin v, \cos\frac{s}{b}\right) \quad (|\boldsymbol{x}'_s(s,v)| = 1).$$

由此知 s 为每一条经线(圆)上的弧长参数. 显然,$\boldsymbol{x}'_s(s,v)$为 T^2 上的单位切向量场,它的积分曲线就是 T^2 上的经线. 因为 T^2 上的切向量场 $\boldsymbol{x}'_s(s,v)$无奇点,所以根据推论 3.4.1,T^2的 Euler-Poincaré 示性数为$\chi(T^2)=0$.

推论 3.4.2 若 $\mathbf{R}^3$ 中 2 维 C^3 紧致、定向流形 M 不与环面 T^2 同胚,则 M 上的 C^2 切向量场 $\boldsymbol{X}$ 必有奇点.

注 3.4.3 在环面 T^2 上,甚至任意 2 维 C^3 紧致、定向流形 M 上,我们可以构造只具有一个奇点 P 的 C^1 切向量场(参阅[7]第 248 页引理 18). 此时,$\chi(M)=\mathrm{Ind}_P\boldsymbol{X}$. 特别地,

$$\mathrm{Ind}_P\boldsymbol{X} = \chi(T^2) = 0.$$

注 3.4.4 球面 S^2 的 Euler-Poincaré 示性 $\chi(S^2)=2\neq 0=\chi(T^2)$,故球面 S^2 与环面 T^2 不同胚. 根据 Poincaré 切向量场指标定理或推论 3.4.2,S^2 上任何 C^2 切向量场必有奇点. 于是,当我们将地球表面上各地的风速视作一个切向量场时,它必有奇点,即地球表面上必存在风速为零的地点(避风港).

2. 习题解答

3.4.1 验算(0,0)为下列向量场的孤立奇点,并计算它们在(0,0)点的指标 I:

(1) $\boldsymbol{X}=(x,y)$;

(2) $\boldsymbol{X}=(-x,y)$;

(3) $\boldsymbol{X}=(x,-y)$;

(4) $\boldsymbol{X}=(x^2-y^2,-2xy)$;

(5) $\boldsymbol{X}=(x^3-3xy^2,y^3-3x^2y)$.

解 (0,0)为孤立奇点的验算是平凡的.

单位圆 C 为环路，以 θ 为参数，$0\leqslant\theta\leqslant 2\pi$.

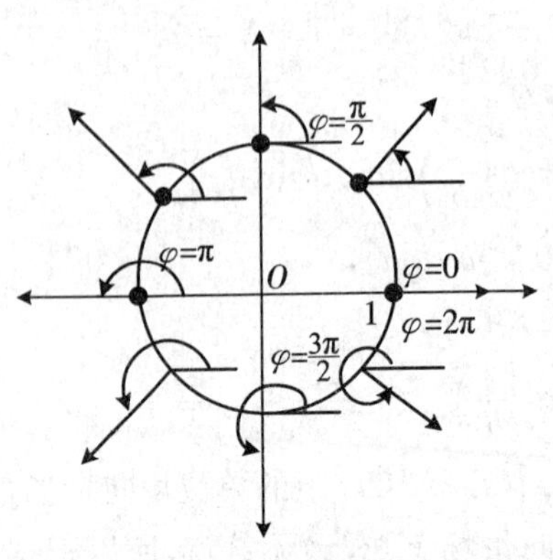

习题 3.4.1 图(Ⅰ)

(1) $\boldsymbol{X}=(x,y)=(\cos\theta,\sin\theta)$，$\boldsymbol{X}_0=\dfrac{\boldsymbol{X}}{|\boldsymbol{X}|}=\boldsymbol{X}$ 沿单位圆 C 按逆时针方向转动，$\boldsymbol{X}_0$ 与 $\boldsymbol{e}_1$ 的夹角 φ 从 0 变到 2π（习题 3.4.1 图(Ⅰ)），故指标

$$I=\frac{1}{2\pi}[\varphi(2\pi)-\varphi(0)]=\frac{1}{2\pi}(2\pi-0)=1.$$

(2) $\boldsymbol{X}=(-x,y)=(-\cos\theta,\sin\theta)$，

$$\boldsymbol{X}_0=\frac{\boldsymbol{X}}{|\boldsymbol{X}|}=(-\cos\theta,\sin\theta)=\boldsymbol{X}$$

沿单位圆 C 按逆时针方向转动，$\boldsymbol{X}_0$ 与 $\boldsymbol{e}_1$ 的夹角 φ 从 π 变到 $-\pi$（习题 3.4.1 图(Ⅱ)），故指标

$$I=\frac{1}{2\pi}[\varphi(2\pi)-\varphi(0)]=\frac{1}{2\pi}(-\pi-\pi)=-1.$$

(3) $\boldsymbol{X}=(x,-y)=(\cos\theta,-\sin\theta)$，

$$\boldsymbol{X}_0=\frac{\boldsymbol{X}}{|\boldsymbol{X}|}=(\cos\theta,-\sin\theta)=\boldsymbol{X}$$

沿单位圆 C 按逆时针方向转动，$\boldsymbol{X}_0$ 与 $\boldsymbol{e}_1$ 的交角 φ 从 0 变到 -2π（习题 3.4.1 图(Ⅲ)），故指标

$$I=\frac{1}{2\pi}[\varphi(2\pi)-\varphi(0)]=\frac{1}{2\pi}(-2\pi-0)=-1.$$

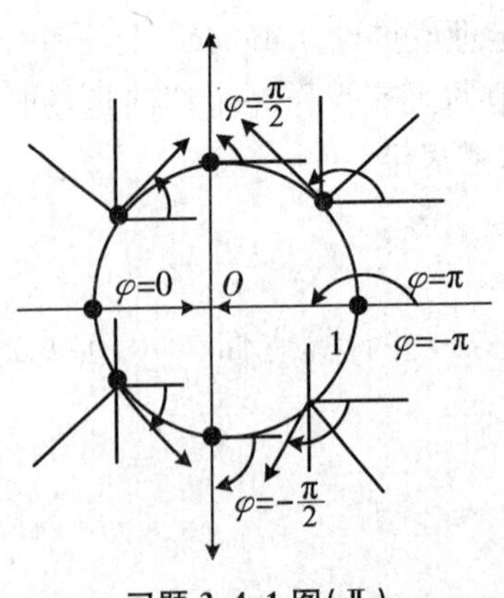

习题 3.4.1 图(Ⅱ)

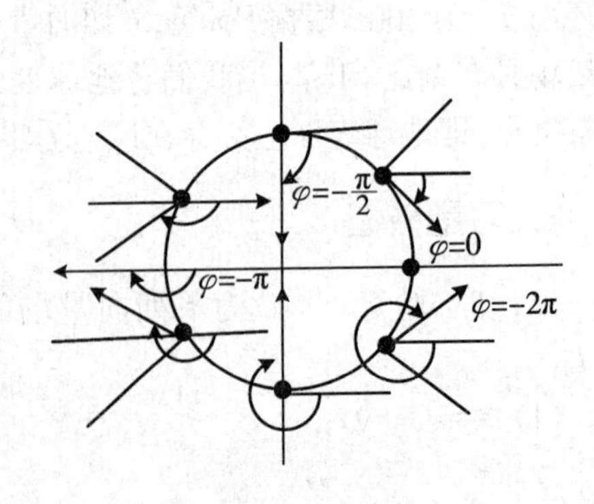

习题 3.4.1 图(Ⅲ)

(4) $\boldsymbol{X}=(x^2-y^2,-2xy)=(\cos^2\theta-\sin^2\theta,-2\cos\theta\sin\theta)=(\cos 2\theta,\sin 2\theta)$，

$$\boldsymbol{X}_0=\frac{X}{|X|}=(\cos 2\theta,-\sin 2\theta)=\boldsymbol{X}$$

沿单位圆 C 按逆时针方向转动，并根据习题 3.4.1 图(Ⅲ)可看出，指标

$$I=\frac{1}{2\pi}[\varphi(2\pi)-\varphi(0)]=\frac{1}{2\pi}(-4\pi-0)=-2.$$

(5) $\boldsymbol{X}=(x^2-3xy^2,y^3-3x^2y)=(\cos^3\theta-3\cos\theta\sin^2\theta,\sin^3\theta-3\cos^2\theta\sin\theta)$
$=(\cos\theta(1-4\sin^2\theta),\sin\theta(1-4\cos^2\theta))$,

$$\boldsymbol{X}_0=\frac{\boldsymbol{X}}{|\boldsymbol{X}|}$$

沿单位圆 C 按逆时针方向转动. 当 $\theta=0$ 时，$\boldsymbol{X}=(1,0)$；当 θ 从 0 变到 2π 时，$\boldsymbol{X}$ 按逆时针方向转动，当且仅当 $\theta=\frac{2\pi}{3},\frac{4\pi}{3}$时，$\boldsymbol{X}=(1,0)$(习题 3.4.1 图(Ⅳ))，所以旋转指标为

$$I=\frac{1}{2\pi}[\varphi(2\pi)-\varphi(0)]=\frac{1}{2\pi}(-6\pi-0)=-3.$$ □

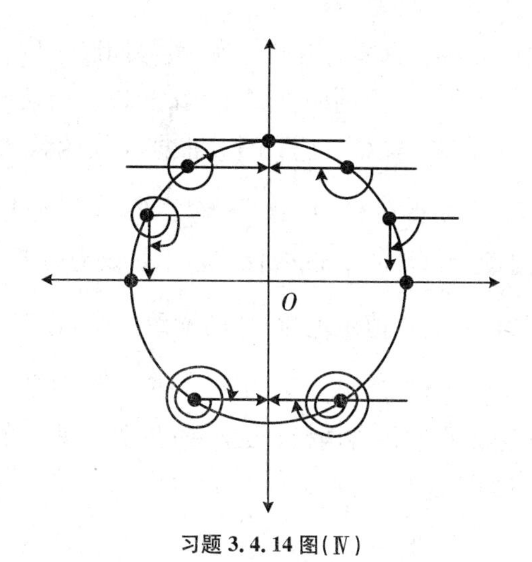

习题 3.4.14 图(Ⅳ)

3.4.2 举例说明 $\mathbf{R}^3$ 中向量场 $\boldsymbol{X}$ 的奇点的指标可以为 0.

解 设

$$M=\{(x,y,0)\mid x,y\in\mathbf{R}\},$$

切向量场 $\boldsymbol{X}=(x^2+y^2,0,0)$，显然它为 C^∞ 切向量场，且$(0,0)$为其孤立奇点. 但是，

$X_0 = \frac{X}{|X|}$与X的方向始终指向x轴的正向，所以$\varphi \equiv 0, I = 0$. □

3.4.3 举例说明$\mathbf{R}^3$中非紧致曲面M上的切向量场X可能有无限多个孤立奇点.

解 显然

$$M = \{(x, y, 0) \mid x, y \in \mathbf{R}\}$$

的切向量场$X = (\sin x, \sin y, 0)$有无限多个孤立奇点$(i\pi, j\pi, 0)$，

$$i, j = 0, \pm 1, \pm 2, \cdots.$$ □

3.4.4 设C为单位球面$S^2(1)$上的一条光滑简单闭曲线，X为$S^2(1)$上的光滑切向量场，而且X的积分曲线（即该曲线在每一点处的切向量就是X在该点的值）从不与C相切. 证明：曲线C决定的两个区域U与V，如果$\overline{U} = U \cup C$与$\overline{V} = V \cup C$都微分同胚于平面上的单位圆盘$\overline{B^2(1)}$，则U与V中都至少有X的一个奇（零）点.

证明 因为C为光滑简单闭曲线，X的积分曲线从不与C相切，故C上必无X的奇（零）点。

（反证）假设U中无X的奇（零）点. 由于$\overline{U}$微分同胚于$\overline{B^2(1)}$，故$\overline{U}$的边界C同胚于单位圆周$C^* = S^1(1)$. $\overline{U}$上的向量X变为$\overline{B^2(1)}$上的切向量场X^*. 因X在C上与C不相切，故C^*上X^*与C^*也不相切. 根据连续函数的零值定理与C^*的紧致性，存在正的常数δ_0，使得在C^*上，$X^* \cdot V_{2r}^* \overset{\text{恒}}{\geqslant} 2\delta_0 > 0$或$X^* \cdot V_{2r}^* \overset{\text{恒}}{\leqslant} -2\delta_0 < 0$（其中$V_1^*$，$V_{2r}^*$（径向向量）为$C^*$的Frenet标架），不妨设为前者.

易见，再根据连续函数的零值定理与C^*的紧致性知，存在$\varepsilon \in (0, \frac{1}{2})$，使得在$\overline{B^2(1)} - B^2(1-2\varepsilon)$中，$X^* \cdot V_{2r}^* \geqslant \delta_0$. 令$Y$为$X^*$在南极投影之逆下的向量场.

取$S^2(1)$上的向量场Z，它恰含南极、北极两个指数都为1的奇（零）点，而Z在其他点处都指向北极（参阅[21]第23页例3.4.1）.

设C^∞函数

$$\chi_1 : \mathbf{R} \to \mathbf{R},$$

$$z \mapsto \chi_1(z) \begin{cases} = 0, & z \leqslant 1 - 2\varepsilon, \\ \in (0,1). & 1 - 2\varepsilon < z < 1 - \varepsilon, \\ = 1, & z \geqslant 1 - \varepsilon; \end{cases}$$

$$\chi_2 : \mathbf{R} \to \mathbf{R},$$

$$z \mapsto \chi_2(z)\begin{cases} = 1, & z \leqslant 1-2\varepsilon, \\ \in (0,1), & 1-2\varepsilon < z < 1-\varepsilon, \\ = 0, & z \geqslant 1-\varepsilon \end{cases}$$

(参阅[7]第 38 页引理 1). 于是,$\boldsymbol{W}=\chi_1\boldsymbol{Y}+\chi_2\boldsymbol{Z}$ 只含一个奇(零)点,它就是南极,其指标为 1. 由此推得

$$2 = \chi(S^2) = \mathrm{Ind}_{p_{南}} W = 1,$$

矛盾. 所以 $\boldsymbol{X}$ 在 U 内必有奇(零)点.

同理,$\boldsymbol{X}$ 在 V 内也必有奇(零)点. □

注　习题 3.4.4 中"$\overline{U}$ 与 $\overline{V}$ 都微分同胚于$\overline{B^2(1)}$"都改为"单连通",根据 Riemann 映射定理([22]第 103 页定理 7.13 与[23]),U 与 V 都微分同胚于开单位圆 $B^2(1)$. 此开单位圆的每条直径都在这微分同胚下对应着过开区域内一定点的曲线的两端一定不重合(否则,C 不是简单闭曲线). 易见,从单位圆$\overline{B^2(1)}$到 $U\cup C$ 为一一连续映射. 又因$\overline{B^2(1)}$紧致,$U\cup C$ 为 Hausdorff 空间,故它为同胚映射(参阅[8]第 32 页定理 7.3.10). 但带边界未必是微分同胚([22]第 305 页定理 7.14 与定理 7.15).

同理,由 V 到开单位圆 $B^2(1)$的微分同胚可导出$\overline{B^2(1)}$到 $\overline{V}$ 的同胚.

3.4.5　设 $M\subset\mathbf{R}^3$ 为 2 维紧致、定向、连通的 C^1 曲面. 证明:当且仅当 M 的亏格 $g(M)=1$(即 M 同胚于环面)时,M 上存在不带奇点的光滑切向量场(即 M 上存在处处非零的光滑切向量场).

证明　根据[12]第 122 页定理 1.6.7(流形光滑化定理),不妨设 M 为 C^∞ 流形. 易见

$$\begin{aligned} M\text{同胚于环面} &\xLeftrightarrow[\text{分类定理}]{\text{紧致、定向曲面}} \text{亏格 } g(M)=1 \\ &\xLeftrightarrow{g(M)=\frac{2-\chi(M)}{2}} \text{Euler-Poincaré 示性数 } \chi(M)=0 \\ &\xLeftrightarrow{[7]\text{第250页定理2}} M\text{上存在处处非零的光滑切向量场.} \end{aligned}$$

□

注　习题 3.4.5 中 M 同胚于环面,其同胚只是同胚,未必为微分同胚. 如果它是微分同胚,由于习题 3.3.1 解法 4 中环面上有处处非零的光滑切向量场,可通过上述微分同胚的逆映射(参阅[8]第 109 页定理 8.8.4(整体逆映射定理))得到 M 上的处处非零的光滑切向量场.

参考文献

[1] 小林昭七.曲线与曲面的微分几何[M].王运达,译.沈阳:沈阳市数学会,1980.

[2] 丘成桐,孙理察.微分几何[M].北京:科学出版社,1991.

[3] 伍鸿熙,沈纯理,虞言林.黎曼几何初步[M].北京:北京大学出版社,1989.

[4] 苏步青,胡和生,沈纯理,等.微分几何[M].北京:高等教育出版社,1979.

[5] 梅向明,黄敬之.微分几何[M].北京:高等教育出版社,1988.

[6] 周建伟.微分几何[M].北京:高等教育出版社,2008.

[7] 徐森林,薛春华.流形[M].北京:高等教育出版社,1991.

[8] 徐森林,薛春华.数学分析:第2册[M].北京:清华大学出版社,2006.

[9] 徐森林,金亚东,薛春华.数学分析:第3册[M].北京:清华大学出版社,2007.

[10] 徐森林,胡自胜,金亚东,等.点集拓扑学[M].北京:高等教育出版社,2007.

[11] 徐森林,薛春华,胡自胜,等.近代微分几何[M].合肥:中国科学技术大学出版社,2009.

[12] 徐森林,胡自胜,薛春华.微分拓扑[M].北京:清华大学出版社,2008.

[13] 江泽涵.拓扑学引论[M].上海:上海科学技术出版社,1979.

[14] Chern S S, Lashof R K. On the total curvature of immersed manifolds: I [J]. American Journal of Mathematics,1957(79):302-318.

[15] Chern S S, Lashof R K. On the total curvature of immersed manifolds: II [J]. Michigan Math. Journal,1958(59):5-12.

[16] Milnor J W. On the total curvature of knots[J]. The Annals of Mathematics, 1952, 52(2):248-257.

[17] Temme N M. Nonlinear Analysis[M]. Michigan:Matheonatisch Centrum,1976.

[18] Mukhopadhyaya. New methods in the geometry of a plane arc[J]. Bull. Calcutta Math., 1909(1): 31-37.

[19] Geuck H. The converse to the four vertex theorem [J]. L'Enseignement

Mathematique, 1971(17): 295-309.

[20] 徐森林,薛春华. 微分几何[M]. 合肥:中国科学技术大学出版社,1998.

[21] 徐森林,纪永强,金亚东,等. 微分几何[M]. 合肥:中国科学技术大学出版社,2012.

[22] 钟玉泉. 复变函数论[M]. 北京:高等教育出版社,2013.

[23] 闻国椿. 共形映射与边值问题. 北京:高等教育出版社,1985.